墓园及纳骨建筑设计

Design of Contemporary Cemetery and Columbarium

奚树祥 著

中国建筑工业出版社

序

死是生命的终结，是任何人都无法免除或躲避的经历。虽然古人有云“死生亦大矣”，但相较于一个生物性的个人之生，任何民族对于一个社会化之后的个人之死都更加重视，而中国古代也将丧葬（凶礼）作为重要的“五礼”之一，与祭祀（吉礼）、喜庆（嘉礼）、军事（军礼）、待客（宾礼）并重。可以说，丧葬体现了一个社会对待生命与个人的态度，其礼则是人与社会和人与自然关系的体现，因此它本身也是这个社会文化以及文明程度的反映。

丧葬制度与纪念方式是中国社会现代化转型的内容之一。除了 1949 年以后国家出于节约可耕地面积的目的，通过提倡火葬而普遍推行的丧葬制度改革之外，现代转型一个最突出的特点是为个人和重要历史事件所建的纪念碑增多，形制也突破了帝制时代由礼部规范的牌楼规制而有大量更具个性的碑、像形式。究其背后原因，是公民社会的兴起，个人价值的提高，以及历史书写的多元化。这就是说封建王朝的等级制不再是决定丧葬规格的唯一标准，一个人对社会贡献的大小也影响到社会对他 / 她的纪念方式，而纪念碑的设计也不再服从旧时代的“形制”，而是通过丰富的造型设计开始呈现出较为多元化的象征性表达。很显然，丧葬制度和纪念方式的现代化转型同时给中国社会带来了一种视觉文化的变化。它在为死者创造安魂之所的同时，也为生者表达对于死者的纪念，甚至对于来世的想象提供了多元化的可能。

不过，尽管较之历史过往，中国的丧葬文化已有很大改观，但相对于广大的幅员、众多的人口，以及根深蒂固的传统，新的视觉文化在中国社会中的影响依然有限，至今松柏掩映、墓碑林立、香烟缭绕，还是各地多数公墓的典型景观。更大的改善有待于社会观念和审美能力的提高。奚树祥先生告诉我，他撰写《墓园及纳骨建筑设计》一书的初衷就在于此。但我读后所获得的启发并不限于此。

奚先生是我尊敬的前辈学长。他 1958 年毕业于清华大学建筑系，毕业工作之后又于 1960 年有机会回母校进修建筑历史并担任梁思成先生的助手，获得梁先生亲炙。改革开放后他到美国工作学习，又有机会与梁先生生前的挚友费正清夫妇相识。在美期间他曾七次获奖，并曾担任波士顿地区清华校友会会长、建筑画学会理事。1992 年他赴台任金宝山事业机构顾问，创作了邓丽君墓与日光苑等著名纪念性建筑，从此开始了有关本书所涉主题的长期探讨。1996 年他返回大陆合作创办了天津华汇工程建筑设计有限公司，后又回沪创办了“上海华汇”，在设计业务方面不断取得成功。为了回报母校和恩师，他于 2021 年将个人名下四千万元人民币资产全部捐赠清华大学建筑学院，设立“梁思成、费正清友谊纪念项目”，用于促进中美民间文化交往和学术交流。

早在 1990 年我还在清华读书时就听陈志华先生提到奚先生这位校友，说自己在台湾探亲期间曾参加过一个两岸建筑家的研讨会，目睹了正在台湾工作的奚树祥向到场的国内专家直陈己见。我从此记住了奚先生的高名，并对这位老学长的坦诚和责任心留下了深刻印象。我在 2020 年因拜读到奚先生回忆梁思成先生的文章而通过出版社的朋友与他建立了联系，他则与我分享了更多有关师友的回忆。由于新冠疫情的影响，我们只能通过微信联系，至今只在网络会议上见过一面而从未曾直接接触。但他的文字和行动早已让我看到他对师长的爱戴和对同学的友谊，并深深体会到他的家国情怀和社会关怀，其中有喜悦，有担忧，有兴奋，也有慨叹。这些内容如果用几个关键词概括，那就是人性、仁爱、善良、美好、尊严，以及正义。

摆在各位读者面前的这部书虽然涉及的主题是关于来世，但它寄托的理想却是直关现世，因为全书表达的思想也可以用上述关键词概括。

赖德霖

癸卯元月初五于路易维尔大学

自　序

殡葬源于古代社会的灵魂观，是人类生存智慧数千年的积累。雨果说过，“死亡是伟大的自由，也是伟大的平等”，人人必须面对，时时都会发生，墓园和纳骨建筑就是人类灵魂安放自由的殿堂和自由平等的家园。一个好作品可以建立起一个公平的服务制度，让每个生命都享受到同等的尊重和服务，彰显社会的公平性。这是我对殡葬建筑的认识。

我进入殡葬建筑设计领域有个过程。中学时读过陶渊明“其人虽已没，千载有余情”的诗句。1981 年到美国，工作闲暇时喜欢去墓园，通过访古探幽寻找“余情”，我也心仪于那里静雅的环境，更乐于从专业的角度去欣赏不同风格的纳骨建筑以及它所反映出不同时期人们的审美观，让我这个东方人得以领略另一种文化对于“极乐世界”的想象和理解。1992 年去我国台湾工作后，也常利用赴美的机会参观墓园，从此便与墓园和纳骨建筑结了缘。

1992 年我应邀去新加坡工作，不久转往台北，任威佳公司总经理兼建筑设计分公司的总建筑师。接到的第一个设计项目就是位于台中南投县的皇穹陵墓园规划。

半年后因不适应台湾的应酬文化，辞去了威佳的工作准备回美。甲方闻讯赶来邀我继续完成皇穹陵的设计，于是我转赴台中工作，项目完成后被台湾主流媒体推介，全版报道。

在台中期间，南部的一些企业家也常请我设计同类项目，其中陈建助先生委托我设计台南天都禅寺，建成后获台湾最佳设计金狮奖和金质奖。

一年后，应曹日章先生之邀，前去台北主持金宝山的规划和建筑设计，完成邓丽君墓的设计。设计舍弃了台湾传统的厝，让邓丽君安卧在大自然中。还完成多位名人大墓和日光苑，后者被梵蒂冈主教尤雅士（Juliusz Janusz）评为“亚洲最美小教堂”。

1996 年考虑到金宝山没有太多的建筑需要设计，而大陆的建筑事业蓬勃发展，老友的动员和被激发的创作欲望，吸引我辞去了台湾的工作，返回大陆创业。

几年的相关工作使我对中国传统殡葬礼仪和墓地设计有了些了解，同时也心生许多疑惑：台湾高速公路两旁经常看到白茫茫成片的坟地，山坡地被严重“白化”；长长的送葬队伍，除了乐队吹奏、哭丧人群以及庞大的抬棺人、送葬人和尼姑、和尚、道士队伍外，还有低俗舞表演；天都禅寺开工时，在白骨散落遍地的工地上，看到叠床架屋的坟墓达四五层之多；我在大陆去昆山给长辈扫墓时，只见坟墓密密麻麻，没有树木，缺少应有的服务设施。加上两岸普遍重生忌死的观念……看到差距后，我回想到做过一些相关设计，接触过一些殡葬事务，参观过国外许多墓园，有了些体会和想法。一种责任感油然而生。我应该做些什么？我国的墓园和殡葬建筑应该怎样改革？我的认识不断深化，经历了从排斥到接受，再到最后想要做些什么的过程。

人类的文明与死亡文化密切相关，殡葬建筑是一种抒发人类纪念情感的物质载体，它聚集了有史以来人类社会的各种智慧。人类对生命和死亡的不同价值判断也会产生不同的情感表达。相信“复活”说的西方表现出对死亡的平静，而重生忌死的东方，殡葬建筑深受观念的影响。因此我们在关注死亡的同时，更应关注死亡与殡葬建筑的关系，让它跟上社会经济和精神文明发展的脚步。

陈志华教授一直鼓励我把一些思考和想法写出来，将来汇集成书。于是我萌生写书的想法，开始寻找和阅读相关资料，美国 Shepley，Bulfinch，Richardson Abbott，Architects 公司的 Catherine Meyer 女士为我提供了一份美国有关文章的目录，使我对美国和欧洲墓园的历史有了更多的了解。

改革开放以来，随着一系列政策的出台，殡葬事业朝着文明生态方向不断进步，碑石杂立的墓地转向环境幽美的纪念园和生态墓园方向发展；纳骨建筑逐渐得到推广；各种智能环保火化设备出现；厚养礼葬风气逐渐形成，墓地植入了优秀的文化基因……使“逝有所安”的目标日益接近，让民众享受到了民生福祉。

但是，我国的殡葬事业距离民众的期待还有一段距离，人民群众个性化、多样化、层次化的治丧需求以及数字化、精细化、消隐化的发展方向，都对殡葬事业提出了挑战。

建筑设计是形象思维和空间思维的产物，建筑类的图书特别需要插图。我在书中引用的插图不少来自网上，但是它们在上传至网络的过程中可能已经转了几道，很难追溯到原作者，为了避免侵权，我将收集的图片逐一亲手摹绘。手绘耗时费力，对于一个九十岁的老人来说并非易事。但手绘是个再思考和再创作的过程，帮助我加深对这些插图的认识；手绘也往往更清晰，容易帮助读者理解。于是下决心将近千幅插图改用了手绘。

此书不应是一本资料汇编，而是表达自己一得之见的领地，只要能启迪设计师的创新意识，我的目的也就达到了。因此我在挑选案例时，希望能以打破常规、不落窠臼、富有启发性为标准。作为建筑师，几十年来，我在公司门厅贴了一个金属条幅“Looking for something new，something different，something special”（追求新颖，追求不同，追求独创），这也成了我自己撰著的座右铭。

写作是一个漫长的学习过程，过程中受到太多朋友的指点和鼓励。首先我要感谢广西城乡规划设计院谭志宁院长，他先后派人来上海帮我完善插图，又帮我完成许多线描图的复制，他曾经是我的助理；感谢台湾曹日章先生和山东王逸桥先生给予出版资助；感谢蔡秀琼老师、赖德霖教授、我的同学林京、刘正安先生、郭涵女士和我的女儿奚磊、奚青，以及侄女奚涵晶，都给了我许多实质性的帮助。

可以说，本书凝聚了许多亲友的智慧和经验，中国建筑工业出版社的李鸽主编一直鼓励我，并为我的写作排忧解难。她还对这本书的学术品质提出了高要求，鞭策我不断深化自己的思考。因为我缺少实务经验，许多专业知识不足，本书可能有疏漏和错误，希望业内专家和广大读者在审视时，给予批评指正。

衷心希望拙著能为“事死如事生”的同胞们在想象和创造自己的来世时，提供一份参考。同时，我也感念通过这一工作，自己在现世中也获得亲情和友爱。

奚树祥

2022 年 3 月 8 日

目　录

第五章 墓园的规划

第六章 利用坡地建墓园

第七章　墓园的环境设计

第八章　墓园的文化

第九章　墓园投资、经营、教育与管理

第十章　殡仪馆建筑的设计

第十一章　纳骨建筑设计

第一章

生死观

生死观是人生观的组成部分，是生命文化的映照，生命文化就是人们在生命存在、生命死亡、生命传承等不同生命阶段，认识生命、尊重生命，创造生命的价值，完美结束生命及其传承生命规律的科学。[1]例如：如何看待生命，生命的意义，人为什么要活着，如何看待死亡……它是决定人生目标、建立价值观的基石[2]，同时也具有一种信仰的特质。

任何一个民族、任何一个人的生死观，都与整个民族及具体个人的文化信仰有关。殡葬礼仪不仅仅是约定俗成的集体行为，更是生死观念的深层体现，生死观在人们价值观的形成过程中发挥着重要的作用，文化属性的生死观也是在不断的变化之中。研究墓园进行殡葬改革首先就要了解人类生死观的现状，与时俱进，不断改革人类的生死观是任何一个社会移风易俗、社会进步的必要条件。

每个人都要面对死亡，必然会对生死进行思考，形成自己的生死观。对生死观要从两方面进行研究，一是从医学、诊断学、解剖学等，对人的肉体进行研究；二是从社会学、心理学和哲学、宗教方面，对人的精神或曰“灵魂”进行研究。在漫长的历史长河中，各个民族及其个体成员演绎出各不相同的生死智慧。生死观一旦形成，就能在生命存亡的不同阶段帮助人们去认识生命、尊重生命，获得心灵的慰藉，克服对死亡的恐惧。

墓园作为逝者的安息处和生者的缅怀地，它的形成和内涵必然会受到生死观的影响。原始社会的自然崇拜和所派生的图腾崇拜，多是因为惧怕难以应对的自然灾害而产生的，是恐惧的产物。随着社会的发展，人们对自然灾害有更多的了解之后，开始转而重视血脉传承的宗族群体关系，形成了后来的生殖崇拜、祖先崇拜和子嗣延祚、丁忧守孝等维护这种宗族关系的一整套制度。

“人固有一死”，死后归于何处？在古代，无论东方和西方，人们相信人与万物都有灵魂，“灵魂说”成为当时人们对生命理解的一种普世观念，这种观念的核心是“死非亡”——死只是一段生命的终结，另一段生命的开始，也就是“再生”。

原始的灵魂观念被各种宗教吸收，衍生出各自的理论，如佛教的大道轮回、道教的形神观、基督教的灵魂救赎论等，都认为灵魂是人生命的内核，它无始亦无终，有的只是轮回、循环，通过宗教达成这个信念，也就到达永生的彼岸。

1　孙树人，王丹，董希玲．当代社会生死观研究报告 [M]// 李伯森，肖成龙．中国殡葬事业发展报告（2012—2013）．北京：社会科学文献出版社，2013：213.

2　郭航远．医说阳明心学 [M]. 杭州：浙江科学技术出版社，2016：354.

一、中国人对于生死的传统观念

中国先民早在宗教产生之前就已开始思考生死，“以天地为棺椁，以日月为连璧，星辰为珠玑，万物为赍送”（《庄子·列御寇》）[1]。说人死后就如同回归大自然的家一样。鬼神信仰是那时缓解死亡焦虑的产物。先秦典籍中认为“魂盛者”死后为神，“魄盛者”死后为鬼，神赐福于人，鬼降祸于人[2]；夏朝时“事鬼敬神”；殷商时“先鬼而后礼”；到了周朝，一方面“敬鬼神而远之”，另一方面又“国之大事，在祀与戎”；春秋战国时期思想活跃，除了不信鬼的孔子之外，均主张薄葬，以信奉“有鬼论”的墨家为甚，认为“人死辄为神鬼而有知”；魏晋南北朝时期因为连年战乱，“生而必死，理之常分”，普遍实行薄葬。随着宗教的出现，鬼神说演变为“天堂地狱说”。[3]

（一）儒释道的影响

人类自古以来就在追问生死问题，即便在科学高度发达的今日，仍然有许多不一定是答案的答案。中国古人提出过各式疑问，但一直没能说清问题。汉晋两位所谓“唯物主义思想家”王充、范缜，曾有一段时间非常受推崇。王充著《论衡》，把人死比作火灭，火灭无光，人死神止，同时却又主张命定论，“命当贫贱，虽富贵之，犹涉祸患矣；命当富贵，虽贫贱之，犹逢福善矣”。范缜写《神灭论》，提出“形存神存，形谢神灭”，但他母亲去世后，还是辞官守丧，恪尽孝道。[4]这种相悖的认知和行动在中国延续了几千年。现在还有许多人在寻找“终极答案”，形成了浩如烟海的各类典籍著作，与其如此，不如去关注生命价值，才具有真正的现实意义。

中华传统文化是儒释道思想的沉淀与集合，人们对死亡的看法深受各种宗教的影响。

儒家是中国文化的主流，虽然各个朝代对儒家思想的态度不一，但它影响了中国几千年。以孔子为代表的儒家关注人伦问题，认为“礼”与“仁”是人生最高的道德理想。孔子说：“生，事之以礼。死，葬之以礼，祭之以礼。”[5]仁是指不分贵贱贫富，均应相亲相爱，彼此尊重，称之为“忠恕之道”[6]。

儒家重生而讳死。孔子认为生与死是生命的整体，生比死更重要，所以他说“未知生，焉知死”[7]，主张人活着应追求“天下有道”的和谐社会，要行善积德安身立命。虽然人的寿命有限，但精神可以超越有限而不朽；死既然无可逃避，就要死得有价值、死得其所而又无愧。儒家认为道德、义礼比生命更重要，道义高于生命，人活在世上最重要的是“道”与“仁”，所谓“朝

---

1 陈鼓应注译．庄子今注今译 [M]. 北京：中华书局，1983：903.
2 《礼记·祭义》：“气也者，神之盛也。魄也者，鬼之盛也。”陈澔注，金晓东校点．礼记 [M]. 上海：上海古籍出版社，2016：539.
3 郭应斌，金双秋．中国历代民政文选 [M]. 长沙：湖南大学出版社，1989：215.
4 金春峰．汉代思想史 [M]. 北京：中国社会科学出版社，2018：450–455.
5 李学勤．论语注疏 [M]. 北京：北京大学出版社，1999：16.
6 忠恕之道是儒家道德规范，忠，尽心为人，恕，推己及人。李学勤．论语注疏 [M]. 北京：北京大学出版社，1999：51.
7 李学勤．论语注疏 [M]. 北京：北京大学出版社，1999：146.

闻道，夕死可矣”[1]；又说“生亦我所欲也，义亦我所欲也，二者不可得兼，舍生而取义者也”[2]。司马迁将之概括为“人固有一死，或重于泰山，或轻于鸿毛”[3]，同为一死，但价值不同。

儒家的这种“知晓天命，安贫乐道”“杀身成仁，舍生取义”的生死观中蕴含的人生态度和务实进取精神，在两千多年封建史中长期影响着人们的观念取向，派生出许多动人心魄、可歌可泣的故事，已成为中华民族精神的重要组成部分。

相对而言，道家则主张“生死气化”，顺应自然。道家认为生死是一种自然现象，不可强求，人不应追求外在的东西，否则“苦心劳形，以危其真”[4]，破坏自然本性者反受其害，主张“生死自然、生死必然”一切都应顺其自然。“死生，命也，其有夜旦之常，天也。”[5]生死就像四季运行，“生之来不能却，其去不能止”[6]，既然生与死非人能控制，就应淡薄生死，顺应自然。另一方面，道家又有以生为贵的“重生”观念。文子说“道者，生也”；庄子认为生的价值远在名利之上，与其生被尊荣，不如生而自由。[7]

儒家乐天知命，道家顺应自然，都认为生固然可贵，死也不足畏。儒家重死，但不提倡追逐名利而死；道家重生，也非置正义不顾而偷生。儒道两家的生死观并无直接冲突。[8]

作为外来宗教，佛教引用印度婆罗门教的“生死轮回”理论，强调生死责任，认为人生是苦的，人生下来就要受苦，苦海无边；还认为在真正觉悟之前，人的生与死一直在循环轮回，死后再生，生后再死，达到真正觉悟时才能到达“涅槃”的极乐世界，这才是佛家生死观的终极追求。[9]

应该说“儒家重死，道家重生，而佛教力图超越生死”[10]，但儒释道三家在生死观上又是互相融通的，无论是儒家的“敬始，慎终，追远”，还是道家的“方生方死，方死方生”，都表达了一种“生之来不能却，其去不能止”的对待生死的自然心态。[11]

（二）灵魂和鬼神观念

梦境说明意识可以超越身体而存在。恩格斯曾说：“在远古时代，人们还完全不知道自己身体的构造，并且受梦中景象的影响，于是就产生一种观念：他们的思维和感觉不是他们身体的活动，而是一种独特的、寓于这个身体之中而在人死亡时就离开身体的灵魂的活动。从这个时候起，人们不得不思考这种灵魂与外部世界的关系。如果灵魂在人死时离开肉体而继续活着，那就没有理由去设想它本身还会死亡。这样就产生了灵魂不死的观念。”[12]

1 李学勤 . 论语注疏 [M]. 北京：北京大学出版社，1999：50.
2 李学勤 . 孟子注疏 [M]. 北京：北京大学出版社，1999：308.
3 吴楚材，吴调侯 . 古文观止 [M]. 西安：三秦出版社，2008：47.
4 陈鼓应注释 . 庄子今注今译 [M]. 北京：中华书局，2009：867.
5 同上：195.
6 同上：500.
7 廖贞 . 浅议中国文化的生死观 [J]. 青海社会科学，2005（5）：69–72.
8 麻天祥 . 中国人的生死观念 [J]. 中国政法大学学报 .2011（6）：55–61.
9 佚名 . 中国传统文化中的生死观 [J]. 人生与伴侣（国学），2019（3）.
10 麻天祥 . 中国人的生死观念 [J]. 中国政法大学学报 .2011（6）：55–61.
11 佚名 . 中国传统文化中的生死观 [J]. 人生与伴侣（国学），2019（3）.
12 中共中央马克思恩格斯列宁斯大林著作编译局 . 马克思恩格斯选集（第 4 卷）[M]. 北京：人民出版社，1995：223–224.

儒释道三家都认同灵魂的存在，这也是几万年前原始社会鬼魂观念的延续。原始社会人们生存依附自然，自然灾害迫使他们产生畏惧，继而对无法抗拒的大自然力量以及能致人丧命的动植物，都作为鬼神来敬畏，认为“万物皆有灵”，并将它们物化为图腾，加以敬拜。

人们幻想借由巫术与图腾沟通，能够在神灵保佑下免除天灾和疾病的祸害；祈求风调雨顺，农作丰收，狩猎丰获。

后来图腾崇拜逐渐与血缘观念联系，演化为祖先崇拜和对鬼神的畏惧。鬼魂虽然是头脑中的假象，却是囿于科学知识严重不足，先民对生死问题长期思考的产物。在古代，在畏惧死亡的心态下，灵魂不灭的信仰可以缓解先民对死亡的恐惧。对于人死后灵魂仍存在于世间的“灵魂说”，恩格斯有过精辟的阐述。[1]

在古老的氏族社会，老年人在农耕中积累了丰富经验，跟随他们种植劳作往往能获得好的收成，因此他们备受尊敬，成为一家之宝。另一方面，人们又常梦见逝者，认为长辈的肉体虽死，灵魂仍然活着，这一认知历久不衰。因为老人生前为农耕丰收出力，死后其灵魂还可延福子孙。对祖先的崇敬和对鬼神的畏惧掺杂在一起，反映在宗教领域——儒释道及许多较小的宗教，都强调“孝”之重要，“善事父母为孝”[2]。中国孝道文化之所以源远流长，成为传统的两大根本性道德规范之一，所谓“孝乃百善之首，德行之基”，其源在此。所以人们除必须生前尽孝之外，还必须在长者逝后行孝——祭奠。在这个基础上派生出中国特有的孝道文化体系与丧礼制度。

厚葬父母长者之风始于商而盛于汉。西汉时期讲究“孝”治天下，法律规定“不为亲行三年丧，不得选举”[3]，汉武帝把“举孝廉”定为国家拔擢人才的主要手段，“孝”成了人们进入仕途和立身成名的敲门砖。[4]此风长期沿袭，许多地方在考核、选拔干部时仍然有“是否孝敬父母”这一条。“是否孝顺”在干部考核中起“一票否决”的作用，“不孝敬父母的干部不能提拔重用”。在重“孝”的过程中，一方面满足子女报恩的精神需要；另一方面也多了一项在社会上立身成名的资本。

宗教产生后，鬼神的传说也开始系统化、形象化。神仙、鬼魂、妖精、魔王纷纷出现在文学著作中，民间“报应”和“修来世”之说盛行，“鬼魂”思想在中国流行几千年。

鬼神祭祀是“灵魂不灭”的深化演绎，出土的大量商代大型青铜鼎簋证明，中国早在3000多年前就有了大规模的祭祀活动。人们通过祭祀，减轻对死亡的恐惧，向鬼神示敬示好，请鬼神满足人的请求，消灾弭祸，庇荫子孙，表达了古代人民一种朴素的对未来美好生活的向往。

（三）“天人合一”的生死观念

“天人合一”是中国老庄哲学的核心理念。老子最早提出“人法地，地法天，天法道，道

---

1 中共中央马克思恩格斯列宁斯大林著作编译局．马克思恩格斯选集（第4卷）[M]. 北京：人民出版社，1995：223-224.
2 李学勤．尔雅注疏 [M] 北京：北京大学出版社，1999：112.
3 《汉书·扬雄传》注引应劭曰：“汉律以不为亲行三年服不得选举。”班固．汉书 [M]. 北京：中华书局，2000：2649.
4 罗开玉．中国丧葬与文化 [M]. 海口：海南人民出版社，1988：191.

法自然”[1]，其中的“天”代表道、真理、法则。庄子进而概括为“天人合一”：“天地与我并生，而万物与我为一”——宇宙自然是大天地，人是小天地，人和自然是相通的，故一切人事应符合自然规律，达到人与自然的和谐。“天人合一”是中国殡葬文化的哲学基础之一。土葬就是强调人与自然相合的葬法，人生的最高理想就是自觉地达到天人合一，几千年来中国人认为“万物不能超越土而生，人亦万物中一物”。这一观念对中国人的生死观形成影响很大。“天”的含义有了物质和精神的两层意义。[2]

经过几千年的实践，先民们逐渐认识到人的生命很大程度上要受到大自然的制约，天灾和人祸（病痛）逐渐让人们认识到天之伟大，只有顺应天道法则，才能求得自身发展，得到最佳的生存环境和状态，不能去“征服”“改造”“破坏”自然法则。这和现代生态保护理念相合。有了“天人合一”的观念，掌握了自然界的变化规律后，人们才懂得种植要利用四季气候以及地形与水利的变化，才能取得好收成，于是自然崇拜的观念逐渐产生了。

“天”是神秘不可测的，古人说：“以天为父，以地为母”[3]，人必须臣服于“天”，使“天”蒙上一层神秘的色彩，甚至把人的死亡与天体变化和自然地理相联系[4]，把人的死亡与自然界的奇异事件和天空星座联系在一起，例如皇帝驾崩、大师圆寂、圣人出世等。在追求“天人合一”的过程中，风水学应运而生，在墓地选择时，天人感应的观念起了重要作用。选墓地时必须顺应自然，合乎“天道”。

“天人合一”又进一步表现为“神人相通”，“天”也可以理解为鬼神。鬼神世界与现实世界相互依存、相互融通。人死后精神灵性就转入鬼魂世界，反之鬼魂也可以转世到人间——活人的世界，只是无形与有形之别。[5]所以，为了祛除恶鬼骚扰，获得善神庇荫，人们祭天祭祖之外，又产生了祭鬼神的活动。

“天人合一”强调的是“阴阳中和”，达到天人同道，人与自然合一。朴素的祭祀鬼神的理念和行动是这样的：人的生死受命于天、无可避免，丧葬是念祖怀亲、搭建生死之间的桥梁，在墓地选择上要顺应自然，达到“天人合一”的最高境界。不应大事铺张，因为它违背了儒释道中庸、中道、中观的共同价值观。

“天”不仅仅指大自然和环境，而且指人与自然的关系。“天”也指人伦道德的“义理之天”或“道德之天”，这是一种人与社会的关系。《礼记·中庸》：“诚者，天之道也；诚之者，人之道也”，认为发扬“诚”的德行即可与天一致。天也赋予人“仁义礼智”本性。[6]“天人合一”就是天人之间的统一。它是生命的本质，也可以把“天人合一”理解为把道德视作人的本性。

儒释道有各自的说教，在互相融合中，共同搭建中国人的“天人合一”生死观，劝人行善积德以合天意，这里的“天”，指的是伦理道德。

上述生死观的要素互为因果、互相影响，佛道教中有鬼魂思想，也有天道论，“天人合一”中也有儒释道的说教。三者综合起来形成人们的生死观。

---

1 陈鼓应 . 老子注释及评介（修订增补本）[M]. 北京：中华书局，2009：159.
2 王志新 . 工程伦理学教程 [M]. 北京：经济科学出版社，2018：56.
3 余明光校注 . 黄帝四经今注今译 [M]. 长沙：岳麓书社，1993：114.
4 吴守斌 . 儒家思想影响下的中国古代丧葬文化 [J]. 大众文艺（理论），2009（5）：188-189.
5 刘晓芬，敖丽芳，罗敏 . 大学生社交礼仪 [M]. 镇江：江苏大学出版社，2018：222-223.
6 胡娜 . 先秦儒家人格思想及其时代价值 [J]. 理论学习（山东），2014（6）：40-42.

二、当代中国社会的生死观

儒释道是千年的文化沉淀，对当代中国人的生死观仍有影响。虽然当代中国人对死亡持根本否定的态度，认为死亡是不幸的象征，但另一方面对死亡又有了科学的新认识——远古时代认为人不能动就是死亡，后来不能呼吸是死亡，现代才认识到心脏停止跳动，继而人脑死亡才是真正的死亡。

在马克思辩证唯物主义和“无神论”的影响下，当代中国民众对于死亡的看法已与传统大有改变。第一，认识到死亡是一种符合辩证法的自然归宿，有生就有死，不可抗拒；第二，死亡不一定都是恐惧事件；第三，把死亡视为解脱痛苦；第四，生命的宝贵在于它的唯一性，人生就一次，因此要倍加珍惜。

世界上任何具体事物都要经历产生、发展、消亡的过程，不存在只生不灭的事物。恩格斯说“生就意味着死”[1]，体现了生与死的辩证关系，强调人活着不仅要为个体而活，必要时要为他人、为社会、为民族去死，彰显出生命的社会价值。这种观点与中国儒家“舍生取义”的观点不谋而合。例如，孔子“杀身成仁”；孟子“舍生取义”；文天祥“人生自古谁无死，留取丹心照汗青”；李清照“生当作人杰，死亦为鬼雄”。儒家思想结合现代马克思主义所形成的人生价值取向，始终影响着现代国人的生死观。

这种现代认识，其实也能从其他先秦学派找到影子：战国时期杨朱就已经提出“贵己”“重生”，主张以保全个人生命为理想；庄子提倡“悦生而恶死”，这种“好死不如赖活”的思想也同样影响国人的生死观。[2]

现代人们已认识到生命只有一次，死后不能复生，故应珍惜；但当人在弥留之际求生欲望强烈时，面对死亡产生的痛苦也愈甚。因此也有人认为长寿未必可喜、死亡亦不足忧，因此社会上有放弃临终抢救的“生前约定”，甚至出现安乐死立法的呼声，都反映了现代中国人生死观的多样性。

进入 21 世纪以来，我国老龄化问题日益严重，随之对生死问题的关心日渐突出。因为在人生的最后阶段，老人要直接面对生命的结束。当代中国老年人对待生死的一般看法为“不怕死”——人生自古谁无死？而当真正面临死亡时，却又表现出恐惧。这是生死观与生死态度之间的矛盾，有待通过生命教育去提升人们的认识。[3]

另外还有一批人，热衷于生命苦短而纵情享乐，“今朝有酒今朝醉”“人生得意须尽欢”，这种追求世俗欲望的风气已逐渐成为某些人的人生信条。享乐观早在《诗经》中就有反映。先秦学者认为追求物质欲望与享乐是人生应有的追求。后世诗文描述汗牛充栋，如“人生得意须尽欢，莫使金樽空对月”一类诗句，被视为千古绝唱、酒席行话。享乐观有其存在的合理性，但必须遵循道德准则。

1　中共中央马克思恩格斯列宁斯大林著作编译局．马克思恩格斯选集（第 4 卷）[M]. 北京：人民出版社，1995：370.

2　金炳华．马克思主义哲学大辞典 [M]. 上海：上海辞书出版社，2003：679.

3　陈金香．试析当代中国老年人生死观与生死态度之矛盾及其解决途径 [J]. 江西师范大学学报（哲学社会科学版），2008（1）：36–41.

三、中西方生死观的比较

生死观是指人们对生与死的根本看法和态度。生死观与宗教信仰和地域风俗有很大关系，用东西方划分只能是大概：西方普遍信仰基督教，生死观的主流就是圣经指示的“天堂地狱”说；中国则由于宗教信仰的多元而产生多种观念。

（一）中西方生死观的共同点

历史和文化上，中西方虽有差异，但也有不少相似之处。

1. 重视今世的价值与幸福

珍爱生命是一种普世价值，生是人存在世上的形式，死是对必然的无奈，因为有死才应珍惜今世的生。珍爱生命是普世价值的体现。中国古代求长生不老药，表现出对永生的渴望；西方流行“宁愿在人间当帮工，也不愿在阴间当冥王”的说法，共同表现出了重生倾向。因此再多的苦难人群，都有相当的忍耐力，它来自“好死不如赖活”的重生观念。

2. 强调精神的永续性

哲学思辨和科学求索导致为真理、为普世价值献身，宁愿尊严死、不愿苟且活的牺牲精神：柏拉图认为灵魂是纯洁而高贵的，故应得到永恒；文天祥面对“强虏”，毅然就死，且吟“人生自古谁无死，留取丹心照汗青”。中西方的高尚人群，都怀着对共同精神的追求，愿为真理、为普世价值献身而受到推崇。

3. 对待亡灵的虔诚

人生在世境遇不同，但都希望罪者死后得宽恕，辛劳者死后得安息，贫穷者来世富有。中国有“死者为大”，西方为逝者赎罪，对死者宽容展示出中西方人民对身后的一种共同渴望。

4. 对人生彼岸寄以希望

无论东西方，对死后世界都充满着幻想和期待，渴望彼岸的完美和“极乐”，希望往生后能够在神灵世界完成现实世界的未竟企划。

庄子说：“以生为丧也，以死为反也”（《庄子・庚桑楚》），消除人们对死亡的恐惧，不执着于生。而美国生命伦理学家斯文内斯（Fredrik Svenaeus）认为“患病的肉身使患者处于‘不在家’（unhomelikeness）的状态，而走向死亡则是‘归家’的过程，是一种解脱”。[1]

1　杨晓霖，张一丹. 生命叙事视野下的中国传统生死文化 [J]. 殡葬文化 2020（4）：44；罗秉祥，陈强立，张颖 . 生命伦理学的中国哲学思考 [M]. 北京：中国人民大学出版社，2013：79–93.

5. 灵魂转世说

转世在中西方文化中都有类似阐述，基督教认为灵魂是永恒的，把死提升为达到新生命的途径[1]，而中国有投胎转世说，两者有某种相似之处。

（二）中西方生死观的差异性

中国生死观主要源自儒释道，西方生死观主要源自古希腊哲学和基督教。

1. 群体主义与个性解放

中国提倡群体主义，把生命看作是对群体的一种义务，人活着必须小我服从大我。西方讲究个人主义，追求个人幸福和个性解放，与群体以及祖宗前辈和子孙后代都没有关系。

2. 把生命当作手段或目的之不同

中国将生命看作达到某种目的的手段，追求死后不朽、流芳百世。西方将生命视作直接目的，为幸福而生，为快乐而死，活着就要享受生命带来的快乐，不在乎身后是否留名。具体到身后墓地建设之不同，西方少有名人为自己建个人陵园，而国人追求流芳百世，热衷建陵园大墓，而且规格不同，等级分明。

3. 群体延续与个体事件

中国人将个人生死看作群体延续的一个必要环节，西方将生死看作个体事件，并以灵魂、天堂与地狱的关系延续，通过信仰使人行善，追求灵魂不灭。

4. 对待死亡的心态不同

西方是积极面对，而中国是讳莫如深。中国文化重生轻死，乐谈生、忌谈死，每谈到死亡时会引起心理冲突，对死亡尽量采取回避态度。在西方文化中，人们讨论生与死没有区别，认为人活在世界上是暂时的，死亡并不可怕，按《圣经》的说法，地上的一切都是短暂的，天堂才是永恒的，所以他们对待死亡相对比较从容淡定，即使悲伤也是淡淡的。而中国传统的丧葬具有繁文缛节，家属要披麻戴孝，全程哭丧，否则被认为不孝。[2]

5. 生命价值的核心观念不同

中国文化中，生命价值的核心在于尽忠效力，包括对皇权的效忠，提倡为忠君而死。[3]而西方认为人最宝贵的是生命，生命的价值是“责任”，活着就要尽责，为尽责任而死才能获得

1　赵晖 . 生死观上的人类智慧：中西生死观比较 [J]. 学理论，2009（28）：93.
2　林世钰 . 纽约时报“哭墙”背后的死亡文化 [OL]. 网易（博雅小学堂）.（2020–05–28）[2020–05–28]. https://www.163.com/dy/article/FDNDSFUD05169MST.html.
3　宋晔 . 中西方文化中的生死观及其教育启示 [J]. 思想・理论・教育，2003（Z1）：28–31.

精神升华。他们甚至“发明”了一种在已知失去责任能力或尊严的时候，提前争取生命解脱的法律行为——安乐死。西方的生命价值观是自我，认为人生责任并非要忠于某种理想，也不在乎历史留名。[1]

6. 感恩文化的差异

中国人重视孝道感恩，身体发肤均受自有养育之恩的父母。而西方人认为父母生下自己是物种延续的结果，子女对父母没有必然的责任。他们追求个人的幸福与自由，认为个体的存在是独立的，到了一定年龄就离开父母去寻找属于自己的人生。

中西方生死观的差异，导致对丧葬礼仪及墓园的态度有很大不同。西方人相对积极乐观，所以在城市里亦即自己日常活动的地方，经常可以见到环境优美的墓园。墓园成为人们散步、约会、休闲，甚至举行婚礼的地方。而国人把墓园视作不祥之地，不少墓园的隐秘及环境的脏乱差，加深了这种负面印象。

所以，不论是丧葬礼仪还是墓园规划，都应继承中国生死观中积极的一面，同时也要向西方的乐观态度学习。

四、积极生死观的传承

人死安排后事时，应考虑怎样把一场丧事办成传承先人品德的群体活动，把丧事办得更有积极意义。于光远先生曾提出“殡、葬、传”的倡议，强调“传”的作用，通过多种形式，让活着的亲友铭记并发扬逝者的精神遗产，这种传承对于个人和集体以及整个民族的文化进步都有着积极的意义。

（一）血脉传承

人死亡后，生物性不复存在，但遗传基因仍在，中国人历来重视“血脉传承”，批评后人不孝为“数典忘祖”。

传统文化中的宗族文化、祠堂文化，就是“血脉传承”的一种体现，通过宗族来延续逝者的“生命”，通过永无止息的血脉传承，让濒临死亡的人知道自己的“血脉”后继有人；自己的“生命”并未消亡，对死亡的恐惧也会因此获得一定的缓解。

1　美国民调生死观：仅 5% 民众愿为国家牺牲 [OL]. 中国新闻网 .（2013-09-04）[2021-12-05]. https://www.chinanews.com.cn/gj/2013/09-04/5246243.shtml.

（二）精神传承

生死观中的死亡可以分成两类，一是肉体的死亡，二是精神的死亡，前者指生理寿命，后者指精神寿命。有的人虽活着但已经“死”了，有的人虽死了但还“活”着。这里指的就是精神“寿命”。因为任何个体的死亡对现实都有正负不同的影响，有的是英雄之死“重于泰山”，有的是无谓之死“轻于鸿毛”。正面的影响可以对社会产生激励作用，所以人们需要寻找逝者的精神遗产，加以传承。[1]人死之后的追思会是精神传承的需要。需要提倡正确的人生观和价值观，提倡为科学和正义事业献身的精神。精神传承无论对于个人、家庭或社会，都是极其重要的。

法国17世纪哲学家帕斯卡尔（Blaise Pascal）说过：人是一根脆弱却有思想的芦苇。[2]生命可以消失，但思想却无法毁灭，人死后生命传承的载体就是他的精神，每一代人都能从上一代人那里承接精神遗产，并在此基础上丰富和发展它，再把它传承给下一代。

五、生死教育

生死观是人们对生与死的根本看法。开展全民生死教育可以使人们认识生死规律。

人类对死亡有一种原始的恐惧感，恐惧引发愤怒、绝望与不安，历史上，每次瘟疫暴发都会引发人们对死亡的恐惧，恐惧的蔓延能激活社会潜在的不稳定因素。因此国家要重视生死教育，从心理学、伦理学、护理学和法律学等不同方面，加强人们对死亡的认识，提升人们的心理素质，培养全民对生命价值的正确认识，提升应对死亡的能力，缓解对死亡的恐惧。[3]

老龄化社会的中国，老年人要面对衰老与死亡，子女要尽养老送终的责任和义务。因此公民的生死和伦理教育十分重要。

“健康中国”是国家的长期战略，它不仅涉及医疗卫生，而且还涉及文化和意识形态，优生优死的生死教育是我国发展医护事业的重要前提。有了正确的生死观，人们会将死亡纳入人生规划，正确对待医患关系，减少医患矛盾。

社会上常出现青少年伤害他人的事件，因此要加强对青少年生命价值和生活意义的教育，从而使其珍惜生命。年轻人容易失去人生的目标和方向，生死教育能让他们懂得什么是高品质的生和高品质的死。

国外十分重视学校的生死教育，欧美国家普遍的生死教育始于20世纪中叶，死亡可以直接进入中小学课程，从小让学生系统地学习和探讨死亡的生理过程，学习安乐死、死的权利、丧葬礼仪以及自杀的预防等知识，对漠视生命的种种行为进行早期干预。[4]

中国自西周起就有“悦生恶死”的观念，先秦以后形成重生轻死的实用主义死亡观，故我

1　车红兰．论死亡及其意义[J].中小企业管理与科技，2014（9）：148–149.
2　帕斯卡尔．帕斯卡尔思想录[M].天津：天津人民出版社，2007：156.
3　胡建萍，谢建平．社区护理学知识解析与实践[M].北京：人民卫生出版社，2015：166.
4　张国成，邸卫民，王占龙．大学生心理健康之路[M].沈阳：辽宁科学技术出版社，2010：253.

国至今除了极少的古代典型事例外，课堂中见不到有关死亡的教育内容。我们的教育需要注入死亡科学，以及相应的医学、伦理学、有人文精神的社会学内容。

为此，在殡葬与医学的专业教育中，应将“生死学”列为必修课，一般教育列为通识课。通过中小学的生死教育，让孩子们认识到生命的唯一性是一种无法替代的价值存在，要学会保护自己的生命，躲避有害事物。

为适应大规模生死教育的开展，必须有计划地进行各级师资的培养，提出针对性强的死亡教育方案、内容与路径，包含文化与宗教对死亡的影响，教育学生珍惜并欣赏生命。

相关研究机构应设立相关的研究课题，建立具有中国特色的生死理论，不断给生死观教育注入新的内容。

墓园、殡仪馆等殡葬企业和社会团体应担当起普及生死教育的社会重任，营造社会公开“谈生论死”的舆论氛围，引导公众不畏避、不退缩，直面死亡、谈论死亡、接纳死亡。[1]

通过以上种种努力，使我国成为一个淡看生死、敬畏和热爱生命、勇于进取的国家。

1 雷爱民，等 . 建议“开展全民生死教育”[OL].（2021-3-3）[2022-6-4].https://mp.weixin.qq.com/s/akXlcYvoNgCnfoN-BX8TBQ.

第二章

信仰与殡葬

殡葬是人类社会发展到一定阶段必然出现的一种文明产物，它是基于当时的生死观，围绕遗体处理进行的一种文化活动。殡葬文化的产生和发展存有阶段性和局限性，在不同的文化背景下，它的差异性有时会非常明显。差异性是人类文明发展的一种动力。[1]从中国殡葬文化的产生和发展看，它既有人类文化的共性，也有其特性。

世界万物有生就有死，万物之中，人拥有思维能力，这是人类文明的根源。人类对死亡的认识有个过程，认识的不同阶段导致不同的丧葬方式，构成不同的丧葬文化。[2]

“殡”，人死后尸体入殓到埋藏前停柩待葬，“殡”者，待逝者如宾也；“葬”者作藏解，指掩埋遗体的方式，草藏也，或“厚衣之以薪”。殡葬文化是人类在死亡观指导下，处理先人遗体方式的升华。要经过葬、丧、祭三个互相关联的过程。葬是指遗体处理；丧是指安葬逝者的仪式；祭是指祭拜逝者的礼仪。葬礼与丧礼合称殡葬，殡葬文化深受政治、经济、传统、地域环境和外来文化的影响。

《礼记》：“是故孝子事亲也，有三道焉。生则养，没则丧，丧毕则祭。养则观其顺也，丧则观其哀也，祭则观其敬而时也。尽此三道者，孝子之行也。”[3]《孟子》：“养生者不足以当大事，惟送死可以当大事”[4]，“是使民养生丧死无憾，王道之始也。”[5]可见中国历来重视丧葬礼仪，把它看作是“敬”，“敬”的基础是“爱”。[6]

孔子也说：“至于犬马，皆能有养，不敬何以别乎？”[7]孝不仅是奉养，关键要有“敬”，丧礼之重要就在于它体现了“敬”，殡葬礼仪是“敬”与“爱”结合的一种表现，是延续国人“孝敬”文化的重要手段。[8]

丧礼和祭礼，是墓园规划必须首要考虑的基本功能。墓园设计之前，规划师和建筑师对这种功能应有所了解。

1 陈士良，蒋涞．从传统殡葬的三大功能看现代殡葬业健康发展 [N]. 联合时报 .2014-01-27.（1）.
2 赵晖．生死观上的人类智慧：中西生死观比较 [J]. 学理论，2009（28）：93-95.
3 陈澔注，金晓东校点．礼记 [M]. 上海：上海古籍出版社，2016：552.
4 孟子著．杨伯峻，杨逢彬注释．孟子 [M]. 长沙：岳麓书社，2000：139.
5 同上：5.
6 刘厚琴．汉代孝伦理行为的礼仪形式化：以汉代伦理与制度整合、互动为考察中心 [J]. 孝感学院学报，2007（1）：10-14.
7 陈国庆，王翼成注评．论语 [M]. 西安：陕西人民出版社，2006：27.
8 徐仪明．性理与岐黄 [M]. 北京：中国社会科学出版社，1997：143-168.

一、生死观影响下，殡葬的形成

原始社会的人们不了解死亡，故对逝者不施埋葬而弃之荒野，遗体自然腐败。后来因疾病传播以及风吹日晒、虫咬雨蚀，亲人对逝者的依恋和担心遗体被野兽吃掉，于是加以埋葬，故原始社会后期开始出现墓葬。由此看来，墓葬的出现，是人类情感需要的产物。

源自灵魂观与生死观的殡葬文化是中国传统礼乐文明的具体体现。原始先民在探索生死现象时，已关注到生与死的关系，期待永生但又必须面对死亡，在这个过程中，逐步建立起人与自然合一的观念，意识到有一种不同于肉体的精神存在，称之为灵魂。他们认为人与万物均有灵魂，灵魂才是生命的主体，由此发展出原始宗教。人是通过原始宗教与自然力量沟通来安身立命的。殡葬文化是这种生死观的实践，灵魂观念被各宗教所吸收，发展出各自的灵魂理论。

中国殡葬文化的起源可追溯到旧石器时代晚期，最早出现在周口店山顶洞遗址。[1]原始社会的殡葬文化与魂魄观念紧密相连，“魂魄说”在先秦时期被普遍接受，认为人的生死如同万物生灭，有生必有死，死后魂盛者为神，死后升天，魄盛者为鬼，亡后留处地下。这种升天入地的观念随着佛道教的传播，逐步发展成“天堂地狱说”，人死后必须面对这两个世界的选择。亲属则通过殡葬与祭祀，力图将亡者的灵魂避开地狱升至天堂；同时借此宽慰生者，减少他们的悲伤，重拾生活信心。这一礼俗一直延续至今。

生死观与殡葬文化紧密结合，指导人们在集体约定的礼仪中，共同实现生命与精神生命的存在价值。

二、中国古代社会的殡葬方式

（一）殡葬文化基本的内容是处理亡者遗体的方式

殡葬文化是人类几千年，甚至上万年生存智慧的累积，内容极丰富，最早商代[2]已形成系统的处理亡者的礼仪安排，引导生者接受死亡的现实。在礼仪过程中让人们对逝者和丧属表达哀思与慰唁，殡葬礼俗具有一定的心理治疗作用，例如哭丧可使丧属的负面情绪得到充分宣泄，仪式的安排能发挥团体的心理辅导功效[3]，在心理上逐步完成与逝者的告别；祭祀活动帮助丧属重建与逝者的情感联系，从哀伤中恢复。在现代城市中，丧亲者常会发生复杂性哀伤，很容易出现心理障碍，但在维持传统殡葬礼俗的农村却极其少见。[4]

1　徐吉军 . 中国丧葬史 [M]. 南昌：江西高校出版社，1998：5.

2　常玉芝 . 商代宗教祭祀 [M]. 北京：中国社会科学出版社，2010：100–153.

3　邱小艳，燕良轼 . 论农村殡葬礼俗的心理治疗价值：以汉族为例 [J]. 中国临床心理学杂志，2014，22（5）：944–946.

4　据统计，这类城市中发生的心理障碍患者占精神卫生门诊患者的 15% ~ 21%。引自：王云岭 . 承传统以续文明，革流弊以开新章 [J]. 殡葬文化研究，2020（5）：36.

礼仪是生者为逝者制定的，是一种逝者的社会性死亡宣告，它凝聚着复杂的感情，一方面不舍亲人离去，另一方面要安抚亡灵，不让亡灵作祟为祸。于是人们设计了许多仪式，如酒肉祭奠、哭丧吊唁、明器陪葬、冥币赠送等，这些仪式都是在相信鬼神存在的前提下进行的，从物质和情感两方面祈求鬼魂尽快归阴，保佑子孙，实现阴阳两界的和谐共处。殡葬礼俗也作为一种道德教化手段，教育人们孝敬父母先祖，友爱乡邻。但中国古代的丧礼等级森严，过分复杂，《开元礼》规定的丧礼程序有66项，北宋《书仪》记载有41项。它们成为封建社会国家治理体系中重要的一环，同时也给当时的百姓造成严重的经济负担和生活干扰。故近代以来，随着科学和现代伦理学的发展，人们要求变革，进行减法，追求适合现代生活的丧礼。

（二）中国古代丧礼大体上分为四个阶段

1. 初丧礼仪

可分为：

寿终正寝仪式，临终者生命垂危时，亲属要给他更换内外新衣；

挺丧仪式，临终者去世前，亲属将其移至正屋明间的灵床上，守护他度过生命的最后一刻；

招魂仪式，祈求亡者复生，招魂仪式结束后停柩三日，未能复生才确认死亡；

报丧仪式，停柩后择日向远方亲朋好友报丧；

入殓仪式，刚逝时为逝者梳妆整理仪容称为小殓，停柩三日后将逝者抬入棺木的仪式称为大殓。

2. 治丧礼仪

是指入殓后到出殡前的停棺阶段，时间有长短，基本礼节为：

魂吊仪式，为逝者立幡招魂；

尽孝成服仪式，众亲属穿上丧服；

哭奠仪式，以哀哭抒发情感；

做七仪式，经过7个7日共49天进行灵魂超度，替逝者消罪免祸。

3. 出丧礼仪

将棺柩送往墓地安葬的过程称作“出殡”，基本礼仪有择日仪式、奠祭仪式、哭丧仪式、起灵仪式、送丧仪式、安葬仪式，送葬时孝子执“引魂幡”带队，乐队吹打，沿途散发纸钱。返家后的辞灵仪式。[1]目的都是为了让灵魂尽快安定。

---

1 辞灵仪式是遗体停柩在家最后一次总祭奠，由家族中德高望重的长者奠酒主祭。

4. 终丧礼仪

出殡下葬后改奠为祭，下葬后，丧属每七天去墓地看望并烧纸钱，共去七次称“做七”，第 49 天的仪式称“断七”，葬礼部分至此结束。三年内为服丧期，称为“守丧”或“服孝”。服丧期在古代极受重视，并成了强制性行政规范，在《礼记》中有详细记载，例如服丧期不得住在家里，必须住在临时搭建的草庐中“寝苫枕块”，粗茶淡饭，酒肉不沾，不得婚嫁娱乐，不得洗澡剃头、更衣……终丧礼仪又具体分为“满七”的除灵仪式、百日的卒哭仪式、周年祭、二周年祭、忌日祭，以及三年的合炉，即“祭祖安位”仪式（将逝者的神主牌位烧掉，灰倒入祖先香炉，逝世父母灵位转换成祖先灵位，转为祖先后可永享子孙香火）等。祭拜仪式林林总总，目的都是让先人灵魂安定。先民的祭祀活动在佛、道教介入后发展出一套更加复杂的丧葬礼仪。以上的四个古代丧礼亦可简称为“殓、殡、葬”三阶段。

殡葬时需要语言与文字沟通，内容非常丰富，例如哭丧时对哭有规定；亲友来慰问时有口头的“悼词”“吊唁”；文字表达有“奠文”与“唁文”；另有赞颂亡者的“挽歌”“挽词”“挽联”“挽轴”“挽旌”等。丧家通知亲友的“讣告”或“讣闻”，均有规范的格式与用语。表达哀悼的文章称作“祭文”，在坟墓立碑书写的铭文称作“墓志铭”。

中国传统的殡葬活动受到不同宗教信仰的影响，各地丧俗也有差异，百里不同风、千里不同俗，年代越早差异越大。远古时代处理遗体的方式是“死而不葬”。[1]旧石器时代用树枝覆盖，免受野兽叼食。新石器时代开始出现墓葬。商、周时期的丧俗和葬式逐渐多样化。商代的土葬已有棺椁出现。周代更是发展出一套严格的殡葬等级制度，如“天子棺椁七重，诸侯五重，大夫三重，士再重”[2]。与礼制存在的同时，民间还有另外一套共同遵循的葬俗体系。春秋战国时期贵族衰落，儒家重建丧葬的礼仪规范。[3]

秦统一天下后发展出一套完整的殡葬礼仪制度，官方的礼制与民间的习俗在祖先崇拜、鬼魂崇拜以及共同宗教理念之下逐渐融合。他们在追求家族传承的功能上是一致的。官方规定的祭祀礼仪也逐渐转化为习俗。

汉代尊儒风气盛行，将孝道伦理加以政治化，大力倡导“慎终追远”，从而恢复厚葬之风。儒家思想并不排斥自古传下的鬼魂观念，全社会都热衷于敬拜鬼神，祈求祖先魂灵庇护家族，免灾除祸。佛教传入和道教盛行扩大了人们借丧事安顿灵魂的举措，特别是佛教的轮回地狱观，加深了人们对鬼神的敬畏。

魏晋以后的中国殡葬礼仪已是儒释道混合的天下了，在孝道的指引下，祈福活动表现得淋漓尽致。

虽然各地葬仪有别，亡者的等级差别也大，殡葬形式与规模表现出多元化和区域化的特点，但它们的文化内涵是一致的。中原地区流行土葬，部分少数民族地区实行火葬。[4]此外，葬式和殡仪也存在着差异：

---

1 两汉东方朔的《七谏》。刘向 . 楚辞 [M]. 上海：上海古籍出版社，2015：310.
2 陈鼓应注释 . 庄子今注今译 [M]. 北京：中华书局，2009：916.
3 郑志明 . 中国殡葬礼仪学新论 [M]. 北京：东方出版社，2010：69.
4 《庄子》逸篇：“羌人死，燔而扬其灰。”李昉 . 太平御览 [M]. 石家庄：河北教育出版社，1994：405.

（1）因亡者身份与经济条件不同，仪式规模差别很大。

（2）因信仰不同，殡葬仪程中的宗教祭礼制度不同。

（3）在殡葬流程中，寄托哀思的语言与文书表达方式不同。[1]

民间的丧葬习俗是在历史长河中形成的，缓慢变化的封建社会，其殡葬礼俗的变革也极其缓慢，而且还含有许多封建迷信、繁文缛节的内容。

五四运动后，受西方文化影响和剧烈的社会变革，中国殡葬改革的呼声此起彼伏。

胡适于 1931 年倡导殡葬改革，极力反对无序乱建、铺张靡费，倡议设公墓和文明丧葬。而早在 1918 年胡母逝世时，胡适率先垂范，提倡不讲排场；简化讣告，删除虚文客套；不设纸质冥器；不请和尚道士；废除《朱子家礼》中哭丧的规定，主张“哀至即哭”；改革祭礼；简化出殡；不用堪舆选地；丧服简化等。丧期一过，他就撰文呼吁殡葬移风易俗，这些主张在当时引起很大的社会反响，全国纷纷效仿。但是一场合宜的丧礼，是人道和道德教化的需要，能够教育人们孝敬父母、友爱乡邻，舒解丧亲之痛，恢复平静，接受现实，实现真正的人生告别。

（三）中国的祭祖习俗

祭祀文化自古即有，它实际上是培育后人品格的一种教化活动。作为一个文明古国，中国历来重视这些习俗，成为治国之本，民治先务。中国的传统节日很多，大体上可分为祭拜天地（神）与祭祀祖先（鬼）两种。

与祭祀祖先有关的礼俗各地不尽相同，无论哪一种祭祀，都有自己内在的精神文化要求，而不仅仅停留在形式上，否则就只能是一种浅薄的原始心理满足。我们要把祭祀习俗延伸为有益于亲人实现生命价值的一种启示，达到“老吾老以及人之老，幼吾幼以及人之幼”的思想境界。

1. 传统祖先祭祀

主要归纳为春、夏、秋、冬四节，丧属携带酒食果品和纸钱等上坟祭祖，烧纸钱、培新土、插柳条，叩头祭拜。

（1）清明节——春季祭祖。此时，冬去春来，万物苏醒，人们扫墓祭祖时往往兼踏青郊游，故又称踏青节。

（2）中元节——夏季祭祖。中元节起源于道教，佛教称“盂兰盆节”，是古代的祭祖节，又称“七月半”，俗称鬼节，是逝者脱离苦海、灵魂解脱之日。

（3）寒衣节——秋季祭祖。也有将重阳节归入秋季大祭，又称“冥阳节”，标志严冬即将到来，人们祭扫，向逝者送御寒“衣物”。

（4）除夕——冬季祭祖。此时，辞旧迎新，一元复始，万象更新，扫除庭院，迎接祖宗回家过年，为祭祖大节。

1　郑志明 . 当代殡葬学综论 [M]. 北京：文津出版社，2012：240-300.

2. 逝者个人祭祀

（1）逝者生日。

（2）逝者忌日。

（3）做七，逝世后每隔 7 天一祭，七祭共 49 天。

（4）百日祭，逝后百日。

（5）三年祭，以此取代守墓三年古制。

3. 现代祭祀

祭祀礼俗展示的是人类生存形态和对死亡的理解。随着社会发展，中国的祭祖文化也在不断变化，祭祀源于灵魂说，但灵魂是否真的存在无法证明，孔子所谓的“祭神如神在，吾不与祭，如不祭”[1]，说明如果祭拜者心中没有想着被祭拜的对象，他所祭拜的对象即不存在，只有祭拜者心里想着被祭拜的对象时，这个对象才会存在。因此祭祀对象应存在于祭祀者的心里。如果自己心里不信，祭祀就成为“走流程”。传统的殡葬礼仪形式主义较严重，讲究等级辈分、官阶高低、烦琐哲学和封建迷信。特殊时期又走向另一极端，殡葬礼仪过度简化，文化苍白失落。

今天的祭祖应以弘扬优秀传统、尽人道、追求公序良俗为目标。流传千年的祭俗很多是良俗，但也应看到它容易重视物质形态的外在形式走过场，忽视传统伦理关系和社会精神属性。

现代社会给传统祭祀注入了许多新内容，将宗教式祭拜演变成对祖先的缅怀，古人称“祭祀主敬”，祭的核心是敬，是对生命的敬畏和对祖先的感恩。祭是外在形式，敬是内心情感。快速的现代生活节奏使人们无法完全重复过去的外在形式，更注重家庭的叙事传承，强调敬的内在精神因素。

祭祀应重视这种社会属性，而不要过分追求形式，避免消费主义文化的侵蚀，过分物质化和形式化。内心若没有缅怀敬祖之情，形式就是花架子；内心怀有感恩，形式寄托情感，此时繁简多寡已不重要，尽量删繁就简。还要警惕殡葬改革的极端化现象，比如，将举丧时间压缩至 1 ~ 2 日，殡礼只剩下追悼会，葬礼几乎被忽略，这种做法固有其一定的合理性，但它忽略了殡葬礼俗所具有的心理治疗作用和社会功能，背离了中国传统文化中的礼乐精神。传统文化的当代效用应得到继承，重塑国人对生命和死亡的理解，传承和创造简约的祭祖新风，重在精神，避免繁复。处理好“破”与“立”、简与繁的关系，在提倡新风的同时也要防止过度贫瘠，导致折断“慎终追远”的中国德行传承“链条”。

科技进步和互联网的推广，将对我国殡葬礼仪带来什么样的变化，值得人们思考。顺应科技时代，首先要培养“绿色空间”的意识，创造新型“追思空间”，实现由“实”变“虚”的空间转换，将传统的仪物转变为虚拟存在。虚拟不等于虚无，深入开发网络功能，拓展网络空间，创造殡葬的新平台，充分利用空间资源，使之无限地延展，使逝者少占或不占生者的空间资源。这是人们拓展绿色思维，进行殡葬改革的重要方向。

---

1 李学勤 . 论语注疏 [M]. 北京：北京大学出版社，1999：35.

三、西方的世俗丧礼流程

人们临终时往往需要宗教感情和赎罪忏悔相伴，西方常见一些无神论者在逝前一刻信奉上帝，接受临终祷告。西方社会深受基督教文化的影响，每个人的灵魂都和上帝相连，不允许有其他偶像崇拜，崇尚灵魂，轻视肉体。葬俗追求简丧薄葬，委请殡仪机构代办；强调环境肃穆和逝者的灵魂安详早日升入天堂；亲友黑色着装。基督教认为逝世后人的灵魂需要安静，因此悼念丧礼非常肃穆，没有捶胸顿足哭喊，只有独自流泪啜泣。近代以来，随着实证科学的发展，西方有进一步淡化殡葬礼仪的趋势。[1]

西方葬俗大体由以下几个环节组成。

（一）告别、守灵

临终前神父做临终祷告，经过洗尸、更衣、停尸整容后由亲人陪伴送往教堂或殡仪馆。守灵一般都在白天，亲友们分散前来吊唁，向逝者惜别并慰问丧属。至亲好友可以自愿留下参加守灵，时间长短不一。在安静的氛围中，参加守灵的亲友可阅读、戴耳机听音乐、喝咖啡、低声交谈、独自向遗体轻声倾诉等。

（二）丧礼追思

基督徒在葬式的选择上没有规定。一般将棺木停放在教堂或殡仪馆中举行葬礼，神职人员主持宗教仪式为逝者祈祷。结束后将遗体运去火化或送往墓地入葬，择日再举行追思会，由牧师或神父主持，追思会上会提到生命的意义、逝者的简历，家属或挚友发言缅怀先人，分享逝者生前的成就和感人的故事，气氛较轻松。追思会为选项，也可省略。

（三）送葬入土

棺木从殡仪馆送往墓地时，事先报备，警车开道，引导灵车，其他车辆主动让道示哀，路人行注目礼。土葬时，神职人员主持葬前祈祷，仪式结束后亲友依次将花束投入墓穴，埋棺垒土后各自离去（图 2–3–1）。

图 2–3–1　美国墓园下葬时亲友送葬仪式
来源：作者根据图片绘制

1　勒维柏，厦门市博物馆 . 鼓浪屿地下历史遗迹考察 [M]. 厦门：厦门大学出版社，2014：59.

四、宗教信仰对殡葬的影响

一般的宗教都劝人为善，因为按照宗教教义，人死后都有不同形式的灵魂审判。“天堂地狱说”是所有宗教的信仰内容，人因为怕去地狱，所以生前行善积德。基督教认为人有原罪，后天也易受魔鬼的诱惑而犯罪，故教堂设有忏悔室，让信徒时时检点自己的行为，让自己向善。

宗教种类很多，即使同一宗教也有许多教派。现就中国目前流传最广、信徒最多的几个主要宗教加以分述。

（一）佛教

张骞通西域的一个“副产品”是将源于天竺——印度、尼泊尔等地的佛教引入中国。受日盛的佛教影响，促使“转世再生”观念不断得到传播。人生被看作是痛苦的历程，“苦海无边”，唯祈早日到达彼岸。一生的行为决定逝者是否能够很快得到转世“超度”。这种佛教观念的传播又直接促成丧葬仪式的革命——火葬。唐宋时期火葬已很普及[1]，火葬普及导致厚葬习俗的弱化。

佛教对生死的关怀主要通过“法会”：在佛前坦承自己的罪业，进而行善止恶。这种忏悔仪式被运用到逝者的度亡仪式上，助逝者早日归往极乐世界。

其形式一般于亡后三日设斋，请僧人诵经超度，称作“三日斋”。三日后，丧属捧神牌至寺庙行礼如仪，引领亡魂返家。为了弘扬这种慈悲精神，丧属代替亡者以实物接济，或以膳食供食僧尼，使亡者能够得到布施的福报。此后每隔 7 日为一祭，共 7 个祭日。安排这段时间的目的是让亡灵不再迷恋阳世，尽早适应阴间生活。

以上所述，仪式的规模可大可小，为适应快节奏的现代生活已日趋简化，将头七、七七、百日、周年与三年祭等奠祭活动结合起来一次完成。

（二）道教

道教是中国最古老的本土宗教，追求长生不老、飞升成仙，对现世生活持虚无态度，主张薄葬。[2]

道教有一套独特的礼仪，称为“虞祭”，与佛教相同，以 7 日为一祭，七祭 49 天后，人的死亡或灵魂转化才告完成，使亡者灵魂升上天界。一般道教丧仪分为道场、法场与拨度三种类型。道场主要祈求神明赐福；法场是为个人祈运；拨度纯为亡灵超度。

道教的殡葬祭祀重在避邪驱鬼，求赦生前罪愆。还有为免除生前冤仇而举行的仪式，使亡者不陷入人鬼纠纷，除罪解冤之后，亡者才可轻身羽化，荣登仙界。中国名胜中有许多地方得名于道教的羽化升天故事，如“十大洞天”都是道士修炼登仙之地。

经过两千多年的演变，佛道两教的丧仪内容已互相借鉴合流。有的道家祭坛常把释迦牟尼、

1 王称 . 东京事略 [M]. 济南：齐鲁书社，2000：14-21.
2 罗开玉 . 中国丧葬与文化 [M]. 海口：海南人民出版社，1988：38.

太上老君和孔子的画像同置一堂。在一些大型法会上经常可以看到僧、道、番、尼等比肩登场。目的无非是共同为亡灵消灾除孽、转生善投。

（三）基督教与天主教

基督教与天主教相对佛道教而言，更能坦然面对死亡。天主教相信最早的生命来自创造而非进化，万物神所造，死亡不是结局，而是一种超脱肉体与欲望的解脱，是肉体消失时的灵魂永生。基督教更具体地告诉信徒，灵魂之所以能够得到救赎，是因为耶稣基督用自己被钉在十字架上的死亡来洗刷世人的罪过，只要信仰基督耶稣，就能得到宽恕和救赎，死而复活，灵魂被上帝接纳，享受上帝赋予的永生，永远不再承受原罪带来的惩罚。这种永生理念是建立在信仰上，相信基督是上帝派来用自己的生命和鲜血来偿还信徒的罪债，拯救信徒。

天主教、基督教对临终者也有象征性的赦罪仪式，赦罪仪式增强了人们勇于面对死亡的力量，肉体的死亡象征着灵魂在天国的复活，获得“与主同在”的长久安息。

信徒逝后有一套基本礼仪，但因教派众多而有区别。临终赦罪仪式、入殓礼拜、告别仪式、正式葬礼、入葬仪式和追思会，在西方均为选项，丧属可自行选择。

正统的西方基督徒排斥祖先崇拜，只有基督耶稣才是唯一的不算偶像的偶像。但许多中国基督徒又笃信传统的孝道文化，在崇拜基督耶稣的同时也祭拜祖先，两者兼顾。部分教会认为祖先牌位是重要的文化遗产，需以神格化的方式处理，祭拜弥撒时，常常在十字架下方写上“基督是我家族之主”字样，巧妙地把中西两种信仰文化结合起来。不少地方的天主教会近年来积极推动本地化的福音传播方式，甚至不反对按照当地民间习俗处理丧事。

（四）伊斯兰教

伊斯兰教认为，人死是复命归主，灵魂回归真主；因此称为复命归真，所以人去世是回归真主那里，即“我们属于安拉，必回归于安拉”。

薄葬、速葬、土葬是伊斯兰教的丧葬信仰要求。速葬指通常情况下逝者三天之内下葬；薄葬即不大操大办，丧事从简；土葬一般不使用棺木，直接用卡凡（即裹尸白布）包裹逝者，埋入坟坑之内。丧葬礼仪包括“洗、穿、站、埋”四部分。其中，洗即洗埋体（即洗遗体）；穿即穿尸衣（即白布裹尸）；站即殡礼（为亡者祈祷）；埋即入土。一般在逝者弥留之际，家属要保持室内外肃静，提念清真言作证词，提醒逝者在临终前不要忘记主道，并请阿訇为将逝者念“讨白”，代替将逝者向安拉祈祷忏悔，求安拉宽恕其生前的罪过，若将逝者头脑清楚，亦要求默念清真言。

中国境内的回族一律实行土葬，其墓穴为南北走向的长方形竖穴土坑，深约2米，长2.5米，旁挖侧洞，谓之“偏堂”（即墓穴底向西挖一长洞）或“撺堂”（从墓穴底向北挖一洞穴）。下葬时，由阿訇一人或多人诵读《古兰经》。入葬时，逝者遗体头北脚南面西，平置于偏堂内，并用土块堵严偏堂。先由逝者长子或主要亲人填三锨土，后由众人相帮掩埋。坟坑填好后，坟堆隆起，呈驼峰形或长方形，与汉族的圆形坟截然不同。

葬后，自入土之日起，逝者家属要点香、念经做“杜哇”，在三日、五日、七日、月斋（满一个月）、四十、百日、周年、三年、十年及逝者生辰忌日都举行纪念活动，通常“三日”是炸油香，其他纪念日则邀请亲友及阿訇念经祈祷，举行不同规模的纪念活动。

五、近代殡葬方式的演进

延绵几千年的中国殡葬形式十分庞杂，尽管各个朝代、地区、民族、宗教存在差异，无法形成统一的葬礼，但它们并不彼此排斥。

自有祭祀活动，即有遵从传统法度的“正祀”和违制过度的“淫祀”。东汉末年，曹操明文“禁断淫祀”。近代西学东渐之后，中国知识精英们开始系统地对传统文化进行反思，18 世纪早期，著名法学家沈之奇就对“祭祀”条款进行了批判，认为是“蔓延生乱”。1890 年，陈炽曾作文专批“淫祀”，郑观应、康有为、梁启超等也有类似的批判。[1]

推翻清王朝之后，民国政府不再需要像封建王朝一样通过独尊儒术来证明自己的正统，旧有的殡葬习俗也就失去了传承的基础。在百废待举、内忧外患中，民国政府进行了一些殡葬风俗的改革，个体墓和族墓开始向现代化公墓转化，遗体火化及纳骨设施逐渐推行。大量西方科学知识的传入，提高了国人对人体生命的认识和理解，促使中国传统殡葬不断改革。[2]

胡适在母丧之后发表《我对于丧礼的改革》一文，提出：“现在我们讲改良丧礼，当从两方面下手，一方面应该把古丧礼遗下的种种虚伪仪式删除干净；另一方面应该把后世加入的种种野蛮迷信的仪式删除干净。这两方面破坏工夫做到了，方才可以有一种近于人情，适合于现代生活的丧礼。”[3]

这一时期，不仅胡适对传统葬仪进行了批判，其他许多学者如吴虞等也从墨子薄葬观的角度批判了儒家的厚葬观，并对西方丧葬制度给予了肯定，知识分子开始用西方医学和生理学的知识来解释死亡。

民国政府于 1912 年颁布了《礼制》《服制》，提倡以鞠躬代替跪拜、以黑纱代替丧服等一系列改革[4]，随后又颁布了《国葬法》《中华民国礼制》等法律文件。在国民政府推动下，简约的殡葬方式日益为民众所接受，但一些地方仍然不同程度地保留着旧习俗。这个时期的特点是新旧殡葬习俗并存。

1949 年中华人民共和国成立后，提出“移风易俗，改造中国”的口号，大力提倡殡葬改革。

1965 年政府下发《关于殡葬改革工作的意见》提出四项目标：大力推行火葬、改革土葬、改革旧的殡葬习俗、将殡葬事业统一管理，提倡火葬，丧礼简约化、标准化、科学化，不搞传统礼仪。[5]

---

1 段文艳 . 传统与现代：民国知识分子眼中的民间信仰：以华北方志为例 [J]. 大连大学学报，2005（4）：74-79.
2 彭卫民 .“家”的法哲学建构何以可能？ [J]. 天府新论，2017（2）：39-49.
3 胡适 . 胡适文集 [M]. 北京：北京大学出版社，1998：548.
4 阚玉香 . 北泉议礼及其成果：《中华民国礼制》[J]. 南华大学学报（社会科学版），2010，11（1）：50-53.
5 郑志明 . 中国殡葬礼仪学新论 [M]. 北京：东方出版社，2010：125.

在政府强力倡导下，殡仪馆逐渐代替在家或街道治丧；殡葬流程极度压缩，入殓、奠仪、出殡与火葬在同一天完成。与之配合的礼仪也随之大大简化。新的殡葬礼俗逐渐形成统一的局面。目前，经过多年习俗变革，开追悼会、佩黑纱、献花圈等简约礼仪已被广大群众所接受，火化率也直线上升。

1966 年，殡葬事业一度遭到很大的破坏。20 世纪 80 年代改革开放后，殡葬革新的步伐才明显加快。

1981 年 12 月召开了中国第一次殡葬工作改革会议，提出“坚持殡葬改革工作方向，整顿火葬场，改革土葬和旧的丧葬习俗，大力宣传教育，鼓励群众改革，加强领导，切实做好殡葬改革工作”等措施。

1983 年 12 月，中共中央办公厅批复了《关于共产党员应简办丧事、带头实行火葬的报告》。

1985 年，国务院发布了《关于殡葬管理的暂行规定》，这是我国第一个全国性的行政规章，对遗体火化和墓园建设作出一系列的要求和限制。

1997 年，国务院颁布了《殡葬管理条例》，以行政法规的形式对殡葬改革、丧葬方式、殡葬事务管理等，作出了进一步的规定，自此，中国殡葬管理开始逐步迈入法制化的轨道。

2021 年民政部等八部门联合发布了《关于开展殡葬业价格秩序、公益性安葬设施建设经营专项整治的通知》，强调了殡葬公益属性的定位，为殡葬业清理违规违法行为端正了方向，为健康发展铺平了道路。

六、当代殡葬新局面

中华人民共和国成立后，政府强调殡葬改革，改革是一个生命文化的教育过程，在此基础上进行殡葬礼俗的革新，构建符合现代文明的殡葬礼仪体系。但传统殡葬习俗目前仍以各种形式顽强存在，打醮念经、披麻戴孝的丧事活动在农村和偏远地区随处可见，遗体火化后骨灰入棺再葬的现象也很普遍。

随着改革步伐的加快，百姓消费能力日益提高，殡葬在一定程度上有旧礼复燃现象，坟墓占地面积越来越大，墓穴用材越来越高档，致使不少地方青山白化、环境恶化。一些个人为已逝家属争相圈地，建个人墓园，占地惊人，既浪费土地又带坏风气。甚至有人以丧葬自由为名大办丧事，大搞迷信活动。所有这一切都导致殡葬改革一度滑坡。[1]

当前中国绿色殡葬方兴未艾。广义的绿色殡葬是指充分运用先进的科学技术、先进设备和先进的管理方法，促进殡葬安全、生态安全、资源安全和提高殡葬综合效益。以殡葬模式标准化为手段，推动可持续发展。2009 年，民政部就明确要求全国各地积极推广节地葬和不保留骨灰的绿色殡葬，引导群众保护生态环境，废弃水泥和石材建坟，走可持续发展之路。[2]

殡葬改革中，有的领导人率先以身作则，中华人民共和国成立后不仅没有为祖先修陵造墓，

---

1 朱勇．中国殡葬事业发展报告 [M]. 北京：社会科学文献出版社，2010：20.
2 杨宝祥，章林．殡葬学概论 [M]. 北京：中国社会出版社，2011：350–351.

而且还平掉先祖坟地，交给当地农民耕种，不仅如此，还在生前留下遗嘱，死后火化，不留骨灰。也有的领导人同样留下遗愿捐献角膜和遗体，不留骨灰，撒入大海，表现出彻底唯物主义者的情怀。

传统殡葬具有社会教化、哀伤抚慰和遗体处理三项内容，在殡葬过程中，使人认识到生命的价值和意义，对生命的理解得到道德洗礼。新时代的殡葬应该庄严简朴，丧事简办，因人、因地、因俗而异，重在精神传承。[1]

在管理和经营中，目前尚存在市场垄断和政企不分，缺少竞争机制的不足。期待《殡葬法》尽快出台，使经营权与管理权脱钩，打破垄断，让体制化走向市场化。

目前城市简办的殡葬仪式大致步骤如下：

（1）通知——死亡发生后立即通知丧属。

（2）死亡证书——当值医生填写或公医检验，证实死亡。

（3）发布讣告——以文件形式向亲友报丧。

（4）遗体服饰——整容、换服、除饰。

（5）收送花圈——安排代办、代置。

（6）告别仪式——在殡仪馆举行，签名、发黑纱、吊唁。程序为奏哀乐、致敬、致悼词、遗体告别。

（7）火化入土、入厝——丧属举行简单仪式。

七、网络祭祀

20 世纪 90 年代，由于学习、工作、生活等各种原因，现代社会成为具有高度流动性的社会，由于万水千山的阻隔，奔波各地的亲属虽有祭扫愿望，但无法亲临现场。随着信息化、智能化和数字化技术的发展，开始出现殡葬改革的新事物。互联网发展，在电脑网民增加、城市化加快、居民流动性大、生活节奏快的情况下，网络祭祀适时兴起。

网络祭祀不受时空所限，简便易行。祭拜的墓地分为两种，一种为保存遗体和骨灰的实体墓地，祭拜时网上出现墓地或格位实景。另一种为不保留遗体和骨灰，没有实体墓地，仅在网上出现设计的虚拟墓地。

祭祀时，采用仿真技术，产生身临其境的动感效果。分散在各地的亲友可约定时间集体祭悼。丧属无法出席时，墓园工作人员可代为献花、点蜡、烧香、敬酒、献茶、行礼、朗读等。亲友之间通过平台也可以进行网上互动，通过网页或直播及时对外发布。

目前网络祭祀尚处创始阶段，对于“国之大事，唯祭与戎”[2]的中国，这种网络游戏般的祭祀难以适应国人的心理期待，虚拟性也限制了情感的表达，使人产生疑惧。

网络祭祀目前还在不断发展。元宇宙（Metaverse）的出现带来了更多的可能，它整合立

1　陈士良，蒋涞．从传统殡葬的三大功能看现代殡葬业健康发展 [N]. 联合时报 .2014-01-27（1）.

2　见《左传・成公・成公十三》.

体显示、3D 建模以及自然交互等技术，产生沉浸式虚拟现实，是一种理想化的虚拟系统，它有更好的环境感和互动感，甚至可以“复活”逝者，在“真实”环境中进行生死对话，恳切交谈。

网络平台不仅可用于祭祀，还可以向生命档案馆的方向发展，成为记载个人历史的重要载体。网络祭祀是新兴事物，随着互联网技术的进步和社会生死观念的变化，将推动我国殡葬改革的进程。

八、警惕不良倾向

（1）过度追求超自然的宗教行为而忽略信仰，导致礼仪过度形式化、逐利化。宗教仪式沦为商业行为，例如超度和法事取决于付费的多少，脱离了宗教主旨。

（2）过度依赖物质而忽视精神，有些人会利用丧事规模与奢华来炫富，甚至出现各种光怪陆离的殡葬场面。

（3）物质至上的功利性，使传统丧仪过度强调庇荫子孙、消灾延寿、度厄解困的利益诉求。

（4）缺乏积极的生死文化教养，追求形式，忽视内涵，在行礼如仪的背后丧失人性化的互动，滋生各种利益纠葛。

（5）不能把传统的习俗看作封建陋俗加以全盘否定，应将外在形式与内在信仰结合，通过礼仪强化生命的意义；不能以“从简”的名义匆匆了事，失去纪念生命和抚慰生者的作用。

以上五种倾向是商业社会功利性的反映。生命观念可以求新，殡仪可以简化，重要的是符合人性。祭祖敬宗是为了传承德行事业，把对祖先和天地的感恩融入仪式中去，表达爱和敬的情怀。礼仪背后所蕴含的宇宙观、生命观、价值观和博爱观，才是人们应该追求的目标。

第三章

墓园的出现、分类与发展

一、研究墓园的必要性

墓园（公墓）是经过规划，埋葬逝者遗体或骨灰的专属用地。陵园是为了纪念某一历史事件或纪念有威望人士所设立的墓地，属墓园的一种。

殡葬建筑是特殊的建筑类型，它是 19 世纪后半叶，特别是 20 世纪初，工业化带动城市化的产物。这个时期地缘和血缘构成的社会结构逐渐被瓦解；人口密集的城市无法自宅举丧；环境卫生问题和土地短缺使火葬开始受到重视，得以盛行，火葬场建筑应运而生，早期火葬场的位置靠近教堂，便于与葬礼环节连接，建筑风格也保持了一致。到 20 世纪初，以火葬场为代表的新型殡葬建筑得到了快速发展。新型殡葬建筑包括墓园在内，和一般功能主义建筑不同，“在特定的地点、特殊环境下，用特定的服务方式、特定的服务行为、特定的技术等，为特定的对象服务”[1]。新型殡葬建筑成为具有纪念和教化功能的精神场所。

墓园和纳骨建筑作为死亡文化的实物形态，是人们最后的归属地和承载记忆的场所，是生死的情感纽带，它能触及人们心灵深处的原始情感，唤起人们的归宿感，而不是仅仅庇护遗体和保存骨灰。它体现一个国家的社会、文化和艺术现状，也是人类社会性的集中表现。人们的殡葬观念随着时代进步在不断变化，对墓园设计不断提出更高、更新的要求。

墓园具有强烈的纪念特征，它能体现一个民族文化的软实力和历史轨迹。墓园是殡葬业四大区块中最重要的一块，它的价值体现在纪念、教化与传承。

中国目前社会老龄化问题非常严重，预测到 2050 年，老年人口将达 4.3 亿，占全国人口的 35%[2]，说明墓园的“客户”将不断增长，设施的短缺将无法满足需要。

考虑到老龄化的趋势以及城市发展规划，需从宏观调控、市场化、发展城镇公益性墓园、葬式和葬仪革新四方面入手进行改革。市场需求、科技发展和殡葬新观念也都要求改革。日渐增多的新葬式和祭奠方式也会对墓园的规划设计产生较大的影响。墓园是社会的刚性需求，重要人物逝世也需要奉厝陵园；传统的血统观念使家庭聚葬不断得到延续。

墓地面积的大小由政府引导和市场调节来决定。墓地的小型化、消融化和骨灰留存的立体化已成为世界趋势，在完全市场化的西方也不例外。因受土地供应和墓地价格的影响，加上科学知识的普及、环保意识的增强、节地意识的提升，在相当长一段时间内，如何在传承的基础上探索新型墓园的设计是建筑师面临的挑战。

---

1 左永仁 . 殡葬系统论 [M]. 北京：中国社会出版社，2004：54.

2 2019 年国家统计局发布的最新人口数据。

二、我国墓园的历史与现状

我国墓园（公墓）早在原始社会就已出现。群居的部落成员死后葬在一起，血亲观念出现后转变为一姓一家的家族墓地[1]。

中国近代墓园是受西方文化影响而出现的。早在明清时期，外籍传教士利玛窦、汤若望、南怀仁等 80 余人逝世后均葬在北京（图 3-2-1）。

图 3-2-1　北京，利玛窦等外国传教士墓园
来源：作者根据葛然先生提供图片绘制

1　户力平．北京史上第一个公墓：曾是皇家禁地 长眠近百名人 [OL]. 中华网．（2016-03-31）[2022-1-27].http：culture.china.com/11170621/20160331/22348096.html.

《南京条约》规定，1843 年上海对外开埠，大量西方人士带来西方文化并定居上海。人类的历史就是一部不同文化的交融史，不同文化的交流和碰撞是人类文明的常态。19 世纪的上海是一个中西文化交融的城市。1846 年，英国人建立了当时国内第一座西式公墓——山东路外侨公墓（图 3-2-2），俗称“外国坟山”，到 1868 年时已埋葬 531 名外侨；光绪二十二年（1896 年），公共租界工部局又在静安寺对面建造专供外籍人士落葬的静安寺公墓，它附设上海最早的西式火葬场，将烟道设计成钟塔状，建筑比例造型堪称严谨[1]（参见第十章图 10-1-2）。

图 3-2-2　山东路外侨公墓，“外国坟山”
来源：作者根据图片绘制

上海于 1914 年建成第一座由中国人创办的西方古典式近代公墓——薤露园（图 3-2-3、图 3-2-4），后改名为万国公墓。

图 3-2-3　万国公墓大门
来源：作者根据图片绘制

1　苏中立，陈建林 . 大变局中的涵化与转型：中国近代文化觅踪 [M]. 北京：中国工人出版社，1992：292.

图 3-2-4　万国公墓墓地礼堂
来源：作者根据图片绘制

北京于 1928 年设立西式的万安公墓，投资人兼建设主持人为当时曾在上海英国建筑事务所工作 20 多年的王荣光，他亲自以西方墓园的概念建设万安公墓。[1]

自此，西式公墓打破了传统封建色彩的等级墓葬制，入葬者不分地位高低，一律平等，于是普通民众的传统墓地逐步由分散野葬和家族墓园转向现代公墓，成为城市殡葬业的重要选项。但在广大农村地区，传统土葬仍然是普通百姓的主流选择。

中华人民共和国成立后中国的墓园建设基本上分为四个阶段。

1. 中华人民共和国成立至 1966 年

中华人民共和国刚成立，政府就提出"移风易俗、改造中国"的号召，根据城市建设的需要，对原有公墓进行搬迁、改造、清理。同时整顿乱埋乱葬，开始推广火葬，建设新墓园。

2. "文革"时期（1966 年至 1976 年）

全国公墓作为"封资修"的批判对象，遭到了严重破坏。

3. 恢复期（20 世纪 70 年代末至 80 年代初）

各地相继恢复了被毁的公墓，政府出台一系列政策强调依法管理，开始重视殡葬文化。

4. 发展期（20 世纪 80 年代中期至今）

改革开放后，火化率提高，殡葬法规进一步完善，民营经营性公墓得到发展，城市公益性

1　《北平香山万安公墓章程》："惟公墓之组织，其制创自欧西，实较吾华族葬为完备。"　周吉平 . 北京殡葬史话 [M]. 北京：北京燕山出版社，2001：247.

墓园的建设也日益受到重视。殡葬改革的步伐明显加快，绿色环保节地葬开始推广。

中华人民共和国成立后，中国殡葬业发生了巨大的变化，加速了土葬向火葬的易俗；简陋的火葬场已变成现代化的殡仪馆；烟气直排发展为环保火化炉和机器人消毒；互联网＋和3D打印等新技术得到推广；文明祭祀取代了披麻戴孝、打醮念经，近来又进一步从默哀一分钟、三鞠躬、转一圈的告别仪式逐渐转为守灵、追思、入炉的现代文明葬礼。从碑林丛丛的传统墓地变成人文纪念园；绿色殡葬日益推行，生命文化得到扩展。

70多年来，我国新建和改造了不少墓园；从业人员素质得到提高，从冷漠转为认识到从事的是服务生命的崇高事业；适应现代生活的殡葬业已形成，墓园设计水平得到了很大的提高，取得了一系列成就，实现了中华人民共和国成立初期提出的“移风易俗、改造中国”的目标。目前中国的快速发展，正在不断助推殡葬业的进一步改革。

随着我国社会老龄化，城市葬地逐渐枯竭，资源矛盾日益凸显，大城市居民目前只能舍近求远到中小城市寻地入葬。祭拜高峰时，大量扫墓人群往返奔波，交通拥堵不堪。

我国多数墓园生态化指标偏低，耗地多、硬质化程度高。传统墓地即使按照每穴1平方米计算，加上配套和公共服务设施用地，每年全国至少要消耗10平方公里的土地。墓园规划时往往缺乏对环境、地形、生态和植被的科学分析和有效的管控利用；相互观摩抄袭，造成墓园形式千人一面；环保节地葬没有与环境很好地结合，无助于整体环境品质的提高。

一方面政策的滞后导致墓园建设的迟缓、行政效率的减弱和供求的失衡。另一方面城市公益性墓园建设的滞后，使墓地价格杠杆中少了一个制衡的力量，过度严控又导致矛盾激化和墓价上涨。

中国目前经营性墓园的投资主体是社会资本，容易被某些人利用政策的缺位来攫取“垄断暴利”。有些墓园不但垄断了墓地和骨灰格位的价格，还垄断了丧葬用品的销售。尽管政策减免了一部分费用，但百姓的实际支出仍超出预算，暴利恶名常由政府买单。

墓园在经营管理上还存在一些薄弱环节，主要是墓园的公益性未能彰显，没有处理好政府公益性、市场公益性和社会公益性之间的互补关系，缺乏一个明确的殡葬公益规则和法律。如城镇公益性墓地缺乏，把城镇户口的居民归为经营性墓地的销售对象，农业户口的居民归为公益性墓地的销售对象，“双轨制”带来的价格差造成城市墓地价格虚高。许多城镇居民千方百计到近郊公益性墓地安葬。一些农村公益性墓园也想尽办法突破价格和销售对象的限制，为了利益，迎合了这种需要，扰乱了市场。[1]

政府虽然出台奖励政策，鼓励环保生态葬，但推广乏力，常常徒有“生态”之名，却无生态之实，沦为宣传概念，遗体土葬的需求仍然旺盛。

严控的结果还忽视了良俗的延续，哀思得不到宣泄。可喜的是，近几年墓园建设和经营受到越来越多的社会关注，政府也出台了一系列政策和法规，力图匡正乱象。在这个过程中也涌现出一批有理想、有情怀、有社会担当的企业。

1　一空小编．中国殡葬迎来新生：一团乱麻如此解 [OL]. 一空网．（2018-01-09）[2022-01-27].http：//www.yiko.org/article/130.

需要重视处理好政府主导与市场支配、公益性与市场性的关系。殡葬业资本化问题无法回避，市场化是殡葬改革的趋势，市场的本质是开放竞争，竞争带来价格抑制，应鼓励业者提供优质服务。

法律缺失使社会资本难以依法进出殡葬市场，没有资本的进入何谈市场的健全和品质的提升？事业化管理的现行体制很难适应市场化竞争。应坚持改革开放，进行管理体制的改革，鼓励社会资本进入殡葬业、增加土地供给、尽早出台适应市场经济的《殡葬法》，取消“双轨制”，政企分开，管办分离，杜绝垄断，严禁权力寻租，让竞争机制主导市场，控制供需。随着法制健全，在宏观调控下，中国的墓园建设一定会走向更加健康的发展道路。

三、墓园的出现和类型

墓园 cemetery 源于古希腊文，原义是“睡眠地”。墓园亦称公墓，即公众之墓。墓园是具有一定规模，经过规划，处理成埋葬遗体和骨灰，具有纪念功能的专属区。墓园能反映出文化、景观、建筑、环境、艺术和社会形态的时代特征。从无序埋葬到墓园出现是人类文明的一种进步。

人类的殡葬起源于旧石器时代的灵魂观念与血缘观念，体现对逝者的尊重。最古老的墓葬出现在距今约 75000 至 20000 年前，穴居的游牧猎人将同伙中生病或受伤者，留在路途中的洞穴中康复。为防野兽，以石块封闭洞口，不能康复者被永久封闭，成为后人考古的宝藏，如北京周口店龙骨山顶的山顶洞人。到了新石器时代，先民从洞穴走向平原台地，进入母系氏族社会。

最初人们不了解死亡，死后不掩埋，后来因为疾病传播及亲情，担心遗体风吹日晒、被野兽叼食，于是出现了最早的定点集中土葬，即原始的氏族墓地。每个氏族都有自己的公共墓地，早期的氏族墓地没有夫妻墓，男女死后分别入葬于本氏族的公共墓地。

这时的原始村落，活人与死人分开，分别为居住区和墓葬区，因为人最终都要进入墓区，所以历史上最早的城市被称作“遗体的城市”，直到今天，墓区还被称为“无声的城市”（city of the silent）。

建筑与殡葬有着密切的关系，“东西欧建筑始于坟墓。我们能承认的作为建筑留存下来的最早建筑物，是殡葬建筑——陵墓”。[1]

丧葬习俗各地不同，但不同的文化常有相似的习俗，例如北美印第安人与中国人都主张墓穴不可移动，故称“安葬”；埃及人及玛雅（Mayan）人、阿兹塔克（Aztec）人都为重要人物建金字塔；中国山东的堆墓也类同金字塔。它们都有许多相似之处。

1 COLYIN H.Architecture and After-life[M].New Haven：Yale University Press，1991.

（一）中国墓园

从山顶洞人算起，已有 18000 年历史，最早的墓园出现在 6000 年前的仰韶文化时期，陕西高陵区发现 5500 多年前一处墓园面积约 9 万平方米。一人一墓（因无夫妻合葬墓）的杨官寨公共墓地，埋葬了 2000 多具尸骨，它应该是中国发现最早的氏族墓园。[1]

随着奴隶制的解体，到了新石器时代晚期，氏族墓园逐渐转化为以父系家族为基础的家族墓地。据《周礼》记载，家族墓地出现后，家庭从母系变成从父而居，女子的地位从属于男子，死后合葬，一起进入家族墓地；不久又出现了有权有势的群体，于是出现了贵族“公墓”，它与平民的“邦墓”分开。春秋战国之后，出现了更高规格的帝王陵墓，同时家族墓葬也得到了发展，代代相传，自成体系。

封建社会的帝王和贵族为自己修建陵园。陵园由三部分组成：地面拱起的陵墓、安放棺椁和陪葬品的地宫，以及为生者祭祀用的建筑。

平民墓葬，除了宗族墓地外，都是散布各处，大小不一的单体坟墓，形不成墓园。

家族墓地后来演变为宗祠墓地，中国人重视“落叶归根”，逝世后希望回乡安葬。为逝者提供葬地是家乡子孙的义务。

随着封建社会城市经济的发展，城市人口越来越多，唐代长安人口已超过百万。城市人口多，对墓地的需求也必然增加，于是出现了与家族墓地共存的公共墓地。洛阳北面的北邙山，因为交通方便，环境好，所以公共墓地、家族墓地、帝王陵墓以及朝野名人墓均在此聚集。中国墓园从传统的遗体土葬发展到现在的遗体 + 骨灰葬，进而走向公园化，目前正在向人文纪念园的方向发展。

（二）西方墓园

早期人们对死亡的认知处于朦胧状态，那时的殡葬活动与原始崇拜有关。太古社会无论东、西方都崇拜太阳，因为太阳带给人们温暖以及万物生长，对太阳升起的东方怀有特殊的感情，世界上许多殡葬建筑的布局与此有关。西方最古老的坟墓出现在新石器时代的欧洲，例如公元前 4800 年法国的布贡（Bougon）古墓。

公元前 3200 年的爱尔兰新庄园（Newgrange）古墓（图 3-3-1、图 3-3-2），外形类似中国的“馒头坟”，只是体量较大，供多人入葬。新庄园古墓占地 1 英亩（约 4047 平方米），直径 85 米，高 13.5 米，用 97 块巨石在地面锁边，进入入口后有 20 米长的通道，通道尽头有三个墓室，入口上部开口，每年冬至日（12 月 19—23 日），太阳穿过开口直射长 20 米通道尽头的墓室，让墓室充满阳光，说明古代西方农耕民族崇拜太阳，期待丰收。

---

1 王炜林，杨利平，胡珂，等 . 陕西高陵杨官寨遗址发现庙底沟文化成人墓地 [N]. 中国文物报 .2017-02-10（001）.

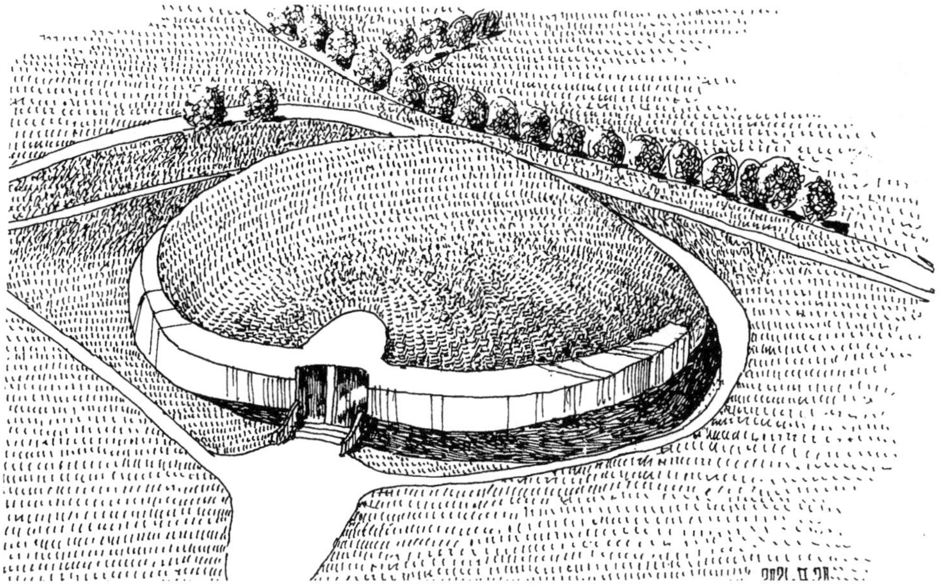

图 3-3-1　爱尔兰新庄园古墓
来源：作者根据图片绘制

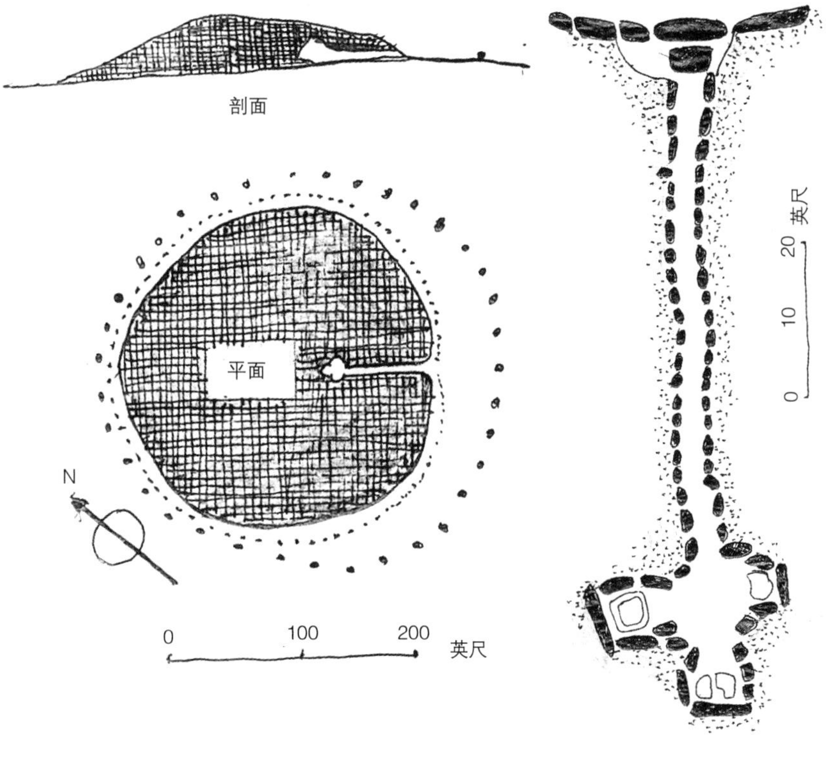

图 3-3-2　爱尔兰新庄园巨石墓平面及剖面示意图
来源：作者摹绘；张浩 . 思维发生学：从动物思维到人的思维 [M]. 北京：中国社会科学出版社，1994：284.

西方的死亡观是基督教灵魂说的一部分。从中世纪开始，西方的逝者都埋葬在生前进行礼拜的教堂或修道院内外，因为在西方人心目中，墓园是教堂之外最接近天堂的地方。墓穴离教堂远近反映逝者生前在教区地位的高低，教士和贵族的遗体置于紧靠教堂的室外墓地，只有尊贵的教主、圣徒和名流贵族才被安置在教堂内部，越靠近圣坛的位置越尊贵。

经过几百年的发展，到了 18 世纪，教堂周边不断恶化的墓地环境，影响了附近居民的健康和生活。同时随着城市的发展，教堂墓地愈显局促，难以扩容，只能向郊区扩展，于是出现了西方最早的经营性墓园。这是城市发展的必然结果。

（三）西方早期墓园发展的两大类型

1. 紧凑密集型墓园

随着城市化进程的加快，郊区墓园又逐渐被扩大的城市所包围，逝者与生者的争地矛盾再起，人们又开始寻求新的共存之策，于是紧凑密集型墓园出现了。它们是市场化的产物，在面积受限的墓园内，由排列紧凑、彼此关联、大小不一的商品化墓地组成，细分为两种类型。

（1）精致型墓园

这种墓园单独设立，也有将原来教堂附设的松散型墓地改造成密集型墓园，在道路分割的区块内划分出大小不一、紧密相连的狭窄墓葬地块。密集型墓园的墓基往往被淡化，突出的是各式各样非建筑的艺术墓碑。莫斯科新圣女公墓（Новодевичье Кладбище）是这种墓地的典型代表（详见附录 B）。

（2）微城市型墓园

一方面城市中墓地稀缺；另一方面人们生前生活在城市，死后希望继续享受城市生活，于是促成微城市型墓园的产生。墓园像缩小版的住宅区，按照城市规划的模式，划分出狭窄密集的道路系统，把墓园分割成许多大小不等的墓地出售，在建蔽率高、绿化率低的基地上，建成一座座彼此紧邻的微建筑，作为收纳棺木或骨灰的墓室。墓区道路两边布满阴宅，每座阴宅都是各式建筑风格的缩小版、彰显个性的小“豪宅”，有的配以天使和守护神雕塑。遗体棺木或骨灰盒保存在墓室或地下。

精致密集型墓园突出的是艺术化的墓碑，微城市型墓园突出的是密集相连的古典阴宅微建筑。建于 1822 年的阿根廷布宜诺斯艾利斯雷科莱塔公墓（Recoleta Cemetery）是微城市型墓园的代表（详见附录 B）。

2. 自然景观型墓园

从自然崇拜开始，人类有向往大自然的天性。中世纪欧洲教堂墓地不堪重负后，有人建议把墓地迁往郊区，回归自然。

18 世纪中期英国风景式造园风靡欧洲，对当时求新求变的欧洲墓园设计产生了很大的影响。19 世纪初，人道主义兴起带动了墓地设计的再一次改革，强调要还逝者以尊严。欧美于是开始大范围设计风景式墓园，否定墓园的城市属性，强调它的园林属性，于是微城市型墓园逐渐式微，自然景观型墓园兴起，让逝者融入自然。墓碑再一次成为墓地的主角，墓碑设计受到重视后，开始进一步艺术化。建于 1804 年的法国巴黎拉雪兹神父公墓（Pere Lachaise）是欧洲第一座风景式墓园（详见附录 B）。[1]

自然景观型墓园可归纳为以下四种类型：

（1）乡村式墓园（Rural Garden Cemetery）

乡村式墓园是受英国造园艺术的影响形成的一种田园式墓园，它摆脱了传统墓地的模式，建在土地宽阔的郊区，利用多变的地形、葱郁的林地和蜿蜒的溪流，在自然曲折的道路上，有景可借，有花可赏。墓穴的大小形状随地形而变，竖立各式各样彰显个性的墓碑。这种墓园一出现就广受公众认可。

19 世纪 30 年代美国在乡村式墓园的基础上，开展了“新墓地运动”，强调用浪漫主义手法创造田园景观型墓园，满足逝者埋葬和活人游憩两方面的需求。其中最著名的当属建于 1831 年的美国波士顿奥本山墓园（Mount Auburn Cemetery），它是世界上第一座自然主义风格的乡村墓地（图 3-3-3）（详见附录 B）。

图 3-3-3　奥本山墓园墓地
来源：作者根据图片绘制

1　孙播 . 西方墓园空间形态的发展及演变 [J]. 上海工艺美术，2011（2）：93-95.

（2）草坪式墓园（Lawn Cemetery）

这种墓园的产生是为了克服乡村式墓园不适于工业化要求以及过高的维护费用和过于杂乱的墓碑而出现的。它深受当时现实主义和印象主义的影响，多了些理性，少了些浪漫。特点是追求简洁和单纯，出现大片可以自由穿行的草坪，墓穴统一排列，以庄严的整体感来突显纪念性（图 3-3-4）。

图 3-3-4 草坪式墓园
来源：作者根据图片绘制

（3）纪念式墓园（Memorial Cemetery）

第一次世界大战导致大量平民和士兵死亡，战后，人们的生死观发生了很大的变化，各国纷纷兴建纪念墓园。设计受到极简派的影响，采用低矮或平卧石碑，用简练的抽象手法来表达对和平的渴望。它比草坪式墓园更加突出整体性和纪念性。相对于前两种墓园，纪念式墓园更注重环境气氛的营造和对生死主题的阐释，但在追求永恒的同时略显冷漠。[1]

（4）森林墓园（Woodland Cemetery）

森林墓园又称自然墓地（Natural Burial Ground），自古即有，14 世纪日本哥山县高野山墓地已被联合国教科文组织列入世界遗产名录（图 3-3-5）。20 世纪 40 年代开始，环境保护日渐受到重视，到 90 年代中期，首次提出自然葬的概念，森林墓园开始受到广泛关注。生态环境保护理念是森林墓园产生的基础。

森林式自然墓园都极力弱化墓葬痕迹，保护墓地的生态多样性，埋葬此处的遗体采用可降解材料制成的棺木或将骨灰直接入土，或容器入葬，没有人工墓碑，以树代替，或以植物或平放在地上的小石板，木制牌匾作为纪念物。墓园内尽量减少机动车以保持静谧，对墓园原有的自然环境作最大限度的保留。自然葬对遗体不做防腐处理，以免对土壤和地下水造成污染。代

1 黄仙梅 . 传统墓葬文化与现代生态墓园建设 [J]. 经营管理者，2017（17）.

图 3-3-5　日本高野山墓地
来源：作者根据图片绘制

表作是列入世界文化遗产名录的英国柯尔内森林墓地（Colney Woodland Burial Park）。

森林葬的纪念树一般采用乡土树种，常常考虑花期或是果实成熟时，恰是逝者的忌日。墓园经营者除了修剪树木，让出行走的小路之外，一般任由植物自然生长，鼓励丧属把哀思寄托在墓地景观上。

森林墓园的管理各异，但都不鼓励丧属在墓地放置花束，因为会破坏整体原生态的观感。森林墓园一般都有一座木构的悼念堂，人们来这里举行各式悼念活动，观赏四周的原生态景观，也可作为亲友聚会的地方。森林墓园往往成为向公众开放的林地公园。

自然安葬的森林墓园目前仍然处于萌发阶段，它的进一步发展需要政府、墓园经营管理者和丧属三方的共同配合，共同推动。

森林墓园比前述几种模式具有更丰富的生态要素，但也反映出人对自然的过度退让。建筑师在现代森林墓园规划中，应该有所作为。

四、墓园的性质分类

就性质而言，墓园又分为帝王、贵族墓园，宗族、家族墓园与村葬墓园，特色墓园，公共墓园四种。

（一）帝王、贵族墓园

东、西方帝王贵族墓园的共同点是耗资巨大、规模宏伟、位置显赫、环境优美、坚固耐久。墓地建筑显示出精湛的工艺水平、创造智慧和艺术才华，给后人留下极其丰富的物质和文化遗产。

1. 中国的帝王墓园

在中国历代帝王心目中，陵寝是至高无上和神圣不可侵犯的，即所谓“圣天子孝先天下，首重山陵”[1]。中国帝王墓园包括陵墓及其附属建筑，合称陵寝。自夏至清三千余年，帝王408人[2]，陵寝一百多座，延绵不断，为我们留下许多宝贵的历史文物。[3]

中国人信奉“事死如事生”，人死“永归幽庐”，秦汉时棺椁的多重制（多层椁）扩大成椁墓[4]，后来从椁墓又演变成椁室墓，愈加趋近于生前的堂室宫殿建筑，实现“幽庐”的理想。历代帝王也都殚精竭虑地营造自己的地下世界，冀死后能延续生前的舒适生活和显赫排场（图3-4-1 ~图3-4-3）。

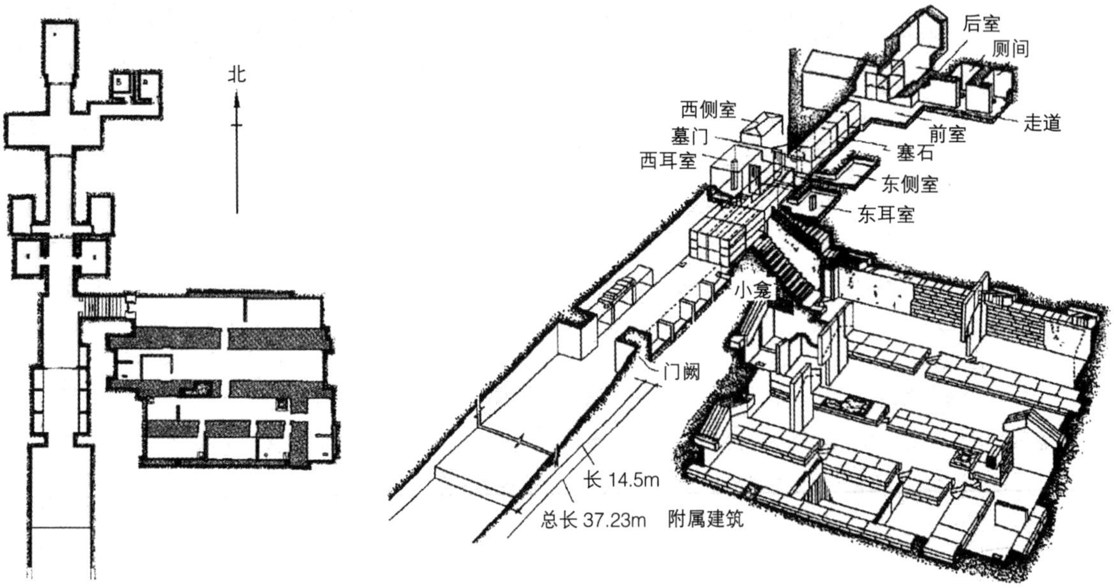

图3-4-1 西汉楚王墓
来源：齐东方．阴间与阳间：墓葬与建筑 [J]. 世界建筑，2015（8）：30.

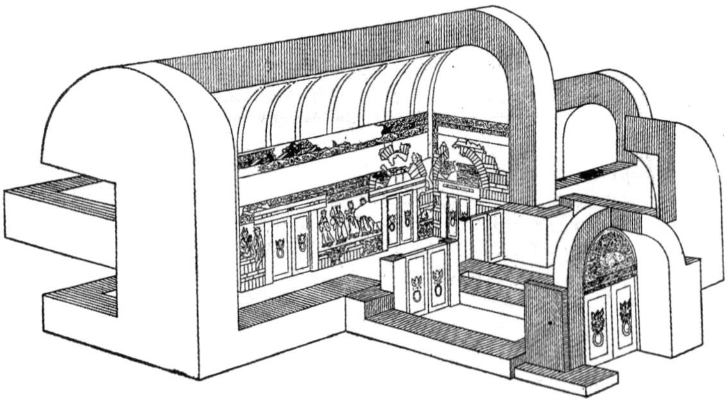

图3-4-2 河南密县打虎亭二号东汉壁画墓
来源：齐东方．阴间与阳间：墓葬与建筑 [J]. 世界建筑，2015（8）：30.

1 李万贵．清东陵文粹 [M]. 北京：中国铁道出版社，1998：44.
2 从秦始皇算起，一直到清宣统帝，再加上诸如李自成、张献忠、洪秀全甚至袁世凯在内，共408位。
3 王俊．中国古代建筑 [M]. 北京：中国商业出版社，2015：97.
4 例如西汉马王堆一号墓。

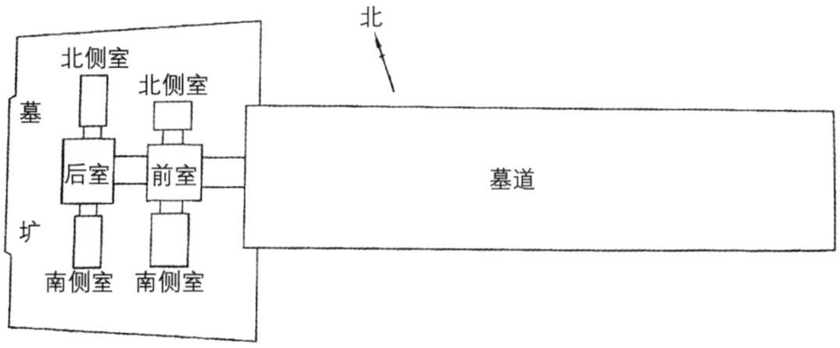

图 3-4-3　河南安阳西高穴村曹操的高陵
来源：齐东方 . 阴间与阳间：墓葬与建筑 [J]. 世界建筑，2015（8）：30.

秦汉帝陵是封土夯筑的高坟，规模宏大，平面复杂。秦始皇陵为中国历史上第一位皇帝的陵寝，建于公元前 247 年至前 208 年，占地 120750 平方米，是迄今世界上规模最大、结构最奇特、内涵最丰富的帝王陵墓之一。一般富有人家的墓葬也有前堂、后室、庖厨、仓库等。地下墓室宅第化是当时普遍的做法。[1]

魏晋时期，战乱和盗墓盛行，破坏了秦汉时期留下来的墓葬传统，人们开始否定厚葬，主张薄葬，墓葬的形制也发生了变化，地面取消了建筑和石雕，地下多室墓变成单室墓。魏晋以后的墓葬又创造了新形式，单室墓依旧，但构造日益讲究。

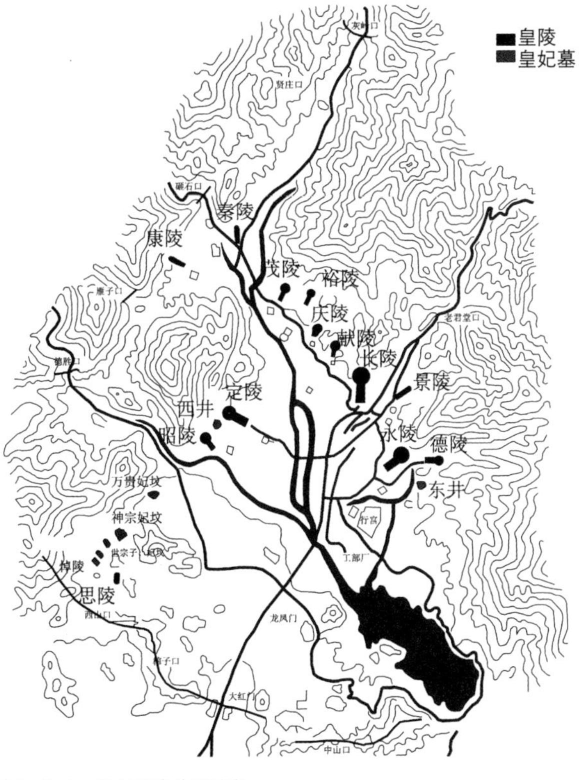

图 3-4-4　明十三陵总图示意
来源：侯仁之 . 北京历史地图集 [M]. 北京：北京出版社，1988：37.

不管墓地如何演变，死后要享受阳间生活的愿望始终没变。

唐陵特点是“依山为陵”，著名的有关中十八唐帝陵。

南京明孝陵，清东、西二陵等，都是我国帝王陵园的代表。

目前最著名的是建于 1409—1645 年，占地 40 平方公里的明十三陵，是世界上埋葬帝王最多的皇陵墓地，入葬明朝 13 位皇帝，其中规模最大的为长陵朱棣墓。[2]英国著名学者李约瑟认为，明十三陵是建筑与风景艺术结合的最伟大杰作（图 3-4-4）。

陵寝由地上、地下两部分组成，地上早期为黄土夯实，堆高坟丘，尊称“陵”，明朝改坟丘为建筑。地下部分的平面为方形或“亞”字形，主要放置棺柩和陪葬品，称“地宫”。地宫开始模仿宫殿，采用“前

1　齐东方 . 阴间与阳间：墓葬与建筑 [J]. 世界建筑，2015（8）：29-33.
2　明朝第三位皇帝，开创“永乐盛世”。

朝后寝”的布局。[1]

除此之外，陵寝四周分布了祭祀区、神道和护灵监。“陵寝以风水为重，荫护以树木为先”[2]，所以皇陵四周林木繁盛，周边挖沟筑墙，保护皇陵。[3]

古代人逝后盛装入殓，棺外又层层设椁保护，但尸体难防腐，唯有西部气候干燥地区，经过防腐，个别尸体可以千年不腐。近年发掘 3800 年前西部罗布泊附近古楼兰出土的小河公主墓，用毛毯包裹的公主躺在船形棺木中，不仅尸体完整，而且衣着至今时尚，堪称奇迹（图 3–4–5）。[4]

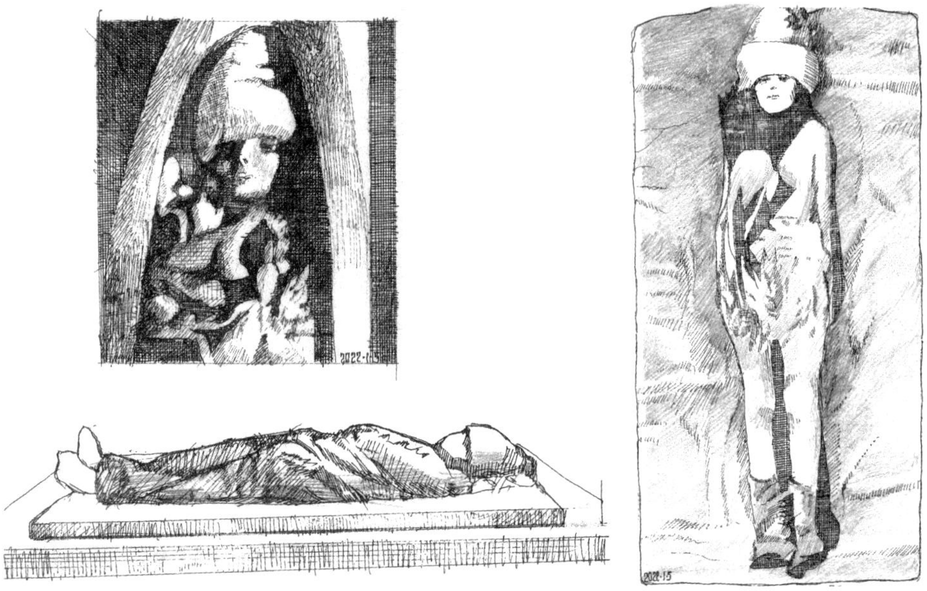

图 3–4–5　塔里木盆地罗布泊附近古楼兰地区小河公主墓，3800 年前
来源：作者根据图片绘制

古代因盛行厚葬，故帝王陵墓中往往有大量奉养的殉葬品，如各种青铜器、漆器、玉器、陶器、酒器、乐器、食器、车辆、工具等。秦始皇陵的地下部分仿都城布局，四周分布许多殉葬墓、陪葬墓和从葬坑，其中著名的是兵马俑。

从墓中发掘的陪葬住宅明器中，可知东汉时期民间已建有多层楼房（图 3–4–6）。

但是中国历史上许多帝王，如刘备、成吉思汗等的陵墓找不到。主要原因在于他们筑墓时绞尽脑汁防盗，采取例如流沙墓[5]等防盗措施，故后人不易发现。

1　刘振礼 . 旅游地理 [M]. 天津：南开大学出版社，1987：159.
2　王其亨 . 风水理论研究 [M]. 天津：天津大学出版社，1992：141.
3　张威，朱阳 . 遵照典礼之规制配合山川之胜势：清永陵建筑艺术成就评析 [J]. 哈尔滨工业大学学报（社会科学版），2003（1）：110–113.
4　小河公主墓出土于 2004 年罗布泊西南的一条古河道旁，棺木由胡杨木制作。画面可参考纪录片《新丝绸之路》第 1 集。
5　流沙墓是在墓道和墓室周边填塞巨量细沙，盗墓时必须淘沙，沙可流动，自动填补，故盗墓者见流沙无穷尽时只得罢手，帝王墓得以保存。

明长陵[1]地上建筑占地 12 万平方米，前方后圆，由三进院落组成，最后一进占地 4400 平方米[2]，巍峨高大的祾恩殿坐落在高 3.13 米、有三层汉白玉栏杆的基座上，重檐庑殿，屋顶上覆金黄色琉璃瓦，建筑面积 1956.44 平方米，面阔九间、进深五间，代表九五之尊。殿内立不涂漆的 60 根直径 1.17 米的金丝楠木巨柱。在现存古建筑中，它的规格最高。[3]

清帝早先实行满族火化遗俗，入关后自康熙起下令禁止火化，与汉民族的丧葬习俗融合，实行遗体土葬，陪葬品丰厚。1661 年，顺治在关内河北遵化开始修建清东陵。清东陵的修建历时 247 年，占地 80 平方公里。清帝陵在规划布局上讲究建筑序列，在陵的前段一般常设神道、石象生、龙凤门、孔桥、碑亭、陵院大门、方城、明楼、宝城等礼制性建筑，它们依次升高，互相配合，其大小、高低、远近、疏密均以“百尺为形，千尺为势”的原则进行视觉控制，将山川形胜纳入周边景观，成为建筑的对景和衬景。陆续建成 217 座宫殿牌楼、15 座陵园，先后葬 5 位皇帝，是中国现存规模最大、体系和布局最完整的帝王陵墓建筑群，被列入《世界遗产名录》（图 3-4-7 ~图 3-4-10）。[4]

1729 年，雍正打破了“子随父葬”的祖制，在易县又建西陵，占地 800 平方公里，永宁山下易水河畔，风景秀丽、环境幽美，乾坤聚气，藏风纳气，这样极好的地形能阻挡西北风沙寒流，迎纳东南阳光雨露，14 座陵寝掩映在松林之中，陵区内有千余间宫殿建筑，每座建筑均严格遵循清代建陵制度，是中国现存最完整、距今最近、保存最好，集清代皇家建筑精华的建筑遗存。[5]这里先后埋葬了雍正、嘉庆、道光、光绪 4 位皇帝，9 位皇后，57 位妃嫔，还有王爷、公主、阿哥们，共计 80 人，被列为世界文化遗产（图 3-4-11）。[6]

无论东、西陵，都是气势宏伟的祥瑞之地。

图 3-4-6　定陵（布局紧凑，叠落有致，产生序列节奏感）
来源：作者根据图片绘制

1　明成祖朱棣与皇后合葬墓，号称明十三陵之首。
2　王培英 . 北京模拟导游 [M]. 北京：北京大学出版社，2013：110-115.
3　石琳，徐宁，孙伟 . 论徽州传统家具设计中的“礼”的思想 [J]. 赤峰学院学报（汉文哲学社会科学版），2016（6）：223-225.
4　吕连琴 . 中国旅游地理 [M]. 郑州：郑州大学出版社，2006：168.
5　掌上易县 . 世界文化遗产——清西陵 [OL]. 搜狐网 .（2019-09-13）[2021-12-13].https：//www.sohu.com/a/340673343_100024128.
6　高欣 . 揭秘清西陵守陵人 [J]. 兰台内外，2012（2）：20-21.

图3-4-7　河南焦作白庄6号墓的陶制明器(东汉时期)
来源：作者根据图片绘制

图3-4-8　昭西陵(孝庄墓，暂安奉殿，后改名昭西陵)
来源：作者根据图片绘制

图3-4-9　万佛园(位于定陵之西，供奉万尊金佛，万佛生辉)
来源：作者根据图片绘制

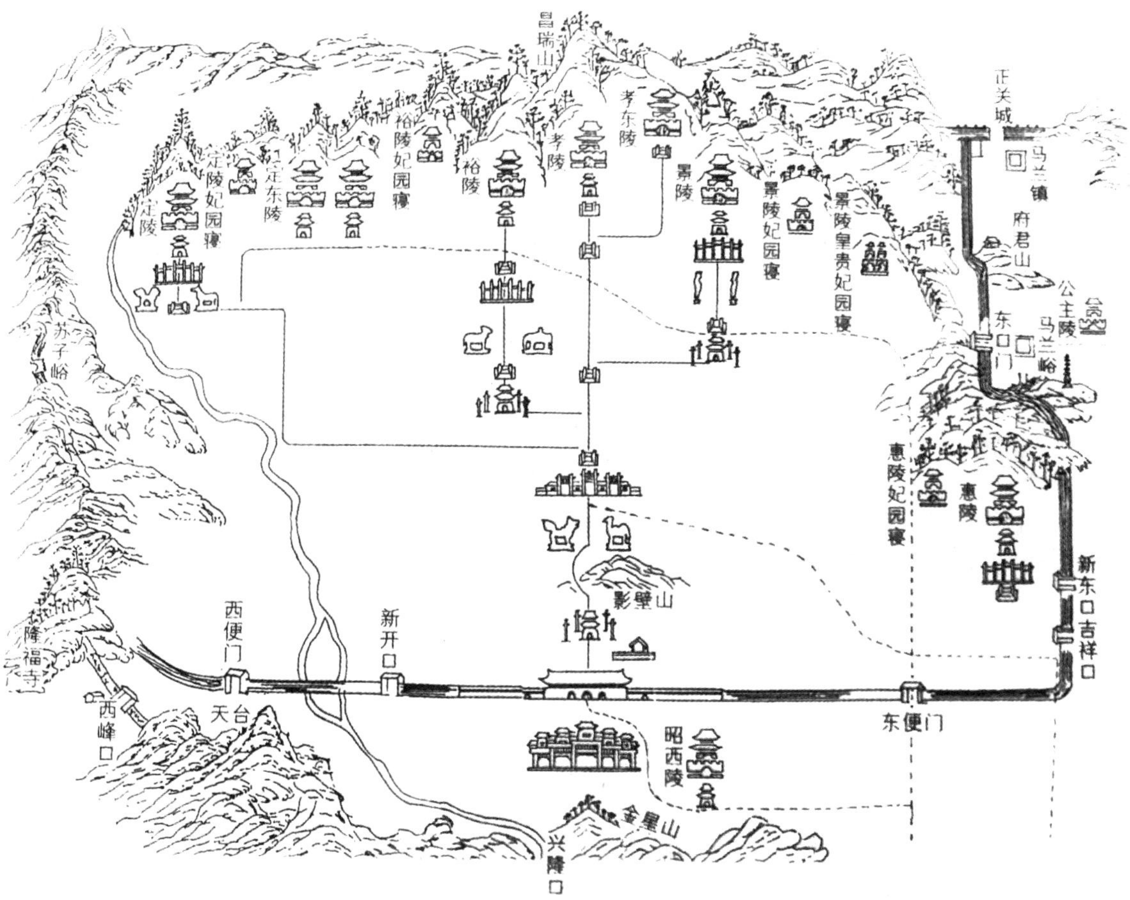

图 3-4-10　清东陵全景示意图

来源：于善浦 . 清东陵 [M]. 北京：中国建筑工业出版社，2016：5-7.

图 3-4-11　清西陵

来源：作者根据图片绘制

2. 古代埃及的金字塔和帝王谷

埃及、美洲，多地有金字塔，其中埃及最多，达 110 座。最大的胡夫金字塔高达 146.5 米，约建于公元前 2580 年，由十几万名工匠花费 20 年时间，用几十吨的大小石料堆成。金字塔是古埃及国王（法老）、王后及王室成员的陵墓，塔内有廊道、阶梯、厅堂，还有二道通风洞，被称为世界奇迹。随着王朝的分裂衰败以及盗墓盛行，后来的法老们舍弃了金字塔，改为埋葬于帝王谷（图 3-4-12、图 3-4-13）。

图 3-4-12　胡夫金字塔
来源：作者根据图片绘制

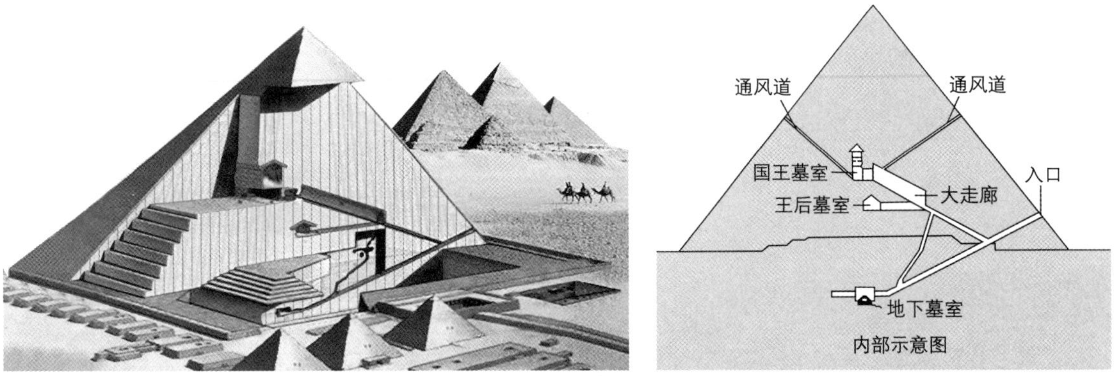

图 3-4-13　胡夫金字塔剖面示意（左）；金字塔内部示意图（右）
来源：作者根据图片绘制

尼罗河西岸的山谷里，有 60 多座 3000 年前从山体岩石中凿出来的古埃及法老墓葬群，人称“帝王谷”。谷中最大的是沙堤一世的墓，入口墓道直通墓室，水平距离 210 米，垂直高差 45 米。入口开在半山腰，墙壁和天花布满壁画，装饰华丽。[1]

帝王谷法老墓葬群，集中坐落在绵延数百公里、面向尼罗河的险峻山谷中，背后是不易攀登的群山，附近荒无人烟。古埃及法老墓彼此靠近的目的是便于守护防盗，尽管如此，也无法逃脱被盗的命运，法老墓早被洗劫一空，遭到严重破坏，但残留的巨大廊柱仍然显露出昔日的威严。

未被盗的一座保存完好的岩墓中，墓里堆放着 50 多具陪葬的木乃伊和 5000 多件随葬品，

1　郭方 . 看得见的世界史：世界简史（上）[M]. 北京：石油工业出版社，2018：40-45.

其中有雕像、战车、太阳船、珠宝、武器、饰物、家具、绘画和 3000 多件做工精细的宝物，以及精雕细琢的金丝楠木棺材。法老墓中还堆放着大量陶器和精美的丝织品及女性木乃伊。这些殉葬品的发现说明古埃及法老和中国皇帝一样，期待逝后仍能继续享受（图 3-4-14、图 3-4-15）。[1]

图 3-4-14　古代埃及的帝王谷（一）
来源：作者根据图片绘制

图 3-4-15　古代埃及的帝王谷（二）
来源：作者根据图片绘制

3. 古代希腊、罗马的帝王陵墓

古希腊、罗马人认为只有为逝者举行葬礼才能安抚逝者，坟墓也极为朴素，入葬后仅立墓碑，但常伴有音乐、美食、戏剧、演说及诗歌朗诵，祭祀活动往往成为一种民俗文化活动，而帝王们的陵墓则是极尽奢华，成为标榜功绩的纪念碑。

1　罗菲 . 环球探险（上）[M]. 长春：吉林人民出版社，2010：175.

（1）古希腊摩索拉斯国王墓（Mausoleum at Halicarnassus）

摩索拉斯是古希腊加利亚的国王，生前模仿希腊神庙为自己和王后设计了夫妻陵墓。该墓建于公元前 359 年，毁于大地震，坐落在 39 米 ×33 米、高 19 米的基座平台上，上部被 36 根高 11 米的爱奥尼克柱廊围绕，顶部为金字塔形屋顶，顶尖立有四匹骏马拉动的双轮战车，彰显摩索拉斯的显赫战功。整栋建筑由白色大理石建成，高达 45 米，十分宏伟壮观，为世界七大奇观之一（图 3-4-16）。[1]

图 3-4-16　古希腊摩索拉斯国王墓
来源：作者根据图片绘制

（2）古罗马皇帝哈德良陵墓（Hadrian Mausoleum）

哈德良是古罗马时期一位显赫的皇帝，亲自设计自己的陵墓并于公元 139 年监督施工。该墓平面为圆形，三层主体建筑被一圈柱廊所围绕，坐落在边长 115 米的方形底座上，顶上立有哈德良皇帝的雕像，陵墓内部四周的庭院构成空中花园，有一个可 360° 俯瞰罗马城的大露台。整栋建筑布满雕像，十分坚固地坐落在平面为星形的岩石底盘上，地形险要，能抵御外来侵略。建筑面临台伯河，精美的艾笛斯桥正对大门，桥上有类似中国的石象生，立 12 尊堪称精品的天使雕像分列两旁，成为欧洲艺术精品。陵墓建成后，陆续入葬多位皇帝及眷属。墓室集中在建筑的核心部分，平面十分复杂。

两千多年来，陵墓经过多次变动，曾为军事堡垒、监狱、罗马教皇的宫殿，目前已成为罗马的博物馆（图 3-4-17、图 3-4-18）。

1　赵鑫珊 . 墓地是首雕塑诗：对欧洲墓地雕塑的艺术思考 [M]. 天津：百花文艺出版社，2013：121.

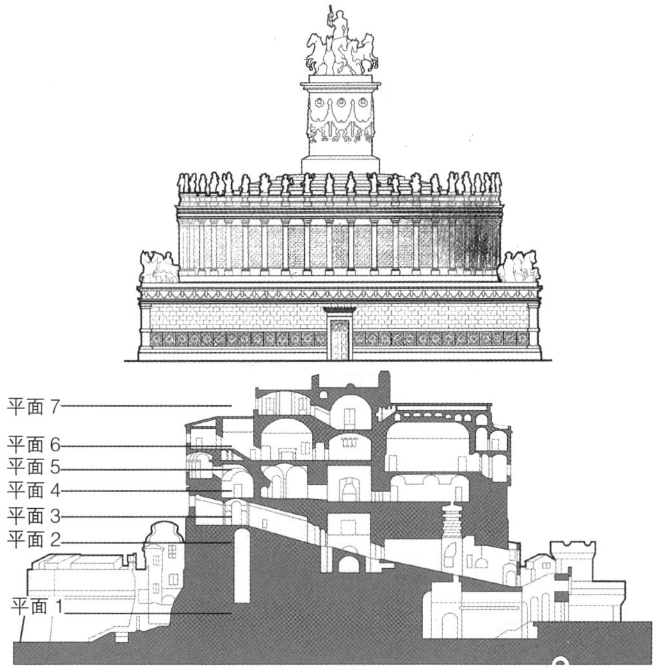

图 3-4-17　哈德良陵墓立面和剖面
来源：作者摹绘自圣天使堡博物馆（Castel Stant’Angelo）网站资料，
castelsantangelo.beniculturali.it.

图 3-4-18　古罗马皇帝哈德良墓
来源：作者根据图片绘制

（二）宗族、家族墓园与村葬墓园

聚族而葬是中国的千年传统，《周礼》中就有族墓的记载，这种血脉相承、生死相守的古老风气延续至今。中国人浓厚的家庭观念和深情的故土眷恋促使宗族墓园逐渐向家族墓园和村葬墓园转化。如何把这种聚葬观和现代殡葬结合是一项需要研究的命题。

1. 宗族墓园

原始社会就出现了族群墓地。当时没有国家，只有族群。为了抵抗外族侵略和自然灾害，族人必须团结成命运共同体。族群集体是个人和家庭生存的保障，逝后必然希望葬在一起。这种成员个体与群体之间的关系是氏族公共墓地的社会基础，它是以血缘关系为基础，个人和家庭为单位建立起来的大型墓园。安葬同信仰、共命运的同族人，这种氏族墓地亦可称为宗族墓地，一般不葬入配偶，也不殉葬外族奴隶和俘虏。魏晋南北朝，随着氏族大户的兴起，宗族墓园的发展达到了高峰。

这种聚族而葬的宗族公共墓地随着社会演变和奴隶制的解体，以宗族为单位的墓葬制度逐渐瓦解，进化为小范围以血缘关系为基础，以家族为单位的家族墓园。因为家族具有极强的生命力，故家族墓地在中国墓地中能够延绵久远。

中国古代的宗族墓园常伴有祠堂。祠堂始于西汉，建造的目的是方便供奉和祭奠，传承礼德、团结族人。祠堂是我国民间传统文化的重要组成部分，它培植“孝敬”文化，淳善风俗（图 3-4-19、图 3-4-20）。

《葬书》中有“枯骨得荫，生人受福”之说，国人相信祖先墓地的优劣会影响到子孙的命运。中国社会重视祠堂建设，明代嘉靖年间尤盛。哪怕为生活所迫，迁徙到遥远的南洋、西欧，他们逝后仍然会千方百计“落叶归根”回葬故里。宗族墓地一般设在祠堂附近。两者共同被视为族人的“根”，借它祈福，使宗族昌盛，几千年来这个传统一直延续并受到

图 3-4-19　中国祠堂（一）
来源：作者根据图片绘制

图 3-4-20 中国祠堂（二）
来源：作者根据图片绘制

尊重。

宗族墓园一般建在环境好的地方，布局规整有序，墓位排列井然，占地较大。中国最大的宗族墓园是孔子家族的专属墓地曲阜孔林，占地 3000 多亩，葬有坟冢十万余座，是世界现存最古老的宗族墓地。随着时代进步，族群观念日益淡薄，宗族结构日渐松散，甚至解体。

宗族观念积极的一面是重视宗族精神，发扬优良传统，团结互助，传承和发展乡俗文化。但这种历史形成的宗族势力容易助长社会攀比风气，一旦被操弄，会成为社会的危害。因此国家禁止新建或者恢复宗族墓地，但历史上已形成的宗族墓园，作为文物遗存，应受到保护。

2. 家族墓园（家庭墓园）

又称茔园，它是以家庭为纽带，几代人“子随父葬，祖辈衍继”，按照血缘亲疏、左昭右穆、尊卑有序的原则，埋葬本家族男性成员及其配偶（有的甚至连配偶都不得入葬），不埋葬外嫁的女性。按男性计算世系，规整有序，墓向一致地排列墓穴。其规模远比宗族墓园为小。[1]

古今中外，家族墓园很多，它具有团结友爱、尊老爱幼的作用。许多家族规定：有作奸犯科、娶妻未育者，死后不得入葬，以规训后代遵纪守法、多生子女，兴旺家族。家族墓园强调的是亲情和归属感（图 3-4-21、图 3-4-22）。

1 储九志 . 中国旅游景观概论 [M]. 北京：中国林业出版社，1995：253.

图 3-4-21　美国奥本山墓园家庭墓地
来源：作者根据图片绘制

图 3-4-22　台湾家庭墓地
来源：作者设计及绘制

中国历史上遗留下来的家族墓园遍布各地，著名人士如汤显祖、梁启超、梅兰芳等都有自己的家族墓园。国外一些名门望族也都有自己的家族墓地。英国戴安娜王妃（Diana Spencer）即入葬娘家斯宾塞家族墓地（Spencer Family Cemetery）（图 3-4-23）。

图 3-4-23　戴安娜家族墓园
来源：作者根据图片绘制

近年由于家庭小型化和火化的推行，为了节约土地，出现了各种容纳骨灰的小型家族合葬墓或家族骨灰柜取代家族墓园（图 3-4-24）。它们占地小，容量大，一个家庭可共享一个墓基或一个大型骨灰柜。

图 3-4-24　金宝山日光苑家庭骨灰柜
来源：作者根据图片绘制

3. 村葬墓园

随着宗族与家族制度解体，出现了村葬。这是我国广大农村最流行的一种葬式，村葬墓园是指不分男女老幼和姓氏家族，一村人葬在一起的公共墓园，象征着生前死后大家在一起，从而增强村民之间的互助友爱。这种村民葬在一个公共墓地的方式，避免了四处分散埋葬，造成土地的浪费和地貌的破坏。随着农村的发展，村葬墓园已演变为今天的农村公益性墓园。

（三）特色墓园

以祭祀为特征的“礼”是维系中国传统社会伦理和道德纲常的重要手段。历代帝王无不通过设立坛台、祠庙祭祀天地、日月和山川等自然神祇，证明自己的合法性并为国运祈祷。他们还通过修建孔庙和关岳庙，祭祀和配享孔子、关羽和岳飞，以确立道统和忠义观念。此外，各个王朝还以建祠、立坊的方式褒扬勋功、彰表节孝，以此教化社会。

辛亥革命之后，传统礼制在民国时期经历改造，自然崇拜被扬弃，孔子崇拜遭到新文化运动的质疑，而关岳崇拜也让位于为民国建立捐躯的先烈们的祭祀。有祭祀功能的纪念碑、纪念像，乃至纪念馆成为向大众宣传革命历史、革命偶像和现代社会精英，以及塑造国民集体记忆的新方式。近代的特色墓园是指为某个特定事件、特殊人群，或者为战争、战役设立的纪念墓地。它们可以独立，也可以是综合性墓园中的一个墓区。通过悼念发挥着匡正人们伦理道德、行为规范和思想情操的作用。在颂扬人性光辉时应避免将逝者神格化。

这类墓园和纪念馆的设立，大部分反映了后人对历史人物与事件的看法，带有时代烙印，在很大程度上与各个历史时期人们的立场和价值观有关。

从传统的礼制建筑转向现代礼制性墓园或纪念馆，“体现了崇奉方式和对纪念物识别性要求的改变。即从封闭空间转向公共空间；从碑刻文字的指示，到纪念碑造型的象征和纪念像的形象表现；从地点与时间都是固定的祭祀转向公共空间中‘非专注’的接受；从祭祀者对被祭祀对象的奉献到纪念者接受被纪念者的激励或教导”[1]。

1. 名人墓园

坟墓是人类记忆和敬拜需要的产物，名人墓更属于文物遗存和历史见证，“其人虽已没，千载有余情”。它具有缅怀和文化传承的功能，同时具有一定的旅游价值，文化资源可以用来为社会服务。

宋庆龄墓园和陈独秀墓园为国内著名的名人墓园。前者位于上海万国公墓，占地 180 亩的宋氏家族墓园内；后者位于安庆市，占地 1.37 平方公里，安葬着这位中国新文化运动的旗手和中国共产党的创始人。

墓园也可以开辟独立的名人墓区（图 3-4-25），名人墓区的设立有助于增加墓园的历史厚重感和文化积淀。

2. 烈士墓园

烈士墓园是特殊的墓园（图 3-4-26）。“没有伟大的人物出现的民族，是世界上最可怜的生物之群；有了伟大的人物，而不知拥护、爱戴、崇仰的国家，是没有希望的奴隶之邦。”[2] 为历史上曾经创造过英雄事迹的人士，如岳飞、白求恩等树碑立传，设立个人墓园、专属墓地、馆、塔、亭、碑是必要的。通过这类建设，弘扬逝者的人生轨迹、贡献和悲壮命运。

---

1 赖德霖 . 民国礼制建筑与中山纪念 [M]. 北京：中国建筑工业出版社，2012：94.
2 陈子善，王自立 . 郁达夫忆鲁迅 [M]. 广州：花城出版社，1982：15.

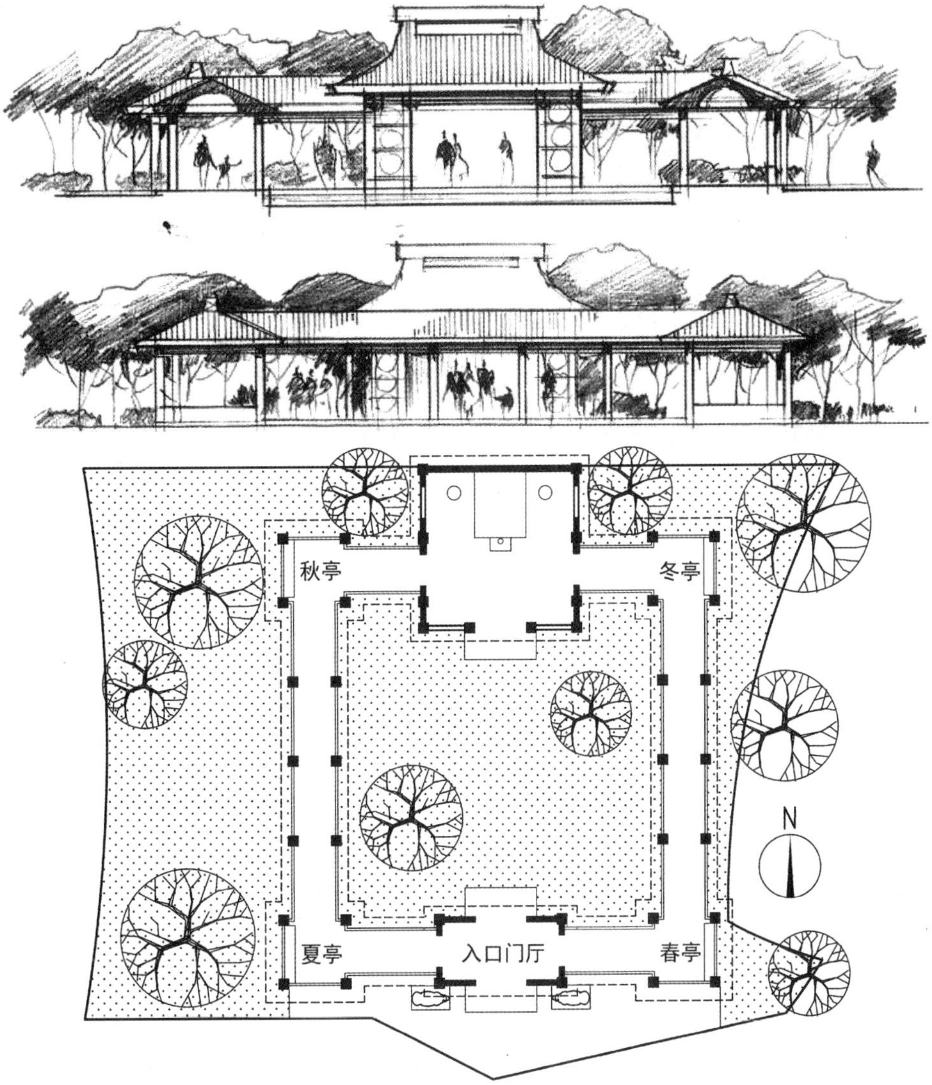

图 3-4-25　金宝山墓园中的名人独立墓设计
来源：作者设计及绘制

图 3-4-26　青海省格尔木市烈士陵园
来源：作者根据图片绘制

1943 年建成的湖南衡山南岳忠烈祠和 1945 年建成的云南腾冲县抗日烈士陵园是我国最早的国殇墓园。前者占地 20 亩，后者占地 80 亩，除了烈士墓之外还有纪念塔和忠烈祠，二者目前均已成为全国重点文物保护单位。

也可修建像黄花岗七十二烈士陵园（图 3-4-27）、雨花台烈士和歌乐山烈士陵园等群体性纪念陵园，成为爱国主义教育基地，提供给人们一个缅怀烈士的场所。

3. 礼制墓园

烈士墓园悼念的是一个个为伟大事业献身的鲜活生命，提倡为国牺牲的价值观。礼制墓园（有悼念功能的纪念馆）缅怀的是事件本身，是集体生命谱写值得记忆的悲壮故事，重在叙事性。

清雍正十年（1732 年），诏各省会地建贤良祠[1]，将“持躬正直，奉职公忠，树绩建勋，完明全节”有功于国家的模范官员集体入祀；除了群祀外，还设功臣的专祠，如林则徐、曾国藩、左宗棠、李鸿章等。

图 3-4-27　黄花岗七十二烈士陵园
来源：作者根据图片绘制

清光绪年间马尾中法海战失败后建昭忠祠铭记。民国承清制，在各地建英烈祠。中华人民共和国成立后，各地建纪念馆，较引人注目的有侵华日军南京大屠杀遇难同胞纪念馆（图 3-4-28）、5·12 汶川特大地震纪念馆、威海甲午海战纪念馆（图 3-4-29）。

国人感念滇缅公路抗战时被日军切断，在海拔 7000 米的高峡谷中开辟举世闻名的驼峰航线，以坠机 500 架、牺牲 1500 名中美飞行员的沉重代价，向我国运送了大批急需的抗日军用物资，为了纪念这一壮举和牺牲的飞行员，设立了纪念园。这些均可视作礼制祭祀地。此时，祭祀功能重点转向纪念功能。

1　赵尔巽主编《清史稿》卷八十七，志六十二，礼六（吉利六）；第 2603-2604 页。

图 3-4-28　侵华日军南京大屠杀遇难同胞纪念馆
来源：作者根据图片绘制

图 3-4-29　威海甲午海战纪念馆
来源：作者根据图片绘制

依靠举国体制，官方建立了这些礼制墓园（纪念馆），每年政府派员公祭，借此提醒国人缅怀历史，牢记教训，不忘国耻，树立正确的家国观。它是一本厚重的“教科书”，是民族觉醒的启蒙点。

4. 军人墓园

古希腊著名政治家伯里克利（Pericles）说过，为国捐躯的英雄是“生命的顶点，也是光辉的顶点”，为国牺牲的战士不管是国家元首还是无名小卒，都值得被纪念，受到人民的缅怀和国家的褒奖。美国海外无名烈士公墓是军人公墓的范例，所有现役及战功显赫的退役军人，不分军阶等级，上至三军统帅下至普通士兵，均可入葬。墓穴和墓碑规格统一，平等地葬在一起，享有同等的荣誉。[1]我国粟裕大将生前要求逝世后不举行遗体告别，不举行追悼会，不进

1　耿法 . 中国杂文当代合集 8[M]. 长春：吉林出版集团有限责任公司，2013：95.

名人墓园，将自己的骨灰和共同战斗牺牲的战士们葬在一起，令人敬佩。

北京已建国家军人公墓，让民众有一个寻找感动和敬重英雄的地方，在缅怀牺牲军人的同时提高了军人的社会地位。

军人墓园的墓碑造型不宜雕饰过多，只有简洁才能显出军人的刚毅，也只有简单的个体才能构成宏伟的整体，产生震撼人心的气势和军人的威严。过多雕饰不仅增加成本，也难以推行（图 3–4–30）。

图 3–4–30　北京八宝山军人墓园
来源：作者根据袁林女士提供图片绘制

5. 警示墓园

这种警示墓园深具教育意义。一个民族如果漠视伤痕，忘记曾经的疼痛，残酷的历史可能会重演，我们需要用曾经的苦难让自己冷静，用历史教训来提醒自己。

冤案与法治文明历来同行，设立警示墓园的目的是彰显社会法治的自我洁净以及当政者对人民基本权利的尊重，提高人民对法治的信仰。

世界各国均有类似纪念馆，例如美国写着“不让事件重演”警句的萨勒姆纪念馆（Salem Museum）[1]（图 3–4–31）、挪威受害者纪念馆（Steilneset Memorial）[2]（图 3–4–32）、

1　1692 年，美国萨勒姆（Salem）村流行一种怪病，医治难愈，怀疑是女巫所致，导致 150 人入狱，最终 19 人被绞死，形成冤案。后设立纪念馆，展示当年冤案过程，目的在于警示人们记住教训，不再重犯历史错误。

2　位于挪威一个小岛上，为纪念 17 世纪被怀疑为女巫，钉在桩上烧死的 91 名受难者而设。纪念馆由两部分组成，第一部分为松树枝做成的框架中横卧一个矩形蚕茧，里面是长长的一条走道，两侧开 91 扇窗。每扇窗口都亮有一盏灯，代表每名受难者被迫害的故事，希望他们“破茧再生”；第二部分的主题是诅咒、平静、爱戴。

德国慕尼黑的达豪集中营纪念馆（Dachau Concentration Camp Memorial Site）[1]。警示墓园的价值在于提醒人们反对迫害、尊重人权，爱惜生命，不盲从、不附恶、不作孽。

图 3-4-31　美国萨勒姆纪念馆
来源：作者根据图片绘制

图 3-4-32　挪威受害者纪念馆
来源：作者根据图片绘制

1　“愿历史的伤痛不再降临。”慕尼黑达豪集中营是纳粹于 1933 年建造的第一座集中营，由焚尸炉、毒气室、火化场、活人实验室、枯骨雕塑、深沟、高墙及瞭望台组成，21 万人被囚，其中 3.2 万人被迫致死。纪念馆真实展现了战争灾难和法西斯的罪行。

6. 少数民族墓园和回民墓园

在少数民族聚居地区应设立专用墓园，尊重他们保持或改革自己丧葬习俗的自由。他们的土葬习俗应被允许。

信仰伊斯兰教的回民实行土葬，应单独设立墓园。

7. 华侨墓园

为了满足海外华侨，港、澳、台同胞“叶落归根”归国入葬的愿望，从 1988 年始，各地建华侨墓园，由民政部与侨务部门共同管理。为尊重华侨的殡葬习俗，允许棺木土葬和传统葬仪。

8. 专业人士墓园

为某一领域牺牲的专业人士而设立的墓园，如黄山黟县梓路园主要为纪念我国牺牲的登山运动员而设，兼对社会开放；坦桑尼亚中国援坦专家公墓；埋葬柴可夫斯基（Пётр Ильич Чайковский）、鲍罗丁（Алекса́ндр Порфи́рьевич Бороди́н）、格林卡（Михаил Иванович Глинка）、陀思妥耶夫斯基（Фёдор Михайлович Достоевский）等艺术家的彼得堡艺术家墓园，都属于这一类。这些专业人士的墓园也是名人墓园。大型综合性现代墓园往往设专业人士的专区，如艺术家专区、教师专区、城市建设者专区等。

9. 宠物墓园

市场经济下，为精神需要而豢养宠物，借此缓解压力，已成为一种生活方式。宠物的生命期很短，主人必须面对善终处理的问题。自古即有宠物墓园，古埃及、以色列和欧洲均有，说明人类很早就把宠物视作亲密的朋友。

截至 2019 年，日本有宠物墓园 600 家。[1]美国 1896 年由热心者捐资在纽约设立第一家宠物墓园——哈茨戴尔宠物墓园（Hartsdale Pet Cemetery），迄今已埋葬 7 万多具遗体，其中包括名人豢养的宠物和历次战争中为国捐躯的战犬。

在墓园中心位置设立第一次世界大战中英勇牺牲，伴有头盔和军用水壶的德国牧羊犬青铜雕像（图 3-4-33），上书“缅怀我们的战犬”，表达对效忠于人类的战犬的感恩与爱。

宠物墓园是纪念所有服务于人类的宠物，分享人与宠物之间感情的场所。哈茨戴尔宠物墓园每年 6 月都举行特殊的仪式，以鲜花和默哀来纪念这些忠犬义猫。

我国越来越多的人也将宠物视为生活伴侣，2021 年登记的犬猫超过 1 亿只。[2]宠物虽然给人们带来快乐，但遗体携带大量病菌，逝后随意掩埋会污染环境。因此应建立宠物墓园，将宠物遗体无害化处理后埋葬，这既是宠物主人感情的需要，也是出于卫生防疫的要求。

---

1 根据日本宠物陵园协会统计的数字：丸山ひかり．ペットとお墓に…難しい事情「霊園や寺に断られた」[OL]. 朝日新聞．（2019-04-05）[2022-06-30].https：//www.asahi.com/articles/ASM423TRDM42UTIL014.html.

2 根据中国畜牧业协会宠物产业分会大数据平台制作，于 2022 年 1 月 18 日正式发布《2021 年中国宠物行业白皮书》（消费报告）资料。

图 3-4-33　人犬情未了。哈茨戴尔宠物墓园的纪念第一次世界大战前线英勇战死的德国牧羊犬青铜雕像，人们通过纪念它来纪念所有服务于人类的宠物
来源：作者根据图片绘制

宠物墓园和纳骨所应有 3 ~ 5 年的年限规定，根据日本经验，宠物养主期满很少续约。国内应根据国情需要制定相关的法规。

（四）公共墓园

自古以来，政府为逝者提供有偿或无偿墓地是一种义务，我国墓园隶属民政部门管辖，制度设计的初衷是把公共墓园作为公园设施向全社会开放。公共墓园分为经营性和公益性两种。

1. 经营性墓园

经营性墓园是为城镇居民提供遗体（骨灰）安葬有偿服务的公共墓园，特点是市场化运作，是对公益性墓园的补充。市场竞争促使墓园服务品质的提升，同时也带动公益性墓园的改革。[1]

（1）按经营主体区分

①民营墓园。投资以营利为目的，经政府批准后设立的民营墓园，客户通过一次性购买，获得遗体、骨灰墓地或格位的使用权，应有使用年限的规定。

②公办民营墓园。各级政府或公有制单位将殡葬用地进行改制，提供土地、负责监管，但不介入经营，由民营企业和社会机构负责日常管理和运营。公办民营墓园有以下三种模式：

- 承包式：政府根据协议，将墓园的经营管理权承包给社会经营者，承包的经营成果归政

1　赖添珍，唐琳，郑伟强，等 . 经营性墓园用地土地使用权价值评估探讨 [J]. 中国房地产估价与经纪，2015（4）：61-64.

府所有，承包人享有《承包合同》规定的权益，政府监督运营。

- 租赁式：政府将殡葬用地交给社会经营者承租使用，经营者享有收益权而非所有权，按《租赁合同》的规定，向政府支付租金，政府监督运营。

- 合营式：根据双方资金、资源及人力投入的比例，确认双方在服务管理上的权责范围，形成合作关系，社会经营者获得相应的回报。

（2）按形态区分

①综合经营性墓园。这种墓园提供综合性服务，既有土葬又有各式纳骨葬和生态环保葬以及售后服务。

②单一葬式的经营性墓园。这种墓园只提供一种葬式服务，如只做草坪葬、土葬，或仅经营纳骨建筑。单一性墓园管理比较简单。

2. 公益性墓园

中国古有义冢之设，是由官府、族人或慈善团体出资，以薄棺殓尸埋葬无主尸体的公坟，它是一种专为寒士和贫穷百姓提供的社会福利设施。宋代有社会救助的漏泽园[1]，明太祖洪武三年（1370 年）下令各郡县设义冢，清代义冢更为普及。[2]

目前国内公益性墓园指的是由政府主办，不以营利为目的，免费为本地城镇或农村居民提供入葬服务的一种福利设施，公益性墓园姓“公”，只能公益化、普惠化，而不能市场化。因为土地为划拨，地方政府出资或集资建设，一般不对外地居民服务。目前国内公益性墓园的主要实施地区为农村，城镇公益性墓园尚在起步阶段。经营性墓园为了社会责任，也应拨出部分地块作公益性墓区。

无论中外古今，为城镇居民提供基本的殡葬服务是地方政府的责任。每个城市的纳税居民都有权享受这种福利。目前国内城市公益性墓园建设滞后，入葬条件限制过多，致使城市居民逝世后只能高价入葬经营性墓园。公益性是殡葬业的核心属性，它牵动着百姓的社会福祉和兜底保障，国家已将公益性墓园列为未来殡葬设施建设的重点，优先发展。

城市公益性墓园建设不仅可以抑制殡葬“暴利”，解决“死不起”的问题，而且在推动殡葬改革方面也能发挥引导作用。公益性墓园有多种形式，应将监管者和拥有人角色分开，防止“权力寻租”，滋生腐败。

公益性墓园应尽量利用荒山瘠地，合理使用土地，并承担推广生态节地葬的重任。规划设计力求简洁避免铺张。公益性墓园要谨防见利弃义，忘了初心。

2012 年《城市公益性公墓建设标准》（征求意见稿）、2017 年初《城市公益性公墓建设标准》颁布后，城市公益性墓园的发展有了依据。

---

1 徐度．却扫编 [M]. 北京：中华书局，1985：207–208；张国庆，阚凯．辽代佛教赈灾济贫活动探析 [J]. 内蒙古社会科学（汉文版），2007（3）：41–45.

2 杨宝祥，章林．殡葬学概论 [M]. 北京：中国社会出版社，2011：38.

第四章

墓地的配置与葬式

墓园随着墓葬行为的发展而出现，由多个分散的墓地组成。墓地是埋葬遗体、骨灰或遗物所占的地块；葬式是指对遗体和骨灰的处置方式。

一、墓地的组成

墓地一般指“坟”或“墓”。坟指堆土高出地面的葬地。墓指死者入葬后不筑坟头，土地推平，即所谓“墓而不坟”[1]。今人坟墓二字连用，不作区分。

墓地是为逝世的个人、夫妻、家庭、家族群体合用的专属葬地，埋葬的不仅是躯壳，而是安放我们的记忆、情志、认知，体现一个家庭、社会和国家的观念价值。它只是一个寄托思念的物质中介，信仰的精神寄托以及它所产生的抽象的“永恒”价值。具体由墓基、植栽、配件三部分组成。

（一）墓基

埋葬遗体或骨灰的坟墓所形成的实体称“墓基”，意即墓地的基本件，它可以高出或持平地面。

遗体葬时，先将遗体送进棺木，棺木埋入事先挖好的墓穴中。将已盛遗体的棺木放入一层或多层由各种材料制成的棺椁中，再行入土封顶，用土或建材筑成凸显或与地面持平的墓基，便于人们辨认。

（二）植栽

中国古代历来重视墓地的植栽，甚至把植树多少作为墓主人的等级表征，等级高者墓地往往树木森森如林。[2]

面积允许时，墓地一般种植针叶类常青树，寓意绿色相伴、生命常青。应进行科学的多树种配置，发挥综合的生态效应。

西方墓地常与花艺结合，结合植栽和花卉的墓碑设计不仅美观，而且给墓地带来浓厚的艺术性和文化表征，但要考虑花期和养护成本。

---

1 “凡葬而无坟谓之墓。”扬雄 . 方言 [M]. 上海：商务印书馆，1936：134.
2 罗开玉 . 丧葬与中国文化 [M]. 海口：三环出版社，1990：74–75.

（三）配件

墓地配件是指除了墓基之外的硬件设施，没有固定的种类和数量，配件具有时代性和等级性，非每个墓地所必须。

1. 墓碑

广义说，以石为载体的铭刻均视作碑。勒石为碑记事记言在我国已有两千多年历史，葬处立碑是中国几千年的墓地标配。墓碑是亲人情感的寄托物，也往往是逝者籍贯、经历和性格的记录载体以及颂扬先人功德的纪念物。

中国在两万年前就已经出现保存尸体的“棺材”[1]，掩埋棺材时，地面是没有标示的，即所谓“墓而不坟”，后来才推土为坟，下葬棺木时需要有助力装置，于是长方穴的四角或两旁立木，木柱上挖圆孔装辘轳牵绳，牵拉棺材徐徐下降入土，入土之后，木桩有的就随之埋入地下，有的被利用来做标记供辨认。有了文字之后，在木桩上书写逝者身份资料而成木碑。利用木桩做木碑易烂，后改成石柱，石柱上仍挖称作“穿”的圆洞牵绳。为了便于刻字，圆柱形逐渐变成扁形，随着记载文字的增多，扁形石柱越来越长，墓碑于是成形。

我国西部地区特克斯河流域，一万多年前就有人类繁衍生息，突厥部落在此驰骋，当地人入葬后，就地立石，上刻象形文字或人像，便于辨认[2]（图 4-1-1）。

图 4-1-1　新疆小洪海石人
来源：作者根据图片绘制

后来慢慢把住房建筑的一些部件，如屋顶、栏杆等，作为装饰物加在墓碑上。墓碑由功能物件转化为文化载体。其形态、质地、纹饰也逐渐多样化。其大小、材质和装饰程度表明逝者的身份地位。

墓碑后来演变成逝者家族世系的功德“荣誉状”，与铸器刻铭、颂功记德的传统一脉相承。总之，墓碑的出现是人类情感表达的需要，是爱与敬的载体，是人类文明进步的物质表现。当

1　中国古人用厚重的草木、树枝等将遗体遮蔽，埋葬野外，称之为树枝棺，后来发展成木材制成的棺木。
2　位于新疆特克斯河流域，留有大量守望千年的石人遗产。此处为突厥部落活动区域，元代成吉思汗次子封地。

墓碑和其他记事碑文综合形成追怀生命的一种制式，“制度、观念和重大事件是还原历史的最基本条件，只有当我们聚焦个体人物的遭遇和故事时，历史才变得鲜活起来”[1]。

墓碑的材料多种多样，但多数因不耐腐而被弃用，石材耐久，故几千年来被广泛采用。

传统式墓碑的格式和内容各地不同，没有严格的规定，常见墓碑的内容如下：

（1）注明墓所在位置和朝向（以天干地支表示），一旦遭受破坏可重新立碑。

（2）逝者原籍，表达不忘祖先和对故土的眷恋。

（3）逝者姓名写在墓碑的中心显要位置，字体较大。合墓时男左女右，先考仅用于家族中身份最高者，考是男性尊称。显考用于家族中身份次高或显要者。女性以妣代考，称“先妣”或“显妣”，考和妣一般代表的是父亲和母亲，墓碑中的“故”字仅表达对逝去者的怀念和尊敬。现代改用“慈父、慈母”或“父、母”等取代。

（4）逝者的生卒年月日一般写在墓碑两侧，男左女右。也可写上“吉年吉月吉日”。

（5）立碑人包括子女、亲友、团体，名字一般刻在碑的左侧下方，也可在右侧下方。已故子女名字加框，依辈分长幼，自右至左排列，不愿署名则仅写“子女敬立”“子孙叩立”等，位于碑面一侧。

（6）建墓时间刻在碑主人姓名左侧。在全碑三分之二高处始写，字体较小。

传统式墓碑还讲究碑面的字数要符合逝者的命格（图 4–1–2）。

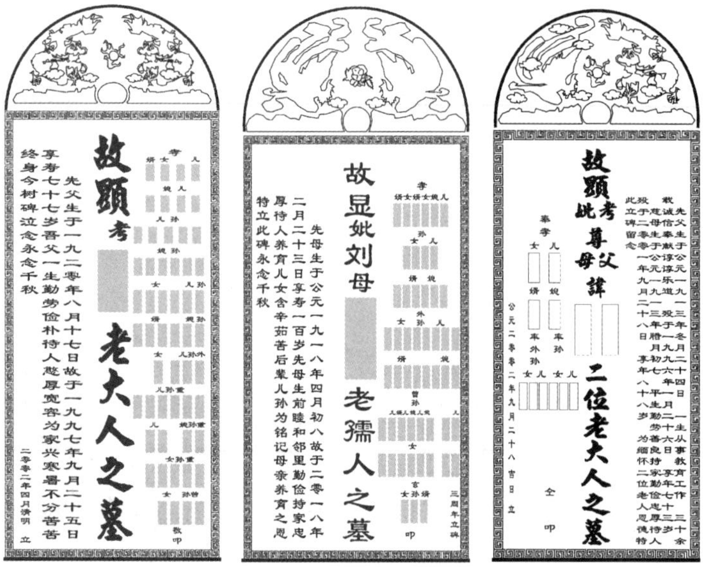

图 4–1–2　传统式墓碑碑面
来源：作者根据图片绘制

现代墓碑因逝者的人生经历、喜好有异，故墓碑的样式不受限制，可根据逝者生前的喜好及祝福字句，来彰显个人符号和人文情怀。简单的仅刻姓名及生卒日，其他内容均省略。墓碑从而转化为文化艺术品，形态质地、纹饰也多样化。现代墓地和墓碑日趋小型简约，但文化内容与艺术形式的和谐得到了发扬，更加穿越世俗，浓缩亲情。

有家人在墓碑上写简短的逝者经历和子女留言，有沉痛的哀思、幸福的回忆和激励的警句。

1　伊沛霞，姚平，张聪 . 追怀生命：中国历史上的墓志铭 [M]. 上海：上海古籍出版社，2021.

例如“一身傲骨，淡泊名利，风骨犹存”“一生辛苦方得暇，幸有桃李几枝花”“如师、如友、如父、如兄”“平生追求真善美，身后愿化尘与灰”，还有妻子写给丈夫“我在你身边，你在我心中”[1]……这些阴阳两界激情交融的文字充满着情感和哲理。

墓碑上的遗像日久褪色反成不敬，成片的遗像使环境显得阴沉。

墓碑竖立在墓基前后，亦可平躺在墓基顶面，三种做法被普遍采用。近代流行取消墓基，仅在地面立碑，或两者合一，以雕塑取代。

2. 墓志铭

古代墓志铭，起于秦，盛于唐，由墓碑演变而来，它是一种有固定规范的悼念性文体，富贵家族的墓志铭由序与铭两部分组成，前者介绍逝者姓名、籍贯、生平；后者以溢美之词称颂逝者。要人之铭碑往往以亭保护。它是生者与亡者之间的一种文字沟通，是墓碑留言的放大，通过墓志铭可以推断出墓主时代的种种社会形态和事件。一般墓志铭刻在专门的石碑埋入地下或刻在墓碑的背面，借以永久保存。近代因民众墓地日渐缩小，墓志已无处可铭而式微。

3. 经幢

源于古代西藏经幡，为藏传佛教用以弘扬正法、制服妖魔、消弭灾祸，后以石材取代，旌幡上刻《陀罗尼经》，故称经幢。一般安置在寺院和佛教圣地，也有设置在墓侧或墓道旁，借以护卫亡灵。幢有制式，因造型美观，后人常取其形去其义，成为饰件（图 4-1-3）。

图 4-1-3　经幢
来源：作者根据图片绘制

4. 石象生与神道

石象生盛行于汉代，是墓前排列成行的石人石兽，它们是皇权仪卫的缩影，是皇陵不可缺少的仪物。

在墓道两侧，对称分列的石人称翁仲、分勋、文、武（图 4-1-4）；分列的石兽称麒麟或辟邪，统称石兽，作用是护陵驱鬼。石象生规模大小显示逝者的身份地位，造型不求形准但重神似，石兽造型雄浑朴拙、粗犷威武（图 4-1-5~ 图 4-1-7）。

1　摘自上海滨海古园墓地的墓碑。

图 4-1-4　清孝陵
来源：作者根据图片绘制

图 4-1-5　淮安盱眙明祖陵
来源：作者根据图片绘制

图 4-1-6　南唐古墓石兽
来源：作者根据图片绘制

图 4-1-7　古墓石象生
来源：作者摄自纽约大都会博物馆藏品

正对墓中心的主要道路称神道，神道一般直通，唯南京明孝陵为曲线，孝陵神道由东向西蜿蜒曲折，长达 600 米。每个节点安放石象生，共 24 件，两侧 8 尊文臣武将夹道迎侍，体现了皇家陵寝的威严。

5. 记功碑

中国古代征战得胜后往往“勒石记功”，成为传统，例如明代王阳明平定了宁王之乱后在江西庐山设记功碑，后来被沿用，记载逝者生前伟绩，竖在墓的次侧供人瞻读，一般情况下和墓志铭、墓碑合在一起，不再另设。但现代有些重要人物如科技元勋、登山英雄、开国重臣等，为了表彰他们的功绩，会单设记功碑供人瞻仰（图 4–1–8）。

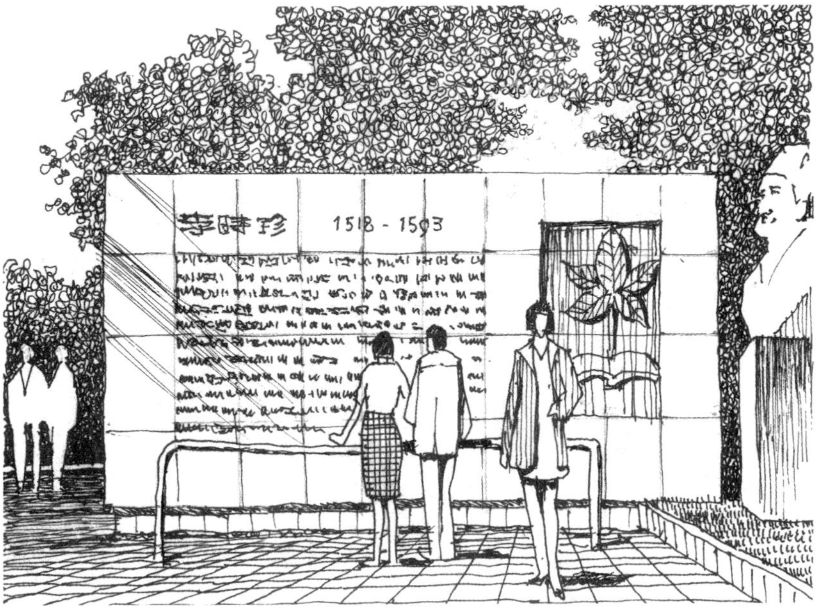

图 4–1–8　记功碑示意图
来源：作者绘制，题材参考彭一刚 . 创意与表现 [M]. 哈尔滨：黑龙江科学技术出版社，1994：146.

6. 遗训碑和警钟碑

家族、企业、团体领袖逝世后常设遗训碑，将创业之艰辛、家族之兴衰，昭告员工，警示后人，类似颜氏家训和朱子家训。警钟碑喻警钟长鸣，要继承者谨慎守业。这种艺术化的创作比单纯的文字警示给人的印象更为深刻（图 4–1–9）。

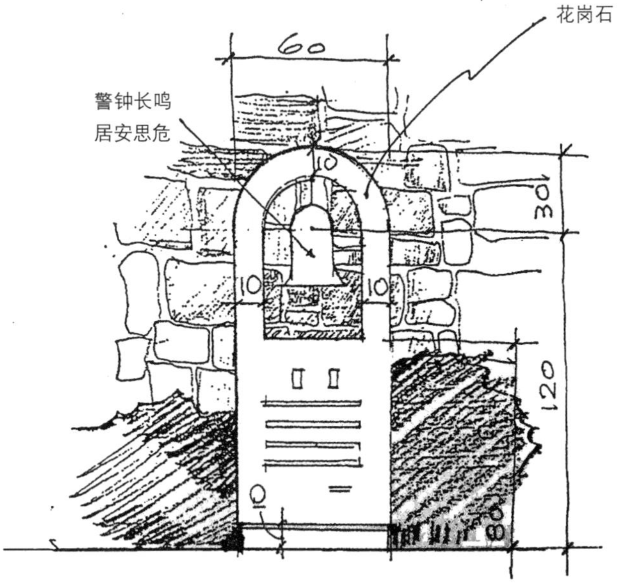

图 4–1–9　警钟碑
来源：作者设计及绘制

7. 香炉

香炉是墓前祭祀时必不可少的祭器供具，形制有多种，常见的为矩形和圆形，矩形香炉有四足，圆形香炉有三足，一足在前，还有艺术型的莲花香炉。应放在墓碑正前方，供祭拜时上香用。贡品放在香炉前面，香炉材质一般为石材，选择香炉时要考虑墓碑的大小、颜色和艺术造型，与之相配。

8. 镇墓兽和镇墓神像

为辟邪、护佑亡灵、镇压盗墓贼而设，形式多种多样，常分设在墓前两侧（图 4-1-10）。

图 4-1-10　镇墓兽与镇墓神像
来源：作者摄自美国纽约大都会博物馆藏品

9. 石桌和石凳

石桌又称供桌或祭台，供祭拜时放置供物，侧旁设石凳供扫墓者休息。

图 4-1-11　祖先塔
来源：作者设计及绘制

10. 祖先塔

有些大墓在一隅设祖先塔，初衷是方便祭祀祖先。塔内尽可能放置先人遗骨和遗物，让后人祭祀时能领悟血脉之厚重，重温祖训、砥砺族人。将祖先塔放在自家庭院供奉，是东南亚一带华人的普遍习俗（图 4-1-11）。

时代在发展，殡葬条件和需求已发生根本变化，传统墓地的众多附件，除了墓碑之外已很少使用，此处所列，仅供特殊需要时参考。

二、传统墓型的基本构成

（一）传统墓型的构成

传统墓葬由地面向下挖掘长方形土炕，以木或砖砌成墓室，置棺椁其中。有的在墓室旁横向挖洞，放置葬品称为“龛”，这一基本形制可大可小，等级越高、权势越大，墓室挖得也越大，龛室也随之加大。平民只能在地下挖简单土穴放棺或棺椁。

地上部分各地不一，很多墓型也不一样，有交椅墓、龟壳墓、塔墓、屋墓……和所在地区的地形、地貌、气候条件、逝者社会地位、家境以及风水密切相关。北方地区墓型相对简单，埋棺垒土成墩，高出地面呈馒头状，这与北方地区平原多、地形简单有关。南方墓的形制比较复杂，建墓常呈交椅状，没有过多的形制和约束，这与南方复杂的地形、地貌、气候和经济状况有关。一般呈前低后高的俯瞰状，前竖碑，碑前为半圆形前庭，形成椭圆状，象征生死轮回（图 4-2-1）。

图 4-2-1　南方多坡地，建墓常成交椅状
来源：作者根据图片绘制

中国南北各地民间传统墓型虽多，但仍有类似的配置，存在着复杂的共生关系。在众多墓型中，以交椅墓和龟壳墓运用较多。前者明显受太师椅造型的影响，即一个中心二个扶手，四平八稳。而龟壳墓与民俗中的崇龟观念有关，龟属吉祥四灵之一，是消灾避害的吉祥物[1]。中国传统坟墓中，南北墓型往往混用。

南方墓型（图 4-2-2）大致可分为以下几部分：凸起地面部分称墓丘或墓龟；保护墓丘的一圈护壁称墓圈或墓埕；墓碑与墓龟（墓丘）之间中心位置的墓圈称墓肩；墓圈与墓丘连成一片；墓前有墓碑、香炉、祭台与镇墓兽；左右两侧墓圈称墓手；墓前为供祭拜的拜庭，平面整体呈椭圆形。

1　龟壳墓盛行于南方，一般平民墓为土堆，富有人家用砖石砌封，外观呈光秃半圆形，似乌龟硬壳，故名，后演变为长方形。

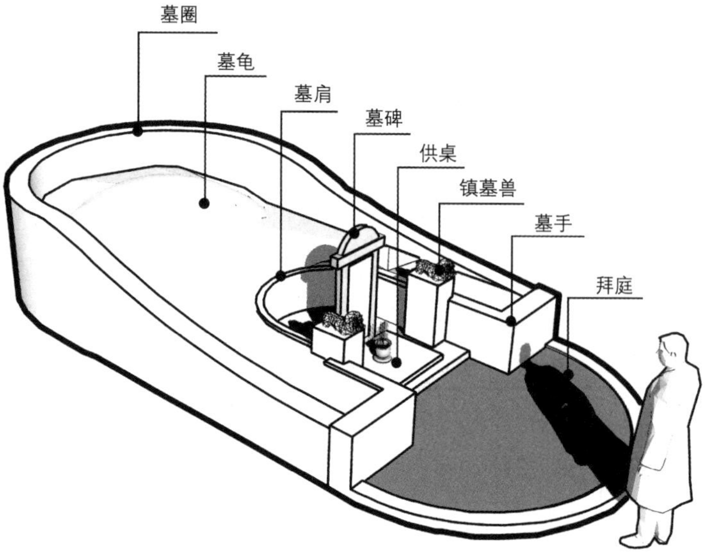

图 4-2-2　传统墓形之基本元素示意图
来源：作者绘制

随着时代的变化，这些墓的形制也在不断演变，出现许多“类交椅墓”和“类龟壳墓”，不管怎样变，“形若半月，后仰前俯”的基本格局没有变（图 4-2-3）。

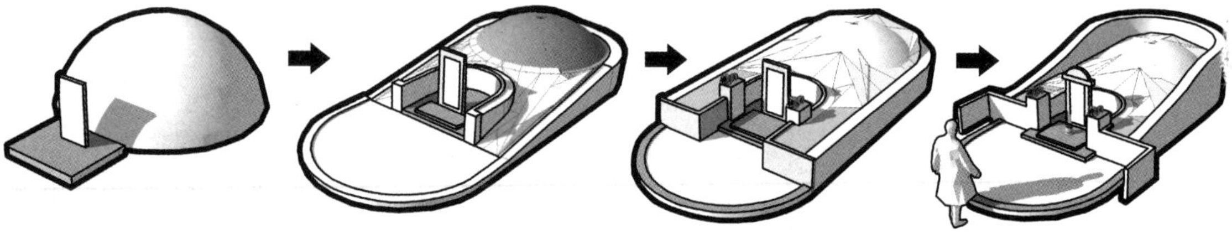

图 4-2-3　南方墓型的演变过程
来源：作者绘制

（二）现代墓型的构成

近代以来，传统墓型在不断简化。例如椭圆形墓地为了适应现代墓园的排列，改为长方形、圆形变矩形等，隆起的墓龟被“压平”，随着用地不断紧缩，墓型不断简化、缩小。

古代单体坟墓随意占地，散布各处。墓园出现后，墓地成商品，用地有了限制，商品化墓地排列整齐，面积缩小，椭圆平面改为矩形；有些“零件”被取消；馒头状墓龟改成平墓基；墓碑顶部呈半月形，象征龟背，后来连这一点象征符号都不见了；两旁灌木代替墓手；镇墓兽取消，只保留墓龟、墓碑、祭台和墓庭。墓园的墓地必须有统一规格，一为节地，二为形成良好的整体感。

火化率提高后，骨灰装盒代替遗体入土，墓地面积进一步压缩，取消了墓龟，但仍尽量保持中国传统墓的精神（图 4-2-4）。

图 4-2-4　简化的小型传统墓
来源：作者绘制

三、遗体葬

人逝世后在常温下半小时至两小时遗体开始硬化，9 ~ 12 小时变僵硬，以后又会逐渐软化。这一过程在低温干燥环境下会延缓，高温多湿地区会加快。夏天停尸约一周，冬天一个月左右，春秋季节约为两周，随地区而异。常温下保留遗体的时间不宜过长，要在尸斑出现前入殓。

（一）传统葬法

传统的遗体葬俗甚多，有称“72 葬”者，如土葬、水葬、火葬、天葬、树葬、八卦葬、明堂葬……《南史・扶南国传》曰：“死者有四葬，水葬则投之江流，火葬则焚为灰烬，土葬则瘗埋之，鸟葬则弃之中野。”《大唐西域记》卷二也称：“送终殡葬，其仪有三，一曰火葬，积薪焚燎；二曰水葬，沈流飘散；三曰野葬，弃林饲兽。”

传统遗体葬式如下：

1. 传统土葬

中国农耕民族对土地有深厚的感情，古人说“乾，天也，故称乎父。坤，地也，故称乎母”[1]，所以中国有“皇天后土”说。又曰“万物不能越土而生，人亦万物中一物”[2]，所以死后必须归于土。古人认为，葬于土是灵魂得到安息的最好方法。中国传说中，女娲用土地中的三色泥创造人，死后回归土地是理所当然，即所谓“入土为安”[3]。

汉字“葬”也形象地说明死后入土，下填树枝，上培草。所以土葬是中国自古以来最广泛运用的一种葬式。遗体入棺，埋入地下，天然更替、百年消亡，土地复原。

土葬也是世界各国普遍采用的葬式。有卧式与立式两种，后者主要流行于中东地区（图 4-3-1）和澳大利亚，中国部分少数民族也有“竖棺埋之”的习俗。

1　李学勤 . 周易正义 [M]. 北京：北京大学出版社，1999：330.
2　管辂 . 管氏地理指蒙 [M]. 济南：齐鲁书社，2015：7.
3　“众生必死，死必归土。”李学勤 . 礼记正义 [M]. 北京：北京大学出版社，1999：1325.

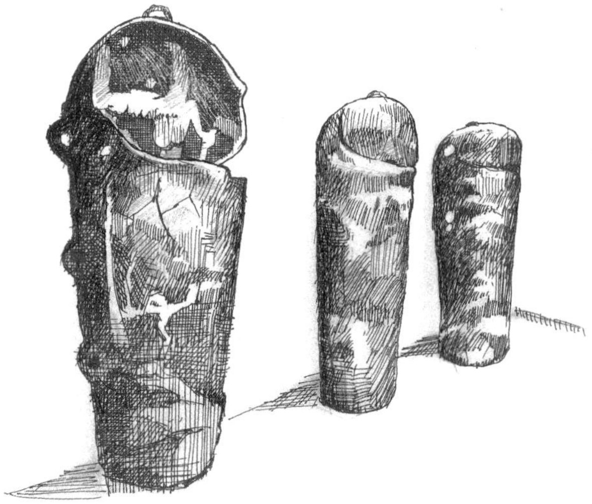

图 4-3-1　中东地区立式葬陶棺
来源：根据作者在约旦安曼国家考古博物馆拍摄照片绘制

2. 天葬

亦称鸟葬或空葬，是藏族和部分印度民族的传统葬法，人死后遗体用白色织物缠裹，停尸数日，诵经超度后择日出殡。由驮尸人背至天葬台，诵经后肢解，散落地上供秃鹫抢食，被看作是一种最尊贵的布施礼仪，体现大乘佛教中“舍生布施”的最高境界。

藏族自古就有放生和保护环境的良俗，天葬之后秃鹫不再伤害其他动物，故天葬被认为功德无量。死亡只是灵魂与旧躯体的分离，是物质的精神升华，这种不留遗体不修坟墓的葬法，展现一个崇尚宗教的民族对死亡的认识和对宗教最高境界的追求。

3. 悬棺葬

流行在福建、云南、贵州、四川、江西、内蒙古等 13 个省区，已有数千年历史，是中国众多葬式中的一种。遗体入棺后悬置于插入悬崖绝壁的木桩上，或置于崖洞或崖缝内，甚至半悬于崖外陡峭的绝壁处，下临深渊，以此保护棺木不受战争和人为破坏（图 4-3-2）。也许因为古代人择水而居，死后希望临水而葬。

在生产力不发达的几千年前，人们如何将数百公斤重的棺木送上悬崖，至今仍是未解之谜。

图 4-3-2　悬棺葬
来源：作者根据图片绘制

4. 瓮棺葬

古代以瓮、罐类日用陶器作葬具，始见于新石器时代，延续至今。主要用于埋葬少儿遗体，偶有成人瓮棺葬。我国西南少数民族仍保留这种习俗。日本、欧洲和中东一带也还在应用（图 4–3–3）。

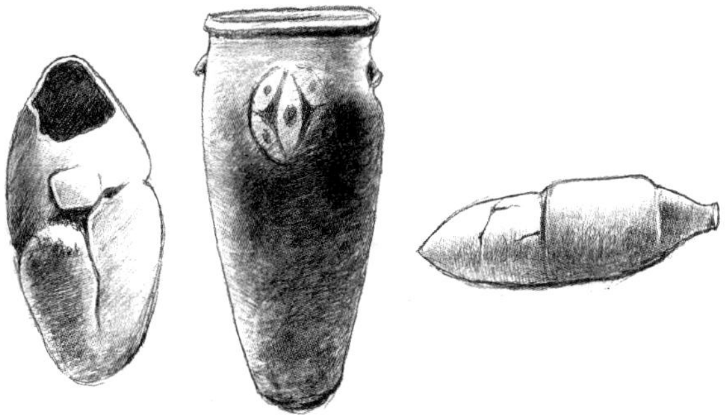

图 4–3–3　陶制瓮棺
来源：作者根据图片绘制

5. 水葬

水葬是世界上比较古老的一种葬式，也流行于大洋洲和亚洲的喜马拉雅山区。水葬一般选择在江河急流处投放遗体。人去世后停尸数日，诵经超度后，将尸体运至投放场，采用缚石沉水、断尸投水或载尸漂水三种方式投放。

水葬往往被居住在深山峡谷地区的民族采用。水为生命之源，死后归源被认为理所当然。长年居住在奔腾不息大江源头的居民，选择江河作归宿，抛尸入江喂鱼，祭祀河神，是能够被理解的。

6. 二次葬

二次葬又称洗骨葬或捡骨葬，是中国最古老的一种葬法。土葬若干年后，启墓开棺取骨，洗后装入陶瓮再葬。二次葬盛行的原因：

- 客籍他乡，迁徙不定，骨瓮便于随身携带，他日返乡入葬祖坟族墓，叶落归根。
- 先民相信“先人安息，子孙安乐”，在没有找到理想的安葬地之前，让逝者临时安息，择日选吉地再葬。
- 家庭、族人为改运而启墓取骸再葬。
- 父母先后谢世，后人拾骨觅地合葬。
- 近代墓地实行轮葬制，丧属到期捡骨再行处理。

7. 树葬

部分少数民族相信树葬，认为棺木经受阳光照射后会给后人带来光明前景，故将逝者尸体或棺木放在树上搭建的平台上，或树皮裹尸后装筐挂在树上，使尸体自然风化，葬法遍及各地，史籍均有记载。树葬与远古人类“巢居”以及森林游牧民族的习性有关（图 4–3–4）。

图 4-3-4　树葬
来源：作者根据图片绘制

8. 洞葬

贵州一带久居山区的少数民族因耕地稀少，利用山洞藏棺，他们把遗体进洞视为理想的归宿，棺木进洞后，众亲友往往盛装在洞中歌舞送行（图 4-3-5）。

图 4-3-5　洞葬
来源：作者根据图片绘制

9. 路葬

登山运动员在登山过程中不幸遇难，就地入葬，垒石成坟（图 4-3-6）。

10. 支石葬

巨石具有纪念性，埃及金字塔、英国的巨石阵，均属与殡葬有关的巨石文物。我国东北地区和朝鲜半岛史前时代的“支石墓”（石棚）也属于巨石文化的一种遗物。

图 4-3-6 路葬（攀登珠峰途中所见之“路标”）
来源：作者根据图片绘制

所谓“支石”是指墓穴或纪念物上方，由重量 10~30 吨不等的扁平石腾空搭在石墩上，形成架空状，顶端的扁平石往往亦用作祭台，有的上刻星空图案。架下的墓地本身除了埋葬遗体外，往往附有各种陪葬品（图 4-3-7~ 图 4-3-10）。

图 4-3-7 韩国支石墓
来源：作者根据图片绘制

图 4-3-8 辽宁半岛的支石墓（石棚）
来源：作者根据图片绘制

图 4-3-9 爱尔兰克莱尔郡石棚
来源：作者根据图片绘制

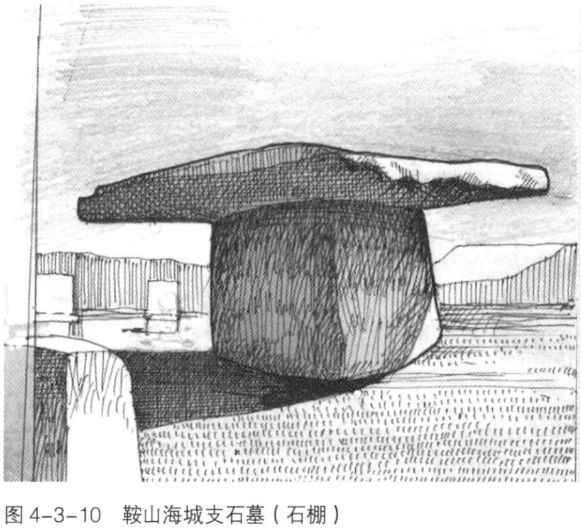

图 4-3-10 鞍山海城支石墓（石棚）
来源：作者根据图片绘制

11. 沙葬

流行于我国新疆沙漠地区，先以麻袋裹尸投入沙中，干旱气候使遗体很快脱水，长期保存不腐达千年。

（二）现代葬法

1. 遗体土葬的现实

古代中国农耕民族认为“人由五土[1]而生，气之用也。气息而死，必归藏于五土，返本还元之道也”[2]。生命来源于泥土，最终回归泥土。于是土葬就成了中国贯穿千年的主要葬式。

目前地方政府设立火葬区，规定区内逝者必须火葬，欲土葬者需经有关部门批准。近年来民意调查显示，有些人主张遵循民俗保留土葬，有些为免焚尸而不举丧，或私下土葬，要求土葬的民间势力与强制火葬的政府压力之间常起冲突。

在葬式的选择上，国家领导人在 1956 年倡议：“我们认为安葬死者的办法，应当尊重人们的自愿。在人民中推行火葬的办法必须是逐步的；必须完全按照自愿的原则，不要有任何的勉强。中国的绝大多数人有土葬的长期习惯，在人们还愿意继续实行土葬的时候，国家是不能加以干涉的。”[3]

应该把葬式的选择权还给百姓。宣传绿色殡葬是政府的责任，随着科学知识的普及，群众会逐渐接受政府倡导。据统计，1997 年全国平均火化率为 36%，15 年之后上升到 49.5%，说明葬式改革会逐渐被群众所接受。

西方国家对殡葬用地虽无法令限制，但人们普遍自觉不建大墓，即使富豪和伟人的墓地也都小而简朴，甚至隐姓埋名消融自己，这是一个民族智慧、自觉和自信的表现。

行政法令在某些地区的无力感，在中国几千年历史中屡见不鲜，例如古代的墓地等级制就从来没有被遵守过。宋以后 1000 多年，严令禁止火葬，但屡禁难止。政府无法阻止民间葬式的选择，权力强推的社会成本过高，不如采取柔性引导。

商品社会应利用价格杠杆这只无形的“手”，按经济规律来调节社会供需，引导殡葬消费。在自由经济体制下，遗属必须考虑要用多少代价去获得一块所需的墓地。现实的经济得失促使他们回归理性，这比一纸限令有效得多。政府宣导、社会舆论影响和市场杠杆调节三管齐下，我国殡葬事业才能进入人性化的良性改革之路。

2. 现代遗体土葬的特点

（1）除了社会公认的特殊人群外，土葬面积已大大减少，遗体土葬的民众一般都会废除不必要的附件，甚至选择公墓化入葬（图 4-3-11）。

---

1 “五土”即金、木、水、火、土。
2 管辂．管氏地理指蒙 [M]. 济南：齐鲁书社，2015：1-2.
3 1956 年 4 月 27 日，《倡议实行火葬》。周吉平．北京殡葬史话 [M]. 北京：北京燕山出版社，2002：115-116.

图 4-3-11　平地与挡土墙墓地（左后碑，右前碑）
来源：作者绘制

（2）允许土葬上楼，高层土葬大楼已在国外凌空出世（图 4-3-12）。

图 4-3-12　巴西垂直公墓
来源：作者根据图片绘制

（3）开发新式土葬（详见第十二章第三节）。

3. 有待克服的遗体土葬弊端

（1）浪费木材。每具棺木至少消耗 1 立方米的木材，而中国是一个木材资源短缺的国家，人均森林蓄积量只有世界人均占有量的 1/7。提倡利用废弃的生物材料以及藤竹编织品取代木材做棺木。

（2）消耗土地。土葬墓地面积平均为 4.5 平方米，若把一年 500 万具火化遗体均改为土葬，占用土地面积高达 22.5 平方公里。

（3）环境污染。遗体自行分解后，会产生有害物质；若使用防腐液，其中的汞、砷和甲醛以及逝者生前放射治疗的残留物，都会对土壤、地下水和空气造成污染。土壤微生物虽然有降解作用，但无法完全消除。

（三）结论

中华人民共和国成立以来，政府反复宣传和引导殡葬改革，但遗体土葬迄今仍然是我国目前的主要葬式，这不能不引发我们的深层思考：因为葬式既涉及孝道文化的传承，也是培养当代国人孝敬长辈的重要途径。“现代中国人和传统中国礼乐文明的唯一一个具有实质性的联系就在丧礼上面。如果传统丧礼彻底消失了，中国传统文化也就很难有希望了。”[1]我们应思考如何在尊重传承的基础上进行改革。

四、骨灰葬

遗体火化后骨灰进行处理的整个过程称“火葬”。西方火葬最早于公元前 1000 年出现在希腊，用火化处理牺牲在战场上的战士遗体，将骨灰带回雅典入葬。

自从基督教成为罗马帝国的主流宗教后，强调身体的神圣性和复活信仰，使人们逐渐恢复到土葬，直到 19 世纪后半期，随着科学发展和理性思维的演进，特别是欧洲此时发生严重的瘟疫，火葬才再次引起人们的重视并形成一种由现代卫生理念、生态文明与信仰情感三者共同形成的火葬文明。欧洲现代火葬由英国肇始，1875 年英国成立火葬协会（The Cremation Society）大力提倡火化，著文称：没有哪一种葬式比骨灰更纯净，要用现代火葬文明照亮世界。当时推广火葬的最大障碍是复活说，基督教后来也用《圣经》作了解释，我们的身体来自尘土，归于尘土，复活指的是灵性的躯体而非肉身。火葬于是在西方兴起。

我国火葬古称“熟葬”，可上溯到原始社会晚期，春秋战国时期，在我国西北甘肃、青海一带盛行火葬。古籍《列子・汤问》和《吕氏春秋》中都有记载。佛教的传入加速了火葬在中国的推行，认为人亡火化后会去极乐世界。民间的火葬高潮是在五代十国战乱时期，此时民不聊生，尸骨遍地，于是求助佛祖渡己克难，火葬于是盛行。

赵匡胤建立宋朝后，认为火葬有悖传统的儒家思想，与“炮烙之刑何异”，严令禁止。但千年习俗难禁，最终也只好虎头蛇尾，听之任之了。火葬此后就成了我国延续很久的一种葬式。

遗体火化后之骨灰置于容器进行安置，骨瓮收纳捡骨后进行二次安置，这种安置骨灰葬分为以下几种：

（一）室内骨灰葬

室内葬又称立体葬，它的节地和环保效果最佳，不仅可以保存骨灰，而且还可以通过保存逝者的遗物而成为文化基地。

1. 骨灰塔葬

中国佛教寺庙均设佛塔。僧人圆寂后骨灰存入佛塔。信徒们也希望效仿，与僧为伍，接受晨钟暮鼓，福泽子孙、保佑家人。因此民间继承了这一传统，建塔纳骨，俗称“纳骨塔”。

---

1 王淇，吴飞.没有传统丧礼，中国文化就彻底没了希望![OL].搜狐网.(2018-02-03)[2021-12-06].https://www.sohu.com/a/220694834_492772.

北京潮白陵园内的骨灰三塔，可存骨灰盒30万位，是我国最大的骨灰塔葬墓园(图4-4-1)。

墓园建塔是近代之举，骨灰格位成了商品，容量过大后，初期空置率较高，不利于资金回收。后期满额后，节日祭扫必然拥挤、环境恶化。因此确定合理的规模、提高纳骨系数、合理安排交通和通风采光是纳骨塔设计取得成功的秘诀。

图4-4-1　北京潮白陵园骨灰塔葬
来源：作者根据图片绘制

2. 骨灰馆葬

安置骨灰盒或骨瓮的非塔专用建筑可大可小、可圆可方、可高可低、可聚可散，完全根据使用功能进行设计。存放方式也多种多样，除了存放骨灰外，也有人在格位中存放逝者手稿等纪念物，从单纯保存骨灰的消耗模式升华为保存文化的增值模式（图4-4-2）。

图4-4-2　金宝山半山骨灰馆设计方案
来源：作者设计及绘制

独立的骨灰馆葬建筑是一个综合服务性很强的建筑物，除了骨灰格架外，还应有一系列配套设施，例如接待室、陈列室、祭拜室、追思室和宗教用房等。

3. 骨灰廊葬

廊葬就是给室外壁葬加个顶，或者利用廊道一侧设骨灰墙。廊葬具有空间敞亮、空气流通、避风挡雨、造价低廉、视觉通透的优点（图 4-4-3、图 4-4-4）。

图 4-4-3　美国墓园室外廊葬
来源：作者根据图片绘制

图 4-4-4　上海汇龙园禅宗廊葬长廊
来源：作者根据图片绘制

（二）室外骨灰葬

1. 骨灰壁葬

利用外墙或独立墙体设壁龛收纳骨灰，石材面板兼作墓碑。壁葬与环境结合，形成文化气息浓厚并具有一定私密性的半开放式壁葬庭院。

室外壁葬造价低、空气清新，可免拥挤。壁葬骨灰格位的面板尺寸应略大，全部密封不启，壁龛前留有足够的祭拜空间。附近应有供临时避雨的设施（图 4-4-5）。

图 4-4-5　北京长安园壁葬
来源：作者根据图片绘制

图 4-4-6　结合喷泉水景
来源：作者根据图片绘制

2. 骨灰小品景观葬

随着社会发展，墓园的园林要素不断增加，景观石、雕塑、矮墙、步道、路沿、花架、座椅等建筑小品大量运用，它们都可以兼作骨灰存放的标的物。西方有些人生前是大自然的爱好者，又有社会责任感，“小品葬”受到他们的欢迎，符合他们“宁做铺路石子归于平淡，不做供奉偶像”的愿望。还有一些人愿意结合自己的葬地，捐建雕塑、水池、景观石、休息长凳等，只作奉献，不显自我（图 4-4-6 ~ 图 4-4-13）。

图 4-4-7　结合休息长凳
来源：作者根据图片绘制

图 4-4-8　波士顿奥本山墓园骨灰散葬
来源：作者根据墓园提供资料绘制

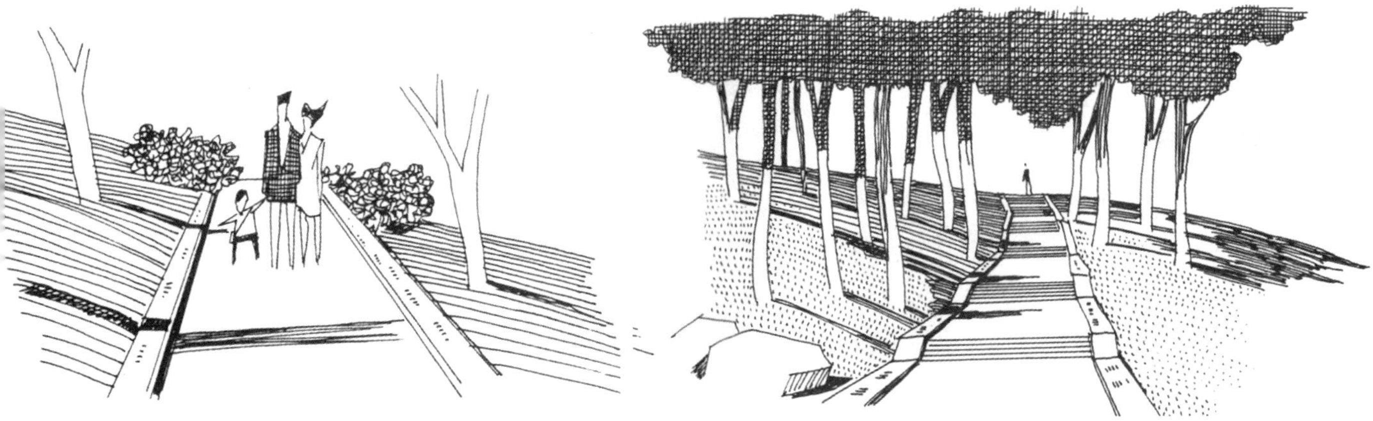

-4-9　路沿作墓碑
：作者绘制

图 4-4-10　结合花坛短墙
来源：作者根据图片绘制

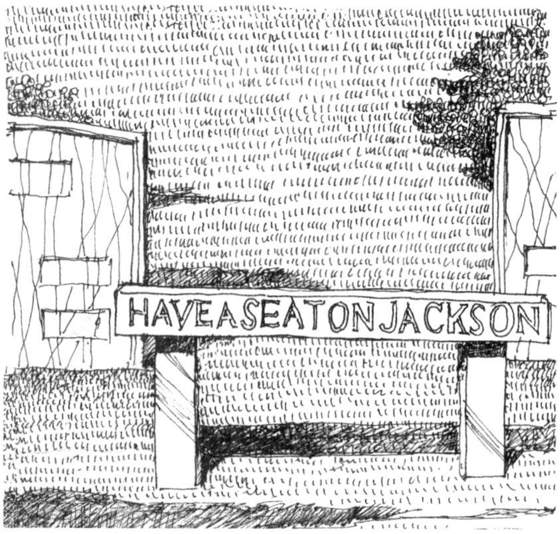

图 4-4-11　结合坐凳
来源：作者根据图片绘制

图 4-4-12　结合踏步
来源：作者根据图片绘制

图 4-4-13　结合水景
来源：作者根据图片绘制

3. 骨灰水景葬

婴儿在母胎羊水中长大，水是生命之源，所以人们对水怀有美好的天然感情，认为活水生生不息，子孙延绵不断。有些逝者愿死后与水为伴，故在墓园景观中结合人工瀑布、喷泉、水池等，将骨灰融入，实现“源自水，归于水”的理想。这种象征意义的葬法既不突兀，又供凭吊（图 4-4-14）。为了减少抽汲水的难度，水景葬应设置在地势低处。

图 4-4-14　骨灰水景葬
来源：作者设计绘制

（三）地下骨灰葬、草坪葬

1. 个体容器入土埋葬

埋入地下有三种方法：骨灰直接倒入土穴、单个骨灰容器入土、骨灰盒放入地下混凝土椁箱（图 4-4-15）。中国有些地方模仿遗体土葬的方式，将骨灰盒入棺后再行土葬，对环境仍产生负面影响。

目前以骨灰容器土葬的墓地面积已缩小至 0.4 平方米，甚至更小，但仍受到市场欢迎，因为它在一定程度上还能保留一点传统葬仪。

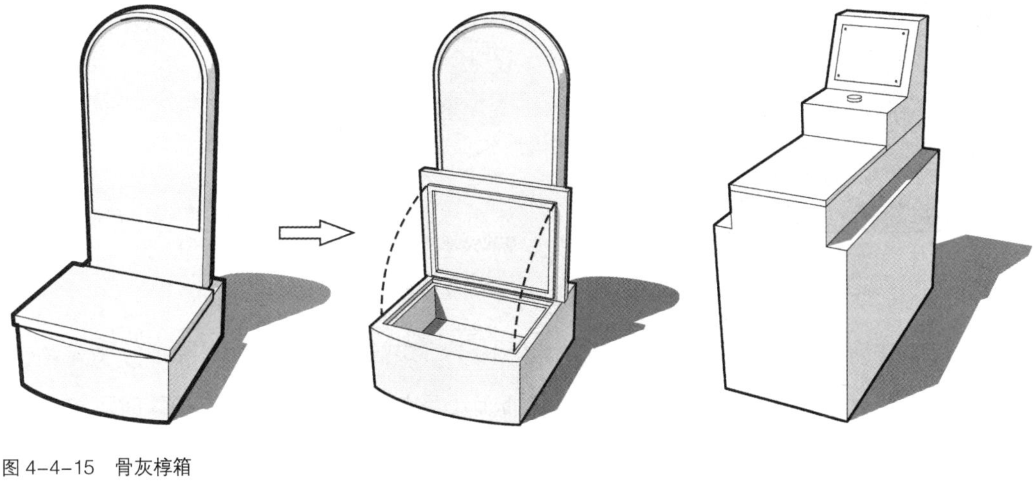

图 4-4-15　骨灰椁箱
来源：作者绘制

目前广受关注的草坪葬，坡度只要不超过25%的草坪，都可以用作草坪葬，葬法有立碑、卧碑、平碑和箱碑四种（图4-4-16）：草坪不露墓基只立碑，称立碑；墓基顶盖凸出草坪面称卧碑，墓基顶盖与草坪面平称平碑，墓基顶盖做成箱式，稍露草坪面称箱碑。虽然立碑、卧碑、箱碑无法大面积机械割草，但草坪的环境优势仍显。葬法虽稍有区别，但硬质化程度相同。国外应用较多的是平碑，因为平碑既有碑可祭，又保持大片草坪的完整，可以机械割草（图4-4-17）。

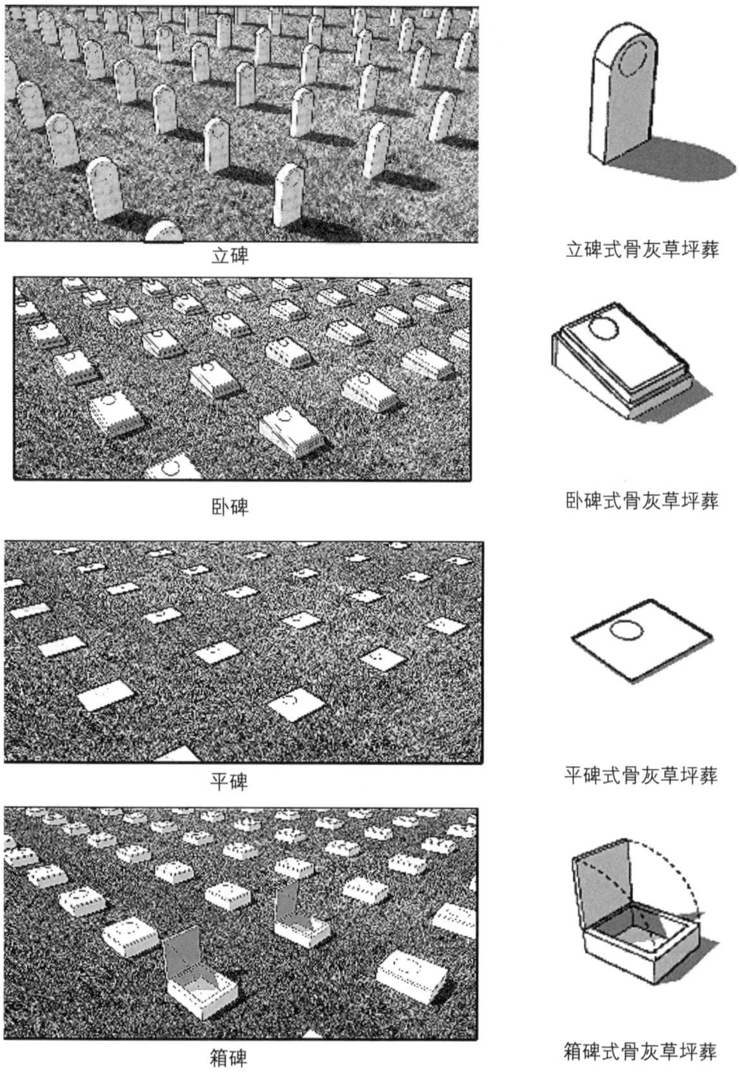

图4-4-16　草坪葬的四种葬法
来源：作者绘制

国外平碑草坪葬自带可旋拧出的花瓶（图4-4-18）。箱碑式草坪葬是将卧碑改为浅箱，箱顶只标墓号，祭拜时可打开，箱内设固定式插花瓶、小香炉以及先人遗照。祭拜时可施行传统葬仪，逝者的私密性也保持较好。

图 4-4-17　平碑草坪葬外观
来源：作者绘制

图 4-4-18　国外平碑草坪葬
来源：作者自摄

2. 集约化骨灰埋葬

（1）家庭合葬

大型家族合葬随着宗法制的解体已难实施，但家庭合葬既强调血脉亲情，也方便祭祀。它是提高墓位使用率的节地方法。较大的混凝土椁箱深埋地下，家庭成员先后逝世，骨灰盒依次放入。或将骨灰直接倒入，让骨灰亲和在一起（图 4-4-19）。这种葬式需要调整法规中有关殡葬用地的规定，墓地面积适当放宽。

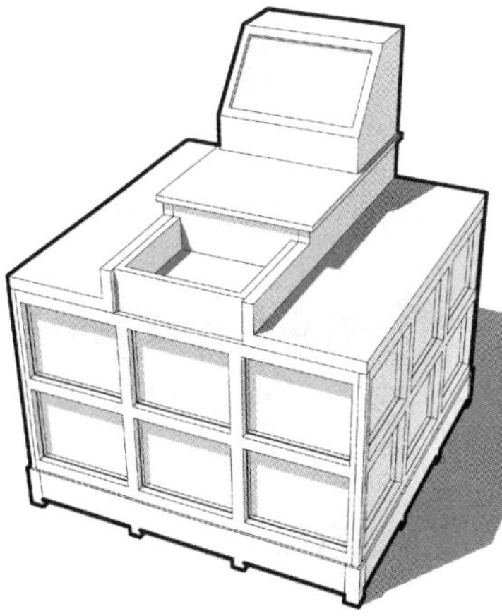

图 4-4-19　家庭骨灰合葬椁箱
来源：作者绘制

（2）公益葬

公益葬自古有之，除了公益性墓园外，经营性墓园也应协助政府设立公益葬区。

公益葬分两种，一种受益者为贫困的军烈属、孤寡老人、因病致贫、失独人员、五保户、无业无劳动能力的低收入人群，应为他们安排有尊严的葬式。上海息园众爱苑在 11.16 平方米的地块上安置了 252 个夫妻双人骨灰集约葬穴，平均每人仅占 0.025 平方米。地面上铺绿色毛毡，毛毡上放置盆花，是一种既温情又富启发性的葬式（图 4-4-20、图 4-4-21）。

图 4-4-20　剖面示意图
来源：作者根据墓园提供资料绘制

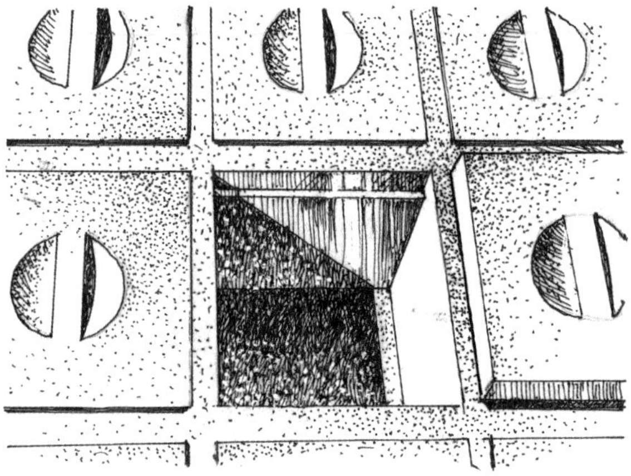

图 4-4-21　细部
来源：作者根据图片绘制

另一种公益葬为骨灰直接倒入。从野坟孤墓中捡拾遗骨火化成灰后，无人认领的流浪者和受刑人的骨灰，入葬时仍需有葬仪安排，体现人道精神。

3. 骨灰地宫葬

实际上是地下的室内葬，既节约土地又减少硬质化地面，它属于地下或半地下的覆土生态建筑，具有保温、隔热、隔声的优点，又可“入土为安”。骨灰地宫葬容易配合园区景观布局，降低园区建筑密度，既可小型分散，也可大容量深埋。地宫葬也可设计成多层结构，提供更多的骨灰格位和活动空间，它已成为文化色彩浓厚的一种葬式。

国内庙宇的建蔽率一般较高，常利用地下空间修建地宫纳骨，满足信徒随葬寺庙的愿望。地宫葬采光通风不良的缺点可用顶窗和半下沉式侧窗进行改善。

4. 骨灰洞葬

利用自然山洞、人工山洞以及废弃的防空洞、矿洞放置骨灰（详见第六章第六节）。

五、骨灰绿色生态葬

绿色生态葬是我国深化殡葬改革的方向。但不留逝者痕迹的葬法导致后续祭扫的要求无法满足，面临无处可祭的困境，在情感上一时难以被接受，孝道文化和绿色生态殡葬对接需要经过几代人的努力，这毕竟是全球葬式改革的大趋势，为此我国需要重视实践探索和理论先行。

在殡葬、生态、资源三者安全的前提下，利用先进科技，寻求可持续发展的各种殡葬新法，使丧事节俭、殡葬资源循环再生、少占或不占土地，只有这样才能完成人与自然的和谐共处。

据美国退休人员协会（AARP）2018 年公布的一项调查，50 岁以上的美国人中有 21% 的人愿意放弃棺材、不建墓室、不用化学防腐，实施环保生态葬。[1]生态葬在中国也受到越来越多人的关注，推广绿色生态葬的前提是观念更新。

（一）骨灰绿色生态葬的分类

1. 树葬及混合树葬区

在我国植被良好的东北和西南地区，素有树葬习俗。

贵州从江县岜沙苗寨，百姓相信树有灵魂，孩子一出生，父母就种一棵树，随孩子长大，孩子老死后不设坟立碑，砍树裹尸埋在密林深处，再补种一棵树，象征生命还在延续。[2]

现代树葬是指一种骨灰的新葬式，遗属认养绿地植树，将可降解材料制成的骨灰容器深埋树下，不筑坟，不立碑，仅在树上设标牌或将逝者的名字刻在统一的纪念墙上。[3]

澳门在 60 平方米土地上种植 5 株阴香树，骨灰袋伴以鲜花埋入树下指定的穴位内，每个穴位仅占地 0.1 平方米，逝者姓名镌刻在纪念墙上，两年后穴位可循环使用。[4]

纪念性乔木适用于平地或缓坡地，用地较大，小乔木株距 4 ~ 5 米，大乔木考虑长期生长的空间需要，株距保持在 10 ~ 12 米，根据地形分区和设计步行动线，决定树木列植或群植，

---

1 佚名 . 美国流行生态环保殡葬 [OL]. 中国日报网站环球在线 .（2008-02-28）[2021-12-06].http：//www.chinadaily.com.cn/hqbl/2008-02/28/content_6492730.htm.

2 周燕玲 . 中国岜沙苗寨：千年树葬延续另一种“生命”[OL]. 中新网 .（2018-04-05）[2021-12-06].https：//www.chinanews.com/sh/2018/04-05/8484311.shtml.

3 北京朝阳区长青园骨灰林墓地的“自然葬”。

4 刘畅，等 . 向树致爱——环保树葬在澳门受到青睐 [OL]. 新华网 .（2017-04-03）[2021-12-06].http：//www.xinhuanet.com/2017-04/03/c_1120746538.htm.

灵活安排遗体土葬、树葬、草坪葬、花坛葬，形成混合葬区。这种混合葬能保护环境，使土地的利用率发挥到极致。但应注意树冠下为根系范围，不宜大规模开挖，但可设骨灰位。其次是树葬的管理维护成本较高，这种树草花混合葬不仅节地，而且在寄托哀思的同时，滋养碧绿的生命（图 4–5–1、图 4–5–2）。

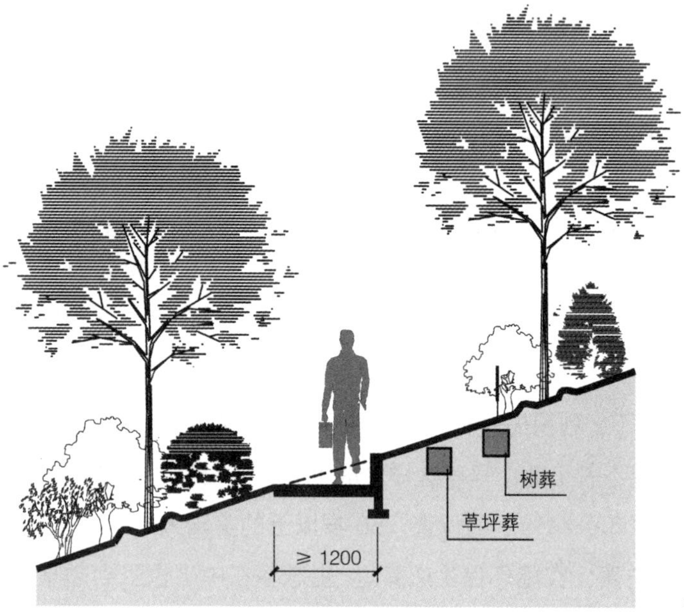

图 4–5–1　坡地骨灰树葬与草坪葬的结合示意图
来源：作者绘制

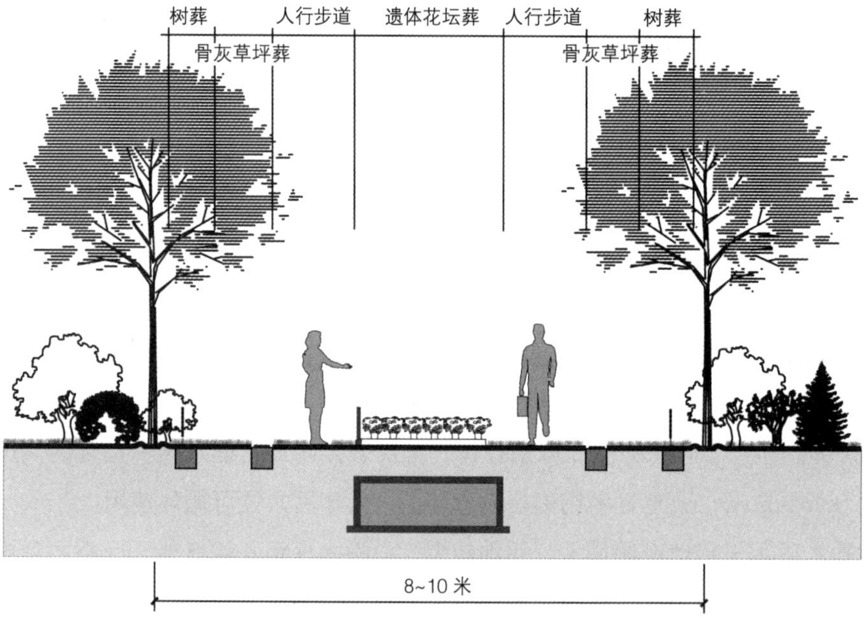

图 4–5–2　利用树葬区大乔木 8 ~ 10 米间距，安排混合葬式示意图
来源：作者绘制

2. 花坛葬

将骨灰直接埋入花坛中，逝者姓名刻在纪念碑或矮墩上，每个穴位用地仅 0.05 平方米，

14 平方米的花坛可容 280 具骨灰，穴位可循环使用，实现逝者“让生命溶于绿色，把土地留给后代”的愿望。这种葬式既经济又环保。[1]花坛葬有利于创造墓园景观（图 4-5-3）。

推广花坛葬的关键是如何保持花卉四季常开，除了花种搭配外，更换盆花是另一种选择。

图 4-5-3 花坛葬
来源：作者根据图片绘制

3. 海葬

各式骨灰葬固然节地，但骨灰中的碳酸钙日久会结块，对环境仍造成污染。因此最好的骨灰葬式是海葬，不仅不占地，而且碳酸钙能溶于海水。欧洲海盗早年为防止传染病在船上传播，将遗体投入海中，后被海军沿用，舰上人员死亡后也实行海葬。

近代海葬是将经过高温及精致化处理过的骨灰取代遗体撒向大海，骨灰长眠大海与海洋生物为伴。新加坡将可降解的骨灰盒缓慢入海取代抛撒更具仪式感。

船上的葬仪可集体进行，也可个性化进行。骨灰应精制减量，选择水动力强劲的海域，此处的海水可以把骨灰冲向远海。在墓园或海边设纪念碑，作为祭拜的标的物。

国家领导人提出，由保留到不保留遗体是殡葬习俗的“第一次革命”，由保留到不保留骨灰是殡葬习俗的“第二次革命”，也是更加彻底的“革命”。随着观念的不断更新，海葬作为一种既浪漫又环保的生态葬式，将逐渐被民众所接受，这是解决骨灰占地最经济、最有效的葬式。

4. 山葬[2]

一般集中于某个指定的山区，骨灰撒在深山中，除了独立的山葬区外，日本常常使之与山区的寺庙结合，便于举行佛事葬礼。

---

1 佚名 . 爱永不分离——上海市癌症康复俱乐部举行 2016 年节地生态葬集体葬礼 [OL]. 上海福寿园官网 .（2016-04-01）[2021-12-06]. http：//sh.fsygroup.com/index.php/app/win/cn/news_content/434.

2 严正清 . 形式多样的日本自然葬 [J]. 殡葬文化研究，2022（6）：45.

5. 岛葬[1]

近年在日本出现，丧属将先人骨灰撒在“墓岛”上，墓岛规划成有珍稀动物的公园形态，人们于指定的时间集体上岛撒葬。以日本隐岐群岛的葛岛为例，全岛设为撒葬物，在岛对岸设慰灵所，丧属可以在此遥寄先人。

6. 冰葬

北美爱斯基摩人死后遗体冰封成遗俗。现代冰葬是将遗体急冻，脆化后振成粉末，滤走杂质后骨灰装袋入葬。冰葬可减少火化时有害气体的排放和能源消耗。

7. 水上墓地葬

适用于土地紧缺的滨海城市，将静态墓园变成动态墓园，用海上浮动墓地取代传统的地上墓地。在每年的祭扫季节停靠在城市码头供祭扫，平时在海域漂浮，有个别需要的可用小船接驳。

（二）火葬目前存在的问题

（1）生态节地葬是绿色环保理念和生态文明建设在殡葬观念上的反映，也是未来的发展趋势，目前对于“重死”的民族来说，接受度有限，无法一蹴而就。推广环保葬的前提是观念改变。大力宣传节地葬不仅仅是为了节约土地，更重要的是构建殡葬文化和环境之间的和谐。墓碑可小可大，可存可废，但文化艺术和情感的内涵得到了扩容。这种和谐可以穿越世俗、浓缩亲情，历久弥新。

（2）骨灰土葬虽比遗体土葬用地少，但毕竟还占用土地。国内骨灰土葬占地平均按 2 平方米 / 具计算。每年火葬入土建墓所占用的土地约 10 平方公里，仍然庞大。造墓所用的石材几乎将墓地全覆盖，形成严重密集的硬质化地表，损害了土壤结构。

（3）骨灰主要成分是磷酸钙，植物可以吸收骨灰溶解后的磷作为养分，剩下的碳酸钙不被吸收。骨灰入葬后，碳酸钙经土层压缩，受潮后会结成硬块，一时难以分解，对环境仍然造成污染。

（4）我国每年火化遗体近 500 万具，产生的二氧化碳、硫化物、二噁英等有害气体和挥发性有机物颗粒严重污染空气，沉降后会污染大地。若要在排放之前清除，需用活性炭进行过滤。国内火化炉多采用柴油，按每具消耗 15 公斤计算，每年消耗 7 万多吨柴油，向空气中排放巨量的二氧化碳。

尽管火葬存在上述缺点，但比传统土葬仍具优势，它的缺点需依靠科技进步来解决。行政命令强制推行火葬的社会成本太高，推广应是渐进式的，符合人情和人性的。

1　严正清 . 形式多样的日本自然葬 [J]. 殡葬文化研究，2022（6）：45.

六、衣冠冢

它是很特殊的一种葬式，墓内仅置逝者遗物，甚至没有遗物。衣冠冢实际上是寄托人们思念的一座纪念物。古代氏族战争时，死者的尸体无从辨认，故设衣冠冢祭奠。渔民出海遇难后，抛尸入海，返航后设衣冠冢祭祀。

图 4-6-1　爱因斯坦衣冠冢
来源：作者根据图片绘制

衣冠冢是表达情感和敬意的产物。中国历史上常为名人设衣冠冢，例如孙中山先生、抗清名将史可法和袁崇焕、南齐歌妓苏小小和水浒英雄武松等均有衣冠冢。歌星邓丽君葬于台北，衣冠冢于多处出现，爱因斯坦的衣冠冢更是遍及各洲（图 4-6-1）。

七、葬式生态评估[1]

（一）葬式生态化指数

生态葬已成时尚名词，但内容界定不清，标准各异，为了便于科学评估，民政部 101 研究所发表了《生态葬式评估体系研究》，确立了三个“葬式环评”指标作参考。

1. 土地消耗指数——P_1

指每具骨灰耗用土地的程度，P_1 越小越好，在 0 ~ 10 分中，0 为最佳。每具骨灰的占地面积以平方米来计算，在 0 ~ 10 平方米中，以 0 平方米为最佳。当一具骨灰的占地面积为 1 平方米时，其 P_1 值为 1。

2. 硬质化指数——P_2

指石材、水泥、砖头、沥青等材料在土地表面的覆盖程度。目前墓园内的土地硬质化主要由建筑设施、道路及石质墓基等几方面造成，其中，墓基用的石料和道路，是造成土地硬质化的主因。

1　乔宽元 . 生态葬式评估体系研究：以上海为例 [M]// 李伯成，肖成龙 . 中国殡葬事业发展报告（2014–2015）. 北京：社会科学文献出版社，2015：160–180.

硬质化是指墓穴耗用硬质建材的程度，以每具骨灰所耗用的硬质材料面积来计算，在 0 ~ 10 平方米中，0 平方米为没有石材覆盖。硬质化指数 P_2 用 0 ~ 10 分来表示，0 为没有硬质化，处于最佳状态。当石材覆盖地面的面积为 1 平方米时 P_2 值为 1。

3. 白色化指数——P_3

白色化是指大量石质墓碑和墓基所形成的白色化状态。采石过程会破坏生态，运输会消耗能源，白色化状态对墓园景观也有着较强的负面影响。白色化指数 P_3 用 0 ~ 10 分表示，0 分为最好，说明没有白色化，P_3 为 10 分时表明白色化最严重。墓穴耗用石材以 0 ~ 10 立方米计，0 立方米为不耗石材（或其他硬质材料）。当一具骨灰耗用的石材量为 1 立方米时，其 P_3 值即为 1。将三个指标的总权重 W 设为 100，其权重分配如下：

（1）耗地程度 P_1 的权重 W_1 为 50；

（2）硬质化程度 P_2 的权重 W_2 为 30；

（3）白色化程度 P_3 的权重 W_3 为 20。

得出葬式对生态环境负面影响的总分 K，用以下公式计算得出：

$$K=\sum W_i P_i \ (i=1、2、3)$$

（二）各种葬式环评指数及其对墓园生态的影响

分别计算土地消耗负面影响 K_1（$K_1=W_1P_1$），硬质化负面影响 K_2（$K_2=W_2P_2$），白色化负面影响 K_3（$K_3=W_3P_3$），最后求和，得出各葬式的总体负面影响指数 K（$K=K_1+K_2+K_3$）。

该研究针对当前 10 种主流葬式的占地面积 P_1、硬质化覆盖面积 P_2、葬式耗用石材量 P_3 的数值进行归纳，然后计算出各种葬式的总体负面影响指数 K，K 值越高，代表该葬式对环境的负面影响越大，K 值越低，代表该葬式生态性越高。

通过表 4-7-1 可以看出：草坪葬如仍保留大型显露地面的卧碑，其生态性与骨灰墓葬相比，并无特别优势，草坪葬的墓碑只有小型化或消隐化后，才能对墓园的整体生态产生较大的提升作用。

在骨灰葬中，除了海葬之外，建筑室内葬最为环保，相较于地表没有建筑的地宫葬而言，建筑葬的地表建筑体量大，故其 K 值远高于地宫葬，但随着建筑层数的增加，建筑葬的 K 值逐渐降低，单层建筑葬的 K 值为 12，十层建筑葬的 K 值显著降低至 2.5。

地宫葬可视为地下的建筑室内葬，虽然 K 值较低，但需要开挖地下室，提高了工程造价，利用多层建筑的地下室，可较好地平衡建筑成本。地下建筑对地表渗流和土壤保育也会产生一定的负面影响。

地宫葬相较于室内葬，建筑空间由地上转入地下，建筑面积并没减少，看似生态，实际上是硬质化的转移。地宫葬的自然采光有一定的困难，室内空间如果处理不好，容易闭塞阴暗。在这样的空间中进行祭拜会感到一定的心理压力。故地宫葬相对于室内葬的生态提升，并不如

K 值体现得那么大。地宫葬在有限提升生态性的同时，会带来更多的设计问题。但地宫葬符合“入土为安”的理念，比较容易被丧属接受。

十种主要葬式环评指数（K）一览 表 4-7-1

葬式 指标	遗体土葬	骨灰墓葬	草坪葬		花坛葬	壁葬	家庭合葬	室内葬	骨灰墩葬	地宫葬	海葬
			①	②							
小计 K	163	40	37.4	25	20.5	14	14	12	2.5	0.7	0
耗地指数 K_1	125	25	25	25	12.5	7.5	8.5	5	2.5	0.5	0
硬质化指数 K_2	30	12	12	0	6	4.5	5.1	3	0	0	0
白色化指数 K_3	8	3	0.4	0	2	2	0.4	4	0	0.2	0
备注	以每具骨灰占地 2.5 平方米计	以每具骨灰占地 0.5 平方米计	有卧碑，以每具骨灰占地 0.5 平方米计	无卧碑，以每具骨灰占地 0.5 平方米计	以每具骨灰占地 0.25 平方米计	以每具骨灰占地 0.15 平方米计	以每具骨灰占地 0.17 平方米计	单层建筑，楼层越多 K 值越低	以每具骨灰占地 0.05 平方米计	多层建筑，以每具骨灰占地 0.01 平方米计	占地为零

注：①为卧碑草坪葬；②为无卧碑草坪葬。

来源：乔宽元 . 生态葬式评估体系研究：以上海为例 [M]// 李伯成，肖成龙 . 中国殡葬事业发展报告（2014–2015）. 北京：社会科学文献出版社，2015：160–180.

第五章

墓园的规划

城市要发展，发展需规划。规划墓园之前，项目先要经过宏观评估和微观策划，以确保投资成功。墓园是运用环境学、规划学、美学、建筑学以及行为学等知识，为逝者建造的一座“城市”。规划受到人口、文化、心理、民俗、信仰、交通、生死观、工程技术、周边环境、法律法规和经济条件等因素的制约，是一项复杂的系统工程。墓园园林化和日渐增多的新葬式和新祭奠方式，对墓园规划都产生影响。

首先要合理确定规模，既要顾到未来的发展，也要避免过度投资。中心城市带动区域发展，中心城市需要较大容量的墓园，小城市的需求相应较少。墓园规划除了合理利用土地资源外，还要完成建筑、交通、空间、竖向、水系、植栽等专项规划设计。

建筑师的任务是在众多条件制约下，将墓园设计成埋葬遗体或骨灰，并供亲友悼念，同时又是一处供游人休憩的场所。为了达到这个目的，每个墓园均应具有自己的“个性”，避免彼此复制抄袭。

许多墓园在规划时摆脱不了传统形制的羁绊，二十四孝、龙凤呈祥、诸神站岗、皇陵布局、明清样式……这些元素运用得当无可厚非，过多使用会影响墓园的个性形成。

选址时要考虑交通的可达性与祭扫的便利性。人口密度高的城市，应以发展纳骨建筑为主，便于民众通过城市公共交通到达，降低他们的出行成本。墓园与郊野公园的功能复合可以使休闲与扫墓结合，实现墓园功能的多元化。

一、墓园基地的选择

城市在不断发展，城市中的墓园难以继续扩容，利用郊区尚未开发的荒山瘠地建设新墓园已成趋势。墓地规划时应注意以下八点。

（一）地形地势

丘陵地是中国的典型地貌，高地具有天然的纪念性。中国有依山筑陵的传统，低洼地可做成水体或下沉式广场，改善空间的丰富度和趣味感。除了充分利用地形和地势外，还必须考虑施工和祭祀的方便，尽量少动土方，控制坡度和填挖方平衡，以降低成本，加强基础的稳定性。

丘陵地区坡度应依据土壤休止角，尽量控制在30° 以内，以防止山体滑坡。平原地区墓园建设的大忌是排水不畅而损坏墓基，因此要做好地面排水设施，结合墓道设置排水管网。墓园建设受到的限制与建筑师的创造潜力并存。

（二）墓园朝向

古人云“山南为阳，山北为阴”，尽量利用常年受日照的朝阳地建园，有利于绿色环境的营造。其他朝向如果处理好，也可以创造出较好的环境。但应尽量避免选常年不见阳光、植被难以生长的阴湿地。

（三）土壤特性

中国历来重视土壤构成，建园造屋前一定要开挖深井验土，“细而不松，油润而不燥，鲜明而不暗”[1]为好土。规划之前除了取得地质勘探资料外，还必须取土化验，土壤的物理性质决定了力学特性，土壤的比重、含水量和空隙率，会影响到土地的利用。

（四）水文因素

古人云：“吉地不可无水”[2]，可见选地时水因素之重要。首先要了解当地水文资料，确定原有水系的安全性，避免洪水来袭时，建筑物地基不稳，被冲刷移位。在保留原有水系的前提下，增加排水渠和防洪管，以策安全。可利用低洼地营造滨水景观，起到径流汇集、维持生态平衡的作用。

（五）植被状况

地块的植被现状可以说明土壤的肥力程度，应尽量保护原有的植被及生态系统。如果土地贫瘠，要进行人工植被更新，对原有的生态系统进行改善。

（六）后续扩容

规划要有整体观，并为后期发展留有空间，采取一次规划，分期实施、不断扩容，以减少设施的空置率，降低初期资金的投入。

1　韩增禄 . 易学与建筑 [M]. 沈阳：沈阳出版社，1997：17.
2　王乾 . 风水学概论 [M]. 拉萨：西藏人民出版社，2001：63.

（七）交通便捷

节假日人群集散有脉冲性，应考虑其峰值，墓园的位置需使人容易找到，方便送葬和祭祀，过远会增加交通成本，降低人们的祭祀意愿。

（八）应回避某些地区

建设墓园时应谨慎对待以下区域：铁路、国道、省道、河道、耕地、水库、堤坝、开发区、住宅区、水源保护区、文物保护区、风景名胜区、森林公园和自然保护区。

除了遵守政府法规，配合城市规划之外，选址还需尊重市民的情感诉求和文化认同。科学选址需与堪舆协调，进行综合考虑。理想的墓园选址流程大致如图 5-1-1 所示。

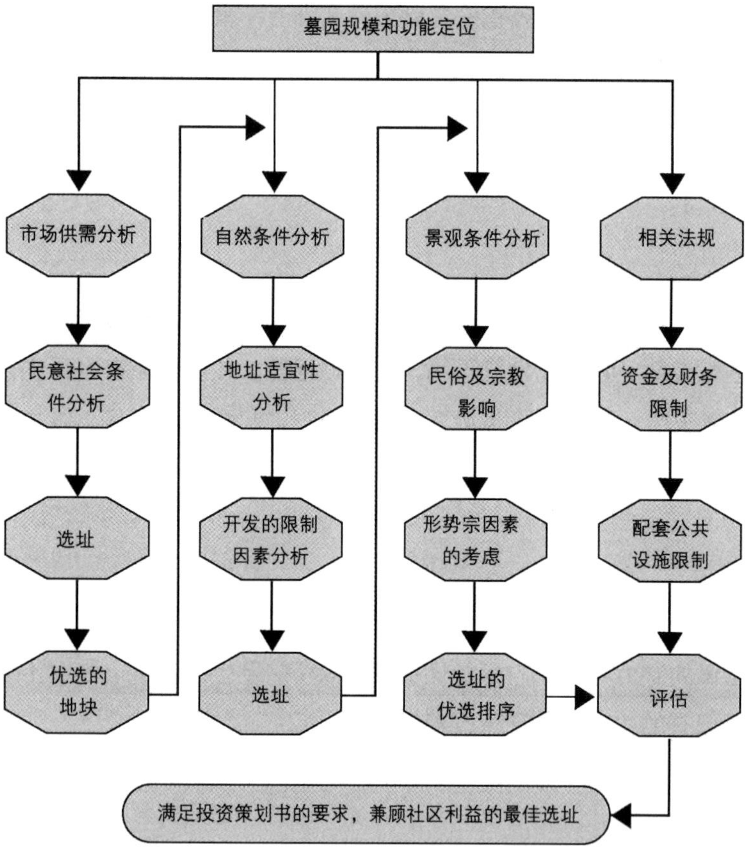

图 5-1-1　墓地选址流线图
来源：作者绘制

近年来，随着研究方法的不断创新，墓园选址出现了一些定性定量的新分析方法，例如层次分析法（Analytic Hierarchy Process）[1]、多因子评估法（Multi-Criteria Evaluation）[2]、加

1　层次分析法（Analytic Hierarchy Process，简称 AHP）由美国运筹学家萨蒂（T.L.Saaty）教授首先提出，是一种实用性多方案多目标的决策方法，也是一种定性与定量相结合的决策分析法，常被运用于非结构化的复杂决策问题，具有十分广泛的实用性。
2　多因子评分法是一种科学的投资评估方法，保证预期的收益，是一种经济驱动理论。

权评分法（Weight Grade Method）[1]、GIS 地理信息系统（Geographic Information System）的利用[2]，以科学、客观、精准的分析来帮助选址，达到投资效益最大化的目的。

独立的纳骨建筑可以立体化竖向发展，与横向发展的墓园选址要求有所不同，前者占地有限，功能单纯，可以设在基础设施完备、交通便利的市区以方便市民，但受周边条件的制约较多，必须考虑邻避效应，处理好与周边住宅区的关系。城乡接合部处于城市边缘，纳骨建筑能够靠近主要交通干线，有成熟的市政设施和发展空间，周边环境制约较少。郊区型纳骨建筑的优点是自然环境好，拥有足够的发展空间，缺点是交通不如前两者方便，基础设施可能需要补强。

独立纳骨建筑的选址不能孤立进行，需考虑与殡仪馆和墓园的协调发展。

二、墓园规模的确定

建设墓园首先要合理确定规模。墓园规模与地区人口、服务半径、生育政策、文化、年龄结构、死亡率有关，也与墓园的性质有关，公益性墓园与经营性墓园有所区别，纪念性墓园的规模弹性更大。墓园性质和规模的确定应在策划阶段进行。墓园规模主要和当地政府规定的墓穴面积指标、当地居民数和骨灰立体葬所占比例有关，既要满足未来的需求，也要避免过度投资和重复建设。

以安置骨灰为主的公益性墓园为例，因为是国家和集体划拨土地，投入资金，故应严格遵守相关的规定和规范并进行监管。墓园的建设标准以占地面积与骨灰安置量为划分依据，从小到大可分为四类（表 5-2-1）。

城市公益性公墓建设规模分类　　表 5-2-1

类型	一类	二类	三类	四类
占地面积	200000m^2 （20hm^2 以上）	100000~ 200000m^2 （10~20hm^2）	70000~ 100000m^2 （7~10hm^2）	70000m^2 以下 （7hm^2）
骨灰安置量 / 万具	20 以上	10~20	3~10	3

来源：《公墓和骨灰寄存建筑设计规范》2015 年征求意见稿。

不同规模的公益性墓园，在规划用地的比例上有所不同，一般一、二类大型墓园，因其巨大的墓穴容量，用地较多，交通用地、绿化用地、建筑用地所占比例相应较少，反之则相反。一、二类墓园因人流量大，应设置较大的集散广场。各类墓园规划用地的参考比例可以参考表 5-2-2。

1　加权评分法又称效益综合评分法，是综合考虑成本因素和非成本因素的评价方法，优点为简单易算，但易产生误差。
2　GIS 是一门综合性学科，一种特定的十分重要的空间信息系统，对地块环境进行数据分析，帮助决策。

规划用地比例 表 5-2-2

用地分类	公墓建设规模			
	一	二	三	四
墓地	>65%	>60%	>55%	>50%
道路、广场、停车场	5%~10%	5%~15%	8%~15%	8%~18%
绿地、园林小品、水面	20%~25%	25%~30%	30%~35%	30%~35%
业务、办公、附属建筑	<1.5%	<3%	<4.5%	<5%

来源：《公墓和骨灰寄存建筑设计规范》JGJ/T 397—2016。

前述城市公益性公墓建设规模分类和公墓规划用地比例可能随时变更，规划时应根据当地当时执行的标准和规范进行调整。经营性墓园受制于其他因素较多，故难以制订统一的标准，可以参考但不受限。

三、墓园平面布局的类型

墓园总平面布局大体可分为以下四类。

（一）几何式布局

几何式布局有明显的轴线对称关系，多应用于平原地区，分为棋盘式和环状放射式两种。

1. 棋盘式

路网呈正交网格状，分割出大小矩形地块，支路将墓地串联。优点是排列整齐，易查找，但略显单调（图 5-3-1）。

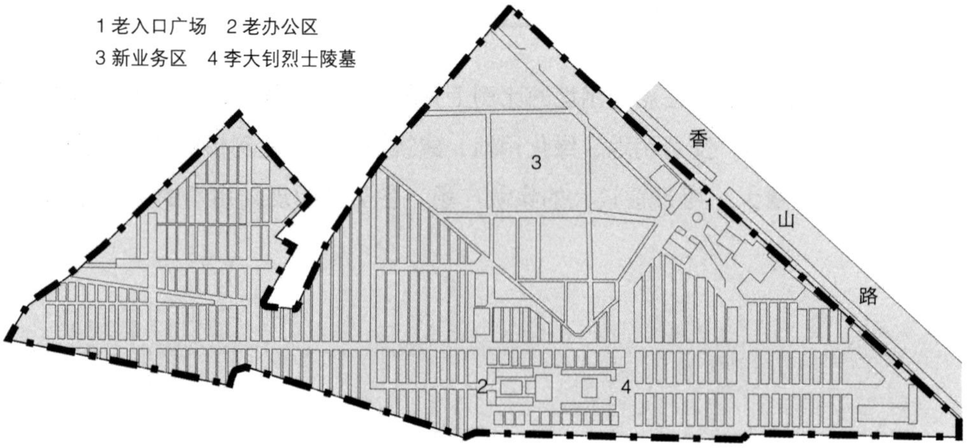

图 5-3-1 几何布局，北京万安公墓总平面图
来源：作者根据墓园资料绘制

2. 环状放射式

在中心位置设标志性建筑物、大型立雕或广场，围绕布置放射形道路，距中心适当距离处可以再设同心圆路网。优点是中心明确，视觉具有聚焦性和多变性（图 5-3-2）。

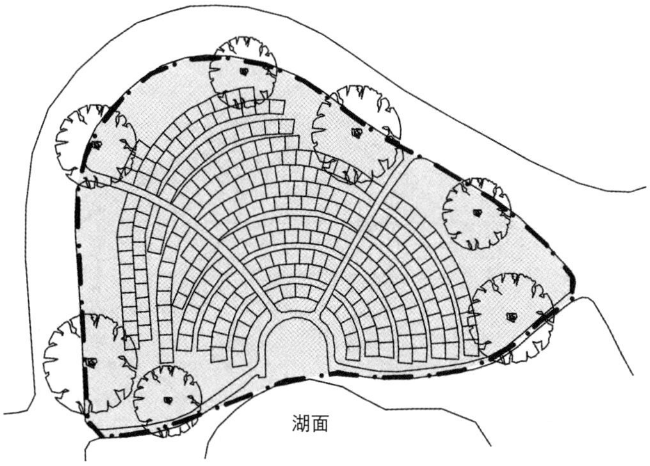

图 5-3-2　环状放射式布局，美国波士顿牛顿 URN 墓区平面图
来源：作者根据墓园资料绘制

（二）自然式布局

自然式布局源自西方，19 世纪 30 年代出现“新墓地运动”，强调浪漫主义手法，无明显的中轴线，顺应地形布置道路。自然式布局适合有起伏的地形，对原有自然景观能够充分保护和利用。它不同于几何式布局，布置极其自然，道路可以围绕景点展开，自然流畅，委婉曲折；将墓园分割成尺度不同、独立而又关联的多个斑块空间（图 5-3-3）。

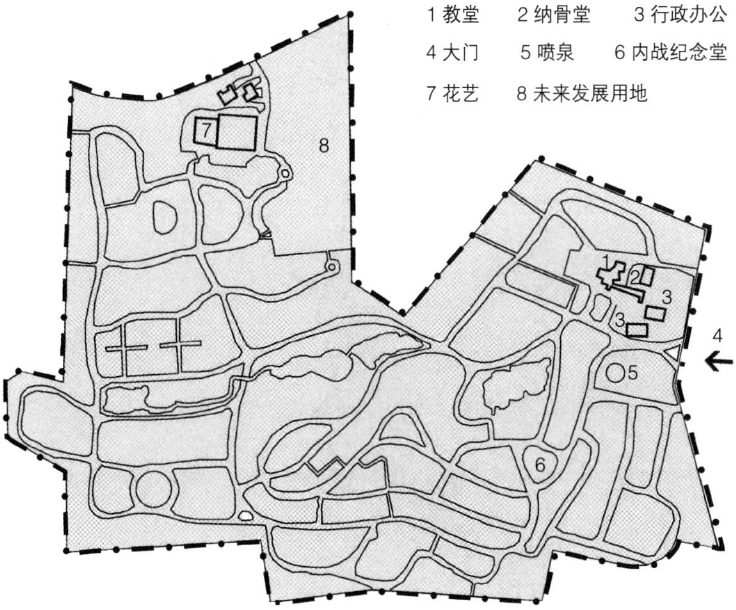

图 5-3-3　自然式布局，美国波士顿牛顿墓园
来源：作者根据墓园资料绘制

（三）街道式布局

按照城市规划的手法设计微城市型墓园，地块分割成紧凑密集的小“邻里单位”。微城市型墓园的应用有两个条件：一是墓园用地受到限制，二是当地墓园有修建微型墓室小建筑的传统（图 5-3-4）。

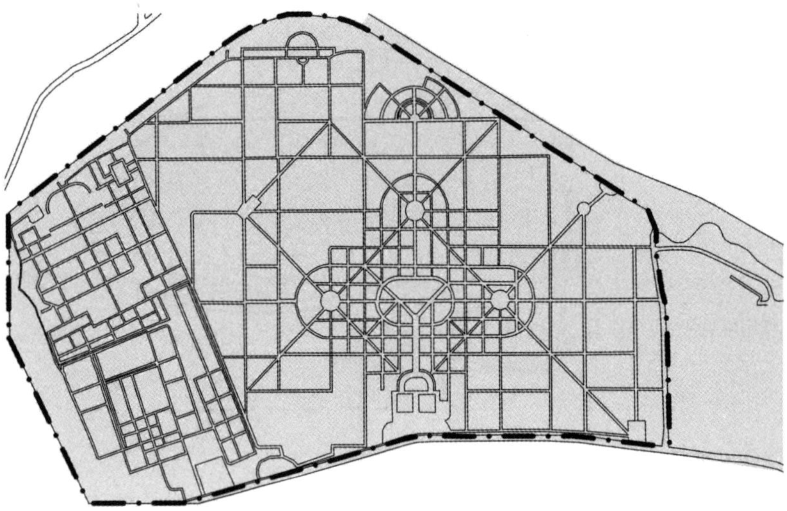

图 5-3-4　街道式布局，维也纳中央公墓总平面示意图
来源：作者根据墓园资料绘制

（四）混合式布局

中轴线灵活多变，有时对称但不严格，道路有直有曲，结合几何式和放射环状两者的优点各自成区，或自中心引出放射状道路，但路网不再拘泥于同心圆，因地制宜将分出的地块再进行棋盘式分割，形成一个主中心和多个副中心的格局。

这种混合式布局能产生景观视角的多变性，用地经济、使用便利。根据各区不同地形采用不同手法，寻求最佳道路布局（图 5-3-5）。

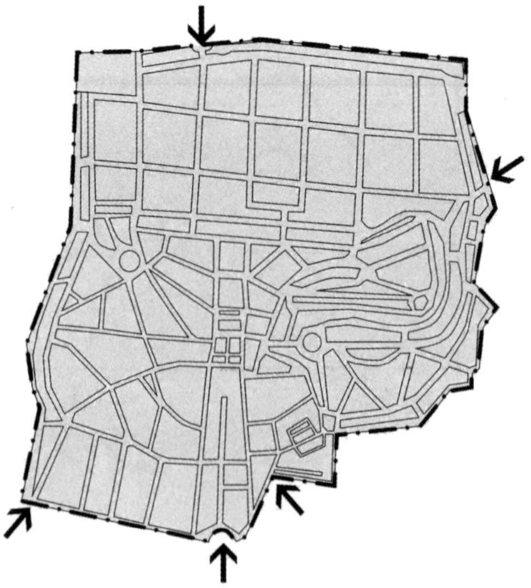

图 5-3-5　混合式布局，拉雪兹神父公墓总平面示意图
来源：作者根据墓园资料绘制

四、墓园建筑造型的几种考虑

形式随功能而生，墓园建筑有其个性，因为要满足纪念仪式感和园林化的要求，强调它的审美功能。故设计时要运用形象思维，使建筑形式与功能交织在一起，两者是否能完美统一是设计取得成功的关键。对审美要求较高的殡葬建筑，建筑师往往在设计之初先产生某种空间构想，进而合理地处理好功能，功能反过来也会促进思维的创新。

具体而言，创作中要处理多种矛盾，例如明亮与阴暗、悬浮与下沉、喧闹与宁静、相似与相异、对比与统一、室内与室外、传统与现代等，实现“中而不古，新而不洋”的理想。

墓园建筑的造型主要归纳为以下几种：

（1）平面式：高、低、方、圆，多种多样。

（2）下沉式：呼应“入土为安”，人们情绪容易集中。

（3）悬浮式：悬出地面，脱离尘世，羽化升天。

（4）破格式：打破完整的形象，构成“玉碎”联想。

（5）咬合式：即以上几种造型互相搭配使用。

以上几种造型方式应根据地块的地形综合应用，做到亲切而富有人情味，庄严而不失理性，突显殡葬建筑形式对人们的精神感受所起的作用（图 5-4-1）。

图 5-4-1　墓园建筑造型的几种考虑

来源：作者参考彭一刚教授作品绘制，彭一刚 . 创意与表现 [M]. 哈尔滨：黑龙江科学技术出版社，1994.

五、环境与选址

我国先民与大自然共处时，依顺自然、寻求生存积累并总结了大量经验。天津大学王其亨教授在《风水理论研究》中总结："风水学实际上是集地质地理学、生态学、景观学、建筑学、伦理学、心理学、美学等于一体的综合性、系统性很强的古代建筑规划。"其中虽常带有迷信成分，但还是有一定的科学性和逻辑性，例如靠山有利于抵挡冬季西北风；面水能有夏日凉风；朝阳获取日照；坡地可免淹水；植被涵养水源；明堂有利视野……经历代补充而逐渐成熟。

中国最早的形势宗学说与墓穴选地有关。晋代郭璞所著《葬书》是中国墓地选址的开山之作。"葬者，乘生气也。气乘风则散，界水则止。古人聚之使不散，行之使有止，故谓之风水。"[1]他也迷信地认为每个人的祸福成败和贫富贵贱，都取决于祖辈阴宅风水的好坏，墓地好坏会影响后人的福患。但古传"地有十不葬：一不葬粗顽块石，二不葬急水滩头，三不葬沟源绝境……"[2]其中也蕴含一定的科学道理。

根据地形，古代墓地选址分为山地与平原两种情况。我国南部多山地丘陵，北部多平原大地，大部分国土为前者，故中国古代相关著述的重点在山地，很少触及平原。山地丘陵的墓园选址将在本书第六章《利用坡地建墓园》中详述，本章重点论述平地墓园的环境与选址。

平原地势广阔，没有明显的起伏，《葬书》中说"有土斯有气"，说明平原地区的"气"充盈。[3]平地环境的共识是"地高一寸也是山，地低一寸当为水"，"平地一突值千金，胜过山地万仞峰"。换言之，平地造墓园应选略有起伏的地块，避免一马平川。平地选址讲究"三贵"，即地势有高低，河水弯曲经过，土质肥沃。

规划墓区时要利用地形，俗称"北高南低英豪地，西高东低有财气，东高西低长子强，南高北低子无益"，这些经验基本上符合现代环境学的原理。

用现代科学来总结平原墓地选址就是要选择优越的生存条件，顺应自然规律。只要适合纪念，符合方便、安全、美观、卫生等要求，就是最好的"风水"。

六、功能布局

现代墓园是逝者安息、后人纪念和市民休憩的特殊公园，布局要考虑墓园三个主要活动内容，即殡葬活动、郊游活动以及每年几次的大型传统祭悼活动。

墓园布局应根据《设计任务书》[4]进行，主要由葬仪区、墓葬区和服务区三部分组成。墓葬区涵盖景观、土葬和纳骨建筑等区在内的区块，它们之间的关系如图 5-6-1 所示。

1 郭璞等 . 宅经 灵城精义 葬书 [M]. 长春：时代文艺出版社，2008：107-111.

2 李志杰 . 民间歌谣 [M]. 成都：四川人民出版社，2016：185. 即不葬粗顽块石、急水滩头、沟源绝境、孤独山头、神前庙后、左右休囚、山冈缭乱、风水悲愁、坐下低小、龙虎尖头，选地时应尽量避免。

3 《论衡 · 自然篇》："天地合气，万物自生。"王充认为气是构成世界最基本的物质、维持人体生命活动的基本物质。王充 . 论衡 [M]. 北京：蓝天出版社，1999：88.

4 投资建设墓园之前先要进行"可行性研究"和策划书之拟定。详见本书第十一章。

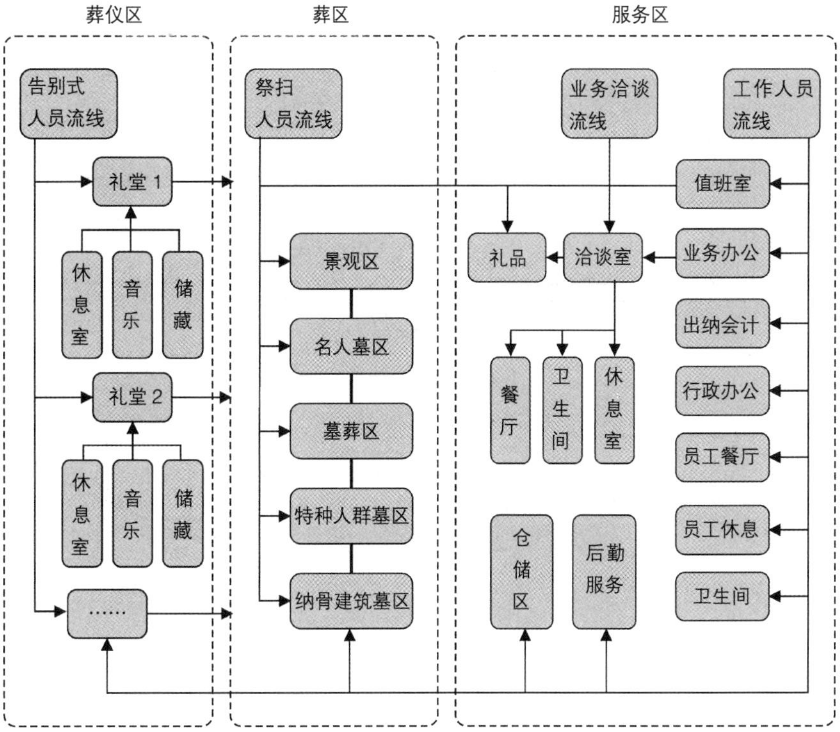

图 5-6-1　墓园功能流线示意图
来源：作者绘制

葬仪区主要为安葬及礼仪服务。由若干大、中、小厅堂组成；葬区为各种葬式集中的区域；服务区提供客户接待、业务洽谈、餐饮、住宿、展示、鲜花与纪念品销售以及后勤保障服务。墓区内部的管理部门亦设此区，彼此避免互相干扰。

（一）葬区

葬区是墓园安葬和祭扫的区块，是传承历史、记录人文、缅怀先人的地方。根据地形设计成各种室内外葬式，包括遗体和骨灰的穴葬、草坪葬、林葬、花卉葬以及江海葬的纪念碑牌……葬区采用组团式设计，以道路分割各个相对独立的区块，每个组团作为一个独立的区块单元，串联起来形成一个避免零乱、和谐统一的整体。组团设计也有利于分期开发。组团布局根据地形和规划意图分为矩阵形、曲线形、围合形和锯齿形四种（图 5-6-2）。矩阵形使用较多，面积控制在 2 ~ 3 亩为宜，它的优点是便于辨认和管理，缺点是略显呆板，人工痕迹多，不易与环境结合，多用于地势平坦地区。其他几种组团布局方式容易与环境取得协调，对地形的适应性较强。

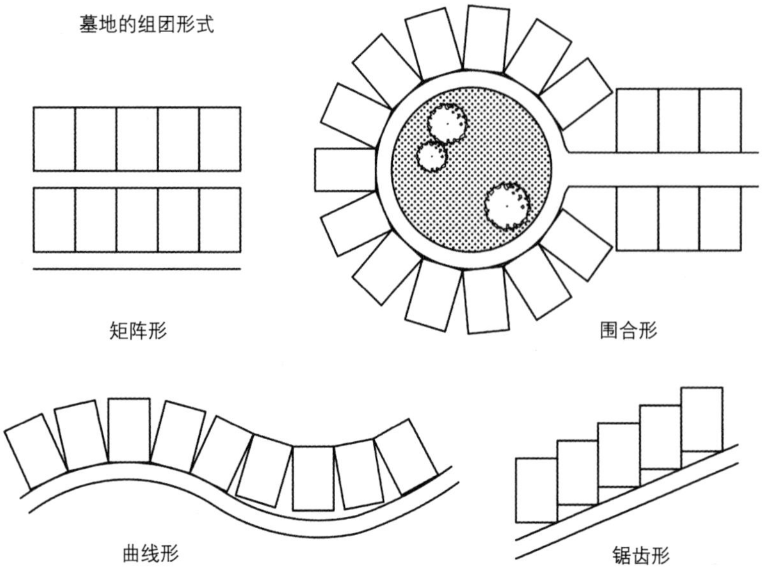

图 5-6-2　墓地组团形式
来源：作者绘制

1. 葬区的多样化

基本上分为以下五种。

（1）墓葬区

传统墓葬区的墓地基本上都是个性化定制，没有统一规定。历史感强，但各领风骚的结果容易产生无序感。

规划时，除了大墓保留个性化建造外，小型墓的墓基和墓碑可以试行标准化设计，装配式建造以“统一律”来突出整体美，节省丧属的备丧时间和精力，使造型和施工品质得到保障，整体感强（图 5-6-3）。

墓葬区不同等级和规格的墓型尽量不混杂，应适当区隔。目前各地对墓的大小和高度做出限制，客观上促使墓地风格日渐趋于一致。此时如果造型过于简单，容易产生美感的缺失。

（2）建筑葬区

建筑葬又称“立体葬”，是最节地的一种葬式。国外有安置遗体的建筑葬，国内只有各式骨灰建筑葬（参见图 4-4-2）。

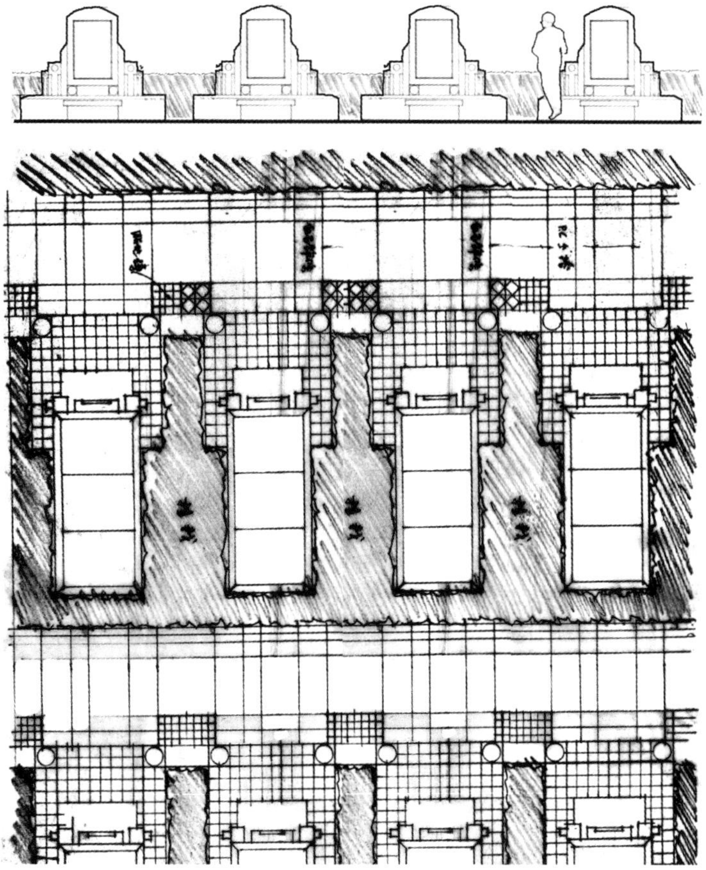

图 5-6-3　台中第一纪念公园标准化墓区设计方案
来源：作者设计及绘制

（3）生态葬区

骨灰进行草坪葬、花坛葬、江海葬等称生态葬，又称环保节地葬，它与景观结合成为景观葬，个人墓碑消除后，可设造型美观的集体葬碑供凭吊（图 5-6-4、图 5-6-5）。

图 5-6-4　集体葬碑示意图
来源：作者设计及绘制

图 5-6-5　生态葬区集体葬碑示意图
来源：作者设计及绘制

（4）名人墓区

为当地的英雄模范、著名学者以及社会贤达建立的墓区，它的设立可以提升墓园的历史感和知名度。上海的宋园，北京的八宝山墓园，日本的青山灵园、谷中灵园，都属于名人专属墓园。许多墓园为了取得名人效应，也开辟名人墓区。

日本东京利用分散在各地的名人墓，组成观光联合体，分发《旅游导览》介绍名人的生平事迹，组织最佳的参观路线，吸引慕名而来的游客。这个观光联合体导览的墓园已成为东京宝贵的旅游资源。

（5）特种人群墓区

教师、儿童、建设者、捐献者、灾害受难者等的专用墓区（图 5-6-6、图 5-6-7）。

图 5-6-6　特种人群墓区
来源：作者根据图片绘制

图 5-6-7　福寿园早逝儿童墓区
来源：作者根据图片绘制

2. 墓葬区的艺术化

阴森引发悲切，墓园随着园林化的建设，墓葬区的艺术化日益受到重视。艺术化不仅陶冶人的文化底蕴，而且能给墓园增添观赏价值。美丽的艺术环境一直是现代墓园追求的目标。墓葬区的艺术性主要靠墓碑和植栽的运用得当。

墓碑是逝者留给后人的纪念物，有着逝者生前职业与爱好的印记，国外有专业的墓碑设计师，优秀的设计师能运用这些印记创造出动人的墓碑形象。

个体墓可以张扬个性，我国在碑高受限的情况下，墓碑已不适用逝者头像雕塑的传统方式，因为 0.8 米高的墓碑只能供人低头俯视，难以彰显庄重和尊崇。碑高受限的墓地雕塑更适合采用隐喻法，开创墓碑与雕塑结合的新方向（详见附录 C）。

植栽是艺术化的另一重要手段，它可以“暖化”硬冷的石质墓碑，绿色生命赋予墓碑以生气。园林化也为艺术化创造了条件，使人们能够消除畏惧，获得美的享受，从而提升墓园的价值。

（二）景观区

配合祭扫人群的活动，保留一部分山坡地和山脊线作休息和观景地。低洼处造湖种植水生植物，绕湖设步道，营造滨水景观，起到径流汇集的作用；种植观赏价值高的植物，形成特色景观带，做到有景可观，有花可赏，有水可亲，有亭可憩。

日本东京谷中灵园的道路两旁种植多品种的樱花，中央通道称“樱花道”，成为东京赏樱的最佳地。每年春季挤满了赏樱的人群。同样，美国洛杉矶玫瑰墓园因种植大片玫瑰而成为当地一道亮丽的风景线。

（三）纳骨建筑区

集中贮存骨灰的建筑物，体量一般较大，易成为墓园的地标性建筑，但节日过于集中的人流会给管理和安全带来一定的隐患。

纳骨建筑可集中可分散，也可由室外纳骨墙组成独立的构筑物（图 5-6-8）或与小品结合组成半私密的园中园，实行景观葬（图 5-6-9）。纳骨建筑区应具有相对独立的活动区域，不和墓葬区混杂。

图 5-6-8　香港的独立骨灰构筑物
来源：作者根据焯彬先生提供图片绘制

图 5-6-9　滨海古园纳骨墙组成的景观葬区
来源：作者根据杨艺集团提供图片绘制

（四）后勤服务区域

后勤各部门集中的区域，最主要的是仓储、车辆管理、植栽维护、苗圃培育、机电及互联网设施的维护管理、园区的安全保卫、外来工程人员的活动场所，为客户服务的人员管理。此区应与墓园其他区分开,具有相对独立性,最好有独立的对外出入口。墓园管理部门也设在此区。

七、墓穴设计

（一）现代遗体土葬的墓型

1. 遗体墓葬

墓园统一规划的墓穴因土地限制，不得不删除一些传统配件，仅保留墓丘和墓碑（图 5-7-1）。

A 墓基
B 祭拜空间
C 支墓道与绿化
D 墓地宽
E 墓地间隙

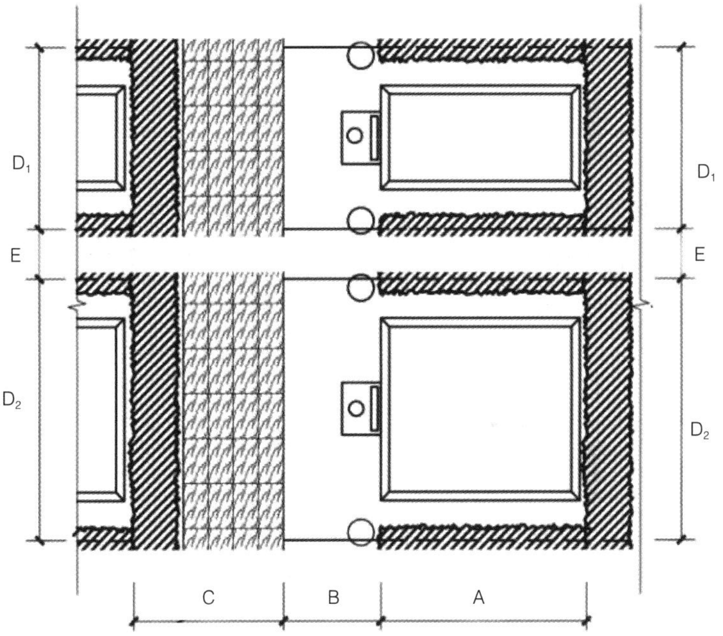

遗体土葬平面示意图（上图为单穴，下图为双穴）

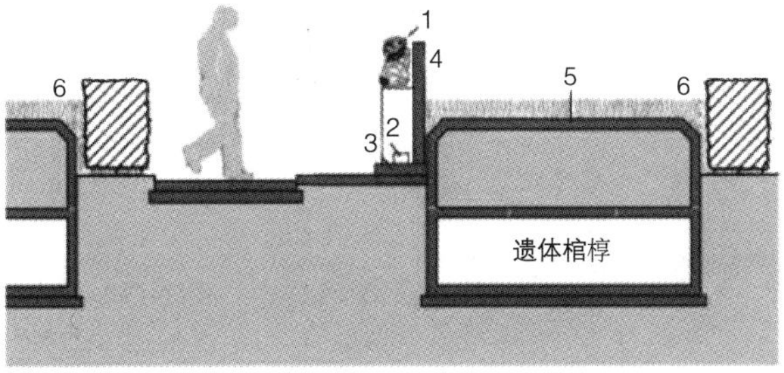

1 镇墓兽 2 香炉 3 碑座兼供桌 4 墓碑 5 墓龟 6 绿篱

遗体土葬剖面示意图

注：尺寸由地方政府按节约土地，不占耕地原则规定

图 5-7-1 遗体土葬剖面示意图
来源：作者绘制

2. 遗体草坪葬

棺椁埋至地下，地面仅留墓碑，人行走碑面外侧，避免践踏遗体所在位置（图 5-7-2）。

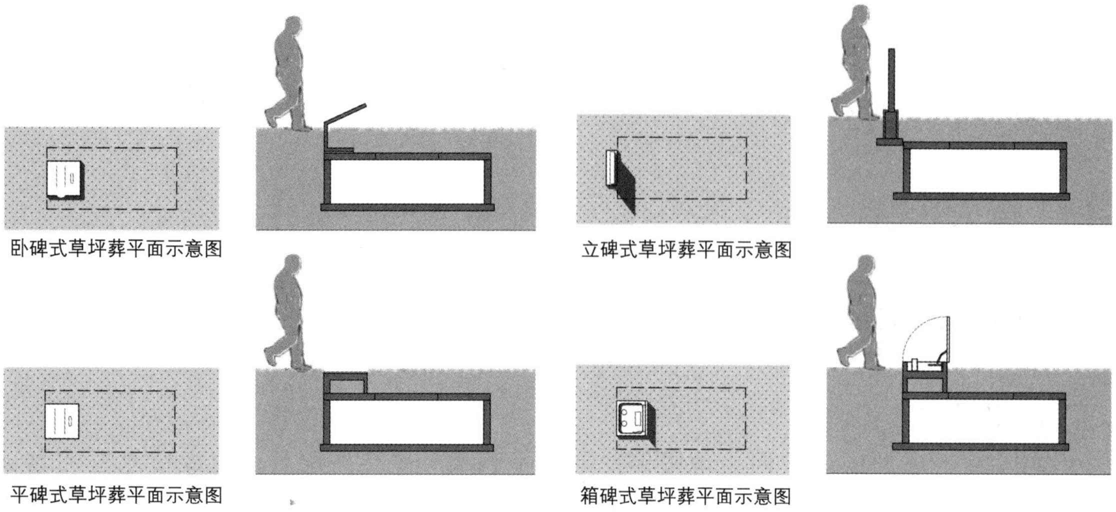

图 5-7-2　遗体草坪葬示意图
来源：作者绘制

（二）现代骨灰葬的墓型

墓型趋小型化。上海的双穴概念骨灰墓已减少到 0.4 平方米，其环评指数可以降低至近于无碑草坪葬和花坛葬。[1] 为了配合墓地小型化，骨灰二次粉碎可使骨灰量减少一半，容器也相应减小，卧式骨灰盒若改为筒形直式，其占地面积还可进一步减少（图 5-7-3、图 5-7-4）。

图 5-7-3　骨灰筒式横向葬
来源：作者根据图片绘制

1　乔宽元 . 生态葬式评估体系研究：以上海为例 [M]// 李伯成，肖成龙 . 中国殡葬事业发展报告（2014–2015）. 北京：社会科学文献出版社，2015：160–180.

图 5-7-4　骨灰筒式直葬
来源：作者根据图片绘制

目前骨灰土葬普遍采用后碑式，碑前穴埋骨灰，前后连为一体（图 5-7-5）。

图 5-7-5　碑前穴位
来源：作者根据图片绘制

1. 骨灰墓目前立卧混合碑做法

分单体、双人左右、双人前后、双人上下四种（图 5-7-6）。

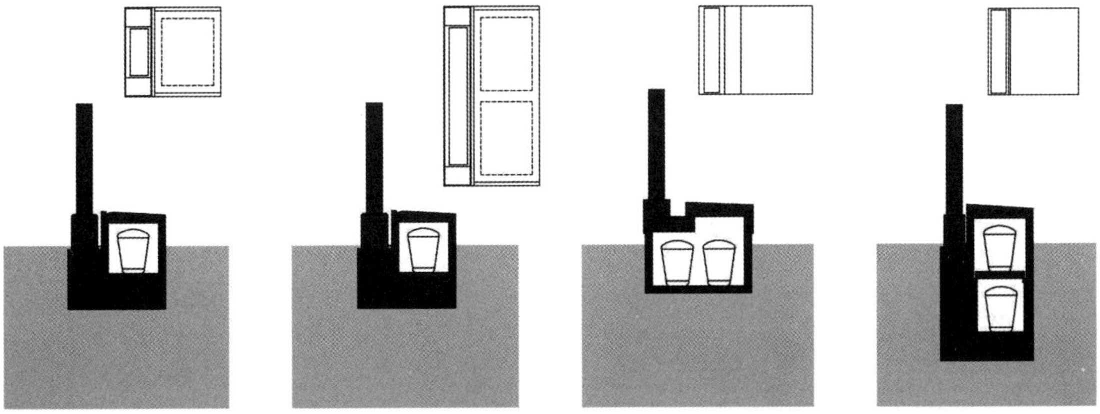

单穴剖面示意　　左右双穴剖面示意　　前后双穴剖面示意　　上下双穴剖面示意

图 5-7-6　骨灰立碑葬单、双穴模型示意
来源：作者绘制

2. 骨灰草坪葬的做法

分平碑、卧碑、立碑和箱碑四种（图 5-7-7）。

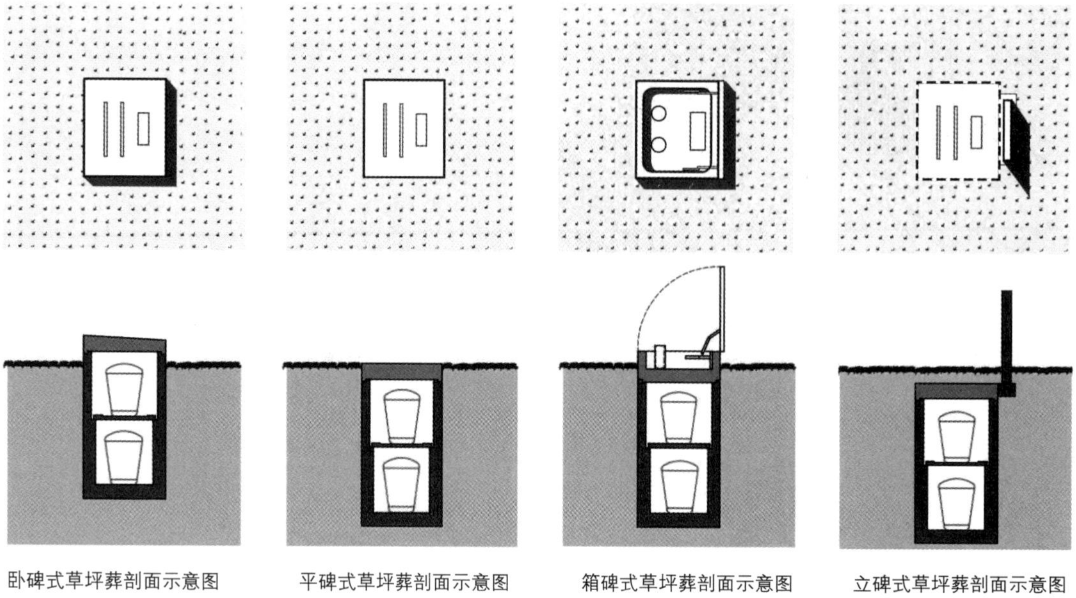

图 5-7-7　骨灰草坪葬双穴示意，单穴减半
来源：作者绘制

八、墓园的道路系统

墓园的道路和墓园平面布局类型有关，起通行、引导、观赏、服务的作用。应根据墓园区块的规模、不同功能区块的分区、人流量和管理模式进行综合布局；决定道路的分类、分级和路网；确定各级道路的宽度、曲线线形、路面的结构和材料等。管理用的道路要考虑通行机具和工程车的需要。

道路设计应从功能出发，分清主次，疏密适度，铺装得体，路牌显明，便于客户快速到达目标地。还应配合路面排水以及管道铺设。为防止积水，路面需保持一定的坡度。铺装时注意透水、透气，在路侧设明、暗排水沟。

道路设计要考虑空间景物的联系和展示，在行走过程中，把各个独立的自然景观和人文景观连贯起来，使人们获得良好的动态观感。

（一）路网形式

路网和本章第三节墓园平面布局类型有关，总平面类型决定路网。路网设计时，需和建筑物布局一并考虑。路网分成以下三类：

1. 自然式道路系统

自然式道路系统适用于地形带有一定坡度的自然地块，顺势流畅，符合园林化的要求。这种曲折婉转的路网系统一般选在平缓的向阳坡上，顺等高线布置，形成单环或多环的格局。这种交通网能够最大限度地保持地貌原状。曲形道路亲近自然，应用灵活。曲线的圆心是对景的最佳位置，让人围着景转，三岔路和丁字路也是理想的对景地。自然式道路能够使人较容易观赏到园区丰富多变的景象（图 5-8-1）。

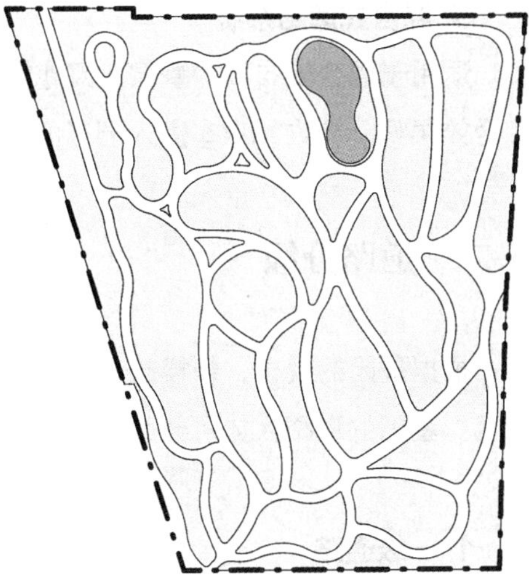

图 5-8-1　自然式路网，雷斯兰德墓园
来源：作者根据墓园资料绘制

2. 几何形道路系统

适合用地平坦的几何式或环状放射式总图。它有指向明确、区块整齐、交通通畅、布置较易、寻墓容易、管理方便、有利于土地利用等优点。几何式布局往往以主轴线来串联墓园各空间区块，有了主轴线，可以避免空间均质化，容易形成气势磅礴、庄重肃穆。军人墓园、烈士墓园、纪念性陵园多采用这种路网形式（图 5-8-2）。

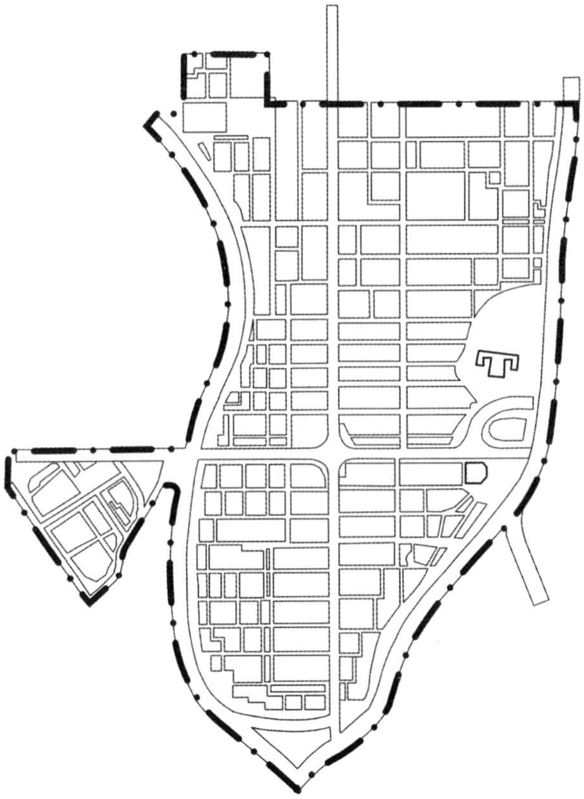

图 5-8-2　几何形路网，日本青灵山墓园总平面图
来源：作者根据墓园资料绘制

3. 混合式道路系统

适用于混合式布局的墓园，因地制宜，“量体裁衣”，多种道路系统并用。发挥各自优势，综合效果好。允许私家车进入园区的大型墓园，要考虑园区内设分散的区块停车场地。

（二）道路分级

根据墓园的规模，规模越大，道路的交通量也越大，其各级道路的宽度也相应较宽，反则反之。墓园的道路大体可分为四级。

1. 一级道路

是墓园连接外部的主要道路，也是墓园的主干道，必须考虑祭扫高峰时车辆进出对路宽的要求。它是全墓园交通的主动脉，起到通行、救护、灾灾、消防、组织游览和疏导人员的作用，应尽可能布置成环路。弯曲时的曲率要大。主车道两旁尽量避免直接面对墓区，最好设置缓冲带，以绿化区隔，给来访者留下绿色墓园的印象。

一级道路的宽度一般为 5 ~ 7 米。占地 100 亩以上的大型墓园可以设 6 ~ 8 米宽的双向车道。100 亩以下的中小型墓园宜设置 4 ~ 6 米宽的双向主车道，最小不得小于 4 米（图 5-8-3）。

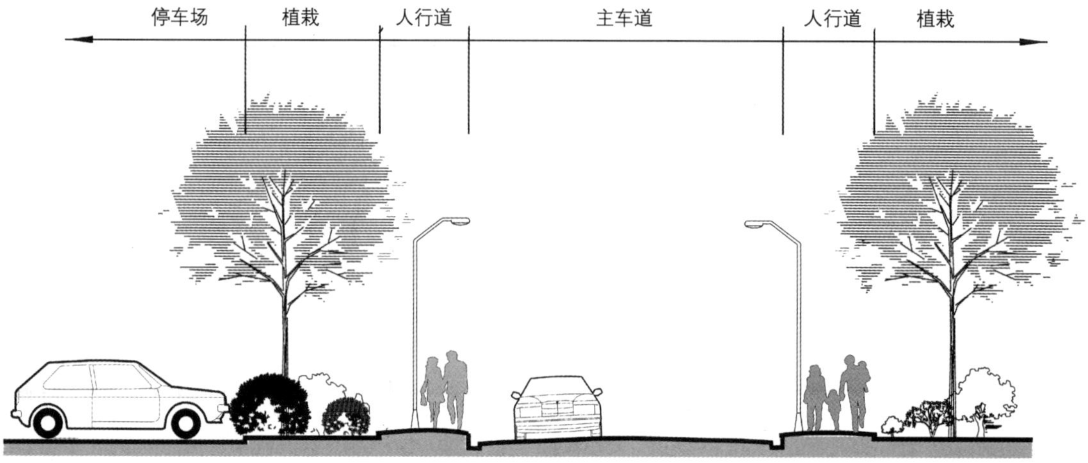

图 5-8-3　墓区附双侧人行道的一级车道剖面示意图
来源：作者绘制

2. 二级道路

是联系各墓区的次级道路，分布在墓园各区块和建筑周围，100 亩以上大型墓园二级道路的宽度一般为 3 ~ 5 米，以此类推。100 亩以下的中小型墓园为 2 ~ 4.5 米，最小不得小于 1.2 米，设计时应考虑机动车、电瓶车和人行混用时的需要。墓园的二级道路应根据墓园的设计立意设置不同的祭拜交通路线，自然式布局路网的二级道路要注意曲之有度，行之有法。

3. 三级道路

主要设置在墓区和绿地中的人行步道，要充分结合地形并做好无障碍设计。三级道路的宽度一般为 1.2 ~ 2 米。

二、三级道路通常是景观的视觉走廊，与环境亲密接触，还要满足消防、救险和材料运输的路宽要求。车道末端需设停车和倒车空地。

4. 四级道路

是墓区供人们祭拜和散步的道路，分布较自由，可深入墓区的各个角落。宽度一般为 0.9 ~ 1.5 米，不得小于 0.9 米。应考虑无障碍设计。

草坪葬区可免设支路，保持大片草坪的整体感，应采用软质耐踏草种的草坪，允许踩踏草地进行祭拜。

影响墓园道路宽度的因素很多，不仅根据它的使用规模，更要根据总体规划的要求，考虑到交通负荷、功能和管理需要来决定。

（三）墓园道路路面的坡度

影响墓园道路纵向和横向坡度的因素很多，平地道路的纵坡较平缓，一级道路控制在 8% 以内即可，山地的纵坡不超过 12%，若超过时应做防滑处理。

主要道路为防雨天路面积水，路面应保持 3% 的横向坡度。纵向和横向的坡度不能同时为零。

三、四级道路的纵坡宜小于 18%，超过 15% 的路段，路面应做防滑处理，山地墓区受地形所限，坡度超过 18% 时，应设不少于两阶的台阶来缓解坡地行走的困难，当纵坡更大时，应设防护栏杆并做防滑处理。

影响路面纵坡与横坡的决定因素很多，例如降雨量大的地区，墓园道路的横坡应较缓，积雪和冰冻地区应更缓，其纵坡不宜超过 3.5%，否则路面应做防滑处理，还要考虑残障人士的通行办法，冰冻地区道路的横坡以 1% ~ 1.5% 为宜。

设计时应综合考虑各种因素，参考当时当地的规范，在其范围内从实际出发进行量化选择，这样作出的决定才是科学、务实、可行的。

（四）墓园道路设计的要点

（1）山区墓园坡度大时，机动车车道应顺斜交的等高线设置来回折返的盘山路，借此增加山区的观赏点。路面外侧高，内侧低，并设防护栏杆。较大的山区，墓园区块较分散，步行距离过远，应允许机动车进入墓区，在山路旁寻找较平缓的地块作临时停车点，分散停车（图 5-8-4）。

图 5-8-4　墓园坡度较陡地段附有停车位道路的剖面示意图
来源：作者绘制

（2）道路设计应让祭扫者和游客亲近自然，景观区尽可能布置在道路两侧。在不影响通行且具有良好地形和地景的地方设座椅、亭、廊，供人停留休息，舒缓情绪（图 5-8-5）。

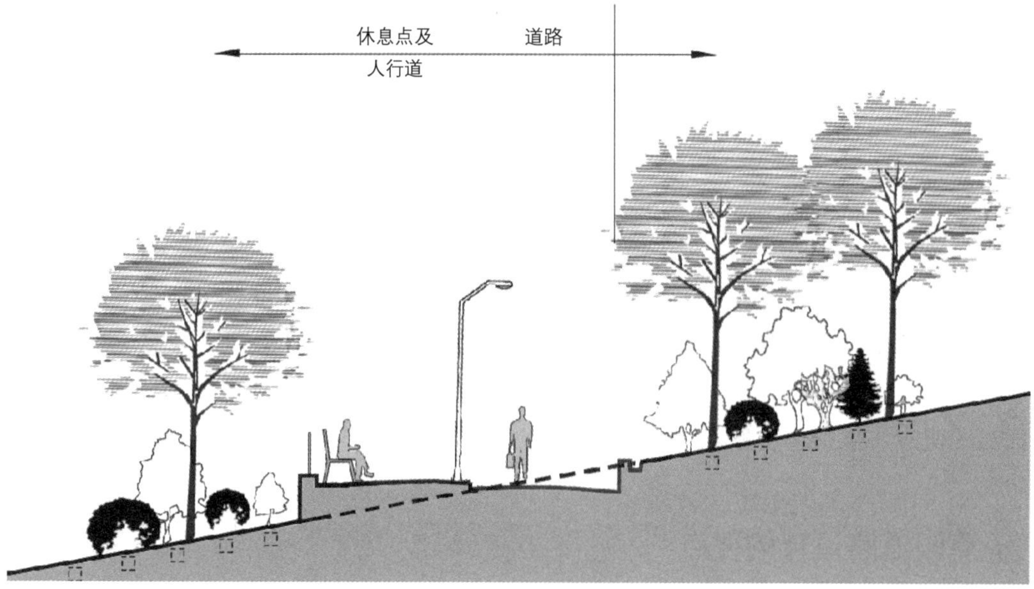

图 5-8-5　墓区缓坡地段车道剖面示意图
来源：作者绘制

（3）道路相交时，争取正交，锐角过小时应削缓尖口，使车辆容易转弯通过。避免多路交叉，两条主干道相交时，路口应适当扩大，可处理成小广场。小路可以斜交，但不宜交叉过多，以致方向不明。多个交叉口之间的距离也不宜太近。

（4）次要道路与主干道相连并深入墓区内部。生产管理的专用道不宜与主要道路相交，有时次要道路可以兼作专用道，供施工、养护、管理、联系仓库和食堂使用，便于输送物资，路宽视实际需要确定。

（5）为了墓园交通系统的安全畅通，外来车辆除特大型或山区墓园之外，一律停在停车场，安排电瓶车接送往返各区，故道路设计时要考虑公用电瓶车的通行要求以及残障人士、老人、拄双杖者的道路使用。汽车不准通行的道路要做好无障碍设计，高差处理上尽量使用坡道，少设台阶以方便轮椅通行，台阶过长时必须设休息平台（图 5-8-6）。

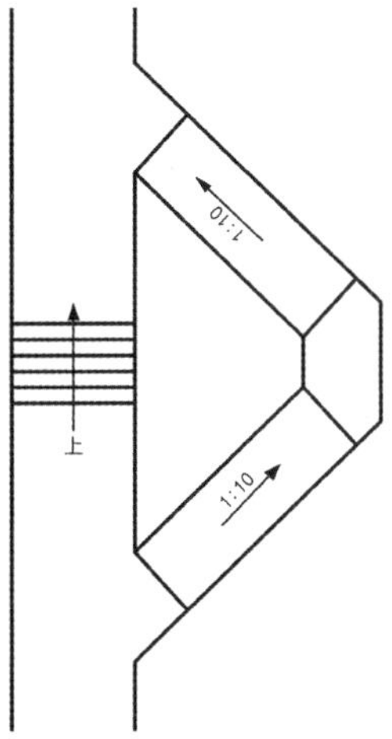

图 5-8-6　陡坡无障碍通道
来源：作者绘制

（6）次要道路铺地材料的选择，首先要满足功能和无障碍设计的要求，尽量采用卵石镶嵌、碎石草地、植草砖、木栈道、机刨石、机刨砖、草绳销边，以及其他各种木质铺装，尽可能采用与自然环境能配合的材料。减少使用柏油、水泥等对环境会产生负面影响的材料。

（7）在不大于 25% 坡度的山坡地安排墓葬时，可考虑做坡地草坪葬或建大阶梯式台地加矮挡土墙（图 5-8-7、图 5-8-8）。

图 5-8-7　部分挡土墙利用坡地布置骨灰位
来源：作者绘制

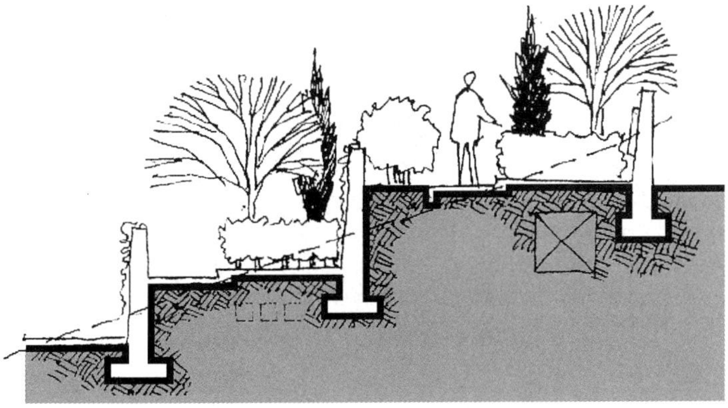

图 5-8-8　台阶式挡土墙（配合绿化的台阶式遗体葬和骨灰葬）
来源：作者绘制

（8）道路布局要疏密适度。通常墓园内的道路面积不超过全园用地面积的 10%，较小墓园约为 15%。

山地墓园一般采用自然式路网，这种顺等高线斜切的曲折道路系统可以最大限度地保持地貌原状（图 5-8-9）。

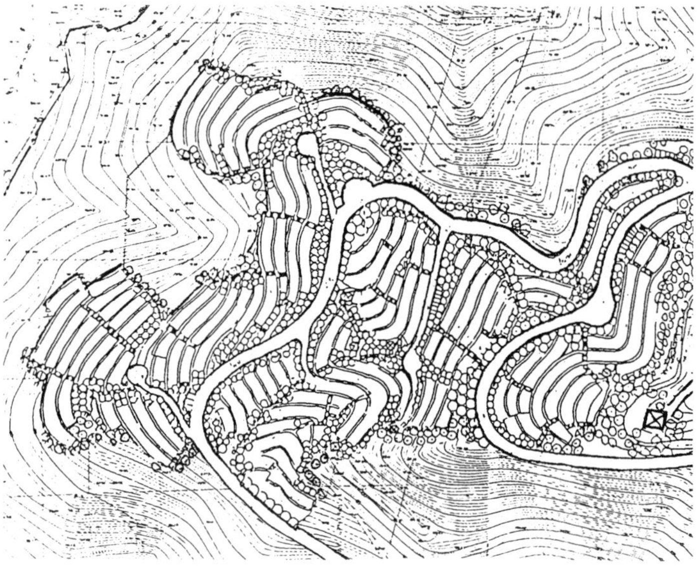

图 5-8-9　山地墓园保持地貌的布局

来源：台湾大学建筑与城乡研究所规划室 . 宜兰县北区区域公墓计划 [R]. 台北：台湾大学建筑与城乡研究所，1992.

（9）陡坡道路，通常按二级道路的宽度设置，双向行车，最低宽度 4 米。这样不仅可减少土方开挖量，也可降低因道路过宽和挡土墙过高带来山体滑坡的隐患（图 5-8-10）。

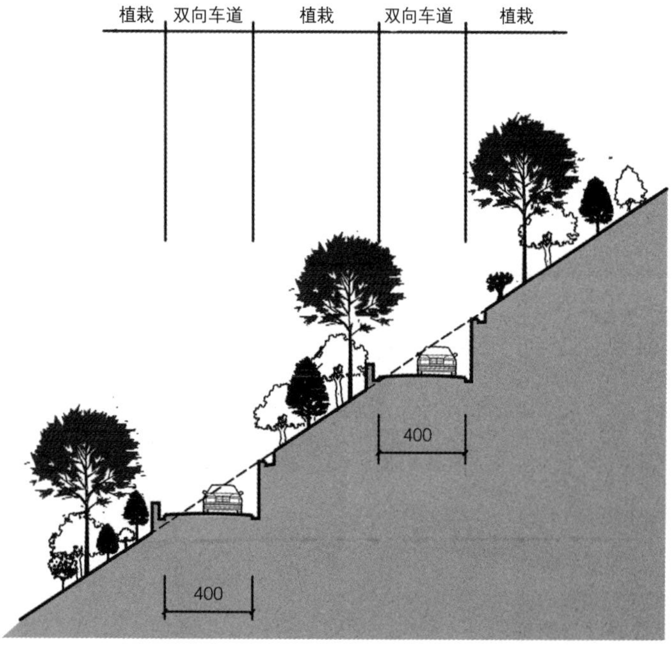

图 5-8-10　墓区陡坡地段车道剖面示意图

来源：作者绘制

（10）墓地组团设计时，内部封闭道路的长度不宜超过 35 米，支墓道的长度不宜超过 30 米。

九、墓园的配套设施

（一）附属的殡仪馆和火葬场

殡仪馆和火葬场是墓园的配套选项设施，也可独立于墓园之外。殡仪馆的设计详见第十章殡仪馆建筑设计。

国内殡仪馆属国家管控的民生公益设施，一般独立于墓园之外。西方墓园附设的葬仪和殡仪设施都很简单（图 5-9-1），常利用多功能厅作悼念厅。有时在火化间配丧属告别用房，目送遗体火化（图 5-9-2、图 5-9-3）。

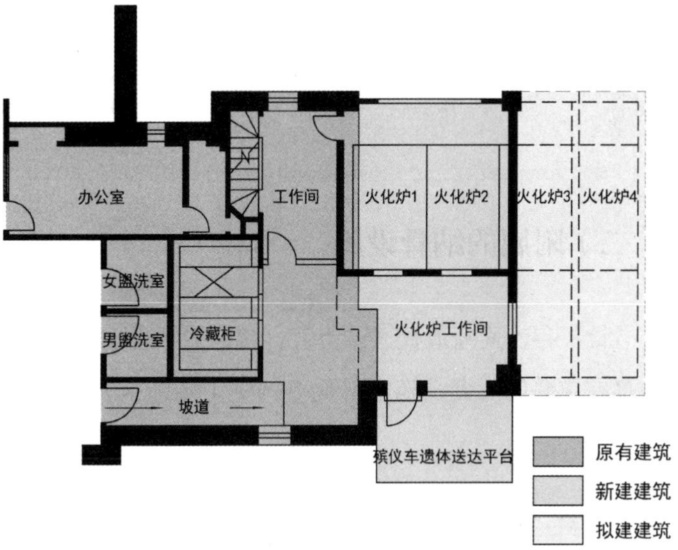

图 5-9-1　美国牛顿墓园扩建的火化场
来源：作者根据墓园提供资料绘制

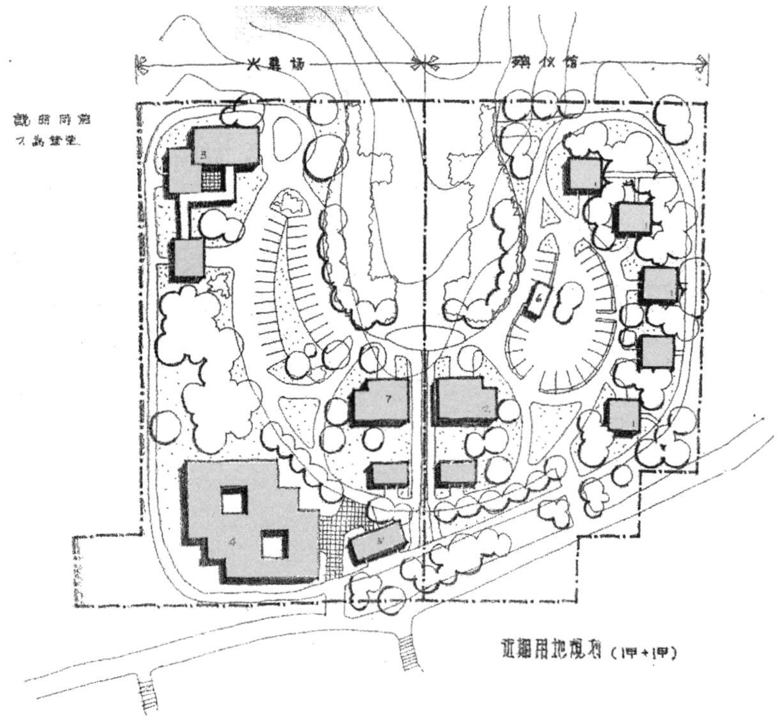

图 5-9-2　1995 年金宝山拟建墓园附属殡仪馆与火葬场方案
来源：作者设计及绘制

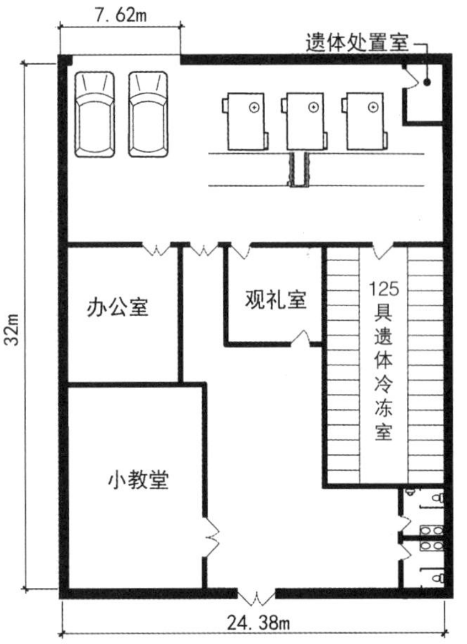

图 5-9-3　美国殡葬设备公司建议附属火化车间的平面图
来源：作者根据墓园提供资料绘制

（二）附属的纳骨设施

骨灰存储逐渐取代遗体土葬，墓园的纳骨设施日益受到普遍重视，所占比重越来越大，成为墓园重要的配套设施（图 5-9-4）（详见本书第十一章纳骨建筑设计）。

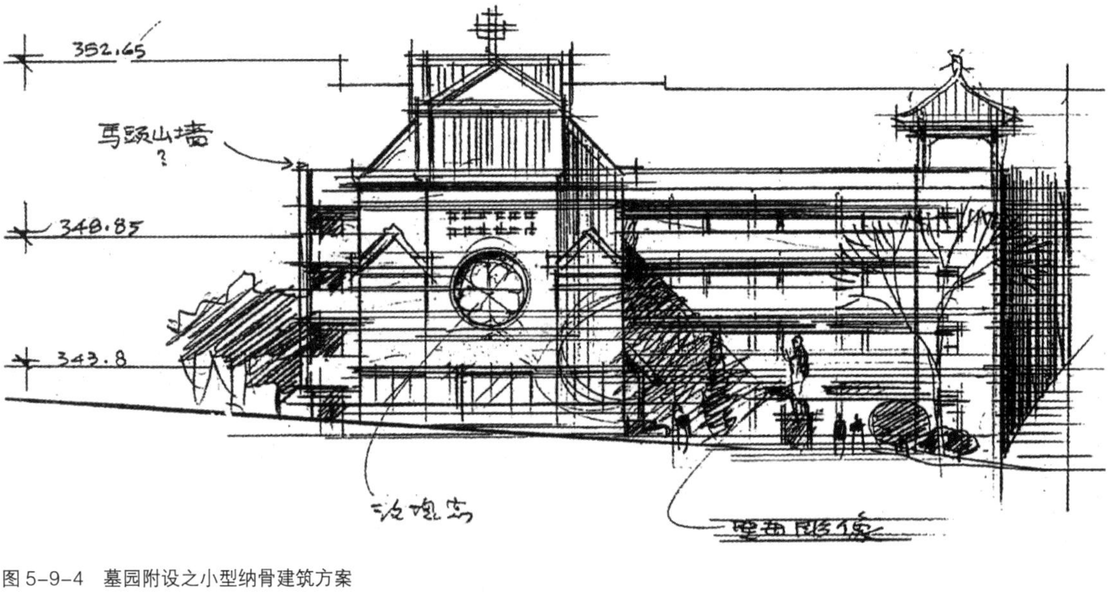

图 5-9-4　墓园附设之小型纳骨建筑方案
来源：作者设计及绘制

（三）后勤部门

西方墓园一般不求大求全，尽量利用社会资源采取外包。

（1）墓园的工程部门：负责棺木起吊、入穴，遗体和骨灰葬的墓型设计、施工和维修，骨灰箱与面板的制作，设备的保养、维修和调控等。

（2）祭品供应：鲜花祭奠逐渐取代传统焚香烧纸。根据需求，大型墓园可自设花圃，不具备条件者由当地苗圃业配合供应。

（3）车辆管理：公务车、工程车和电瓶车的存放、维修和保养，附有殡仪馆时，应单独安排殡仪车的停放和清洗。

（4）墓园环境的维护：种植和植栽养护、建筑物的日常维护、墓园和墓地的定期清扫保洁……

（5）员工的生活保障。

（四）停车场

停车场有三种形式：

- 路旁临时停车：此时道路应加宽。
- 专用停车场：面积不宜大，主要为单排停放。
- 主停车场：面积较大，可双排停车，安排好进出路线，车辆能在场内循环，避免场地内掉头。另辟电动车和电瓶车停车区位，一般设在主入口附近。

各种机动车的停车不得占用城市及墓园的集散广场。

停车位的数量根据墓园等级及墓穴和骨灰量、停车场的性质、当地殡葬习俗以及周边交通条件，进行综合评估后确定。防止规划过大，影响到墓园的绿化面积。把最方便的停车位留给残障人士。

停车场设计时，做岛条式划分以及在边界种乔木以形成树荫，避免汽车暴晒。主停车场步行至办公接待及追悼场所的步行距离控制在 100 米以内，不超过 150 米。

主停车场内可以有不同的分区，大部分供外来祭祀扫墓的人群用，部分供大巴停放，还要考虑特种车辆停放的需求，做到分区明确，流线合理。

清明、冬至等祭祀高峰期，停车流量比较集中，可在墓园外的空地设临时停车场，以接驳车接送。高峰时必须考虑绿地及路边临时停车的可能。

当墓园远离市区时，可在市区有公共停车场的地方设接驳点，定时接送客户往返墓园。祭扫高峰期，尽量利用市区的公共停车设施，减少墓园的停车压力。

远郊山区的墓园不必追求城市停车场的建设标准，稍加平整即可，可以考虑分散停车。由于停车场的使用具有季节脉冲性，停车设施要有灵活可变性。

（五）墓园的宗教祭祀场所

人们追求精神归宿，往往伴随宗教仪式，人在弥留之际也需要宗教相伴。墓园要为不同信仰的丧属提供祭祀场所。

中国和东南亚一带盛行佛教，中国信佛人口约 1.85 亿，占人口总数的 18%。[1]和西方教堂伴随墓地一样，中国寺庙与墓地结合也是传统，古有北魏永固陵和思远佛寺[2]，近有金宝山安乐禅寺。日本主流墓园中，寺庙墓园占了最重要的部分。

无论入厝、荐亡、私祭或清明、中元公祭，都需要佛殿供信徒在僧尼主持下进行佛事活动，丧属在祭后一般也希望拜佛驱鬼去晦，道教信徒也有类似的法事需求。西方的入葬和相应的宗教活动均在墓园内进行，因此都需有宗教场所。

中小墓园的法事活动可分包外聘。大型墓园除了有专门的佛殿外，还需有驻园僧尼，要为他们提供生活和修持条件。还要为举办大型法会预留临时搭棚的场地（图 5-9-5 ~ 图 5-9-8）。

图 5-9-5　吉隆坡孝恩园大雄宝殿
来源：作者根据图片绘制

1　王志远 . 中国佛教信众三类人群总数 2 亿 80% 没有正式皈依 [OL]. 凤凰网华人佛教 .（2011-08-25）[2021-12-07].https：//fo.ifeng.com/news/detail_2011_08/25/8671934_0.shtml.

2　山西大同北魏文明太后的永固陵。

图 5-9-6　台南墓园佛殿方案
来源：作者设计及绘制

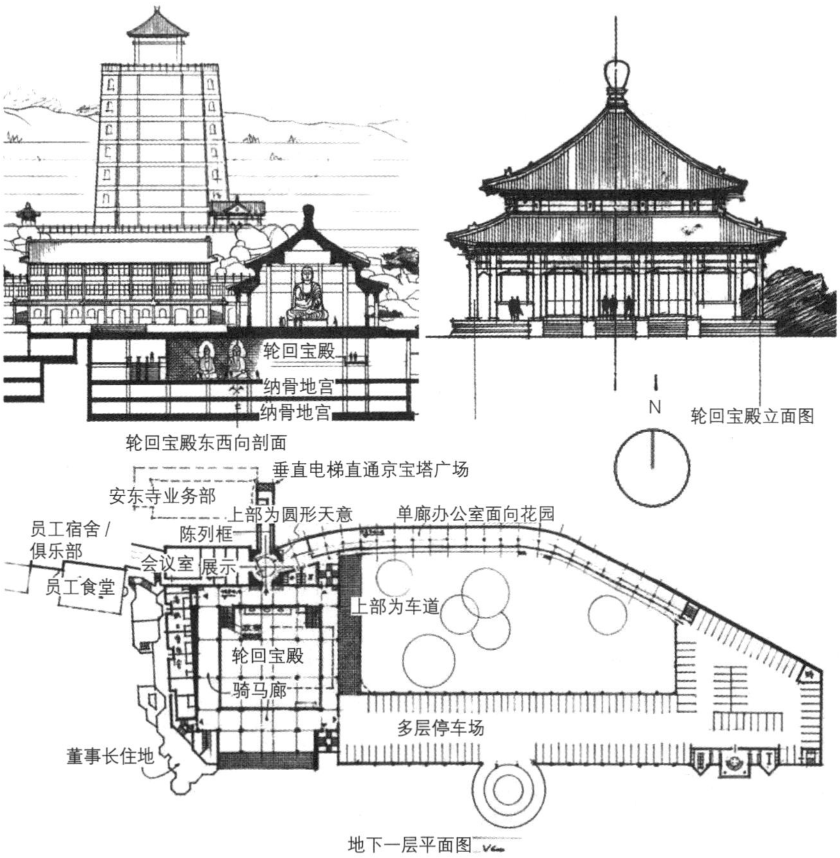

图 5-9-7　台湾金宝山墓园大雄宝殿原位于中心区，宗教服务用房及纳骨层设在地下。东侧地面通往办公及停车场。后因面积受限而放弃，另选新址建造，命名为安乐禅寺，已建成使用
来源：作者设计及绘制

图 5-9-8 金宝山安乐禅寺
来源：作者设计及绘制

西方以教堂为中心。逝后葬在教堂内外，空间不够就在地下挖墓窖、筑长廊、凿墓龛。18 世纪以后，墓地逐渐进入专业领域，教堂从主体变成附属，但两者始终相伴。

为了节省空间，有些墓园设立中性祭祀场所，变更图腾符号，供不同信仰的群众分时使用（图 5-9-9、图 5-9-10）。

图 5-9-9 台南墓园小教堂方案
来源：作者设计及绘制

图 5-9-10　墓园附属多功能厅（美国）
来源：作者根据图片绘制

（六）墓园的出入口

出入口的设置主要考虑方便出殡、送葬和节日祭扫。大门作为墓园的门面，是人们对墓园的第一直观印象，为方便客户进出，应选在地势平坦的区段。大门前是人和车频繁活动的区域，为了安全和避免空间局促，大门不宜紧靠快速道，宜设立门前广场作缓冲。

墓园入口的总宽度取决于墓园的规模。考虑到残障人士使用，单个出入口最小宽度为 1.5 米，具体应满足当时当地有关规范的要求。

次要出入口可供内部工作人员以及殡仪车、工程车进出，与主入口之间保持一定距离。次要入口也应有较小的门前广场。做到两个出入口内外有别，互不混淆。次要出入口内设员工和工程车的停车场和车库，以及殡仪接尸车的专用车位和车库。

连接次要入口的道路一般为次级道路。主次出入口之间应有路相连。在人车密集区域，应另设临时应急出入口，供繁忙时启用。

由于通行人多，情况复杂，主要出入口的内部往往成为事故多发地，应特别注意安全，必要时设共享单车或电瓶车招呼站，为群众提供代步服务。

为了人们易于辨识，墓园内各墓区往往设标志性入口（图 5-9-11、图 5-9-12）。

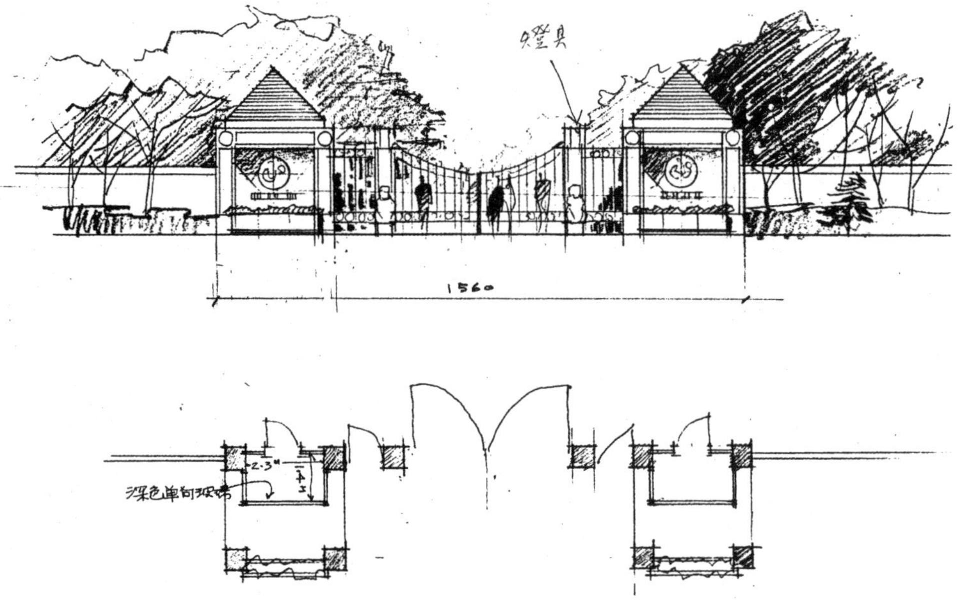

图 5-9-11　台南某墓园出入口设计
来源：作者设计及绘制

图 5-9-12　台南墓园天主教葬区入口方案
来源：作者设计及绘制

十、边界设计与可持续发展

（一）边界设计

墓园的边界能给人留下重要印象。由于传统观念的避讳，墓园习惯筑高墙，减少对周边环境的负面影响，使墓园成为一个脱离尘世的神秘世界。现代园林化墓园的边界不应成为屏障，而应为外界环境增色。西方墓园由于常年重视绿化，永续经营，而拥有参天大树、成片草坪、空气清新、环境幽美，与毗邻社区环境友好。因此周边房产备受青睐。美国墓园周边的房价往往超出当地平均房价。

国内民众一般视墓园为鬼域，敬而远之，有心理障碍，邻避现象非常严重，抗争屡有发生。这是中国传统的忌死观念和传统墓园的阴森环境造成的。人类是从自然崇拜演变过来的，对大自然的偏好是天性，园林化可以化解这个矛盾。

边界设计之重要在于它处于墓园和外界接触的一线，是人们直观看到墓园的第一印象。墓园的边界区域，墓碑尽量作消隐化处理，硬质葬式应远离边界，以绿化程度高的葬式以及通透的铁栅取代实墙，让墓园的绿色滋润周边的环境（图 5-10-1）。

图 5-10-1　美国莱克伍德（Lakewood）公墓的边界
来源：作者根据赖德霖教授专程赴墓园拍摄照片绘制

墓园不同区域的边界应区别处理。山坡地墓园在不与城市道路而与原始地貌交界的外墙，可利用高差建挡土墙，设计成各式壁葬或洞葬，既不显眼又不破坏环境。边界设计要因地制宜，边界可以成为有趣的开放空间（图 5-10-2、图 5-10-3）。

图 5-10-2　利用边界高差建骨灰壁葬方案
来源：作者设计及绘制

图 5-10-3　利用边界高差建纳骨构筑物
来源：作者设计及绘制

（二）可持续发展

目前墓园新增墓穴日益增多，而旧墓穴没有减少，造成目前墓园不可持续发展的窘状。

中国古代讲究“五服”，即五代之后对后人不再要求去坟前祭拜，事实上五代之后多数墓地成了无主坟。五代的时间约为百年。传统土坟百年之后自然风化，坟茔不再，坟地重归泥土，这是可持续发展的古代智慧。

我国规定墓穴使用年限为 20 年，但老旧墓园许多墓地早已超过 20 年。超期墓穴常常无法找到丧属续租，也有因不愿交纳管理费而成“死穴”，政府应严格执法，加速推进轮葬制。

台湾地区实行七年轮葬制，到期家属前来捡骨处理，墓地平坟后再出租。登报通告后未有丧属前来处理者，政府捡骨火化编号入纳骨建筑临时寄存，经过一段时间仍无人认领，墓园有权自行处理。只有完成资源再利用才能化解生死争地，走向可持续发展之路。

第六章

利用坡地建墓园

中国山区面积占国土面积的 2/3，丘陵又占所剩土地的大部分。在土地紧缺的情况下，往往远离城市，选择郊区山坡地建墓园，这是既现实又无奈的选择。山坡地有不同的坡度、朝向和景向……在众多地理条件的限制下，合理利用山坡地建墓园是本章探讨的重点。

人们的殡葬观念随着时代进步发生了很大变化，对墓园设计提出了更高的要求。

一、怎样的坡地适合建墓园

（一）坡度适当

任何坡度的山地都可建墓园，技术上都可解决。开发成本和安全是主要的考虑因素。

山地墓区的理想坡度在 1 ∶ 1 以下。1 ∶ 4 以下的坡地不需要建挡土墙。超过则必须建部分或全面的挡土墙。部分是指局部矮挡土墙结合自然缓坡。全面挡土墙是指挡土墙与平台组成，剖面呈大阶梯状。兴建挡土墙的目的是保持水土稳定。坡度越陡，建墓成本就越高，垂直交通越困难。水土保持、排水泄洪、挡墙修建、道路长度、服务成本、山体加固、施工难度，都会造成建设成本的增加。坡度过大时，道路安全、山体滑坡和洪水冲刷的风险也会增大。因此，由于工程复杂和建设成本过高，尽量避免选择坡度超过 1 ∶ 1 的坡地建墓园。若超过，某些陡坡地段在地质条件允许的前提下考虑设置崖墓（详见本章联排式崖墓）。总之，坡度大小与土地利用率、开发强度、景观效果和性价比有关。

坡地的道路设计特别重要，要路线短，可达性高。宽度和稳定性、主墓道和支墓道的衔接、步行道和车行道的设置均和墓基的数量有关，设计不慎，将会造成通行能力不足或安全隐患。

（二）环境良好

山地墓区的选址与地质学、气候学、天象学、景观学等都有关系。人有人相，墓有墓相。《葬经》称“土厚水深，郁草茂林，贵若千乘，富如万金”，应选择墓相好的坡地建墓。

中国历史上墓地选址理论很多，山地和平原风水不同，以下要点为墓地选址的普遍原则，但特别适用于山地。

1. 墓向好

墓向往往与祖先发源地和宗教信仰有关，是逝者向往的方向，一般选择能接受到阳光雨露的向阳面。

2. 依山傍水

古人常有“山主人丁水主财”[1]之说，认为山地作墓时，被“砂”[2]环绕，有山作靠，可使家族兴旺，近水可致财源滚滚。水[3]是生命之源，缺水之山没灵魂，古人墓地选址素有“有山无水休寻地，来看山时先看水”之说。《葬经》中也说“风水之法，得水为上，藏风次之”，认为水面越大越深，聚气越厚，财富也越多。可见墓地选址时水之重要。

3. 前朝后靠左右抱

好的墓地向阳，背有靠山挡冬季西北寒风，前方的山应矮于靠山，四面连绵小山称作“砂”，古人称之为“百官朝立”。砂的分布要层叠有序，前面最好有左青龙右白虎两个小山头，形成左右砂环抱之势（图 6–1–1）。

4. 蜿蜒屈曲避呆板

墓要避免直通，“直则冲，曲则顺”，弯曲可阻挡“煞”气。山地墓区的道路应随等高线蜿蜒，局部可以拉直，整体应依山势。

5. 明堂宜开阔

墓前方要开阔，称“明堂”，有生机勃勃的案山[4]，没有大的视觉阻挡。古人认为这种墓地有利于发展事业和孕育人才，故谓“登山看水口，入穴看明堂”，可见明堂之重要。因此山坡墓地不宜设在狭窄的谷地。

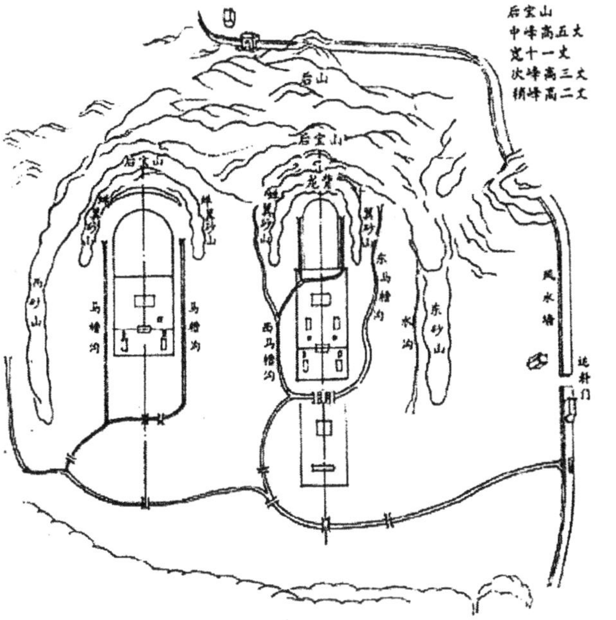

清东陵惠陵及妃园寝山水形势

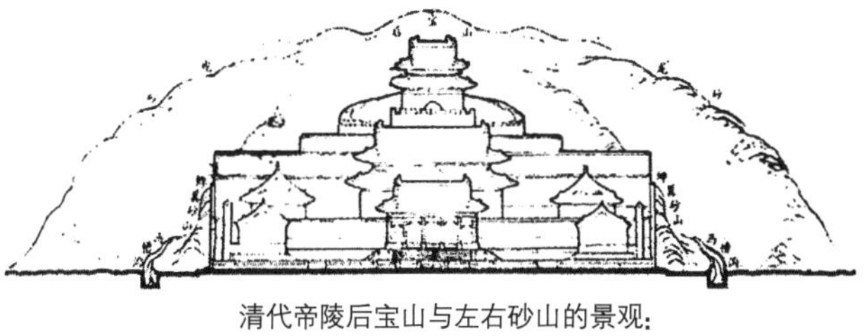

清代帝陵后宝山与左右砂山的景观：
环抱有情、不逼不压、不折不窜

图 6–1–1　清东陵之惠陵环境分析图
来源：王其亨 . 风水理论研究 [M]. 天津：天津大学出版社，1922：11–22.

1　是古人考察墓地风水时总结的经验。刘道超 . 易学与民俗 [M]. 北京：中国书店，2008：118.
2　传统风水学认为，“砂者，穴之前后左右山也”。徐善继，徐善述 . 地理人子须知 [M]. 呼和浩特：内蒙古人民出版社，2011：158.
3　风水学中的“水”，指的是自然界的流水，如河、湖、塘、溪等，具有水形象的物体如车流、人流、低洼地、街道等，以及引申义的水，如流动的钱财等。水在风水学中代表财富。
4　案山指穴前略高出明堂的矮小之山或坡地。

6. 回归自然

墓地讲究“自然第一，天人合一”。《葬经》中有“土厚水深，郁草茂林，贵若千乘，富如万金”之说；庄子云“天地与我并生，而万物与我为一”[1]；《周易》也说“大人者与天地合其德”。回归自然是自古以来，上自帝王贵胄下至平民百姓普遍的愿望。

7. 上风下水

即向墓地吹来的风的方向，称“上风”，宜干爽不阴冷。“下水”指水流走向，墓地所在的山体侧旁最好有缓慢流动而不湍急的溪流。两者交合形成理想的“藏风聚气、山环水绕”的地理环境。

8. 黄泥黏土

山坡地墓穴的基础要有适合的土层与合理的岩层走向，好墓穴的土层应是细密光润的黏土，底下是干爽的变土层。

古人相地的意义在于趋吉避凶，如有缺陷可进行改造，山上建塔“镇”不羁之象；修桥筑路“压”急流凶相；有山无水时，可设蓄水池接纳山洪聚“财”。总之，墓地环境不利因素可以用相应手段弥补。

传统选址相地理论有科学性的一面，但也常被一些不肖之徒假借“风水”之名进行“忽悠”，稍有不慎即受骗。

（三）植被茂盛

植被好的山坡地与良好的日照、气候、地质、土壤有关。植被好的坡地，植物容易生长，易于覆盖土层、减少白色污染。山石裸露、寸草不生的坡地往往不适合建墓，一旦建墓，会受到地质和气候的影响，墓基的水泥表面也难被植物遮蔽。

（四）水源充沛

墓地需要为扫墓者提供清洗贡品、献花、洗手用的供水点，为清洁工提供清扫墓地的水源，在适当的地方设置取水点。

当墓区水管压力不足时，需在高处设水塔、蓄水池或设压力泵。为降低建设费用，也可不设供水管网，仅在低处设洗手台。由带高压水枪的水泵车上山冲洗墓地。

---

1 陈鼓应注释．庄子今注今译 [M]. 北京：中华书局，2009：80.

（五）地质条件合格

即使坡度环境等因素合适，但地质条件有以下六种情况者，不宜建墓园：

（1）地震带所在地。

（2）自然灾害频生，如洪水冲刷、山体滑坡、泥石流，覆盖的疏松层过厚的地段。

（3）地下岩层构造呈破碎带、风化带或有软弱夹层的页岩、片岩等；岩土层的平衡受到破坏的地方。

（4）局部有沼泽以及由垃圾污物等松散覆盖层堆积而成的坡地。

（5）地基下有岩洞、土洞以及湿陷性黄土层者。

（6）地基土压缩性较大和分布不均匀的土层或岩层。

（六）交通条件

山坡地墓园一般离城市较远，应有公共交通到达，并设停车场，选址离市区过远，扫墓需长途跋涉者不适合建园。

二、山地墓区的规划设计

（一）坡地规划

规划之前先要调查墓地区块的地形现状，在地形图上标出不同坡度可开发区域和保留原生态的区域，然后在可开发的区域内进行细部规划。尽量保护原有的植被和水体等自然生态，顺应山势，灵活布局。山区的地形复杂，环境多变，处理不当很容易造成生态资源破坏，地块可按等高线设置自然缓坡或建大阶梯状挡土墙，以拦蓄雨水、增加土壤的水分。

大于 1 ∶ 4 的山坡地，车道需与等高线成较小锐角。这种坡地的墓区规划受限制较多，开发成本较高，墓地因雨水冲刷容易脱离地表，造成水土流失。必须利用较陡地形时，应采取相应的技术措施，部分陡地段可发展成林业或做成景观。

小于 1 ∶ 4 的坡地，在 10% 以下的坡地上，车道可以自由布置，10% 以上的坡地，车道不宜垂直等高线，局部地段需设阶梯。平缓坡地因水流较缓，容易涵养水分，不会产生水土流失，墓地开发的价值较高（图 6-2-1）。

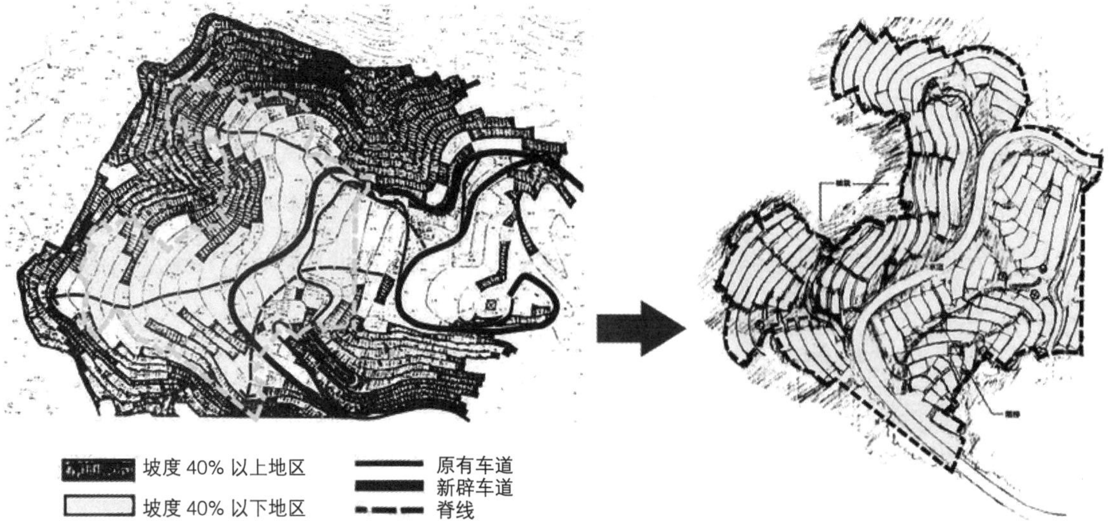

图 6-2-1　墓园开发前进行地块分析
来源：台湾大学建筑与城乡研究所规划室 . 宜兰县北区区域公墓计划 [R]. 台北：台湾大学建筑与城乡研究所，1992：116–117.

处理好高低大小台地之间的关系，使交通安全方便，整体错落起伏，环境优美，土地利用率高，是山区墓园规划的目标。

依据山脊线，车道及现有树丛分布以及配合规划时的种植计划，将墓地分为几个尺度合宜的台地区块，每个区块的面积不宜过大，以不超过 3000 平方米为适当，避免墓基过分集中，确定可建墓地的台地后再进行细部规划。

坡地墓区可以划分为自然坡面墓区与挡土墙墓区两大类。前者生态化程度高，后者墓基的密度高。两者都必须保持山脊线的绿色连续性，山脊线上的植栽可以优化视野，保持绿色背景。

整体开发时，控制开发强度，尽量保留原有的坡地形态，减少人造设施的密度，使墓地与自然环境得到合理平衡，开发时避免大面积铲山造地，导致大片几何形墓区和连续的高挡土墙出现。

山区应利用等高线的转折，把各个台地区块彼此串联，以树木相区隔。大片整齐的做墓地，小块零散、不便利用的做景观，这样既能保持墓区的多样性，又利于维护墓区错落有致的生态环境。

对墓区而言，坡面是天然的墓园背景。在开发过程中，顺等高线的支墓道如果处理不当，会成为坡面的白色“切割”，但只要切割面和坡面的占比得到控制，仍可保持山势的原形态，避免全面“白化”。

（二）规划的两大类型

1. 自然坡面的墓园

山地在形态上，坡面起伏和脊线转折为最明显的两个特点。山地连续的坡面能产生山势的整体感，成为墓区的天然屏障。

在传统墓地的构成中，墓肩把墓挡住，使墓龟隆起，后部的护壁渐高成前俯后仰状，在自然坡面的地块中，让墓龟融入植栽坡面。这种形制的墓地非常适合应用在各种坡度的地形上，使墓基全部隐入坡面，原有的绿色坡面得到最大限度的保护。墓后空间可以紧邻后面的支墓道。若无支墓道，可以展示自然坡面。规划时视地形和墓的容积率灵活布置。

墓区面积较大时，规划应顺应自然环境，散置的墓地各自独立配合地形，局部整地或筑矮挡土墙。避免出现长而连续的白色高大挡土墙（图 6-2-2）。尽量保持与环境的自然状态，避免造成水土流失的可能灾害。

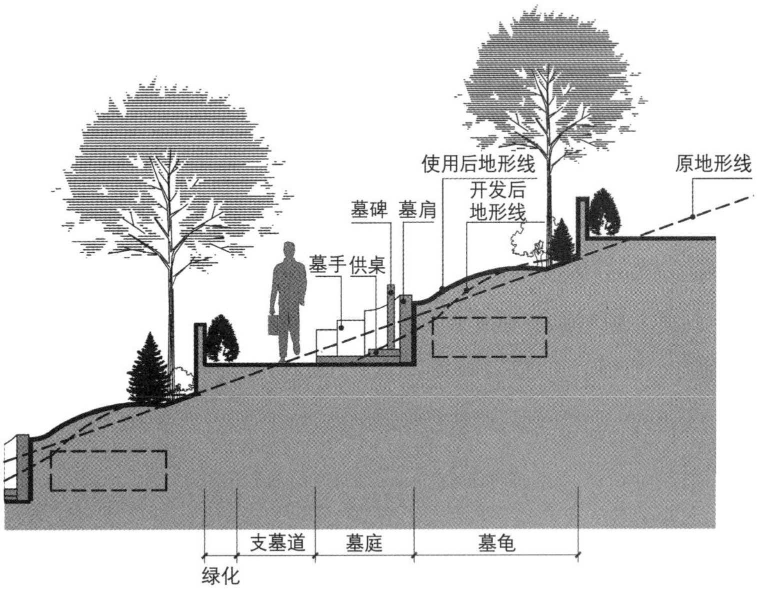

图 6-2-2　墓区利用自然坡做墓基剖面示意图
来源：作者绘制

2. 挡土墙墓区

面积受限的大中型山区墓园，规划时往往用铲车将原有地形铲平，筑高大的挡土墙，成大台阶状。这种方法虽然节省用地，墓基界限划分清晰，管理维护方便，识别性强，但对原有环境的破坏比较严重，远处望去，山体往往被严重“白化”（图 6-2-3）。

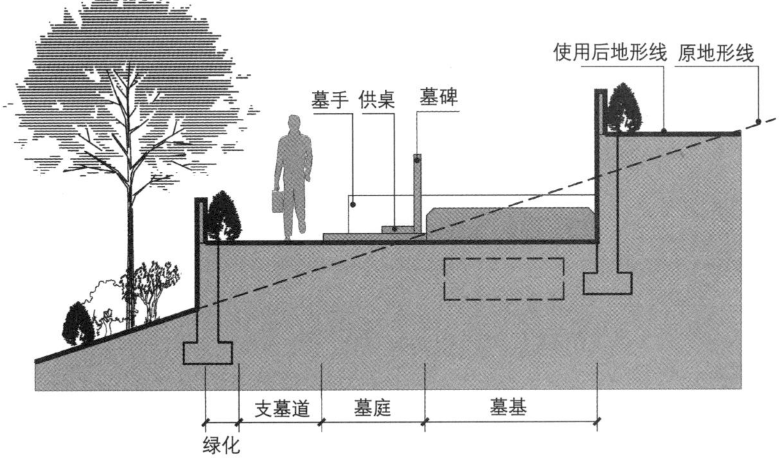

图 6-2-3　挡土墙墓区剖面示意图
来源：作者绘制

解决办法是减少大面积人工构筑物对山体的比重，墓区区块尽量小型、紧凑、密集。区块之间保留一部分原有的自然坡面。充分利用原有的天然资源，如湿地、农田、河流、人工植被等。在分割带栽种乔灌木，形成生态性的绿色环境。

在挡土墙墓区中，在不挡视线的位置以及在畸零地和边角地上，尽可能种树；用攀缘植物遮盖挡土墙等措施来减少“白化”。

植物能对墓区小气候起到稳定作用，也有利于水土保持、保持地质稳定、恢复生物物种的多样性，维持生态系统的平衡。在山区挡土墙墓区设计中，必须十分重视这种环境的生态平衡。

三、山地挡土墙墓区的设计要点

坡地墓区的设计重点在于处理好墓地与道路之间的关系，使客户能方便、快捷、安全地到达和离开。

（1）安排好主墓道与支墓道的衔接。最简单的方法是在垂直等高线方向布置主墓道，沿等高线方向布置支墓道。

（2）用短的支墓道服务较多的墓地，一条沿挡土墙设置的支墓道服务 12 个左右的墓地为适宜。如为小型墓基服务，墓地可做成单向行列式或双向背靠背式排列。每列的长度，短的做成尽端，长时可另设与支墓道平行的窄通道（图 6-3-1）。

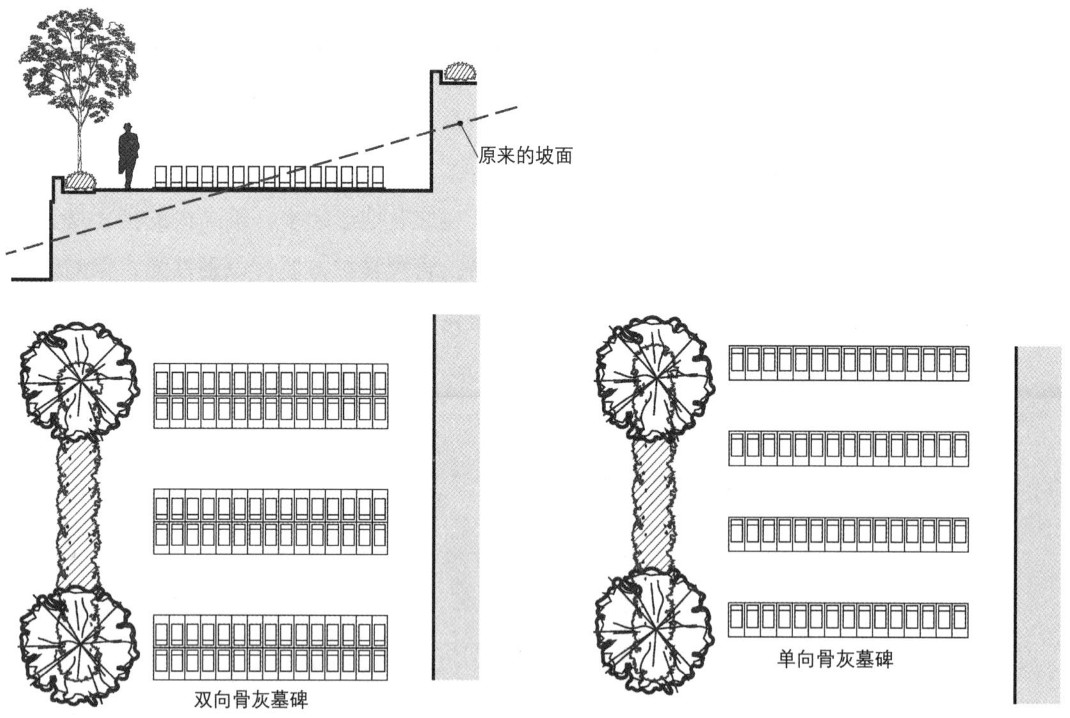

图 6-3-1　山坡地骨灰墓行列式排列（上：双向；下：单向）
来源：作者绘制

（3）设路牌加强道路的可识别性，有条件时应设置现代导向系统。主墓道和支墓道取名编号，使扫墓者容易找到，避免墓道排列复杂，缺乏规律。

（4）道路系统应和绿化结合，主墓道容易裸露暴晒。隔一定距离种植乔木，在不遮挡视线的前提下，增加遮阴面积，减少暴晒。

四、山地挡土墙墓区的规划

墓基排列分两种类型。

（一）联排式条状排列

平行等高线布置属规则式布局，此时水平支墓道设在梯地外侧。

传统墓地的水平纵向尺寸取决于墓地大小，由墓基（A）、祭拜空间（B）和支墓道加绿化（C）组成，横向尺寸为墓地宽（D）（图 6-4-1）。

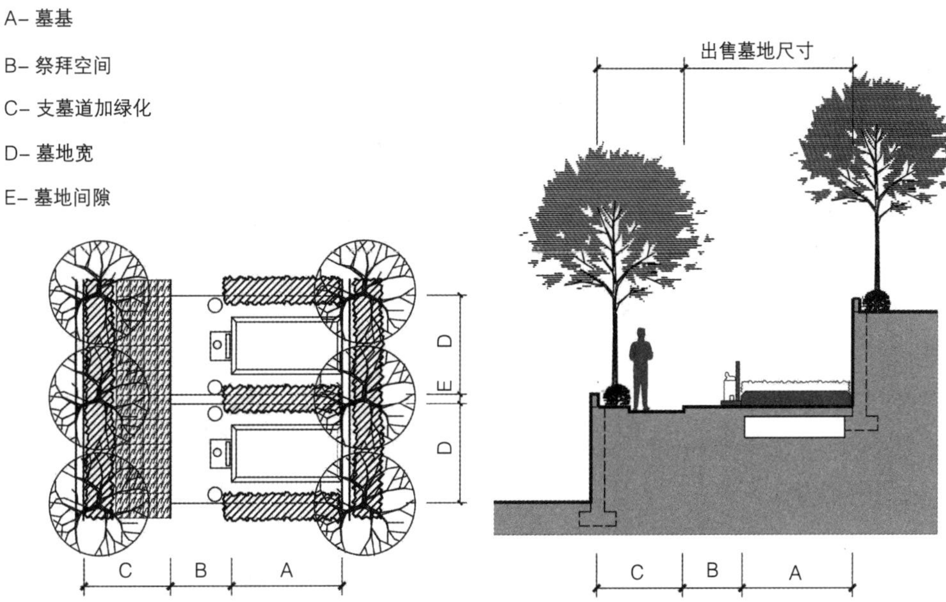

图 6-4-1　现代坡地遗体土葬示意图
来源：作者绘制

这种联排式布置比较简单易认，适用于不同的坡度。连续排放不宜过多，总长控制在 30 米左右为宜。A+B+C 和宽度 D 的尺寸虽不受限制，但它越大墓地的面积也越大。大进深造成的高挡土墙，在绿色环保上带来较多的负面影响，但给墓地的设计带来更多的可能性。

（二）组团式布局

结合绿化和挡土墙形成不同的区块，可分散也可集中，根据地形，用道路串联。法国圣潘克拉斯（Saint Pancrace）公墓因葬有著名建筑大师勒·柯布西耶（Le Corbusier）而闻名。该公墓位于可眺望大海的海边山地上，在追求密度的同时，建筑形象力求创新，道路将山地公墓划分成几个区块，各得其所（图6-4-2）。

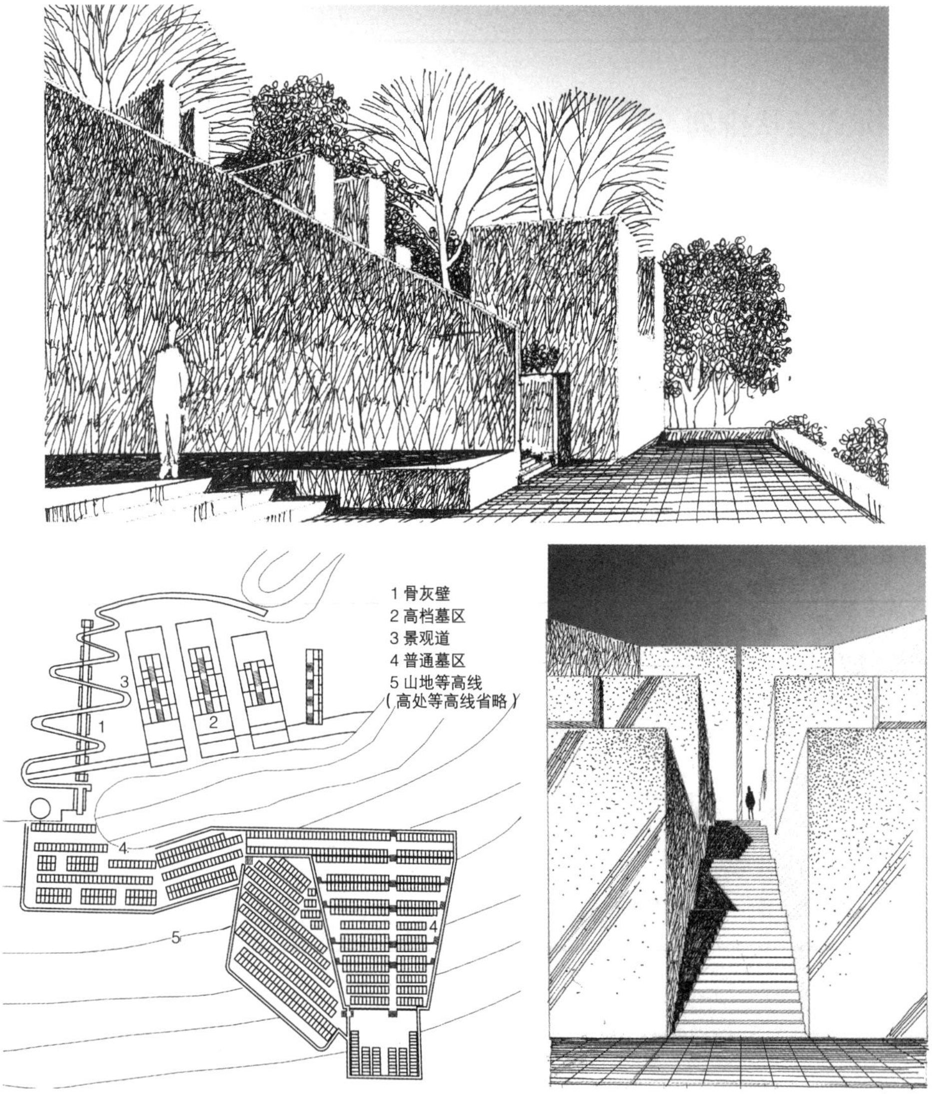

图6-4-2　法国圣潘克拉斯公墓（Saint Pancrace）（含扩建部分）平面示意图
来源：作者根据图片绘制

组团式布局的优点：

（1）灵活不呆板，避免了同质化。

（2）易与绿化结合。

（3）竖向主干道有转折，避免垂直上下造成危险。

（4）灵活性较大，减少整地工程，能适应多种地形的变化。

但由于平面复杂，辨识性差，增加了道路的长度，只适用于缓坡地形（图 6–4–3）。

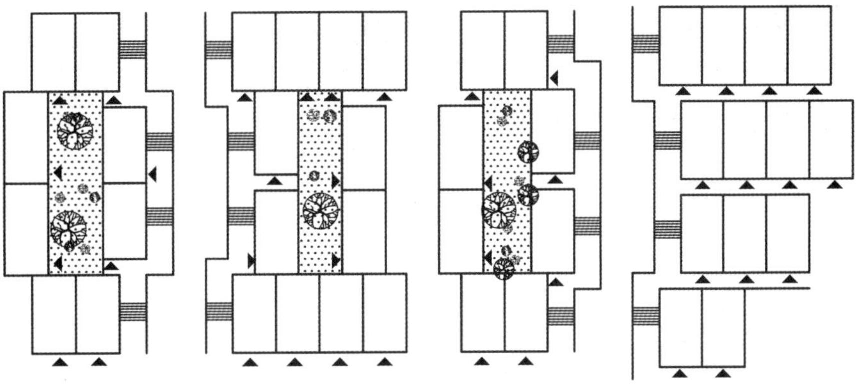

图 6–4–3　组团式墓地示意图
来源：作者绘制

五、山地墓区的交通组织

墓区道路网设计首先要结合地形，减少土石方量，道路分工主次分明。主干道尽量布置在沿平缓的坡地和谷地上，利用高程组织立交。山地墓区的主干道纵坡控制在 5% 以内，最多不超过 7%，人行道纵坡一般以 5% 为宜。若需要可以迂回铺设以增加道路的长度来减少坡度。山地墓区的道路不宜过宽，主干道一般不小于 3.5 米，路旁人行道的宽度可以有变化，以调整车道路宽。根据不同地形采取不同标高的横剖面，以节省土石方。

山地墓区的交通组织，以安全和最少的道路长度串联各区块，其组织方式因地制宜，以安全为主，山地墓区道路可供参考的横剖面见图 6–5–1。

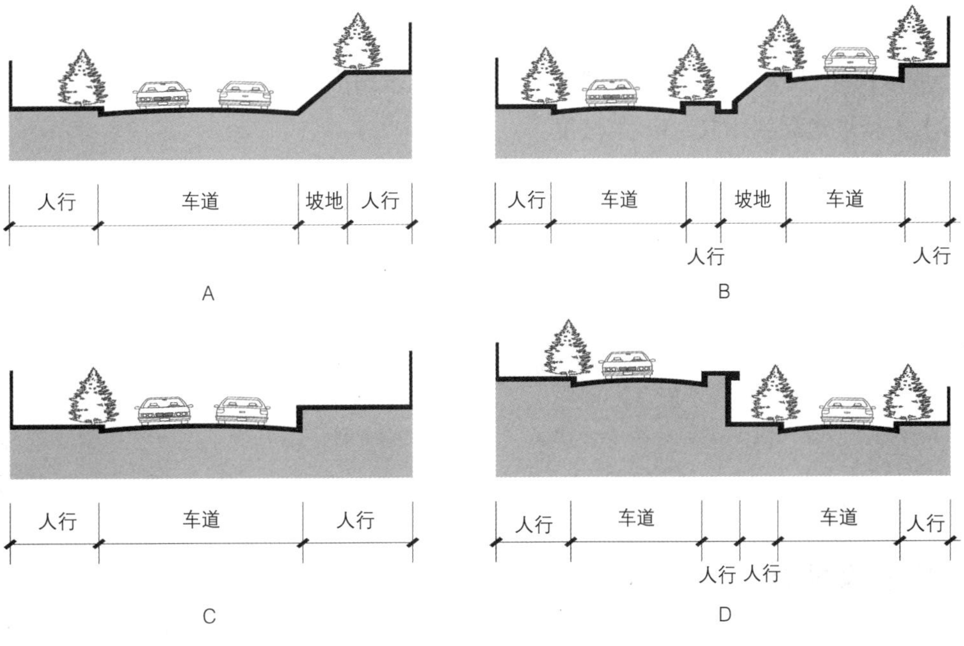

图 6–5–1　山区道路横断面示例

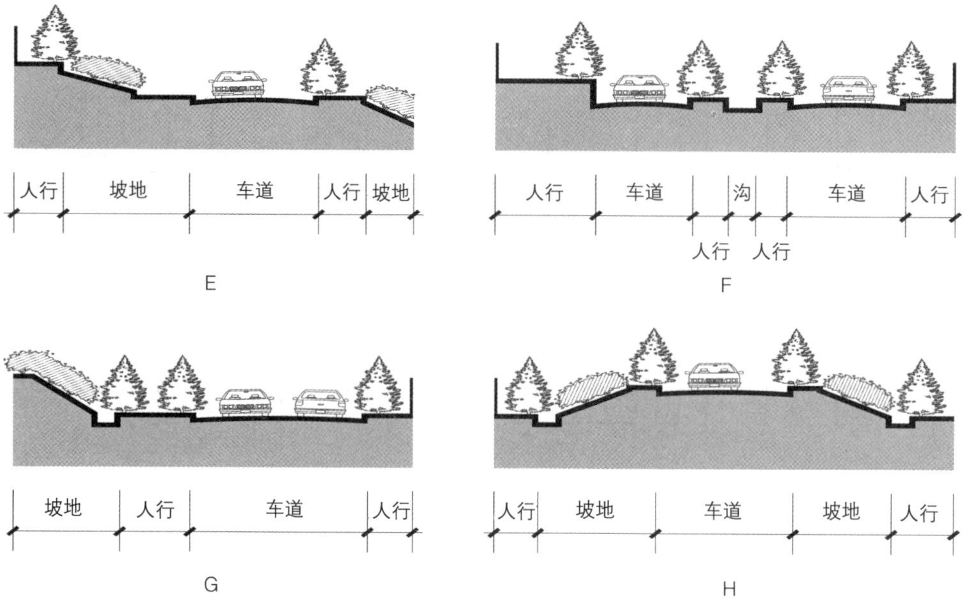

图 6-5-1　山区道路横断面示例（续）

来源：作者摹绘。中国建筑学会．建筑设计资料集：6 [M].2 版．北京：中国建筑工业出版社，1994：229.

（一）竖向登高主墓道

竖向登高主墓道必须考虑以下几种因素。

（1）登高主墓道的宽度与所服务的墓地数量成正比。其水平投影长度不宜超过 60 米。

（2）登高台阶踏步的设计。踏面宽 b 与踏面高 h 之比，应考虑室外雨、雪、结冰等影响，应比室内楼梯略缓。建议参考以下公式：

$$2h+b=60 \text{ 厘米}$$

h 一般采用 15 厘米，故 b=30 厘米，不同的坡度采用不同的 b 和 h（图 6-5-2）。

（3）人行坡道采用 1/10~1/8 的坡度。

（4）避免纵向长墓道形成上下直跑状，应设休息平台和栏杆扶手。

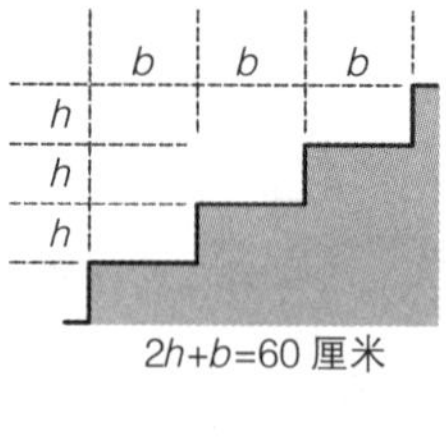

图 6-5-2　室外登高台阶踏步设计

来源：作者绘制

（二）横向支墓道

支墓道基本上沿等高线布置，坡度平缓，以不超过 1/20 为原则，支墓道的宽度应为

80~150 厘米，取决于服务范围。除考虑人流外，还要考虑墓地大小和运送小型起吊及高压冲洗设备通过时的空间需求。每个区段支墓道的长度应控制在 30 米，为了安全超过时应设岔路出口。

（三）支墓道与主墓道之联结

个别联结处可设休息平台，亦可布置垃圾箱、洗池和休息椅（图 6-5-3）。

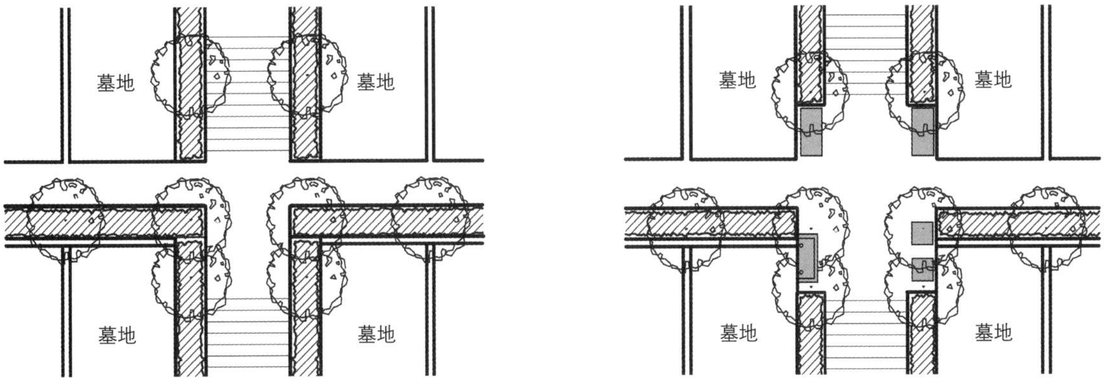

图 6-5-3　竖向台阶与横向支路联结示意图（左）；利用休息平台设置坐凳、垃圾箱等设施示意图（右）
来源：作者绘制

六、山地墓区的绿化

墓地的绿化观念需与时俱进。人类对大自然植物有偏好，山地建设时虽然可以避免占用农田，但砍伐树木建墓地，导致原有山地的生态环境改变和生物物种减少。应尽量保留原有的树木，并且在任何可以种植的地方，见缝插针地种树，以此改善小气候，降低白色污染，让更多的生物物种存活下来，稳定生态环境。

传统上认为墓基应沐浴阳光，前方不能有“障”，即视线不能被物件和树木所遮挡。实践中，树在坡地上的高度与挡土墙高度相近时，基本不遮挡后排墓地的视线，在墓地横向交界处按垂直于等高线方向种树，远处的树木均不会遮挡视线。“有树就有障”的说法是一个伪命题，纯属个人感受，回归自然才是墓地选址的追求。

某坡地墓园开发初期，客户因担心视线被遮而反对种树，几年后新树葱郁成荫，甚至遮挡了部分墓前视线，反对植树的客户也不再反对。环境的美化带给人们的愉悦超越了偏见，说明民间习俗和观念是可以改变的。

绿化植栽能减少日光暴晒给墓基带来的损害，山区墓地比平原更需要植栽，山区墓地的高绿化率对周边环境、生态改善有明显的效果。因此牺牲一些地块作植栽，是失有所得的作为，为墓区园林化所必需。

（一）畸零地绿化

在复杂的山坡地建墓园会出现许多削壁陡峭的非建地块和不规则的畸形地块，俗称畸零地。在畸零地上种植乔灌木和地被植物，共同组成稳定的混合立体植物架构，除了能提高绿化率美化环境外，还能稳定地层结构，防止水土流失，涵养水分，改善小气候。可利用绿化了的畸零地设置名人墓、纪念碑，只要交通方便，甚至可以利用来作花葬和树葬。

（二）墓地之间绿地

联排式布局时，每隔几块墓地设一块绿地，纵向上下串联，打破布局的呆板，成为镶嵌在白色墓地中的"绿宝石"。因为前后不会遮挡墓地，可种植乔灌木，四季枯荣，给死气沉沉的墓地带来鲜活的绿色生命。

虽然绿化率的提高会损失一些可售墓地，但将在墓园的生态品质和商业价值中得到回报。这是商品房开发建设中被反复证明的成功方法，墓园建设也一样。

（三）挡土墙的绿化处理

坡度超过 1/4 的墓园必须设挡土墙。坡度或墓地越大，挡土墙就越高。挡土墙是山区墓地"白色污染"的主因。应尽量减少，或分散设置。用乔灌木和攀缘植物遮盖暴露的挡土墙面。

（四）横向水平支墓道与近侧挡土墙之间的小绿带

小绿带的宽度为 80 厘米左右，它的作用除了让行人有安全感外，也是小型起吊设备和水枪泵运送时的缓冲空间，它的出现可以相应降低挡土墙的高度，开阔墓前的视野（图 6-6-1）。

两块横向相邻不挡视线的交界处可种植乔木。

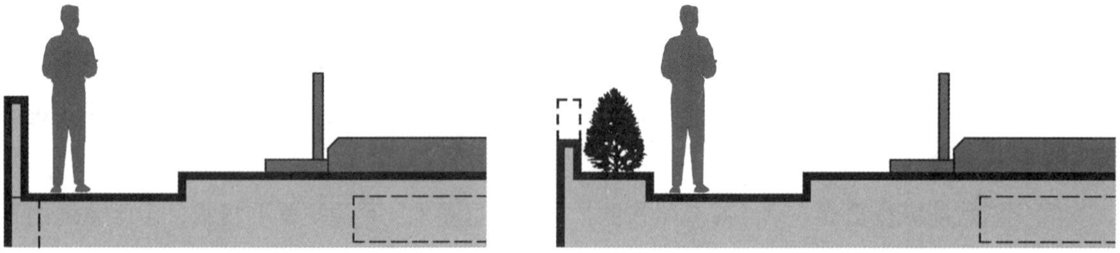

图 6-6-1　横向水平支墓道与近侧挡土墙之间的关系示意图
来源：作者绘制

（五）竖向主墓道，踏步两旁之小绿带

竖向主墓道紧贴两边墓地，给紧邻墓地带来压迫感，绿带能“软化”两边的小环境，减缓压迫感（图 6-6-2）。

图 6-6-2　小绿带示意图
来源：作者绘制

（六）绿化与休息设施的配合

山坡地的绿化需与休息设施结合，以缓解坡道登高产生之疲劳，也有助于景观营造。在具有良好地形地景条件的地方，设置一些凉亭、坐凳和平台，其位置尽可能与步道或阶梯连接，并有树木遮阴，与周边绿化相融，有条件的地方设置简易蓄水与引水设施。

七、坡地大墓的设计

圈地建个人陵园，造成土地资源的极大浪费，除经法定程序批准者外，应予禁止。

在可控的前提下修建坡地大墓取代个人墓园，可以取得类似的效果。在市场经济的条件下，坡地大墓可作为高价墓地进入市场。

（一）创新的传统大墓

传统大墓在南方往往设厝护墓，以防日晒雨淋。墓地的配置随逝者的信仰、爱好和需求而异。随着时代进步，风俗日变，人们的殡葬观产生了变化，丧属对墓地设计提出了更高的要求。建筑师必须事先与丧属进行沟通。

坡地中会出现一些平坦地块，例如台湾金宝山墓园，虽建在山地，但沿主干道一侧，顺道路两侧或一侧，会出现一些不同标高的平地。这些地块与主干道之间有的为标高无差别连接，更多的存在高差，此时往往用挡土墙作边界。

1. 丁府墓园

墓主要求按传统设厝，另设祖先塔和休息亭，希望造型在传统的基础上有所创新（图 6-7-1）。

墓厝呈金字塔稳定的三角形状，底部敞开以适应台湾地区气候。祖先塔为单层八角屋，内设祖先牌位和供桌，8 个转角处设垂直条窗，使祭堂明亮。休息亭为铜顶圆亭，横向楣壁上做浮雕。南向前方立一小型经幢，祈佛祖保佑。整个墓地绿树成荫。

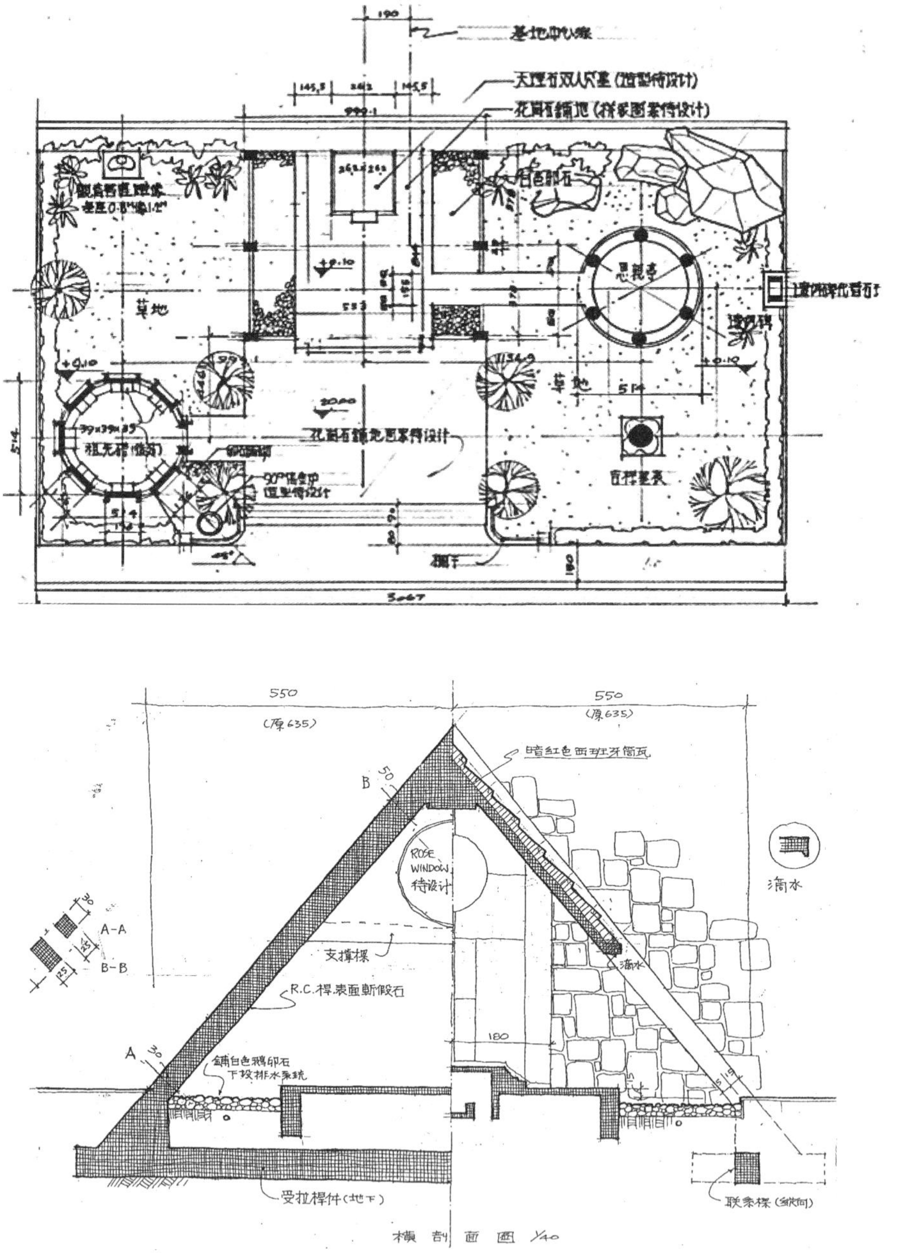

图 6-7-1　金宝山丁府墓园

图 6-7-1　金宝山丁府墓园（续）
来源：作者设计及绘制

2. 李府墓园

李府墓园位于墓园主干道北侧。墓地高出路面 2.4 米，占地 1 亩。为对称式布局，左右设警钟和“爱”的雕塑，表达逝者“谨慎守业”和“遗爱大众”的企业精神。

轴线最后，在紧靠 8 米高的挡土墙处立墓厝，正中为李氏夫妇骨灰合葬墓，两旁为子女骨灰墓。建筑整体为传统布局、现代造型。立柱及屋面板由清水模制作，保证曲面光泽无瑕。阳光从玻璃顶棚射下，在墙面上投射移动条影，表示生命在延续。墓西侧有休息亭，供祭拜者休息（图 6-7-2）。

图 6-7-2　李府墓园实施方案

图 6-7-2　李府墓园实施方案（续）
来源：作者设计及绘制

此墓园另有庭园式和球切式两个备选方案，前者强调园林化，后者造型呼应近侧“凯旋殿”（图 6-7-3）。

图 6-7-3　李府墓园备选方案
来源：作者设计及绘制

（二）超大型坡地大墓的设计

墓园经营者将台阶型墓地出售。当丧属需大墓地时，毗邻地块可以合并出售（图 6-7-4）。

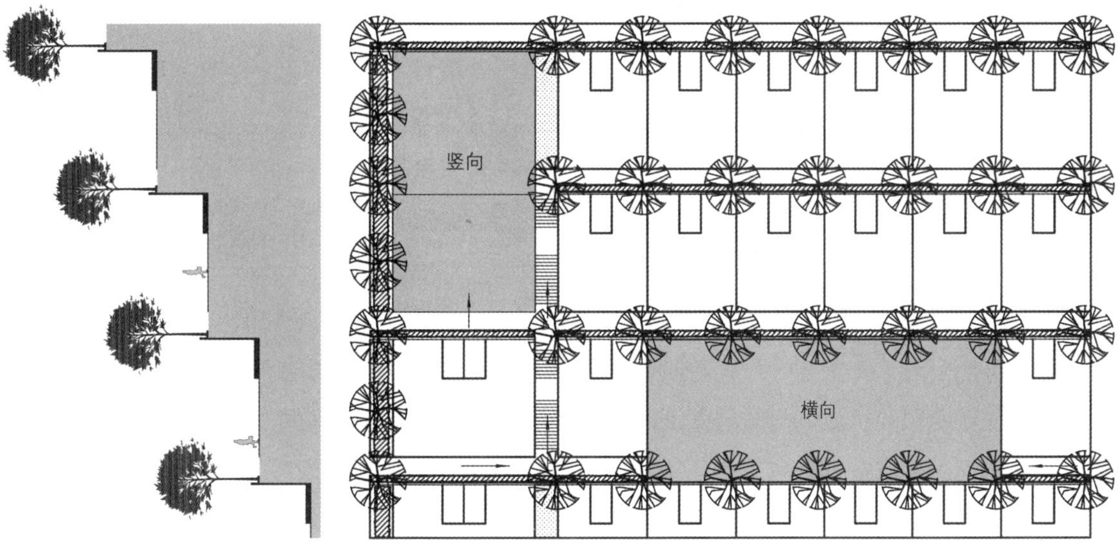

图 6-7-4 坡地大墓示意图
来源：作者绘制

1. 横向联结的大墓

将相邻地块串联成横向的条形墓地，适合花园式布局。结合雕塑、墓志铭、纪念小品、构筑物、水景，形成一个连绵的横向花园。处理好入口与墓基之间的过渡是设计的重点，祭拜者横向行进的过程也是情绪酝酿的过程。祭拜后原路返回或从侧门离开。

横向墓园案例：张府墓园

台湾张姓著名半导体芯片加工专家，生前购四块横向墓地作墓园，准备逝后入葬（图 6-7-5），入口在东端，墓基放在西端。进园经过水池"洗尽铅华、荡涤心灵"，再绕过花坛往西，穿过弯曲小径来到中段。中段南侧立 LOVE 字样的红色钢板雕塑，表达逝者生前的大爱情怀。远处望去或坡下行人仰首，能感受到爱的温暖（图 6-7-6）。

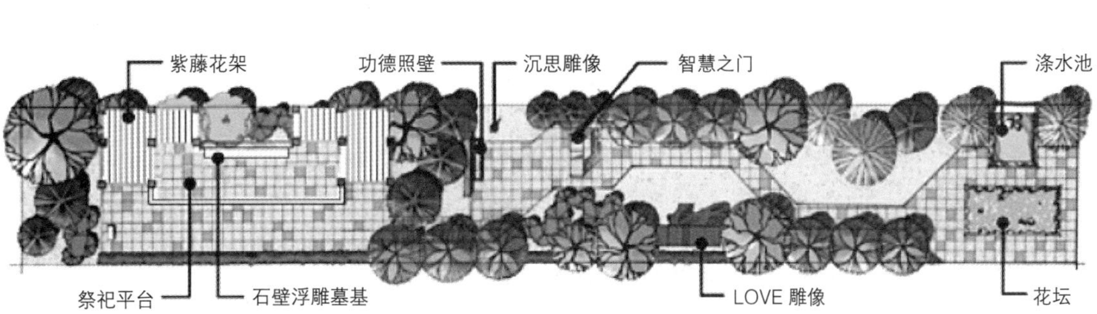

图 6-7-5 张府墓园总平面图
来源：作者设计及绘制

图 6-7-6　LOVE 钢板雕塑
来源：作者设计及绘制

再往西就来到“智慧之门”，进门正对照壁。照壁上文字介绍逝者为台湾地区半导体芯片加工产业发展所作的贡献。门与照壁之间的小空间北侧，是罗丹创作的“沉思”铜雕复制品，表示逝者的人生智慧在沉思中诞生，令人有“沉思钟万里，踯躅独吟叹”[1]的联想。穿过门、壁、像三者围合的小空间后，来到墓前纪念广场（图 6-7-7~ 图 6-7-9）。

图 6-7-7　石壁浮雕代替石碑供祭奠
来源：作者设计及绘制

图 6-7-8　智慧之门
来源：作者设计及绘制

1　西晋著名诗人陆机《拟涉江采芙蓉》中名句。陆机著，杨明校笺 . 陆机集校笺 [M]. 上海：上海古籍出版社，2016：313.

图 6-7-9　花坛与水池
来源：作者设计及绘制

由大空间跨过“智慧之门”进入小空间，再转身进入大空间，大小空间收放之间产生时空情绪变化。

设计力避给人以殇的印象，代之以紫藤花架，中设石壁，只刻姓名和生卒日。墓基隐蔽在石壁后不让人看到，人们看到的是一座挂满紫色藤萝、生机盎然的花园廊架。廊架一端置金属藤椅复制品，寄托人们希望劳碌一生的前辈在此得到安息。墓园西端立一座花岗石警钟碑，上悬铜钟，警示后人继续他生前所创的事业（图 6-7-10）。

图 6-7-10　张府墓园中之墓地
来源：作者设计及绘制

这里与其说是墓地，不如说是一座露天纪念馆，来此只有怀念和敬仰，少有悲切与感伤。人们在花园环境中不只完成祭奠仪礼，更能心灵净化。这是一个将造园艺术、雕塑艺术和创意文化结合的横向坡地大墓的设计案例。

2. 纵向联结的大墓

垂直于等高线，上下两三块台地对齐，不被支墓道横穿的纵向墓地形成的大墓，称为纵向联结的大墓。它适合自下而上的传统墓地布局。家族祭堂和家族成员的墓基均设在最上层，下一、二层台地为陵园，设置林木、休息亭、祖先塔……穿过台阶步步登高至顶层。山坡大墓台地的纵向进深越大，背后的挡土墙就越高，挡土墙升高后，墓地有可能建二层建筑，给建筑设计带来更多的可能，有家族利用其建立家族墓地、纪念馆……不管单层或两层，其屋顶的最高点不能超出上层墓地栏杆顶面的标高，它比横向大墓具有更强烈的仪式感。

纵向墓园案例：林府墓园

林府墓园有两种方案，一个是底层不加利用，另一个是利用底层作家史陈列馆、休息厅等用房。上层布置家族祭堂，众多墓基，长幼有序，按辈排列。左右两端设楼梯间。

两种方案的二层祭堂均设可远眺山景的外廊。外廊顶部为格栅玻璃顶，随着太阳起落，格栅在粉墙上的投影，象征着生命永不停歇（图 6-7-11、图 6-7-12）。

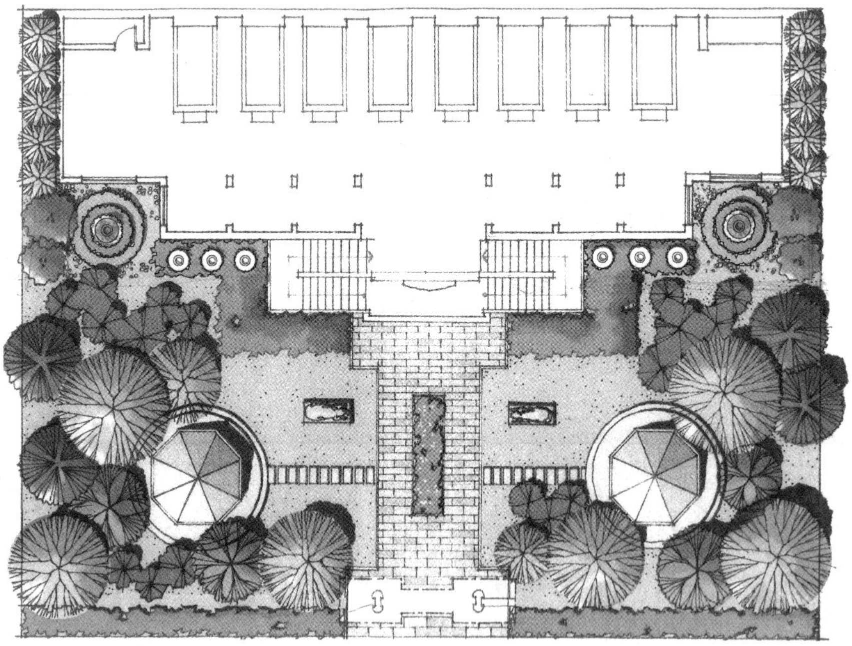

图 6-7-11　纵向坡地一层方案墓园平面
来源：作者设计及绘制

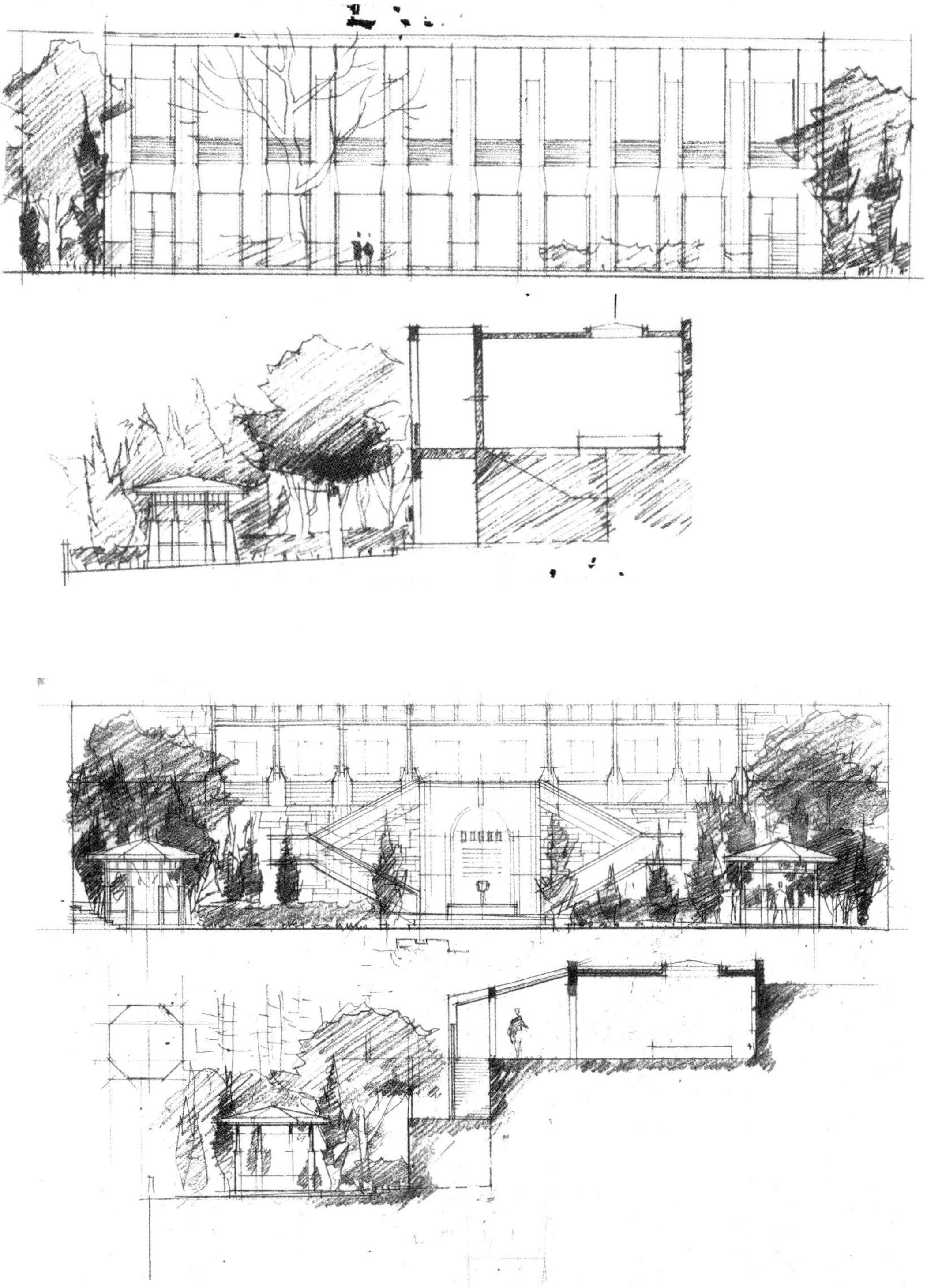

图 6-7-12　林府墓园纵向坡地墓园两个方案　一层（下）、二层（上）
来源：作者设计及绘制

（三）坡地独立大墓的设计

由于山地地形复杂，独立的大型畸零地经常出现，可以利用来建大墓。

独立大幕案例：蔡府墓园

蔡家是望族，墓地选在独立的山坡地上，北有靠山，东南面向大海，挡土墙高达 8 米，逝者希望逝后子女和部属能够聚葬相伴，并将毕生收藏的文物作为随葬品，不入土，而放在墓地陈列。

逝者生前崇尚传统，故平面采用中国“一颗印”住宅形式，中设透天内院，正门面向台湾海峡，遥望故土。祭拜者进入门前广场后，通过三段 22 阶踏步，登高进入敞开式建筑入口，象征财富的貔貅石雕分列两旁，穿越门厅经过内部庭院，来到净高 6.6 米的祭拜大厅，主墓居中，子女墓分列两旁。

底层庭院的东西两侧过厅陈列随葬文物。二楼厢房设骨灰堂，左为亲属区，右为部属区。门厅二楼为可远望大海的休息区。

整个布局严守中国道统，长幼有序，尊属有别。从祭拜大厅俯首回望，可见台湾海峡。整栋建筑庄严肃穆、分区明确、性格鲜明（图 6-7-13~ 图 6-7-19）。

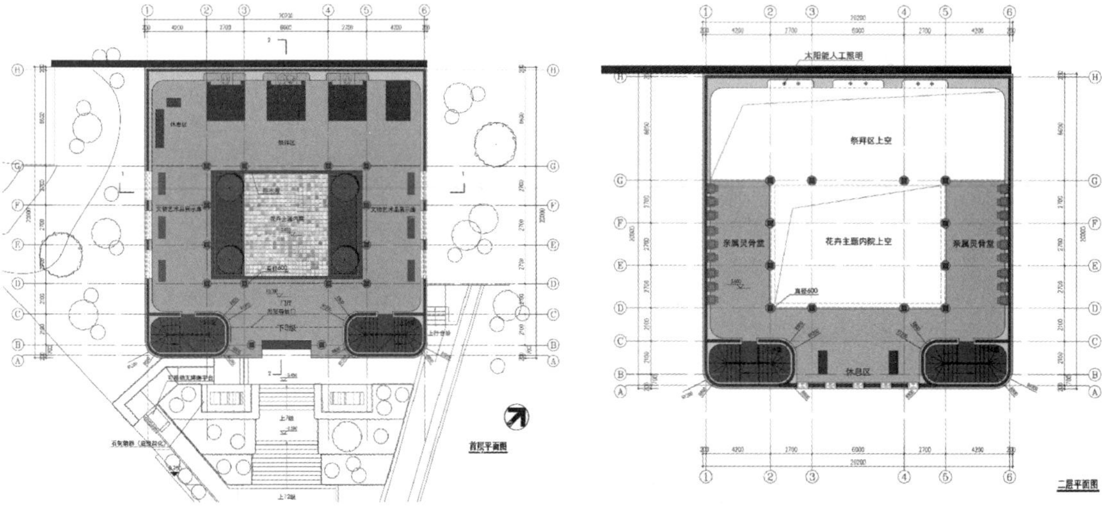

图 6-7-13　平面示意图
来源：作者设计及绘制

图 6-7-14　阶梯与主立面
来源：作者设计及绘制

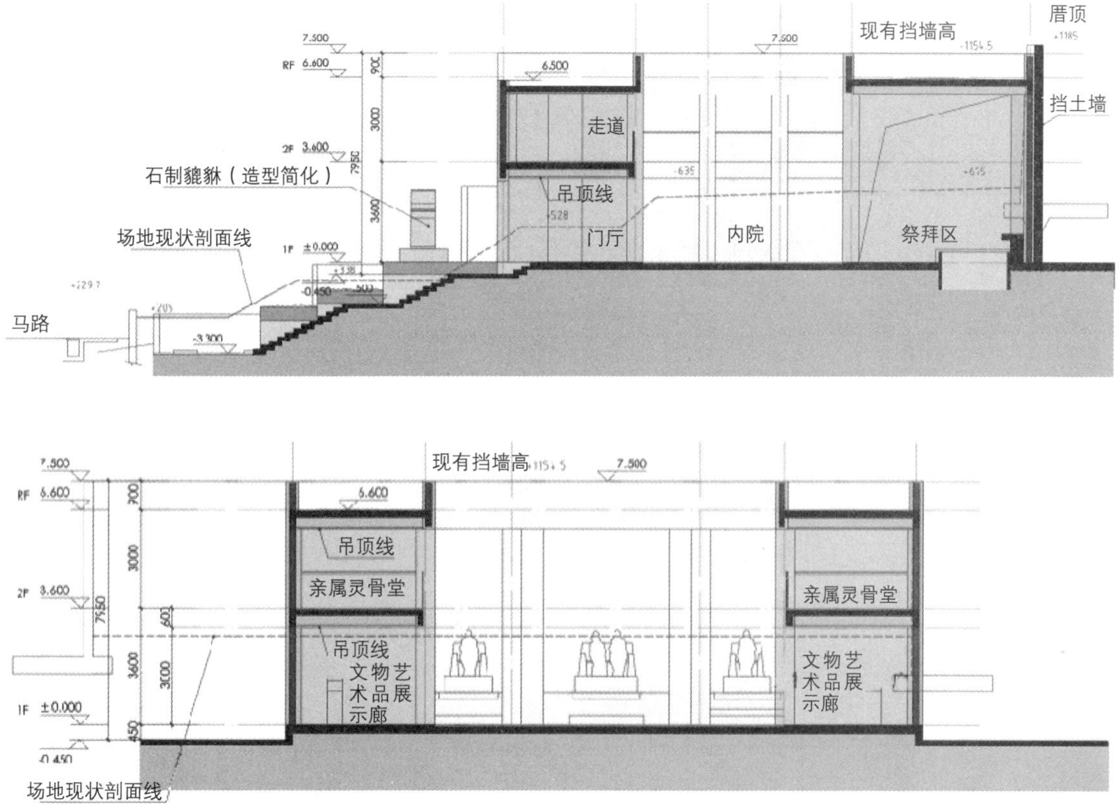

图 6-7-15　剖面示意图
来源：作者设计及绘制

图 6-7-16　鸟瞰图
来源：作者设计及绘制

图 6-7-17　门厅内望
来源：作者设计及绘制

图 6-7-18　透天内院
来源：作者设计及绘制

图 6-7-19　二楼厢房一侧
来源：作者设计及绘制

（四）联排式崖墓

山形较陡的山区墓地，利用地形设计成连排式崖墓（图 6-7-20）。

图 6-7-20　联排式崖墓构思草图
来源：作者设计及绘制

台地高差超过 4.5 米，土质允许时，可开挖山洞作墓室，成为联排式崖墓。

优点：

（1）墓室缩进山体，节省土地。

（2）山洞代替屋厝，避免日晒雨淋。

（3）绿化面积增加，白色污染减少。

（4）洞内布局以及空间大小根据丧属要求可变更，灵活性大。

缺点是通风采光受限，工程费用增加（图 6-7-21、图 6-7-22）。

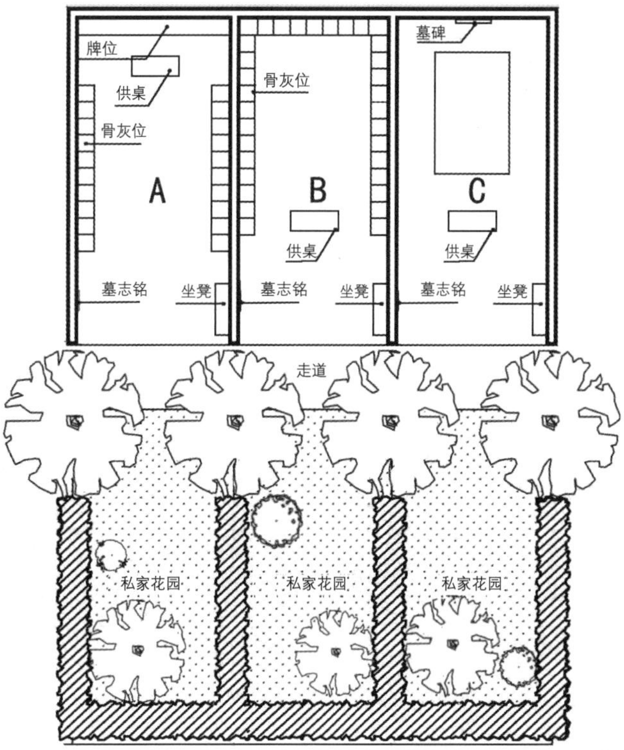

图 6-7-21　联排式骨灰存放处示意图
来源：作者设计及绘制

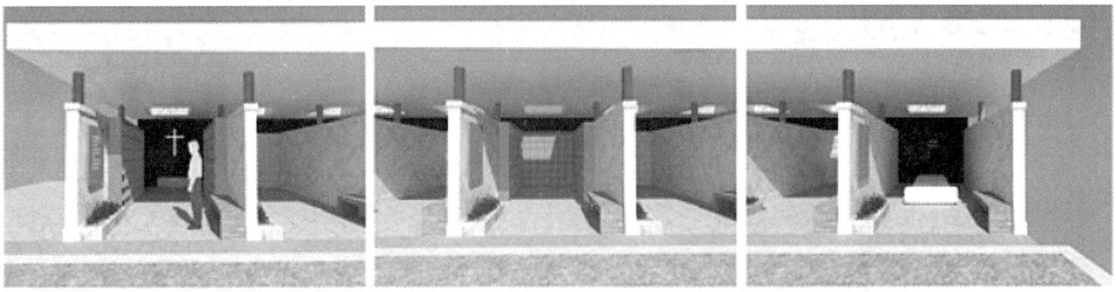

A 型　　B 型　　C 型

图 6-7-22　不同类型的骨灰存放室。A 型—祭堂 + 骨灰存放室　B 型—骨灰存放室　C 型—单穴墓室
来源：作者设计及绘制

（五）坡向与景向矛盾时的崖墓设计

当坡向与景向产生矛盾时，锯齿形平面可以兼顾，墓室主轴朝向坡向，斜面正对景向（图 6-7-23 ~ 图 6-7-26）。

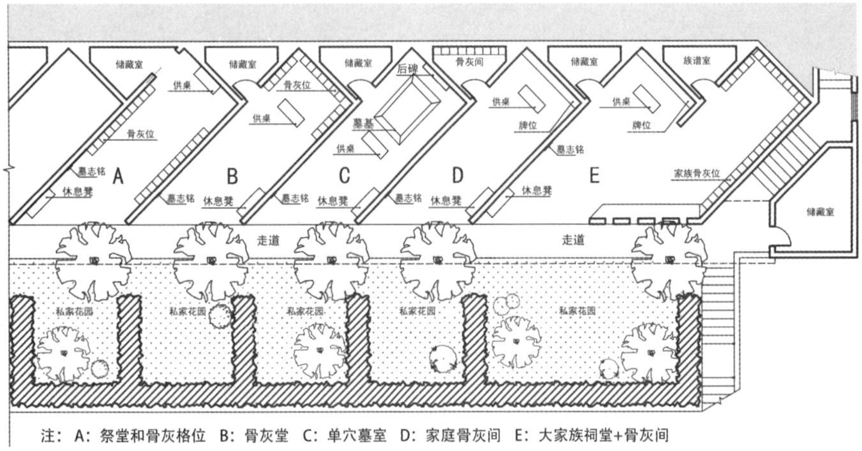

图 6-7-23　平面示意图
来源：作者设计及绘制

图 6-7-24　金宝山崖墓设计外观
来源：作者自摄

图 6-7-25　景向图，每个墓室均有私家花园并面朝大海
来源：作者设计及绘制

崖墓单元可供遗体葬或骨灰葬，也可两者并存。两个单元也可合并成家族骨灰堂。

A 型

B 型

C 型

D 型

图 6-7-26　不同类型的墓室。A 型—祭堂和骨灰位　B 型—骨灰堂　C 型—单穴墓室　D 型—大家族祠堂骨灰间
来源：作者设计及绘制

八、坡地上建纳骨建筑

坡地也可建纳骨建筑。重点在于尊重地形，保护地貌，避免大开挖。山区墓地设计为建筑师提供了丰富的创作想象（图 6-8-1）。

图 6-8-1　台南坡地墓园方案
来源：作者设计及绘制

（一）台湾金宝山日光苑

1. 台湾金宝山日光苑前期方案

台湾金宝山墓园原在面向台湾海峡的山顶，委托作者设计大型基督教纳骨大楼（图 6-8-2）。后因容量过大改成混合型（图 6-8-3），中央部分为基督教专用，两侧为佛、道教和无信仰者专用。后又迁址至半山，规模缩小，最终因半山交通不便，而改到山脚下现址，取名日光苑。

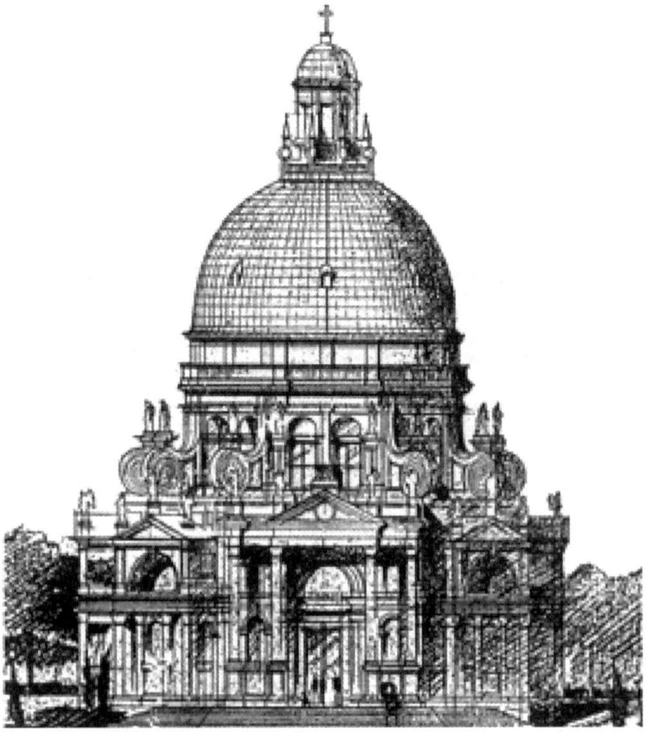

图 6-8-2　金宝山天主教与基督教纳骨建筑设计草图
来源：作者设计及绘制

图 6-8-3　山顶方案
来源：作者设计及绘制

世间宗教都追求和谐与爱。爱可以超越宗教藩篱，因此日光苑由原来设想的基督教专用改为多教合一、世俗共享的纳骨楼。建筑面积 4323 平方米。地下一层，地上四层，拥有骨灰骨瓮位两万多个。

2. 日光苑的设计特点

（1）尊重环境，顺从自然

基地选在山坡上，顺坡建屋，错层而上，与环境融为一体。

有电梯直达屋顶花园，屋顶花园楼面与登山步道休息平台同标高，屋顶花园可直达登山步道。

（2）骨灰格位排列多元化

日光苑在国内最早采用单元式排列，净距 3 米，空间宽敞。地下层保留了少量书架式布局，实现骨灰格位的多元化（图 6-8-4）。

图 6-8-4　日光苑骨灰格位
来源：作者根据图片绘制

（3）突出“家”的感觉

大屋顶、老虎窗、红砖墙，共同营造“家”的氛围。“家”是充满阳光的地方，祭拜如回家，突出建筑的人文关怀。

佛教中，光象征着智慧、正义和希望[1]，佛光普照大千世界；道教中，光无形创造万有，光指的就是“道”[2]。伊斯兰教中，光是真主阿拉，“真主是天地的光明”[3]。基督教中，“神不但是光明的创造者……神就是光”[4]。

日光苑把光元素发挥到极致，没有传统的阴暗，共享大厅顶部天窗阳光直射。两端贯通几层的直条窗及 24 个顶窗，给整栋建筑带来充足的阳光，地下层有 10 个金字塔形的顶窗，使整栋建筑阳光灿烂，成为明亮的“家”。

（4）钻石绚丽，母题突出

母题产生联想，日光苑以钻石为母题，在门、窗、亭、塔、柱，处处出现棱状的钻石母题，它是光和生命的象征，它的斑斓绚丽象征人的一生多姿多彩。钟塔垂直挑窗不被过梁阻断，贯通的垂直光带和彩色玻璃突显宗教性格。

（5）文化积厚，艺术殿堂

中部有容 100 多座的小礼堂，除了给客户举办追思、缅怀活动外，也为亲友集会、举办音乐会和演讲会提供了视听环境，斜面屋顶的顶棚恰好成为声学反射板。礼堂经过实测，即使没有扩声器，每个座位都能获得良好的声学清晰度和丰满度。空间敞开后，每当管风琴响起时，天籁之声送达建筑的每个角落，安抚着每个安息的灵魂。

礼堂两侧上部叠落包厢作唱诗班席。观众席后面的二层是最佳的视听区，举办音乐会时这里经常站满了人。化妆室和备演区设在地下室，有楼梯与舞台相连。每个角落空间都得到巧妙和充分的利用。

古代各类宗教建筑都留下大量的艺术品，日光苑继承传统，追求建筑与艺术的完美结合。除了休息室、交谊厅和艺术品陈列室之外，建筑内外布满了壁画、雕塑、装置艺术。纳骨建筑的艺术化和精致化，使扫墓成为一种美学享受。

日光苑在一层共享大厅的后方布置了枯山水，表现“枯石凝万象，一砂一世界”的禅意，后墙上是日光苑的标志物“心灵之光”，突显了“不单追求格位，重在追求品位”的建馆精神。

日光苑钟塔的尖顶上装了一个像十字架、道教八卦，又像佛教“卍”字标志物，表现出日光苑的宗教包容性，每位参观者都可以从中找到自己的信仰寄托。标志物的中间是空的，人的生命终结，一切归零（图 6-8-5 ~图 6-8-17）。

---

1 性梵 . 佛说无量寿经讲义 [M]. 台北：大乘经社印经会，1994：279.
2 老子：“道生一，一生二，二生三，三生万物。”陈鼓应 . 老子注释及评介 [M]. 修订增补本 . 北京：中华书局，2009：225.
3 语出《古兰经》。
4 文庸 . 圣经文选 [M]. 北京：今日中国出版社，1998：1276.

图 6-8-5　金宝山墓园日光苑骨灰堂表现图
来源：作者设计及绘制

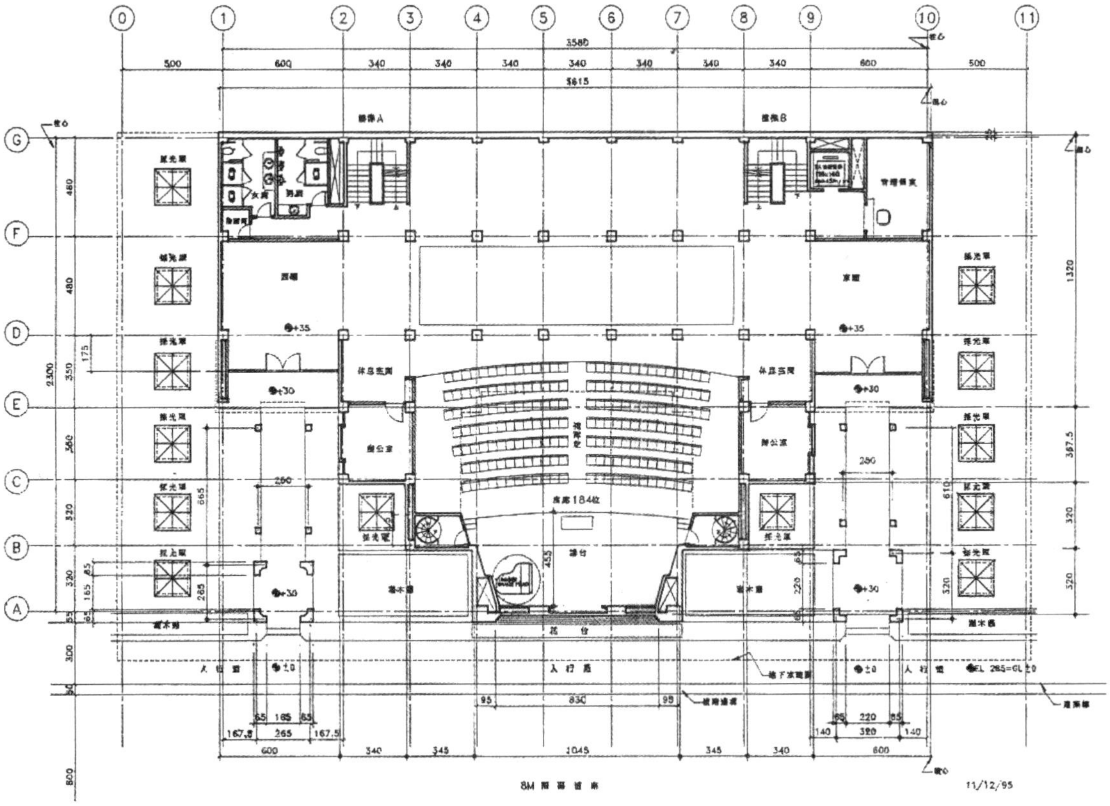

图 6-8-6　日光苑底层平面图
来源：作者设计及绘制

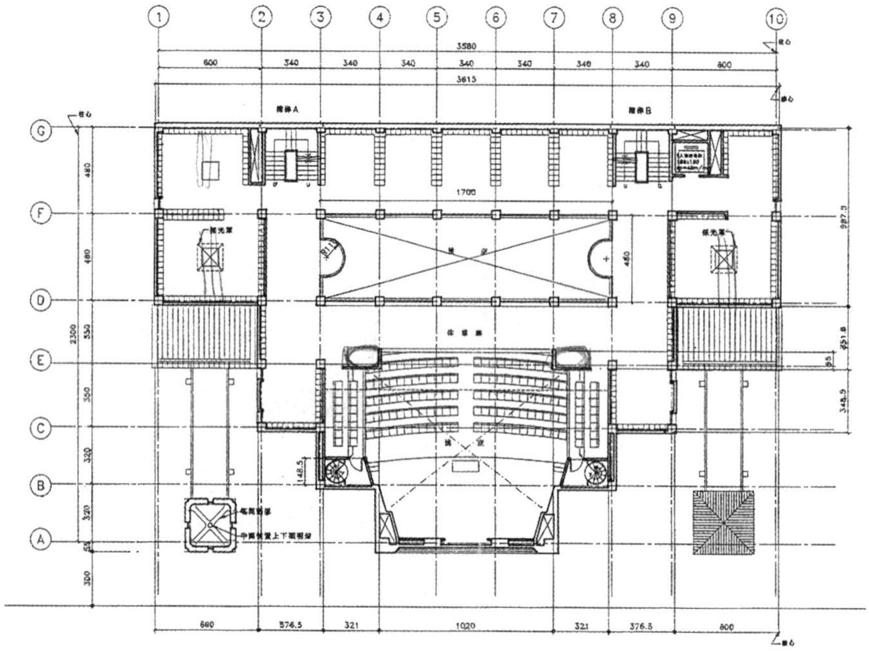

图 6-8-7　日光苑二层平面图
来源：作者设计及绘制

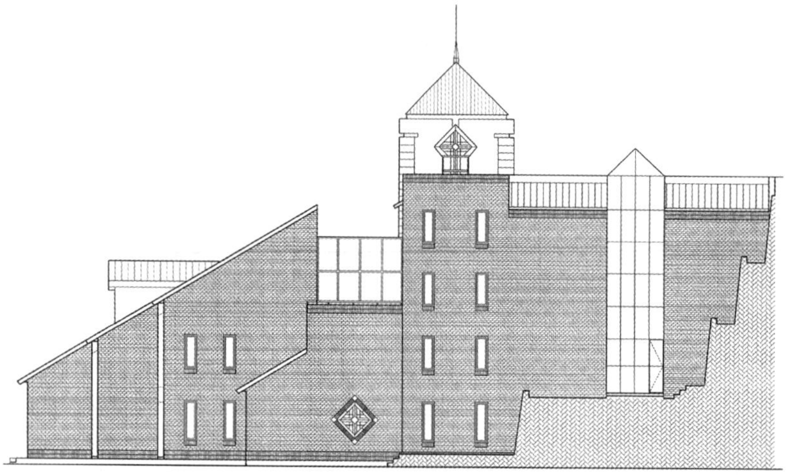

图 6-8-8　日光苑侧立面图
来源：作者设计及绘制

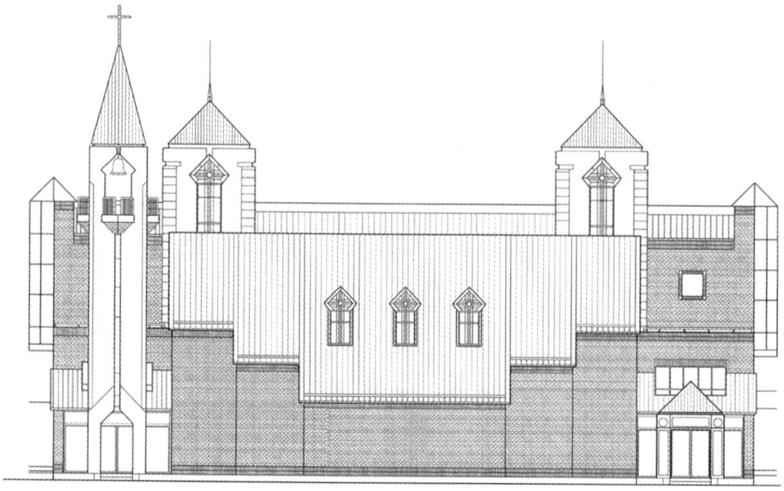

图 6-8-9　日光苑正立面图
来源：作者设计及绘制

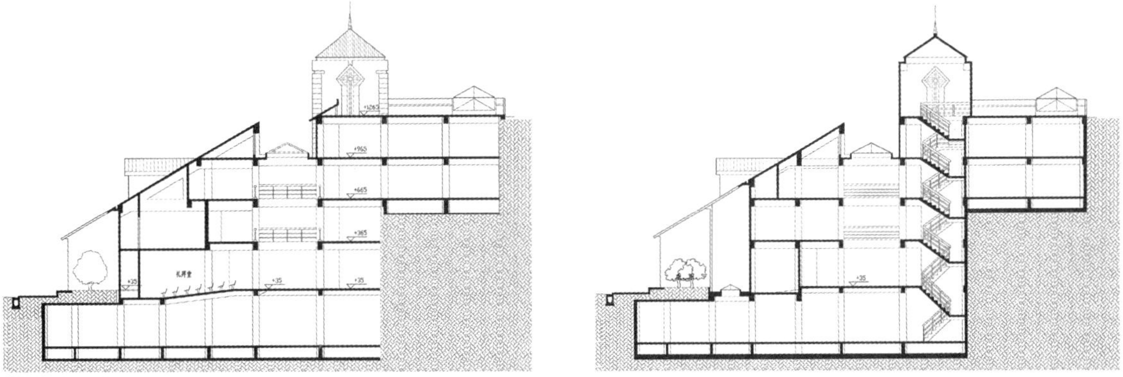

图 6-8-10　日光苑剖面图
来源：作者设计及绘制

图 6-8-11　日光苑侧面
来源：作者设计及绘制

图 6-8-12　日光苑外观
来源：金宝山墓园提供，作者设计

图 6-8-13　共享大厅
来源：作者设计及绘制

图 6-8-14　音乐兼仪式厅
来源：作者设计及绘制

图 6-8-15　音乐厅舞台正面
来源：作者设计及绘制

图 6-8-16　观众席入场
来源：作者设计及绘制

图 6-8-17　日光苑室内装饰——精神标志
来源：作者设计及绘制

（二）台湾宜兰先民纪念馆方案

宜兰位于台湾地区东北部，墓园三面环山，东邻太平洋，古称“蛤仔鸡”。台湾先民为6000年前渡海迁来的闽南先民。另一说法是两岸在史前期同为古代蒙古人种，各自发展。近年宜兰考古发现先民遗址、遗物和遗骸，经过考证，证明宜兰先民确来自大陆，两岸文化同根同源。

在遗址附近拟建一座具有中国传统特色和台湾当地特点的先民纪念馆，展出当地发掘出的文物和遗骸，向社会普及考古和人类学知识，促进文化传承。纪念馆附建一座容10万骨灰位的纳骨楼。

除了展出遗物外，纪念馆拟设图书馆、文献馆、禅修室、工艺坊、演艺厅、木屐馆、戏偶馆、陶艺馆、工艺传习所，以及展示先民生活情景的虚拟展馆和一个展示先民最早生活的南澳地洞的文物展厅。

纪念馆建筑群坐落在较陡的U形峡谷山坡上，占地8亩，周边林木苍郁，环境幽雅。

建筑采用逐坡错层分建的布局。划分前后两个标高不同的广场，中间设自动扶梯。前广场较大，供节日举行露天祭拜仪式，三边被建筑包围，一边敞开，正中入口为和风牌楼，进入室内是宽大高敞的接待厅，楼上是祭祖大厅。屋顶采用传统金刚宝座塔形式，主塔凸起，四角围绕钟楼、鼓楼、图书馆和文献馆四个小塔，加上两侧建筑顶部的小塔，组成一组此起彼伏的屋顶塔群。

后广场通往后面的纳骨楼，考虑到宜兰多雨，在轴线上有一个宽阔高大、联结前后两个大厅的廊道，使交通不受气候影响。廊道同时把后广场划分为左右两个小广场，后楼底层有餐饮小卖部等公共服务部分，小广场为客户增添室外活动空间。

纳骨楼底层设大雄宝殿，超度因战争、瘟疫、天灾人祸而丧生的亡灵。另有举行入厝仪式的悼念厅及相关配套设施。大雄宝殿上部为凸出屋顶的五层密檐宝塔，供奉佛牙舍利及经书。宝塔高踞建筑群的制高点，成为标志物。纳骨楼左右两侧，底层为餐饮、展示，二楼以上均用于骨灰寄存。顶层为大挑檐之下宽敞通透的观光层，供丧属与游客在此交谊、茶饮、赏景。

建筑群的两侧以及前广场的地下部分，左右分静态与动态两个不同的展示区，各据一方，展出台湾地区历史发展各阶段的文物，让参观者了解先民开拓宜兰的艰辛，同时也为参观者提供台湾各种传统工艺制作的动手实践机会。

建筑群前，中央大道两旁布置8对花岗石石柱，象征宜兰地区的“抢孤”活动。“抢孤”是千百年前从福建传到台湾的古老民俗。[1]民俗是民族文化的根。突显轴线的花岗石石柱展现宜兰地方的传统精神。

建筑前有14亩空地，后期将开辟为先民纪念公园，公园西面为城市道路，公园将成为建筑群与城市道路之间的一个绿色过渡。水塘溪流和现代化园林共同衬托出纪念馆的宏伟和庄严。两者风格不同，以此衬托出先民纪念馆的纪念性（图6-8-18～图6-8-24）。

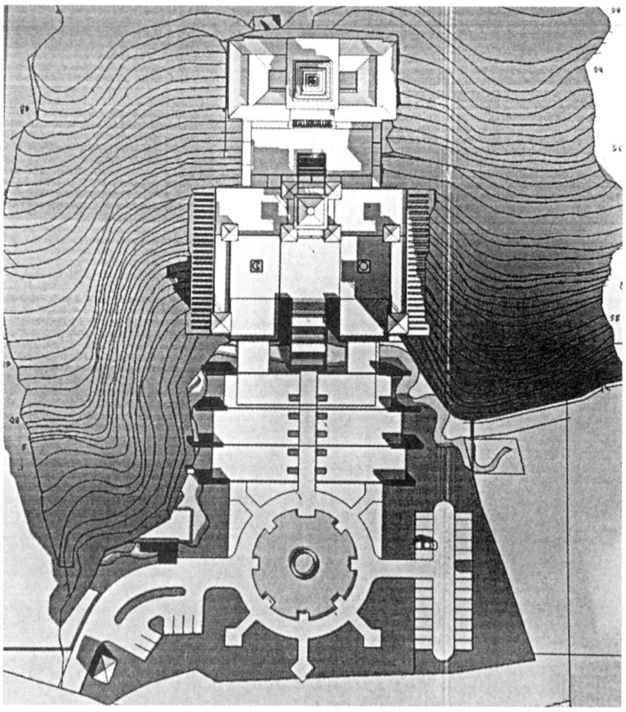

图6-8-18　宜兰先民纪念馆总图
来源：作者设计及绘制

1　“闵俗重抢孤”，在16根大杉树上涂牛油，供竞赛者攀爬比赛，意在“普度孤魂，消灾解厄”，千百年来在宜兰已形成一种大规模的民众竞技健身活动，从而成为当地民俗。

图 6-8-19　通往纳骨楼的连廊
来源：作者设计及绘制

图 6-8-20　纪念馆鸟瞰
来源：作者设计及绘制

图 6-8-21　纪念馆正立面
来源：作者设计及绘制

图 6-8-22　和风入口
来源：作者设计及绘制

图 6-8-23　入口广场轴线上的石柱列阵
来源：作者设计及绘制

图 6-8-24　屋顶主塔与四周塔亭
来源：作者设计及绘制

第七章

墓园的环境设计

一、墓园环境研究的特点

墓园属于公共服务设施，是人与自然相互作用的场所。因此，研究墓园环境必然会涉及土地、环境、生态、植被，以及当地历史文化和风俗人情等。

随着我国老龄化程度的加剧和土地资源的紧缺，立体葬和生态葬将会加速发展，与此同时，随着城市人口的增加，公共绿地的需求也在不断增长，两种因素叠加，不可避免地会影响到墓园的环境设计，墓园园林化将成为大势所趋。

环境设计还必须面对我国人均绿地面积过低的现实。据统计，我国大中城市人均绿地面积不足 10 平方米，距离联合国生物圈生态与环境保护组织于 2018 年 11 月 27 日提出的城市绿地人均 60 平方米的标准相去甚远。此外，我国多数墓园依山傍水，容易导致水土流失和生物多样性减少。因此必须重视墓园环境的生态化设计，而且不仅限于墓园，应将其纳入人与自然相互依存的城市生态设计系统中，使墓园和环境一起成为城市的生态资源。

人是情感的动物，在多种情感中，纪念情感占据着重要的位置。作为表达纪念情感的墓园，它具有一定的时代特征，与人们现实的生活方式和意识形态密切相关，前者决定后者，后者影响前者。研究墓园环境的目的就是要研究它们之间的这种关系，创造我们所处时代的环境表现和情感表达。[1]

14—16 世纪资本主义萌芽和古典文化结合，促成了欧洲的文艺复兴，大师们的创新冲破了中世纪的愚昧，推动了社会观念的进步，掀起科学和艺术的革命，催生整个欧洲资本主义的崛起，意识形态的反作用如此之大可见一斑。墓园的环境设计不仅仅是物质的，它还具有巨大的精神力量。墓园的服务对象是有情感的人，墓园环境只有在满足人们情感需求时才真正体现“以人为本”。

二、墓园环境的演变

墓园的出现是人类文明的标志。随着时代进步，人们对自然和人文环境日渐重视。生态葬的推广和审美观的提升，必然会对墓园环境产生影响。目前我们正处在一个新旧观念冲突和交融的时期，人们的环境保护意识正在不断加强，可以预见，传统葬式将逐渐式微。

我国已将墓园纳入园林范畴，让其扮演城市生态环境的重要角色，这一变化必然会影响到墓穴的容积率。墓园园林化也启发了我们逆向思考，园林是否可以兼容墓园？墓园园林化或者

1　杨光．以墓葬环境设计论园林纪念情感的表达 [D]. 北京：北京林业大学，2009：15-16.

园林兼容墓园，都可以使殡葬功能融于环境。形形色色的生态节地葬与现代审美观正在演绎一场殡葬改革的现代大剧。

我国古代园林设计为墓园环境设计提供了许多有价值的参考，从夏朝开始最早的环境设计主要出现在宫殿周围。商朝时宫殿范围扩大成“囿”，如周文王所筑之“灵囿”，囿内堆石为台，古人登台通神观猎，囿内种植花果、豢养禽兽。到春秋战国时，随着囿的扩大，观赏性也越来越强。

秦汉时的私有化导致私家园林的出现，与皇家园林、寺庙园林一起，共同享有“世界园林之母”的美誉。此后，园林日益受到文人重视，他们创造出许多人文山水理念，讲究诗情画意。《上林赋》就是当时的代表作。

三国两晋南北朝时期，因持续战乱，人们厌战悲观，士大夫阶层归隐田园，寄情山水之风开始兴起。此时皇家陵寝也受到田园自然美思潮的影响，开始重视环境和植栽的配合。

唐宋时期的写意山水园林推动了园林和墓园环境的写意化。

明清时期，商业社会进一步发展，人本主义色彩日渐浓厚。到 19 世纪中期，中国闭关锁国的大门被打开，西方侨民纷纷在中国租地建公园、设墓园，冲破了封闭内向的中国传统墓园格局，对墓园环境的改善起到了一定的推动作用。

以上发展过程说明中国园林师法自然，崇尚山水，重视环境。墓园园林化成为这个进程中的一个组成部分。

从中世纪到 18 世纪，西方逝者都葬在教堂内外。19 世纪才出现脱离教堂、有规划的景观式墓园。中西方墓园殊途同归，最终都走上自然景观之路。墓园不仅仅是殡葬用地，还成为城市绿地中最受欢迎的户外空间。它是人类文明发展的必然结果。

三、墓园环境中景观因素的特点

墓园虽已归入园林类，但它与单纯的园林不同：园林景观重视文化主题的表现、视觉语言的抽象和认知经验的隐喻，而墓园还承载着遗体入葬和缅怀先人的功能。

（一）多样性

墓园除了葬式的多样外，还要将园林艺术、建筑艺术、雕塑艺术、环境艺术、教育功能、墓志铭文化，甚至休闲和居住功能融为一体。

景观是多种文化的复合体，包含了自然景观与人文景观两部分，人文景观是自然界材料加上文化产品结合而成，在墓园中特别明显。宗教信仰的多元和地域民族的差异也使墓园环境产生多样性。

（二）纪念性

具有缅怀功能的墓园是先人精神财富的展示地，主要是通过各式各样的墓基、雕塑、墓碑和墓志铭来体现，表达后人对逝去的人与事的追忆，反映人的主观价值判断。目的是给后人以精神启迪，赋予教育意义，使墓园肩负一定的启智和纪念功能，墓地实际上就是一座大的“纪念碑”。

墓园中常常设立雕塑或独立构筑物来纪念某一事件或个人，例如比利时博尔格隆（Borgloon）中央墓地的纪念艺术构筑物 Memento。这座由白色水泥筑成的中空圆柱体纪念物，洁白无瑕的表面在浓密山林的衬托下格外醒目，简单的几何体没有任何装饰，只有光滑的素面。地球围着太阳转，阳光投射在圆柱体上形成丰富多变、极其敏感的光影变化，所产生的阴、影、明、暗、高光和泛光都在圆柱体上无休止地变幻着，用这种手法来象征生命的周而复始、生死交集和反复无常。它突出了阳光和白墙，缄默地显示出它的沉静，以这种现代语言和形式唤起人们的纪念情怀。它的内部是一个封闭的圆形广场，内壁贴上马赛克，光影在这里流动，使内壁凸起的瓷砖在阳光下形成肌理变化，产生某种神秘感，透过竖向墙隙，正好看到外面的墓地和夕阳落山的景色，这一隙成了“点睛”之隙（图 7-3-1）。

图 7-3-1　比利时博尔格隆中央墓地的纪念构筑物 Memento
来源：作者根据图片绘制

（三）象征性

墓园有对人生彼岸的美好期待，环境设计中运用象征手段来表现这种期待。例如，中山陵唤醒民众的钟形总平面、基础造型的列宁墓、水纹卧碑的老舍墓地、王光美的无字携手碑，都能让人从联想中获得启发。象征带给人们的启发和联想是那么丰富，语言在它面前显得苍白。

（四）时代性

不同时期的生死观、审美观和价值观给墓园环境设计留下了时代烙印。两次世界大战后，“珍惜生命”成为全球的主流思潮，墓园拓展了这一情感表达，使现代墓园成为有思想、有温度、有感情的社会功能场所。墓园不再是逝者独享的“城市”，更多的是为生者服务，是逝者与生者共享的空间，后者的比重越来越大。

现代墓园受到现代艺术的影响，形式日趋简练含蓄。墓地趋于小型化、消隐化。火化的普及导致遗体土葬的减少，骨灰寄存量随之增加。墓园园林化的要求倒逼葬式改革，通过设计的创新使环境变得更美好。

（五）营利性

城市公园属市政公共绿地，经营性墓园以营利为目的，两者性质不同，策划好可以做到两者相融，以墓园养公园。投资方在获得政策优惠红利的同时，分担保养公共绿地的责任。投资方的投入在环境优化所产生的效益中得到回馈，反之，公园品质的提升也有利于开拓墓园产品的销售。

城市公益性墓园虽是保障性公共墓地，但收取一定的费用来维护环境也是应该的。这也正是近年来国际上流行的 PPP 模式[1]，即由政府与民间资本合作，建设城市公共基础设施、构建城市公共服务体系的一种尝试。

（六）公益性

除了乡村和城市的公益性墓园外，经营性墓园由于行业性质，在一定程度上也带有公益性，在营利的同时应承担部分社会责任，提供部分殡葬设施作为公益性墓地。

墓园公园化相当于为当地居民增添了一个休闲和精神文明教育的场所。这正是墓园投资和景观设计的一项社会担当。

四、墓园景观的类型

（一）人为创造的景观墓园

现今墓园环境基本上都是人为创造的，只要风格统一，形态美观，布局合理，能让人放松心情，就是一个好的设计。墓园园林化的过程中，景观环境的人为创造十分重要。但在原有基础上进行改造或添加景观因素，造就一个优秀墓园的做法更值得称颂。法国巴黎拉雪兹公墓

1 PPP（Public-Private Partnership），即政府和社会资本合作，是公共基础设施中的一种项目运作模式。

（Pere-Lachaise Cemetery）就是人为改造环境，创造人工景观的成功范例（详见附录 B）。

由西班牙恩里克·米拉莱斯（Enric Miralles）设计，于1996年竣工的伊瓜拉达墓园（Igualada Cemetery）是另类墓园的典型。

墓园建在一块未经开发、由大片蜿蜒的裂缝山谷所形成的荒地上。建筑师设计了一个完全不顺从自然，但却与自然吻合的“大地景观”墓园。由建筑、壁龛和骨灰堂组成一个 Z 形下沉式建筑群，层层叠叠的庭院分层向四周铺开，大部分位于地平线以下，立体葬融入了周围地形。

建筑师追求另类趣味：广场上故意铺设凌乱的铁轨和旧枕木，地上横亘着混凝土块和铁丝网，留下一堆堆乱石，有如采石场（图 7-4-1）。虽然极端人工，却又是一种历史的自然复原，使墓地与环境在对立中互相包容。这是一个人工干预，使墓地与大自然交融成功的案例，有人称之为“自然风景中的人工雕刻”，它强烈地表现了人既是环境的一部分，又是环境的主导者（详见附录 B）。

图 7-4-1　伊瓜拉达墓园
来源：作者根据图片绘制

（二）自然景观的墓园

这种墓园景观的最大特点是利用墓园本身的植被、地形、水体等天然资源，组成新的墓园环境，使生态状况得到保护和改善。英国科尔内森林墓地（Forest Cemetery in Korne）不同于伊瓜拉达墓园，它是尊重环境取得成功的墓园典型。[1]

1　来源：Inside a Natural Burial Ground：GreenAcres Woodland Burials[EB/OL].Beyond.（2017-5-25）[2022-1-14].https://beyond.life/blog/inside-a-natural-burial-ground-greenacres-woodland-burials/.

整个墓园坐落在号称“野生动植物天堂”的 16 英亩的林地中。设计者尊重原有森林环境，墓旁只允许栽种符合环境的植物，不准出现传统墓碑，也不允许出现硬质地面。这片森林历来以野生风信子和鸟类、青蛙、蟾蜍等生物活跃而著名。经营者采取一切措施来保护这一特色，只允许有利于生物繁盛的葬式进入墓园，否则不准。人在这里放弃了主导地位，完全臣服于大自然（图 7-4-2）。

图 7-4-2　科尔内森林墓地一角
来源：作者根据图片绘制

更具匠心的是，墓地布局仍保留了足够的仪式感：丧属可以选择不同树种的地块安葬逝者，墓园的林间小路上长满了苔藓、蕨类植物和野花，每个墓地只是在树干上或在矮树墩上立一个小小的木制名牌（图 7-4-3）。

图 7-4-3　木制名牌
来源：作者根据图片绘制

几十年后，这些“墓”和木牌都将不复存在，重归自然。墓园保持天然质朴，几乎不需要任何维护。当人们走在葱郁的林间小道，空气清新、叶响鸟鸣，不由自主会有一种超脱世俗、神清气爽的感觉。这种“回归自然”的墓园是以另一种方式延续生命，被热爱大自然的人们所推崇。

类似的墓园还有被誉为“20世纪最美墓地景观”的斯德哥尔摩森林墓地（Skogskyrkogården）和中国广东罗浮净土人文纪念园，都是充分利用天然环境取得成功的案例（图7-4-4、图7-4-5）。

图7-4-4 斯德哥尔摩森林墓地
来源：作者根据图片绘制

图7-4-5 罗浮净土人文纪念园
来源：作者根据图片绘制

五、地形利用的原则

地形具有独特的美学特征，高差是一种资源，是墓园景观的重要元素。它可以创造或分隔开敞或封闭的不同空间，可以形成瀑布、溪涧，也可利用来建景观墙……原有破碎的地貌经人工整理后可以重归自然。高差产生的台阶和坡道可以利用来遮蔽景物。建筑、水体、造景、道路的选址和布置都会遇到高差利用和改造的问题。多角度、多层次地综合利用高差，可以创造地形起伏的多种空间，充分展现它的魅力。

（一）地形的利用

利用为主、改造为辅，因地制宜、顺其自然。

1. 平坦地形

平坦地形指坡度介于 1% ～ 7% 的地形，没有遮挡，一览无余。空旷感具有大地艺术的特性，可塑性很强，可将平坦地形进行绿化分隔，弥补私密性和视觉刺激不足的缺憾。平坦地形便于人流集散。

2. 凸起地形

丘陵、山峦及土丘的耸起，是人们喜欢利用的元素，在丰富景点上发挥着重要的作用。因为地势高、视线开阔，这里可能成为观景点。位于制高点的建筑物和构筑物，如纳骨建筑和观景塔等，往往成为墓园的形象标志。同理，中国古代的帝王陵墓也喜欢占高地或筑高台。

3. 凹陷地形

凹陷地形具有围合性，视线受到一定限制，较易形成一个有私密感和安全感、不受干扰的内敛空间。凹陷墓地容易引起人们的情绪紧张，但又可以得到适当的隐蔽，从而缓解墓地与环境的矛盾。

（二）植栽设计

植栽在创造人与自然和谐发展的环境中有着至关重要的作用。中国历来重视植栽，认为只有“草木郁茂，生气相随”的陵寝才是好的墓园。

植栽设计不能孤立进行，应在对生态环境和林业发展作出研究的基础上进行，例如对自然保护区、风景名胜区和历史文化遗产区的保护，城市生态林业的发展，水环境的科学利用等作出宏观和微观研究后才能取得好的植栽设计。传统墓园的植物配置品种较少，主要以松柏为主，比较单调。现代墓园因美学观念的更新以及植物学、人文科学的进步，植栽品种更为丰富，设计师施展的余地也变得更广阔。

现代墓园的植栽因生态和气候条件的差异而有所不同，但均讲究乔、灌、花、草的结合。种植设计应突出植物的自然形态美，以丰富的树境花境和植物语言来组织墓地空间，讲述墓主的故事。

墓园花境的布置宜以花丛和花群为主，以缤纷的色彩引发人类对大自然与绿色植物的认同。

因此墓园环境设计时要充分利用这种超功利的认同感，创造建筑、墓地与植栽的融合，给人以变化无穷的视觉享受。

草坪葬的草种要选耐踏、以本科植物为主的草种，同时也要防止过多的祭扫人群踩踏。古人有“结缕以报”的成语，结缕草因耐踏而常出现在墓地。现代西方园艺工作者培育出许多耐踏草种，为草坪葬提供了多种草种选择。

1. 设计流程

（1）准备阶段

①熟悉设计任务书，了解业主的意图和偏好。

②了解业主的价格定位和预算。

③收集地区规划总图，地形图，原始植被图，基调树种、稀缺植物、骨干树种、忌讳树种，湖泊河流、水渠分布，各处地形标高等资料。

④收集基地的土壤和地质检测报告，了解风向、光照、气温、水温等自然条件。

⑤收集当地历史文化资料与周边环境、主要道路，易造成拥挤的车流、人流地段，给水排水和地下管网等情况。

⑥了解当地园林景观的施工水准及成本。

（2）设计阶段

①概念设计。根据基础资料进行概念设计，确定风格和功能、成本估算。以概念方案与业主沟通，取得共识。

②方案设计。在认可概念设计的基础上加以细化，完成 1 ∶ 200 比例的植物配置以及建筑、水体、地形、竖向设计图纸。

③扩大初步设计。在方案确定的基础上，对园区道路、广场、堆山、挖湖，作精确定位、定量、定材料、定概算，与业主沟通。

④施工设计。根据甲方对扩大初步设计提出的修改意见进行修改。开始全套施工图的设计，各个细部的详细定位、定量，在此基础上制定施工预算。

⑤现场施工配合与验收。现场设计指导、监督，确保按图施工，并保证施工质量。施工过程中，设计变更是常态，应与施工方紧密配合，及时解决现场出现的问题。

2. 设计内容

（1）创造不同的空间感受

绿色植物四季色彩的变化能增添墓园的空间魅力。建筑也经常利用植栽的灵活性和色彩的多样性来改善自身的空间趣味，让墓园环境锦上添花。

利用植物的屏障作用，创建不同的功能空间。结合地形，创造开敞或封闭、低矮或高矗的不同视觉空间。植栽的密度和色彩也会带来不同的感受。色彩能引发人们的情感反应，人类对绿色植物与生俱来具有亲切感。

（2）创建植物的特定景观

在创建植物景观时要选择树种、树形和花色，进行科学配置。在殡葬区常以能制造庄严气氛、象征万古长青的常青树为主调。在特殊地段配置一些藤本和开花植物，营造温馨气氛和舒适环境。墓园还可以根据墓主生前的爱好，设计一些彰显个性的植物团组，例如樱花、玫瑰、桂花等花卉植物，使之成为特定的景观带。

普通墓葬区突出的是墓碑和雕塑，植栽只是陪衬。在生态葬区，景观植栽是主角。不同的功能区，根据性质创建观赏型、环保型、知识型、公共娱乐型等不同类型的植物景观群落，以道路、林带、水系形成的绿色廊道，把这些景观群落联结起来，并和所在城市的生态系统相连，成为城市绿带的一个组成部分。

（3）植物群落的选择

为获得良好的墓园环境，墓园所在地的气候尤为重要。中国除了海南、台湾、云南南部地区属于热带气候外，绝大部分地区都属于温带气候。此外还要根据植物的生物和生态特性以及造景功能进行植物品种的选择，组成多层次和相对稳定的绿色群落。

现将可选择的植物名目及植物个体常见形态列表，如表 7–5–1 ～表 7–5–6 所示[1]。

乔木类　　表 7-5-1

应用分类	常见植物
温带 常绿针叶	黑松、雪松、赤松、云杉、白皮松、油松、杜松、台湾油杉、龙柏、侧柏、中国香柏、柏树、中国檀香柏、黄金侧柏、香冠柏、台湾肖楠、北京桧、真柏、花柏、百日青、柳杉、红豆杉、红桧
亚热带、热带 常绿针叶	油杉、罗汉松、兰屿罗汉松、小叶南洋杉、肯氏南洋杉、琉球松、湿地松、竹柏、贝壳杉、翠柏、马尾松、五叶松
温带、亚热带 落叶针叶	落羽杉、墨西哥落羽杉、水杉、池杉
温带常绿阔叶	石楠、木本石楠、北方桂、山茶花、茶梅、女贞、黄杨
亚热带、热带 常绿阔叶	樟树、茄苳、大叶楠、猪脚楠、土肉桂、山肉桂、锡兰肉桂、青刚栎、光蜡树、白千层、柠檬桉、红瓶刷子树、串钱柳、黄金串钱柳、蒲桃、森氏红淡比、珊瑚树、水黄皮、杨梅、杜英、大叶山榄、白玉兰、黄玉兰、洋玉兰、乌心石、厚皮香、大头茶、柃木类、冬青类、树杞、春不老、台湾海桐、柑橘类、柠檬类、柚子类、金橘类、杨桃、枇杷、嘉宝果、神秘果、光叶石楠、台湾石楠、澳洲茶树、兰屿肉豆蔻
温带 落叶阔叶	桃、李、梅、樱、梨、柿、碧桃、青枫、五角枫、红枫、掌叶槭、垂柳、水柳、杨柳、木兰花、辛夷、黄连木、银杏、蒙古栎、山楂、北美海棠、紫玉兰、鸡爪槭、榉木、榔榆、朴树、紫薇、流疏、梧桐、郁李、豆梨、山茱萸

1　李碧峰 . 种树移树基础全书 [M]. 台北：麦浩斯（城邦），2016；此外，还参考了老圃造园工程股份有限公司蔡秀琼先生提供的资料。文中的常见植物仅供参考，实际可引用的各地植物种类更为繁多，可通过各地植物园、农业森林专科学院、大学、苗圃、园林农场、专业的园林植物设计单位或种苗供应商，寻找合适的品种。

续表

应用分类	常见植物
热带 落叶阔叶	菩提树、印度紫檀、印度黄檀、凤凰木、蓝花楹、枫香、大花紫薇、阿勃勒、黄金风铃木、洋红风铃木、广东油桐、白花风铃木、台湾刺桐、黄脉刺桐、火炬刺桐、珊瑚刺桐、鸡冠刺桐、大花缅栀、钝头缅栀、扁樱桃、红花缅栀、黄花缅栀、杂交缅栀、黄槿、黄槐、乌桕、九芎、刺桐、大花缅栀、钝头缅栀、无患子、苦楝、台湾栾树、羊蹄甲、洋紫荆、艳紫荆、银刀、木颊、盾柱木类、雨豆树、金龟树、墨水树、桃花心木、美人树、木棉、吉贝木棉、小叶榄仁、榄仁、第伦桃、火焰木、苹婆、掌叶苹婆、兰屿苹婆

灌木类　　表 7-5-2

应用分类	常见植物
常绿性	杜鹃花类、鹅掌藤类、桂花、月橘（七里香）、树兰、含笑花、毛茉莉、山黄栀、厚叶女贞、日本小叶女贞、银姬小腊、胡椒木、小叶厚壳树（福建茶）、海桐、斑叶海桐、厚叶石斑木、中国仙丹、大王仙丹、大红花、大花扶桑、朱槿、南美朱槿、野牡丹、变叶木类、苦蓝盘、金英树、黄叶金露花、金露花、蕾丝金露花、铁苋类、夜合花、桂叶黄梅、红花继木
落叶性	山马茶、安石榴、美国石榴、立鹤花、欧美合欢、羽叶合欢、金叶黄槐、山芙蓉、木槿、醉娇花、圣诞红、麻叶绣球、矮性紫薇、紫槿木、珊瑚油桐、细裂叶珊瑚油桐

竹类　　表 7-5-3

应用分类	常见植物
温带型	孟宗竹、四方竹、人面竹、八芝兰竹、包箨矢竹
热带型	桂竹、唐竹、斑叶唐竹、麻竹、绿竹、蓬莱竹、短节泰山竹、佛竹、金丝竹、条纹长枝竹、苏仿竹、黑竹、红凤凰竹、凤凰竹、业平竹

棕榈类　　表 7-5-4

应用分类	常见植物
单生秆型	大王椰子、亚历山大椰子、可可椰子、槟榔椰子、棍棒椰子、酒瓶椰子、女王椰子、圣诞椰子、罗比亲王海枣、台湾海枣、银海枣、三角椰子、蒲葵、华盛顿椰子
丛生秆型	黄椰子、雪佛里椰子、从立孔雀椰子、细射叶椰子、观音棕竹、棕榈竹、桄榔、唐棕榈

禾本科草类及地被植物　　表 7-5-5

应用分类	常见植物
	芒草类、芦苇类、芦竹类、狼尾草类、红毛草、白茅、香茅、狗尾草、甜根子草、散穗弓果黍、百喜草、奥古斯丁草、竹叶草、百慕达草、类地毯草、地毯草、韩国草、假俭草、玉龙草、麦冬

植物个体常见形态　　表 7-5-6

植物种类	个体形态
地被 / 草坪	植株低矮贴附地面
丛生草本	植株较高但无木质化茎秆
灌木	植株较高有木质化茎秆，但无明显主干

续表

植物种类	个体形态
乔木	植株有明显木质化主干，且随生长增粗
棕榈	植株有明显木质化主干，但不随时间增粗
竹子	植株主干纤维化，但不随时间增粗
藤蔓	植株茎秆细长，需依靠其他物体向上生长
附生植物	植株附着于岩石、其他植物上
多肉植物	植株茎叶肥厚，生长于缺水环境
水生 / 沉水	植株整株没入水中生长
水生 / 挺水	植株根部位于水中，茎上部挺出水面生长
水生 / 浮水	植株根部位于水中，茎上部浮于水面生长
水生 / 漂浮	植株漂浮于水面生长

新建墓园要特别注意乔、灌、花、草的结合，常绿与落叶的结合，阴生和阳生的结合，以此来改善小气候，提高土壤的含水量和空气的相对湿度，净化环境，稳定土层，保持生态环境的良性循环。这种结合不仅能丰富景观层次，其生态效益也远超任何单一植物形成的绿地。

墓园设计在祭祀及动线上，植栽配置要保持适当的透光性，避免过度阴暗造成心理不适。较密集的林带可作为边界绿带，衬托墓园。避免种植具有异味的花果；香气浓郁者应种在距离活动空间稍远地带；植栽有较大果实者，要考虑落果是否会伤人，以及地面清洁的问题。

需要特别注意的是，植物品种的选择会影响到日后墓园的维护成本，不同植物会有不同频率及强度的修剪和追肥需求。另外也会因为种类和地区环境因素，在病虫害抗性上有所差异。生长过快的植物品种往往需要维持整齐，需要更高的养护频率和成本；如非当地原生种，则可能过度扩散，造成“生物入侵”和生态破坏；生长过慢的植物品种则有可能在受到病虫害或环境逆境时，导致快速衰败。设计者应当依照墓园设计的形态、当地环境及预估的植栽养护成本，周密检视植栽设计是否方便日后的维护和管理。

因各地生态和气候条件的差异，在植物品种选择上应注意地区特点和植物个性：

①寿命长的植物，常见的有苏铁、银杏、松柏科、山毛榉科、薄壳山核桃、榆科、榕树、黄连木、樟树、楠木、蒲菜等。

②可辟邪的植物，如垂柳、桃、梧桐、柏科等。

③与宗教有关的植物，如荷花、菩提、贝叶棕和娑罗树等。

④常绿植物，除松柏之外，尚有冬青、罗汉松、白兰、石楠、广玉兰、含笑、杜鹃等。

⑤人格化的植物，如“岁寒三友”“四君子”、紫薇、桂花等。

在配置时还应注意欣赏特点，如观花、观果、观叶、观赏基干、观赏整体形态；呈现方式如单株、成列、成群、成面、吊盆、花坛、花架、盆栽；生命周期如一年生、二年生、多年生，落叶与常绿；以及日照、气温、湿度、盐分、风等影响。

（4）墓区的种植提示[1]

①墓区

墓区走道——墓碑前应无遮挡，适合种植 1.5 米以下小灌木。

露天阶梯——适合高大多树荫以及能深根的树种，以免对邻近墓地造成破坏。

凉亭、平台——种植清明节前后开放之观赏植物，种植遮阴的高大乔木。

墓园边界——种植能以阻隔视线的乔木为主。

②高压线附近

种植枝叶茂盛之高大树种遮蔽视线。

③建筑区

能遮阴并能分割各活动场所的植物，尽量避免种植艳丽开花的植物。

④水边区域

岸边种植水生类植物，道路及步道两侧种遮阴植物。

⑤道路

坡地——避免道路开挖时造成植被破坏。边坡绿化可以加强坡面的稳定。

墓区——沿墓地种高大树木，作各区块之间的视线分割及遮阴。

建筑区——为人群较多的地区提供遮阴、休息及视觉引导的树种。

⑥荒芜滥垦之坡地

进行水土保持，重新覆土后进行恢复、铺草、补种。

（5）营造墓区风景林

墓区通常以常绿树沿道路两旁种植为主，休闲区则以自然式的孤植和丛植为主。但一些墓葬区因面积大，“白化”程度高，在设计时应重点考虑进行绿植来“软化”墓区环境。除了在墓葬区的间隔地和墓前点状种植小乔木、灌木或草本花卉外，应尽可能地争取在墓葬区成片营造风景林，使墓地与森林融为一体。树林除了造景还具有控制水土流失的功能，能缓冲高强度降雨对土壤的侵蚀，其发达的根系牵引还能提高土壤的抗滑能力，达到保护墓区的作用。

集中种树有利于维护和管理，初植林树距 2.5 米，成林后小乔木株距 4 ~ 5 米、大乔木为 10 ~ 12 米，树中间可安排墓葬（详见第四章），借此提高墓地的利用率。

墓区造林尽可能采用容易养护且易形成“桑梓之地”的乡土树种，以及生命较长、可存活数百年的大乔和常青的树种，如杵树、云杉、油松、榕树、樟树，以及樱花、水杉、杨树、杉木、榉树等退耕还林的树种，也可选用一些色彩不断变化、展现四季景象的树种，如红枫、枫香、黄连木、银杏、乌桕等。

国际上已流行植栽鸟类喜欢的蜜源植物，如槐树、桂花、火棘、枸骨、海桐等，也可选择经济林树种。如为收成果实，则需经常修剪，用丰富的树种来营造鸟语花香、色彩缤纷的墓区，以“软化”硬质墓园的僵硬格局，还可以帮助城市营造完整的生物多样性环境，达成人与自然和谐的环境氛围。

1　台湾大学建筑与城乡研究所规划室 . 宜兰县北区区域公墓计划 [R]. 台北：台湾大学建筑与城乡研究所，1992：136.

墓区造林应分片、分年度进行，造林时间应提前 1 ~ 3 年，并且做好修枝整形、调整树冠的后期管理。在墓葬区种树，还要考虑选择直根系乔灌木，或者安装止根板，把林木根系的生长限制在一定的范围内，避免蔓生的根系破坏附近的墓基和构筑物。树葬与其他葬式的混合区，虽然管理维护要求较高，但具有较大的布局弹性，且用地较经济，整体景观效果较好。

（6）体现文化内涵

中国传统园林的植物配置非常重视文化意涵，融入思想情感，赋予个性品格，例如松柏崇高不朽；梅坚贞圣洁；松、竹、梅为“岁寒三友”；荷花出淤泥而不染；竹刚直不阿，与梅、兰、菊并称“四君子”。人格化的植物景观能催生情感共鸣。西方园艺界也经常用丰富的花语，赋予各类植物以个性品格。环境设计时应考虑并利用这些因素。

除了自然景观外，应特别重视人文景观与环境的配合。中国五千年来，结合宗教、自然和艺术所创造的文化景观十分丰富。它们在中国墓园建设中也有着特殊的重要性，例如亭、台、楼、阁、碑、廊、榭、室内装修、家具摆设、对联条幅、水墨艺术、金石雕刻，甚至音乐舞蹈等，这些寄托情感的文化作品，去芜存精之后与现代自然景观叠加形成绝配。这一宝贵的文化传统，在环境设计中要善加利用。

六、水体之利用

水被视为生命之源，也被誉为园林的“血脉”，是大自然中最具神奇色彩的元素。也是自然界中最具灵性、变化最大的元素，具有波光粼粼、水影摇曳的形声之美。造园界素有“有山皆是园，无水不成景”之说。即使园中无水也要造出水景，即所谓“水随山林，山因水活”。作为造景要素，水体不仅具有四季变化的观赏价值，而且还具有调节环境小气候、净化空气、增加人体舒适度的生态价值。

水景用得好，能充分发挥映像天光云影和周边景物的特性，会使墓园环境显得更加生动，建筑围合中插了一个水院，阳光通过水的反射可以打破空间的闭塞感，让静止的空间灵动起来。水的形态、气势和声音含有某种诗情画意，轮廓自由的曲线水岸能丰富空间，给人以美的享受和无限的想象。

（一）静态水

静态水包括湖、塘、潭等，常被视为诡异世界，自然成为亡灵世界最好的象征。通过倒映，水面能制造虚幻景象、扩张了空间，水波运动又能降低空间的封闭感。所有这一切很容易引起人们的生死联想。

（二）动态水

动态水包括河、溪流、喷泉、叠水、涌泉等。生命如流水随水而逝。流水不腐象征着生命的活跃和灵魂的不灭。

流动的水，顺应环境地势而变化，有助于消除人们对死亡的恐惧。水是环境的软化剂和悲伤的抚慰药，它给墓园带来灵气，瀑布或迭落的溪流更能增强这种效应。动态水中除了人工瀑布外，还有喷涌水景、叠水水景、造雾水景等。

（三）驳岸设计

驳岸可以保护水体，有土岸、石岸、混凝土岸和植被缓坡岸几种，它们的选择与周围景色和水体特性有着密切的关系。

1. 整体式驳岸

大型水体或者风浪和水位起伏较大的水体应用较多，一般用石料或混凝土砌成整体岸壁，经得起水体缓急变化带来的冲击（图 7-6-1）。

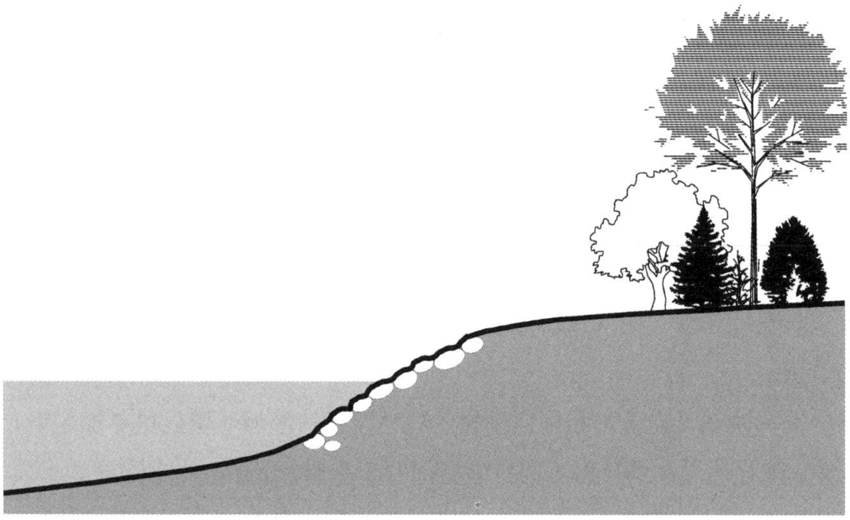

图 7-6-1　整体式湖岸剖面示意图
来源：作者绘制

2. 自然式驳岸

小型或水位稳定的水体，常用有植被的自然曲线形驳岸。在缓坡上种植水生植物，配置的植物要与岸上的景色呼应。这种接近大自然的缓坡驳岸，其亲水性、艺术性和生态性更强，适合需要安静的墓园[1]（图 7-6-2）。

1　周程．说说园林景观中的“水”[OL]. 中国园林网．（2017-12-06）[2021-12-07].http://news.yuanlin.com/detail/2017126/261395.htm.

图 7-6-2 自然式湖岸剖面示意图
来源：作者绘制

七、光之利用

地球围绕太阳转动，太阳光投射地球造成千变万化的自然景象，例如清晨阳光穿过树林带来光散射、阳光投射在白墙上的光影移动、树木花草在建筑上的投影摇曳、阳光在水面上的粼粼波光和倒影、太阳投射角度和强度的不同、阴与影的交错、不同材料受到阳光产生的各异表象，以及玻璃在阳光下反射、折射和透射的不同效果……都能唤起人们的幻觉和联想，产生真实与虚幻之间的互动以及情感上的共鸣，从而体认生命回归自然。在殡葬建筑中，这种由光变化引起的心理反应，往往和阴阳生死联系在一起（图 7-7-1）。

图 7-7-1 丁达尔效应，阳光穿过树林带来的魅力
来源：《清华校友通讯》编辑部提供

建筑师要善于利用光元素，混凝土墙面对光有很强的反射性，玻璃对光的透射、折射和反光能带来不同的视觉感受，夜晚不同光源在不同材质表面上的反应，都能唤起人们一种生死虚幻感。用阳光的温暖来抚平哀伤，在神秘而美好的光环境中思考人生，感受时空中逝者的存在，冥冥之中和逝世亲人对话。古代的“光隧道”和近代的“光十字”[1]都是古今成功的设计案例。

八、景观小品的利用

为了提高整体视觉效果，适当布置一些如廊、亭、桥、榭、园灯、山石、壁画、雕塑、花钵等文化景观内容，将提升园区的文化品位和艺术格调，有助于减少墓园的阴森感。

九、各种葬式景观形态的比较

在做墓区葬式规划时，要综合考虑用地、景观效果和花木维护的人力成本（表 7-9-1）。

各种类型葬式景观形态的比较　　表 7-9-1

类型 \ 条件与效果				用地规模要求			景观效果一自然协调度				管理维护需求		
				小	中	大	佳	尚佳	较劣	劣	低	中	高
地下	草坪区	A	平碑、卧碑	■	■	■	■				■		
		B	直立碑	■	■	■		■			■		
		E	树葬		■	■	■					■	
		F	花葬	■	■	■	■					■	■
	坡地区	C	台阶式挡土墙		■	■				■	■		
		D	缓坡式挡土墙		■	■		■			■	■	
		E	树葬		■	■	■					■	
地上		G	纪念碑柱、座椅、石块、雕像	■	■		■	■			■		
		H	建筑物			■		■	■	■			
		J	喷泉		■	■	■					■	■

来源：作者绘制

十、纪念性广场

广场是承载纪念情感的城市空间。纪念性广场是城市中以历史文物、纪念碑、纪念堂等为主题，纪念某一历史事件或某一特定人物的广场，往往以纪念性雕塑或被市民认同的城市标志物来表现而成为广场的主体。有时纪念性广场还可与政治广场和集会广场结合，人们有不同的历史和人物解读，不同的解读产生不同的纪念情感，现代社会思想的多元，促成形式的多元，两者互相影响，形式多元的纪念广场是历史的选择。

1　爱尔兰纽格莱奇墓（Newgrange），日本光之教堂。

广场向市民提供城市娱乐、精神放松和享乐的空间，通常以能控制广场尺度和氛围的纪念性雕塑为主体，在广场上散发艺术光芒。

有关部门已将广场归为风景园林类。广场设计涉及内容广泛，本节仅举两个与殡葬有关的实例进行讨论。

（一）乌拉圭独立广场（Independence Square，Uruguay）

独立广场是乌拉圭首都蒙得维的亚（Montevideo）的市中心广场，紧靠国会大厦。与老城区交接处立有“城市之门”雕塑，寓意共和国从这里开始。

广场中心位置矗立一座纪念性墓地，以跨着战马、腰挂战刀的乌拉圭民族英雄阿蒂加斯（José Gervasio Artigas）铜雕像为中心。像高 17 米，重 30 吨。阿蒂加斯把一生献给了乌拉圭的独立解放事业。他戎马一生，带领军队于 1815 年打败西班牙殖民者，后又打败入侵的葡萄牙殖民者，于 1825 年 8 月 25 日宣布乌拉圭独立（图 7-10-1）。

图 7-10-1　乌拉圭独立广场
来源：作者根据图片绘制

阿蒂加斯 1850 年逝世后，乌拉圭人民尊他为“独立之父”，在广场中心，建造了这座纪念雕像。基座上雕刻了人民追随逝者大迁徙的历史场景，铜像下面是他的陵墓。

瞻仰阿蒂加斯铜像后，人们即可走向雕像后方，进入通往地下陵墓的阶梯（图 7-10-2），大厅内展示阿蒂加斯的生平事迹和文物，精美的金属骨灰罐供奉在有士兵护卫的大厅中央，供人们近距离瞻仰。

陵墓设计非常简洁，成功运用了人工照明，参观者在柔和的光环境中能集中注意力于展品和骨灰祭坛（图 7-10-3、图 7-10-4）。它是纪念广场与陵寝结合的成功案例。

图 7-10-2　乌拉圭独立广场入口
来源：作者根据图片绘制

图 7-10-3　地下陵墓内部
来源：作者根据图片绘制

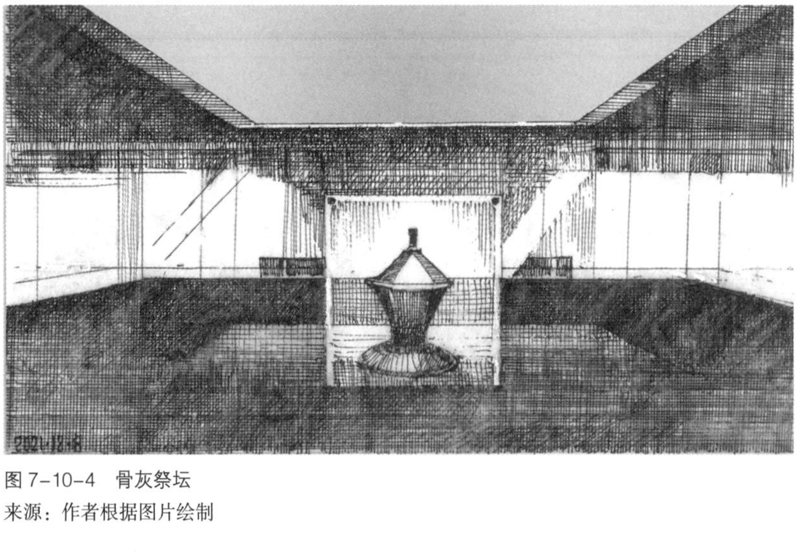

图 7-10-4　骨灰祭坛
来源：作者根据图片绘制

（二）俄罗斯红场列宁墓（Lenin's Tomb in Red Square，Russia）

红场是莫斯科最古老、最著名的广场（图 7-10-5），位于克里姆林宫和国家历史博物馆西侧，有一座由红色磨光花岗石和黑色大理石建成的列宁墓，设计人为舒舍夫院士（Алексе́й Ви́кторович Щу́сев），陵墓体积 5800 立方米，内部容积为 2400 立方米，一半在地下，一半露出地面。外形像一个方柱基础，象征墓主人列宁是苏联的奠基人。基座逐级收缩呈台阶状，平座往上是台阶和柱廊，顶部是检阅台，检阅台两侧是观礼台，外形既简洁又庄重。

图 7-10-5　俄罗斯莫斯科红场
来源：作者根据图片绘制

沿大理石台阶下行，转弯即进入陵墓大厅，大厅墙壁四周装饰花岗石刻成的苏联国徽和国旗，穿过大厅拾级下行就到了列宁水晶棺陈列厅，这里的气氛朦胧神秘，光线由水晶棺泛出，柔和的微光照着列宁遗体仰面平躺在石棺上、覆盖苏联国旗（图 7-10-6）。

图 7-10-6　莫斯科红场列宁墓
来源：作者根据谢田先生提供图片绘制

陵墓的后面是克里姆林宫的后墙，墙角下有二十几座排成一行的名人墓（图 7–10–7），逝者都是苏联声名显赫的人，例如斯大林（ИосифВиссарионовичСталин）、朱可夫（Гео́ргий Константи́ нович Жу́ ков）、加里宁（Михаи л Иванович Калинин）、高尔基（Максим Горький）、人类第一位宇航员加加林（Ю́рий Алексе́ евич Гага рин）等。墓的造型统一，墓碑上端立墓主人半身像，黑色大理石墓基顶面刻着逝者的姓名和生卒日。参观者必须从墓前缓缓经过，向逝者致敬后才能离去。列宁墓已被收入联合国教科文组织《世界文化遗产名录》。

图 7–10–7　克里姆林宫后墙名人墓
来源：作者根据图片绘制

第八章

墓园的文化

一、墓园文化的重要性

什么是文化?《易经》是最早解读“文化”的典籍:“观乎天文,以察时变,观乎人文,以化成天下。”天文人文,化成天下,说明文化包罗万象,是国家、地区、民族、历史、科技、经济和艺术的物质表象,是教育、伦理、道德、信仰等的精神总汇。

殡葬本身就是一个重要的社会文化现象。墓园是一个民族文化软实力的表现,折射出这个民族的历史轨迹,目前,大多数墓园仅是遗体和骨灰的存放处和后人的缅怀地,历史文化沉淀不足,是传统墓园的缺失。

1405 年起,明成祖派郑和率庞大船队七次出使西洋,其间在马来西亚马六甲面海的山地上留有一座 “中国山”。那里埋葬着郑和下西洋时死于途中的部下以及部分留在当地船员的遗骨,距今已 600 多年。无论是名字还是其背后的故事,都有着极其丰富的文化内涵,然而那里目前只见坟冢密布、杂草丛生,“荒冢一堆草没了”。缺乏历史和文化展现的墓地只能是一堆黄土。可见墓园文化的建设有多么重要!

墓园有纪念特征,承载记忆是遗爱后人,缅怀先人,生死感情交融的地方,是生命教育和孝道文化的传播重镇,是爱的驿站和美的“家园”。每座墓园都能折射出一个地方的兴衰历史,每座坟墓都埋葬着一个故事,因此墓园也是历史博物馆,墓碑和墓志铭就是它的“教材”;它也是一座艺术陈列馆,墓的造型和雕塑是艺术展现,唯有艺术才有永续的生命。厚重的历史和永恒的艺术共同构成墓园文化的精髓。

既然人们需要这么多精髓内容,墓园设计就应突出它,这样墓园才有灵魂,才能吸引人们来感受文化的魅力,让墓园不再孤独,不再仅是死气沉沉的尸骨地,而是一本教化人心的教科书、一座散发艺术魅力的美展馆。

一言以蔽之,墓园文化是一种情感文化,只有得到重视才会有生命力。

二、传统墓园的文化特质

农业社会以自然经济为基础,其核心是血缘关系,由此形成中国传统社会独特的家庭宗法制,敬祠堂、孝祖先的孝道文化由此产生:“敬其所尊,爱其所亲,事死如事生,事亡如事存,孝之至也。”[1] 由于国人信奉“死后在阴间过阳间生活”,所以自古以来,丧葬安排均仿照生前的生活方式。新石器时代,人们“穴居野处”,死后也归于野处,或埋于土或藏于洞。生前

1 崔高维. 礼记 [M]. 沈阳:辽宁教育出版社,2000:189.

使用的各种生产、生活用具，均作为殉葬品随葬，供亡者阴间使用。有的部族领袖死后还要用车马甚至奴隶殉葬。

中国古代墓园以帝王贵族墓园为代表，帝王把陵墓当作社稷江山的象征，往往从登基之日起，就开始建造自己的陵墓，皇室修陵的支出竟占全国赋税约 1/3。[1]陵墓丧葬经历由繁到简又由简入繁的过程。商代是世界上最重丧葬礼仪的朝代，几乎每天都有王公贵族的丧葬活动。考古界发掘的大量青铜酒器、食具，几乎都是从陵墓中出土。商代王公的陵墓大多附设殉葬墓，活埋其生前的仆从、妻室，企图使其死后仍被像生前一样为他服务。帝王生前喜欢的奇珍异宝也常随葬墓中。这一陋习曾被周文王作为起兵反商的重要借口。因而春秋之后，殉葬开始压缩规模，以至最终得以杜绝。

汉末三国时期，曹操父子分别作《终令》《终制》，大力提倡薄殓简葬，开启了一代新风。但到明清时，厚葬陋习又卷土重来，演变为规模庞大的地下皇陵——寝宫。北京十三陵规模之大、形制之严，令所有前来的参观者叹为观止（图 8-2-1）。

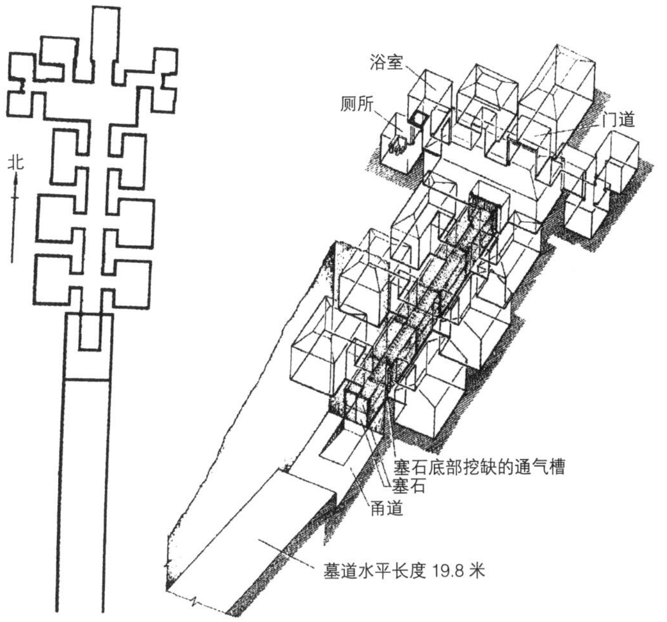

图 8-2-1　西汉楚王墓
来源：刘尊志 . 徐州两汉诸侯王墓研究 [J]. 考古学报，2011（1）：63.

但就建筑文化而言，帝王陵墓又是中国建筑史上的高峰。它不仅选址考究，还力求显示皇家气派。为了谒陵方便，陵墓设祭奠殿堂，墓前排列阙楼和石象生以壮声势。唐朝的石象生注重神态和雕琢的完美；明代是中国陵墓建筑史上的另一高峰，在昌平天寿山，先后建成十三个皇帝的陵寝，每个都标配神道、石象生、碑亭、红门、牌坊等。

皇陵的地下寝宫用石材建成，一般设前、中、后三殿和左右配殿。中国古代帝王陵墓是集建筑、雕刻、绘画和环境于一体的艺术综合体，它出自封建文化，体现封建体制，为帝王及皇族服务。为防盗墓，采取一切措施进行防范。这种墓园文化已沿袭千年。

1　《晋书·索綝传》：“汉天子即位一年而为陵，天下贡赋三分之。”房玄龄，等 . 晋书 [M]. 北京：中华书局，2000：1094.

纵观中国殡葬文化，其中有积极的一面，如升华修养，凝聚乡情，孝祖敦亲，崇敬哲人……也有消极的一面，如阴曹地府、黑白无常的鬼文化以及奢华铺张、重服厚葬。消极的墓园文化让墓园成为令人们畏惧的地方，也成为园林化的障碍；厚葬之风虽一度有收敛，但总体上已延续千年，大量财富埋入地下，助长了盗墓之风。当今社会虽然不讲厚葬，但传统习俗在某些地区仍然顽强。

三、现代墓园的文化特质

在自由、开放、科学与艺术高度发达的现代社会，营造具有更多文化内涵的墓园是时代的要求、必然的趋势。西方国家工业革命引发巨大的社会变革，墓园文化因此获得了前所未有的发展就是明证。许多墓园成为文化艺术的荟萃地、精神财富的展示处和心灵的净化所。那里安详舒适，艺术陶醉，没有阴森恐怖。良好的墓园文化也有利于淡化生死和贫富贵贱。

什么是现代墓园的文化特质?

（一）墓地环境的园林化

墓园环境直接影响人们的身心健康，景观产生的色彩美、形态美、声音美、环境美，带给人们美的享受。墓园园林化目前为国家所极力推行，除了增加城市绿地、改善生态环境、引入观光功能外，还能启迪人们对文学、民俗、宗教、科学的追思和兴趣。

绿化是园林化的关键。乔木、灌木和草地共同构成有层次感的绿化景观，不同花期、色彩和气味的均衡配置，使人们一年四季都能欣赏到不同的景色，避免单一化。景观化还能减少人们对死亡的恐惧。缔造中国特色的园林化墓园是殡葬改革的必由之路。

（二）墓园建筑设计的不断创新

如果把死亡看作人生的归宿——摆脱了世间纷扰和病痛，走向祥和美好的世界，就能理解为什么古人对丧事“鼓盆而欢”[1]。

墓园是走向天堂的“入口”，离天堂最近。墓园建筑是墓园文化的载体，除了提供使用功能，还要满足人们特殊的情感需求，因此建筑艺术发挥着重要的作用。

传统墓园的建筑往往采用沉重的色彩，采用严谨稳固的对称布局，它的严肃性与墓园性质以及人们的记忆彼此相容，但与自然形态的园林属性相悖。新的建筑艺术能够协调这种矛盾。建筑师认识到这种协调的难处，开始研究时代特色和现代人的审美取向，在造型、空间、色彩、装饰及建筑材料的选用上求新求变。

1 陈鼓应 . 庄子今注今译 [M]. 北京：中华书局，2009：484.

建筑受现代艺术跨界的影响，日趋简约，用最少的“建筑语言”表达最丰富的内容。作为一种简约的美学观，两千年前我国就有“视于无形，则得其所见矣；听于无声，则得其所闻矣”[1]的主张，与近代西方提倡的“少即是多”[2]不谋而合。含蓄带有启发和联想的美，会让人们产生无穷的想象，比直白的美更耐看，更深邃。

建筑美不是纯艺术，而是一种具有综合性实用价值的艺术。除了功能、地域和时代特色外，它和植栽以及亭、榭、碑、台等建筑小品密不可分。现代墓园建筑应该简洁，采用象征和比喻的手法，融合环境，尽显个性。营造一种静谧和含蓄的美，使建筑扮演墓园文化演绎者的角色。

（三）墓园环境的艺术化

要把墓园塑造成一个园林化的美学标杆，仅靠植栽和建筑是不够的，还需要现代艺术帮助墓园现代化“成长”。它们的呈现方式多种多样，包括环境艺术、装置艺术、壁画、音乐等，其中最重要的是建筑小品和雕塑的运用——小到一个垃圾箱的设计（图 8-3-1），大到群雕的建立（图 8-3-2）。自古以来，雕塑是伴随墓园发展起来的，它是记录情感、体现信仰、引发思考的重要手段，中西墓园都利用雕塑在强化自己的文化属性。

图 8-3-1　台湾金宝山墓园路旁的垃圾箱雕塑（朱铭作品）
来源：作者根据图片绘制

1　刘安 . 淮南子 [M]. 上海：上海古籍出版社，2016：416.
2　20 世纪世界著名现代主义建筑大师密斯 · 凡德 · 罗（Mies Vam der Rohe）的名言“Less is More”。荆其敏，荆宇辰，张丽安 . 建筑空间设计 [M]. 南京：东南大学出版社，2016：57.

图 8-3-2　金宝山墓园千佛石窟：朱铭和 20 余位助手历时八年完成
来源：作者根据图片绘制

墓园雕塑是墓地艺术化的重要手段，大体可分为以下数种：

（1）纪念性雕塑——表现历史上与逝者有关的人或事，不舍其离去和被忘却。

（2）主题性雕塑——往往与生死观及宗教信仰有关，通过雕塑对逝者进行文化关切。《万佛石窟》《五世同堂》（图 8-3-3）以及米开朗琪罗的《昼》《夜》《晨》《昏》均属此类。

图 8-3-3　朱铭作品：五世同堂
来源：作者根据图片绘制

（3）装饰性雕塑——它属形式美，能美化环境，烘托气氛。

（4）浮雕——具有压缩情景的特性，往往用仙女、圣婴、菩萨、天国等与丧文化有关的故事作题材。有神龛式、高浮雕、浅浮雕、线刻、镂空等。

雕塑艺术是精神物化产品，用来表达对神的尊崇，每一座墓地的雕像都是个性化的创作。

雕塑是墓地艺术化的重要手段。

占地 20 多公顷的秘鲁首都利马市中心的普雷斯比泰罗（Presbitero Maestro）墓园葬有许多艺术家及爱好艺术的名人，每个墓位都有精美的雕像，大部分请国际知名艺术家制作，海运到秘鲁。这座具有历史及艺术价值的墓园被当地人称为“墓地艺术馆”，它与阿根廷的雷科莱塔国家公墓（Recoleta Cemetery）极为相似，后者也被称为“室外雕塑艺术馆”，两座墓园都是以雕塑闻名世界。

墓型设计不仅在于它的精巧，更重要的是表现人类面对死亡的豁达，对生命价值进行美学讴歌。

（四）墓园是孝道文化的传播者

“百善孝为先”，儒家把“孝”放在首位。孔孟之后，历朝历代都重视孝道。20 世纪初，孙中山倡导忠孝、仁爱、信义、和平，把“孝”列于首位。整个封建时期，《孝经》一直是国家规定的教材；隋唐后的刑律将不孝列入“十大恶”。孝道已成为中华民族传统的核心价值。

墓园是一个民族“根”的标志，是孝道文化的承载者。孝道就是感恩父母、感恩师长的一种文化，缺了它就会薄情寡义、六亲不认。因此墓园需将孝道加以诠释，墓碑就是其中手段之一，让人们在阅读墓碑后能产生孝亲敬老的感应。

（五）墓园具有教化人心的功能

教化功能也是殡葬文化的价值，应当努力让墓园成为生命教育、升华生死观的载体。

从墓园的发展过程看，从起坟、族葬、公墓、公园化，再演变到目前生命纪念园的过程，将晦气的墓园演化为体悟生命、学习人生、升华生死观的课堂。

墓园还肩负着移风易俗推手的作用，它淡化传统殡葬的不良文化，例如过度的宗教礼制、偏执的风水迷信、烦琐的葬仪和鬼怪出没的地狱观，铺张的白色消费，忽视生态、漠视环保等。

墓园能起到美育和德育两方面的作用，通过冥冥对话，使人感受到先人的教诲，善心得到鼓励，恶念化为乌有，这就是精神的力量，墓园应发挥这种精神的加持作用。

（六）墓园的科普作用

墓园可以成为科学人生观的启蒙课堂，宣传生死科学，展出病理标本，让人认识到生命的脆弱、健康的重要，以及不良生活习惯的危害，从而重视健康、爱护生命。例如有的墓园展出出生到死亡全过程的雕塑模型，成为健康教育的样板。

有条件的墓园应举办《殡葬礼仪》《孝道文化》《宗教与殡葬》等系列讲座，有良好植被的墓园还可以为孩子们开辟另类植物园、观鸟站……

（七）墓园的社会开放性

现代墓园经历过情感的彷徨和挣扎后，从原来生死两隔、相对封闭的空间转变为公共开放空间。虽然各个国家不同，信仰有异，但最终殊途同归走向开放。西方墓园早在公园出现之前就已成为公共活动场所，至今仍保持这一传统，因此墓园得到长年的照顾和改善，成为人们喜欢的聚会地。

墨西哥的亡灵节相当于我国的清明节，成了全家团聚的日子，墓园会聚集载歌载舞的人群。同一现象也出现在秘鲁、南美等国。我国的清明节和中元节，扫墓的人比较多，也常成为野餐郊游亲友聚会的日子。东南亚国家墓园往往设带有餐厅和茶座的小旅馆，为扫墓家庭提供住宿、聚会和疏解心情的场所，墓园逐渐带有社交功能。

西方国家不少墓园的祭奠礼堂和广场兼作音乐演奏地，音乐带来人气和轻松愉快的氛围。古罗马人在 2000 多年前就在法国阿尔勒的阿里斯康（Alyscamps in Arles）修建了墓园，埋葬了很多牺牲的战士。为了表达对宗教信仰以及对生命的礼赞，有品牌公司选择在这里举行时装发布会，希望以此唤起人们对宗教、艺术、时尚和生命的思考。[1]

在美国，纽约布朗克斯区伍德兰墓园（Woodland Cemetery）埋葬了一批美国著名的爵士音乐家，每年夏天在此举办爵士音乐会，每次均有上千名听众参加；宾州达兹堡市犹宁戴尔墓地（Union Dale Cemetery）因葬有著名赌徒而出名，成为彩票爱好者的求灵地；华盛顿的国会墓园，成为议员们密谋国事的地方……

许多著名墓园都有“墓园之友社”，热爱墓园的市民为了保持墓园的美丽，愿意捐款或做义工，参与墓园的维护、保养、建设和管理，成为西方墓园的一种传统。

西方墓园经常举办能吸引不同年龄段的市民来参加的各项活动，如音乐比赛、绘画写生、观鸟、摄影、园艺以及宗教活动等，让人们在参与活动过程中体验生命的美好。我国墓园已开始注意这一趋势，正在努力创造条件，结合体验式营销，向社会开放，提供高品质的文化体验活动，如：住宿、餐饮、会议，举办健康和资产管理的讲座、国学精读、禅修静养、采茶掘笋、炒茶制香、书画讲习等活动；开辟文创空间，销售图书、工艺品和美学生活用品等。

墓园除了殡葬之外，还提供心灵抚慰、法律咨询等后续服务，帮助丧属早日摆脱哀伤、走出阴影。同时也体现墓园自身的存在价值，使丧属和墓园双方受益。

（八）墓园的公益事业

（1）墓园为社会慈善机构提供交流、研究和办公的免费场所，和医学机构合作成立遗体捐赠工作室，为捐赠者设立规格较高的专属墓地和纪念碑，弘扬奉献精神，推动遗爱他人的遗体捐赠事业。

（2）设立公益墓地和公益骨灰位，帮助政府收纳无主坟的遗骨和骨灰。

（3）开展其他公益活动。

1　古驰（Gucci）2019 年时装秀。

四、人文纪念馆

墓园发展是从起坟到生命纪念园的进化过程。

先人逝世后，人们如果记得他，他就一直活在人们心中，墓碑只是一个符号。“真正的死亡是世界上再没有一个人记得你。”[1]“记得”包含了与血缘、孝道有关的感情传承和人生价值观的传承。这种传承有着浓厚的社会和时代烙印。墓园既是承载记忆与情感的地方，也是传承价值观的场所。从某种角度上说，价值观才是真正的“灵魂”。人们认识到灵魂的延续比骨灰的保存更有价值，因为它能产生对价值观的敬畏和对死亡的豁达。

人们希望逝者的精神生命得到延续，城市也希望将优秀人物的资料汇集起来得到保存、弘扬和传承，成为城市人文历史的记忆和传世精髓。墓园业者已认识到这种文化资源的价值，愿在从物质文明走向精神文明的变革中加强探索，将墓园脱胎为生命纪念园，突出它的文化属性和教化功能。

中国第一座人文纪念馆于 2010 年在上海福寿园诞生，目前它收集了 500 多位逝者的 3000 多件藏品，成为集收藏、展示、研究、交流、教育等功能于一体的博物馆，既弘扬逝者的精神风范，又展示了城市的历史文脉。

这类博物馆除了展厅之外，还设有一系列配套的服务设施，如演讲厅、名人书屋、老电影放映厅、经典墓志铭展厅、礼品店以及文物仓库、会议、办公等，举办专题讲座和各种教育活动，从而达到文化传承和人格提升的目的（图 8-4-1）。

图 8-4-1　福寿园人文纪念馆
来源：作者根据图片绘制

1　动漫影片《寻梦环游记》的经典台词。

五、墓园的名人效应

“山不在高，有仙则名”，墓园有名人入葬能受到社会关注。名人的定义很泛，如知名的艺术家、作家、科学家、政治家、军事家……名人墓具有较高的历史价值和教育意义，有助于提升墓园的品位，塑造城市特色。名人墓的潜在价值应受到重视。

名人墓能唤起人们的怀念与崇敬，这是它特殊而难得的优势。但信息缺失会降低人们的拜谒愿望。日本东京许多名人墓分散在青山灵园、谷中灵园、染井灵园等处，没有迁移集中，而是由市政当局制作附带地图的导览手册，介绍名人墓特色和墓园之间最佳的游览和公交路线，引发人们的兴趣。目前参观东京名人墓已成为当地旅游和公众教育的一项重要内容。

国内名人墓也很多，例如西安、咸阳一带，就有老子、扁鹊、晏子、蔺相如、吕不韦、柳宗元、萧何、蔡文姬等人的墓。还有一些近现代的名人墓，因为墓地过于分散，难以形成聚集效应。可把名人墓串联成观光游览线，引导人们去凭吊，也可将名人墓适当迁移集中，方便拜谒。

对名人墓的准入条件应做界定，不按行政级别和官位高低，应按历史影响和社会贡献。名人墓要避免造型拘谨、形式雷同，要充分体现人文和艺术的价值。

六、墓志铭文化

人类的文明记忆除了史书就是坟墓，坟墓不仅具有埋葬功能，更是记忆逝者的重地，每年的扫墓或公祭就是一种记忆手段，通过无数的墓地，和史书一起把中华文明一代代传承下去。

中国墓志铭至今已有两千多年历史。传统墓志铭由志和铭两部分组成，志以散文表明逝者身份，铭则以韵文赞扬逝者。在墓地的记忆功能中，墓志铭发挥着极其重要的作用，不仅让人记住逝者的姓名、年代和事迹，也记载了他们的品德、贡献。墓志铭的记忆功能极其强大。

公元 3 世纪，曹操在反对厚葬的同时把墓碑也禁了[1]，但碑可禁思念难禁，墓志铭遂化明为暗，随逝者“潜”入地下，故墓志铭又称“埋铭”。隋朝颁行立碑制度后，墓志铭之风于是再起。

因墓志铭作为一种特殊的文化载体，上刻年代和逝者身份，在古籍校勘、证史、补史和历史文化研究中，发挥了至关重要的作用，具有十分珍贵的史料价值。又具有石刻和书法的艺术价值，故应加强对墓志铭文献的研究。

现代墓志铭是墓地选用的一种纪念载体，有的是后人为逝者所撰，有的是逝者生前拟就的“告别演说”；有的是在生命最后一刻展露自我，有的是在断气之前调侃人生。无论刻在墓的正面或反面，也无论地上或地下，立碑叙事不拘小节，不讲形式，统称“现代墓志铭”。

西方墓志铭比较自由，没有固定的章法，歌功颂德、嬉笑怒骂均有。墓志铭是特定历史条件下的一种文化展示。

1 《宋书・志第五》：“建安十年，魏武帝以天下凋敝，下令不得厚葬，又禁立碑。”沈约 . 宋书 [M]. 北京：中华书局，2000：273.

（一）实例

墓志铭言简意赅，字字珠玑，无论墓基之上、墓地之侧或者方寸之间，都可留下警世绝句或长篇论述让人驻足欣赏品味，有时深受感动，有时会心一笑，观赏墓志铭是一种赏心悦目的文学享受。

有的读后令人捧腹，如“生时何需久睡，死后自会长眠”“如有可能，请把我唤醒”“赤条来赤条去，不带走一个硬币”“旺铺转让，价格面议……”

有的富有哲理，例如“这儿躺着钟表匠汤姆斯·海德的外壳，他将回到造物主手中，彻底清洗后，上好发条，然后在另一个世界继续行走”。墓志铭使消极的墓地变成鲜活的警世教材。

著名墓志铭列举如下：

- **“中学生、副教授，博不精，专不透。名虽扬，实不够，高不成，低不就。瘫趋左，派曾右。面微圆，皮欠厚，妻已亡，并无后。丧犹新，病照旧。六十六，非不寿。八宝山，渐相凑。计平生，谥曰陋。身与名，一起臭。”**

著名学者、书法大家启功（1912—2005），66岁时写就，全文押韵，朗朗上口，大度、坦荡、幽默、自嘲乃至自贱，颇具时代特色。

- **“赤子孤独了，会创造一个世界。”**

取自著名翻译家傅雷（1908—1966）的手迹，他说过“赤子之心永远不老”，“你永远不要害怕孤独，你孤独了才会去创造，去体会，这才是最有价值的”。有人称他生前不沽名钓誉，死后不浮夸雕饰，墓志铭彰显他纯洁、正直、真诚、坦荡、高尚、不屈的品格，体现了一种傅雷精神。

- **“照我思索，能理解我，照我思索，可认识人。”**

著名作家沈从文（1902—1988）的墓志铭。黄永玉为他写的墓志铭为：“一个士兵不是战死沙场便是回到故乡。”，张充和[1]为他写的墓志铭是“不折不从，星斗其文，亦慈亦让，赤子其人”，末尾四字为“从文让人”。

- **“独立之精神，自由之思想。”**

我国享誉国际的国学大师王国维（1877—1927），是中国近代最著名的美学和文学思想家，新史学的开创者，他不介入政治，不营生计，不交权贵，不慕荣华，不图享受，一心治学，成果丰硕，名噪海内外，不幸于1927年投昆明湖自尽，次年清华大学立碑，陈寅恪撰文。

- **“这个为学术和文化的进步，为思想和言论的自由，为民族的尊荣，为人类的幸福而苦心焦虑，敝精劳神以至身死的人，现在在这里安息了！我们相信，形骸终将化灭，陵谷也会变异，但现在墓中这位哲人所给予世界的光明，将永远存在。”**

胡适（1891—1962）是中国现代著名史学家、文学家、哲学家，新文化的旗手。国学大师毛子水为胡适拟的墓志铭。

1　张充和在1949年随夫君赴美，先后在哈佛、耶鲁等20多所大学执教，传授书法和昆曲，为弘扬中华传统文化默默地耕耘了一生，被誉为民国闺秀、“最后的才女”。李礼安．民国暖色：合肥四姐妹[M]. 北京：现代出版社，2016：153-172.

•“平民生，平民活，不讲美，不爱阔。只求为民，只求为国，奋斗不懈，守城守拙。此志不移，誓死抗倭，尽心尽力，我写我说。咬紧牙关，我便是我，努力努力，一点不错。”

著名爱国布衣将军冯玉祥（1882—1948）自撰的墓志铭。

•“人就像种子，要做一粒好种子。”

袁隆平（1930—2021）在我国备受尊敬，是享誉全球的水稻专家。他的名言“不折腾不干扰，路走得对”。

•“蜀人张岱，陶庵其号也。少为纨绔子弟，极爱繁华，好精舍，好美婢，好娈童，好鲜衣，好美食，好骏马，好华灯，好烟火，好梨园，好鼓吹，好古董，好花鸟，兼以茶淫橘虐，书蠹诗魔，劳碌半生，皆成梦幻。年至五十，国破家亡，避迹山居。所存者，破床碎几，折鼎病琴，与残书数帙，缺砚一方而已。布衣蔬食，常至断炊。回首二十年前，真如隔世。”

张岱是我国明末著名文学家，年少风流，时遇明亡清兴，国破家败，老年坎坷败落，书此《自为墓志铭》，录其一生。[1]

•“自然和自然规律藏在黑夜，但上帝说：要有牛顿，于是一切被光照亮。”

英国著名科学家牛顿（Isaac Newton，1643—1727）的墓志铭，撰者高度评价牛顿对人类的贡献。[2]

•“过往的人啊，不要为我的死悲伤，如果我活着，你们谁也活不了。”

法国老百姓为革命家罗伯斯庇尔（Robespierre，1758—1794）所撰之墓志铭，意在警告。

•“有两样东西一直让我心醉神迷，越琢磨就越赞叹不已，那就是头顶上的星空和内心崇高的道德准则。”

哲学家康德（Immanuel Kant，1724—1804）的墓志铭。他认为世上一切都可以解释，唯独星空和道德无法理解。

•“我早就知道，只要活得够久，这种事情一定会发生。”

英国伟大戏剧家萧伯纳（George Bernard Shaw，1856—1950），墓志铭是风趣的大白话。

•“君亦顾漫，天之明命，毋伤吾骨。有保我之墓者，吾必佑之。有移我之骨者，吾必殛之。”

英国杰出的戏剧家莎士比亚（Shakespeare，1564—1616）警告后人的墓志铭。译者为弘一法师李叔同。

•“希望我的坟墓和她一样，这样，死亡并不使人惊慌，就像是恢复过去的生活习惯，我的卧室又靠着她的睡房。”

法国著名作家维克多·雨果（Victor Hugo，1802—1885），他一生信仰自由主义，他的墓选在父母和妻子墓的中间，墓志铭浪漫温情如其人。

•“归去。”

美国传奇女诗人艾米莉·狄金森（Emily Dickinson，1830—1886）的墓志铭，词句简短、神秘而有力。

---

1 张岱．沈复粲钞本琅嬛文集 [M]. 杭州：浙江古籍出版社，2015：369.

2 牛顿的墓志铭有多起，这是英国著名诗人亚历山大·蒲柏所撰。王佐良．英国诗选 [M]. 上海：上海译文出版社，2011：142.

● **“印刷工富兰克林。”**

美国独立战争时的重要领导人本杰明·富兰克林（Benjamin Franklin，1706—1790），一生充满传奇，除了政治家之外，他还是物理学家、记者、作家、发明家、出版商、印刷商、慈善家、外交家和内阁部长。他一生取得了巨大的成就，但至死不忘他少年时曾做过印刷工，表现他的谦虚。

● **“承蒙牛顿推荐。”**

英国数学家科林·马克劳林（Colin Maclaurin，1698—1746）取得巨大成就后，至死不忘最初提携他的人。

● **“无。”**

日本著名电影大师小津安二郎（Yasujiro Ozu，1903—1963）生前喜欢中国书法，取“无”字作墓志铭，看空一切，洒脱、低调而谦虚。

● **“他观察着世态的变化，但讲述的却是人间的真理。”**

马克·吐温（Mark Twain，1835—1910），美国著名作家，他的作品具有强烈的正义感，以批判人性丑恶而著称。

● **“他的身体存放此，思想遍布世界。”**

伏尔泰（Voltaire，1694—1778）是法国 18 世纪启蒙时代的领袖与旗手，被誉为“法兰西思想之王”“法兰西最优秀的诗人”。墓志铭为后人所撰。

● **“他总是以他自己一颗人类的善心对待所有的人。”**

后人为音乐家贝多芬（Ludwig van Beethoven，1770—1827）撰写的墓志铭，颂扬他的为人。

● **“我们认为下列真理是显而易见的：所有的人都应得到上帝赐予的神圣不可侵犯的权力，其中包括生命权、自由权、追求幸福权……”**

美国历史上最具影响的第三任总统、《独立宣言》起草人托马斯·杰斐逊（Thomas Jefferson，1743—1826），在他纪念馆的墙壁上刻着的警句，引用于此。

● **“最初他们追杀共产党人，我没说话，因为我不是共产党人；接着他们追杀犹太人，我没说话，因为我不是犹太人；后来他们追杀工会成员，我没说话，因为我不是工会成员；此后他们追杀天主教徒，我没说话，因为我是新教徒。最后他们奔我而来，此时却没有人站出来为我说话了。”**

法国著名神学家马丁·尼莫拉（Martin Niemoller，1892—1984）生前写下的墓志铭，表达他在黑暗统治下对沉默者的谴责，也有对自己过去行为的反思和忏悔。

● **“星空点点，我在此长眠，生何欢，死何甜，奔赴九泉，心有一念，在我碑上，铭刻此诗篇，他安息在久已向往之地，如水手，告别海洋，如猎人回归故乡。”**

路易斯·史蒂文森（Robert Louis Stevenson，1850—1894），英国著名文学家和作家的墓志铭。

● **“斯人眠于此，其名如浮云。”**

天才诗人济慈（John Keats，1795—1821），谦虚洒脱。

- **数学家阿基米德（Archimedes，公元前 287 年—公元前 212 年）**

阿基米德是古希腊的伟大科学家、“力学之父”，他的名言“给我一个支点，我可以撬起地球”，他以他的重要论述“球的体积及表面积都是其外切圆柱体的体积及表面积 2/3”的推论，作为自己的墓志铭（图 8-6-1）。

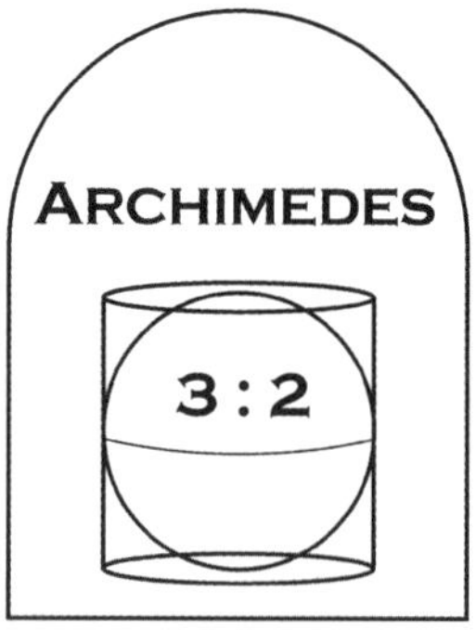

图 8-6-1 数学家阿基米德墓志铭
来源：作者根据资料绘制

- **雅各布·伯努力（Jakob Bernoulli，1654—1705）是瑞士著名数学家，他的墓志铭就是他发现等角螺线特性，要求死后刻在自己墓碑上并附词“纵使改变，依然故我”（图 8-6-2）。**

- **“S=K · logW”**

奥地利物理学家玻尔兹曼（Ludwig Edward Boltzmann，1844—1906），用他创立的热力学第二定律作为墓志铭。[1]

- **“T=（hc^3）/（8πGM）”**

英国著名物理学家霍金（Stephen William Hawking，1942—2018）用他的辐射方程式作墓志铭。

- **“π=3.14159265358979323846264338327950288”**

16 世纪德国数学家鲁道夫（Ludolph van Ceulen，1540—1610）把圆周率计算到小数后 35 位作为墓志铭。

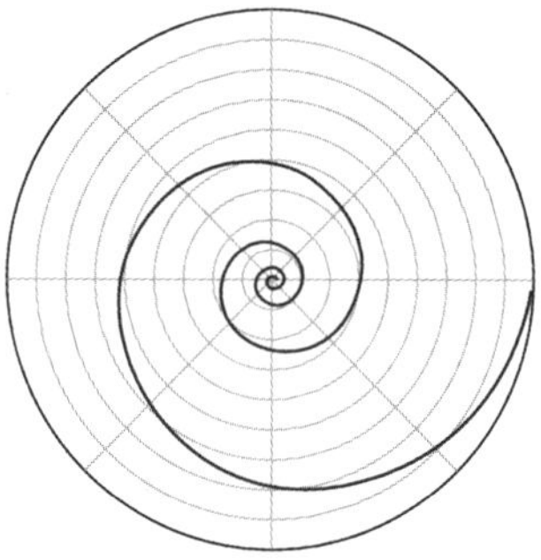

图 8-6-2 雅各布·伯努利的墓志铭
来源：作者根据资料绘制

- **“H=AΓ · K+$Γ_5$M（k）”**

著名美籍华裔物理学家张守晟（1963—2018）的墓碑上刻下他在拓扑绝缘体领域中的研究成果作墓志铭。

- **“我与世无争，也没有人值得我去争，大自然是我的至爱，还有艺术，我在生命之火前温暖双手，火熄了，我就能准备上路。”**

英国诗人兰多（Walter Savage Landor，1775—1864）75 岁时自撰。

- **“37、22、35，R.I.P”**

美国著名影星玛丽莲·梦露（Marilyn Monroe，1926—1962），终年 36 岁，她一直为自己的傲人身材自豪，故以三围尺寸作为墓志铭。

（二）另类墓志铭

西方人认为人死后魂归天国，择日复活，对死亡的态度比较洒脱豁达，在墓志铭上也有所反映。

- **“老子终于不用怕鬼了。”**
- **“我来世界看一看，不满意，又回去了。”（早逝婴儿）**

---

1 牛秋业 . 古今中外科技名人 [M]. 济南：山东科学技术出版社，2007：208.

- **“陪聊，提供夜间上门服务。”**
- **“一居室，求合租，面议。”**
- **“我长眠于此，请别哭泣，终有一天你也将断气。”**
- **“睡觉中，请勿打扰！”**
- **“我以前是胖子，现在和所有躺着的人一样骨感。”**
- **“如果可能，请把我叫醒。”**

墓志铭之所以吸引人，是因为其中有许多富有哲理、寄托理想、笑对人生的佳作。尤其是西方的墓志铭，寥寥数语反映出逝者对死亡的态度，不失乐观和幽默。

在信息化技术的广泛应用下，长篇大论的墓志铭已再难出现，简短的墓志铭，有利于墓碑的小型化。

墓志铭这种文化载体使阴阳沟通，增加墓园的人情味、趣味感和文化价值。

第九章

墓园投资、经营、教育与管理

墓园是与生死相关、带有公益性质的一种行业，一直受到国家的关注和扶持。除了受政府宏观调控以及政策变动的影响外，受其他因素的影响较少。墓园作为特种行业，其运作环节简单，资金回笼稳定。因为殡葬服务具有特殊性，加上服务环节多、对象多，内容庞杂，除了开展遗体处理等物质活动外，还提供心灵抚慰等精神和情感方面的服务。它是涉及每个家庭的民生刚需，政府往往直接投资，因此监督十分必要，在法制尚待健全、体制需要改革的情况下，管理不当容易形成权力寻租，滋生腐败。

我国墓园分为公益性与经营性两种，前者主要是政府划拨土地、投资，向本地居民（农村和城镇）提供保障性非营利安葬服务的公共墓地，价格比较便宜。后者主要是社会资本投资（有时政府参股）的墓园，价格由市场决定，不存在政府指导价，只要政府发挥指导作用，将营利的服务项目让给民间去做，吸引民间资本进入这个领域，进行良性竞争，服务会越来越好，价格也会日益合理。

本章主要讨论后者，即直面市场的经营性墓园。经营性墓园往往也会拨出一定比例的土地用作公益性墓区。划作公益墓区的比例和政府的扶植程度有关。政府只做遗体处置和公益性墓园这两块。棺木、骨灰入厝、追悼守灵等情感抚慰方面的业务由民间去做。公营与民营互补，相辅相成，各行其责，才能解决发展之间的矛盾。

无论哪种经营模式，首先要回归殡葬服务的公益本质。有些国家，墓园主要为地方政府、宗教法人和公益团体经营，以确保墓园的公益性。欧美国家只管国家公墓，其余的墓园和殡仪馆，除了社会法人团体外，均为私人企业经营。不管哪种方式，墓园都要受严格的监管，为企业经营提供法治保障。

改革开放以来，我国除了火葬场仍由民政部门直管外，墓园和殡仪馆的投资由政府主导，在一定条件下允许民间资本进入。但是因为墓园投资管理过严，民间资本难以进入，造成目前现存墓园的垄断局面，墓地价格因此出现虚高现象。

民间资本的进入能打破垄断，导入灵活的市场机制，使殡葬产品商品化，实现产业化经营。在保障本国国民享有基本的殡葬权利以及得到殡葬救助的同时，发挥政府、市场和社会三方面的作用。殡葬资源的商品化市场运作和良性竞争将提高经营绩效和服务品质。在市场化过程中应防止公益性与经营性两者混淆，许多政府参与投资的墓园项目应防止政府既是管理者又是经营者的现象。公益性墓园更不能变相市场化获利。

“天下熙熙，皆为利来；天下攘攘，皆为利往”，资本的本性是逐利，没有营利就不会有发展，没有垄断也不会有暴利。墓园经营的回报过高，会引起投资人的关注。如果仅看到获利，没有看到风险和责任，只想少投入多产出、慢投入快产出，极容易造成后续的经营困难，频繁转手或成“烂尾”。应把墓园投资视作良心事业，不仅需要资金，更需要爱心。“博爱”是墓园经营的出发点，影响着经营的方向，是处理好管理、客服和社会三者关系的重要依据。

一、投资策划

“殡葬建筑”指的是墓园、殡仪馆和纳骨建筑。它们是殡葬建设的三大主体。其中殡仪馆是事业单位，目前由国家统一经营，不对民间资本开放。本章仅讨论殡仪馆之外的殡葬服务，主要指墓园和纳骨建筑。因墓园往往含有纳骨设施，故统称墓园。

中国早已进入老龄化社会，死亡率以每年约 7‰的速度递增，每年死亡人口已达 1000 万（图 9-1-1）。据预测，2020 年殡葬市场的规模达到 6000 亿元，2023 年将增长到 10000 亿元。[1]中国目前的殡葬设施数量远远落后于需求。日本的人口只有我国的 1/10，火葬场的数量和中国相同，但殡仪馆数量多出我国的一倍多。殡仪服务在殡葬市场上所占的比例，国外约 70%，而我国仅有 20%。殡葬设施的严重不足导致服务品质的下降，遗体的尊严和守灵告别的人性关怀得不到保障。进入新时代的我国，社会主要矛盾已转化为人民日益增长的美好生活需要和不平衡不充分的发展之间的矛盾。因此中国殡葬业有着巨大的市场需求。

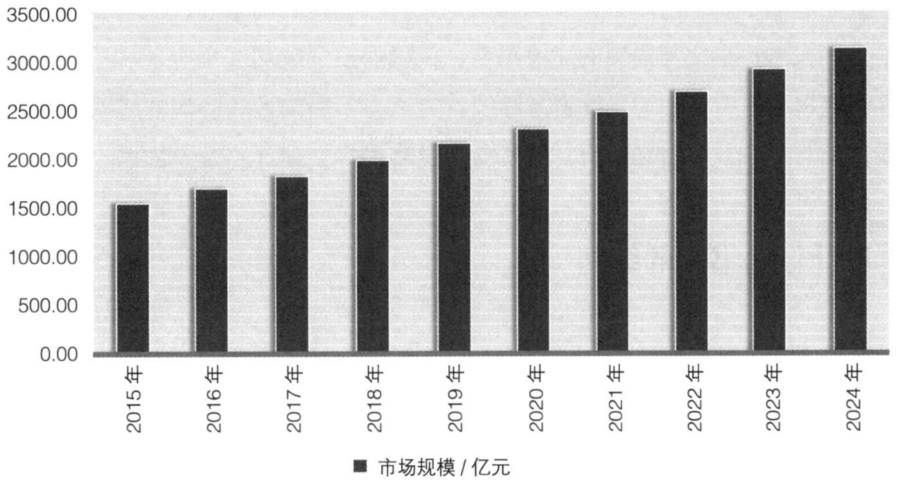

图 9-1-1　2015—2024 年中国殡葬服务行业市场规模预测情况（数据来源民政部）
来源：观研天下 .2020 年中国殡葬服务行业分析报告——市场运营态势与发展规划趋势 [R].2020.

近年来，缺口大导致“阴宅”获得了非理性暴利。政府为了防堵弊端，设立了许多“门槛”。结果进一步导致了垄断现象。随着改革深化，这种状况已经得到改变，正在逐渐遏制暴利，促进了殡葬业的良性发展，使生死相关产业的供求关系取得合理的平衡。

1　根据殡葬业协会 2014 年公布的预测数据。

中国殡葬市场改革的方向是在健全和法制化的前提下，对民间资本扩大开放，引入竞争机制，以规范、科学、灵活的市场手段将殡葬业引入优质的产业化经营之路。

（一）墓园项目建议书

任何建设项目，投资方需向主管机构申请。殡葬业的主管部门是政府民政机构。申请文件为《项目建议书》、《立项报告》或称《初步可行性研究报告》。内容涵盖墓园的基地选择、建设内容与规模、建设方案与投资估算、经济、生态和社会效益的评估等，宏观论证该项目的必要性和可能性。它是策划阶段基本情况的汇总，是框架性的总体设想，大的墓园项目还要进一步编制《可行性研究报告》。

（二）可行性研究

一些大中型墓园，作为《项目建议书》的附件，须委托专业的咨询公司开展可行性研究。可行性研究始于20世纪30年代，它以预测为前提，以投资效益为目的，从经济、技术、管理上，分阶段进行全面的分析研究。我国已正式将这一方法列入基建程序。

墓园投资的可行性研究内容很广泛，涉及市场分析、设计比较、法律研究、建设条件、管理和施工、资本和成本、经济效益，以及确定项目有利和不利因素等，在此基础上作出科学论断，目的是预测投入产出比与需要的建设周期，以确保投资成功。

可行性研究报告是咨询公司、投资方和设计方三方不断沟通和协调的成果。这一成果不仅为立案所需，而且为招商引资和银行贷款所备，是墓园规划设计的重要依据。

（三）《设计任务书》的编制

根据批准的《可行性研究报告》编制《设计任务书》，应包括以下内容：

（1）工程概况——占地面积、总建筑面积和层数等；

（2）地形、地貌及工程地质——道路标高和现状，地质综合评估；

（3）设计依据——政府颁发的有关法律、法规和规范；

（4）专业设计的内容及要求——规划、建筑、结构、景观、给水排水、电气、暖通；

（5）设计的进度要求；

（6）设计成果的验收标准。

（四）墓园建筑的投资效益

投资讲效益，墓园建筑设计的优劣首先和项目《设计任务书》制订得是否合理直接相关，因为设计按任务书的要求进行，编制好项目《设计任务书》是做好设计、取得效益的首要条件。

判断墓园建筑设计的优劣应从以下三方面切入：

1. 经济

在科学务实的《项目建议书》或《可行性研究报告》基础上所制订的《设计任务书》得到实施是项目取得经济效益的保证，它与以下几个因素有关：

（1）选址距离市区的远近，与取得土地的成本有关；

（2）城市道路、供电、供气、供水、排水的管网和寒冷地区的供热系统是否能利用城市设施或需自行设置；

（3）地方传统、殡葬习俗、在地文化以及服务等级；

（4）采用的结构体系和材料，施工方法和施工周期；

（5）施工和监理企业的严格筛选。

2. 适用

（1）功能布局合理，人流和车流通畅，没有生死动线交叉；

（2）完成目标行程的距离和时间最短；

（3）环境舒适，有良好的休息场所和配套的必要服务设施；

（4）建筑面积的利用率高，闲置率低，纳骨建筑的纳骨系数合理；

（5）绿色节能环保指标良好。

3. 美观

（1）任何建筑风格都可以做成精品，做到美观得体；

（2）尊重当地文化，满足民众对建筑美学的期待；

（3）体现出现代快节奏生活，简约时尚的美学取向；

（4）创造优美的环境（空间、绿化、水面），加持建筑美；

（5）室内设计在满足功能的前提下，具有场所性质。

考虑投资金额，结合使用功能和观感，设计出来的方案才能取得严格意义上的投资综合效益。

二、墓园的经营理念

（一）市场和效益

人民群众的殡葬服务存在多层次需求，有些家庭希望在基本服务之外能有一些个性化的服务，以达到纪念逝者、抚慰亲人的目的，因此掌握社会殡葬需求和动态是墓园经营的基础，确定各种葬式的供求比例及供应时机是市场观念的体现。

效益是投入与产出的比率，比率越大效益越好。墓园经营必须开拓市场，有市场才有效益。市场就是客户，营销的目的就是创造客户，首先要发现他们在哪，其次是了解他们的需求是什么，掌握了这两点才能形成导向性营销。

预计到 2023 年，中国殡葬消费将达到 1 万亿元。[1]机遇前所未有，但随着市场的开放，竞争也会加剧。

墓园经营除了重视经济和社会效益外，还要顾及生态效益。

（二）竞争和创新

老龄人口增速加快给殡葬业带来巨大商机的同时也带来空前的竞争压力。最初是硬件的竞争，然后是价格的竞争，最后是服务的竞争。有竞争才会催生改革，企业必须培养自己的核心竞争力。传统墓园小散乱、信息不透明、服务无保障的状况目前已经得到改善，还必须对殡葬产品、服务内容、销售方式、工作条件和公司架构进行改革，建立高效的管理体制。只有创新才是竞争获胜的最重要抓手。

1. 技术创新

产品创新就是做自己独有、和别人不一样、能吸引客户眼球的产品。它涵盖的内容广泛，包括创新的设计、土地资源的充分利用、遗体和骨灰的新葬式、旧葬式的改革、移风易俗的礼仪设计、新的殡葬用品和丧服设计、新型棺木和骨灰容器的设计，还有顺应信息时代的“互联网 + 殡葬”“远程悼念”“二维码扫墓”“在线告别”“全息影像”“动态遗照”“元宇宙虚拟现实技术”[2]“无人机撒葬”……的推广和应用。

2. 市场创新

殡葬市场在不断变化，首先要找准定位，在严格监管的情况下，通过创新去开辟新市场，采取市场开发（社区动员、墓园参观）、定点咨询（客户代表 + 重点跟进）、会议营销（专题介绍 + 研讨会）、活动营销（特价促销 + 赠送活动）、媒体营销（借力政府 + 行业协会进行宣传）等手段，避免无目标的散兵作战。

利用现代化网络技术设立网络运营部；在市区设立祭奠场所；对丧属进行抚慰服务；与医院、殡葬公司协同开拓市场；新型守灵场所的设立……为丧属提供更多的服务，让他们的悲伤得到宣泄、情绪得到抚慰。通过这些营销手段紧紧把握丧属所求，抓住市场机遇，提升市场供给。

墓园发展离不开资金的投入，适当运用信托制度和“生前契约”，起到融资和扩张营销的作用。

---

1 《中国民政统计年鉴》资料，民政部门下属中国殡葬业协会 2014 年公布的数据。

2 参考王寒，曾坤，张义红 .Unity AR/VR 开发：从新手到专家 [M]. 北京：机械工业出版社，2018.

3. 组织创新

墓园的组织形式，随着外部环境和内部条件的变化，以及自身成长的需要，不断进行调整，提高管理效能。

首先要改革传统的销售模式，从“守株待兔”转变为走出去找客源；建立新的营销团队来适应变化着的市场；通过机制创新，培养一批具有经营和创新意识的人才；激发员工的热情和创造力；用机制来保证优秀人才能得到重用；聘用业内专家，聘请专业管理公司，引进有经验的管理团队参与管理。这些组织创新举措能迅速提高公司的管理和营销水平。

组织创新的另一个内容是降低人力成本。墓园的经营有两大特点——阵发性与多元性，前者在清明、冬至等重大时间节点，人们集聚而至，需要有更多的员工投入服务，但平时人员过剩。解决这一矛盾的方法就是充分利用社会资源进行分包。从包揽性服务转变为精细化分工，采取季节合同制能降低人力成本，提高服务质量。

1993 年笔者访问美国奥本山墓园（Mount Auburn Cemetery）时，墓园面积多达 70 多公顷，员工只有 24 人。波士顿牛顿墓园（Newton Cemetery）占地 40 多公顷，仅有员工 18 名（图 9-2-1）。除了美国城市人口基数少、没有阵发现象，服务内容也比中国少，故都采用坐店式营销，充分利用临时工和分包制。社会分工是大生产的结果，分工的细化必然降低人力成本，提高经营效益。[1]

图 9-2-1　美国波士顿牛顿墓园，由教堂、火化和办公三大功能组合成一栋建筑
来源：作者根据图片绘制

变革有风险，不变革更有风险，创新就要经历风险。

（三）社会责任

墓园的业务不仅仅是开拓市场，还要肩负起移风易俗、净化社会、洗涤心灵和生命教育的

1　1993 年笔者访问波士顿奥本山墓园时，吉米·荷曼（Jim Holman）经理向笔者提供，具体数字如下：花房 4 人，接待员 2 人，火化工 2 人，销售 2 人，主席 1 人，主席秘书 1 人，行政主任 1 人，园艺主任 1 人，园艺助理 2 人，杂工 3 人，埋葬工 5 人。

社会责任，以及对国家生态环境、社区发展、群众就业、职工福利和员工培训的责任，谋求墓园与社会的和谐发展。

殡葬是良心事业，公益属性是它的核心属性，它涉及每个公民的福祉。经营虽然需要市场化，但更需要公益化，因为它是社会的刚性需求。资源最优化配置会引起消费竞争造成殡葬服务价格的上涨，致使部分公民消费产生困难，因此一方面政府要把殡葬服务纳入公共产品中，主导有效供给，另一方面，企业要重视基本公共服务以效益为先，要正确处理经济利益与社会责任之间的关系，与政府一起共同实现兜底社会保障，任何企业均以营利为目的，市场化是企业发展的必由之路，但业者必须心有敬畏，行有约束，道义为先，公益为怀。

热心公益必将得到回报。1995 年，上海福寿园为探险遇难英雄余纯顺立雕像，举办“英雄回归故里”的公益活动，通过活动拓展了公司知名度，使当年销售额大幅增长，国外也有类似的经验。

公益项目不与营销业绩直接挂钩，让殡葬业的胸怀和社会文明衔接。公益可以做出美感，产生社会效益，公益必须纯粹，社会效益是结果而不是目标。广告大师李奥·贝纳（Leo Burnett）说：“高雅的口味、崇高的道德标准，向社会大众负责及不施压力威胁的态度——这些都会让你终有所获。”经营者还必须进行殡葬风气的正确引导和监管，不让殡葬活动成为劣质文化传统的温床，防止殡葬消费的攀比，由此产生资源浪费和大气污染等现象，这也是殡葬业者的一种社会责任。

墓园经营是永续性的，不能短平快，和房地产的不同在于后者二年回收投资后离场，前者要承担几十年的售后服务，业者要有长远服务的思想和物质准备。

（四）名人效应

一个成功的墓园一定具有历史与文化的厚重感。有正面形象的名人，均拥有人气和知名度，他们是弘扬正确价值观的教材，他们的“入驻”能产生追崇效果，带来效益。台湾金宝山墓园入葬歌后邓丽君，上海福寿园入葬余纯顺，都获得了很大的成功。

巴黎拉雪兹神父墓园起初因地处偏远，问津者寥寥，直到迁葬喜剧作家莫里哀(Moliére)墓，经过精心策划宣传后才有起色；此后陆续入葬著名人士，如钢琴家李斯特（Frang Liszt）、作曲家比才（Georges Bizet）、歌剧演员玛丽亚·卡拉斯（Maria Callas）等，墓园才声名鹊起，现今已成为法国旅游景点、朝拜圣地。

三、墓园的经营内容

（一）有偿服务

（1）各项产品的销售：墓地、骨灰格位、生前契约、祖宗牌位、逝者牌位等；

（2）修缮、维护、植栽、养护等的管理费；

（3）委托安排的大型法事、守灵、入厝、祭祀活动；

（4）纪念品、丧服、祭品和鲜花等殡葬用品销售；

（5）基因检测，防止遗传性疾病，为家族健康服务；

（6）丧属的接送、住宿、餐饮、聚会、旅游等的业务承包；

（7）墓碑设计、追思光碟和家谱制作、纪念册、分时祠堂、传记撰写、墓志铭服务等；

（8）为身在海外或外地，无法亲临的各式云祭扫和代祭服务，内容可个性化定制。进行代献鲜花贡品、诵经、读信、代客行礼等，录像发给买家。

（二）无偿服务

（1）公众祭祀活动的讯息发布，逝者重要忌日的提示；

（2）有关殡葬的咨询服务；

（3）郊区墓园在市区设定点免费访墓班车；

（4）宗教服务：依据不同宗教举办法事活动；佛教早晚诵经、念咒、礼佛；初一、十五或佛诞日举行佛前大典；每年春秋祭以及清明、中元、盂兰盆法会等。佛教徒逝世后的入厝仪式、超荐、祈福活动。天主教和基督教的骨灰安厝、墓地入葬仪式，以及基督受难日、复活节、圣诞节及追思活动的安排。

四、经营的合作伙伴

（一）与殡仪馆的关系

（1）墓园与殡仪馆联系密切，两者可分可合，也可对接成联合体；

（2）墓园配合殡仪馆的礼仪安排；

（3）墓园不设殡仪馆时可简化流程，附设殡仪馆时可殡葬一体化作业。

（二）与殡葬服务公司（葬仪社）的关系

殡葬服务公司的工作主要是受丧属委托，或按照“生前契约”约定的内容进行临终关怀、竖灵服务、协助办理死亡证明、火化、领灰、移灵等。因此应与他们保持良好的合作关系，让他们熟悉墓园，便于推荐。

业者也可以自行组建专业的殡葬服务团队，及时了解本地的死亡信息，掌握遗属动态，向遗属提出葬式、葬仪建议。

殡葬服务公司有时也代理异地遗体运送业务，包括国际遗体运送的出入境服务，服务内容包括使馆认证、遗体防腐及暂存、封棺处理、办理出入境手续、遗体运输、清关手续、将遗体运往客户指定地点等。

（三）与客户的关系

墓园与一般企业有着巨大的差异，后者“钱货两讫”后走人，墓园经营是长期服务的契约关系。

除了自身良好的软硬件之外，墓园通过走访、联谊、动态告知、忌日提醒、法会通知等各种手段，和丧属保持良好的关系，使他们安心和宽慰。

中国人讲孝道，素有血亲聚葬的习惯。上海万国公墓随着宋庆龄父母宋耀如夫妇的入葬，先后引来二十多位亲属随葬。近代又出现同学、挚友、闺蜜共葬的案例，甚至出现校友墓园之议。

邓丽君入葬金宝山墓园后，引来多位艺人的随葬。维也纳中央公墓自 1859 年莫扎特纪念碑建成后，贝多芬等二十多位著名音乐家也在周围随之入葬，成为墓园最亮眼的一张“名片”。这种自发的随葬现象是家庭墓地产生的基础。在墓地的选择上，感情和信仰的联动发挥了重要的作用。墓园经营者要充分利用这种联动辐射效应，扩大自己潜在的客户群。

除了前述丧属外，墓园还应开拓一批没有亲友葬在墓园的客户。墓园的园林化环境、社会化以及更多的创新文化活动吸引人们来墓园参观活动，从而催生出更多的潜在客户。这种关系具有多样性、长期性和双赢性的特点，短期是付出，长期是“投资”，一定会得到回报。这种活动不仅可以为客户提供往生服务，还可以让墓园及时掌握客户的需求和意见。通过活动，让客户对墓园产生偏爱，获得钟情属意的机会。只有持久的朋友才能产生持久的利益，忠诚的客户是墓园生存发展的资源、收益的源泉、成长的基石。

人际网络是公司的财富，1995 年作者在台湾参加由 12 位清华校友结成的联谊群，其中有多位政要、企业家和著名学者，公司邀请他们来墓园参观，并派出多名业务员陪同，盛宴款待、赠送礼物，逢年过节拜访问候，与他们建立起了十多年的友谊。这批长者就成了墓园的潜在客户和义务宣传员。长期耕耘人脉会扩大墓园的社会影响力。

近年来墓园开展“生前契约”业务，建设人文纪念馆、艺术馆、音乐厅、分时祠堂……为建立广泛的人际关系提供了物质条件。

国外知名墓园往往设有“墓园之友社”，成员并非都是墓园入葬者的亲人，只是喜欢墓园的环境。他们不仅为墓园引入客户，而且在一定程度上参与墓园的管理。不少人愿意捐款，指定花圃，竖立自己或纪念某人的标示物。更有人向墓园捐赠亭、台、水池、雕塑、座椅、护栏、踏步等小品，以此纪念亲人或作为自己的“墓碑”。这些小品都选在观景处，让逝去的亲人或自己逝后能够享用这片美景，同时也为访客提供休歇处。多种多样的捐赠，共同呵护自己生前喜爱的墓园。

墓园的开放性和社会化有利于培育人际关系，引起社会关注，扩大墓园的社会影响，使墓园的经营有一个厚实的社会基础。

五、殡葬商业零售服务

任何一个殡葬实体，无论是墓园、殡仪馆还是殡葬服务中心，只要条件允许，都应该考虑殡葬用品、文创商品以及文创服务之类的后续商业销售。

（一）殡葬用品

殡葬用品的销售对象是丧属。商品内容为棺木、骨灰容器、祭品、寿衣、孝服、骨灰盒包布、电子蜡烛、鲜花与绢花、托灵袋、无烟香、随葬品、火化尸袋、火化纸棺等。还应包括各种绿色殡葬用品的展示和推销。现场应设绿色消费导购。

（二）文创商品

文创商品的销售对象是丧属和访客。[1]殡葬企业除了本身业务获利外，还应拓展文创服务。北京故宫 2018 年全年的文创产品销售高达人民币 15 亿元，殡葬业的文化内涵同样深厚，应该是一处有待开发的“宝藏”。它应以自己的文化资源作背景，通过创造性思维，将文化艺术与生活实用品结合，满足各年龄层文化体验的不同需求、传播慎终追远的孝文化和生命科学的知识，企业在获利的同时也取得一定的社会效应。

殡葬文创产品有以下五个特点：

（1）产品要有创意，打破常规追求流行元素，满足现代人的品位和审美要求，引起他们的购买欲望。

（2）产品有实用价值，其纪念性通过实用性来体现，例如手机保护壳、日历、花瓶、水杯、耳机等，以此强化消费品的文化感受。

（3）产品应富有内涵，应在历史背景、人文习俗以及当地传统文化的基础上，以孝道及清明等重大节日主题[2]作为切入点进行创作。好的文创作品迎合顾客的文化素养、知识结构和生活态度；反之文创商品也能提高人们的文化情趣和修养。

（4）产品应具有一定的鉴赏价值，必须精巧、美观，具有独特性和观赏性，使文化元素和现代美学完美结合，令人把玩收藏。

（5）殡葬企业的文创产品受到中国忌死观念的影响，要靠生死观的进步，摆脱死亡阴影，靠产品的惊艳和创新，成为人见人爱、爱不释手的艺术商品。

有些墓园出售碟片、微雕、纪念章，清明期间推出广受欢迎的青团娃娃、离世前的各式箴言制品、落葬时的特制留言簿、周年纪念邮册、赠送宾客的伴手礼等。殡葬业的文创事业乍起，只要努力开拓，焕发文化产品的新鲜活力，展现时代魅力，一定会结出丰硕的果实。

1　每年清明等祭祀高峰，有大量人群涌入墓园等纪念场所。据《上海殡葬年鉴》（上海市殡葬管理处编）提供的数据，2016 年清明期间，祭扫车辆达 108.7 万车次，祭扫群众达 959.2 万人次，即上海户籍人口一半以上参与了“墓祭”活动。上海市区三大殡仪馆 2018 年来馆参加治丧的人口为 50 万人。

2　六大祭扫节日：上元、清明、端午、中元、祈园（寒衣节）、冬至。

（三）文创服务

（1）墓型的创新设计服务：目前墓地的小型化以及人们求新求变的诉求，给墓型设计带来创新机会。

（2）个性化的葬仪设计服务：人们日益追求摆脱旧丧仪，追求能彰显家庭及逝者特点的个性化葬仪安排。

（3）人生小电影的制作：每个人的一生都有美好的回忆，以小电影记录下来，把他们的音容笑貌和动人故事分享给后人，逝者的德行成就得到后人继承而形成族训家风，成为现代承载生命文化，保存、传播和交流的重要手段。

六、“生前契约”业务

（一）何谓生前契约？

源于 19 世纪英国的遗嘱信托，20 世纪初进入美国，生前契约市场占有率在美国已高达 98%，日本也达 75%，中国台湾近 60%。生前契约是生前殡葬计划实现的保证，是殓、殡、葬、祭过程精细化服务的一种体系。

客户事先与墓园、保险公司或殡葬服务公司订立合同，为自己或亲人购买与殡葬有关的一切服务。优点在于公司代办全部丧事活动，让丧属节劳省心，同时也锁定开支。

生前契约的服务内容：

临终关照——提供临终前，逝者及家属在身体、心理、社会方面的照护。

咨询服务——和丧属商讨一切未尽事宜。

遗体恭迎——送往殡仪馆或火葬场。

入殓更衣——为逝者净身、更衣后入殓，指导丧属进行祭奠。

治丧准备——灵堂搭建或租用，协调殡仪馆等，预定场地，所需物品的准备。

遗体火化——完成送灵和火化仪式，帮助逝者有尊严地走完生命的终点。

安灵服务——寻找守灵场所，设立灵堂，指导祭拜，陪伴丧属度过失亲之痛。

追思告别——落实场所，布置会场，邀请亲友主持仪式，追念先人，继承美德。

后续关怀——逝后做七、百日、周年等忌日的提醒及提供葬事咨询服务。

利用生前契约还能预先占领市场，也可避免子女对丧事意见不同而产生矛盾。生前契约兼有理财功能，规避通货膨胀。

开展生前契约服务必须经过主管部门的审核批准，使丧属的利益受到法律保障，也可以和保险公司或信托公司合作，以信托和保险方式实施。为避免违约风险，消费者可以向政府指定的银行办理信托提存，分期付款，规定逝世后才能向银行收取费用。总之预先购买生前契约可免后顾之忧，让逝者在生命最后一程走得安然。

（二）签订生前契约应注意的事项[1]

根据实际经验，为了避免纠纷，在合同中应严格规定以下内容：

（1）合同各方当事人和利害关系人（购买人、受益人、服务提供者）姓名、住址、联系方式，明确合同各方的权利与义务。

（2）列明提供的服务内容与价格，浮动价格应注明浮动依据。

（3）注明受益人死亡发生时的联络人，注明购买人的付款时间、方式以及宽限期。

（4）表明合同是否可以转让。

（5）明确只有购买人拥有解除合同的权利，服务提供方及逝者的继承人不具此项权利，约定解除合同的赔偿办法。

（6）购买人在声明上签名，表明合同系出于自愿，以排除第三者可能的干扰。

（7）由服务双方签字、注明签署地点、时间、合同份数及保管人。

七、丧属心灵慰藉的服务

对死亡的恐惧忌讳是人们的正常心态，但对亲人遗体的感受是爱与留恋。这两种感受是矛盾的，这种矛盾冲突成为丧属的情感特征。亲人亡故，家庭必然会陷入哀伤、痛苦、不舍和焦虑。墓园必须为面对失落的丧属提供抚慰服务，帮他们走出阴影，回归正常生活。在讲究家庭伦理的中国，丧亲之痛格外深重，严重时会痛不欲生，自责和悔恨，无法再见亲人的失落，不知亲人“境况”的焦虑，丧失配偶的痛苦，失去依靠的恐惧……丧亲者常会发生复杂性的哀伤，进而发展成心理障碍，人在极度抑郁悲伤时，人体会分泌出一种肾上腺素，对身心产生损害。据统计，城市中，因丧亲产生心理障碍的患者占精神卫生门诊患者的 15% ~ 21%。此外，还有一些偶发的外在因素也会导致伤痛。哀伤抚慰就是针对这些伤恸情绪所做的心理辅导。[2]

能对丧属进行心灵慰藉的人是亲友、心理咨询师、医师、护理师、宗教师和社会工作者。礼仪师协助丧属完成殡仪服务，圆满的服务是对丧属最好的慰藉。

哀伤抚慰应由专业人员完成，国外有咨询师和抚慰师的专业培训，抚慰过程就是对丧恸者的心理复健过程，通过心理辅导，让丧恸者度过悲伤期。

墓园礼仪师必须向遗属提供详细的治丧流程表、流程检控表及费用明细表，贴心的服务和及时的提醒可让丧属除去心中的不安。

科技的发达，提供了哀伤抚慰的新模式，例如利用视频和互联网。前者既可表达又可疏解哀伤，每个亲友悲伤的内容和程度不一样，不少人在抚慰者面前表现克制，面对屏幕时可以无顾忌地痛哭发泄。

抚慰者的服务时间是有限的，而互联网服务可以全天候，亲友可在任何终端设备上尽情发

1　参考李健，赵小虎．国外殡葬业概论 [M]. 北京：中国社会出版社，2010：43.

2　杨荆生，劄世伟．悲伤辅导中的真善美 [C]// 郑晓江，钮则诚．解读生死：海峡两岸生死哲学学术与实务研讨会论文集．北京：社会科学文献出版社，2005：197.

泄感情，释放压力。

未来还可以利用元宇宙技术使虚拟的先人再现，进行互动对话。

八、殡葬教育

我国改革的深化、科技的进步、死亡人数的增加、观念的变化，都对殡葬从业人员提出了更高的要求。

殡葬业者是“送行者”，从事的是崇高的职业。在“事死如事生”的中国，应该像产科医生一样受到全社会的尊重。

我国殡葬业亟须大量高素质的人才来推动行业创新、礼仪改革、管理和服务水平的提高，这些都涉及人才的培养，没有足够的高素质人才，殡葬服务品质的提升和殡葬事业的改革将举步维艰。

西方殡葬职业教育已有一百多年历史，积累了许多值得借鉴的经验。我国殡葬职业教育起步较晚，作为 14 亿人口的大国，我国目前只有 5 所殡葬高职院校和几所中等专科学校，无论质量和数量都远不能满足市场需求。

美国人口约有我国的 1/4，却有培养殡葬专业人才的大专院校 57 所，每年的入学人数约两三千。[1] 他们除了在校受到正规而系统的殡葬教育外，毕业后还必须经过 1 ~ 2 年的实习，合格后才能取得证书，执业上岗。

面对高素质人才的短缺，我国殡葬教育必须在不断总结自己经验的同时，还必须开阔眼界，了解世界潮流，把更前沿的教育资源吸收进来。与此同时，还必须加快发展殡葬业的职业教育。为了达到这个目的，除了待遇之外，还应提升殡葬从业者的社会地位，使年轻人认识到自己从事的是传递大爱、弘扬尊重和热爱生命的崇高事业，从而建立起自信。

在培养殡葬管理、防腐化妆、火化操控、业务营销、葬礼策划承办、法医助理和设备管理等专业教育过程中，最重要的是职业伦理教育，它贯穿教育的始终，教会学生在处理人际关系中，必须遵循哪些基本的准则和道德规范，去辨别善与恶、义与利、知与行、荣与辱、丑和美。具体讲，就是以什么样的道德方式对待逝者与生者，如何追寻生命的价值，包括对逝者辞世的惋惜、缅怀和敬畏，在送别逝者的同时塑造自身的心灵美；对生者的抚慰、同情和引导；对从业者大爱精神的培养，它几乎涵盖了殡葬业的全部内容。通过职业伦理教育来塑造殡葬服务业的形象、社会价值和市场秩序。

殡葬伦理教育还要让学生知道伦理具有时代性。古代沿袭数千年的“三纲五常”，即“君为臣纲，父为子纲，夫为妻纲”“仁、义、礼、智、信”，“父子有亲，君臣有义，夫妇有别，长幼有序，朋友有信”[2]，三千年后的今日，已发生了根本变化，君臣关系也早已不存在。

所以我们应该守正创新，一方面要传承弘扬传统伦理中的优秀部分，同时摈弃陈旧的羁绊。伦理是人定的，在不断创新中形成的，所以我们应以不忘祖训，面向未来的态度进行创新，实

1 李健，赵小虎 . 国外殡葬业概论 [M]. 北京：中国社会出版社，2010：186.
2 “三纲”出自《白虎通义 · 三纲六纪 》，“五常”出自王充《论衡 · 问孔》。

现真正的殡葬文明。

学校应该开设“殡葬学概论”“历史与宗教”“生命礼仪”“生物学”“化学”“解剖学”“防腐学”“公共卫生”“法律监管”“基础医学”“民俗学”“遗体科学”“心理学”“殡葬经营学”“行为科学”，以及一些专业技能训练的课程。殡葬专业应对道德守则、策划和个性化概念，国际行业状况、行业发展趋势，细化服务理念、哀伤的产生与治疗，新技术效果剖析，绿色殡葬和可持续发展、职业保护、生前规划的意义等进行研究探讨。

为了维持殡葬业较高的服务标准，国家应建立从业人员执业考证制度，激励从业人员奋发上进。从业者工作 2 ~ 3 年之后，还应接受继续教育的培训，更新自己的专业知识和技能，通过继续教育对行业产生新的理解，拓展自己的专业领域，保持自己继续执业。

九、从业人员的培训

墓园从业人员的培训是公司的基本建设。长久以来，殡葬业被认为是不需要太多文化的行业，这是一种误解，实际上它是文化密集型行业，是一个需要对生死、对人生、对自然有极强、极丰富、极多元理解力的职业。对代表公司和丧属打交道的营销人员来说尤为重要。

与客户直接打交道的人员应遵循以下几个原则：

（一）尊重原则

积极维护、促进丧属的自主权益，不要求、不控制、不强制丧属的选择。帮助他们了解服务的内容和价位，解释价差的原因，消除丧属可能的偏见。确保他们充分行使自己的决定权。

与丧属交流时，尽可能客观阐明利弊，避免主观的引导行为，即使客户选择结果不符合营销人员的预期，只要不违背公序良俗，都应受欢迎。

（二）利他原则

一切服务都应站在丧属的立场上，以保护丧属利益为己任，杜绝诱导消费、强制消费。利他的道德约束仅仅存在于从业人员中。

殡葬事业事关民生，具有鲜明的公共服务特点。从遗体接运到墓园安葬，整个过程充满公益性，而公益性服务必须具有利他性，帮助丧属以小的成本获得大的利益。即使无法在帮助丧属时得到理想的效益，也要尽可能减少伤害。利他是隐藏在人性中的一种特质。应尽最大的努力减少可能受到的损失。

（三）关怀原则

殡葬文化比其他公共服务更具人文关怀的内容，体现在殡葬活动中不掺杂任何感性因素，仅仅是理性的利益衡量和人文关怀，通过换位思考来达成，即要关注他人的境遇，又要运用怜悯、同情、体谅等情感因素将两者之间的情感反应联系起来。

从业人员应充分体谅丧属失去亲人的哀伤，以及哀伤过度造成的理性麻木、情感过激、反应迟钝等状况，服务时应用柔和的语调进行劝解。

对待逝者，应联想到未死之前他们对尊严的渴望，以此来处理逝者的遗体安放、护理、告别等环节，给予逝者最后的温暖和关照，体现人性的善良和社会的关怀，实现生死两安。

（四）宣导原则

从业人员不仅是产品的推销员，还扮演着现代殡葬伦理传播者的角色。历史沉淀下来的传统殡葬文化影响国人的观念、行为、习俗、信仰、思维、情感，形成了民族共同的心理特性，具有一定的守成性，它与理性的殡葬政策和现代伦理之间时有冲突，从业人员在与丧属接触的过程中要缓解这种冲突，推广更文明的现代殡葬文化。

对客户决定权的尊重并不排斥从业人员对丧属进行治丧的正确引导，让客户了解当代的殡葬伦理和新的服务选项，实际上是对丧属最大的关怀和尊重。在宣导上，从业人员的作用是无可取代的。

教育培训制度将加速殡葬业的创新，提高管理和服务水平，同时提高从业者的社会地位，吸引更多年轻人，只有这样殡葬业才能进入可持续发展的良性循环。

十、墓园的管理

管理是一门学科，管理者通过组织、领导、协调、控制来安排员工，达到企业的既定目标。墓园管理不同于一般企业，它涉及生命教育和死亡关怀，管理更为复杂。

墓园管理的基本内容分为计划、组织、指挥、协调、控制、人员配备、激励和创新七类，每一类都有丰富的内容。管理者要做好这七类事，必须具备沟通、协调、整合、决策与执行、培训与统驭等能力。能够带领员工站在竞争的制高点。带领大家永远站在市场的“领跑线”上引领市场。

除了前面谈到的各种专业培训外，还应对员工进行哀伤抚慰技巧以及人格、同情心、国际观和职业操守的培训。墓园要经营好，除了必须拥有一批高素质的从业人员外，还应有一套科学的管理制度，制度决定成败。

制度制定时应注意以下几点：

（一）合理配置人、财、物

设立管理机制、决策机制和监督机制，使每个机制都能充分发挥，进行科学化管理。管好人、财、物，落实权、责、利，做到人尽其才、物尽其用。抗衡并消除各种风险。

（二）处理好员工之间的互动关系

建立完善的组织机构及管理体系，与政治、经济、法律、道德等上层建筑保持一致。设立奖惩制度、绩效提成、股权激励等政策来激励员工，调动员工的积极性，激发员工对工作的热情，凝聚忠诚度和向心力。

（三）结缘产、官、学

目前我国殡葬业尚缺少专业的科技含量，“产”就是企业，“官”就是政府，“学”就是学界和研究机构，要充分利用产、官、学各自的优势进行合作。其中，政府制订政策，带来基本的服务和扶持，吸引社会资本流向殡葬业，学界协助政府和企业从文化角度寻求未来殡葬的发展方向，以及提供技术支援和创新动力。增值服务交给企业去做，达到三方合作共赢、管理单纯的目标。

要积极参与政府的各项活动，热心社会公益，例如科学普及、爱的教育、孝道传播，配合学校进行生死观的教育，建立并通过“墓园之友社”和义工制度，提升墓园的社会形象，和周边社区友好相处。

（四）口碑建设

形象就是品牌，要创立墓园好口碑就要有意识、有计划地加强口碑建设。通过与客户的交流、答谢、联谊、拜访等活动，了解他们的意见和建议，鞭策自己改进工作，消除不良口碑的蔓延；通过各种媒介，主动对社会公众进行传播，扩大墓园在社会上的影响，制造口碑效应。口碑同时也与客户的利益相关，好口碑才能引起传播，适时运用媒体制造新闻亮点，提高社会关注度和美誉度。

（五）处理好分包与自营的关系

缩短战线，利用社会产业分工，加强与相关企业的合作，分包是一种资源整合，通过招标等手段选择合适的专业单位进行承包，可降低管理成本，提高服务品质，使管理者集中精力于主业。

（六）信息智能化的应用与管理

实现墓园管理流程的信息智能化，摆脱“人盯人、人盯事”的状态，借助互联网技术提高管理效率。

建立墓园管理的信息智能化系统，提高业务信息的传输速度，实现购墓、续费、预定墓位、工程、安葬、结算、打印发票及各种证件、售后服务、迁葬、墓地到期提醒、骨灰寄存与管理、便民查询等全方位的服务和流程控制，并具有统计、分析、查询、打印和列表的功能。帮助主管能及时收到信息，了解整个公司的营运状况。

墓园信息智能化管理，涵盖网上现场直播、客户关系管理系统（CRM）、网上墓园服务、墓园管理平台四大类（图 9–10–1）。

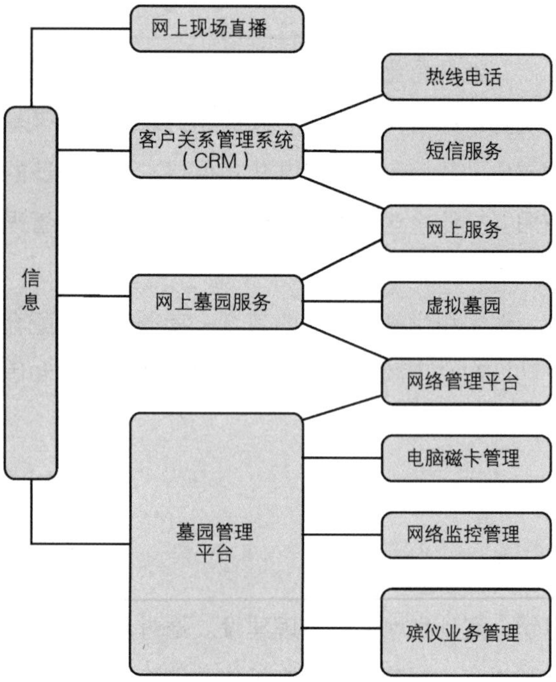

图 9–10–1　墓园信息智能化管理平台
来源：作者绘制

1. 网上现场直播

它是将采集或拍摄到的广告和信息转换成数字信号输入电脑，实时通过网络传至服务器发布，利用视频进行网上直播，扩大社会影响。它可应用于网络营销、日常工作、大型祭祀法会、企业会议、墓园产品展示等。目前，我国网络直播用户已高达 5.6 亿。[1]

2. 客户关系管理系统（CRM）

接听客户来电、热线服务、短信提醒、续费通知、短信问候等。提供互联网服务平台（网上查询、网上祭奠等）。记录来访客户的数量、信息、自动提醒未定客户的后续跟踪。主管可以借此进行趋势分析，如客户从何处获得墓园信息的分析、丧属未定原因的分析等。

3. 网上墓园服务

参加网络管理平台和网上服务平台。引入人脸识别等技术，创新 VR（虚拟现实）祭扫，

1　第 45 次《中国互联网络发展状况统计报告》[OL]. 凤凰科技网 .（2020–04–28）[2022–06–03]. https://ishare.ifeng.com/c/s/7w1QNPyBDNo.

还原纪念场景；提供网上祭拜、墓地服务、代献鲜花祭品和代客祭扫等，使身处异地的丧属可以通过虚拟墓地表达哀思；设立网上宗祠或纪念馆，每位逝者丧属将逝者生前的影像或音频资料存入自己的“格间”，也可以书写逝者生平纪念文章、祭拜留言等，使人们获得一种纪念性的文化体验和立体化的新感受，让丧属借此可以完全释放情感。

4. 墓园管理平台

将财务会计、订单管理、人力资源、制造、销货库存与客户服务等，全部整合在管理平台上，为公司提供全方位的智慧功能、营运透明度和高效率运作。做好企业的资源管理规划。

公司首先要在墓园区域内建设无线局域网和添置必要的电子设备，如等离子人像屏、多媒体触摸查询系统、电子公告牌、电子价格屏、电脑与电脑磁卡管理，以及网络监控系统等。

殡仪业务与网络管理平台还应共同设立以下系统：

（1）营销员管理系统

墓园主管通过系统，可随时了解每位营销员的销售状况，包括与往年业绩的对比；还可对营销员的出勤率、成功率以及平均墓位和骨灰格位的价格作纵横向比较。

（2）无线选墓系统

整个区域内墓位或格位状况十分直观、清晰，从根本上解决墓园经常发生重号和错号的问题，保持选位的精确性和独占性。

（3）自助碑文和管理系统

解决手写碑文易错或字迹模糊等问题，营销员在电脑上录入逝者信息后，迅速生成碑的前后文，提供多种样式选择，保存在电脑中，随时查阅。与刻字机连接，便于制作，并准确掌握碑文制作进度。设立电子悼念屏和电子挽幛。

（4）安葬管理系统

自动提醒每天的安葬数量、所占墓位、是否购买随葬品、是否欠费等，了解每位礼仪工作人员的工作情况。

（5）墓碑瓷像影雕和礼乐的管理系统

根据录入逝者的信息，自动读出入葬者的影像，将影像通过数控机和影雕机，在石板上自动加工。礼乐的数码播放系统。

（6）墓区管理系统

以图形显示墓区闲置墓穴的状况、订金、全款、欠款、部分安葬或全部安葬的现状。

（7）订金管理系统

系统显示过期天数，自动提醒营销员，与客户关系管理系统 CRM 机对接。

（8）车辆调度管理系统

与安葬管理系统对接，了解每天派车和停车场使用情况。

（9）业务管理系统

解决后续存在的手续问题、墓位变更管理以及维修的管控等。

（10）退墓管理系统

订金或全款退还及退墓迁出，主管及时了解客户退墓的数量、过程以及原因，便于及时应对。

（11）贵宾管理系统

内部设定贵宾星级，安葬时可根据星级安排礼仪规格，主管及时掌握详情，给出相应的服务指南。

（12）财务管理系统

自动导出当天的各项收支明细，汇总后供主管随时掌握营销情况，进行分析，发现问题。

（13）客户档案系统

与客户关系管理系统（CRM）对接，记录和掌握所有客户的信息，保证后续服务的持续性，解决人工查阅的麻烦，提高墓园管理的信息智能化水准。

（14）网络监控与电脑磁卡管理系统

公司信息化管理系统可分为对内与对外两部门，彼此之间以“防火墙”隔离，防止商业黑客入侵，杜绝内部资料外泄。

（15）供应链管理系统

用于与各协作厂商的联系、配合及交易。

（七）制度及销售合同的内容

墓园的管理体制与墓园的规模、性质以及所在的区域有关。除了遵守墓园管理的国家各项有关规定外，还必须建立一套有效的体制，实行制度化管理。每个墓园都有自主性的管理制度，各不相同，大体上可分为三个部门。

1. 业务部

面对市场，负责业务开拓、追踪客源、接待客户、陪同参观、后续服务、完成签约。

2. 行政部

负责人事、法务、财务和墓园管理，分工明确，层层负责。

3. 工程部

负责墓园建设、入葬配合、绿化保养等。

较大的墓园可再细分为七个部门：销售部、办事处、财务部、行政部、园管部、采购部、工程部。各个公司根据自己墓园的具体条件和需要设立。

服务协议的内容：

（1）订购墓地的手续规定买卖双方的权利和义务。

（2）墓地及骨灰位的定性及使用年限。

（3）管理费用。如墓穴费、墓园建设费、护墓管理费、安葬费、建墓材料费、造墓劳务费等有关约定。

（4）丧属墓地或骨灰格位的使用责任。

（5）入葬和骨灰入厝的相关条例。

（6）使用期间墓园方的责任。

（7）落葬、入厝、祭拜时，丧属维护墓园的公共设施、绿化、环境卫生的责任。

（8）墓园方的失误影响到落葬（如位置、碑文差错等）情况发生时的处置规定。

（9）墓园保修期的规定，因管理原因造成墓碑或骨灰位损毁时的处理规定。

（10）墓园开放时间和车辆停车、车速、路线的有关规定。

十一、营销模式

公司发展靠营销，营销目的是在确保执行服务协议的基础上，谋求合法利润。负责营销的销售部进行策划、制定政策、促进销售、扩大市场占有率，实现企业的经营目标、执行公司品牌战略，负责公司的招商工作。

墓位、格位价格的确定要合理，它与墓园所在地理位置、墓地环境、占地面积、服务内容、环境情况、墓基与墓碑设施等级，以及公司的服务品质和口碑有关。

墓园的营销方式多种多样，但任何一种商业模式的成功都离不开迎合和引导。迎合是了解客户所在以及他们的需求，引导是通过介绍，让人们了解墓园“商品”，前者是走出去，后者是迎进来。例如设墓园开放日，欢迎民众来园参观，让人们感受死亡，加深对生命意义的认识。只有在与政府和同业共同努力下，大家都来“关怀民亡”时，企业才能走上良性的经营轨道。

（一）传统营销方式

等客户上门是国外墓园与中国传统公益性墓园习惯采用的方式，这种方式是靠品牌和口碑赢得客户，营销成本低。

（二）专职人员的工资制

专职工作人员除了基本工资外，应有绩效工资，按“多劳多得”原则，给工作人员相应的回报与奖励，使员工与企业共同成长。销售员的本职工作就是“发掘”客户，成交之后层层提取奖金，除了个人和团队绩效提成外，还应有年度奖金。

有个别墓园除了奖金之外，还向签约成功的员工提供成交额 1% ~ 2% 的养老金银行代存鼓励，约定在一定期限内离职视同放弃，这种做法既鼓励员工创造业绩，又稳定人员流动。每位业务员必须完成年销售额指标的任务，达不成有罚则，奖罚分明。

（三）非专职人员佣金制

实行这种制度的墓园，专职销售业务员不多，动员社会力量，结成一张分级串联的营销大网。这种方式提取的佣金较高，发展较快，特别适用于有产品可转售的二级市场的国家，但这种销售方式的弊病较多，需慎用。

要规范销售团队的建设，提升契约品质和经营绩效，为销售人员打造与公司共成长的环境。

（四）捐赠式

宗教性纳骨建筑常采用这种非常销售模式，即善主向宗教机构捐款做功德，达到一定数额后，宗教机构返赠骨灰格位作回馈，实际上是利用宗教的特殊性进行变相“销售”。国内目前暂缺相应规定，这种方式容易引起道德争议和政策风险。

（五）定向销售

由墓园通过各种渠道，直接与安养院、医院、殡仪馆、殡葬服务社、宗教机构、各专业团体建立长期的合作关系，实行定点销售。

（六）结合保险业务的销售

墓园与保险公司合作，将殡葬纳入“生命险”的受益清单。殡葬产品在中国没有二级市场，墓地和骨灰格位无法进行投资。生命险因有保险条款捆绑，与健康养老计划配合，享受医院就诊、体检、牙医服务、养老院床位等一系列逝世前的服务。实际上成为一种难以替代的预售机制，相当于变相的“生前契约”。这是目前值得关注的一种销售模式。

（七）网络营销

互联网的兴起不可抗拒，需建立网络运营部，积极开展网络销售。它比传统营销的操作空间大、成本低，不需消耗过多的精力和时间，也便于跟踪，可更快更好地解决问题，还可和各大相关网站合作，为墓园的营销和口碑建设服务。这是一种值得关注的新型销售模式，墓园应设专人负责网站建设及设备维护和更新，积极开展网络营销。

第十章

殡仪馆建筑的设计

作为生者和逝者的最后诀别地，殡仪馆是向社会提供遗体处置、火化、悼念、寄存等全部或部分服务的场所，是逝者入葬前的一种实体和精神服务的重要设施。但我国殡仪服务（包括殡仪服务和遗体服务）在殡葬市场上所占的比重仅为 19.7%，与某些国家高达 70% 的数据差距甚大，随着老龄化日益严重，我国对殡仪馆建设的需求将快速增长。

殡仪馆在国外经常是大型墓园的附属设施，但更多的是在墓园之外独立经营；而在国内它是政府脱离墓园单独设立的事业单位。墓园之外独立殡仪馆的优点是安全易控，便于管理，负荷均匀，不受制于墓园。

独立殡仪馆的功能主要由遗体物质处理（火化）和殡仪两部分组成，早期主要功能是前者，故常被称为“火葬场”。

我国一些大城市，为了减少“邻避”矛盾，减轻大气污染，降低管理成本，将火化部分从殡仪馆中剥离，集中设置在合宜的地方，此时殡仪馆的功能变得更加单纯，仅仅为丧属提供守灵、告别、祭奠服务，成为情感关怀的场所。这种剥离火化功能的殡仪馆在选址上有可能更贴近社区，方便民生。剥离出来的遗体火化部分进行集中火化，也便于安全管理和减轻城市的压力。

集中进行火化服务的火化场，除了遗体处理之外也往往附有简单的告别厅堂，以满足有需要的丧属使用。

社会进步和观念更新对殡葬业提出了更高的要求，但受行业性质的影响，两种功能常常被混淆，加之技术标准不足，在政策制定和使用上易产生混乱。因此新建、扩建和改造的殡仪馆虽然不少，富有创意的案例尚在期待，所以殡仪馆设计的探讨空间很大。

本节将殡仪馆与火化合在一起讨论，两者可分可合，视当地具体情况取舍。殡葬作业分为殓（遗体净身、整容、穿衣、入棺、暂存）、殡（葬前的祭祀活动）、葬（遗体安葬或骨灰安置）三部分。殡仪馆的主要功能是殓与殡。传染病死亡者可免除尸检直接火化，骨灰交给丧属。

一、殡仪馆的发展

任何事物的发生和发展都与社会历史条件相关。19 世纪，欧洲由于墓地拥挤以及遗体散发恶臭，造成环境恶化，甚至引发瘟疫，因而开始提倡火葬，火葬场在欧洲应运而生。

西方按照基督教习俗，在教堂举办弥撒告别遗体，然后将遗体送往墓地入葬或送往火化。18 世纪后期工业化之后，西方殡仪活动逐渐脱离教堂而与火化场结合，或独立成立殡仪馆。殡仪馆的出现简化了丧事，不仅可以在这里举行各种葬仪，而且还可代办寿衣、鲜花、冷冻、化妆、灵堂、火化，甚至提供棺木、墓地、石碑等。丧属一次付费，全部办妥，非常方便。产业化促进了市场化，殡仪馆于是如雨后春笋般发展起来了。西方殡仪馆多为民间企业，政府仅提供补贴和监管。

19 世纪中叶随着西方势力进入中国，西方文化开始逐渐渗透到我国社会生活的各个方面，殡葬习俗也不例外。中国以上海为代表的现代化城市兴起，随着城市人口日渐集中，殡葬需求日增，基于血缘和地缘开展的中国传统殡仪服务逐渐消退，代之以更加社会化、专业化和市场化的模式提供服务。城市化导致家庭没有条件独立处理丧事，必须寻找专业的殡葬服务机构，于是现代殡仪服务的殡仪馆开始在中国各大城市纷纷出现。

中国最早的殡仪馆是在“会馆”“公所”[1]基础上发展起来的（图 10-1-1）。上海是中国最早对外开放的城市之一，80% 的居民是“外乡人”，外乡人逝世后，先在会馆停柩，然后选择就地入葬或运柩回乡归葬。

图 10-1-1　上海钱业公会会所，清乾隆十九年（1754 年）建，位于上海县城十六铺
来源：作者根据图片绘制

清道光二十三年（1843 年）上海开埠，寓居上海的外侨人数渐多。为解决“死有所葬”，1846 年就在山东路九江路西侧开办了第一个外国公墓（参见图 3-2-2）。同治二年（1863 年），又开辟了八仙桥墓地；光绪二十二年（1896 年），公共租界工部局在静安寺对面建专供外籍人落葬具欧美风格的静安寺公墓。1927 年在静安寺公墓内建火葬场，内设礼仪室、纳骨堂（骨灰供藏室）和火葬室，烟道设计成钟塔状，建筑比例造型堪称严谨（图 10-1-2），这是上海甚至中国出现的第一家火葬场。1914 年上海建成第一座由中国人创办的西方古典式近代公墓——薤露园，后改名为万国公墓。1924 年，上海出现了第一家殡仪馆“大礼厅”，次年改名为“万国殡仪馆”（图 10-1-3）。鲁迅等知名人士的葬礼在此完成。

1　明清时期会馆为乡人团体，公所为同业协会，有固定地点，成立的目的是联乡亲、笃友谊、保利益、解纠纷。

图 10-1-2 静安寺公墓
来源：作者根据图片绘制

图 10-1-3 上海第一家殡仪馆——万国殡仪馆
来源：作者根据图片绘制

北京于 1928 年设立西式的万安公墓，投资人兼建设主持人为当时曾在上海英国建筑事务所培训二十多年的王荣光，他亲自以西方墓园的模式建设万安公墓。

自此，西式公墓打破了传统封建的等级墓葬制，入葬者不分地位高低，一律平等，于是普通民众的传统墓地逐步由分散野葬和家族墓园转向现代公墓，公墓逐渐成为城市殡葬业的重要选项。但在广大农村地区，分散土葬仍是普通民众的主流选择。1949 年上海殡仪馆已发展到 30 家，之后又陆续新建了一批。

过去殡仪馆设计容易局限于悲情世界，没能反映出殡仪变革的时代特征；建筑布局不尽合理，熙来攘往的人群混杂，同时举办多场仪式造成的无序使殡仪馆成为城市最令人失望的公共场所。近年来虽有改进，但仍存在贪大求全、过度追求仪式感，以及缺乏深度精神关怀方面的不足。

西方殡仪馆受基督教文化的影响，认为人生来就有原罪，崇尚灵魂救赎，死后才能进天堂，因此轻视肉体，反对隆丧厚葬。丧事一般分为守灵、追思和安葬三个阶段，2 ~ 3 天即可完成。殡仪馆称“Funeral Home”，强调的是“家”。认为人逝世后回归天国，天国才是他们的家。所以西方殡仪馆设计强调的是营造“回家”氛围，故多采用小巧、温馨的住宅形式。符合他们的信仰逻辑和心理期待。

近代人本主义思想兴起，豁达的生命观、环保观以及现代审美观，使人们对殡仪馆设计有了更高的要求，建筑师也力求摆脱传统束缚，突出环境的心理暗示作用，追求人性和时代感的表达。

我国香港城市建筑的高密度产生了平面紧凑和功能齐全的殡仪馆。它们是现代化城市发展的产物，快节奏的生活改变了观念，不再过分追求仪式感，著名的“香港殡仪馆”就坐落在闹市区与高级酒店毗邻的五层大楼内，交通方便、设备一流。

马来西亚华人占总人口的 20%，首都吉隆坡有富贵生命纪念馆和孝恩馆两座主要为华人服务的新型殡仪馆，共同特点是将殡仪、聚会、餐饮、联谊、慈善等社会服务功能结合在一起，殡仪馆不再是单纯的悲情世界。

日本现代殡仪馆设计也力求创新，如伊东忠雄设计的岐阜县 “冥想之森”就是一例（详见本章图 10–10–55）。

进入 21 世纪的日本，还出现了“遗体宾馆”，经营理念突破了传统。这些酒店既是殡仪馆也是宾馆，它们的服务对象是一些不想举办大型传统葬礼的日本年轻人，约一半的房间配有小型祭坛和用来停放棺材的平台；有些房间还配有透明棺盖的温控棺材，遗属可以看到逝者的最后容貌。丧属陪同遗体入住宾馆后，在套间内守夜。宾馆提供包括鲜花在内的一切礼仪供品和服务的“殡仪套餐”，次日举行简单的追悼仪式后，将遗体送往火化。这种简单的殡仪过程既富人情又省精力，费用只有殡仪馆费用的 10%，因此在日本广被接受（图 10–1–4、图 10–1–5）。[1]

图 10–1–4　遗体宾馆
来源：作者根据图片绘制

图 10–1–5　遗体宾馆祭桌
来源：作者根据图片绘制

中国传统丧礼较复杂，耗时 7 ~ 49 天，甚至更长。有些殡仪馆为此设竖灵区，供丧属完成“做七”[2]。广大农村地区没有殡仪馆，丧仪一般在祖庙、宗祠、活动中心等公共场所进行，城市借用街道空地临时搭建灵堂。社会需要催生新行业，于是有些城市出现了包括竖灵服务在内的专业殡仪服务中心，分担了部分殡仪馆的功能，方便了丧属。

现代殡仪馆不应追求大而全，而应方便百姓；将复杂的功能分置，例如将火化、骨灰寄存等剥离出去，使殡仪馆小型化，功能更加单纯，也不必远离市区。

1　日本殡葬新风俗：火葬场不堪重负 遗体被送到宾馆 [OL]. 参考消息网 .（2017-07-10）[2022-06-07].http://www.cankaoxiaoxi.com/world/20170710/2174994.shtml.

2　人死后设灵位祭拜，每隔七日作祭奠，直至 49 日除灵止。

二、殡仪馆建设的策划

殡仪馆建设之前必须委托专业公司作项目可行性研究，对国家政策、市场形势、投资估算、风险评估等各种因素进行调查、研究、分析，确定有利与不利因素，建多个中小规模的殡仪馆还是集中建一个大型殡仪馆，这与规划的指导思想有关，应把方便留给百姓。上海市区人口 419 万时有 30 家殡仪馆，650 万时有 13 家，现在由于复杂的原因，市区人口已超过千万，但市区殡仪馆只剩下 3 家。这种局面应该得到改善。

策划过程中应考虑到殡葬服务是由福利性服务与选择性服务两类组成，前者由政府提供，殡仪馆操作，含抬尸、运送、火化和骨灰限期寄存，由政府提供公共服务保障性惠民政策。

后者属个性化服务，内容含遗体接送和消毒、寄存和祭奠、设施与设备的租赁，以及基本服务以外的其他服务，弥补福利性服务内容单一的不足，满足千差万别的丧属诉求，它是一种不可或缺的辅助服务，这部分由殡仪馆及殡葬服务中介公司提供。这部分服务可以引入民间资本，由政府监管，收取一定的服务费用，实行市场化运作。

各地区由于经济发展水平不同，在惠民政策及服务水平上存在着较大的差异，策划时应考虑逐步缩小这种差异，实现均等化。

提高殡葬资源的有效利用和整体服务的质量，理顺政府与市场、管理与经营、福利性服务与选择性服务之间的界限，使两者结合，实现社会的公平正义。

项目策划应进行科学评估，估算成功率、经济和社会效益等，作出是否可行的判断。殡仪馆的可行性研究应包含以下内容：

（1）项目概况：建设的内容与规模，每年处理的遗体量[1]，项目的各项技术指标、投资金额、经营等级和服务范围等。

（2）项目的必要性与可行性：项目的背景、历史、现状与未来。

（3）建设和市场的条件：基础设施、市场调查和社会协作条件等。

（4）馆址选择：位置、地形、地貌、地质、水文、气象等情况，殡仪馆和火葬场应按照当时当地的有关规定。

（5）建设内容与规模：拟定《设计任务书》时，先要确定层级（县级馆、地市级馆、省会级或以上的城市馆）和规模。殡仪馆的规模可参考表 10-2-1。

殡仪馆总建筑面积的计算方法按每具遗体的建筑面积指标和殡仪馆的年处理量来确定。火葬与土葬有所区别（表 10-2-2、表 10-2-3），包括总平面、各功能房间面积的分配及相互关系、图纸平 / 立剖面的深度要求、园林绿化、服务设施、电气与给水排水配合、建筑密度、容积率、绿化率等应按照当时当地执行的各项规范指标。

1　年处理遗体量等于服务人口数乘以当地人口死亡率。

殡仪馆建设规模分类　表 10-2-1

殡仪馆分类	年遗体处理量 / 具
Ⅰ类	10001~15000
Ⅱ类	6001~10000
Ⅲ类	4001~6000
Ⅳ类	2001~4000
Ⅴ类	≤ 2000

来源：殡仪馆建设标准：建标 181–2017[S].

中国的火葬殡仪馆参考面积指标（平方米 / 具）　表 10-2-2

殡仪馆类别	Ⅰ类	Ⅱ类	Ⅲ类	Ⅳ类	Ⅴ类
具均建筑面积	1.6~1.7	1.7~1.8	1.8~2.0	2.0~2.2	2.2~2.5

来源：殡仪馆建设标准：建标 181–2017[S].

中国的土葬殡仪馆建筑面积指标（平方米 / 具）　表 10-2-3

殡仪馆类别	Ⅵ类	Ⅶ类
具均建筑面积	1.5~1.6	1.6~1.8

来源：殡仪馆建设标准：建标 181–2017[S].

《设计任务书》须有前瞻性，如城市治丧需求的增长、交通工具可能的变化、停车场扩大的可能、后期项目的追加等，应给未来发展留有余地。殡仪馆的规模不宜过大，每年以处理 15000 具遗体为上限。规模过大容易导致环境恶化，人流过度集中，造成管理上的困难。

内容决定形式，殡仪馆设计要从改革礼仪着手，从追悼告别模式转变为追思守灵模式；从“一三一”[1]十分钟结束的“简办丧事”转变为文明得体的悼念方式，从冗繁过程转变为亲情告别；聚集性祭奠改为少数人临场、多数人线上、自主参与的方式……礼仪变革必将影响建筑设计。

表 10-2-1 ~ 表 10-2-3 引用的分类标准和指标仅供策划时参考。因为市场化和差异化无法用统一的标准来规范全国殡仪馆的设计，所有的指标在市场化的冲击下变数较多。

（6）环境保护与消防：卫生防护、消毒与防火措施。

（7）组织架构与人力资源配置。

（8）总投资估算与资金筹措。

（9）经济效益分析：营运成本、利润测算、投资回报年限。

（10）社会效益分析：纳税、公益事业、生命教育、开放空间等。

以上各项策划做得越科学务实，殡仪馆项目的立项和设计成功率就越高，建筑也越能达到高品质、低造价、高效益、低能耗的目的。

目前中小殡仪馆的传统经营方式暂时处于低效益状态，属于改革前的“阵痛”阶段。

三、殡仪馆的选址

选址时应考虑服务范围、自然环境、心理因素的影响。由于对死亡的恐惧及对相关殡葬礼

1　指默哀一分钟、三鞠躬、转一圈。

仪的忌讳，住宅一般不愿与殡仪馆为邻，邻避效应[1]十分严重，建时抗争、建后封堵，冲突时有发生，故选址宜十分谨慎。

（1）按照当地总体规划的要求确定位置；

（2）附有火化功能的殡仪馆应选在城市主导风的下风侧；

（3）考虑传统择址习俗因素，选择地势较高的开阔地段；

（4）满足工程建设对地质和水文条件的要求；

（5）选择周边单位和居民区较少，交通便捷，水电有保障的地方；

（6）基地有扩建的可能。

伴随城市的快速扩张，郊区的殡仪馆建成后逐渐被城市包纳，往往发生殡仪馆搬迁之议。根据经验，搬迁一家殡仪馆的费用超出改建两家同规模殡仪馆的费用。对现有殡仪馆进行适度扩容改造可以投入较少，取得存量资源利用的最大化。

四、殡仪馆策划的前瞻思维

殡仪馆是举行殡仪的场所，中国传统殡仪由于宗教、地理、发展和历史条件不同而有异。殡仪是功能，功能决定形式。随着殡葬改革深化和生死观的变化，以及土地稀缺的现实，人们不断探求新葬式，逐渐淡化遗体和骨灰的物质保存，而向文化和精神保存方向转型，创建具有中国特色和时代特征的中国新殡葬。

（一）遗体的消融化和舍利化

在本书第十二章中谈到许多环保节地的新葬式，因受传统观念的制约而一时令人难以接受，但其毕竟是殡葬改革的方向，当人们从复活、灵魂、轮回、再生观念中解脱出来，对人体有更科学的认识后，葬式将从资源消耗型向集约、消隐、低碳型发展，进入一种可持续发展模式。

目前正处于这样的过渡阶段。1956 年我国在社会阻力很大的情况下倡导火化，60 多年过去了，全国火化率已达 50%，京、津、沪等大城市已接近 100%。说明新生事物是不可阻挡的。虽然这种转化需要一个过程，但墓地存量的枯竭迫使我们必须立刻行动，加速转型。遗体消隐化葬式最终将会被社会所接受。周恩来、托尔斯泰、爱因斯坦等先贤为后人树立了榜样。

除了遗体消隐化之外还有舍利化，分晶石舍利和基因舍利两种（详见本书第十二章），前者由骨灰加工而成，后者直接从人体提取基因。消隐化和舍利化将颠覆殡仪馆的传统功能建筑形态因此将发生根本性的变化。

（二）精神遗存取代物质遗存

殡葬改革的重点在于文化创新，在传承原有殡葬礼仪的前提下创造符合现代精神的新殡仪。

1　邻避效应是指当地居民因担心建设项目影响环境和健康而引发的嫌恶情结。

逝者的人生文化是其毕生最珍贵的精神积淀，体现逝者一生的精粹，是一种社会的生命文化资源。保存人生文化也是中国几千年的传统。

遗体和骨灰都是“死”的，但精神文化是“活”的，可以代代相传，影响百世。“人生文化陈列馆”“知青博物馆”“生命教育馆”“绘本图书室”都属文化的内容。俗话说“皮囊千篇一律，灵魂万里挑一”，可见保存有价值的灵魂有多么重要！

殡仪馆面对的是普通老百姓，任何人的一生用普世价值来衡量，都有自己的亮点。记录下这些亮点传给后人，就是一份宝贵的遗存。运用多媒体技术写传记、诗歌颂唱等，把逝者一生的闪亮点昭示社会，唤醒良知，弘扬正气，比围着遗体鞠躬有意义得多。但这种文化积淀的服务要得到普及，还要靠市场运作。通过技术创新，寻找更多“保存人生文化”的路径和方法，保存逝者的文化遗产成为常态。需要时间，现在就必须行动，引领全社会的关注，引发社会思考，实现精神遗存取代物质遗存的转型，将对殡仪馆的设计产生颠覆性的影响。

（三）个性化取代制式化

未来殡仪馆的经营必然是个性化取代制式化。个性化必然催生丧仪的多元化和人性化。

中国社会和西方社会在孝道文化上存在着巨大的差异。中国人恭亲拜祖，孝敬父母。因此，亲人离世对中国家庭所造成的冲击和悲痛远超西方。古人用披麻戴孝和哭丧等仪式来化解这种悲痛。

中国家庭虽然重视血脉亲情，但每个家庭的社会地位、贫富程度以及成员之间的感情结构是不同的，因此丧礼安排必然也是多元的。中国是一个幅员辽阔、民族众多的国家，即使同一个民族，因地理和经济水平不同，安葬活动也不尽相同。因此，殡仪馆的设计要适应这种差异，让建筑融合地方个性，成为本地区的文化名片。

目前国内丧礼的安排是制式化的，因为人大多都有工作单位，悼念仪式基本上是集体性的“最后告别”。有些遵循“规矩”而来，勉为行礼后即离去。只有家庭丧礼才能真正体现孝道真情。

殡仪改革应摆脱各种烦琐的制式，使之更加符合人性。孔子说：“礼，与其奢也，宁俭；丧，与其易也，宁戚。”把传统习俗从文化上提升，强化情感的个性化表达，不同人用不同的情感释怀方式。目前的制式满足不了这种需求，殡仪改革必然是精致化代替形式化，小众个性化代替大众制式化。社会人的单位属性将弱化，而家庭人的个人属性将强化。殡仪馆规模也因此可以缩小。

殡葬礼仪在西方有日渐轻松化、生活化的趋势，让来宾在轻松、温暖的环境里聚会。这里有红酒、咖啡、茶和糕点相待，有歌声、音乐和朗读相伴，共同缅怀逝者，让丧属带着微笑和泪水，在非传统的氛围里完成与亲人的告别。

殡仪馆设计目前深受制式化影响，普遍表现为贪大求奢。导致大悼念厅闲置率高、利用率低。而群众需要的守灵和小型仪式空间则不足。文化的本质就是不断将传统加以引导、提炼、升华……古人称之为“治国根本、民治先务”[1]。

守灵是中国传统殡仪中重要的一环。古人认为，人逝后丧属应守灵三天，其间三魂未离、七魄不散，遗体要在灵堂停留三日，入夜子女守护在旁，以尽孝道，俾使远方亲友也能三日赶到。[2]现代守灵继承了这一传统，是出于感情的需要。现代守灵形式多样，可一天，也可三天；可日夜坚守，也可仅在白天；可以遗体守灵，也可以遗像守灵。不仅中国有守灵，国外也有，守灵是丧属释放感情最重要的时段安排。殡仪馆要为他们提供守灵所必需的灵堂、卧室和厨卫设施。

减少群体性的告别集会，改为朋友们自发自愿分散至守灵地，向遗体作个性化致哀告别、慰问丧属；也可自愿参加守灵，没有规矩，一切随愿。作为选项，必要时，可另行择时择地举行灵活多样的追思会，缅怀故人，追忆他的生前事迹，播放逝者文化遗产的小视频、小电影等。

殡仪馆建筑设计需要应对这种个性化带来的挑战。为了适应丧礼变化和个性化要求，部分悼念厅可改为多功能厅，使大厅有灵活分割使用的可能，提高厅堂的使用率。

（四）火化间礼仪化取代车间化

火化间不再仅是焚烧尸体的车间，而是目送亲人“羽化成仙”的“启程地”。殡仪馆设计对这一需求往往考虑不足。许多丧属只能集聚在领灰窗口焦虑地等待领灰，很少考虑他们目送亲人的需求。

丧属为逝者沐浴净身、更衣、扶棺入葬、守灵告别，都是中国的殡仪传统。殡仪馆设计要为继承这一好的传统创造条件，改变流离死亡、恐惧死亡、厌恶死亡的态度，让火化间成为丧礼重地，为丧属提供舒适、清新、私密性好的空间，通过直观或视频目送亲人。让生存者在火焰中感受到逝者灵魂摆脱躯体奔向自由所迸发出的精神力量，见证逝者在熊熊烈火中得到永生，让火化间成为意义丰富的人生告别场所。

火化设备集中设置，火化过程中，同时举丧的各户之间应隔离并保持私密性，互不干扰，火化间的整洁有助于创造仪式感的环境。

火化间温度较高，必须采取隔热措施控制室温，使丧属静心，也使火化师作业从容。

（五）分散化取代集中化

过去，人们会在离家很近的宗庙、会馆或街道搭棚举丧，非常方便。殡仪馆是从火化场演变而来的，常配有火化设备。后来为了方便治丧，许多小殡仪馆剥离了火化功能，深入城市各社区角落。殡葬业源自生活、理应融入社会，渗透并服务于广大居民。

现代城市家庭日趋小型化和个性化。个性化代表独特性，导致多元化、人性化。社会人的

---

1 王家范 . 有感于清明节的“精气神”[J]. 探索与争鸣，2008（4）：4–6.

2 《礼记·问丧》中有“三日而后殓者，以俟其生也。三日而不生，亦不生矣。孝子之心，亦益衰矣。家室之计，衣服之具，亦可以成矣。亲戚之远者，亦可以至矣。是故圣人为之断决，以三日为之礼制也。”李学勤 . 礼记正义 [M]. 北京：北京大学出版社，1999：1536–1537.

单位属性减弱，家庭人的个人属性增强，人们的治丧不再追求过去的大阵仗，减少集群告别集会。对殡葬设施的要求也相应简化。因此，殡仪馆建筑要适应这一趋势，走向小型分散个性化。

我国殡仪馆的特点是大而全，管理虽方便，但不便民。目前，个别城市的殡仪馆为了经营方便和躲开邻避效应，开始将火化剥离，实行火化集中，殡仪分散。位于上海市区的两家大型殡仪馆在 20 多年前就已剥离了火化。这种火化集中的模式，具有集中控制污染和减少社会冲突的优点。接近社区的小型殡仪馆，举丧不必长途跋涉。“需要决定供给”，它反映了快节奏现代生活的实际需要。民政部也提出“殡仪服务站”和“社区治丧场所”的新概念。[1]

目前我国人口 14 亿，但殡葬设施仅有 2600 多家。美国人口 3 亿多，但殡葬服务公司超过 24000 家，其中殡仪馆有 18800 家。日本殡仪馆的数量和我国相同，但人口只有我国的 1/10，其他发达国家情况亦同，平均 1 万多人就有一家殡仪馆。中国应大力发展分散型小殡仪馆取代集中型大殡仪馆。要达到这一目标，需要政策的支持，尽快制定无火化殡仪馆的卫生距离标准。

50 年前的日本，“邻避现象”十分严重，后来通过殡仪馆建筑的优化设计、良好的服务、优美的环境、精美的造型、对社会开放、深入社区、为社区提供多项服务以及坚持不懈的生死观教育，慢慢改变了居民的观念，仅仅十几年，“邻避现象”基本消失，从中我们可以看到习俗革新的重要与可能。

日本的遗体旅馆和殡仪便利店也给我们带来了启发（图 10-4-1）。[2]这种微型殡仪悼念厅能容纳 30 人左右，除了火化外的设施都有，可供小规模的家庭使用。除了供守灵，还可以举行一日葬，即告别仪式后当天送往火化，不仅充分满足治丧需要，而且节时、经济、方便，适应现代城市快节奏生活的需要。

图 10-4-1　日本的殡仪便利店
来源：作者根据图片绘制

1　民政部《殡葬管理条例》征求意见稿（http://www.mca.gov.cn/article/xw/tzgg/201809/20180900011009.shtml）.
2　日本新兴起的一种专门提供由便利店转型成为家庭葬服务的小型殡仪馆，Davius Living，来源：彭永清 . 日本便利店成为小型殡仪馆 [J]. 殡葬文化，2019（4）：89.

除了前述小型殡仪馆之外，有业者将部分丧仪从殡仪馆剥离，单独成立城市殡仪服务中心，供遗属在这里租借大小房间或不同格位（图 10-4-2），自行安排无遗体和骨灰的各式丧礼，进行团聚、追思、断七等不同的个性化治丧活动。

图 10-4-2　台北金宝轩出租的祭悼格位
来源：作者根据图片绘制

剥离出来的服务中心设在市区交通便利的地方，兼营“生前契约”等相关业务，使人们不必赶往郊区墓园或受殡仪馆的种种限制，极大地方便了丧属。

（六）功能渐趋社会化、公益化

以往的殡仪馆仅是处理遗体和举办丧事的地方，火化功能被剥离后，建筑可以小型分散化和社会化。社会化是充分发掘社会资源，深入居民生活，创造出多层次的一套服务体系。老龄化带来死亡率的攀升，在社区殡仪馆举办丧仪的过程中，殡仪工作者容易与居民建立起感情。社会化也能提高殡仪馆的盈利能力。

上海市区 2018 年参加治丧人口 50 多万，加上各区县殡仪馆，参加治丧活动的人群相当庞大，分散的小殡仪馆不仅方便治丧，而且还可以成为为社区服务的家园中心。

国外许多殡仪馆正在淡化生死“标记”，兼营咖啡馆、禅修室、图书室、健康咨询、学术交流等社交平台。因此，社区小殡仪馆需更新自己的面貌，弃严肃、降悲戚、献爱心，争取社区居民的认可。

在从物质向精神遗存转化过程中，殡仪馆将成为传播爱的基地和爱的“驿站”。

许多公益性机构可在这里设立分支，举行各种公益活动。这一切都在改变着传统殡仪馆的功能和形象，使它的性质得到根本的社会化改变。

（七）创新是殡仪改革的灵魂

科学技术是人类智慧的结晶，目前相关的新技术、新材料、新工艺，层出不穷，使其尽快渗透到殡仪馆设计中去是当代建筑师的责任。例如虚拟现实技术的发展和应用[1]、火化设备的改进、遗体处置的新方式、污染物的减排治理、信息技术和人工智能的应用等，都会影响到策划书的制定。

殡仪是情感介入很深、极有温度的人类活动。自动化传输系统在国外运用已久，从遗体入馆到火化完成，都是由冰冷且没有感情的机器来完成。虽然技术先进，但缺少人文关怀。我们需要科技结合殡葬，重视葬礼，体现孝道，并且要像扶棺入葬一样，让丧属有参与的机会，送逝者最后一程。机器故障造成的停摆或失序会带来情感伤害，采用自动化设备时宜谨慎，要选用可靠的产品。运行中加强监控、保养和维修，使机器始终保持良好的运行状态。

管理制度的革新、互联网和人工智能的介入，都会对殡仪馆设计产生影响。切忌不顾实际一味求新，也不能因噎废食，拒绝新事物。

五、殡仪馆的总图和环境设计

殡葬服务项目可分为9类，即遗体接运、遗体防腐保存、遗体整理、殡仪服务、火化服务、骨灰或遗体安置服务、后续服务、祭祀服务、特殊服务。这些大部分在殡仪馆内完成。殡仪馆总图设计时应从现实出发，兼顾未来，先易后难，逐步推进。

（一）殡仪馆的业务流程

殡仪馆的流程和空间关系如下。

1. 流程关系（图10-5-1）

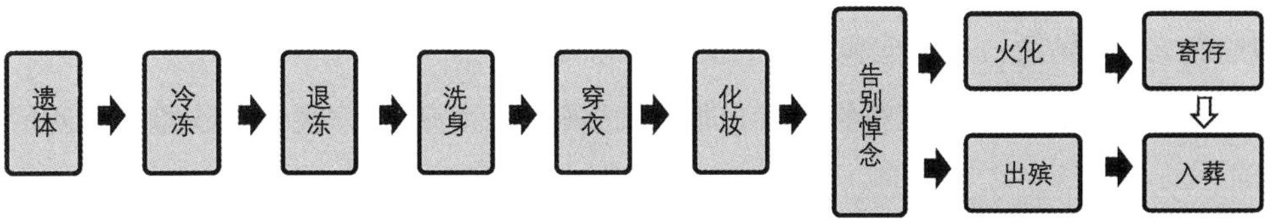

图10-5-1　遗体处理流程图
来源：作者绘制

1　虚拟现实是一种将主体显示、3D建模和自然交互技术综合而成的一种融合性技术，它可以实现虚拟现实祭拜，使扫墓者有一种置身于真实世界与先人对话的感觉，是一种高级理想化的虚拟场景体验。

2. 空间关系（图 10-5-2、图 10-5-3）

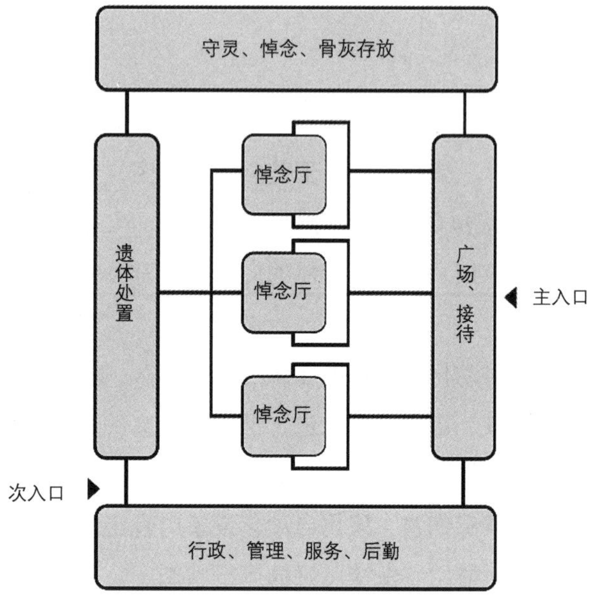

图 10-5-2 殡仪馆空间关系示意图
来源：作者绘制

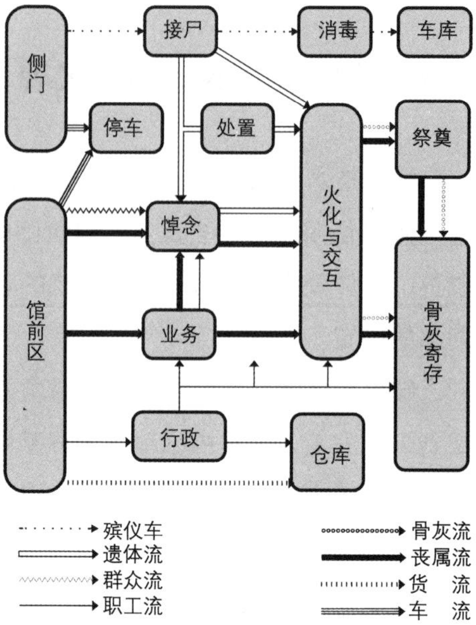

图 10-5-3 殡仪馆流程关系示意图
来源：作者绘制

（二）总图的功能分区和布局

按照业务内容，总图由 10 个分区组成：业务接待区、殡仪区、遗体处置区、火化区、骨灰寄存区、祭祀区、业务辅助区、行政办公区、集散广场区和职工生活区。其中以殡仪悼念区为核心，其他分区围绕展开，彼此联系互不干扰。

1. 分区

（1）业务接待区：位于接待客户的第一线。提供咨询、查询、引导、殡葬用品和丧宴安排以及租车服务。

（2）殡仪区：进行殡仪策划、礼厅租用、遗像制作、挽联挽幛制作、鲜花服务、影音服务、礼厅布置（包括司仪、摄像、乐队、护灵等服务）、文书撰写，布局上由守灵区和悼念区两部分组成，前者供丧属等少数人使用，后者是举行集聚性告别、追思等室内外的祭悼。悼念区聚集的人数多，人员复杂，对管理和服务的要求也较高。

（3）遗体处置区：为遗体首到之处，服务内容较多，包括遗体登记、收殓、重殓、抬运、遗体交接。

遗体防腐保存，分为低温保存、化学与物理防腐保存，有特殊需要时采用个性防腐保存，单体冷藏或综合防腐保存。

遗体整理，包括解冻、洁身、更衣、遗体整容整形；民族习俗或丧属要求时，对遗体进行包裹，需要时协助尸检。

靠近殡仪区和火化区。

（4）火化区：为火葬殡仪馆专设，分交互和火化两个分区，位于较隐蔽的区域。遗体处置区与殡仪悼念区之间设地上或地下专用通道。火化区进行遗体火化、陪葬品火化、装灰服务、领灰服务、运送服务、无主骨灰处理等。

（5）骨灰寄存区：分堂、塔、廊、亭、墙数种。为火葬殡仪馆专设，应先确定临时还是长期存放，两者的规模和配置不同。如为长期存放，还要提供接待、室内外祭悼以及其他相应的服务设施。

（6）祭祀区：祭祀区仅是骨灰寄存区的配套设施，为前来祭悼的人群服务。还为客户提供网络祭扫、代客祭扫和特殊祭扫服务。

（7）业务辅助区：包括各种机房设备用房、仓库、车库、保安监控、危废/普废物品处理、杂物焚烧、植栽养护、殡仪车库和清洗等功能，负责骨灰格位的保养和维修。

（8）行政办公区：与其他区相近，但有区隔，也可单独设立。

（9）集散广场区：在组织人、车流方面发挥着重要作用，避免人流的交叉和倒流。入口大门的前后广场、停车场应和业务接待区邻近。香港钻石山火葬场将进场和离场两条动线分开是成功的设计案例。

（10）职工生活区：根据项目策划书确定，必要时可独立设置。

10个区中，行政办公区、火化区、遗体处置区、业务辅助区及职工生活区均属于殡仪馆内部使用的活动区。

殡仪区和祭祀区主要是外来人员和丧属的活动区。

业务接待区、骨灰寄存区、集散广场区为外来人员和职工的共同活动区。

10个区中又分为污染区、半污染区和无污染区，应注意它们之间的必要隔离。

各个分区的布局对朝向、间距、布置方式的要求不尽相同，应做到紧凑、交通便捷、人车分流、路牌清晰，使不同的人群各得其所，避免盲目集结。

停车场、道路与建筑物应有无障碍设计。殡仪馆至少应有两个出入口，其中一个主要供殡仪车使用。总图应预留今后改扩建的可能。

2. 布局

殡仪馆的10个区又可归纳为不能混淆的内外两区。内部操作区主要为不对外开放的遗体处置区和火化区，其次是对外开放的服务区。两者之间的联系是将化好妆的遗体送往悼念厅的地上或地下专用通道，悼念仪式结束后再将遗体原路返运至处置区，再安排火化或土葬。

殡仪馆设计中最重要的是如何安排遗体的内部运送，既便捷畅通又隐蔽安全。可归纳为地面水平运送、地下专用道运送和垂直运送三种。

（1）地面水平运送：主要通过露天专用道或室内廊道，通往各悼念厅（图10-5-4）。

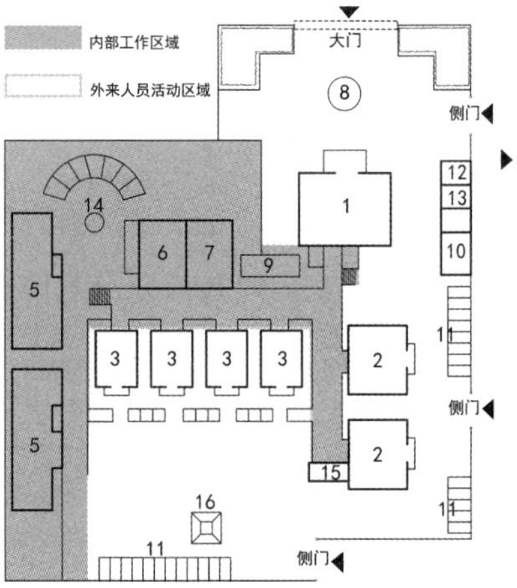

台北市立第一殡仪馆平面简图

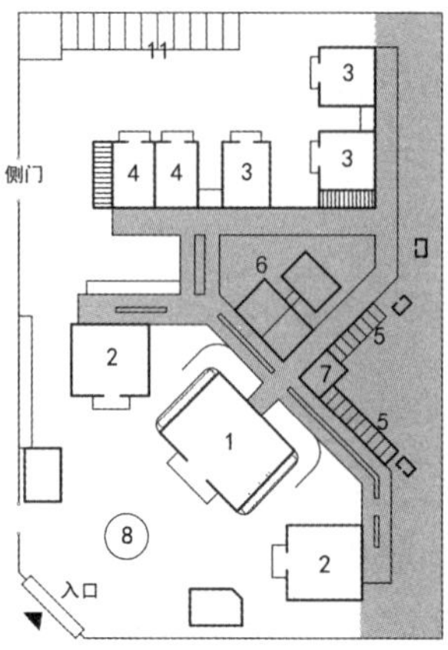

台中市立殡仪馆平面简图

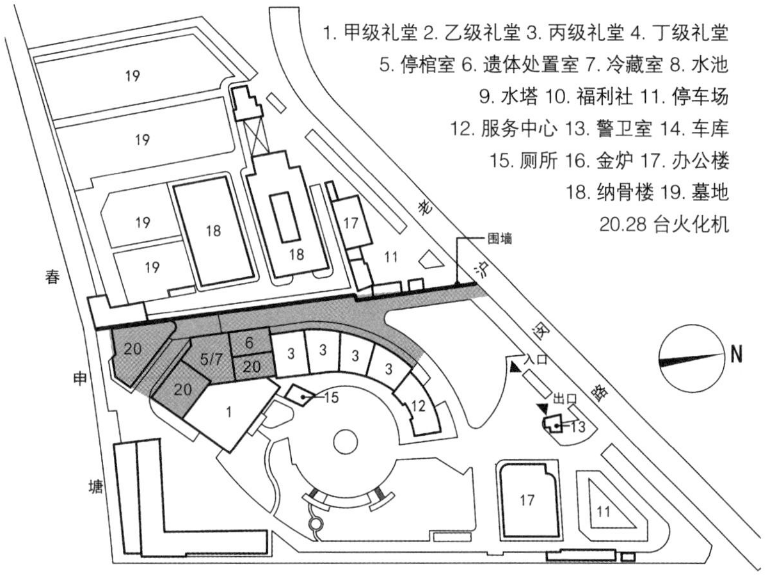

上海市益善殡仪馆平面简图

图 10-5-4 遗体地面水平运送分区示意图
来源：作者根据三家殡仪馆提供资料绘制

（2）地下专用道运送：优点是隔离性能好，运送距离短，通道设置不受地面建筑的影响（图 10-5-5），但要注意两辆运送遗体电瓶车交汇错行时对净宽的要求，一般不小于 3 米。地下专用通道应设置人工通风。

（3）垂直运送：适用于多高层殡仪馆，优点是运送距离短、效率高（图 10-5-6），垂直运送遗体时应在每层设中转站，由此送往本层各悼念厅。

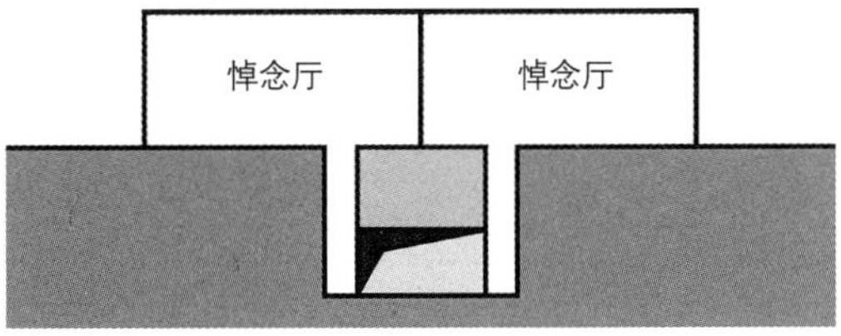

图 10-5-5 遗体地下运送专用通道示意图
来源：作者绘制

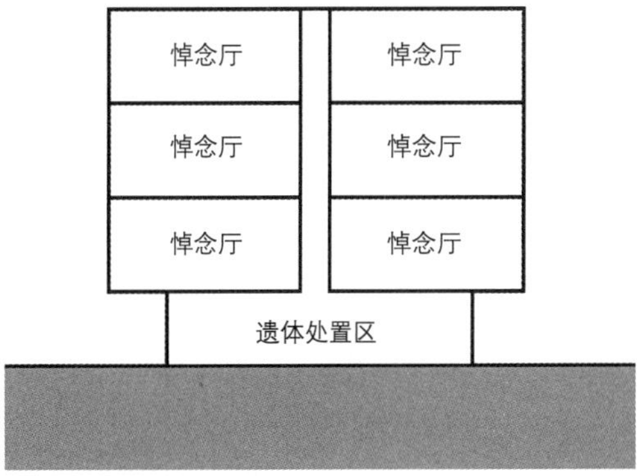

图 10-5-6 遗体垂直运送示意图
来源：作者绘制

火葬殡仪馆各功能分区中各类用房面积的比例参考当时当地的执行标准（表 10-5-1、图 10-5-7）。

火葬殡仪馆各功能分区占总建筑面积的比例　　表 10-5-1

功能区	占总建筑面积的比例 /%
业务区	10
遗体处置区	16
悼念区	25
火化区	16
骨灰寄存区	11
祭祀区	8
集散广场区	1
后勤管理区等	13

来源：殡仪馆建设标准：建标 181—2017[S].

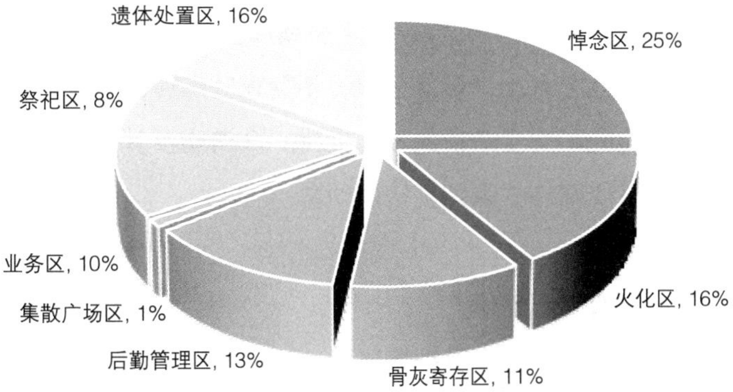

图 10-5-7 火葬殡仪馆各功能区中各类用房面积的比例
来源：作者绘制

土葬殡仪馆各功能分区中，各类用房面积的比例参考当时当地执行的标准（表 10-5-2、图 10-5-8）。

土葬殡仪馆各功能分区占总建筑面积的比例　表 10-5-2

功能区	占总建筑面积的比例 /%
业务区	14
遗体处置区	21
悼念区	34
祭祀区	11
集散广场区	2
后勤管理区等	18

来源：殡仪馆建设标准：建标 181—2017[S].

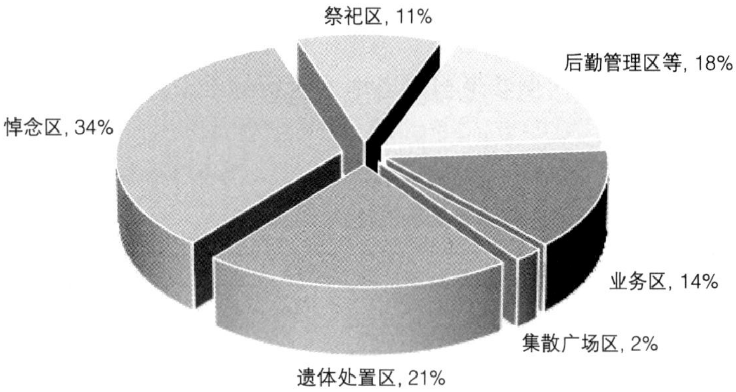

图 10-5-8　土葬殡仪馆各功能区中各类用房面积比例

来源：作者绘制

（三）殡仪馆的交通流

总图布局时，对外出入口至少设两个，使人流、车流均能保持通畅，各行其道，互不干扰。

1. 人流

（1）内部人员的流线：馆内行政、后勤、协作单位、技术人员及其家属的进出。

（2）外来人员的流线：①丧属和参加守灵的亲友，人数不多，但为人流主体。②参加告别仪式的社会人士，多而分散，不会在馆内停留过久。参加重要人物告别仪式的人数更多，要有扩大空间和安全疏散的预先安排。③清明及其他节假日，来骨灰寄存区向亡灵致悼的人群较多，易出现脉冲式瞬间拥挤的现象。

2. 遗体处理流程

遗体运送有以下五种情况：

（1）守灵后没有告别仪式，直接送往火化。

（2）守灵后有告别仪式，仪式结束后送往火化。

（3）不守灵，告别仪式结束后送往火化。

（4）不守灵，也没有告别仪式，径直送往火化。

（5）灾害遇难，需特别处理的遗体流线应与普通流线分开。

遗体流线应隐蔽、紧凑，与人流和车流严格分开，通过地上或地下通道，便捷、安全地到达和离开相关场所。

3. 车流

（1）客流车辆：外来大量社会车辆和少量贵宾车辆，路线应分开处理。要有方便的停车场和足够的停车面积。考虑到殡仪馆人流活动有阵发的特点，需考虑临时停车的可能。

（2）专属车辆：运送遗体的殡仪车必须有隐蔽的通路和停车点，不与其他车辆混杂，并且有独立的车库和洗车点。还要考虑后勤运输和消防车辆的动线要求，后者需有消防通道和灭火作业的空间。

（3）工作人员车辆：应有专属停车场，避免与其他车辆争路。

（四）殡仪馆的室外环境设计

设计时要考虑人们在殡仪馆中的感受，处理好人与环境的关系，创造安静祥和的室内外环境。

要充分利用地形地貌和植被，尽可能少动土方。过多的地形改造不仅影响环境，还会增加工程成本。规划时要为祭悼人群留有必要的户外活动空间。

环境绿化有其功能上的需要，例如遗体处置区和火化区与其他区之间应设置绿化防护带。良好的植被不仅能美化环境，还能疏解哀思，并在很大程度上防止或减少空气污染。视觉隔离也需要绿化作屏障。

殡仪馆的园林化是努力的方向，但由于馆内人流和车流多而复杂以及与逝者永别带来的负面感受，访客一般不愿在殡仪馆多逗留，祭悼后即匆匆离去，丧属忙于丧事也无心逛园。绿化率保持在35%为宜。

（五）殡仪馆的室内环境设计

创造殡仪馆合宜的室内环境能体现建筑的主题诉求，提升人们对诉求的感受。

首先要保证室内优良的空气质量，控制室内空气污染物的聚集程度，包括空气的温湿度、流速及净化程度等。

殡仪馆室内不良的热环境主要由火化区引起。遗体冷藏柜和高温火化炉两者对室内的环境品质均产生较大的负面影响。

殡仪馆的遗体处置区、停尸间、火化间的空气含菌量最多，对室内生态环境造成的负面影响也最大，空调也无法完全改善，空气经过中央空调反复过滤，不断繁殖细菌，逐渐失去其中的负离子。久居空调室内易造成人体不适。遗体散发的细菌和火化带来的污染，都会对人体造成伤害。因此，利用风压差和热压差进行自然通风是建筑师的首要考虑。

充分利用自然光和良好的人工照明，改善光照条件，创造静谧的室内光环境，消除噪声，创造舒适的声环境，均是室内环境设计的重点。

殡仪馆在视觉效果上带来的凝重、压抑印象主要来自黑白二色挽联唁幛和白色花圈以及凝重的室内环境。室内设计应从过去素净凄凉的阴沉转化为开放温情的豁达。

近年来开始流行的鲜花祭坛开创了殡葬新风，经过设计的鲜花祭坛可以突出和美化逝者，增加仪式感，使室内环境温馨，色彩与花香也能缓解人们的哀伤。

殡仪馆的室内配置植物花卉，进行“室外化”处理，可以“软化”环境。窗外的阳光美景，家具和装修尺度的把握，以及温湿度、通风采光、空气质量的掌握，都可以明显改善室内环境，影响人的感受。创造一个高品位的殡仪馆室内设计是现代殡仪馆建筑设计的重点诉求，也是人们心理和健康的需求。

殡葬建筑室内设计的生态观念打破了传统的美学思维。

六、建筑设计

殡仪馆是特殊类型的公共建筑，除了兼有民用和工业建筑特征外，还往往具有纪念性。有些殡仪馆还有举行宗教仪式的需求。

随着生活水平的提高，人们对殡葬服务的要求也在不断提升，越来越多的人希望殡仪能够在宽敞舒适的环境中进行。各地悼念习俗和经济发展程度的差异会导致一些区别。

建筑用房的设计有如下几个方面的要求。

（一）业务接待区

业务接待区是殡仪馆的对外窗口，办理丧葬事宜的集中区域，为访客和丧属服务。根据国内 16 所现存中小型殡仪馆业务接待区厅堂面积的平均数据[1]列出图表仅供读者参考（图 10-6-1、表 10-6-1）。

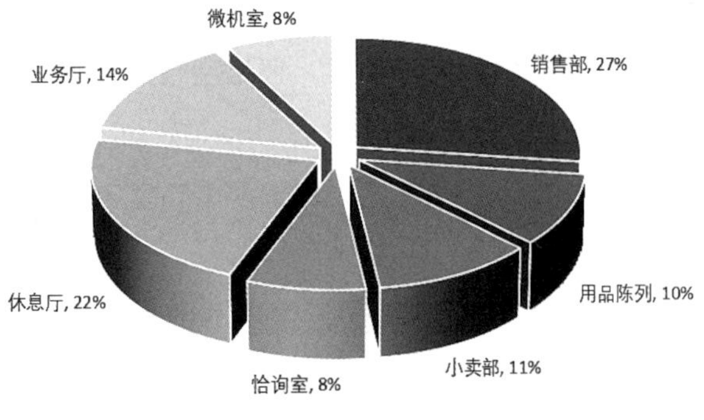

图 10-6-1　业务接待区厅堂面积分块
来源：作者绘制

1　根据建设部 1999 年批准的《殡仪馆建筑设计规范》表 1 制作。

业务接待区厅堂面积分块参考比例 表 10-6-1

功能区	厅堂面积比例 /%
业务厅	14
休息厅	22
洽询室	8
小卖部	11
用品陈列	10
销售部	27
微机室	8

来源：殡仪馆建设标准：建标 181—2017[S].

业务接待区的主要厅室，包括前台咨询、接待、洽谈、殡葬品展示、小卖部、客户休息室、抚慰室、挽联书写室、收款处、微机室、餐饮、生命教育展示、儿童活动、洗手间、茶水间等。其中洽谈室宜小型分置，以保持私密性。

业务接待区的面积以日均流量作为测算依据。随着经济发展，其面积所占的比例逐年增加，装修标准也逐渐提高。

（二）殡仪区

殡仪区主要为悼念厅和守灵室，它们的面积和设置方式与地方习俗有关。悼念厅用于举行群体性的悼念和遗体告别仪式，事先应根据习俗、信仰和需求，与丧属商定丧礼安排程序。

守灵室为遗属陪伴遗体守夜之用，位置靠近遗体处置区和悼念厅，与业务接待区保持距离。守灵室应备客房、卫生间和简易厨房。

悼念厅的遗体入口与人流入口应分别设置，遗体入口处应设停车平台和雨棚，避免产生视线与流线干扰。进厅之前在接尸间停留，等候程序安排。接尸间的面积应能容两台接尸车，最小室内的边长不小于 4 米。

悼念厅人流入口处应设无障碍坡道，布置休息室、会客厅、仪式物品临时存放室、杂物间、悲恸安抚室、音响室、遗物、祭品、卫生间等。室内布置分前后区，前区放置遗像、横幅、花圈和瞻仰台，后区靠近入口处，供人群就座或站立。设计时应考虑室外祭奠的可能。

遗体土葬时，送殡人员会在室外集聚等候，随殡仪车出发去墓园。此时人员嘈杂，设计时应留出疏解空间。

殡仪区有时根据习俗设置竖灵区，供遗属进行“头七”等传统祭拜，但因使用周期长，人员复杂，难以管理，故国内不将竖灵区作为必备设施。

（三）遗体处置区

为遗体火化或入葬前进行清洗、消毒、防腐、整容、整形、解剖、冷藏等服务的区域，与殡仪区联系较密切，各类用房按流程布局，达到功能清晰，流程便捷。各功能用房的门宽应大于 1.4 米，不设门槛，能容两台推车同时进出。

（1）接尸间：殡仪车将遗体送至殡仪馆办理入馆手续。这是殡仪馆和丧属遗体交接的场所。馆方应设摄像头为遗体拍照存证，发生遗体样貌改变、贵重饰品丢失等纠纷时可追溯回放（图 10-6-2）。根据遗体保存质量的情况进行消毒和防腐。

（2）停尸间：供遗体临时停放。

（3）防腐室：对遗体进行消毒、防腐、祛臭，应与冷藏室相通。与整容化妆紧邻，也可合在一起，但操作台分开。

（4）准备间：进行遗体处置前的一切准备工作以及器械的分类和保管，设洗手台和衣物柜。

图 10-6-2　遗体入馆时摄像存证
来源：作者根据图片绘制

（5）解剖室：一般尸检不在殡仪馆进行，如涉医患纠纷或刑案，经批准后可在此进行。解剖室的使用权归公安系统，操作人员为法医，殡仪馆人员不参与解剖业务。应设器械柜、洗池、解剖台、准备间和法医休息室。

（6）冷藏室：根据冷藏设备的规格、冷藏量和操作空间的要求进行设计。遗体送到殡仪馆，处理完表面致病微生物后要和丧属商量遗体的保存方式，可采用冷藏、冷冻、低温保存、化学药剂防腐、干冰降温等物理方式，也可以采取个性化防腐和单体冷藏，或者以上几种方式的综合运用来保存遗体。原则上建议遗体均进入冷柜进行冷藏保存。冷柜温度根据保存时间长短进行调控。防腐处理后的遗体也可长期冷冻保存。除了正常遗体的保存外，还需考虑特殊遗体的保存。

正常气温下，正常死亡的遗体在丧属要求下，也可采取干冰或注射防腐剂等措施进行三天内的短期防腐（图 10-6-3），以保证追悼会召开时遗体完好；对于因病导致腹水严重的逝者，必须先抽出腹水，将其储存在含凝剂的胶囊袋中（图 10-6-4），形成胶状后再送往处理中心，不可直接排入下水道。

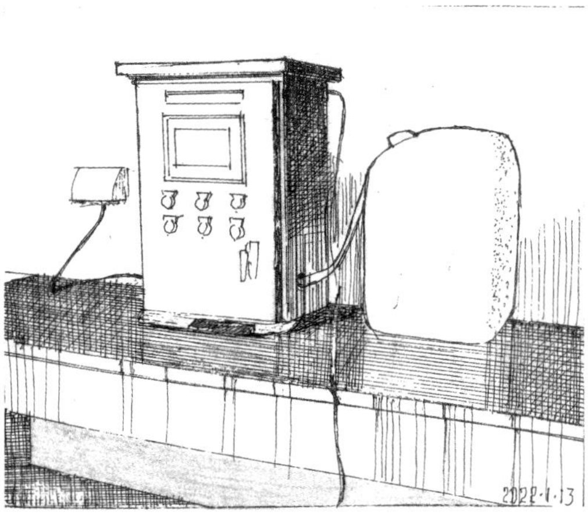

图 10-6-3　遗体短期防腐设备
来源：作者根据图片绘制

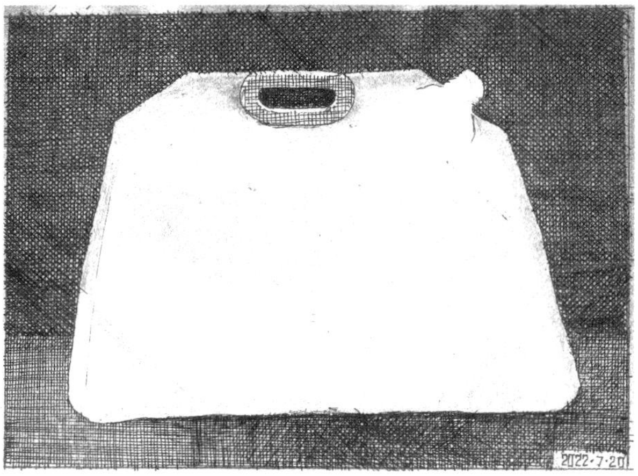

图 10-6-4　腹水收集袋
来源：作者根据图片绘制

冷藏柜有两种：

抽屉式：多个遗体上下左右排列（图 10-6-5）。进入式：仅放一具遗体，供特殊需要时使用（图 10-6-6），每个冷藏柜的柜门上都装有温度计和显示遗体信息的屏幕。守灵期间，若遗属要求，可将遗体放入通电后能保持低温的冰棺推入守灵室，使遗体与亲属最后相聚。

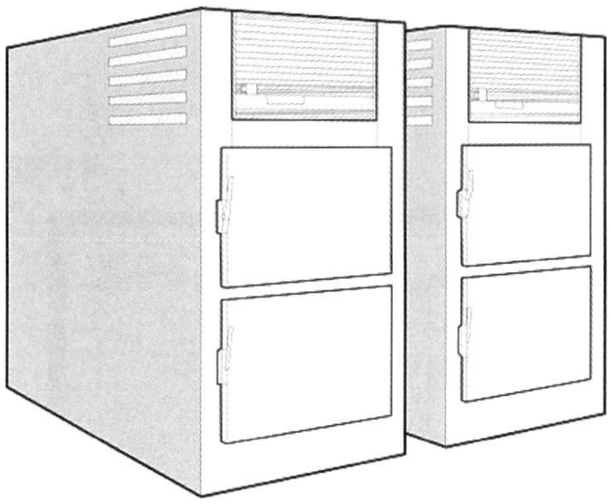

图 10-6-5　遗体冷藏柜
来源：作者根据图片绘制

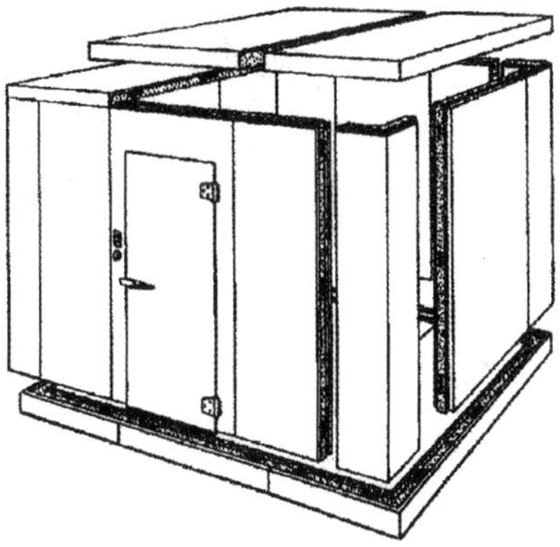

图 10-6-6　单独遗体冷藏柜
来源：取自 Cremation Supp tuin Cataeog

（7）解冻间：供遗体在此自然解冻。

（8）遗体沐浴间：房间不宜大但要温馨。在遗体整容之前，先抬放至有专门污水处理设施的专用沐浴床上，由工作人员对浴巾遮盖下的遗体进行"按摩、沐浴"。室内设少量座椅供至亲陪同甚或参与，安排丧属用卡片留取逝者手印作纪念。遗体沐浴服务广受丧属认可。

（9）整容室：用专用的设备为遗体做清理、更衣、整容，操作台周围应有足够的空间。如因意外事故死亡，需为遗体整形，维护逝者尊严，使其以完好的形象告别人生，宽慰丧属。整容室和防腐室应与冷藏室相通。

逝者正常死亡时，丧属参与上述活动是中国孝道文化的重要选项。

（10）消毒净化间：操作前，员工穿好隔离服在此消毒后进入工作间。下班时脱了工作服在此消毒，洗澡后离开。脱下被污染的工作服按规定和需要进行送洗、消毒或销毁。

（11）危废品处理房：特殊遗体及传染病遗体的衣物须送往火化区进行焚烧处理，或装袋送往专业机构处理。危废品处理房必须防风、防水、防晒，与居民区保持一定距离。

（12）员工的卫生间和杂物间等。

（四）火化区

火化区的设计要创造温馨、舒适、私密的环境，表现出对逝者和丧属的尊重。火化区由以下两部分组成：

1. 遗体火化交互区

（1）丧属观礼室：丧属可以在专设的房间，通过玻璃窗或屏幕观看火化过程，目送亲人“成仙”（图 10-6-7）。

（2）骨灰暂存室：临时存放火化后待领的骨灰。

（3）候灰室与取灰室：遗体火化后，火化师会将骨灰装入骨灰袋，送至取灰室，帮助遗属将骨灰袋装入骨灰盒或罐。

遗属在等候时容易焦虑，为避免多家聚集在一个窗口等候，应安排附设有小卖部的休息空间，供等候的遗属休息。最好设单独的接灰间，进行有仪式感的“接灰”过程。

（4）分拣房：火化师将冷却后的骨灰送至此处，与遗属一起进行分拣，将骨灰装入骨灰袋或容器。

2. 火化操作区

告别仪式结束后遗体送往火化。遇难者的遗体经鉴定后不举行告别仪式，直接火化。

（1）火化炉操作间

设计前先要选定火化设备。火化设备燃料分为柴油和天然气两种，它们对设备的要求各异，根据火化设备的数量、规格以及产品对周边环境的要求，进行车间、火化炉烟道和机房的设计。

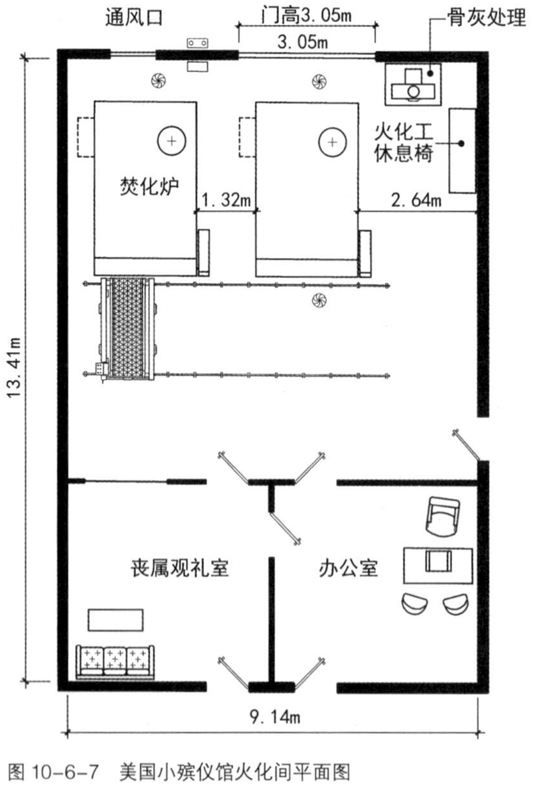

图 10-6-7　美国小殡仪馆火化间平面图
来源：作者根据产品目录资料绘制

火化炉有普通火化炉与绿色火化炉两种，差别在于尾气处理的不同。国家设定了尾气排放标准，火化炉若焚烧温度不够，往往会达不到排放标准，尾气中的一氧化碳、二氧化硫、水银蒸气、二噁英和氮氧化合物等有害气体会残留较多。

绿色火化炉是尾气处理严格的环保火化炉，采取二次燃烧、布袋除尘、活性炭吸附、水洗喷淋等组合方式。

目前使用较多的火化炉仍有两项需改进：一是通过地下烟道进行烟气排放，在安装时需二次施工；二是烟气在二燃室中未能充分燃烧，故排放前需进行臭味吸附处理。设计时首选不设地下风道，采用预制管道现场安装。这样无须二次施工，接上气电即可直接投入使用。

在千度高温下，二燃室燃尽有机污染物，经高速冷空气冷却后，对无机污染物进行脱硝脱硫和粉尘处理（通过物理吸附或者化学反应），使无法处理的残留无机物固体化，过滤后全部清除。此时的烟气没有任何气味，排入大气只剩适量的二氧化碳和水蒸气。绿色火化炉虽然价格较高，但能彻底消除有害气体。

火化炉又分前进后出的“平板炉”与前进前出的“台车炉”两种。使用“平板炉”时，遗体送入炉膛后焚烧，火化师对火化过程进行干预，用工具翻动遗体，使之充分燃烧，40 ~ 75分钟后即可完成。火化师从炉膛中用扒灰器扒取骨灰，待其冷却后送往分拣室进行分拣装盒。国内采用“平板炉”较多，它的特点是可以连续焚烧作业，运作成本低，但对遗体造成破坏，环境温度令人不适，火化师的劳动强度过大。

“台车炉”又称“捡灰炉”，是一种新式火化炉。炉门打开，滚轮台车自动滑出，由火化师将装有遗体的环保棺木抬上台车入炉。遗体焚烧时不需人工干预，炉顶向下喷射高温火焰，遗体在800 ~ 1000℃的高温下充分燃烧。火化师可以从观察孔中了解焚烧状况，随时调整火候。一个半小时后焚烧完成，台车返回进口，在冷却台上进行强制冷却，冷却后的骨灰在原地或送往分拣室进行分拣。“台车炉”能保留遗体全灰，产生的有害尾气少，但耗时耗能，成本较高（图 10-6-8）。

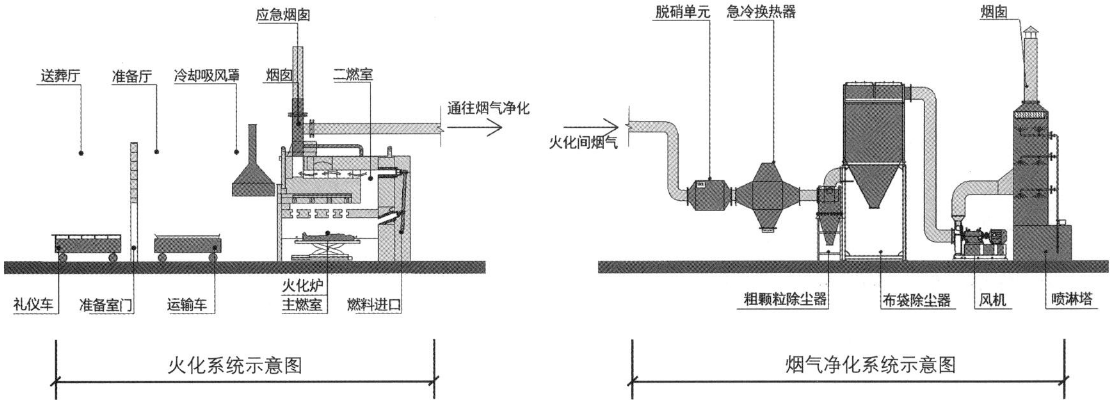

图 10-6-8　火化系统、烟气净化系统示意图
来源：作者根据周晨先生提供资料绘制

还有一种安装了热交换器的新式火化炉，废热可以回收利用。

无论使用哪一种火化炉，都需要在进炉之前通过二维码或铜牌进行遗体确认，以防误烧。入炉前，必须除去棺木中会产生有害气体的橡胶、塑料、皮革等制品。

火化后的骨灰、骨头和骨渣碎末，受潮后易生异味或虫害，应及时分拣装袋，再将骨灰袋装入骨灰容器。国外以及部分国内火化场用小型粉碎机，将焚后残留物粉碎成末，再经压实后的骨灰体积可大大减小。

（2）火化间的室内设计

①临时停尸间：供遗体火化前临时停放，按顺序进行火化。

②火化间：平板式火化炉长约 3 米，分为炉前、炉后两个操作区。炉前区长 8 ～ 10 米，炉后区长约 7 米。两区之间需有通道连接。也有小型殡仪馆在室内集中放置火化炉，四周开敞相通，不分前后区（图 10–6–9、图 10–6–10）。

图 10–6–9　火化炉一排放置
来源：作者根据图片绘制

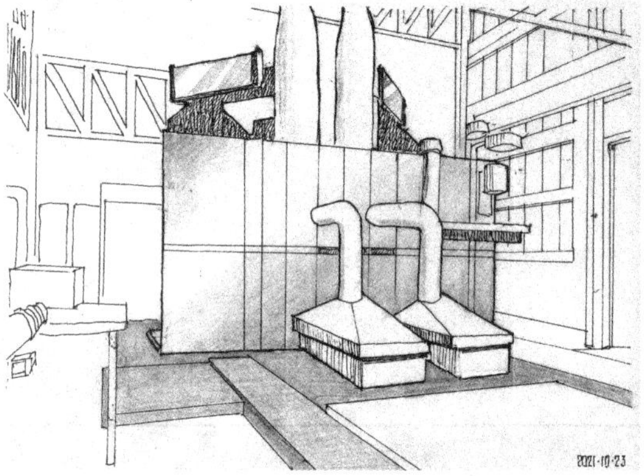

图 10–6–10　火化炉集中放置
来源：作者根据图片绘制

③尾气处理车间：有毒尾气在此通过除害装置排至室外。

④火化师休息室：车间温度高，火化师劳动强度大，必须设置休息室。

⑤危废品存放处：遗体火化后，部分焚烧残留物留在炉膛，可搜集后与其他废弃物一起在此存放待处理。

⑥油库和燃料供应区：燃油式火化炉使用的燃料储存在油库，通过油泵输送至储油箱供给火化炉。

⑦工具间：存放各种备用工具。

⑧设备维修间：火化间的工具和设备较多，应设简易维修间。

⑨卫生间及淋浴房。

（五）骨灰安置区和祭祀区

在策划阶段，根据预估的骨灰寄存量、增长率以及寄存方式，确定所需面积。殡仪馆一般只提供短期骨灰寄存服务，亦可商业运作，长期保存。

有骨灰寄存楼的殡仪馆与独立经营的纳骨建筑是有区别的，前者重在殓和殡，后者重在“葬”。“葬者，藏也。”骨灰安置区应设置祭祀空间。

祭祀方式，有一种是从格架捧出骨灰盒至家祭室进行点烛、焚香、烧纸等传统祭拜，完毕后再将骨灰送回格架。这种方式虽然富有人情味，能满足传统祭拜的要求，但安全管理比较复杂。提倡格架前献花或开柜清理的文明祭悼方式。

殡仪馆除供骨灰存放外，还应包括骨灰入架前的接纳与检视、遗属办理寄存业务时的等候和休息、骨灰档案室等用房。骨灰区的设计参考本书第十一章。

（六）业务辅助区

包括能源供给、废物处理、保安监控、燃料库、配电室、应急发电房（对已有双电源的殡仪馆可不设）、供热、供水、水处理、杂物焚化炉、危废品集中区、普废品集中区、车库、仓库、绿化管理、停车场、公共卫生间等，根据不同地区殡仪馆的规模及需求，参考当时当地相关规范配置。污水采用固化或生化处理，避免直排。

（七）办公服务区

管理用房的位置应保持一定的独立性，尽量安排在采光、通风及绿化条件较好的区域。

七、殡仪馆建筑的设计原则

殡仪是功能，功能决定形式。人从外界获得的信息，70% 以上来自视觉，无论殡仪馆还是纳骨建筑，设计原则仍是实用、经济和美观，其形象的美感和内涵，在殡葬建筑中尤为重要。为了获得良好的设计作品，应特别注意以下几点。

（一）立足本土文化

优秀的建筑应能反映当地的文化属性而成为城市名片。本土文化是经岁月冲刷后留存下来的精华，应受到尊重。任何一个成功的设计都能找到本土文化的“基因”。任何个性化的设计都应该和本地域的人文地理环境相协调，它们之间存在着一种默契的相关性。一个出色的殡仪馆建筑应符合上述要求。

（二）塑造空间仪式感

殡仪馆是一个传承孝道、对生命表达敬意的地方，葬仪体现了逝者的尊严和人生完整，同时也缓解了生者对死亡的恐惧和对逝者的留恋。设一定的序列空间形成仪式感，使人在运动中产生心灵激荡和精神专注、情感升华、行为约束，仪式感是情感的催化剂，常见手法如下。

1. 视觉韵律产生仪式感

规则式布局是增强仪式感的一种方法，例如位于柏林的欧洲被害犹太人纪念碑（Denkmal f ü r die ermordeten Juden Europas），占地 1.9 万平方米，安放了 2711 个长 2.38 米、宽 0.95 米、造型统一的混凝土棺木，横平竖直、整齐划一地聚放在一起，如同一片起伏的“石林”，受光面和阴面，以及它们在地面投下的阴影，呈现出一种层层叠叠有规律的图案形成韵律感（图 10-7-1）。棺木之间的通路宽不足 1 米，置身其中能感受到冰冷水泥的“挤压”和强烈的视觉冲击，使人心神难安，从而达到令人警醒和反思的效果。这种布局通过几何空间带来压抑感，让人感受生命的庄严与可贵。

图 10-7-1　柏林犹太人被害纪念地
来源：作者根据图片绘制

2. 空间节奏产生仪式感

殡葬建筑通过序列设计形成空间节奏，从而产生仪式感。中国许多帝陵的神道、享殿，以及基督教的祭坛和中庭，皆运用此法。人在其间走动时受到周遭不断变化的景物带来的视觉刺激，会产生一种节奏性的瞬时情感反应。这种反应能缓解恐惧，激发对逝者的留恋和崇敬。

3. 色彩产生仪式感

建筑色彩可以渲染情感——统一色调能产生克制，对比色能令人兴奋。色彩和质感与空间艺术感染力密切相关，形、色、声、香、触，是空间艺术的表达手段，它们在哀悼和纪念性建筑中发挥着重要的作用。色彩能调动人的情感。冷色调使人宁静平和，为殡仪建筑所需；暖色调使人情绪昂扬，为纪念历史事件和人物时所需。

不同颜色有不同的隐喻。白色代表纯洁、脱俗、纯真、神圣，黑色代表崇高、坚实、严肃、刚健，灰色代表忧郁、谦虚、中庸、平凡，红色代表热情、活泼、温暖、幸福，橙色代表光明、华丽、兴奋、快乐，黄色代表明朗、愉快、高贵、希望，绿色代表平稳、和平、柔和、安逸，蓝色代表永恒、沉静、理智、寒冷，紫色代表优雅和高贵。

黑白灰是殡仪馆的经典色调，黑白、冷暖、亮暗都能产生色相或色度的对比。在统一的色调环境中，对比色能使殡仪馆建筑的重要部位醒目，协调色的环境能带来稳定情绪的作用。

装修材料的质地和纹理也能带给人们不同的感受。粗糙使人感到稳重，细腻令人感到轻松，规律的材料铺装产生视觉韵律。所有这一切都是建筑表现的手段，能够带来仪式感。

4. 精神标志产生仪式感

纪念性雕塑能直接唤醒人们的文化意识，起到提示作用。例如，为纪念被射杀殉职的克罗地亚著名摄影师戈登·莱德勒（Gordan Lederer）逝世 24 周年，克罗地亚人民建造了一座特殊的纪念碑——巨大的镜头孤独地矗立在草地上，引导人们望向他最后拍摄的瞬间。圆形不锈钢镜圈暗示生命还在延续，圆环内的镜片上还留有弹孔穿透形成的裂纹，游客在此往往陷入沉思。

步道上放置着照相底片状的一张张混凝土踏步板，由疏至密，代表逝者生命的每个年份。最后一块石板空空如也，这正是他遇难的一年。沿着曲折的通道，最终来到镜头纪念碑前，过程充满仪式感，能勾起人们无尽的怀念与不舍（图 10-7-2 ~图 10-7-4）。

图 10-7-2　戈登·莱德勒纪念碑全景
来源：作者根据 NFO 事务所提供图片绘制

图 10-7-3　曲折镜片步道和镜头纪念碑
来源：作者根据 NFO 事务所提供图片绘制

图 10-7-4 弹孔穿透的“镜圈”
来源：作者根据 NFO 事务所提供图片绘制

5. 空间约束产生仪式感

（1）视觉的唯一性

回廊与门是制造行为约束的工具。回廊引导人们沿着曲折蜿蜒的道路前进，饶有趣味地到达目的地。门象征着一段路程的结束，也是另一段路程的开始，这种终与始的暗示能够产生仪式感。

回廊路径的“唯一性”为行为提供约束。水域与桥梁作为约束手段，同样能限制人的行动。当四周是平静的水面，需要跨过水面进入悼念厅时，人们在水的限制下，内心也会涌现出克制的内敛情感，从而构成仪式感。

（2）行为的预设性

人在与建筑的互动中，通过设定行为的先后顺序进行设计，同样能达到约束行为的效果。人们遵守预设的程序，自觉从台阶走向入口。在悼念厅入口设计上，人们拾级而上，崇敬感会油然而生。被动约束带来主动行为，从而产生仪式感。

在殡仪馆设计中，运用“视觉唯一性”和“行为约束性”能够唤醒人们的自我暗示，从而增加建筑的仪式感。

（三）打造抚慰空间

前述仪式感是指通过建筑，令人产生某种特定情感，比如庄重、威严、安宁等。这与即将谈及的“抚慰心灵的空间”并不冲突，两种表达手段根据不同的时空选择应用。

殡仪馆是亲友与逝者见最后一面的地方，此后就是阴阳两隔、音容不再，所以会使人感到压抑和悲哀。过分素净的屋内，会平增凄凉和阴森。因此，设计时要注意人的空间感受，营造开敞明亮、气氛柔和、鲜花装点的温馨气氛，提供舒适的家具布置和良好的室内空气品质，从而使人的感受从亲人离世的痛苦转化为超脱尘世的安详。诀别逝者时悲伤难免，这种悲伤带有私密性，需要一个安静、亲切、有温情的环境来抚慰。给有限的殡仪空间注入抚慰的力量。

1. 借景

目前，许多殡仪场馆是封闭式的，白壁平添凄凉。人在密闭空间中，心情原本压抑，悲泣会加重内心的伤痛，要设法让场所接近自然，让环境抚慰人心。

由荷兰霍夫曼·杜贾丁（Hofman Dujardin）工作室设计的“殡仪中心”是建筑与自然环境结合的典范。在这样一个自然通透的空间里，人们会思考如何与亲人告别。“殡仪中心”为单层建筑，坐落在平缓的草地上，绿草如茵，树木繁茂，低矮的建筑与周遭茂密的绿色环境亲密拥抱、和谐相处。

为了安抚人们的悲伤，设计者用玻璃幕墙取代实墙，展现室外全景视野，把美丽的大自然“借”到室内。当参加悼念的人群想到逝者将回归生机勃勃的大自然时，内心会感到些许安慰。同时，超大的落地玻璃把和煦的阳光带入室内，室外轻风微拂，枝叶婆娑，“借”来的美景能减轻人们的哀伤。

葬礼过程有三个时段：亲友聚会、纪念仪式，以及仪式后的社交活动。为此设计出三个不同的空间。

第一个空间是回忆厅。墙上装一面多媒体大屏幕，通过展示视频和照片来迎接客人，共同回忆逝去的岁月。

第二个空间是悼念厅。平面为三角形，两堵弧形的墙和向内弯曲的天花板，使人们将注意力聚焦到中央“焦点”——灵柩上。灵柩后面即是那面拥抱大自然的玻璃幕墙。

第三个空间是社交厅。这里是告别仪式结束后亲友们的社交场所。温暖的木质墙壁和地板，营造出家庭般的氛围。

荷兰这一“殡仪中心”是借景成功的案例。其实借景无处不在，山、水、建筑、动植物均可“借”，可远借、近借、互借、仰借、俯借等。借景收无限于有限之中，对于扩大建筑空间的深度与广度、增加空间的层次感，都是极其重要的设计手段（图 10-7-5 ~图 10-7-8）。

图 10-7-5　外观
来源：作者根据图片绘制

图 10-7-6　回忆厅
来源：作者根据图片绘制

图 10-7-7　悼念厅
来源：作者根据图片绘制

图 10-7-8　社交厅
来源：作者根据图片绘制

2. 借光

在人的意识中，光代表生命，黑暗代表死亡。怕黑是人的天性，人们容易对阴暗做出负面的情绪反应。史前时代的尼安德特人（Neanderthal）、部分欧洲人、后来的埃及人和东正教人，都流行头朝东的墓葬，说明他们希望看到日出。[1]“上帝就是光，人类需要光。”[2]

现代建筑特别重视光元素的运用，光环境属于建筑环境的一部分。“设计空间就是设计光”[3]，建筑师往往利用顺光、逆光、侧光和顶光等不同的光照来丰富自己的设计，产生美学效应，创造感情空间。通过光的明暗、强弱和引入方式，强化仪式中的心理变化，适应各种不同室内空间环境的过渡。光给人带来温暖和希望。安藤忠雄设计的“光之教堂”就是经典作品。镂空的“十”字造型，光透射进来形成自然的“光十字”，与室内的黑暗形成对比，信徒心里自然会升起一种渴望阳光的宗教情怀。光是殡仪馆设计中能帮助人们摆脱阴森、感受光明的重要元素（图 10-7-9）。

图 10-7-9　安藤忠雄设计的“光之教堂”
来源：作者根据图片绘制

除了自然光之外，还可利用容易控制、灵活性更大的人工照明，两者配合运用，可创造出令人难忘的空间环境。

3. 家庭化

殡仪馆是诀别的伤感地，情感需要抚慰。家庭是私有制社会最富亲情和人性的地方，殡仪馆是通过家庭式的氛围，带给遗属以温暖，抚慰他们的失落和悲情，因此室内装修应避免阴冷。无论外观还是室内，都应避免易使人烦躁的过多装饰。家居的奢华让人仰视不敢亲近，简洁明快带来亲切和安定。一个高品位、简洁的室内外环境，能发挥建筑特有的精神功能。

1　奚树祥 . 纳骨建筑的设计和展望 [J]. 建筑学报，2008（2）：78-84.
2　《圣经》约翰一书 1：5-9.
3　美国建筑大师路易斯 · 康（Louis lsadore Kahn）的名言“To design space is design light”.

4. 隔声

殡仪馆内外有许多嘈杂的声音。创造良好的声环境，主要通过合理的功能分区及建筑物的隔声构造来实现。殡仪馆的焚烧炉、鼓风机所产生的机械噪声，来自灵车、哀乐、鞭炮、哭喊、嘈杂人群的内部噪声，靠近高速公路或马路的交通噪声，以及同时进行多场殡葬仪式时，大量人群产生的噪声都需要去处理。噪声使人烦躁，音乐使人放松。一方面通过合理的分区和采取隔声构造措施，另一方面在噪声源处设置绿化带和高墙等隔声障碍物，利用它们的吸声和反射来降低噪声。

5. 隔热

殡葬建筑的室内热环境主要来自火化区。遗体火化过程产生高温，遗体冷藏需要低温，前者使炉外温度经常处于 30 ~ 50℃，而遗体集中冷藏的冷藏柜或冷藏库又会大大降低室内温度。一冷一热的环境，使殡葬建筑室内难以令人感到舒适。空调虽然可以改善热环境，但久居人工环境会感到不适。因此，设计中应加强日照通风，运用室内植栽、空气加湿器、接近大自然等措施来进行改善。

（四）殡仪馆的隐秘性

殡仪馆常令人感到不快，甚至忌惮，为避免附近居民的反感，尽可能“退避三舍”。

（1）在交界处种植高大乔木，作绿化隔离。

（2）建筑进行矮化处理，缓解视觉压力。

（3）分散布局，采取去中心化处理。

（4）边界布置办公或餐厅等普通功能的建筑，视觉上给民众平和的心理感受。

（5）“大隐于市”，沉入地下。譬如海恩建筑事务所（Haeahn Architecture）设计的首尔陵园，位于 1.8 公顷连绵的丘陵山谷中，设计师将所有场馆都沉至地下，融入地景艺术中，与凹陷的地形完全契合。远处望去空无一物，置身其中另有乾坤。

四周被包括火葬场在内的功能用房围合，中间是一片水域，水中央是一朵禅意悠然的金属莲花。夜色降临时，室内的暖色光在中庭的水面中倒映，共同形成一幅光彩夺目、壮观美丽的图景。两层楼的厅堂和火葬设施围绕着庭院展开，屋顶宛如花瓣叠放。

丧属沿着特定的小路，绕行庭院，送逝者最后一程。火化间的天花板强势上扬，成为拱廊上方的采光大窗，山间泉水流入中庭水池，叮咚作响，生机盎然，美丽的景色淡化了人们的生死悲伤（图 10-7-10、图 10-7-11）。

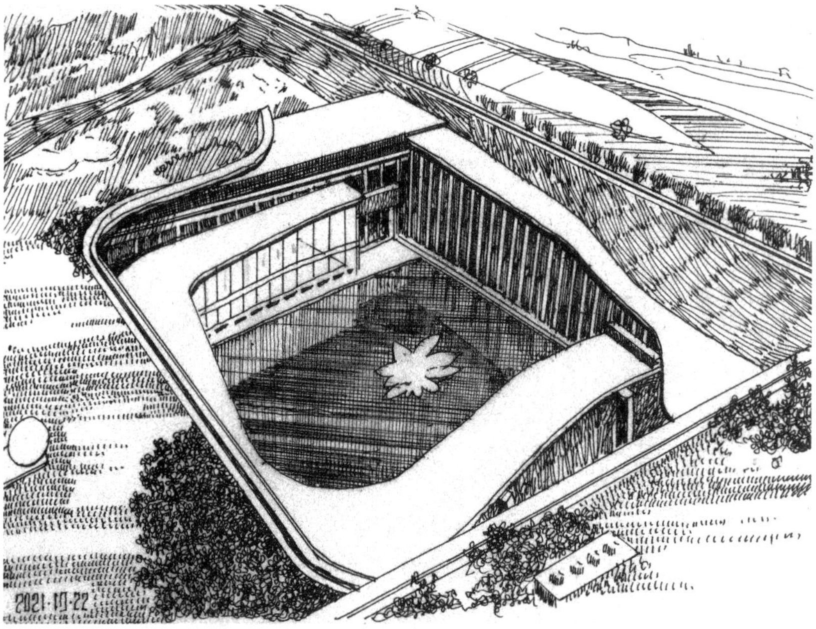

图 10-7-10　鸟瞰首尔陵园
来源：作者根据图片绘制

图 10-7-11　下沉式庭院水景
来源：作者根据图片绘制

（五）打造殡仪馆的安全感

聚集在殡仪馆，人们会产生一定的心理压力，对死亡的恐惧会引发许多联想。因此，设计时应增加空间的缓冲地带；避免不同性质的活动空间直接相连；越接近逝者的区域，越要提供更多的开放空间；增加夜间照明；慎用可能引起恐惧的造型艺术，可能的话设收纳丧葬用品的专设空间，以免随意堆放增加恐惧感。

（六）功能的多元化

殡仪馆常被定义为“死亡空间”。死亡蕴含着深邃的哲学思考，是最好的生命教育课堂。建筑师可以给殡仪馆注入更多的社会功能，让它与市民的日常生活有更多的联系，淡化生死联想。

现代商业建筑中已出现医院与商场结合、书店与文创结合、咖啡厅与阅览结合、机场候机楼与展览结合等新模式。一些睿智的建筑师已经把这种趋势引入殡仪馆设计。

马来西亚吉隆坡市中心正在策划开发一座大型生命艺术馆。除了殡仪与纳骨之外，还融入了“文创美学区”“展览交流区”“公益慈善区”三大区块。文创美学区有图书、工艺品、咖啡、精美生活用品等；展览交流区是开展艺术展览和艺术家交流的空间；公益慈善区将免费提供给各慈善机构用于办公、交流、研究等活动。另外还设立一座“生命禅修院”，让尘世中疲于奔命的人们学会与死亡为邻，获得心灵的宁静；一座“禅意民宿”为生活中的修行者提供素食和经书，让他们在此打坐冥想。这一开发计划颇具启发性，引起了广泛的注意和思考。

（七）打造绿色殡仪馆

绿色建筑已成为建筑设计的基本要求。绿色殡仪馆应包括以下内容：

（1）重要污染点污染的防控，火化后的无害化处理，达到减量化和资源化的目标。

（2）工作环境的绿色化，火化车间安装新风系统，车间及炉体有吸尘、集尘装置、降温降尘的喷淋系统，降低职工的劳动强度，创造舒适的工作环境，使环境静谧、明亮、安逸。

（3）环境的绿色化，与周边居民和谐共处。具体可分为污染的防治和控制、水资源的可持续利用、设备能效的持续提升、交通减少有害气体的排放、建造节能的绿色建筑。在设计中采用太阳能发电；收集屋顶雨水用于灌溉花草；通过计算，精心安排通风最佳的门窗位置；有的安置二氧化碳传感器，自动控制门窗开启。此外，还有火化炉的热能利用、光导引入自然光、减少照明电耗等。

（八）保持创新，体现时代精神

创新有时代烙印，14—16 世纪的文艺复兴是建立在资本主义萌芽的基础上，19—20 世纪新建筑运动是建立在工业化大生产的基础上。21 世纪是信息化社会、知识经济和生态文明的时代。在互联网技术引领下的现代工业将给殡葬建筑设计带来巨大的影响，自动控制技术的发展解放了人工，使殡仪建筑实现自动、精准、低耗、高效。中国已有新建殡仪馆实现了遗体的冷藏、传输、鉴定、防腐、火化等，通过电脑指令进行自动化操作，外地亲人通过视频可以观看全过程。[1]办公、通信和环境项目的自动化均对建筑设计产生影响，科技的发展和土地的紧缺，

1 广州银河殡仪馆。

人们将逐渐淡化了遗体和骨灰的保存，未来向文化保存方向发展。从资源消耗型转向消隐和低碳，建筑师在这个转变过程中，应通过创新，放弃平庸追求卓越，有所作为。

八、建筑的防护与设备

殡仪馆是处理遗体的地方，过程中遗体内会散发出大量的微生物，对室内空气造成污染，给人们带来极大危害，殡仪馆各区空气中每立方米的含菌量[1]见图 10–8–1。

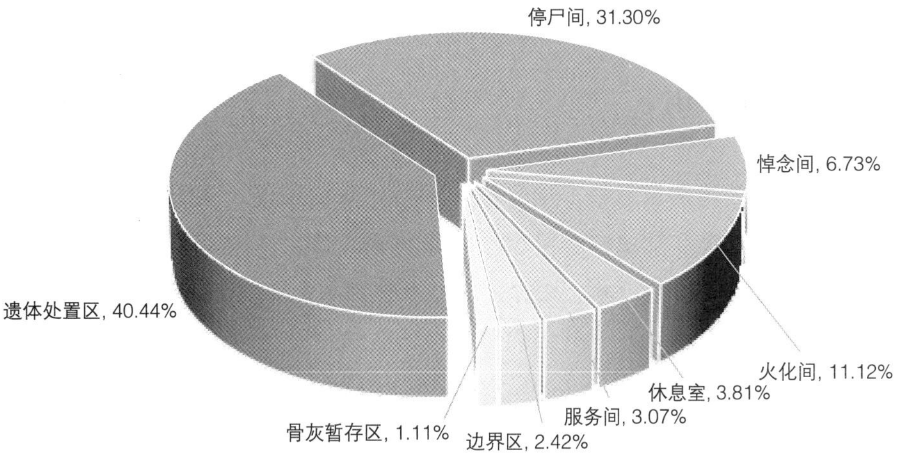

图 10–8–1　殡仪馆各区空气中细菌含量

来源：作者根据王贵领，光焕竹，王长广 . 殡仪馆空气微生物的污染分析 [J]. 黑龙江环境通报，2000（3）：84–85 绘制

建筑设计中，各区应根据图 10–8–1 采取不同等级的措施，降低含菌量对室内空间环境的影响。

除此之外，殡仪馆与任何建筑一样，均应严格遵守技术性的相关规范。

（1）骨灰存放区属“贵重物品仓库”，应提高防护标准，加大防火间距，设火灾探测器。应在明显位置设气体或干粉灭火装置，明示禁水灭火。

（2）应最大限度降低和控制陪葬品的数量和品种，严禁塑料、化纤、含重金属物质进入火化炉，不鼓励丧属带焚烧物祭拜。只允许在指定的室外焚烧炉或家祭室焚烧。家祭室应防范可能带来的火灾风险，设置有监控系统的焚烧箱、报警器及灭火装置。

（3）采暖、通风、空调：通风换气的标准应等同医院建筑。

（4）供电系统发生故障时，要保证供电不中断，万一中断可启动备用电源，应急灯应可持续照明 20 分钟。

（5）要为遗体腹水、逝者沐浴产生的污水、化妆间清洁后的污水、生活污水制定不同的处理方案。

1　cfu 为菌落形成单位，表示菌数，计算方法 cfu/m^3= 塑料培养基条上菌落数 ×25/ 采样时间。

（6）处理好遗体的废弃物，如骨灰余灰、除尘器收集到的含重金属的灰尘等，设危废品处理房。

（7）设广播音响设施，供应急使用。

九、国内殡仪馆案例赏析

公益性质的中国殡仪馆，通常由政府投资建设。受传统葬仪和生死观的影响，特点是占地广、气派、功能多。随着殡葬改革的深化，殡仪馆设计理念也在不断推陈出新，出现不少值得参考的案例。

（一）南京殡仪馆新馆[1]

建筑师为龚恺与朱雷两位教授，项目位于南京牛首山景区，三面环山，环境优美，占地286亩，绿化率高达51%。总建筑面积50199平方米，停车位850个，骨灰位50000个，新型火化炉13台，殡仪车19辆，基本实现了智能化管理（图10-9-1）。

图10-9-1　南京殡仪馆新馆鸟瞰图
来源：东南大学朱雷教授提供

总图为“人”字形，寓意“以人为本，以山为寝，天地人和”。整体布局为“一条主轴，三段序列”，纵向沿主轴展开。首先面对入口广场的是对外联系多、人流集中的业务接待区和悼念区，区内设接待大厅及大中小各类悼念厅18个，最大的可容1200人。悼念区前建有休息廊和广场。

过了悼念区，在两座山腰之间设守灵桥，含20间守灵套房，满足市民守灵3～7天的习俗，广场两边各建两套高档独立的守灵套间。

1　朱雷，龚恺．南京新殡仪馆[J]．世界建筑，2015（8）：60-63.

纵向轴线的尽端，围绕主峰，布置了一个以收纳骨灰为主、放射状的纪念环建筑，位于圆环边的骨灰堂，外侧为扇形礼仪祭扫区，利用放射状的布局，分散了骨灰堂的多个入口，骨灰堂上方二层为环状的骨灰存放处，整个纪念环设三层台阶和骨灰墙。离开骨灰堂拾级而上，可远眺周边山景。节假日期间，分散的出入口可减少拥挤。

存放骨灰的纪念环和守灵桥之间，布置为两边服务的火化区。殡仪馆的内部作业全部位于地下或半地下，纪念环后面为土葬墓区。殡仪馆配备了餐饮、超市等各种配套服务设施，功能齐全，布局合理（图 10-9-2 ~图 10-9-6）。

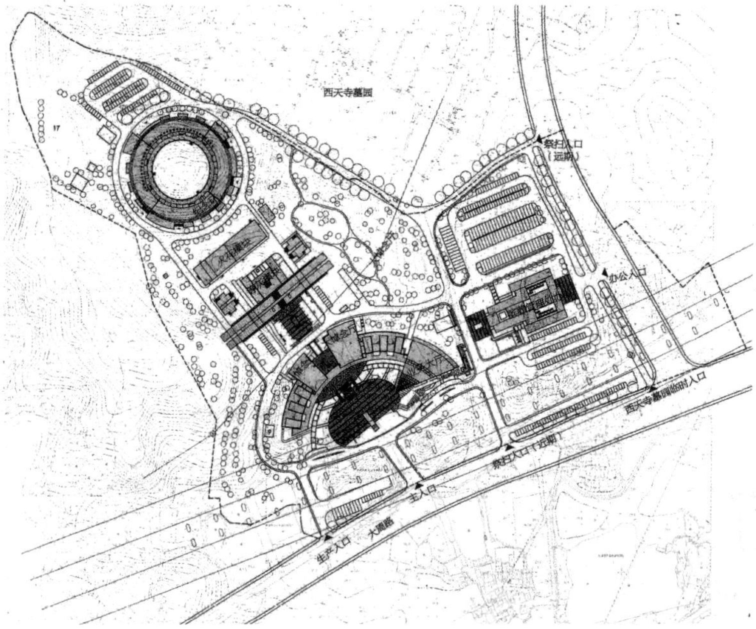

图 10-9-2　南京殡仪馆新馆总图
来源：东南大学朱雷教授提供

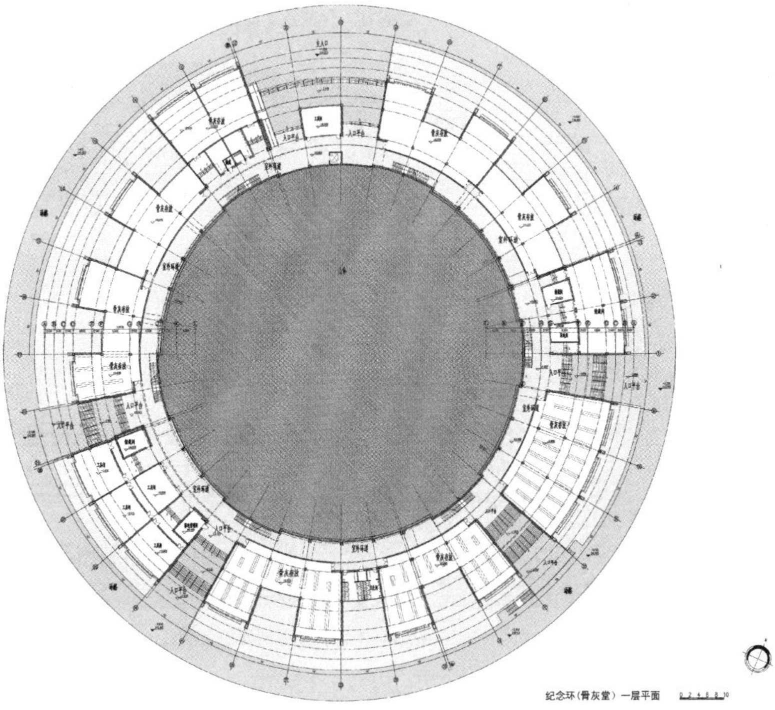

图 10-9-3　南京殡仪馆新馆一层平面图
来源：东南大学朱雷教授提供

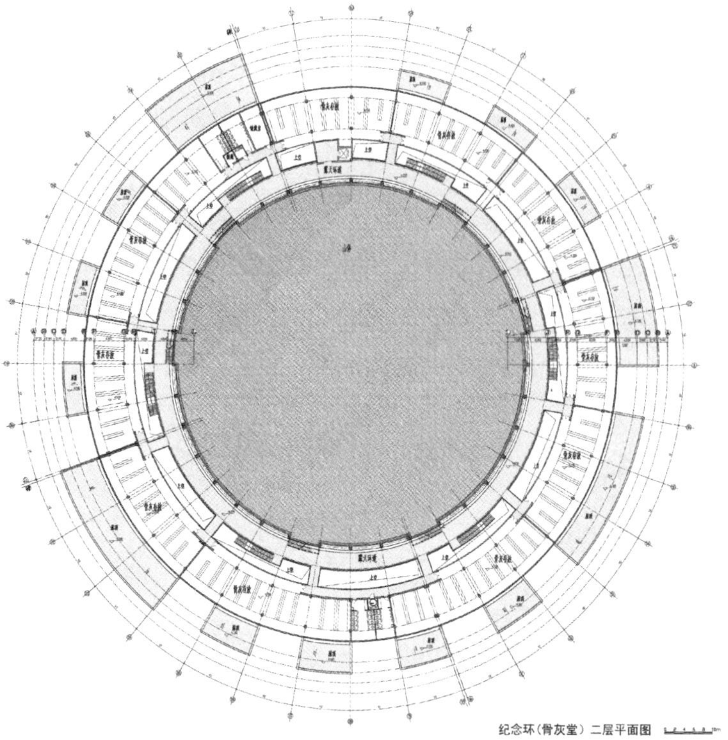

纪念环（骨灰堂）二层平面图

图 10-9-4　南京殡仪馆新馆二层平面图
来源：东南大学朱雷教授提供

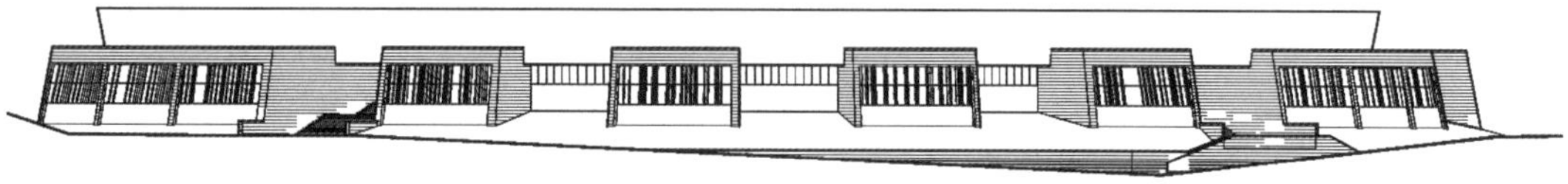

纪念环（骨灰堂）南立面

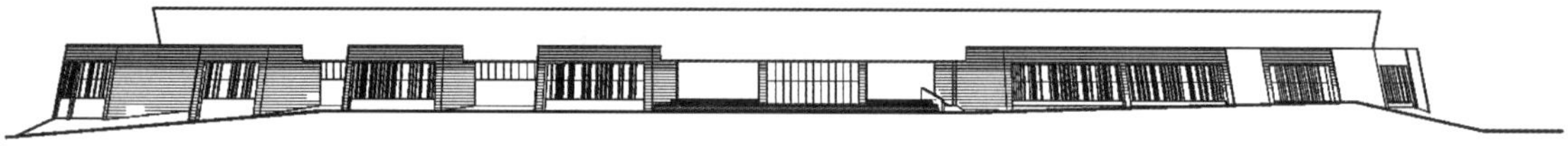

纪念环（骨灰堂）北立面

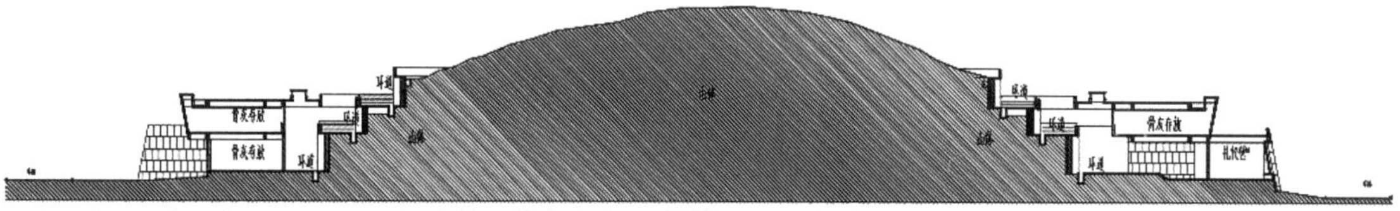

纪念环（骨灰堂）1-1 剖面

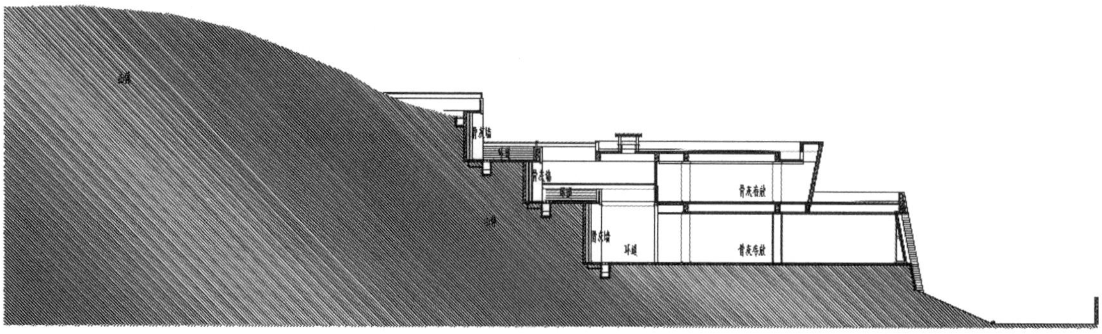

纪念环（骨灰堂）剖面放大图

图 10-9-5　南京殡仪馆新馆纪念环剖立面
来源：东南大学朱雷教授提供

图 10-9-6　南京殡仪馆新馆纪念环外观
来源：作者根据图片绘制

（二）厦门福泽园殡仪馆[1]

厦门福泽园殡仪馆于 2012 年开业，位于天马山东南侧面的山坡上，占地 162 亩，绿化率高，内设火化服务大楼、殡殓大楼、灵堂大楼、悼念厅、业务大厅、行政楼等单栋建筑，总建筑面积 29613 平方米，停车位 400 个；悼念厅中有 500 多平方米的大厅 3 个，中小厅 22 个，最小的面积 96 平方米，均较宽敞；遗体冷藏格位 300 个，火化炉 15 套，还附有宠物遗体处理处。

殡仪馆建筑群视野开阔，配合地势，以一、二层小体量建筑为主，不遮挡天马山，也不对环境造成负面影响，层层叠叠掩映在绿荫葱葱的环境中。悼念厅朝向各异，以适应不同命格风水朝向的要求，均有自己的独立广场，丧属容易找到。新馆保留的北侧山体采取景观化处理，避免外界干扰，也减少对外界的影响。每个悼念厅均设有休息区和附有卫生间和厨房的守灵套间。馆内还设有住宿、餐饮、会议等设施，以及应对突发事件和因自然灾害造成重大伤亡事件时的应急设施。遗体运送全部通过地下通道，避免与地面交叉。

主要建筑采用闽南传统建筑的元素，以白、灰、深蓝为主色调，利用巍巍青山和四周绿色环境布置成山地园林形态。因厦门市已有独立的纳骨建筑，故殡仪馆不设骨灰存放处（图 10-9-7 ~ 图 10-9-10）。

1　参考厦门市殡仪服务中心简介 [OL]. 厦门市殡仪服务中心官网 .（2017-12-5）[2022-06-07].http://www.2044444.com/web/contents-detail.shtml?contentsId=2633402eab974ec49808d4289e37f2eb.

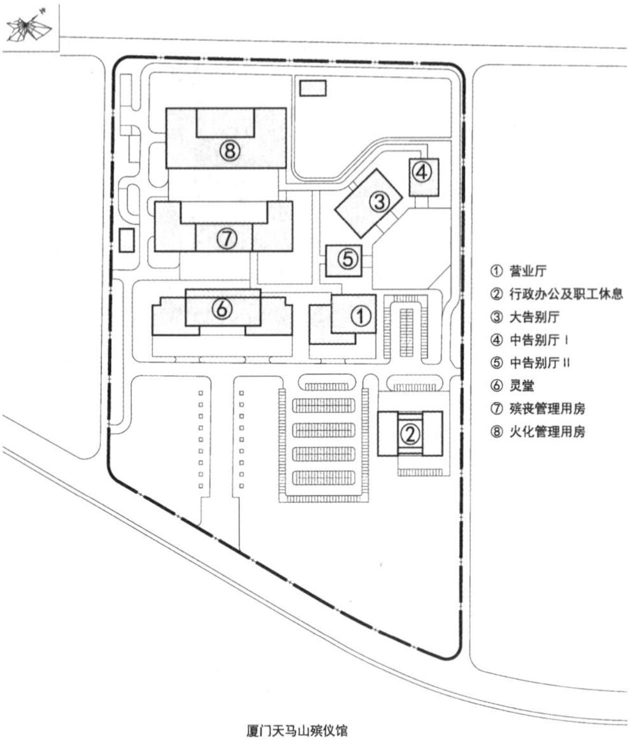

图 10-9-7　厦门殡仪馆总平面图
来源：作者根据墓园资料绘制

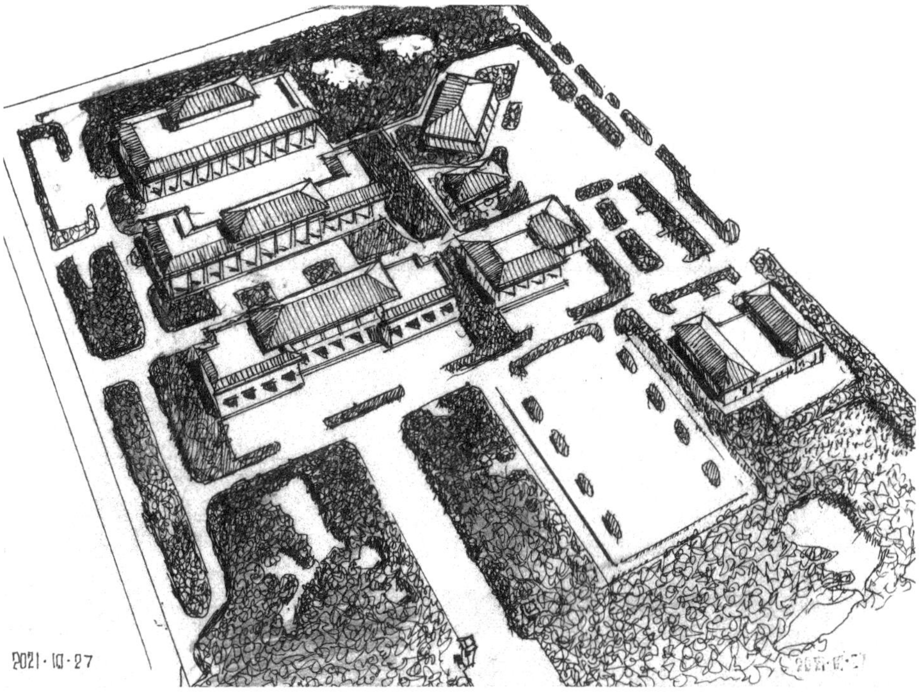

图 10-9-8　厦门殡仪馆新馆鸟瞰图
来源：作者根据图片绘制

图 10-9-9　厦门殡仪馆新馆入口外貌
来源：作者根据图片绘制

图 10-9-10　厦门殡仪馆新馆外貌
来源：作者根据图片绘制

（三）西藏拉萨西山殡仪馆（方案）

西山殡仪馆方案由上海华汇与长沙联创合作设计，位于拉萨市堆龙德庆区，距拉萨市区22公里，始建于1999年，2020年改建，基地面积150亩，拟一次规划分期实施。一期已涵盖所有殡仪馆的内容，二期只在南侧增加行政办公楼和员工生活楼。此外，为尊重当地葬俗，单独设立施行藏族葬礼的悼念厅和酥油灯房等，两者通过廊道联系，互不干扰。南端为相对独立的行政办公及员工生活区。

地域性与时代性结合是设计的特点，新馆反映了当地的文化属性，折射时代印记。位于建筑群中心位置的悼念厅，肩负着塑造形象、组织动线和营造神圣空间的作用。总体布局对称，廊道联系各空间，主轴线上设一座仪式感强的门廊，藏式建筑的三大特征：建筑坚稳、墙体收分、装饰华丽，在设计中都有体现。

脱胎于西藏传统建筑，结合生命主题与文化传承，采用浅色石材、深色金属质感的建材，共同创造稳重、庄严、神圣的现代藏式群体建筑形象（图 10-9-11 ~图 10-9-14）。

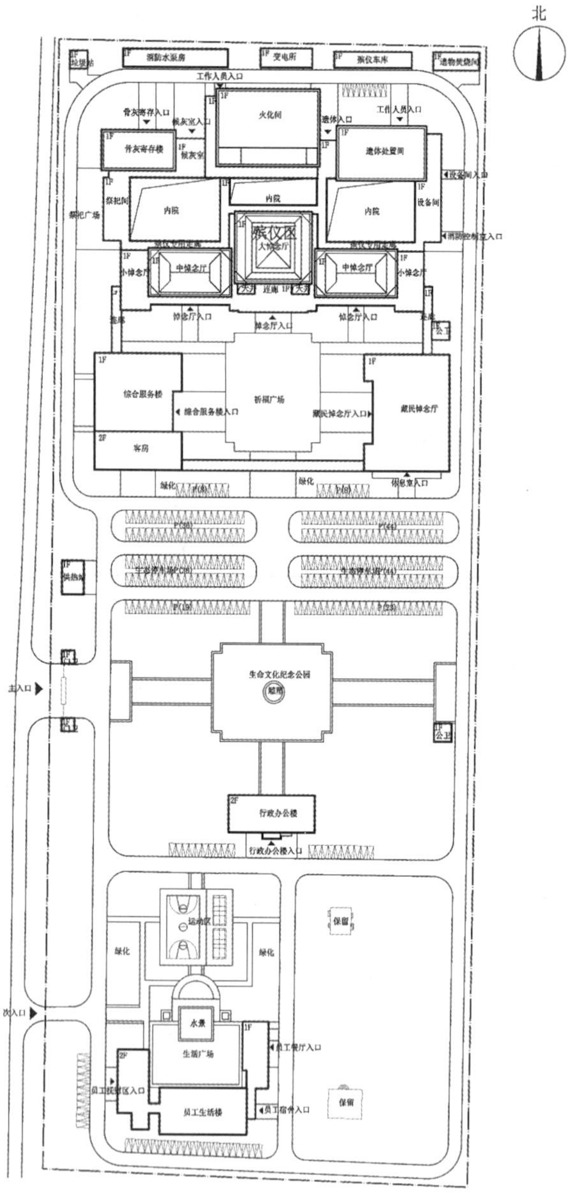

总平面图 1:2000

图 10-9-11　西山殡仪馆总平面示意

来源：上海华汇建筑设计有限公司提供

图 10-9-12　西山殡仪馆鸟瞰图
来源：作者根据上海华汇建筑设计有限公司提供图片绘制

图 10-9-13　西山殡仪馆入口大门
来源：作者根据上海华汇建筑设计有限公司提供图片绘制

图 10-9-14　西山殡仪馆环境
来源：作者根据上海华汇建筑设计有限公司提供图片绘制

（四）香港钻石山火葬场

该火葬场建于2009年，由香港建筑署设计，建筑面积7100平方米，占地不大，功能齐全，土地的利用率高，礼堂等对外部分位于上层地面上，遗体处置和殡仪服务等部门位于地下两层，火化炉6台。地下一层与城市道路相通，不同的功能区完全区隔。

建筑师设计了一条祭拜者的动线序列，车沿盘山路进入地下一层，下车后可直接进入充满阳光的露天圆形中庭，中庭中央有方形草坪，立石作中心雕塑，寓意“天圆地方”的中国宇宙观。

祭拜者沿露天中庭圆形墙壁阶梯盘曲而上，走向地面层，到达地面时，眼前豁然开朗，可以远观层叠起伏的山景，悼念者走过潺潺流水和富有禅意的荷花池，经过走廊进入各自的悼念厅。

四个悼念厅围绕中庭对称分布，仪式结束离开悼念厅后，经过布满鲜花和灌木的小花园，从端部出口台阶离开，减少悼念厅之间的人流交集。

每个悼念厅容100人左右，灵车可以直接到达。为了减少丧属和祭拜者的心理压力，室内的天窗和侧窗给室内带来阳光，产生肃穆但非沉重的告别氛围，仪式最后目送遗体沿自动滑轮缓缓进入火化间进行火化。

整个火葬场建筑造型简洁、现代，建材全部为天然材料，清水混凝土、木材、石材加上成片的玻璃，清新不俗，建筑外面布满了植栽和水面。外墙被绿色挂毯般的攀缘植物覆盖，建筑与环境共同贡献了一场美丽、生态、和谐的“演出”（图10-9-15～图10-9-19）。

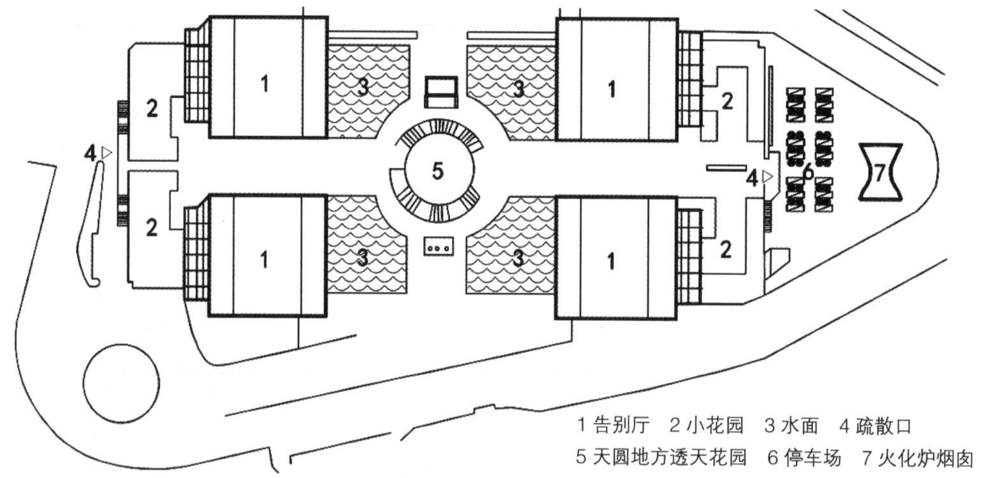

总平面示意图

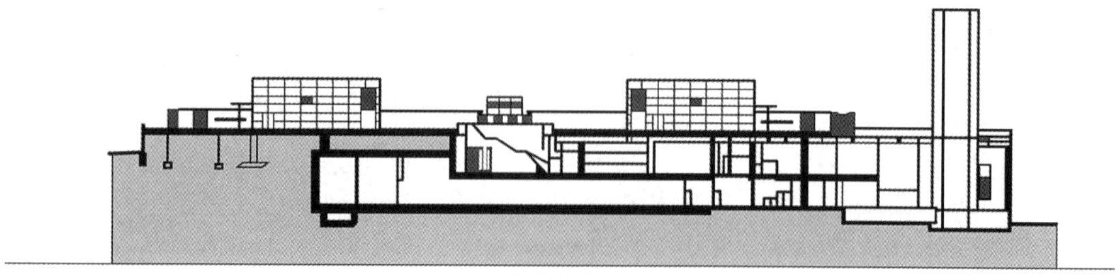

剖面示意图

图10-9-15　钻石山火葬场总平面示意图与剖面示意图

来源：作者根据墓园提供资料绘制

图 10-9-16　露天中庭
来源：作者根据周世雄先生提供图片绘制

图 10-9-17　鸟瞰图
来源：作者根据周世雄先生提供图片绘制

图 10-9-18　悼念厅前荷花池
来源：作者根据周世雄先生提供图片绘制

图 10-9-19　墓园一角
来源：作者根据周世雄先生提供图片绘制

（五）台北市立第二殡仪馆

因应人口老龄化和现代化的治丧要求，台北市决定在原地重建第二殡仪馆，杨瑞祯建筑师事务所负责规划设计。基地位于市区，环境多元。一期工程景仰楼在旧址上新建，地下二层地上四层现已完工投入使用。目前正在进行二期。

一、二期新馆将原来低层平摊式改为多层集中式布局。全部地下停车，将腾出的土地辟为绿地公园。新辟绿地考虑急难应变的空间需要，不种大乔木，以方便大型车和吊装设备的进出。

新馆将内部联系通道、遗体运送道、内部车辆通道、卸货区及遗体冰柜调度动线都放入地下，以保持地上公共空间的宁静。

悼念厅之间设宽 2.7 米之“通风光带”，引入日照，降低悼念厅之间的噪声干扰。夏季利用它进行空气对流，引入凉风。

殡仪馆对外接待以及办公、会议等内部用房集中设在景仰楼内。二期仅为丧礼之用。

整个项目的分区和动线设计合理，遗体流线与人流、内部员工流线与公共流线、接待人群与治丧人群、内部与外来车辆之流线……区隔十分清晰，互不干扰。地下各类通道与公共部分完全隔开。妥善地处理好内外、动静、生死、上下之间的关系。

上下关系中，考虑到来馆参加丧礼众多人群的流动，设足够数量的上下交通工具。景仰楼三层布置 11 个乙、丙级悼念厅，设电梯 7 部，楼梯 2 部，遗体运送电梯 3 部，以及大型敞开式直跑楼梯 1 部。二期建筑有电梯 10 部，楼梯 3 部，遗体运送电梯 4 部。

景仰楼共有大中小悼念厅 11 个。地下一层为遗体处置区，附遗体冷藏室，拥有冷柜 500 个。卸货停车区和机房也设在地下一层。地下二层大部分为冷冻柜及附属空间，地上一层为对外服务中心，四层为行政办公、会议室及多功能厅。景仰楼承担了殡仪馆的全部对外接待功能。殡仪馆不设餐饮，以免外来人员滞馆过久。

正在兴建的二期工程，地上、地下各四层，分布大中小悼念厅 18 间，其中甲级厅（容 300 座）一个。甲级厅即多功能厅，除了提供悼念活动外，尚可举行演讲、音乐会、戏剧表演等活动，使用灵活性较大。乙级厅（容 96 座）3 个，丙级厅（容 72 座）8 个和丁级厅（容 30 ~ 36 座）6 个，多功能厅 4 间，安宁、辅导及诵经用房 7 间。地下二层设有遗体处置区一处，以及 600 具遗体的冰柜区一处，在一楼设解剖中心，附设专用遗体冰柜 50 具。三层设飞架两栋之间的悬空廊桥，使两座建筑的公共活动部分连接。

殡仪馆目前利用近旁现有的火化场进行遗体火化，有地道相连。第三期工程将在现有火化场周边扩建现代化遗体火化区，与新馆相匹配。台北市立第二殡仪馆全部建成后，将成为台湾设备一流、功能综合的一座现代化殡仪馆（图 10-9-20 ~图 10-9-23）。

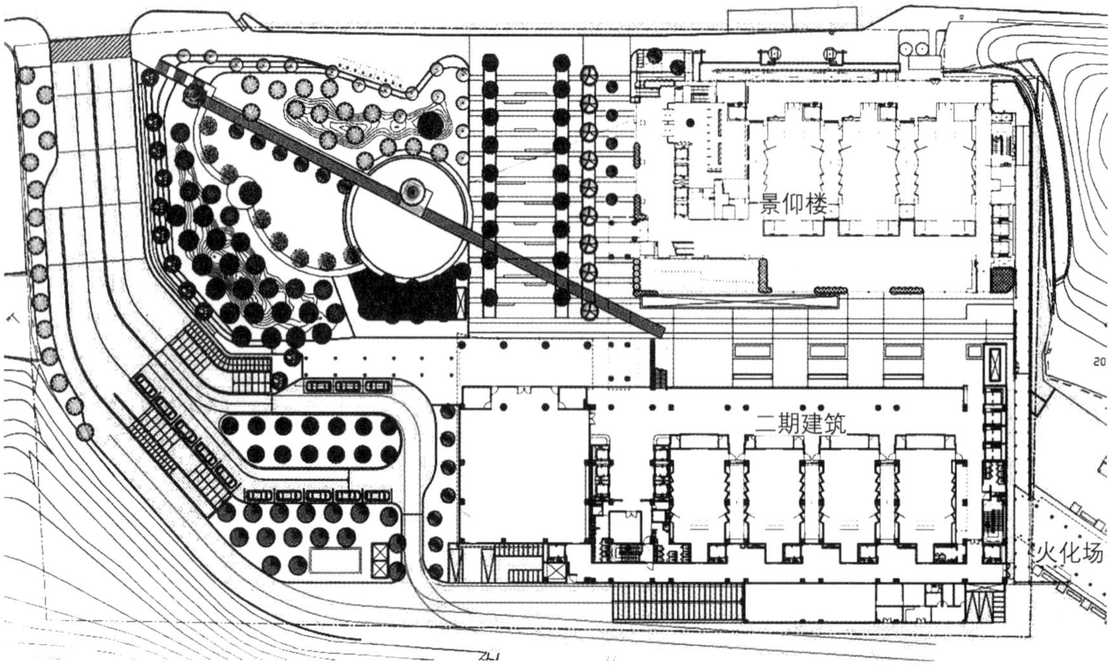

图 10-9-20 台北市立第二殡仪馆总图
来源：台北市立第二殡仪馆提供

设计构想及说明

一期与二期连接说明

连通既有之一期地下层，连接本案地下层，且高程一致。本案完成后将整合、扩大同性质区域，以满足市民殡葬需求。

▮ 二期卸货区（本案）　▮ 二期殡殓区（本案）

☐ 一期卸货区（已完竣）　☐ 一期殡殓区（已完竣）　⬚ 连通便道

1：600 一、二期剖面图

1：600 一、二期－地下一层楼

1：600 一、二期－地下二层楼

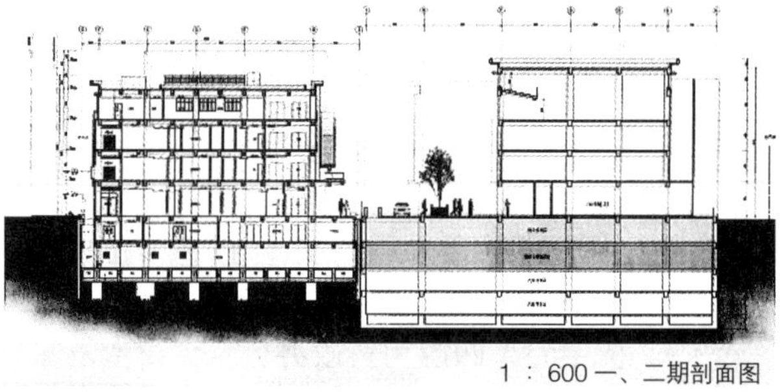

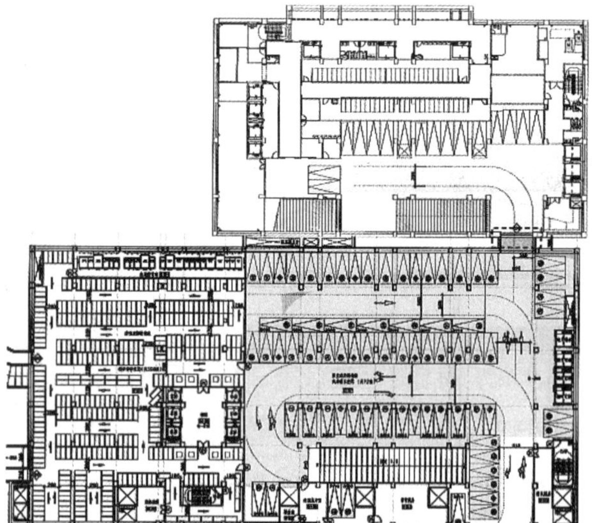

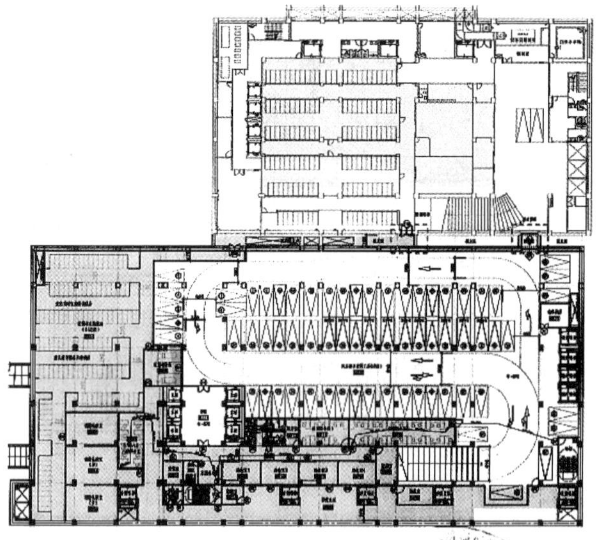

图 10-9-21 一期、二期连接图
来源：台北市立第二殡仪馆提供

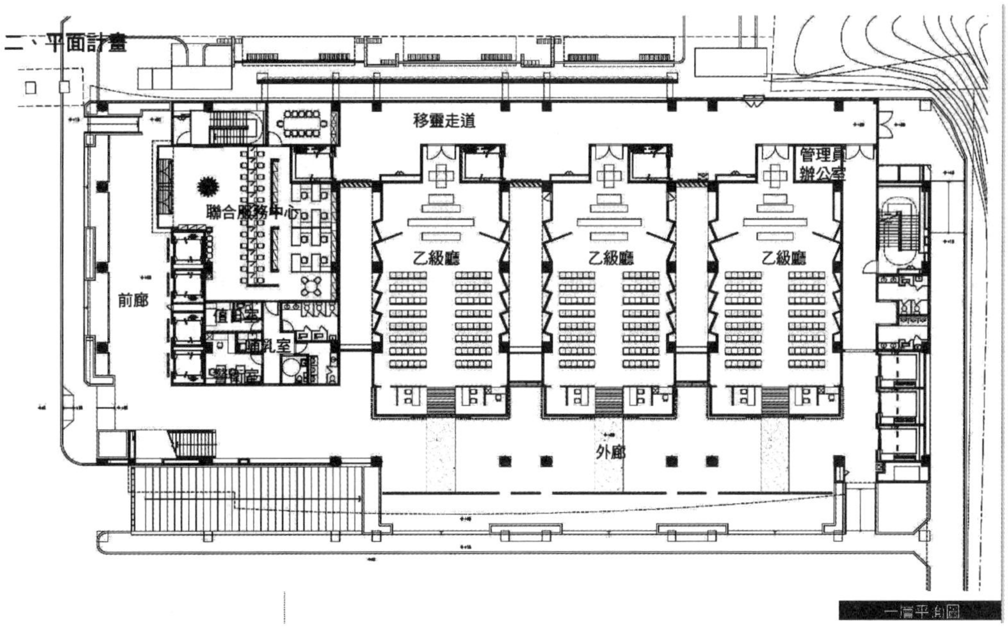

图 10-9-22　景仰楼一楼平面图
来源：台北市立第二殡仪馆提供

图 10-9-23　透视图
来源：作者根据台北市立第二殡仪馆提供图片绘制

（六）广州新殡仪馆

由广州市设计院设计，于 2001 年建成，占地 180 亩，位处广州市区轴线北端，属国内设备一流的殡仪馆，基地环境优美，平面从入口牌坊、喷泉、花坛、仪式广场、台阶至主楼（殡仪综合楼），形成轴线对称格局，产生强烈的仪式感。目前拥有容 800 具遗体的冷藏库，16 台现代化焚化炉，年遗体处理量为 3 万具（图 10-9-24）。另在马路对面设有容 15 万格位的骨灰楼。

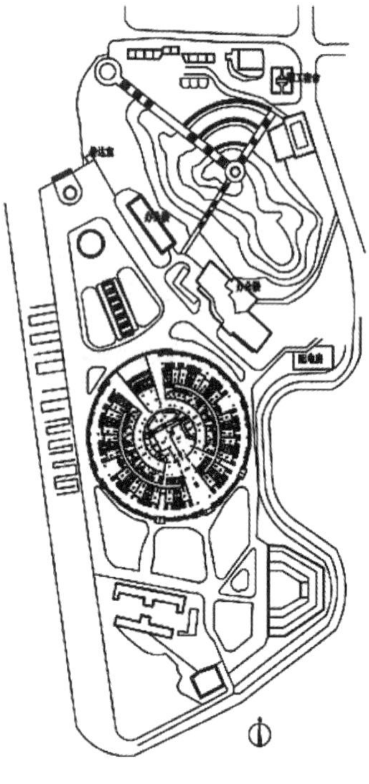

广州新殡仪馆总平面规划

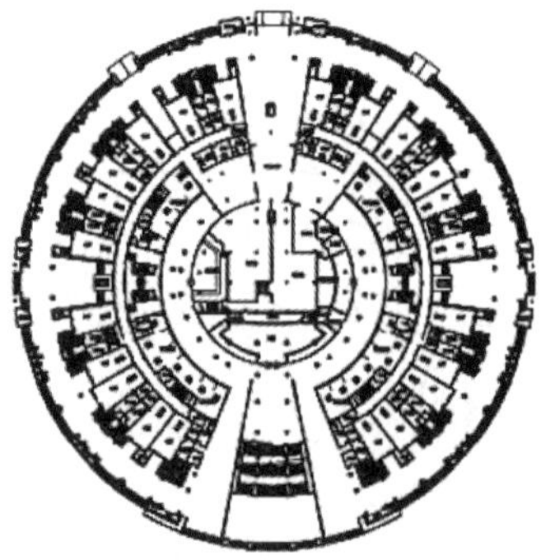

首层平面图

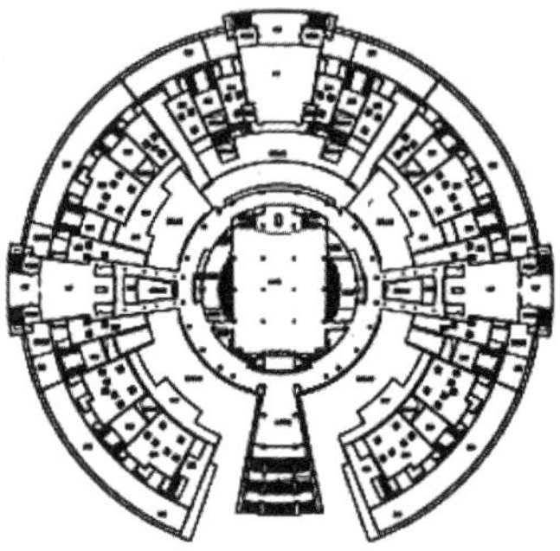

二层平面图

⑳-⑨投影立面

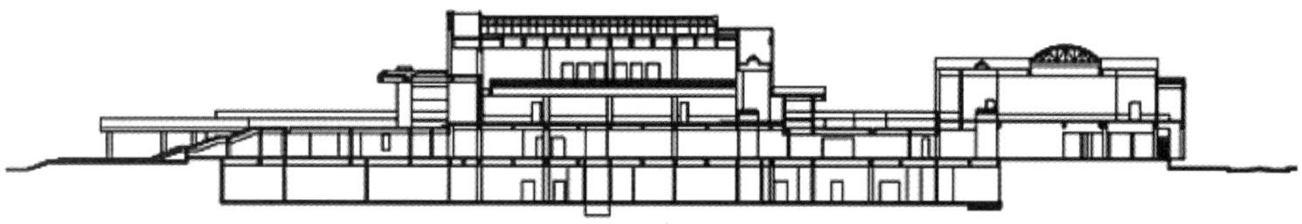

1-1 剖面图

图 10-9-24　广州新殡仪馆平立剖面
来源：作者根据吴硕贤院士协助提供资料绘制

主楼建筑平面为圆形，位于坡地最高处的一层基座之上，处于由牌坊、喷泉、广场直上二楼的大台阶和柱廊所形成强烈中轴线的终点最高处，庞大的体量控制了整个园区空间，催生了人们敬畏的纪念心理。主楼外围柱廊、外墙面的四神浮雕（图 10-9-25），均突出了殡仪馆建筑肃穆、庄重和永恒的个性以及纪念性。配套的火化间、法医楼、油库和内部车库均设在主楼后方。对外接待及职工生活区偏在东侧。

图 10-9-25　广州新殡仪馆主楼
来源：作者根据图片绘制

主楼一层外周布置 22 个为市民服务的小型悼念厅，圆心部分为门厅、商店和管理用房。

二层东、西、北三面，各设一个大告别厅。正中大阶梯直上二楼到达 600 座的大悼念礼堂。礼堂附有三个休息厅，被周围休息柱廊环绕。柱廊外侧的三个大告别厅坐落在一层屋顶上，故礼堂休息室和绿化内庭园均有良好的通风和日照（图 10-9-26）。

图 10-9-26　柱廊外侧
来源：作者根据图片绘制

该殡仪馆实现了全部自动化：遗体入馆时配有逝者的智能卡，指令发出后，机械手通过地下通道的传输带，将解冻后的遗体自动送往整容室，整容后再通过传输带送往各悼念厅；告别仪式结束后，下降至地下通道送往火化。

圆形平面能使每个小告别厅直接对外，互不干扰，整个建筑空间安排合理。

大悼念礼堂的低使用率造成浪费；虽采用自动化技术，但应急措施不足时存在使用隐患；总图轴线步道长达 100 米，过度追求气派，人性化考虑不足；整个项目只有两间守灵室，未充分考虑守灵需要。该殡仪馆设计虽有瑕疵，但在创新路上迈出了勇敢的一步。

（七）上海市宝兴殡仪馆

该殡仪馆始建于 1908 年，日据时为日本侨民火葬场。中华人民共和国成立后几经改造，2002 年将火化设施迁出，新馆在 34 亩原有基地上建成，承担了上海市中心城区 50% 的殡殓服务，是我国优秀殡仪馆之一。

总平面后端为殡殓综合大楼，两侧为行政 + 餐饮楼与骨灰存放楼，形成一主二辅的布局。功能分区明确、人车分道、生死分流、办公举丧分置（图 10-9-27）。

因用地受限无法扩大，受到建蔽率和绿化率的限制，随着上海市区人口的急剧膨胀和老龄化日益严重，殡仪馆要满足服务扩容的要求。在这种情况下的唯一出路是提高容积率，小中建大。

综合大楼是向“天空”要地的成功尝试，把功能复杂、祭祀和生死禁忌众多的部门综合在一栋楼中，处理得妥帖合理（图 10-9-28、图 10-9-29）。

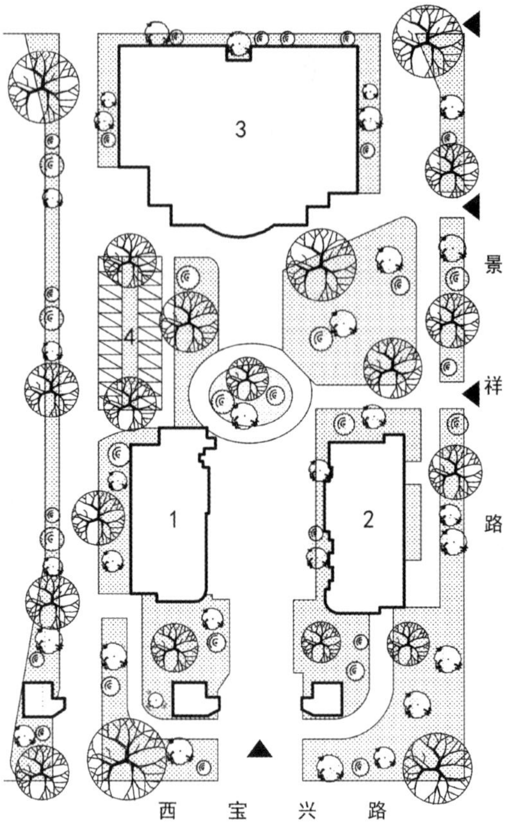

1 行政楼 2 骨灰暂存楼 3 业务综合楼 4 停车场

图 10-9-27 宝兴殡仪馆总图
来源：作者根据上海宝兴殡仪馆提供资料绘制

图 10-9-28 综合大楼正立面
来源：作者根据图片绘制

上海宝兴殡仪馆综合楼主建筑高五层，一层西南面正中为入口大厅，东北半部为遗体处置区，区后方设 6 间遗体沐浴间，还有遗体和工作人员的出入口。前后两区之间有办公部分连通，遗体处置区配备有 288 个冰柜，设备齐全。

图 10-9-29　综合大楼内景
来源：作者根据图片绘制

二层平面西南部为宽敞的接待大厅，办理各种手续，它的东北面隔墙后方有 4 间守灵间。

三层和四层共有 17 间不同风格的大小悼念厅，悼念厅外侧为公共休息区。建筑物的几何中心为遗体转运中心，从这里运送遗体进出各层悼念厅，仪式结束后可再通过转运中心返回底层，送往火化场火化。

五层设有 904 平方米的大型悼念厅及配套用房。为了安全，将参加重要告别仪式的人员与难以控制的人群分开（图 10-9-30）。

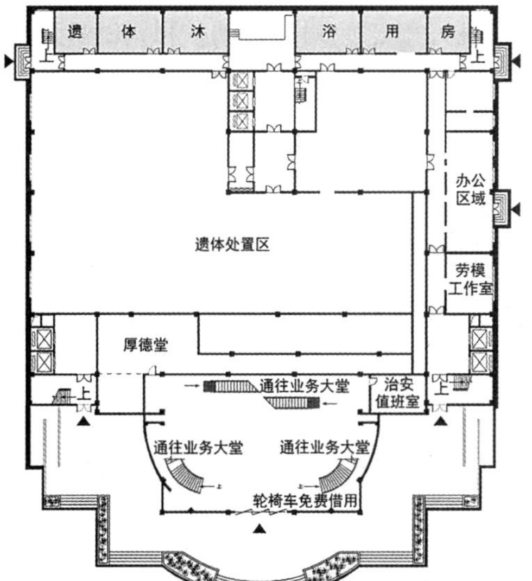

一层平面图

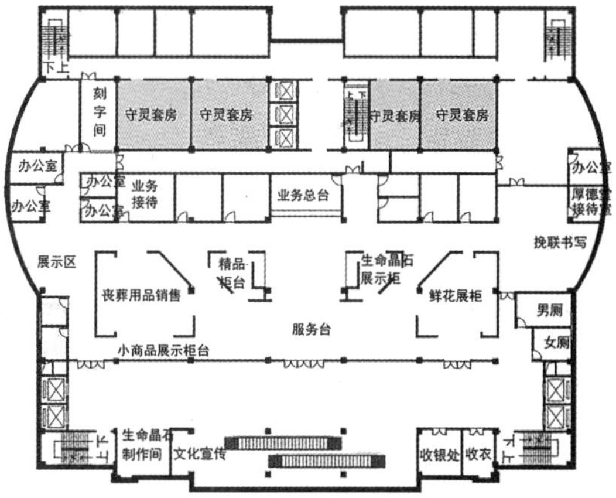

二层平面图

图 10-9-30　五层平面图

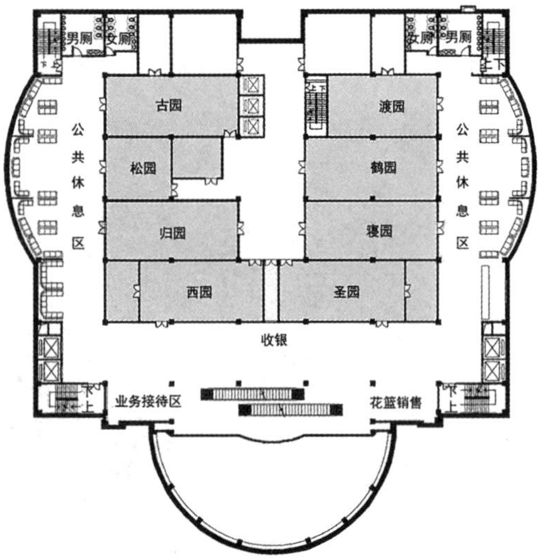

三层平面图

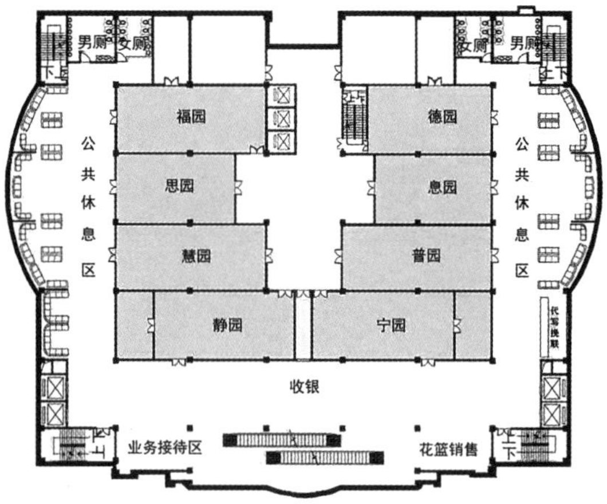

四层平面图

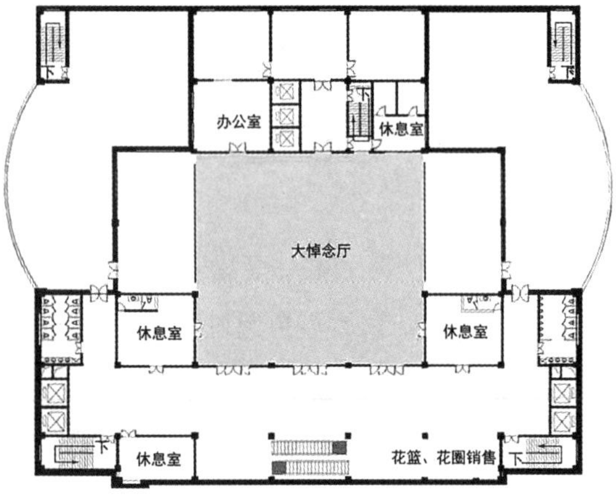

五层平面图

图 10-9-30　五层平面图（续）
来源：宝兴殡仪馆提供

垂直交通共有 5 部电梯，其中 4 部为对外上下直达电梯，2 部为对外自动扶梯，3 部为内部使用的电梯，内外严格分开。

殡仪馆综合楼的设计亮点：

（1）造型简洁明快、内外动线清晰，互不干扰。

（2）把每天要安排 120 场丧仪的群众使用便利放在设计考虑的首位，把方便的位置留给他们，为他们提供宽敞舒适的环境。把使用率不高的大悼念厅放到最上层。大小悼念厅为避免站立过久，均设座椅，为老年人提供轮椅服务。

（3）一层内部遗体处置区为大空间，分区不分隔，不同时段，忙闲不均时，面积可以自由灵活调整使用，节省面积。空间易监控，互相联系方便。免除隔墙过多产生的无用“死角”，会影响空间的有效利用，在面积受限的特定条件下，这是最佳的权宜设计。

（4）二楼客户接待区分设 5 间小洽谈室，工作人员与丧属在私密和亲切的气氛中进行“产品”介绍、咨询、签约，让遗属感受到尊重。

（5）遗体处置区的后方，设立遗属参与的遗体沐浴间，满足亲情和孝道的需求，受到广大丧属的肯定。

（6）考虑到当地丧属有“白饭”招待亲友的习俗，特设白事餐厅，为丧属就近提供方便。

考虑“扶棺”习俗，特备不同规格的遗体接运车，满足特需，设花圈焚烧炉和花篮粉碎机以利于环保。

任何设计都会受到客观条件的限制，宝兴殡仪馆在基地极度受限的苛刻条件下建成，存在一些遗憾也在所难免：

（1）内部使用的3部电梯，供遗体流、货流和员工流混用。不利于防止传染、对遗体的尊重和对工作人员的保护。

（2）殡仪馆随着悼念厅的频繁使用，人员流动有瞬间脉冲性，电梯往往显得拥挤。

（3）集中布局的大体量建筑，必然带来自然通风和采光的不足。

（4）总图中西南面设主入口。殡仪车入口原来设在东南角，动线非常合理，后因居民反对，被迫改到西南面，与餐饮+行政楼和停车场产生干扰。

宝兴殡仪馆虽然存在一些难以避免的遗憾，但已达到了“创新之馆、人文之馆、时尚之馆”的追求目标。

十、国外殡仪馆案例赏析

西方人大部分信仰基督教，不认为死亡恐怖，丧事简办。殡仪馆的主要功能是接尸、净身、整容、冷藏，举办守灵告别。吊唁者分散来馆向遗体告别、慰问丧属后离去。

追思会仅为选项，小型追思会一般选在殡仪馆进行，大中型追思会借教堂或公共场所进行，殡仪馆的功能因此变得非常单纯。

西方殡仪馆多为民营企业，有的由宗教团体或基金会管理，规模很小。极简主义的艺术观对现代教堂和殡仪馆设计有着很大的影响，特点是去除一切“赘语”，功能简化、造型简洁。

（一）日本兵库县殡仪馆

兵库县殡仪馆由119室内设计公司（Eleven Nine Interior Design Office）设计，位于一片宁静地，群山环抱，南边有郁郁葱葱的植被，北面有清澈的小湖。整栋建筑像一组轻柔飘浮在地面上的白色帷幕，非常简洁，室内被流线型外墙与外界隔开。白色大厅充斥着柔和的光线，在这里举行仪式心情会沉寂，产生一种宁静的神圣感，这种感觉可以帮助丧属减轻失去亲人的悲痛。殡仪馆具有包容性，消除了宗教色彩（图10-10-1～图10-10-3）。

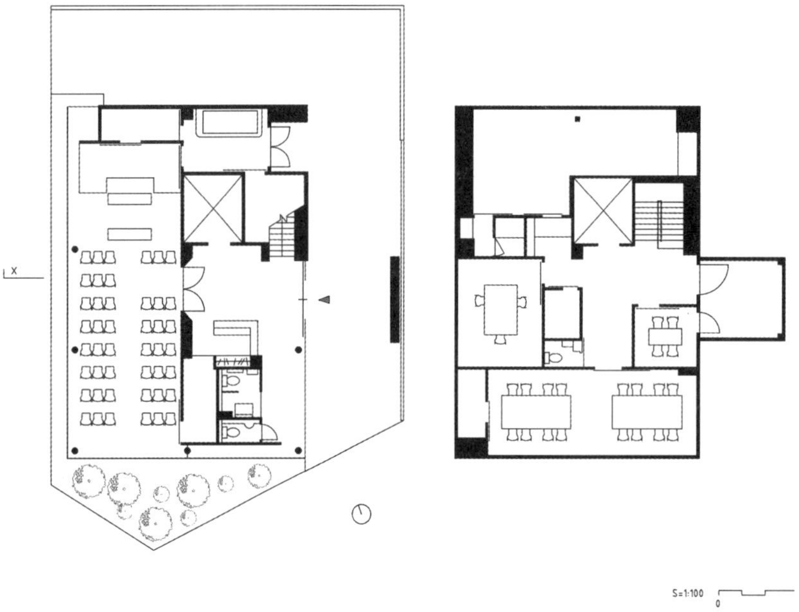

图 10-10-1　兵库县殡仪馆一层平面、二层平面
来源：作者根据兵库县殡仪馆提供资料绘制

图 10-10-2　兵库县殡仪馆建筑外观夜景
来源：作者根据图片绘制

图 10-10-3　兵库县殡仪馆室内一角
来源：作者根据图片绘制

（二）立陶宛凯代尼艾火葬场（Crematorium in Kedainiai，Lithuania）

该火葬场由 Architectural Bureau G.Natkevicius and partners 设计，是立陶宛建造的第一个火葬场，场地非常小，位于 Metalistų str.3，Kėdainiai，Lithuania，建筑面积只有 775 平方米，于 2011 年竣工。

清水混凝土筑成的小平房与杂乱无章的外部环境完全隔绝，不彰显个性，甚至连烟囱都不外露，简洁极致得像个性格内向的苦行僧。私密空间的内院，成为情感的减压器。

火葬场内部空间序列为：庭院—休息—接待厅—两座遗体处理厅—火化大厅和火化设备间。

室内没有任何色彩与装饰，使参加仪式的人感情专注。院内摇曳的榆树象征生命的活跃。面向内院的墙均采用玻璃幕墙，起到了视觉扩展空间的作用，使内外空间融为一体。

外立面追求封闭感，厚重的混凝土墙上分布大小不一、排列不规则的采光洞，远看有一种虚幻的神秘感，夜间像一群飘浮着的“天灯”，带着灵魂升向天空。白天浅色混凝土墙和深色的大片玻璃幕墙形成强烈的对比；夜间“天灯”升起时，内院幕墙的倒影产生出一种殡葬建筑追求的虚幻感。这是在极小面积内成功创造极富创意的殡仪馆设计案例（图 10-10-4 ~ 图 10-10-6）。

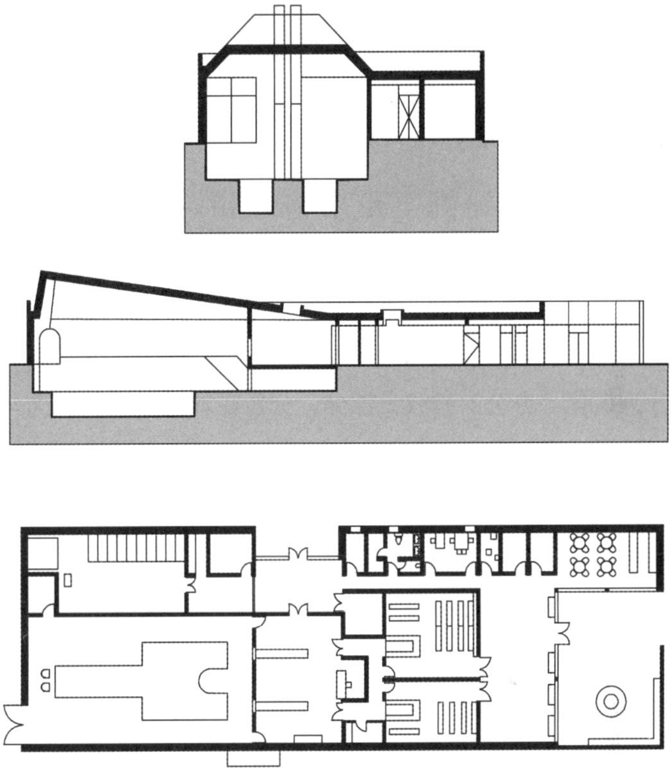

图 10-10-4　立陶宛凯代尼艾火葬场首层平面、纵剖面、横剖面

来源：金陶塔斯·纳特凯维丘斯，阿多玛斯·里姆谢利斯，陈茜.凯代尼艾火葬场[J].世界建筑，2015（8）：56-59.

图 10-10-5　入口立面

来源：作者根据图片绘制

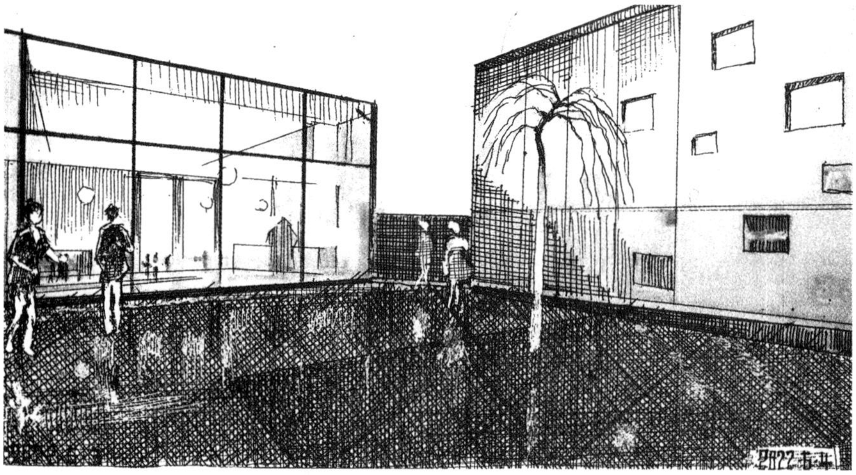

图 10-10-6　面向主入口的内庭院
来源：作者根据图片绘制

（三）柏林鲍姆舒伦韦格火葬场（Crematorium Baumschulenweg, Berlin）

该火葬场由 Schultes Frank Architekten 设计，于 1998 年建成，建筑长 70 米、宽 50 米，分为火化、办公、殡仪三部分，分置在地上和地下。火化等技术部门设在地下，地上为内部办公和对外开放的殡仪部分。建筑物中心是一个巨大的方形中庭，连接三个悼念厅，一个容 250 人，其余各容 50 人。建筑最大的特点是将不同尺度的空间加以组合，使传统殡仪和现代手法完美结合。

建筑师通过巨石与光线的运用，追求“孤独”“冷静”以及“未来感”。设计人认为金字塔的巨石具有纪念性，所以大量使用清水混凝土，追求巨石的敦实、厚重和冷峻。

光是大自然赋予人类最佳的照明手段，建筑师在此充分地利用了光元素带来的阴影和色彩变化。仪式大厅的双层大百叶窗，使光线可以射进来，但室内看不到窗外的景物。不断变幻的光线营造室内的神秘幻象，大厅中不规则地竖立了 29 根 11 米高的圆柱，有的成群，有的独立，像哀悼者一样，表示柱子不是结构而是参加葬礼的致哀者。参加葬礼的人们集聚在圆柱周围互相安慰，向逝者致哀，使这个大厅成为最具仪式感的悼念大厅。每根柱子顶部都有发光的柱头，强烈的光线使人看不到二者之间的联结，混凝土板仿佛轻盈地悬浮在大厅上方。不规则的圆柱仿佛穿过光亮通向天堂，使空间弥漫着一种神秘气氛。哀悼者聚集在这里共同追念，互相安慰。中庭中央圆形水池的水慢慢流动，反射着周遭的柱林光影，象征着大千世界的无穷变化。柱子和发光柱头使人联想到神的世界。建筑师运用材料与光线的对比，将石头沉重的纪念性与飘逸的光天使结合，产生一种魂归天国的归属感。

建筑两侧半开放空间的天花顶上各有一道“巨石裂缝”贯穿头尾，从豁口射下的阳光洒向清水混凝土墙上，大厅像巨石被劈开，亡灵穿过石缝飞往天国。这两个豁口把整栋建筑劈成火葬、仪式、办公三部分（图 10-10-7 ~ 图 10-10-10）。

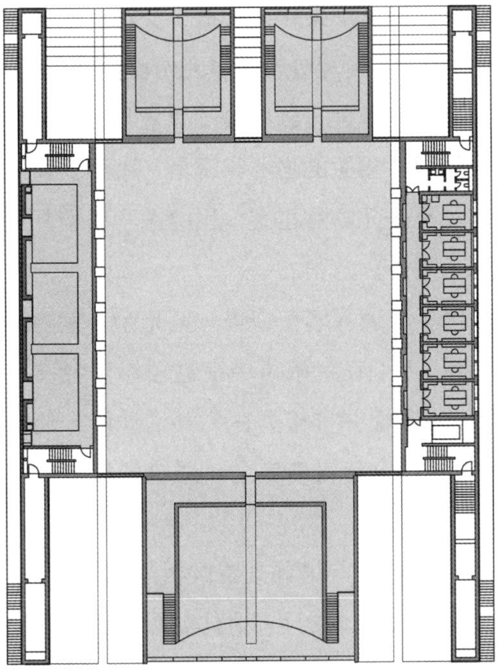

图 10-10-7　柏林鲍姆舒伦韦格火葬场平面
来源：作者根据事务所提供资料绘制

图 10-10-8　柏林鲍姆舒伦韦格火葬场外观
来源：作者根据图片绘制

图 10-10-9　柏林鲍姆舒伦韦格火葬场仪式大厅
来源：作者根据图片绘制

图 10-10-10　柏林鲍姆舒伦韦格火葬场室内一角
来源：作者根据图片绘制

（四）马来西亚吉隆坡孝恩馆

孝恩集团是马来西亚私营殡葬集团，于 1990 年成立，为马来西亚 1/5 人口华人社会服务的民营殡仪机构。除墓园外，该集团还在市区建有孝恩馆，由澳大利亚 ARGO 事务所设计，于 2007 年建成开业。孝恩馆面积 1 万多平方米，将殡仪、悼念、火化、展览、交谊、慈善、教育、医学研究等功能融为一体，是一个功能多元、意蕴丰富、给社会带来多元价值的殡仪馆。它尊重不同文化、服务不同种族，马来人和华人共处一室；在这里可以体验“死亡”，扮演亲人与棺木中“死者”道别；儿童故事馆放着大量与生命和死亡相关的画册和玩具，小朋友通过游戏，学习面对死亡的豁达与坦然；馆内有半个层面以马币一元的月租金，租给医学机构开展生命研究；鼓励市民捐献遗体，供微创手术和解剖实习之用。

孝恩馆地下室是停车场和仓库区。一楼是公共活动区，玻璃幕墙使街景一览无余，室内鲜花处处、琴声悦耳，公共活动区供应咖啡、茶点、轻食。人们在音乐声中在这里恳亲会友，放松心情，整体氛围宁静恬淡、温馨安适。中型悼念厅整齐地并排排列在公共活动区一侧，两者之间有一个小小的过渡空间，供丧属在仪式前休息。悼念厅设备齐全，适合举行中小型葬仪。

悼念厅后面为内部作业区，有横穿各悼念厅的共用条形走道，与遗体处置区相连，休息区—悼念厅—遗体通道三者平行设置非常合理。二楼是守灵间、大型悼念厅、遗体处置区、遗体化妆间、殡葬用品展示厅、儿童绘本馆与生命教育馆。三楼为医学实验基地。孝恩馆整个设计造型简洁、平面紧凑、功能合理（图 10-10-11 ~图 10-10-13）。

图 10-10-11　入口外观
来源：作者根据图片绘制

图 10-10-12　沿街外观
来源：作者根据图片绘制

图 10-10-13　祭悼前的公共活动区
来源：作者根据图片绘制

（五）比利时霍夫海德火葬场（Crematorium Hofheide，Belgium）

该火葬场面积为 3095 平方米，位于广阔平原的一片沼泽地上，视野非常开阔，宛若浮在水面。RCR 建筑事务所在水面上设计了一个平面狭长的混凝土方盒，一字展开。有步道连接土葬和纳骨两个墓地。人们在漫长的步道中行走，心情会逐渐凝重，为参加告别仪式做情绪储备。建筑师尽量使建筑接近并融入周边的水环境，人的活动集中在建筑内，殡仪馆的功能性用房与此隔开，单独设立。

混凝土方盒外立面的色调与当地盛产的铁矿石颜色相近，呈现火一般炙热的红色。立面自上而下 2/3 的面积悬挂着如帷幔般垂直而扭曲的扁平钢条，阳光在墙上投下不断变化的光影，洒向房间，在湖面形成倒影，让建筑被生动的光影图案所包围，给人以穿越丛林的感觉，故有人称它为“红色丛林”。整个建筑不带宗教偏见，不对送葬者施加任何信仰或不同文化的压力（图 10-10-14 ~ 图 10-10-16）。

图 10-10-14　扁平钢条形成的帷幔外观
来源：作者根据图片绘制

图 10-10-15　霍夫海德火葬场临水外观
来源：作者根据图片绘制

图 10-10-16　霍夫海德火葬场局部立面
来源：作者根据图片绘制

（六）比利时海默伦火葬场（Crematorium Heimolen，Belgium）

该火葬场由 KAAN 建筑师事务所设计，坐落在墓园内，建筑面积 3187 平方米。分设两栋建筑：一个是开着不规则小方窗的火化楼；另一个是在同一个屋顶覆盖下、仪式感很强的接待楼，楼内含两个区域，拥有两个悼念厅的悼念区和含有三个餐厅的餐厅区。

考虑到环保和功能的不同要求，建筑师将内部作业的火化楼和对外服务的接待楼分开，根据功能各自展现自己。火化楼的外立面贴凹凸渐变的瓷砖，使立面表现丰富，同时，大小不一的方窗让阳光以迷人的方式射入室内。建筑材料的运用简明清晰，沉静中有变化，简约中不呆板。

空间和材料的处理干净利落、恰到好处，促成一种戏剧性、震撼性，使人沉思的氛围。悼念厅的天花板由圆形天窗组成，天光由此泻入，添加室内的庄严气氛（图 10-10-17 ~ 图 10-10-22）。

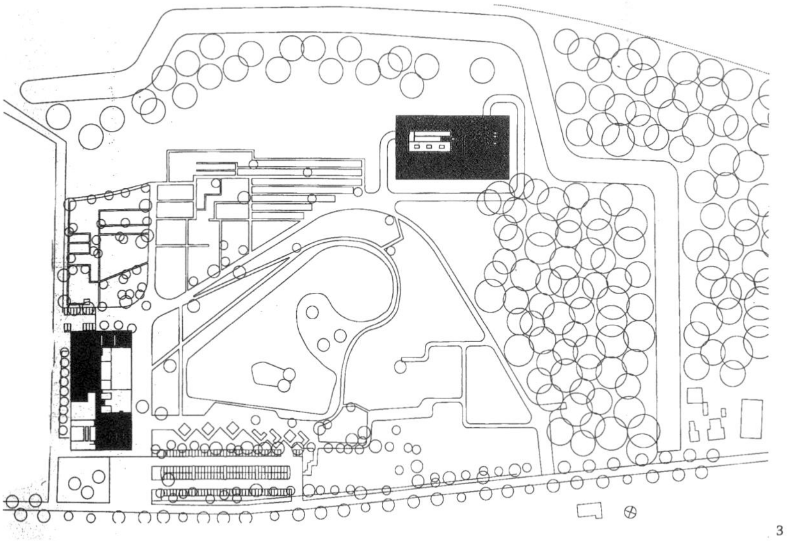

图 10-10-17　比利时海默伦火葬场总平面
来源：陈茜，KAAN建筑师事务所.海默伦火葬场，圣尼古拉斯，比利时[J].世界建筑，2015（8）：40-45.

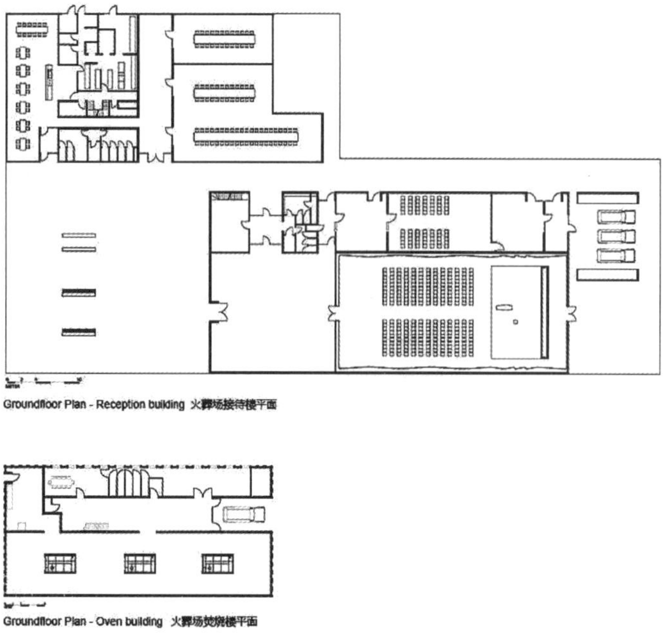

图 10-10-18　仪式厅平面

来源：陈茜，KAAN 建筑师事务所 . 海默伦火葬场，圣尼古拉斯，比利时 [J]. 世界建筑，2015（8）：40-45.

图 10-10-19　接待楼外观

来源：作者根据图片绘制

图 10-10-20　火化楼外观

来源：作者根据图片绘制

图 10-10-21 接待楼悼念厅
来源：作者根据图片绘制

图 10-10-22 接待楼局部外景
来源：作者根据图片绘制

（七）瑞士艾伦巴赫公墓殡仪馆（Erlenbach Cemetery，Switzerland）

该殡仪馆由 AFGH 建筑事务所设计，附属于苏黎世湖畔的一座公墓，造型像个通透的小亭。厚重的屋檐下是殡仪馆的入口灰空间。天花板和地板均采用温暖的胡桃木，内部是悼念用房。从外部的灰空间可以看到湖面，代替柱子的混凝土影雕墙和大片混凝土实墙，共同凸显出殡仪馆的凝重。它们与建筑后面大片轻盈的玻璃幕墙形成强烈的对比。绿色和棕色玻璃让人联想到宗教建筑中的彩色玻璃，这是一个现代化、简约、有尊严、有哀悼气氛的殡仪场所设计（图 10-10-23 ~ 图 10-10-25）。

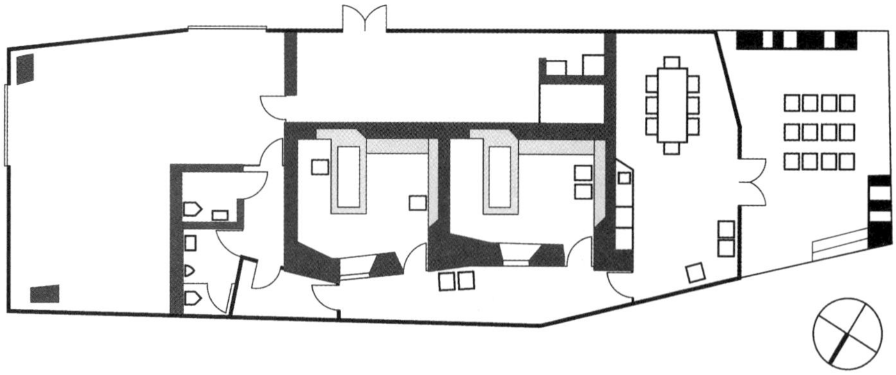

图 10-10-23　瑞士艾伦巴赫公墓殡仪馆建筑平面
来源：作者根据图片绘制

图 10-10-24　混凝土影雕墙
来源：作者根据图片绘制

图 10-10-25　亭式殡仪馆的外观
来源：作者根据图片绘制

（八）意大利帕尔玛火葬场（Crematory in Parma，Italy）

该火葬场由 Studio Zermani e Associati 设计，位于意大利帕尔玛北部、城市和乡村之间的瓦勒拉公墓内，是一座附有墓地的寺庙，四周用围墙围起。外形像简化了的古罗马神庙，平面具有强烈的古罗马特点，仪式感非常强。功能分区清晰，遗体和人的动线隔开，肃穆沉静的悼念大厅供逝者与亲友们告别。告别仪式结束后，遗体会传送至尽端的专用入口进入火化间，火化入口处被天花板的槽灯照亮，使人看不到天花板，只看到上面一片光，遗体慢慢进入时，有一种消失在圣光中的感觉。

火化后，骨灰存放在柱廊下，连绵不断的一圈古典柱廊代表无限循环和永恒的轮回（图 10-10-26 ~ 图 10-10-28）。

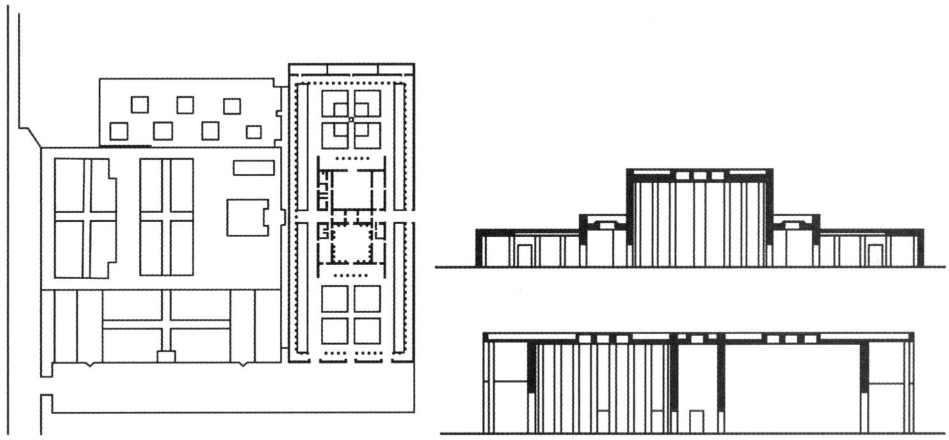

图 10-10-26　意大利帕尔玛火葬场总平面和剖面图
来源：作者根据图片绘制

图 10-10-27　建筑外观一角与内院
来源：作者根据图片绘制

图 10-10-28　室内大厅
来源：作者根据图片绘制

（九）匈牙利达巴斯镇小殡仪馆（Funeral Home in Dabas，Hungary）

该殡仪馆由 L.Art Architectural Office 事务所设计，面积仅 128 平方米，2015 年建成，平面十分简单，无火化设备，仅供举行告别仪式用。建筑师刻意把悼念集会场所设计成码头状，象征人生最后的旅程从这里“启航”。滑动门打开后，室内空间与室外的森林和小湖连成一片。

拱壁斜向上升，象征人的成长，中央雕像象征着鲜活的生命，雕像后面的门象征着天堂之门，建筑内部是“码头”。玻璃幕墙的内外代表着阴阳两界，阳光从玻璃墙外射入室内照亮灵柩，象征神对逝者的眷顾（图 10-10-29 ~图 10-10-31）。

图 10-10-29　小殡仪馆外观
来源：作者根据图片绘制

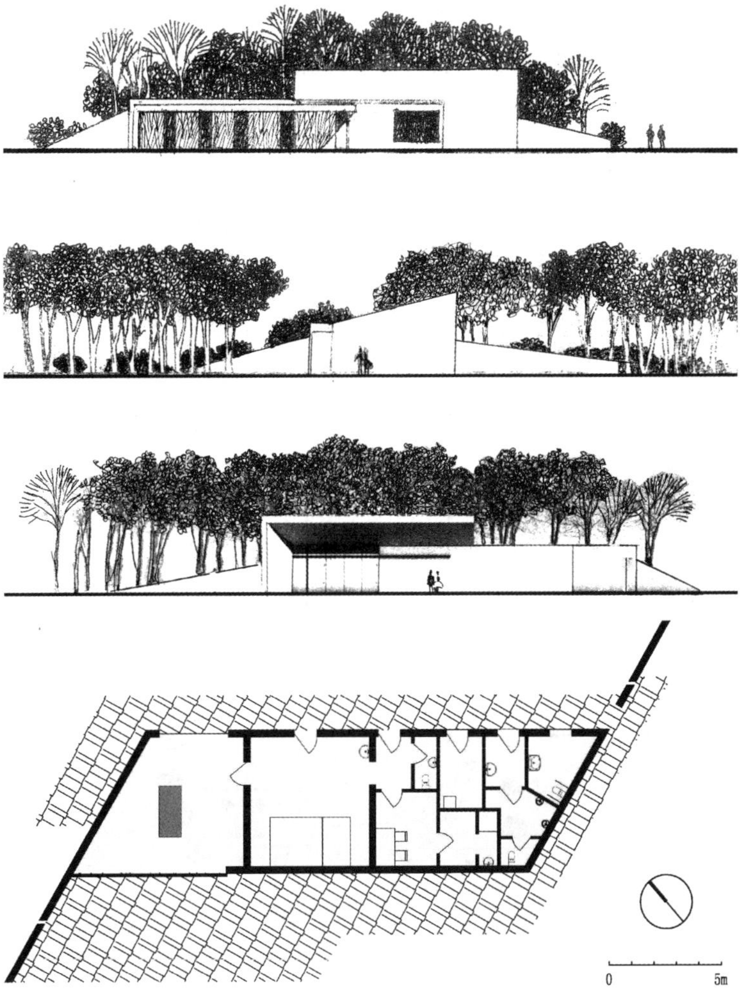

图 10-10-30　小殡仪馆的立面与平面
来源：作者根据图片绘制

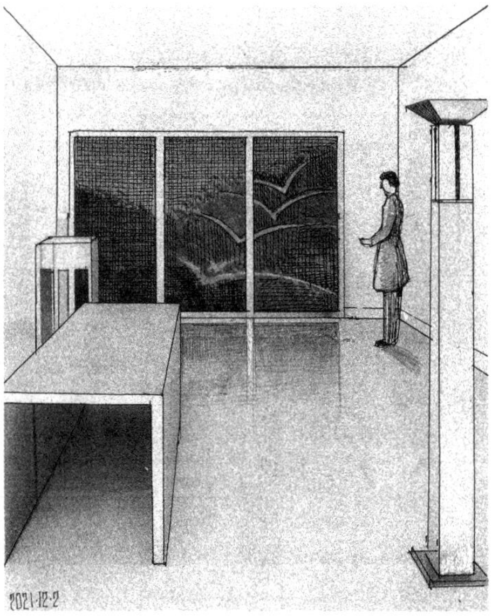

图 10-10-31　小殡仪馆室内
来源：作者根据图片绘制

（十）以色列遮棚仪式馆（Israel Shelter Ceremony Hall）

这里仅仅是生死告别和诵读悼词的地方，四周布满果树，正面朝北，西墙挡住西晒，让人们可以躲在室外树荫下参加仪式，内外空间流通。家属入口和参加悼念活动的人群入口分开，仪式结束后一起前往葬区参加葬礼。

建筑采用预制构件装配式施工，由 300 多块大小不同的水泥预制板现场组装，支撑结构为金属树枝形支架，建筑内部还保留了一棵生命力旺盛的橡树，让有生命的树和无生命的金属树之间展开“对话”。包括混凝土浇筑在内，全部工程一天完成。正如《圣经》所说“你本是土，仍要归于土”[1]一样，起伏的混凝土屋面板从西侧地面上升到屋顶，最后又回落到地面。建筑造型极有个性，充分考虑到与环境的协调，建筑颜色是淡灰色，整洁、中性和悲切。这是一个极富创意的作品（图 10-10-32 ~图 10-10-34）。

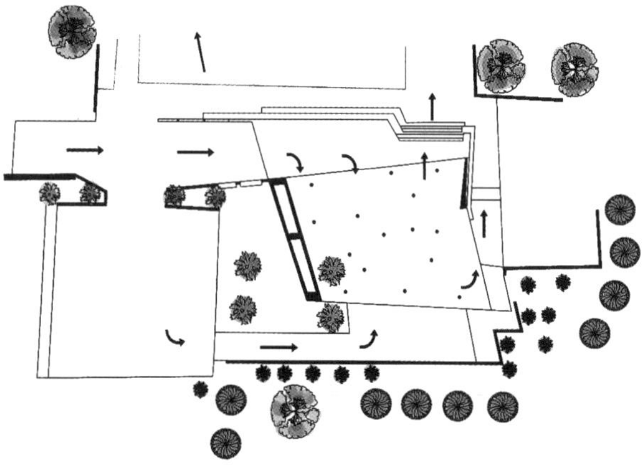

图 10-10-32　以色列遮棚仪式馆平面和人流动线
来源：作者根据图片绘制

图 10-10-33　遮棚仪式馆外观
来源：作者根据图片绘制

1　《圣经》创世纪，第三章 19 节。

图 10-10-34　遮棚仪式馆一角
来源：作者根据图片绘制

（十一）瑞典斯德哥尔摩林中墓地新火葬场（The New Cremat-orium at the Woodland Cemetery. Stockholm，Sweden）

该墓园有百年历史，但附设的大教堂和火葬场均为后建。建筑师阿斯普朗德（Erik Gunnar Asplund）在 1914 年的墓园设计竞赛中获胜，从设计到建成经历了十多年，被评为人类历史上最优秀的丧葬建筑之一，是“建筑师灵感之源”[1]，对全球墓地设计产生很大的影响。1994 年被列为世界文化遗产。

这里以前是一座占地 100 公顷的废弃矿场，后来被改造为墓园，充分利用自然景色，创造出由松树和草丘组成的一个宁静美丽的生态林区，它们与墓地、教堂共同形成当地的一个景观胜地。

墓园大门设在北端，进入大门，前面立有一个巨大的十字架雕塑，突出了墓地的宗教属性，后面是一片空旷的大草坪和森林（图 10-10-35）。建筑师舍弃了重要建筑居轴线尽端的对称布局，将大礼拜堂放在靠近入口的东侧，方便丧属和亲友进出。将私密性强的火葬场放到 150 米外的密林深处，两者分开。

图 10-10-35　入口处内景
来源：作者根据图片绘制

1　引自英国建筑师 Tony Fretton 作品。

布局充分考虑到游客、参与者、等候者以及运送遗体的动线和各自活动的区域，均各得其所、互不干扰。礼拜堂有前厅和院落，保持参与者的私密性，提供沉思所需要的空间。具有现代外观和古典精神的礼拜堂前有一个由廊架围合的院落，供人们进入礼拜堂前在此集聚、休憩、赏景。

附设的火葬场于 2009 年由约翰·塞尔辛建筑师事务所（John Selsing Architects）设计，位于密林深处，故取名“林中之石”。为了少占林地，火葬场的平面分为内外两部分，西北为对外接待和内部办公，东南为内部作业。布局十分紧凑合理，运送遗体的车辆在接受厅完成交接后，遗体被送入直通火化间的冷藏室，火化后的骨灰就近送入骨灰存放室。

东南角是主出入口，有接待、等候等用房，与作业区严格分开。紧靠它的是内部办公区，办公区和内外两部分都有紧密的联系。有一个与外界隔开的开放式内院供员工休息。骨灰存放室与仪式厅，夹在这两部分中间。设在东南角和地下的机房远离接待区，隔绝一切可能产生的噪声。

丧属和亲友通过密林中的花岗石地面进入火葬场的砖构门廊，可以在这里小憩，欣赏密林景色，然后进入等候区休息，或直接进入仪式厅进行悼念活动。

火葬场的建筑造型保留了神秘感，小体量、大屋顶，屋面、地面和门廊全部为砖饰面。质朴的传统饰面和低矮的建筑，在高大松树的衬托下，显得谦虚、朴实、低调。人们来到这个温暖的“家”与亲人告别自然会减轻悲戚。

在风格上，火葬场的室内装饰与外观迥然不同，“采用冷色调、金属反光、光滑如镜的白色水泥混凝土地面和内壁、透明玻璃、穿孔金属板，塑造一个清冷明净的内部环境”[1]。部分室内使用了穿孔砖，减弱室内声学混响时间，釉面又能漫射从天花空隙射下的阳光，这种微妙的手法给建筑带来十足的现代感，使它具有一种“冷静的美”[2]。丧葬建筑的沉重感在这个轻快、含蓄、私密、有家居感的建筑中消失，使人们重新思考死亡（图 10-10-36 ~ 图 10-10-41）。

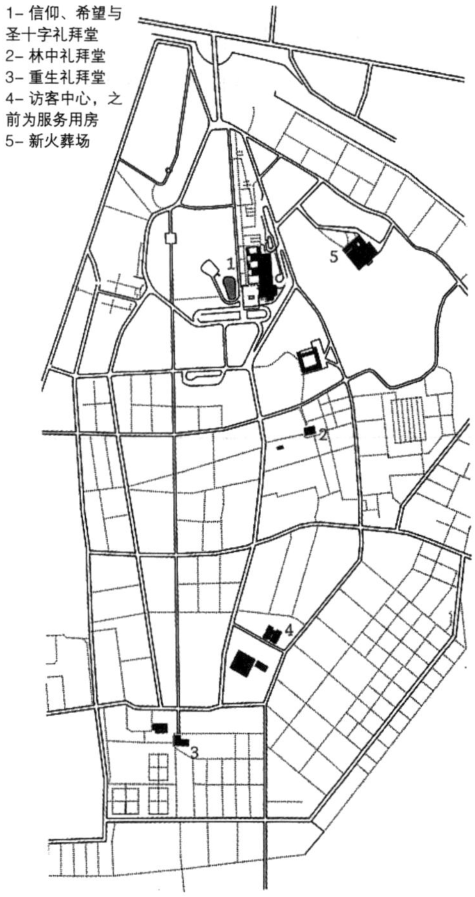

图 10-10-36　火葬场总平面

来源：尚晋，约翰·赛尔辛建筑师事务所 . 林中墓地新火葬场，斯德哥尔摩，瑞典 [J]. 世界建筑，2015（8）：72-77.

1　引自金秋野评语。

2　引自英国建筑师 Tony Fretton 的评语。

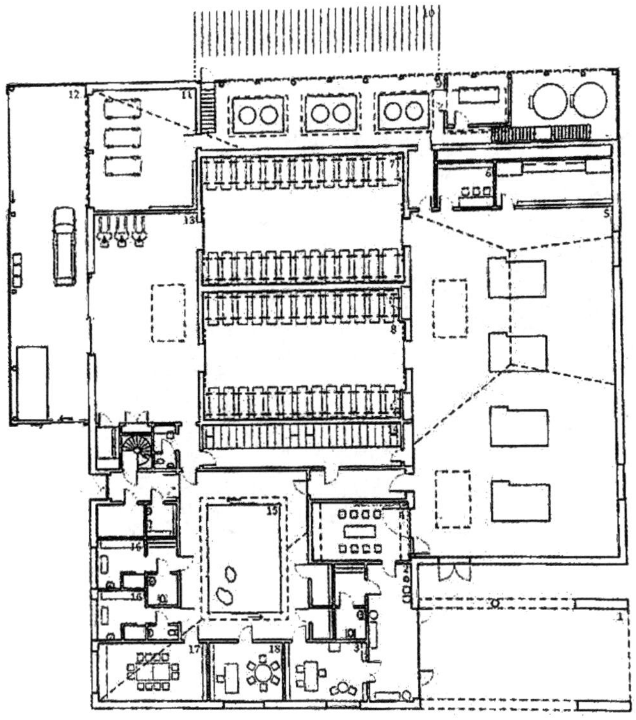

图 10-10-37　火葬场平面图

来源：尚晋，约翰·赛尔辛建筑师事务所 . 林中墓地新火葬场，斯德哥尔摩，瑞典 [J]. 世界建筑，2015（8）：72-77.

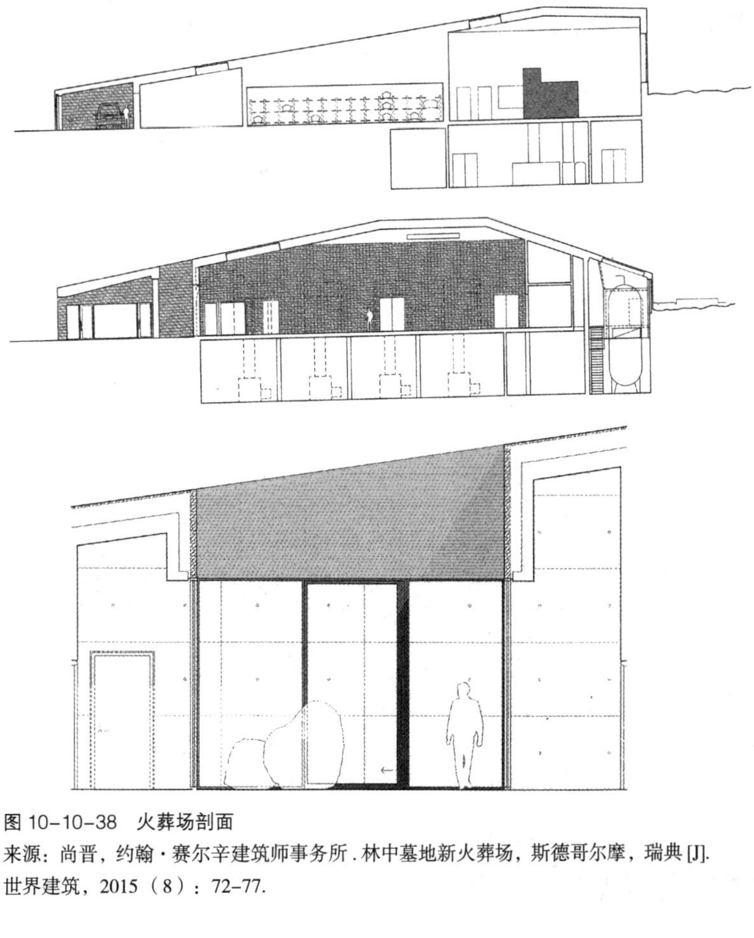

图 10-10-38　火葬场剖面

来源：尚晋，约翰·赛尔辛建筑师事务所 . 林中墓地新火葬场，斯德哥尔摩，瑞典 [J]. 世界建筑，2015（8）：72-77.

图 10-10-39　密林深处的火葬场
来源：作者根据图片绘制

图 10-10-40　大礼拜堂
来源：作者根据图片绘制

图 10-10-41　中庭透视
来源：作者根据图片绘制

（十二）西班牙桑乔德维拉殡仪馆（Sancho de Vera Funeral Home，Spain）

该殡仪馆是在 1968 年老馆基础上改建的，在习俗上做了许多改革。首先强调亲情关系，创造新的守灵方式，为家庭提供更多的私密空间。其次，殡仪馆以新模式营运，向全社会开放，满足当前和未来的丧礼需求，馆内餐厅等公共服务设施向社会开放。

基地有既独立又相互联系的两栋建筑，在使用功能上作了分工。两栋建筑之间有一个对市民开放的公园型广场，不仅连接两栋建筑，而且方便组织人流。

广场下面是一条保留原有的地下火车隧道，同时被保留下来的还有隧道旁的三层地下停车场，继续为新馆服务。殡仪馆每层都有不同的使用功能，有供家庭使用的私人空间、办公用房、后勤用房、火化间、地下室，以及一间容 150 人，两间各容 250 人的悼念厅。

楼上设了 14 间明亮的家庭守灵室和 4 间高级套房，二楼还有两间贵宾用房。每间守灵室不仅保持私密性，而且还附有室外活动空间，根据亲情的需要，向丧属提供精神抚慰的必要条件。

建筑材料只用混凝土、木材、陶瓷和玻璃四种。外墙采用新技术，能够优化室内的人工气候，减少建筑与广场之间的视线干扰。

这是一栋具有时代特色、彰显透明和形象感的城市殡仪馆建筑（图 10-10-42 ~ 图 10-10-50）。

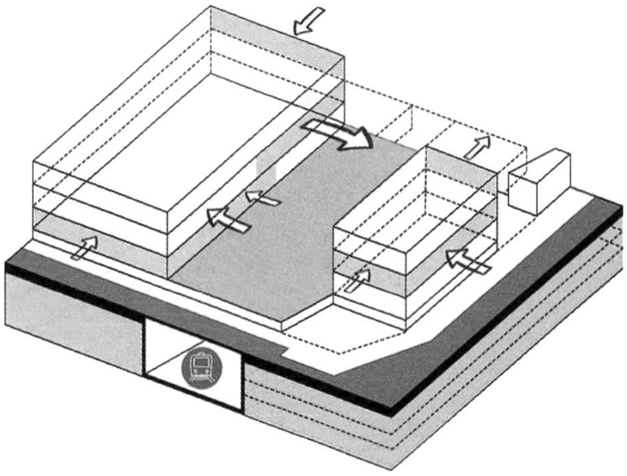

图 10-10-42　西班牙桑乔德维拉殡仪馆模型示意
来源：西班牙桑乔德维拉殡仪馆提供

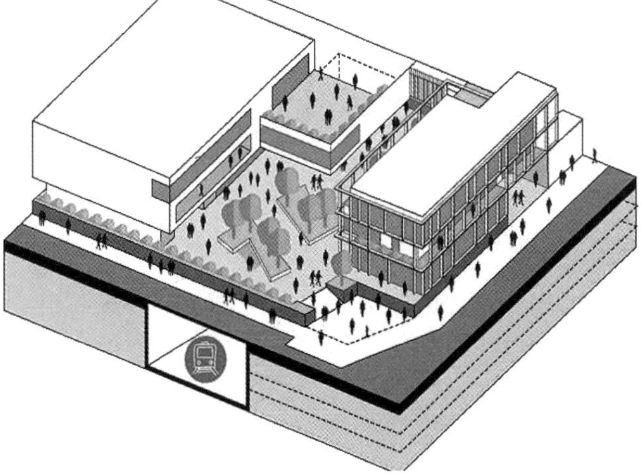

图 10-10-43　鸟瞰模型
来源：西班牙桑乔德维拉殡仪馆提供

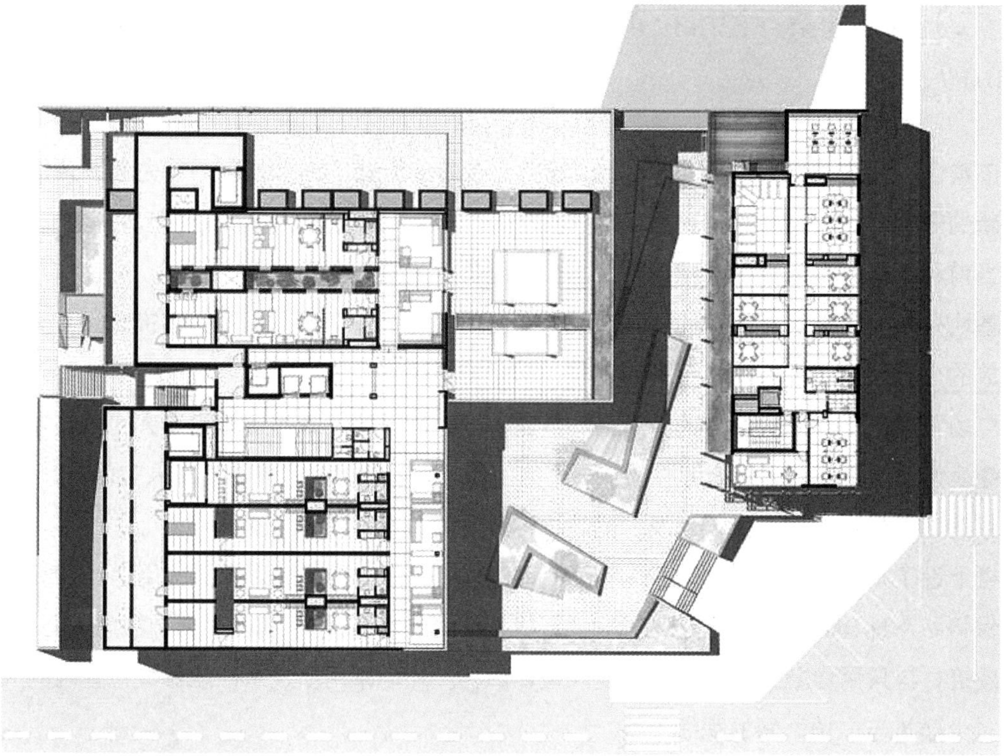

图 10-10-44　三层平面图
来源：西班牙桑乔德维拉殡仪馆提供

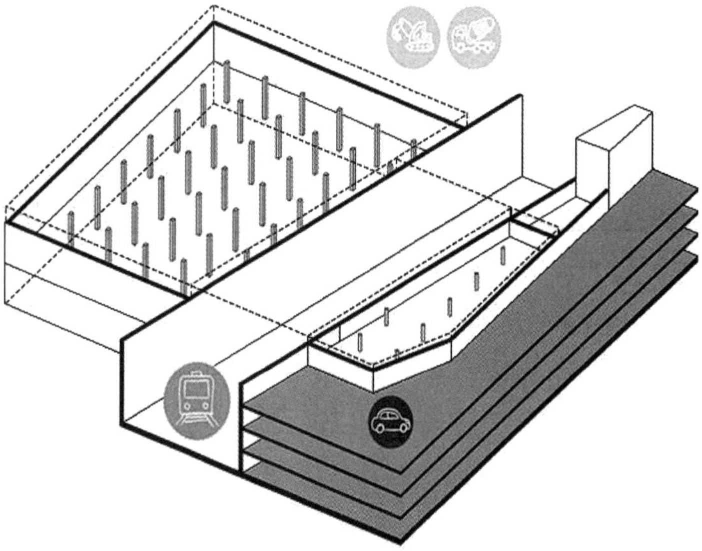

图 10-10-45　地下停车场和火车隧道
来源：西班牙桑乔德维拉殡仪馆提供

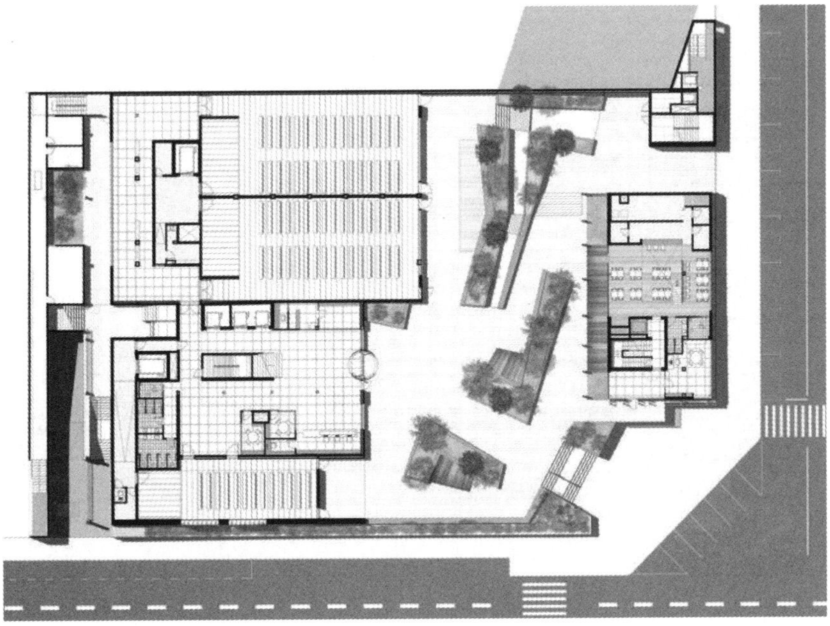

图 10-10-46　一层平面图
来源：西班牙桑乔德维拉殡仪馆提供

图 10-10-47　建筑剖面
来源：西班牙桑乔德维拉殡仪馆提供

图 10-10-48　路旁建筑外观
来源：作者根据西班牙桑乔德维拉殡仪馆提供图片绘制

图 10-10-49　建筑局部
来源：作者根据西班牙桑乔德维拉殡仪馆提供图片绘制

图 10-10-50　室内守灵室
来源：作者根据西班牙桑乔德维拉殡仪馆提供图片绘制

（十三）西班牙泰纳陶瑞小镇殡仪馆（Funeral Home in Tenatori，Spain）

该殡仪馆位于基地南侧的松林中，西向入口的内部是一个较大的室内空间，一旁为殡葬功能用房和休息室。对小型殡仪馆而言，它的布局清晰合理。特别值得关注的是它的造型，建筑师追求殡仪馆的象征性和草根性，整幢建筑以大片敦厚的混凝土实墙和成片的玻璃幕墙以及斜出的天窗，共同组成一栋犹如植根于当地，从地下生长出来的建筑。

第二个鲜明的特点是设置一个“漏斗”状天窗，经过计算，斜向天空对太阳神膜拜，迎接阳光。炎热夏季，金属百叶能自动落下遮挡太阳；寒冷冬季，温暖阳光可以洒满室内。阳光透过百叶窗射入室内所产生的条状阴影随着太阳移动，产生动感影像，似乎生命仍在活跃（图 10-10-51 ~ 图 10-10-54）。

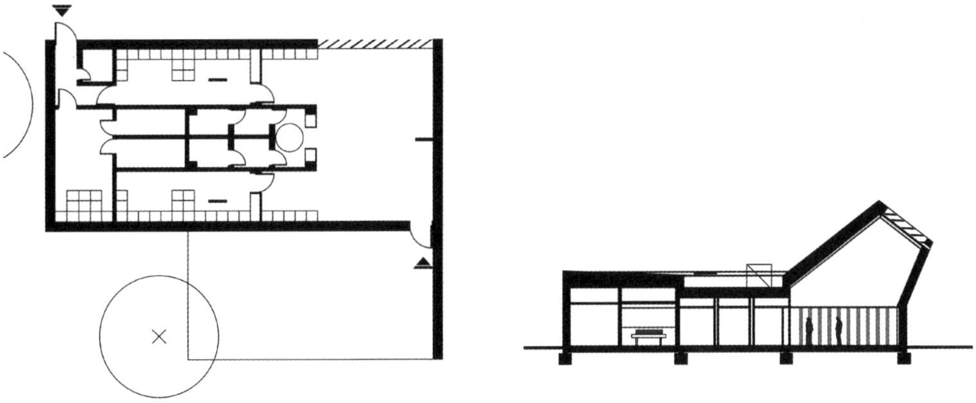

图 10-10-51　小镇殡仪馆平剖面
来源：作者根据图片绘制

图 10-10-52　殡仪馆外观
来源：作者根据图片绘制

图 10-10-53　“漏斗”式天窗
来源：作者根据图片绘制

图 10-10-54　室内光影流动
来源：作者根据图片绘制

（十四）日本岐阜县市政殡仪馆

该殡仪馆位于群山怀抱的一片宁静绿地中，南侧植栽茂盛，北侧是湖面。建筑师伊东丰雄力图将建筑和环境融合，将其取名为“冥想之森”。冥想不仅是对逝者的思念，更是对大自然的敬拜和对生死的思考。在这个创作思想推动下，一座创意殡仪馆就此诞生。

殡仪馆建筑共两层，面积达 2264.57 平方米（图 10-10-55），具备应有的一切设施。建筑物在大片玻璃幕墙的渗透中顶着一个混凝土浇筑的纯白色曲线屋顶，每一个曲面都经过计算，无规则的曲线屋顶像朵朵不断变幻着的白云，漂浮在群山森林中，产生虚幻的轻盈感和建筑的不确定性，有如灵魂在空中飘逸。混凝土浇筑的屋面经机械打磨后，在光滑的表面上喷防水的氨基甲酸酯涂层，使建筑看上去轻盈飘浮。顶着曲线屋顶的大片玻璃尽显殡仪馆潇洒的开放性。整栋建筑美妙地与环境拥抱，互相加持，共同创造了一个“人间天堂”。

图 10-10-55　日本岐阜县市政殡仪馆总图
来源：日本岐阜县市政殡仪馆提供

殡仪馆建成后深受当地居民喜爱，要求无丧事时用作音乐厅，让市民能够在这座圣洁的湖边建筑和清新的环境中享受美妙的音乐。这里生死界线已模糊，人们在这里自然会珍惜和享受现实生活（图 10-10-56 ~ 图 10-10-59）。

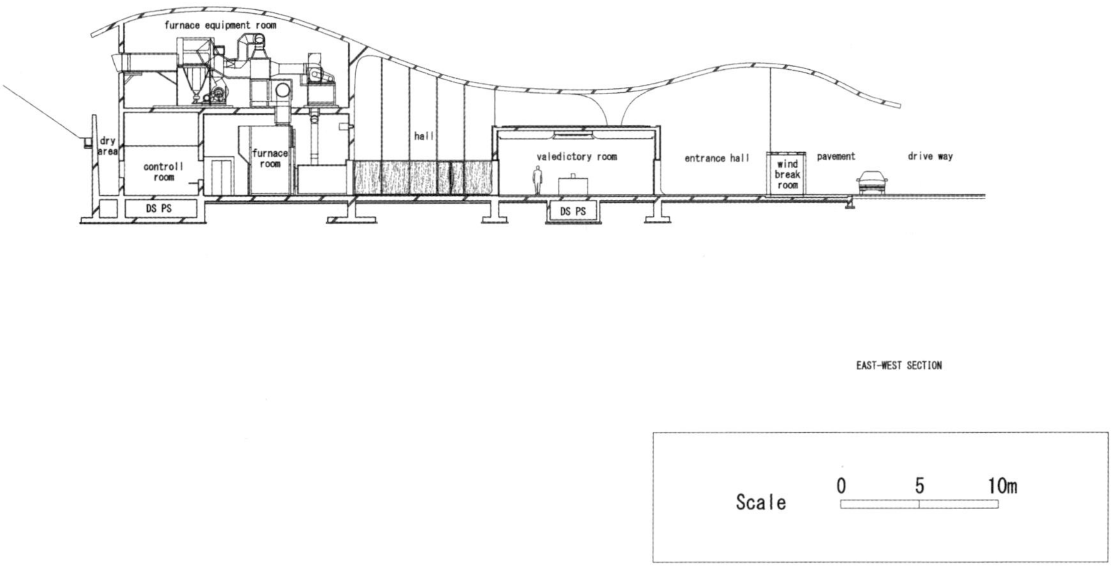

图 10-10-56　剖面
来源：日本岐阜县市政殡仪馆提供

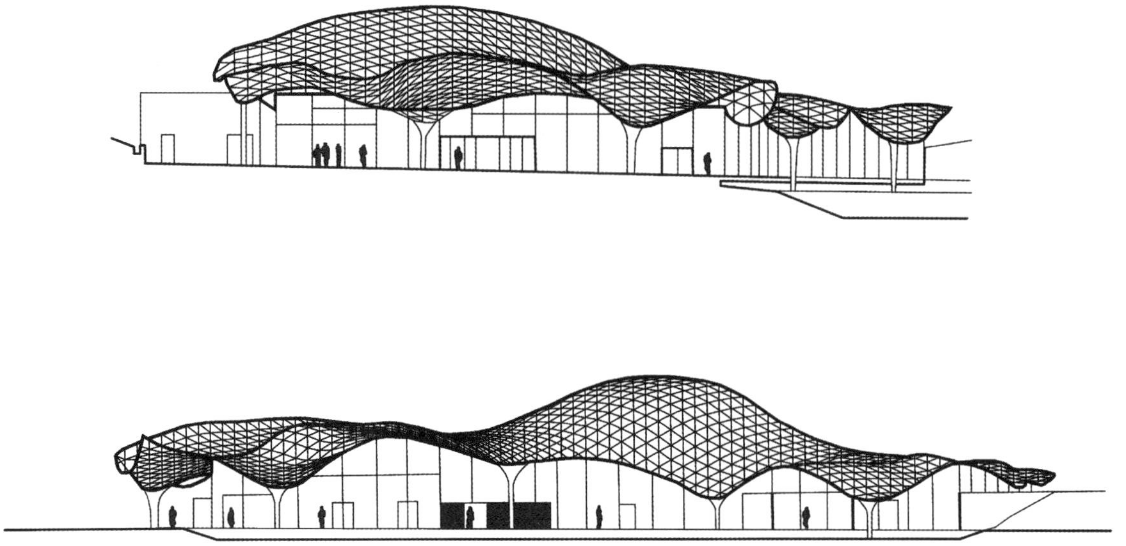

图 10-10-57　侧面、立面
来源：日本岐阜县市政殡仪馆提供

图 10-10-58　墓园一角
来源：作者根据日本岐阜县市政殡仪馆提供图片绘制

图 10-10-59　殡仪馆
来源：作者根据日本岐阜县市政殡仪馆提供图片绘制

（十五）日本风之丘火葬场

位于日本中津市郊的一个传统墓葬区，于 1997 年建成。占地 33316 平方米，建筑面积 2514 平方米。设计者为日本精致现代派建筑大师桢文彦。

火葬场有八角形悼念厅、三角形休息区和正方形火葬区，彼此松散地联系在一起，它们的共同特点是都有低矮的轮廓，仿佛从地下冒出来的。每组建筑都有符合自身功能的建筑展现，彼此联系，与环境融合。

向东倾斜的八角形悼念厅用于宗教仪式，它和等候区三角形的外墙一起被埋入地下，暗示着生命与大地之间的关系。悼念厅非常“内向”，只有少量的光线进入室内，追求静谧，释怀悲情，南边两面墙架空离地，透过离地的缝隙，只看到外面平静的水面。水面对天花板反射产生粼粼波动的反光，产生出一种迷离的幻觉，仿佛逝者的灵魂正在缓入天堂。

三角形的休息区舍弃一切多余的装饰，化整为零，分散成多个亲切的小空间、大量温馨的室内木装修、透过玻璃幕墙将北侧窗外精致的日式庭院以及东南一侧窗外的自然景色，伴随阳光引入室内，刻意制造宁静来疏解人们的心情。

平面方形的火葬区是瞻仰遗体和火化作业的地方，两者各偏一侧，有分有合。一般殡仪馆的火化区都较封闭，但桢文彦想法不同，他考虑到有丧属参与，故意将火葬厅围绕水庭布置，让墙外的水院美景和粼粼波光透过玻璃幕墙渗透到火葬区室内来，水庭不断的潺潺流水，使人于无声处听水声，增添具有活力的某种空间气氛。室内的木纹清水混凝土使室内少了硬冷，多了温暖。

三组建筑功能布局非常合理。形象上通过追求“废墟”感来体现“永恒”的原始精神追求。建筑师用这种方式来表现人们重返自然成为自然一部分的愿望。

遗体有专用通道直接送入东北角的火化间。参加宗教悼念活动以及参加遗体告别的亲友，从西边前庭进入西南方的悼念厅，或者通过北边的走廊进入火化区西侧进行遗体告别。遗体告别与火化间靠近，因此遗体搬运比较方便。休息区位于宗教悼念厅与火葬区的中间，为参加两边活动的亲友服务。

整个布局功能合理，动线清晰。三组建筑彼此之间的连接也处理得干净利索，均考虑到人在环境中的心理感受，通过设计让他们得到抚慰。这是风之丘火葬场最大的亮点，体现设计者悲天悯人的一种大爱情怀。“体现了一位大师举重若轻的气度和从容”[1]（图 10–10–60 ~ 图 10–10–63）。

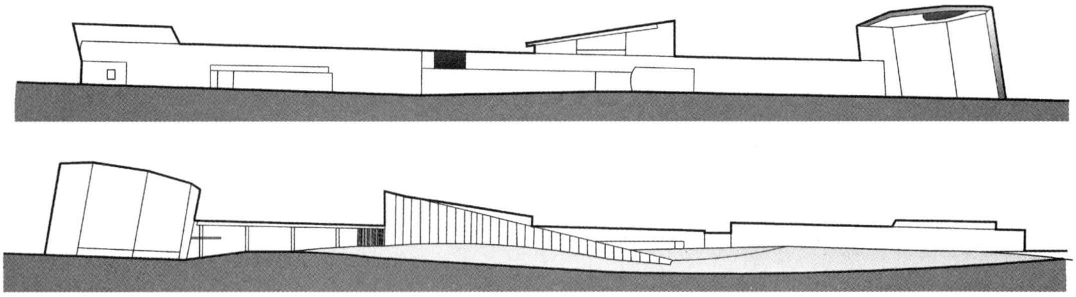

图 10–10–60　风之丘火葬场立面图
来源：作者根据日本风之丘火葬场提供资料绘制

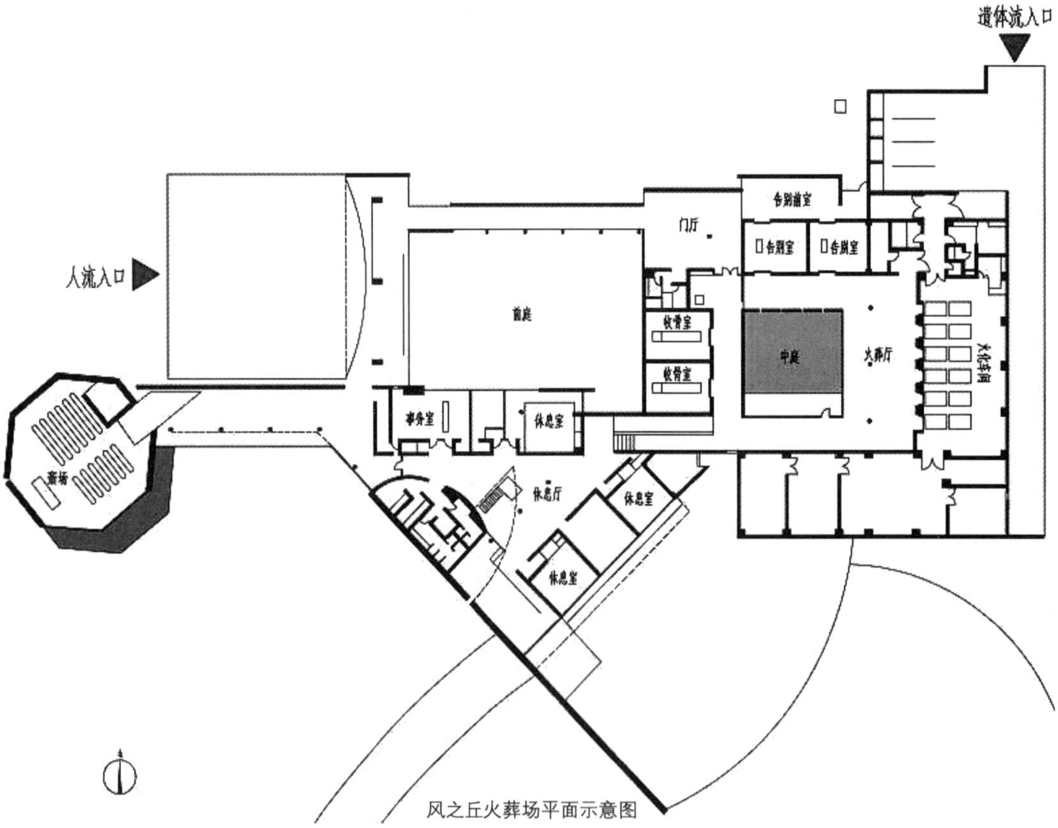

图 10–10–61　风之丘火葬场平面示意图
来源：作者根据日本风之丘火葬场提供资料绘制

1　叶子君 . 生命的极致：重读桢文彦风之丘火葬场 [J]. 中外建筑，2005（1）：60–62.

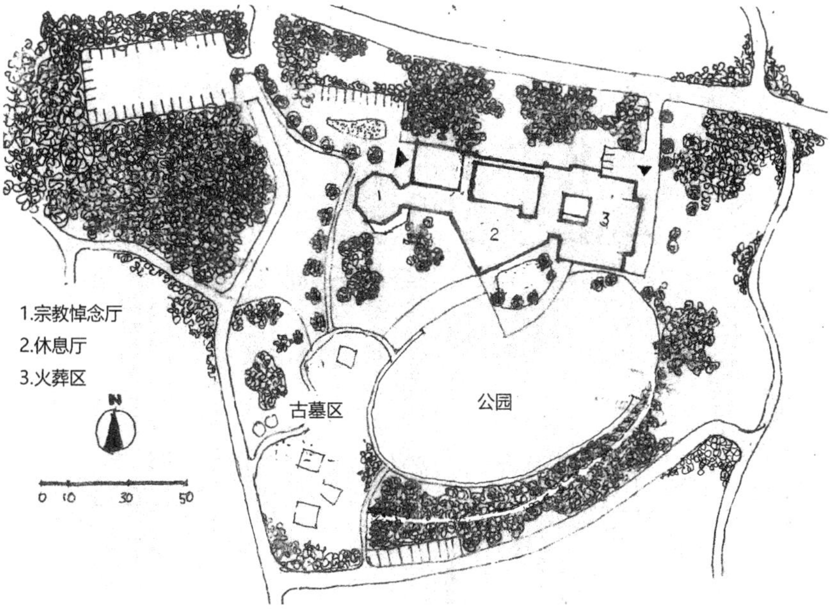

图 10-10-62　风之丘火葬场总平面
来源：作者根据日本风之丘火葬场提供资料绘制

图 10-10-63　日本风之丘火葬场
来源：作者根据图片绘制

（十六）日本山武郡火葬场

这是一座日本收费低廉的公立平民火葬场。位于日本千叶县东金市，建筑面积 1888 平方米，竣工于 1987 年 9 月，由石本建筑事务所设计，曾获得 1989 年 BCS 大奖。

日本把死亡看成是具有使命感的神圣过程，是日本文化的重要组成。这个火葬场的功能与造型、庭院文化、水系景观、传统礼仪，都表现得十分亮眼，是日本文化演化出来的一个优秀案例（图 10-10-64、图 10-10-65）。

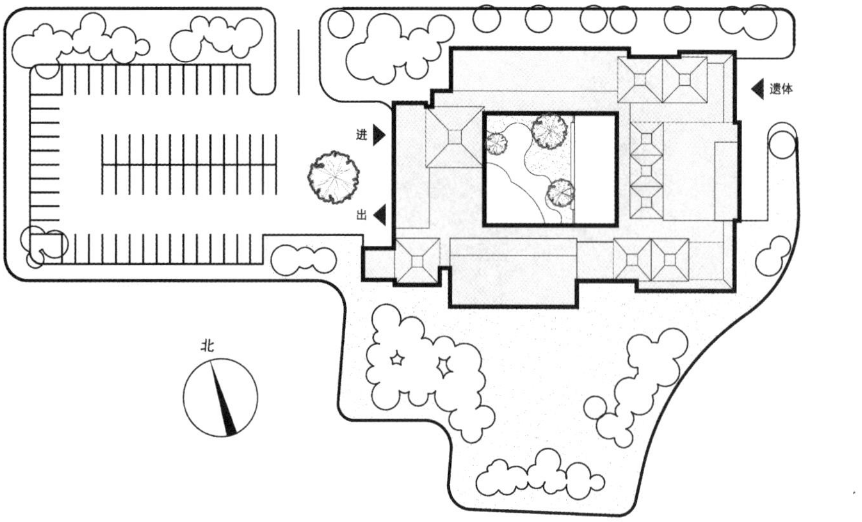

图 10-10-64　山武郡火葬场总平面图
来源：作者根据墓园资料绘制

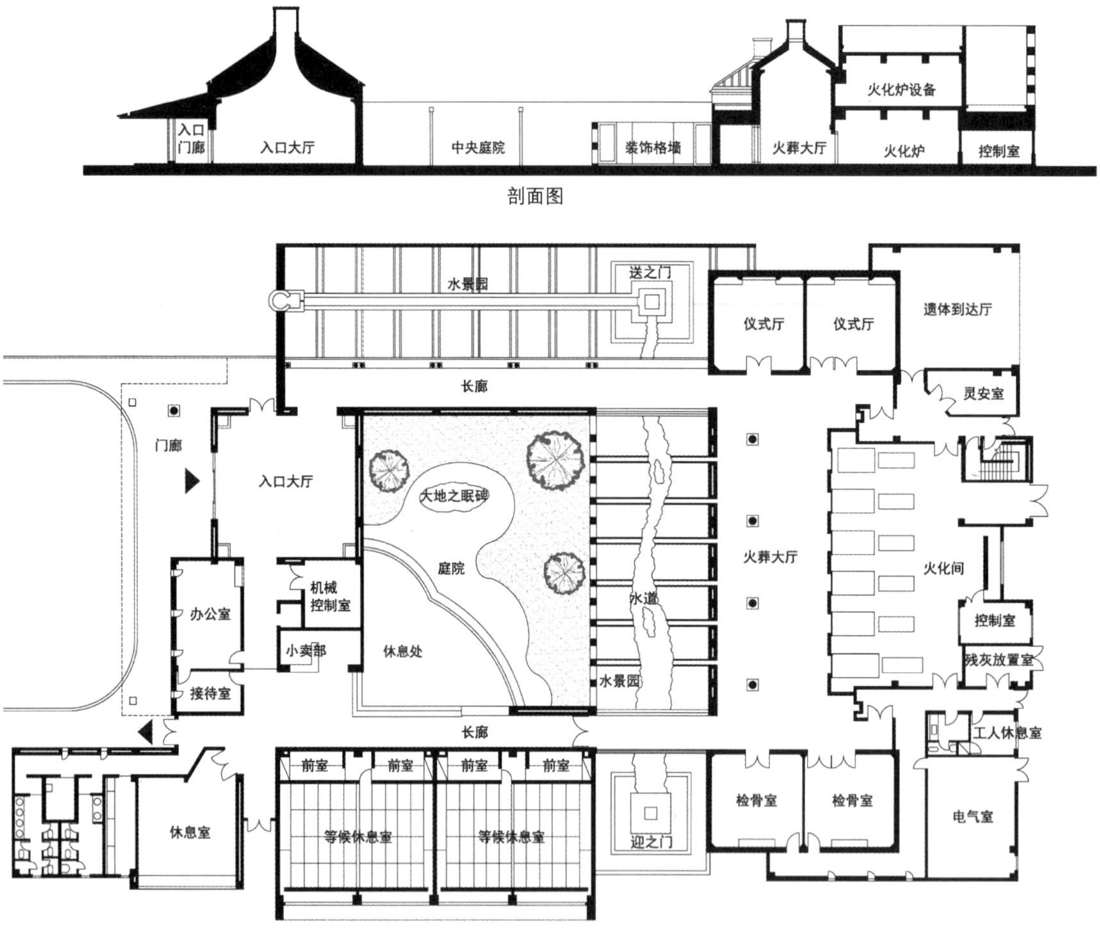

图 10-10-65　平面图和相应的剖面图
来源：作者根据墓园资料绘制

总图围绕日式庭院展开，形成清晰而没有交叉的生死两条流线。

殡仪车接尸后到达东北角的到达处，遗体随后送入灵安室进行告别前的遗体处理和停放。

参加告别仪式的人群从西北侧入口，进入附有办公和接待室的门厅，再从北面几十米长的廊道进入尽端的火葬大厅，廊道的右边是封闭的实墙，左边是灵动的水院造景，阳光下的粼粼水波和连续不断的单调水声，逐渐洗涤人们的焦虑，形成某种压抑感，使人逐渐进入静默和悼念的沉寂状态。它是参与告别仪式人们的心理需要。

多数市民的殡葬告别仪式在市区殡仪馆或遗体酒店等场所完成。遗体再由丧属陪同来此火化，也有部分居民在此借用场地举行简单的告别仪式。火葬大厅北侧有两间仪式厅，供需要的市民租用，火化的同时也可在此举行焚香祝愿仪式。

火化需要 1 ~ 1.5 小时，参加送别的人们结束仪式后即可离去，少数至亲进入设二道门和前室有隔声效果的等候室休息，这里也是亲友们寒暄交谊的地方。

遗体火化之后，亲友们至捡骨室进行捡骨入罐仪式，从火化后的灰烬中选取全部或部分遗骨装入容器，剩下部分由火葬场处理。

捡骨之后，人们捧着纳骨容器到达旁边的“迎之门”，因为日本人相信死亡是一种到达“彼岸”的过程，在这里迎接亡灵回天国。水景的流水从这里经庭院到达北面尽端的“送之门”，在这里为灵魂送行。“送之门”位于两条轴线的正交处，和廊北侧的水景装置联成一体，缓缓流动的水，象征着亲人的泪水、灵魂的迎送和生命的永续，充满禅意的水景园设计是信仰和精神需要的产物。

整个过程充满了仪式感，结束后，人们从出口离开。整个人流顺时针进行，没有交叉，不走回头路。

建筑西南角有一间休息室，可供先期到达的人们临时休息，汇合亲友后，一起进入为故人送行的行列。

中心庭院不面对未经送别仪式的人群，只向完成送别仪式后的人群开放。面向庭院与水景共同组成的绿色空间，可观赏可小憩，让人更换心情，树木草坪和水院将室内外空间融为一体。悼念的人们从悲切压抑的严肃环境转换成自然愉悦的庭院环境，促成情绪的转换。通过这种精心的安排和情景转换，让人们尽快地舒解心情，回归常态。

庭院中除了树木花草外，还有一块“大地之眠”的圆形石碑，因为灵魂虽已“升天”，身体需要“入土”，石碑供需要的人们祭拜。

在室内设计上，火葬大厅是建筑空间的重点，很高的穹顶上装几个寓意永恒的金字塔角锥形天窗，凌空悬在人们头上，这种肃穆庄严的设计手法能引起人们对生死的沉思，产生对死亡的纪念性联想。直射的阳光带来室内光影的无穷变化，象征生命周而复始的轮回。

火葬大厅的东边是火化车间，一排火化炉，每个火化炉对大厅开一个入口，便于同时分别举行火化前的仪式。火化入口对面墙上有一排开有细长垂直条窗的实墙，透过细条窗可以隐约看到窗外水的流动。两墙之间列柱所形成的高低空间作为两墙之间的过渡，避免了单调。

这是一个扎根于日本传统殡葬文化，具有强烈神圣感、仪式感、逻辑感和美感的优秀作品，值得推荐（图 10-10-66 ~图 10-10-69）。

图 10-10-66　庭院休息
来源：作者根据图片绘制

图 10-10-67　庭院一角
来源：作者根据图片绘制

图 10-10-68　火化大厅
来源：作者根据图片绘制

图 10-10-69　金字塔锥形天窗
来源：作者根据图片绘制

第十一章

纳骨建筑设计

每种葬式的出现都有其深刻的社会原因，中国纳骨建筑自佛塔纳骨开始，已历千年。民众对纳骨建筑的传统印象与寺庙、宝塔分不开，故常称之为“纳骨塔”。近代随着城市快速发展，殡葬空间与城市空间的矛盾日益激化，社会进步与祭祀文化的演替，以及民众环保意识的增强、土地资源的紧缺、政府的大力提倡，纳骨建筑在中国得到较快发展，越来越被社会所接受，因为它有省地、经济、卫生、易供奉、省时间、便祭祀、免奔波以及免除捡骨二次葬等优点。

目前盛行的骨灰土葬不是葬式改革的目标，而是一种过渡，它对生态环境的负面影响仍存在。纳骨建筑将室外骨灰土葬进化为入室上墙，这是目前最有效的节地葬式，为政府所提倡，民众能接受的一种葬式。

纳骨建筑虽然具有上述优点，但它的“寄存”感大于“安厝”感，在一定程度上弱化了殡葬原旨。于是人们开始设计更有仪式感的新型纳骨建筑。

纳骨建筑从宗教信仰上可以分为单一宗教型、多教型和不强调信仰的混合型三种。不管哪种，只要能满足人们尽孝道、行敬祀、易风俗、除迷信、破恐惧、涵养对生命的尊重，符合生态环保等公德的新型纳骨建筑，都是公众普遍的期待。纳骨建筑与郊野公园结合，成为公园中一个特殊纪念地就是一种尝试。

一、纳骨建筑的分类

纳骨建筑可以分为以下五种。

（一）纳骨建筑与殡仪馆结合

殡仪结束后，除了遗体被送往墓园土葬外，多数在殡仪馆或火葬场进行火化，骨灰装盒后再送往墓园下葬或暂存殡仪馆或长期入厝。

纳骨建筑在殡仪馆和火葬场中不是“主角”，是配套设施。

（二）纳骨建筑与墓园结合

纳骨建筑和墓地具有同等的重要性，均具安厝和祭拜两项主要功能。两者结合可以共同使用祭祀场所和各种服务配套设施。纳骨建筑在墓园中具有相对独立性。

（三）纳骨建筑与寺庙结合

佛教信徒愿意火化后，骨灰留存寺庙，在诵经声中得到超度。于是骨灰留存寺庙成了佛教徒的期望，寺庙为纳骨设塔筑地宫也就顺理成章，但它也只能是寺庙的配套设施（图 11–1–1）。

图 11–1–1　台南天都禅寺
来源：作者设计及绘制

（四）纳骨建筑与郊野公园结合

纳骨建筑可以小型化、壁葬化、廊葬化和地下化，有利于结合景观，实现多样性和分散人流，所以容易与公园结合，可以采用多种纳骨方式为郊野公园添彩，也为纳骨建筑增色，同时也为建筑师和艺术家提供了广阔的创作空间。

（五）纳骨建筑单独设立

纳骨建筑的规模根据需要可大可小。小的如日本龙泉寺八圣殿纳骨堂，只有 658 个骨灰位；大的纳骨建筑可以容数万个骨灰位（图 11–1–2）。

独立纳骨建筑的优点是节省土地、经营单纯，其高效节能、祭拜便利，也有利于科技成果的转化和现代化管理。目前这种独立的纳骨建筑在人口众多的东南亚国家日益成风。独立纳骨建筑的设计是本章探讨的重点。

图 11-1-2　嘉定天主教骨灰堂方案
来源：作者设计及绘制

二、纳骨建筑的规模和组成

首先，根据当地的发展规划、人口死亡率和火化率，确定纳骨建筑需要的寄存量，其规模分类见表 11-2-1。

纳骨建筑建设规模分类　表 11-2-1

类型	Ⅰ类	Ⅱ类	Ⅲ类
纳骨建筑安装数量 / 万	>5	1~5	<1

来源：参考公墓和骨灰寄存建筑设计规范：JGJ/T 397-2016[S].

纳骨建筑的组成与信仰属性、规模大小、地区特点、风俗习惯、独立或附属有关。最重要的组成是骨灰的储存部分，根据规模的大小，占总面积的 80% 左右。处理好贮存部分与其他部分的关系是设计的重点。

纳骨建筑主要由业务接待区、骨灰安放区、行政办公区和辅助用房区四部分组成，它们的面积分配应遵守当时当地的相关规范（见表 11-2-2）。在市场化竞争的条件下，应允许建设单位在合理范围内征得主管单位同意，作某些调整。给投资人与设计方更多的主动权和创作空间。

骨灰寄存楼功能空间的面积分配表 /m² 　　表 11-2-2

名称 \ 规模		Ⅰ类	Ⅱ类	Ⅲ类
业务接待区	咨询处	15~25	10~15	8~10
	洽谈室	（15~20）×4 个	（8~15）×4 个	（8~15）×3 个
	财务处	30~50	20~30	12~20
	葬品销售间	50~200	40~80	30~40
	休息厅	30~50	20~30	15~25
骨灰安放间	骨灰安放间	3000~4500	1500~3000	900~1500
	祭祀堂	300~600	150~300	80~150
	过期骨灰库	200~300	100~200	50~100
行政办公区	办公室	（15~30）×4 间	（15~20）×3 间	（10~15）×2 间
辅助用房区	卫生间	20~40	20~30	10~20
	库房			
	机房	45~60	45~60	45~60

来源：参考公墓和骨灰寄存建筑设计规范：JGJ/T 397–2016[S].

具体内容分述如下：

（一）业务接待区

包括接待柜台、业务洽谈室、服务用房等。当纳骨建筑为墓园或殡仪馆附设时，可将业务接待区的全部或部分纳入主体的接待部门。

它的主要功能是为前来入厝或悼念的客户提供接待服务；向前来参观和咨询的潜在客户介绍产品、陪同参观、解答问题；提供家庭茶叙和休息的场所条件；进行商务谈判。

业务接待区的组成：

（1）前台值班咨询处，靠近入口处；

（2）洽谈室，根据建筑的规模大小设置；

（3）殡葬用品的展示与销售；

（4）贵宾休息室：接待有需要的客户， 根据规模设置；

（5）小卖部：出售鲜花、文创产品、纪念品、轻食、饮料以及祭奠用品；

（6）陈列厅：普及殡葬和生命科学知识，教化人心的文物资料展示；也可以展出疏解哀伤的文化艺术品，提升建筑的品质和价值感；

（7）餐饮服务：供应简餐和饮料。在清明、祭日、入厝等节日，向前来祭奠的亲友提供休息叙旧的场所。理想的餐饮服务区的位置应便于直接对外。

（二）骨灰[1]安放区

分室内与室外两部分，后者为选项。室内安放区占纳骨建筑总面积的比例随建筑的性质、规模和标准而异，规模越大，骨灰安放区的面积占比也越大。附属的比独立的纳骨建筑占比大。

安放区应附有骨灰暂存室，供待处理的骨灰临时存放。

（三）行政办公区

包括经理、档案管理、人事、营销、策划、财务、会计、值班室、值班人员休息室、宗教人员用房、管理监控设备的安保人员用房。大型纳骨建筑需提供驻留的宗教专职人员生活起居和修炼场所。

（四）辅助用房区

（1）各种机房和设备间；

（2）分散在各区的卫生间需按最大人流量计算，考虑障碍人士、老人和儿童的使用方便，应特别注意通风排气；

（3）工程维修、保养以及植栽、养护等部门；

（4）消防用房；

（5）仓库、贮藏和车库。纳骨建筑的杂物较多，仓储面积应略大。

（五）悼念厅

古人云“祭如在”，说明悼念祭祀时仿佛先人就在眼前，大型悼念活动在殡仪馆进行，纳骨建筑的设置规模可略小，必要时设独立的小型出租的家祭室。

（六）牌位区

纳骨建筑除了骨灰格位外，需要另设牌位区，可集中也可分层分区设置；也可和宗教仪式厅结合。牌位分祖宗牌位和逝者牌位两种（图 11-2-1）。

图 11-2-1　牌位区
来源：刘正安先生提供

1　泛指包括骨瓮在内的容器。

（七）宗教仪式厅

无论中西方，有信仰的人群在悼念先人时，往往希望能举行一些简单的宗教仪式。例如国外的电子烛台，国内的长明灯、藏族的酥油灯等，付费点灯、祈福还愿（图 11-2-2、图 11-2-3）。

图 11-2-2　藏族酥油灯

来源：沈栖．祭祖：留下文化与文明的投影 [J]. 殡葬文化研究，2019（1）：87.

图 11-2-3　加拿大教堂烛台

来源：作者自摄

（八）冥想室和禅修室

供丧属在私密空间宣泄悲伤、得到心灵抚慰。禅修室是供客户临时禅修、思考和领悟人生的地方。

（九）多功能厅

房间从单一功能转向多功能，是适应纳骨建筑功能多元化和不确定性、提高空间利用率的一种设计。需要时可用作悼念厅和宗教仪式厅。多功能厅应设立高分辨率的液晶投影仪和电动屏幕，以适应各种功能的临时需要。

以上厅室的设置内容与纳骨建筑的等级、服务对象、预算和建筑规模有关，策划时应根据需要进行调整。

三、纳骨建筑的动线和空间组合

（一）剖面类型

除了分散布置外，纳骨建筑的剖面主要有七种形式（图 11-3-1 ~ 图 11-3-7），表达骨灰贮存与公共部分两者的关系。灰色为公共部分，白色为骨灰贮存部分，垂线为垂直交通。

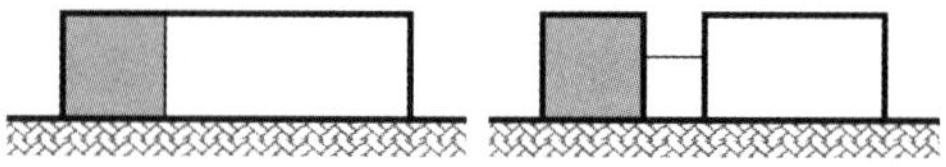

图 11-3-1　单层建筑（合一、分开）
来源：作者绘制

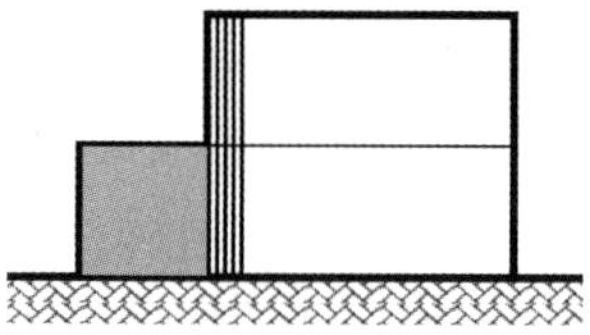

图 11-3-2　公共部分独立布局
来源：作者绘制

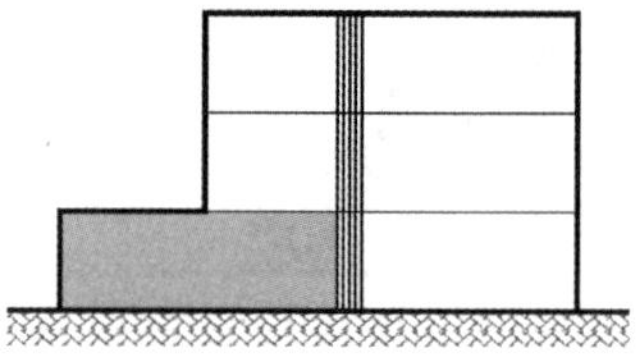

图 11-3-3　混合布局
来源：作者绘制

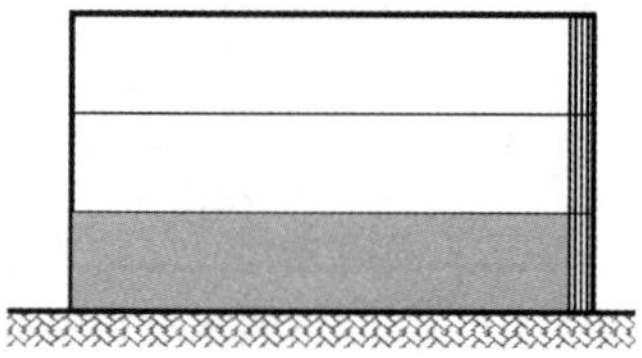

图 11-3-4　分层布局
来源：作者绘制

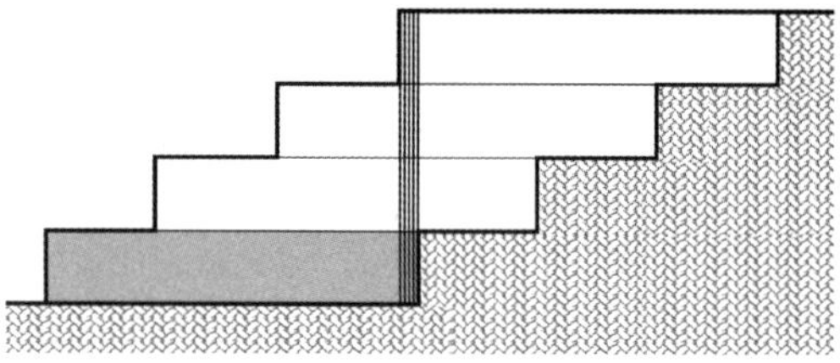

图 11-3-5　顺坡布局
来源：作者绘制

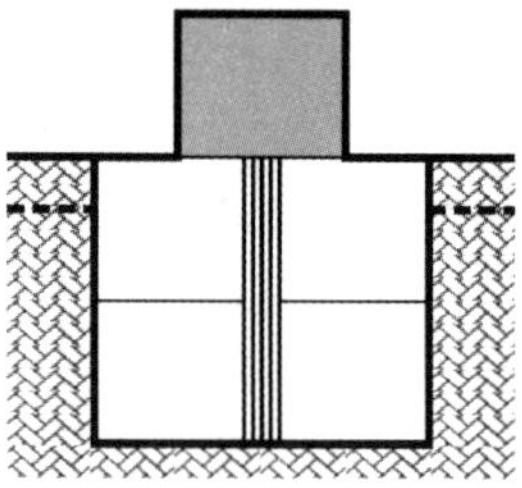

图 11-3-6　地下或半地下布局
来源：作者绘制

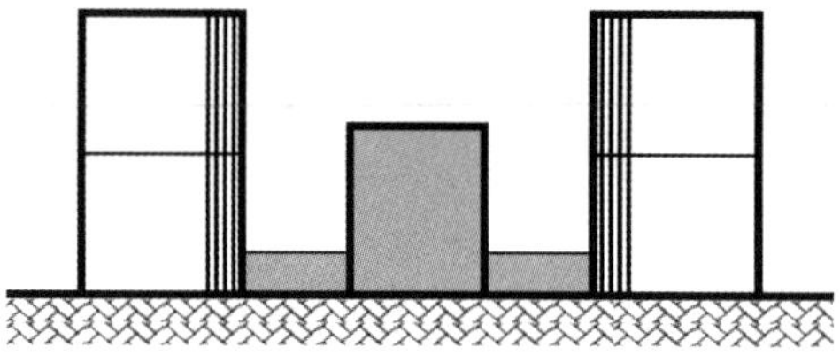

图 11-3-7　卫星式布局
来源：作者绘制

（二）平面分类

（1）独立分散式布局。中央大厅联系各个独立厅室，灵活紧凑，互不干扰，私密性好，识别性强（图 11-3-8）。

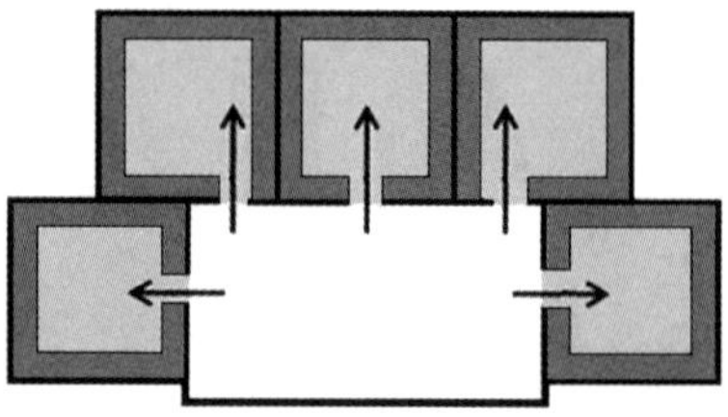

图 11-3-8　独立分散式布局，中央大厅联系各小厅
来源：作者绘制

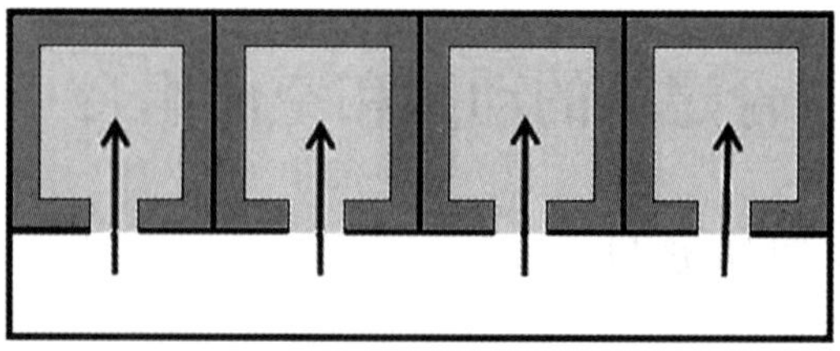

图 11-3-9　独立廊式布局，走廊联系各小厅
来源：作者绘制

（2）独立廊式布局。可以布置成单面或双面或放射式走廊，布置灵活，功能清晰，人群分流好，私密性、识别性和实用性强，管理方便（图 11-3-9）。

（3）独立岛式布局。在一个屋盖下设多个独立纳骨小屋，小屋之间以绿化区隔（图 11-3-10）。布局彰显个性，易于和绿化结合。

图 11-3-10　独立岛式布局
来源：作者绘制

（4）混合式布局。厅室大小结合，布局灵活紧凑，空间利用率高，但人流易混淆（图 11-3-11）。

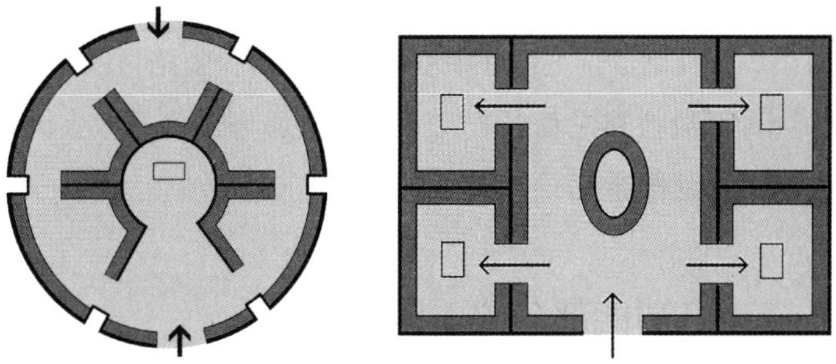

图 11-3-11　混合式布局
来源：作者绘制

（三）动线分析（图 11-3-12）

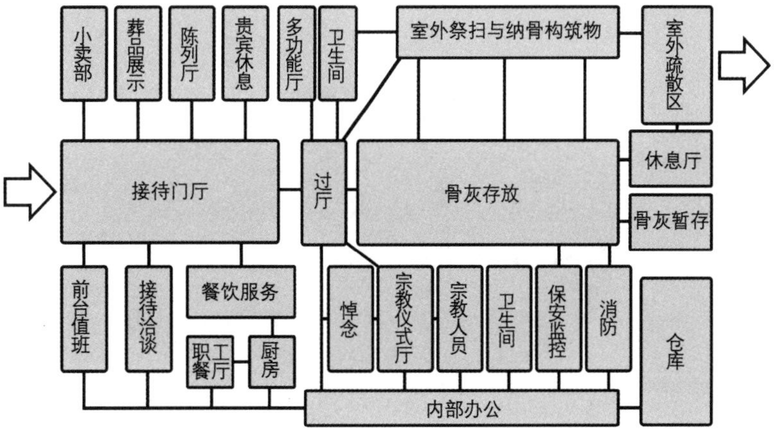

图 11-3-12　纳骨建筑功能流线
来源：作者绘制

四、纳骨系数和各功能部分的比例

（一）纳骨系数

纳骨建筑应有足够的公共服务面积，面积的大小直接影响到项目的经济性。需要有一个可比性的系数加以控制。纳骨建筑的总建筑面积除以骨灰格位总数，即平均每个格位占有建筑面积称之为纳骨系数。

独立与附属纳骨建筑的纳骨系数是不同的，影响纳骨系数的因素很多，例如殡葬习俗、当地文化、服务等级、投资规模、开发程序、贮存方式以及未来可能的变化等。因此纳骨系数不是一个衡量设计经济性的绝对指标，而是判断有可比性的同类纳骨建筑的相对指标，此时的纳骨系数才具有参考价值。

计算时将骨瓮视作骨灰位，夫妻双人位按 2 位计算，家族位按 4 位计算。以香港善心高层纳骨建筑为例，总建筑面积为 8300 平方米，格位总数为 23000 位，纳骨系数 K 值为 $8300/23000 \approx 0.36$。

纳骨建筑的等级标准越高，公共服务部分的面积占比就会越高，纳骨系数也就越大，反之越小。公共活动部分的面积变化有限，而骨灰格位的数量变化很大，新建公益性独立纳骨建筑的纳骨系数控制在 0.2 ~ 0.25 为宜，因为 K 值系数太大不经济，太小服务品质难以保证。高档的民营纳骨建筑不受此限。

（二）各功能部分的占比

独立纳骨建筑各功能空间的占比和它的经营理念、规格等级、服务对象相关，难以统一。目前已建成的国内附属纳骨建筑的平均空间占比可供参考。[1] 以上均为附属，与独立纳骨建筑应有所区别。

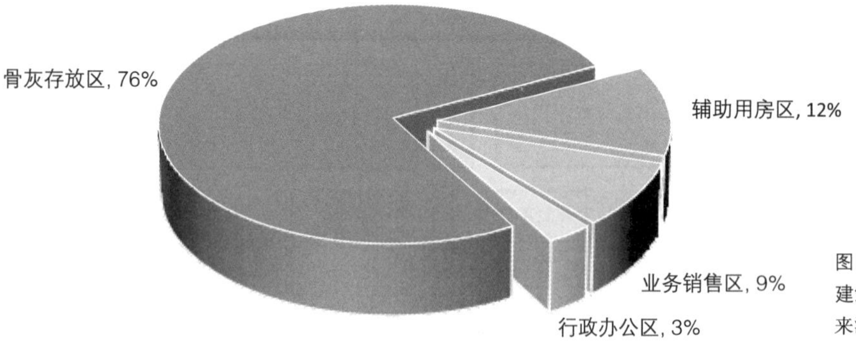

图 11-4-1　国内部分附属纳骨建筑的功能空间占比
来源：作者绘制

1　重庆市合川殡仪馆、上海市福寿园、哈尔滨天河园、余姚市殡仪馆、西安市殡仪馆、临潼殡仪馆、西安安灵苑。

从图 11-4-1 中可以看出，国内附属纳骨建筑的骨灰存放区占总面积的 76%。随着服务品质和建筑标准的提高，并考虑到有些新功能用房尚未统计在内，骨灰存放区的占比还会下降。

五、独立纳骨建筑的总图设计

根据项目的定位，考虑环境条件、地域特点和人文因素，进行总图设计。骨灰存放楼是总图中最主要的部分。此外，尚有为入厝和祭悼服务的场所。

独立纳骨建筑可将骨灰寄存部分集中设置，这样布局紧凑，管理方便，节省土地。缺点是人流过于集中，存在安全隐患。

另一种分散式布局，满足属性化分类的要求，优点是布局灵活，人流分散，可分期按需逐步建设，降低初期投资，但占地相对较大。

（一）道路设计

道路设计能够组织祭拜人流，以最少的时间和最短的距离进行有序的祭悼。设计时要考虑祭祀高峰与平时使用之间的频率差，合理确定机动车和非机动车需要的路宽，确定其面积在总图中的合理占比。国内为 15% ~ 28%，过高将影响绿化率和景观，过低则造成拥堵。道路、广场和停车场面积的总和应控制在总面积的 20% 以内较合宜。

道路宽度、纵坡和横坡均应符合当时当地的规范，结合具体条件进行分级布置（参考本书第五章）。

（二）停车场设计

独立纳骨建筑的停车场设计要兼顾闲忙，所需面积与高峰时的访问量、骨灰寄存量、当地私家车的出行比例、停车位的面积以及停车场的周转次数有关。

设计时遵照相关规范合理组织交通；设置残障人士专用车位；内部车辆的停放应与公共停车场分开或设专用泊位（详见本书第五章）。

（三）环境设计

建筑外部环境由人工景观、自然环境和建筑物三者构成。死亡归于寂静，故环境的基调应“静”。让逝者在柔性和肃穆的“静”环境中安息，为此，绿化设计发挥着重要的作用。它可以减弱建筑物的沉重感，防止污染源的扩散，降低污染浓度。建议总图的绿化率不低于 35%。

六、纳骨建筑的造型设计

建筑艺术是空间的艺术，空间可以引起人们的想象，引发情感反应，创造一个具有高度仪式感的空间是现代殡葬建筑表达死亡主题的重要手段。纳骨建筑造型如衣着，给人最初的印象，故必须与环境协调，与文化接轨。

纳骨的堂、馆、塔、楼，均属于殡葬类建筑，千年沉淀下来的建筑形制具有一定的生命力，直到今天仍在不断延续，建筑师难以完全摆脱它的影响。模仿祖制、复制古典能引起思古之幽情和历史沧桑感，激发起人们的追思情怀。传统的建筑形象容易形成传统文化的记忆而得到认可。

时代在变，20 世纪 30 年代，特别是第二次世界大战之后，艺术界兴起的抽象观念及其衍生的各种艺术已成为 20 世纪的时尚。在生死观和美学观不断更新、科学技术和材料工艺日新月异的现代，殡葬建筑同样也在不断变革。现代建筑师都在思考如何创造一个能够影响心灵、具有神圣仪式感并能表达死亡主题的空间。

与现代建筑的产生一样，变革具有深刻的社会原因。第二次世界大战后，全球兴起的大规模建设，促成新技术和新材料的大量涌现，全球性“多快好省”的建设要求，冲击并改变着传统的建造方式，引领建筑业革命。许多建筑艺术新观念得到蓬勃发展，出现了多位引领改革方向的大师。在他们的影响下，建筑界为了适应工业化，出现了前所未有的创新浪潮，建筑设计越来越趋向大生产所要求的简洁，建筑纷纷挣脱传统，舍弃累赘、化繁为简。

中国先贤们早已领悟到简洁之妙。山水画是最好的证明：“视于无形，得其所见矣；听于无声，则得其所闻矣”[1]，“虚实相生，无画处皆成妙境”。人类的想象力和对艺术的反馈是巨大的，抽象艺术给予观众在内心深处产生感应，这种感应无穷无尽、丰富多彩，远远超过了具象艺术，也超越了作品本身。

现代殡葬建筑虽不是纯艺术，它还肩负着功能要求，但它的功能和建筑美学随着科技和生活方式的演变而朝着艺术化、精致化、家庭化方向发展，设计理念更加意象化，不再拘泥于传统的符号与装饰，更加突出神圣性与纪念性，是一种理性的回归，这一趋势在纳骨建筑中体现得特别鲜明，从世界获奖的殡仪馆和纳骨建筑设计中可以得到印证。

模仿和创新并非互相排斥，它们是互补的。一味复古不思改革和脱离功能求异同样不可取。凡是被世人认可的创新作品，一定具有某种隐喻和历史痕迹。产生情感共鸣的作品才是有灵魂有温度的。真正的创新应是从传统建筑中抽取最本质的特征，舍弃冗言赘语、精炼外在形式，用最少的语言表达最丰富的内涵，达到“小中见大，少即是多”的境界，这才是卓越精彩的建筑艺术！

七、纳骨建筑的内装设计

骨灰存放间的层高不应低于 3.6 米，这个层高已经考虑到预留管道及结构高度以及骨灰格架设置高度的要求。开间建议小于 3.6 米，进深不小于 4.8 米，骨灰格架净距不宜小于 1.6 米，

1 刘安. 淮南子 [M]. 上海：上海古籍出版社，2016：416.

这可视作功能对空间的底线要求。[1]

一般来说，内装设计应尊重地方的审美习惯和信仰。但过多的佛像，让菩萨到处“站岗”，是对佛的不敬。情绪的高潮不在佛像而在亲人骨灰格位前出现。

纳骨建筑中的宗教祭拜场所是悼念过程中的选项，并非刚性需求。

公共部分的装修应大道至简，适当放置一些能启发联想、引起美感的艺术品。避免牛头马面、登天入狱之类令人惊悚的作品。艺术装置少比多好，含蓄比直白好，抽象比具象好。

除了艺术品之外，可放置一些寄托哀思的“信函”架，作为沟通阴阳两界的“桥梁”，慰藉自己，感染他人（图 11–7–1）。

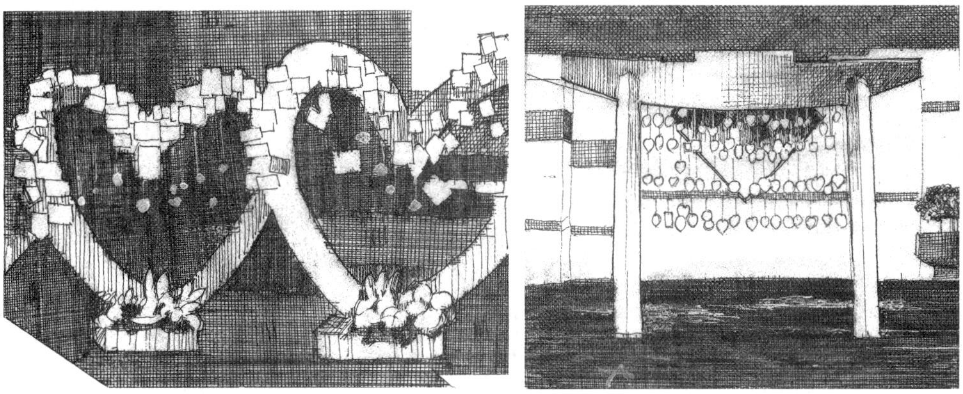

图 11–7–1　沟通阴阳两界的“信函”架
来源：作者根据图片绘制

与殡仪馆一样，纳骨建筑的室内设计也应避免过度冷峻，虽为骨灰收纳地，实际上为活人服务，所以要努力创造温馨如家的室内环境。骨灰存放室的空间应尽量私密化，腾出一些空间放置室内家具，供遗属在“家”中与先人温情对话。

在预算许可的条件下，室内设计要适当引入花草树木等植物以及水池、喷泉、山石等，它们能起到调节室温、净化空气的作用。实现室内空间室外化，而不仅仅是装饰。植物的形态、色彩和配置与所在室内空间的需求保持一致。与此同时，要尽量通过门窗引入室外景色，减少室内的封闭感。

要处理好骨灰存放与采光通风之间的关系。较高的层高给高窗设置带来可能。如果无法自然采光，再华丽的装饰也不能称作完美。骨灰寄存室采光标准的窗地面积比应参考当时当地的规范，目前以 1 ∶ 6 为理想。通风口面积不小于地面面积的 1/20 [2]为宜。注意开窗方式与骨灰架之间的空间配合。

室内设计时要充分利用自然光和光色与亮度的变化，均匀扩散的光环境对人的感受会产生影响。促成空间气氛的转化，给室内带来阴影和色彩的变化。利用这些变化来创造室内丰富多彩的空间。

人工照明容易控制，因此灵活性更大，它和自然光配合，可以共同创造理想的室内空间。

1　公墓和骨灰寄存建筑设计规范：JGJ/T 397–2016[S].
2　殡仪馆建筑设计规范：JGJ 124–99[S].

八、骨灰盒、骨灰存放架和面板的设计

（一）骨灰容器

骨灰容器大体分为瓶罐与盒两种，前者在西方应用较多。由陶瓷或石料制成的容器，优点是物理性能稳定、耐酸、耐腐蚀、耐气温变化、防霉变，形象高贵。

中国以盒装为主，制盒材质有石材、陶瓷、木质、金属、玉石、玛瑙、塑料、水晶以及树脂仿真材料。入土的骨灰盒提倡采用能降解的材料的制品。

骨灰盒没有标准尺寸，各地不同，差别很大（图 11–8–1）。目前国内的参考尺寸，长度为 32 ~ 35 厘米，宽度为 21 ~ 24 厘米，高度为 20 ~ 23 厘米。云南、贵州、内蒙古和东北地区偏大；苏南、两广、福建地区较小；偏远地区偏大，大城市较小。骨灰经过精致化处理后，所需容器可以进一步小型化。丧属在购买之前，应咨询入厝的骨灰堂馆。

殡葬改革，骨灰墓地小型化已成趋势，双穴目前已降到 0.8 平方米，单穴 0.4 平方米。小型化的节地效果已接近卧式草坪葬。

图 11–8–1　国内的部分骨灰容器
来源：作者自摄

为适应小型化，出炉后的骨灰应进行精致化处理，减小骨灰体积，容器也可相应减小。若卧式改为筒形直式入葬，可进一步减少占地面积。国外骨灰容器的材质和大小种类繁多，差别很大（图 11–8–2）。

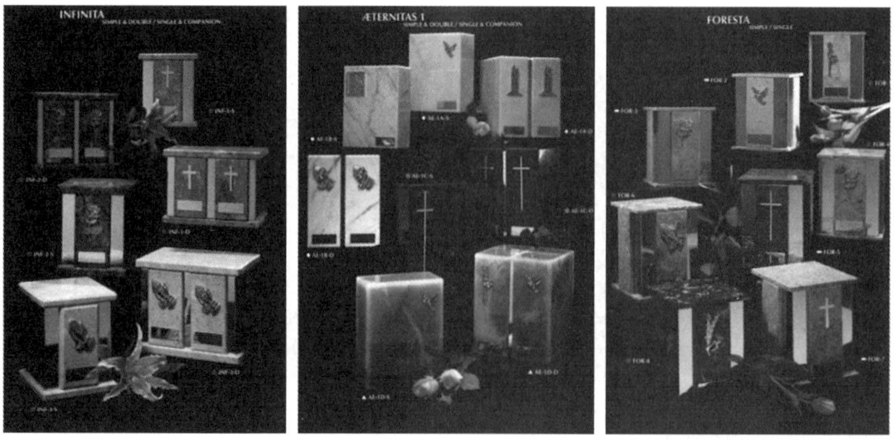

图 11–8–2　国外的骨灰容器

图 11-8-2　国外的骨灰容器（续）
来源：作者自摄，取自美国产品目录

（二）骨瓮及其存放

二次葬是中国古老的葬俗，《列子》及《隋书》中均有记载（图 11-8-3）。

骨瓮不同于骨灰容器，存放的是骨殖，会有异味溢出，故应特别注意瓮的密封和室内的通风。骨瓮存放宜单独安置，与骨灰存放处分开。骨瓮的尺寸各地不一，参考尺寸为直径 33 厘米，高 62 厘米。

（三）骨灰格架的设计

1. 材料与制作

骨灰格架是骨灰容器的承受框架。由厂家定制安装，尺寸的决定应适应人体工学。格架除了要求坚固外，还必须满足防腐蚀、耐划痕、耐变形、抗氧化、防潮变、防触电、阻燃烧等要求，也不能露铆钉、螺丝和焊点，以保持外观的整洁。

目前采用不饱和树脂和铝合金材料较多。开启式面板嵌透明玻璃时需用 4 毫米厚的钢化玻璃，并装智能门锁和报警装置。

图 11-8-3　骨瓮图
来源：作者根据图片绘制

2. 构成与排列

骨灰格架安放骨灰容器，国内一般采用统一格式。国外骨灰格架的尺寸大小极不统一、价格差别也很大，丧属自行选择的幅度很大。

格架排列有周边式、书架式、单元式、岛式和混合式五种。无论哪一种，排架前的过道兼作祭拜，需留有足够的面积。过窄空间会产生局促感，令人不适。当两排之间的净距小于 1.2 米时，寄存空间只能是骨灰储存库（图 11-8-4）。

图 11-8-4　拥挤的格架布置
来源：作者根据图片绘制

（1）周边式平面

周边式适合较小的厅室，格架贴墙布置，中间作活动及祭拜空间，整体比较紧凑。

（2）书架式布局

格架前需要祭祀空间约 1.2 米，留出单人通行宽度约 0.6 米。两排之间双向同时祭祀的机会较少，故两架之间较舒适的净距为 1.6 ~ 1.8 米，骨灰架端部与墙的净距不宜小于 0.91 米（图 11-8-5）。

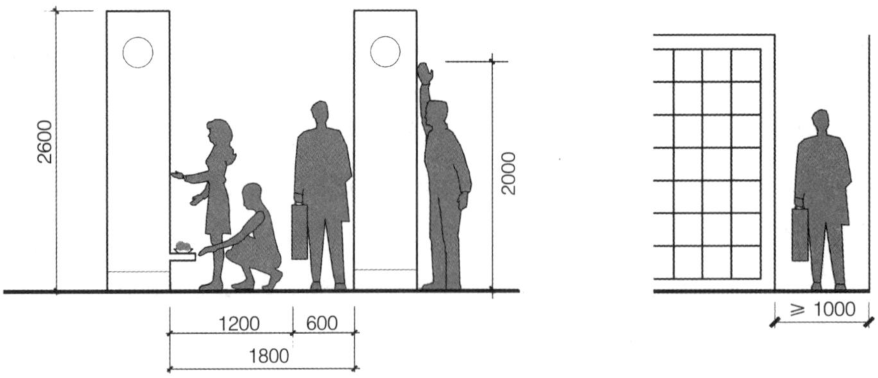

图 11-8-5　骨灰格架布置与人体活动的关系
来源：作者绘制

上述尺寸均为参考。为了安全，当格架两端均为走道时，排列长度不宜超过 9 米，一端为走道时不宜超过 5 米。书架式布局的优点是容量大，辨识性强，缺点是单调。

（3）单元式平面

U 字单元开放型净距不小于 3 米，优点是空间宽大，布局具有半隐秘性，中心位置可设临时放物或休息的矮凳，它比书架式布局更具亲切感。

（4）岛式平面

独立岛式格架设置在较大空间的中部，以及不便处理但又适合的空间。

（5）混合式平面

混合式是以上几种排列方式的混用（图 11-8-6）。

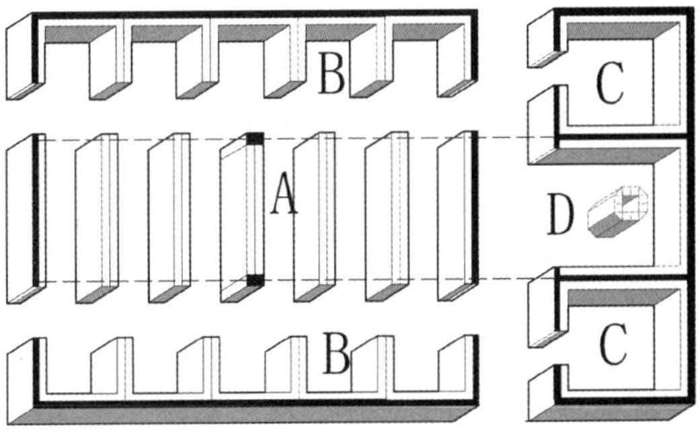

图 11-8-6　骨灰格架布置示意图
来源：作者绘制

A 行列式格架　B 单元式格架　C 周边式格架　D 岛式格架

（四）特殊空间的格架排列处理

1. 高空面板处理

大空间格位叠摞很高时只能采用封闭式面板，工作人员以电动梯代客户将骨灰入厝，入厝后不轻易开启，后人只能远眺遥拜（图 11-8-7）。

2. 超高空间的格架面板处理

为了造型需要，可能会出现一些复杂的超高室内空间，给设计和管理带来一定的困难。

（1）复杂的超高室内空间的骨灰格架多数为沿墙布置，即把一般纳骨厅堂布置的方法叠加，一边靠墙，一边面向大空间。多层处理后，可以避免骨灰盒放置过高带来的不便（图 11-8-8）。

图 11-8-7　某纳骨建筑高空面板
来源：作者根据图片绘制

（2）另外一种为脱离墙体的独立多层书架式布局，排架尽端与墙体之间以走道连接，彰显排架的独立性和可识别性，与大空间的关系更显丰富（图 11-8-9）。

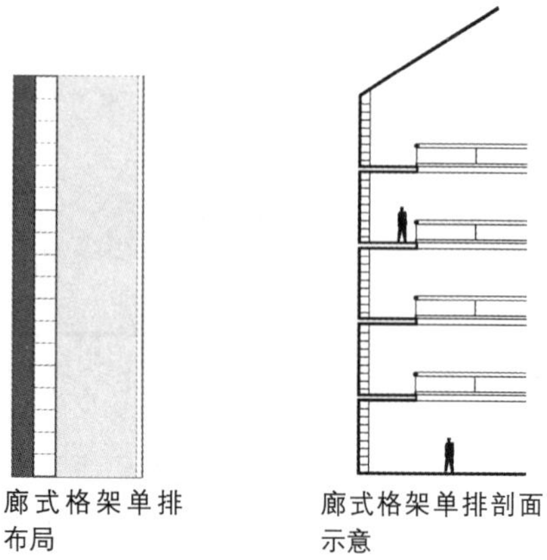

图 11-8-8　超高室内空间骨灰格架处理方式（一）
来源：作者绘制

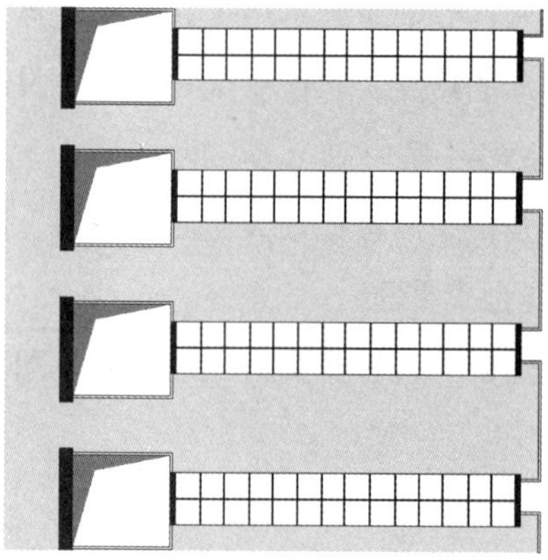

图 11-8-9　超高室内空间骨灰格架处理方式（二）
来源：作者绘制

（3）第三种为立体球形空间，这种大空间处理比较困难。处理时必须与曲形空间有某种空间关联。此时曲形墙面难于利用，只能设立独立于外壳墙的格架系统，造型和曲线空间之间有某种协调（图 11-8-10）。

（4）沿墙分层行列式布局（图 11-8-11）。

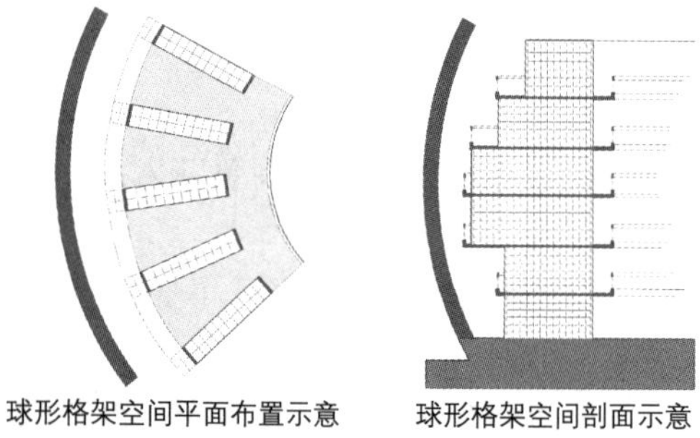

球形格架空间平面布置示意
球形格架空间剖面示意

图 11-8-10　超高室内空间骨灰格架处理方式（三）
来源：作者绘制

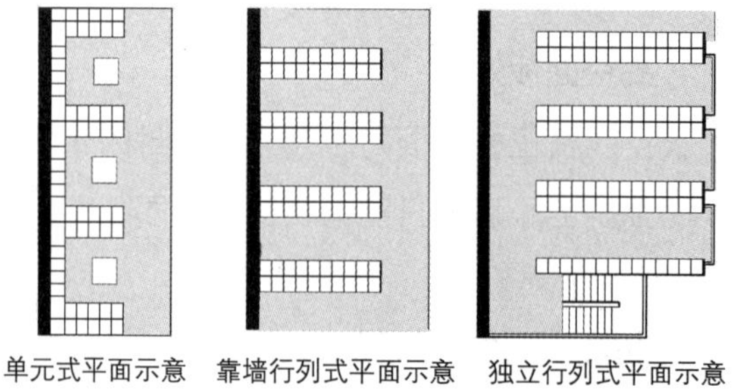

图 11-8-11　超高室内空间骨灰格架分层处理方式（四）
来源：作者绘制

纳骨建筑的格架与面板设计是一门实用与艺术结合的空间产物，建筑师有足够的创作空间。

（五）骨灰格位的尺寸处理

骨灰格位的尺寸各国不同、各地不同、室内外也不同。国外骨灰格位的尺寸从大到小非常多，以备不同的客户需求。国内受限于骨灰盒的大小，净宽不得小于双手捧入骨灰容器所需的尺寸为限。设计时应根据纳骨建筑的定位等级，参考当时当地执行的设计规范做出选择。

普通骨灰格位的轴线尺寸各厂家不一，目前采用较多的尺寸如下，供参考：

单穴位：0.32 米（深）×0.38 米（宽）×0.3 米（高）

双穴位：0.32 米（深）×0.72 米（宽）×0.3 米（高）

当穴位为开启式时，其深度的尺寸应略大。

骨瓮格位建议最小轴线尺寸如下：

单穴位：0.42 米（深）×0.42 米（宽）×0.72 米（高）

双穴位：0.42 米（深）×0.80 米（宽）×0.72 米（高）

骨灰格位垂直摞在一起时，按国人平均身高 1.7 米计算，手向上触摸到最上一个面板底边的距离约为 2 米，因此骨灰格架的高度超过 2 米时需备活动梯。各地因地制宜。

设计时应考虑人在祭拜时的行为习惯、视线分析、空间感受以及活动范围的尺度极限。人体伸展手臂触及上层面板底边的高度为 2 米，下蹲时接触面板的合宜高度约为 0.2 米，在此区间排列格架更符合人体工学，比较舒适（图 11–8–12）。提供活动梯的室内格架高度不宜超过 3 米。入厝后不再开启的格位，高度不受限。

设计时为了利用既定层高的室内空间，往往突破上述舒适范围，利用登高设备在格架上部叠放骨灰位，此时人们为了能看清上部的格位面板而后退。当后退至 1.5 米时，根据视高和视距相等即 45° 视角较舒适度的经验，格架高度约为 3 米，为了更易看清上部格位面板，也可以做成斜面（图 11–8–13、图 11–8–14）。底部格架空间也常常被利用作多种用途。

西方骨灰格位的尺寸有大有小，有封闭有开启，有单人有双人，有家族有集群，无论哪一种，均追求格位的整体感。多种尺寸排列的格位不仅能满足不同需求，而且可以和具有观赏价值的容器和面板共同组成一个丰富的墙面（图 11–8–15 ~ 图 11–8–17）。

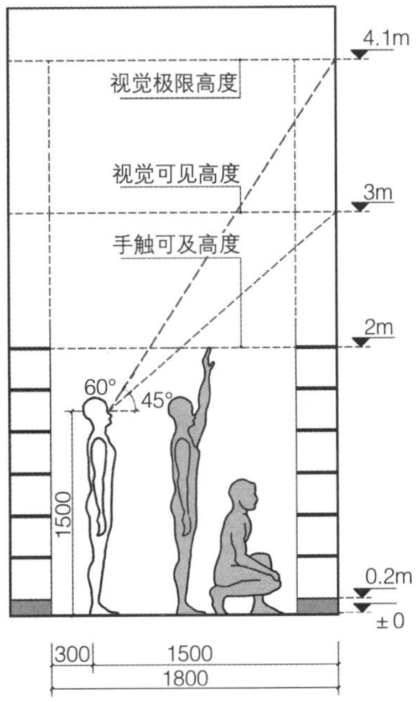

图 11–8–12　祭拜时舒适度示意
来源：作者绘制

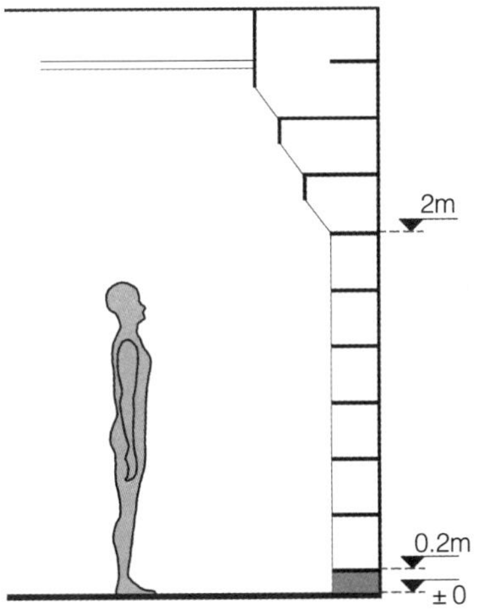

图 11–8–13　格位做成斜面示意
来源：作者绘制

图 11-8-14　弧形面板格架（金宝山墓园）
来源：作者根据图片绘制

图 11-8-15　开敞式格架、封闭式格架、统一的封闭式小格架、开柜式透明格架、开敞式骨灰格架一隅
来源：编号⑤⑦由赖德霖教授提供，编号⑨由金宝山墓园提供，其余为作者自摄

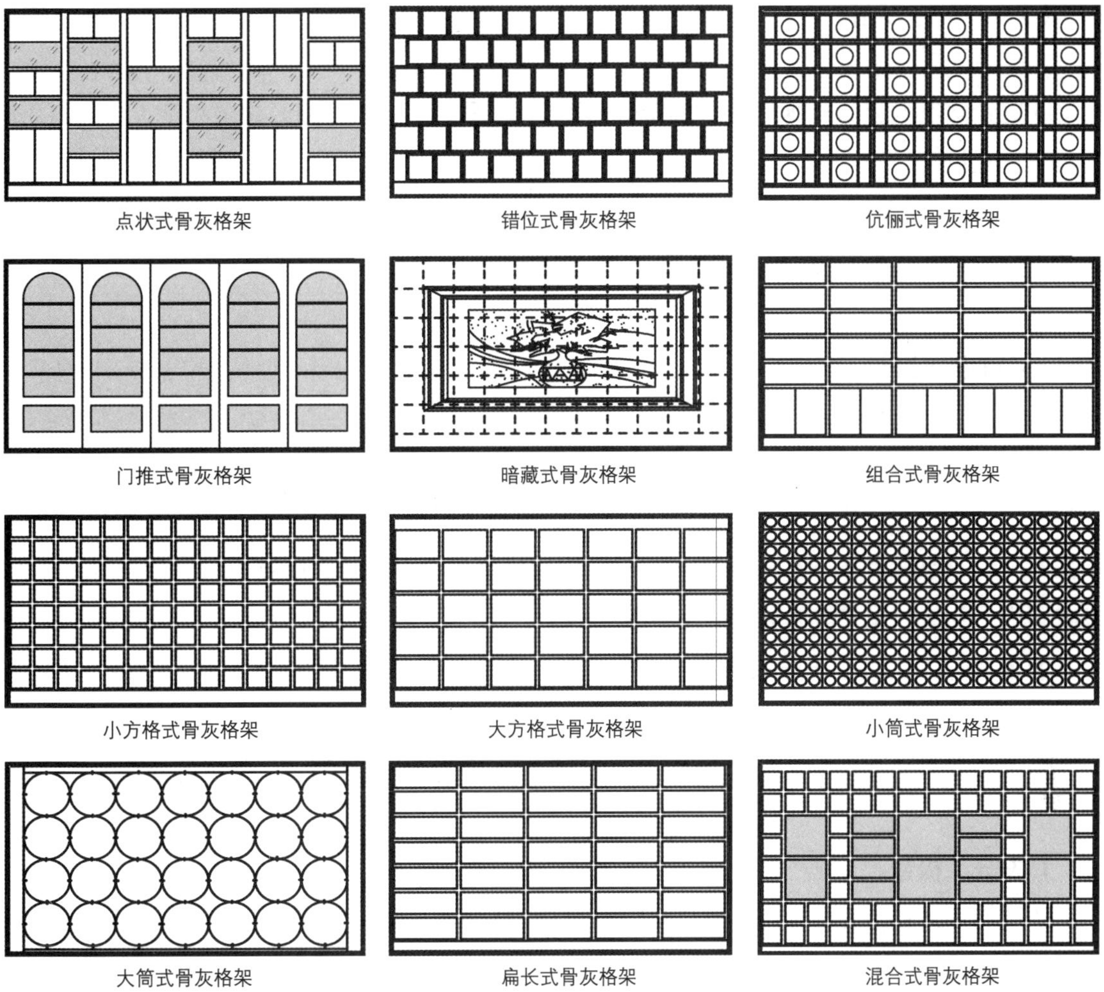

图 11-8-16　骨灰格架布置的多种样式
来源：作者根据实景绘制

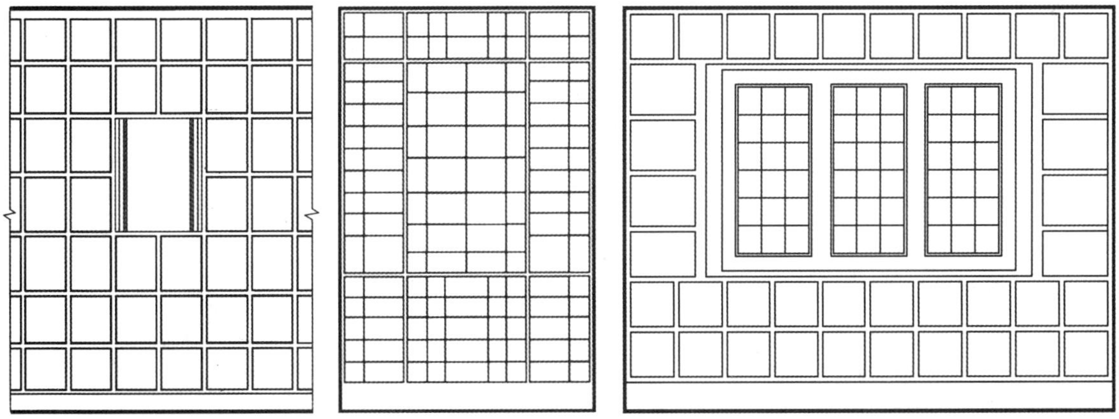

图 11-8-17　美国奥本山墓园纳骨堂骨灰格架
来源：作者根据实景绘制

（六）家族骨灰柜

家庭合葬是中国的一项传统。生前云游四海，死后叶落归根，回归故里和亲人合葬，几代之后形成祖坟。

火化盛行之后，家庭骨灰柜逐渐取代家庭墓地。大小和形式各异，柜内分为牌位及骨灰两部分，牌位在上，骨灰在下（图 11-8-18）。

（七）面板设计

不同的面板产生不同的观感。木质材料虽然温馨但不耐湿热，易引起虫蛀、火灾。目前面板的常用材料为铝合金、琉璃、玻璃、塑胶、石材等。面板设计属于工艺创作。它的作用除了作为骨灰的存放标示和格位门外，还主宰着室内的空间氛围，设计时应避免只顾个性忽略整体，应减弱丧事痕迹，追求室内环境的整体感。

宗教信仰者的面板一般装饰佛像或十字架；有的面板雕龙刻凤极尽奢华；有的朴素中显高贵。

面板设计要顾及个性化要求，面板表面放照片时，室内容易显得阴沉。常见的处理方式如下：

1. 发光二极管[1]

适当应用发光二极管可以减少“阴气”，但过强的亮度令人不适，设计时要考虑安装和维修的成本（图 11-8-19、图 11-8-20）。

图 11-8-18　开启后的家族骨灰柜
来源：作者根据图片绘制

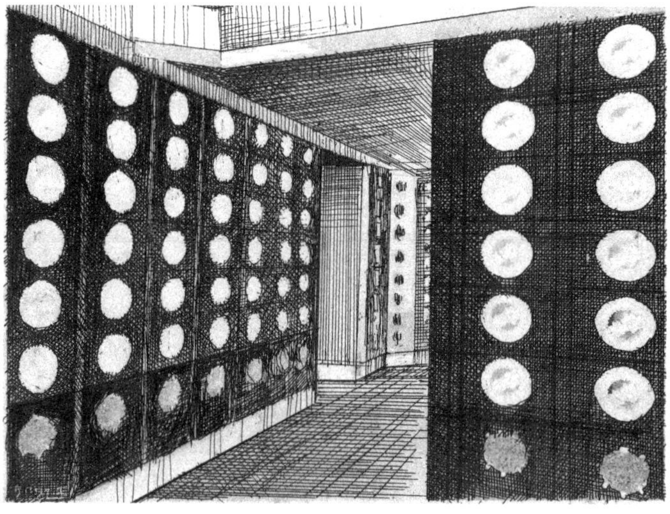

图 11-8-19　发光二极管面板
来源：作者根据图片绘制

1　俗称 LED（Light Emitting Diode），发光二极管能将电能转化为可见光的固态半导体器件。

图 11-8-20　纳骨格位面板数种
来源：作者自摄

2. 设双重门

开启或不开启格位的双重门，遗像和逝者信息均保留在内门，外门仅留编号，利于保护隐私和安全，减少室内的“阴气”。双重门亦适用于室外，双人位亦可设两个分别标示的侧翼小门（图 11-8-21）。

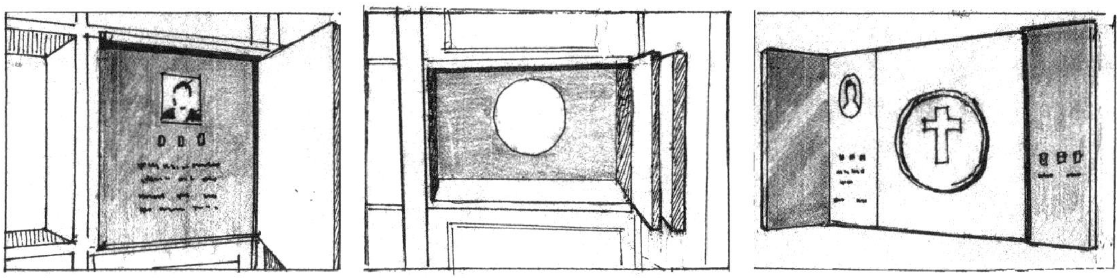

双层面板　　开启双层面板　　侧翼小门双层面板

图 11-8-21　双重面板
来源：作者根据图片绘制

3. 雾化玻璃饰面

大片雾化玻璃墙面可以保持整体画面完整，祭悼时轻触面板的编号，面板立即显示逝者信息，需要时开启，借此减少墙面的丧事痕迹，保持大画面的完整性。

4. 开启式面板

单、双重门均可，丧属可以打开面板进行格位内的清洁整理，或取出骨灰盒至家祭室进行传统祭拜，面板外观尽量减少逝者信息。日本龙泉寺的纳骨穴位，外观统一，开启组合方式不同，产生大小不同的骨灰格位，满足不同客户的需求（图 11-8-22）。

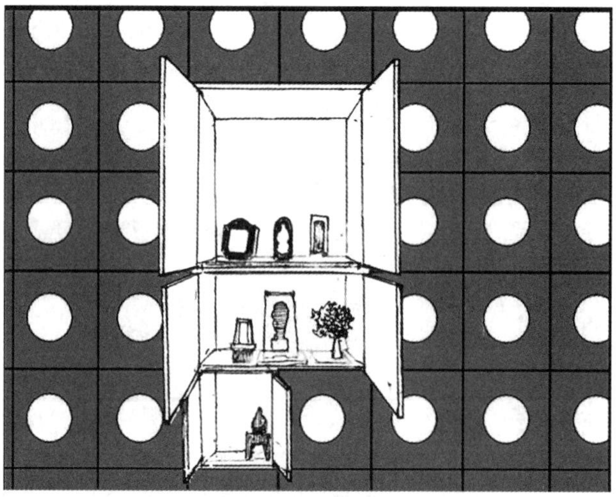

图 11-8-22　日本龙泉寺室内格位
来源：作者根据日本龙泉寺提供图片绘制

5. 开启式透明面板

格位内除了骨灰盒外，还布置随祭的生活起居微模型。祭悼时进行清理打扫、更换“陈设”和祭品。平时成了展示橱窗。开启式透明面板亦可与其他面板组合运用，一旦无人打理，“橱窗”将成为“包袱”（图 11-8-23、图 11-8-24）。[1]

图 11-8-23　上海福寿园开启式透明与不透明面板混用布置
来源：作者自摄

图 11-8-24　北京老山骨灰堂开启式透明面板
来源：作者根据图片绘制

（八）底层和顶层穴位的处理

接近地面的格位因位置过低，对逝者和下蹲的祭拜者感觉不敬，业者常将使用不便的最上和最下格位低价出售或作公益，也可作墙裙或陪葬文物柜（图 11-8-25、图 11-8-26）。

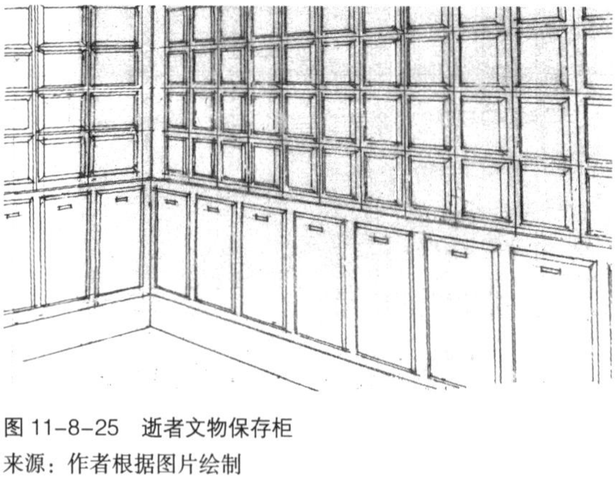

图 11-8-25　逝者文物保存柜
来源：作者根据图片绘制

1　本章以上所有的面板照片，作者均经许可后拍摄，协助单位如下：台湾真木事业股份有限公司、台湾金宝山、香港善果灵灰所、香港钻石山灵灰安置所、上海福寿园、上海宝兴殡仪馆、上海宜善殡仪馆、北京八宝山老山骨灰堂、马来西亚孝恩馆、美国奥本山墓园、马来西亚富贵生命纪念馆、美国牛顿墓园、美国莱克伍德墓园。

开敞式纳骨建筑可以利用底层作焚香槽（图 11-8-27）。

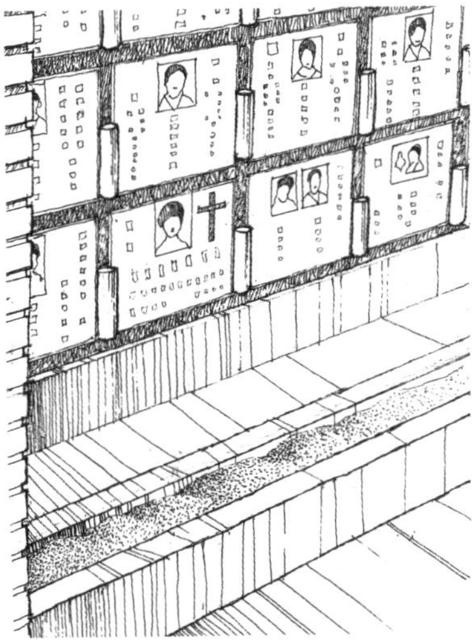

图 11-8-26　香港钻石山灵灰安置所底层作香灰槽
来源：作者根据图片绘制

图 11-8-27　底层用作其他用途
来源：作者根据图片绘制

正常层高的格架，过高的面板不易看清，可处理成斜面，直面祭拜者，甚至将格位面板组成整体曲面（参见图 11-8-13、图 11-8-14）。

（九）献花装置

目前日渐以献花取代烧纸焚香和酒食祭拜。因此纳骨建筑应解决如何插花的问题。有固定插筒（图 11-8-28）和临时插筒两种（图 11-8-29）。

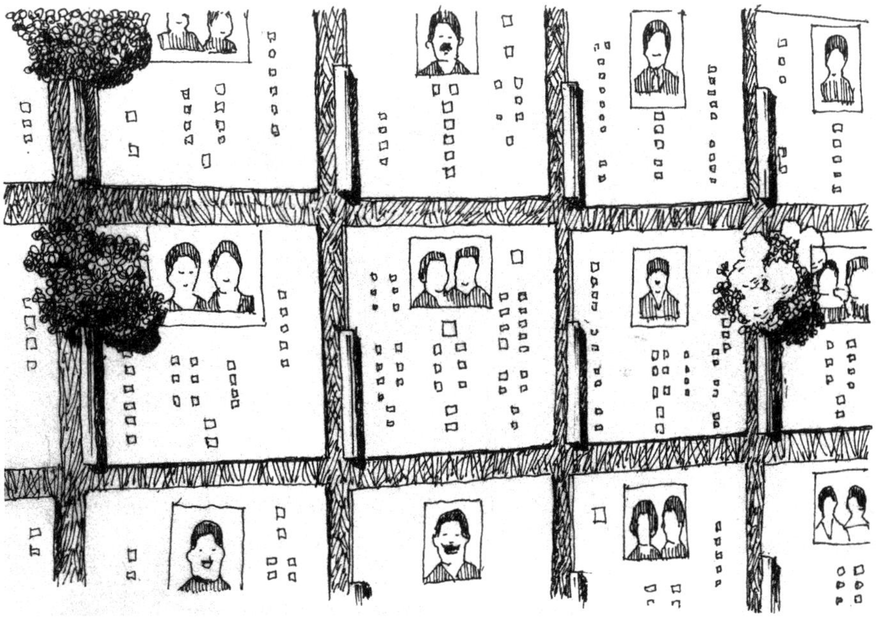

图 11-8-28　固定插花筒
来源：作者根据实景自绘

图 11-8-29　临时插花筒
来源：作者根据图片绘制

（十）献果装置

图 11-8-30　可抽出的独用供板
来源：作者根据图片绘制

华人有向先人献果的习俗，可在格位下方设可拉出的活动供板代替供桌，但活动供板构造复杂易损（图 11-8-30），也有底层格架拉出作公用祭台（图 11-8-31）。还有一种是格位前下方设横向条形固定板（图 11-8-32），布满色彩缤纷的供品，后面的面板被供品遮挡，整体温馨。

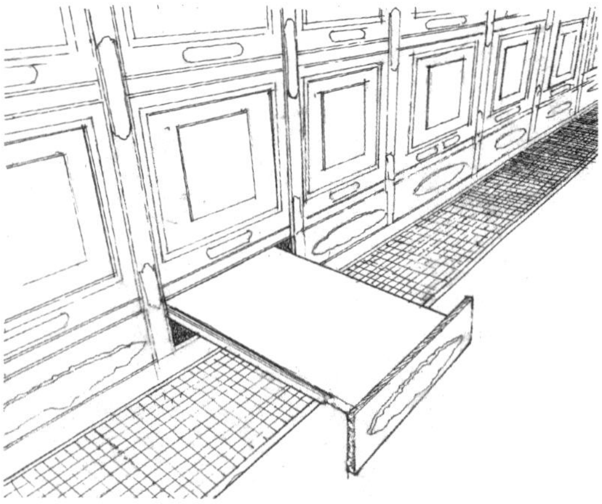

图 11-8-31　底层抽板作供桌
来源：作者绘制

图 11-8-32　固定条形供板，板后为格位竖向面板
来源：作者根据图片绘制

骨灰堂设水池，供整理花果及洗手用。活动插花筒放在水池边，取用后次日由工作人员洗净收回（图 11-8-33）。

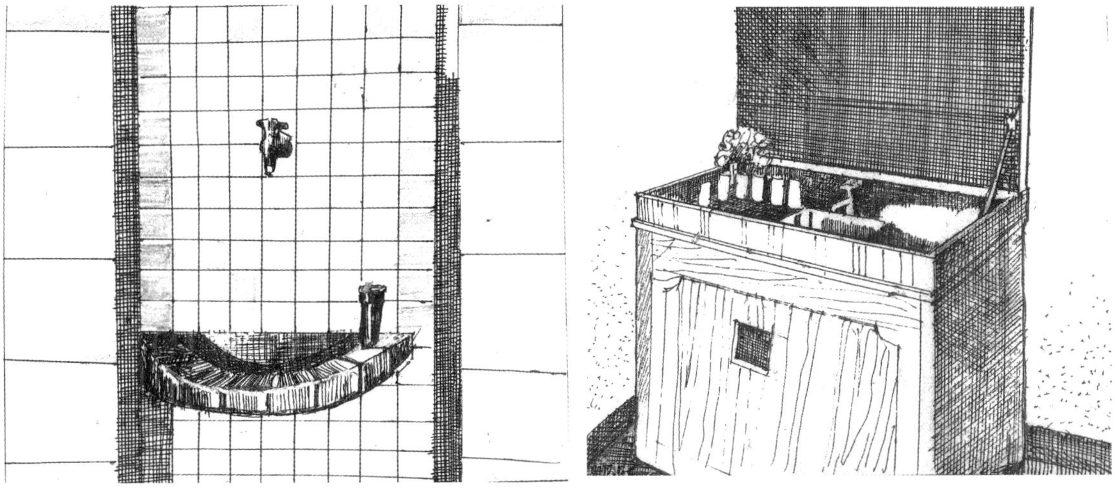

图 11-8-33　骨灰堂内附设的水池
来源：作者根据图片绘制

九、纳骨建筑的安全性

防止被盗、被焚，骨灰的安全性至关重要，必须有严格的管理制度和可靠的防护设施。木质骨灰盒和纸质遗照属易燃品，除了安装报警器之外，应在明显位置设置气体或干粉灭火器。严禁在纳骨建筑内点香燃烛，更不允许焚烧冥纸。祭拜完毕后，可携冥纸祭物至室外专设焚烧炉焚烧。

在国内，面板一般不轻易打开，只在面板前祭拜。开启式面板，钥匙由丧属和馆方共同保管或由丧属刷卡开启，清理和更换祭品后再关闭，或者在馆方人员陪同下取出骨灰至家祭室祭拜，结束后骨灰归位。家祭室除了要保持建筑的防火距离外，还必须安装除烟、防火的专用设备，以确保安全。

亚热带地区开放式纳骨建筑外墙宽敞，可在室内设焚烧炉，但必须有除尘装置和强劲的排烟设备，其设备与格架保持安全距离。

纳骨建筑应重视温湿度、防潮、防水、防盗、防火、防虫害要求，安装监控和报警装置。

十、馆式纳骨建筑实例

馆式纳骨建筑俗称纳骨堂或纳骨楼，规模可大可小，适应性强、灵活度大。馆式建筑可以避免塔式建筑通风采光不足和空间封闭的缺点。

（一）吉隆坡孝恩园中式纳骨建筑群

孝恩园是马来西亚朱姓华侨投资建设的墓园，结合热带气候，园内布置了多座富有创意的纳骨建筑，其中一座中国院落式纳骨馆最具特色。歇山卷棚屋顶覆盖一座座纳骨馆，结合小桥流水组成中国式庭院，墙上嵌有“朱子家训”治家格言，满足华裔侨民思乡归宗的愿望（图 11-10-1 ~图 11-10-4）。

图 11-10-1　孝恩园中式纳骨园一角（一）
来源：作者根据图片绘制

图 11-10-2　孝恩园中式纳骨园一角（二）
来源：作者根据图片绘制

图 11-10-3　孝恩园中式纳骨园一角（三）
来源：作者根据图片绘制

图 11-10-4　孝恩园中式纳骨园一角（四）
来源：作者根据图片绘制

（二）香港善果骨灰馆（Shan Guo Columbarium）

它是一座高档三层纳骨馆，位于中国香港新界屯门，交通便捷，占地 531.4 平方米，总建筑面积 1390 平方米，可容 8000 个骨灰格位，纳骨系数 K 值高达 0.17，是一个高品质的豪华骨灰馆。

建筑布局简单明晰，底层入口中心位置为高 2 层的纪念大厅，11 间骨灰室分列两侧，二楼有廊相连，骨灰室尺度合宜，具有均好性，并能直接对外通风采光，每个房间都有充足的自然光，垂直交通便捷，有电梯和楼梯各两部，祭悼高峰时不会拥挤。

新古典主义造型赋予建筑高贵感。惟基地离马路太近，门前缓冲空间不足（图 11-10-5 ~图 11-10-8）。

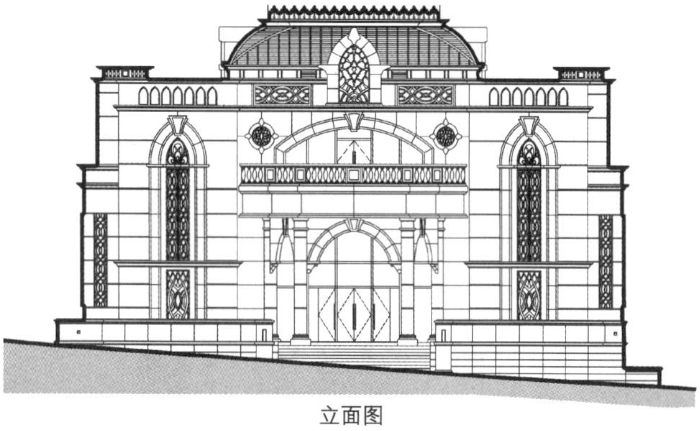

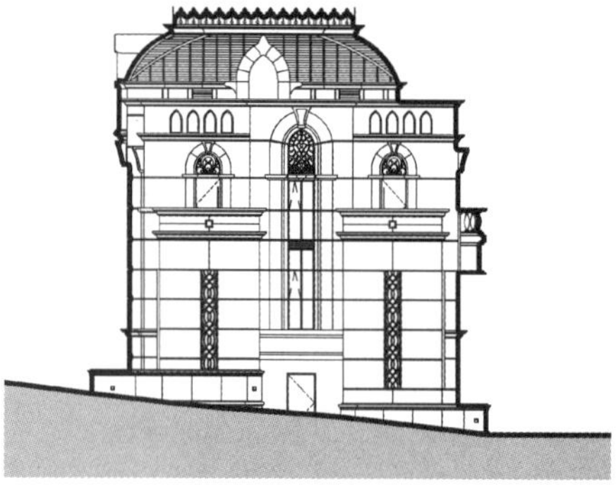

图 11-10-5　香港善果骨灰馆立面和侧面图
来源：香港善果骨灰馆徐美琪爵士提供

图 11-10-6　立面透视图
来源：作者根据图片绘制

1. 纳骨室
2. 卫生间
3. 电梯
4. 灯光
5. 植栽
6. 设备间
7. 贮藏
8. 屋顶平台

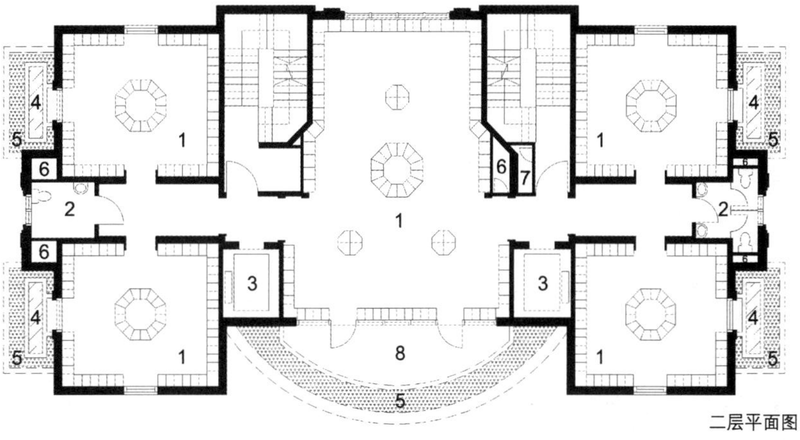

二层平面图

1. 纳骨室
2. 卫生间
3. 电梯
4. 挑空
5. 联系廊
6. 设备间
7. 贮藏

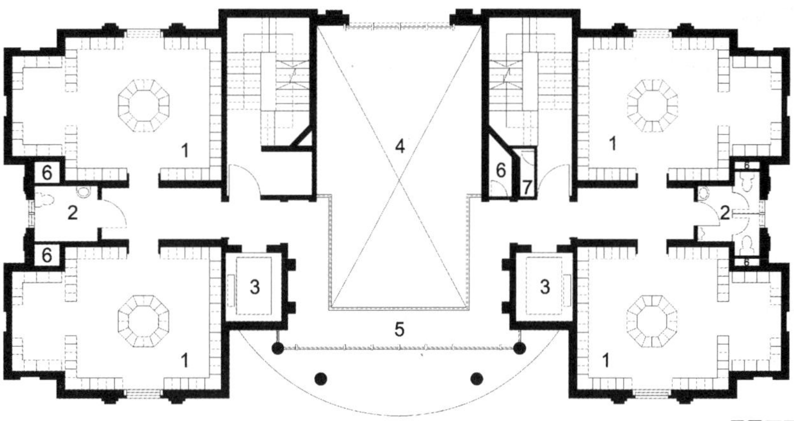

一层平面图

1. 纳骨室
2. 办公室
3. 电梯
4. 电气控制室
5. 植栽
6. 悼念厅
7. 贮藏

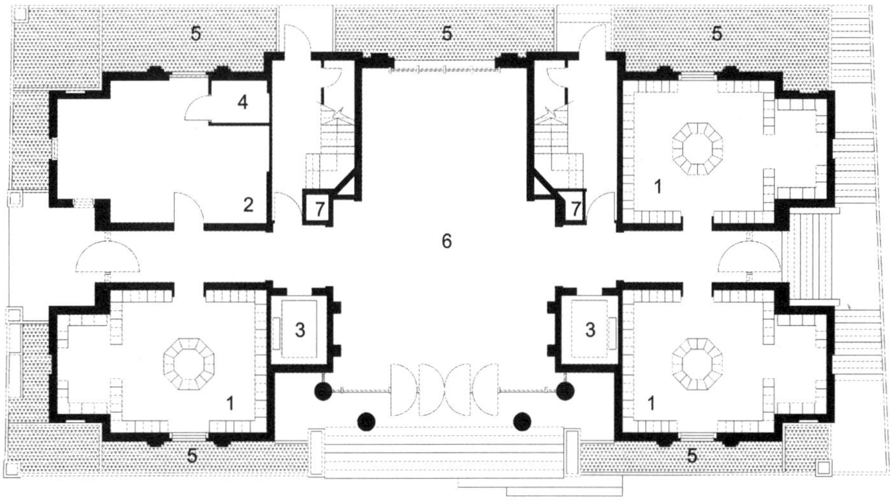

地下平面图

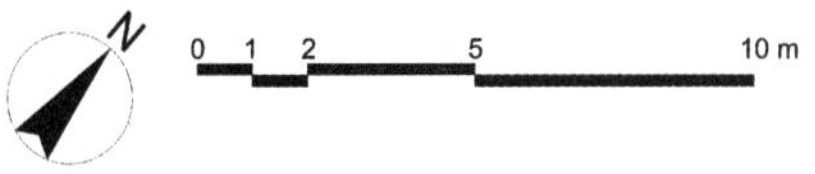

图 11-10-7 香港善果骨灰馆三层平面图
来源：香港善果骨灰馆徐美琪爵士提供

图 11-10-8　侧面视角
来源：作者根据图片绘制

（三）北京市老山骨灰堂

它是北京市区一座能容 15000 个骨灰格位的小型纳骨馆，仅设骨灰安放和追思两部分，使用功能单纯。单元式平面紧凑合理，充分利用低层内院。7 个出入口随时根据需要组织人流。围绕 5 个内院布置单廊，整栋建筑通风采光良好。骨灰格架采用高分子复合材料，面板采用可开启的透明玻璃。刷卡面板自动开启，丧属可取出骨灰盒至家祭室祭奠。配套设施和家祭室单独设立，使建筑的功能单纯化（图 11-10-9 ~图 11-10-11）。

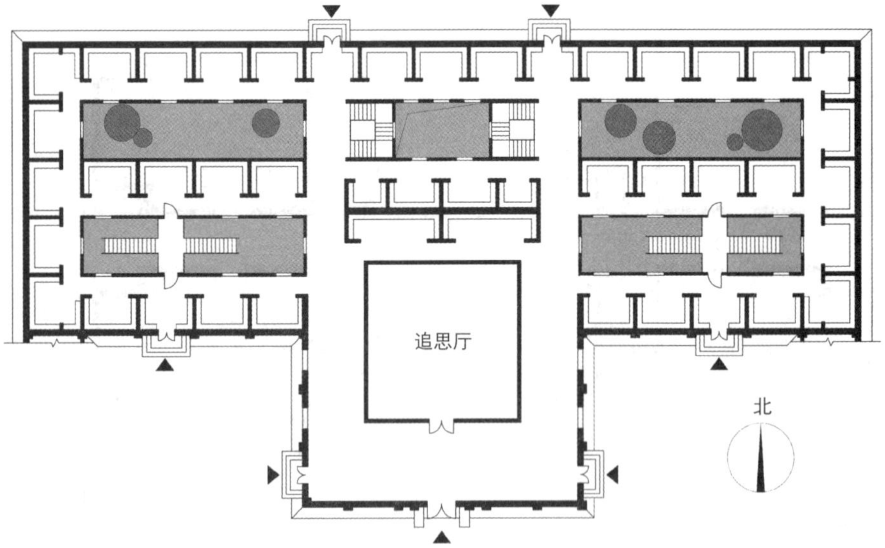

图 11-10-9　北京老山骨灰堂底层平面图
来源：作者测绘

图 11-10-10　大门入口
来源：作者根据图片绘制

图 11-10-11　围绕内院的走廊
来源：作者根据图片绘制

（四）香港钻石山灵灰安置所

香港地少人多，传统土葬已很少，火化率极高。香港传统墓地一般设在山区，上山祭拜称“拜山”，供祭品、烧冥纸、点香火之后，家人围坐野餐成为习俗。

钻石山仰念堂建于 2008 年，由香港建筑署设计，主要功能是骨灰安放，占地 0.94 公顷，建筑面积 7750 平方米，骨灰位 18500 个，矗立在三角形基地上，靠近钻石山火葬场，紧邻城市道路。尽量为丧属提供庄严静谧的环境，减少对附近学校和居民的干扰。为了保持“拜山”习俗，室外露天大台阶从底层开始层层登高，直到 8 层屋顶平台。办公及功能用房均在底层，中间为单面走廊的纳骨层，沿外墙位置内侧设置宽达 5 米的主通道，适应节日大量人流进出。除了敞开的外墙有利通风外，局部地段安装静音鼓风机强制通风，室内空气品质始终保持良好，燃烧冥纸引起的烟雾被水膜除尘器除去后排出室外。

建筑师力图摆脱丧葬痕迹，将仰念堂设计成开放型的公共建筑。在尊重并保留当地焚香烧纸旧俗的同时，始终保持室内空气的清新。书架式骨灰架垂直于外立面，一字排开，辨识性强。墙体的垂直绿化减弱了骨灰架对外界的影响，“软”化了僵硬的水泥表面。格架排距净宽 4 米，隔一定距离设祭品焚烧炉以及厕所和盥洗台。每个格位均设固定的插花筒，格架底部有条形香灰槽供传统焚香。

底层花园式的公共空间，有利于人流集散。顶层花园是安静的追思区，有两部专供老人与残疾人使用的电梯，可直达 8 层屋顶。

设计追求现代风格，全部由清水混凝土、天然石材、玻璃、木材和植栽构成，没有多余的装饰，建筑与大自然融合，消除殡葬建筑的冷漠形象，唯一的装饰是一群仿佛在人间飞翔的群鸟雕塑。

这是一座政府为市民用心修建的公益性建筑，收费相当于经营性纳骨建筑的 1/30。整栋建筑动线清晰，功能合理，宽敞舒适，外观简洁，是一个优秀的纳骨建筑设计（图 11-10-12 ~ 图 11-10-16）。

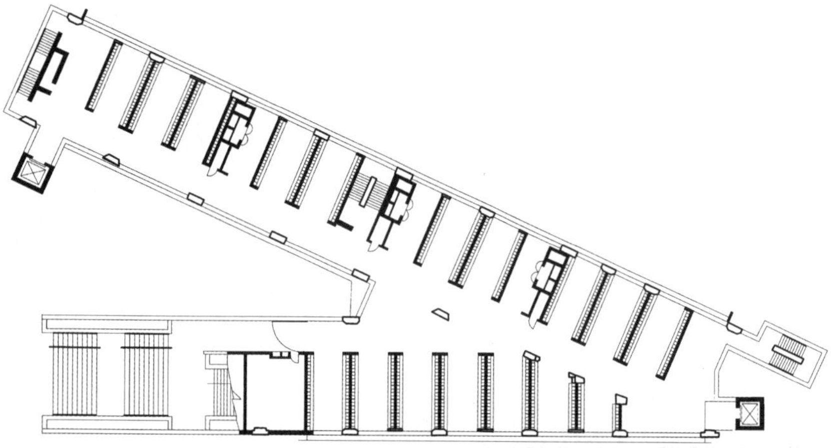

图 11-10-12　标准层平面
来源：作者根据图片绘制

图 11-10-13　建筑外观
来源：作者根据焯彬先生提供图片绘制

图 11-10-14　标准层
来源：作者根据焯彬先生提供图片绘制

图 11-10-15　楼梯休息平台处景观
来源：作者根据焯彬先生提供图片绘制

图 11-10-16　上“山”踏步台阶
来源：作者根据焯彬先生提供图片绘制

（五）台中第一纪念公园的两个纳骨建筑设计

1995 年，台中第一纪念公园拟建佛教与基督教两座纳骨建筑。

1. 基督教、天主教纳骨建筑

小教堂和服务部分集中在独立小楼和单层排屋中，L 形两翼的四层建筑都是骨灰和骨瓮的存放室，顶上二层为家族和高档寄存区。整栋建筑作退台处理，形成宽大的室外平台，减少节日期间拥挤的人流。落地窗扩大了骨灰存放室的通风采光面积（图 11-10-17）。

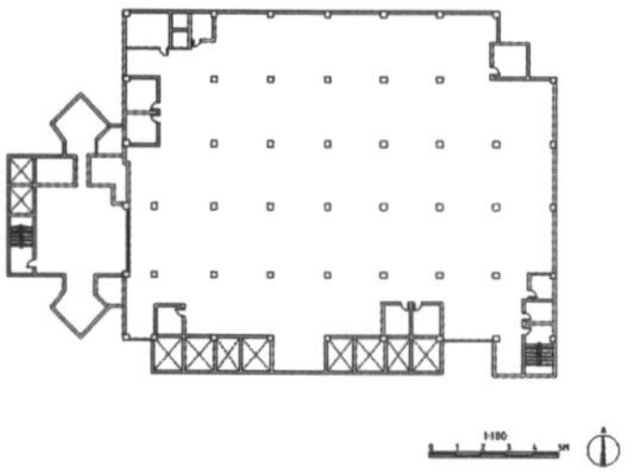

基督教纳骨塔一层平面图

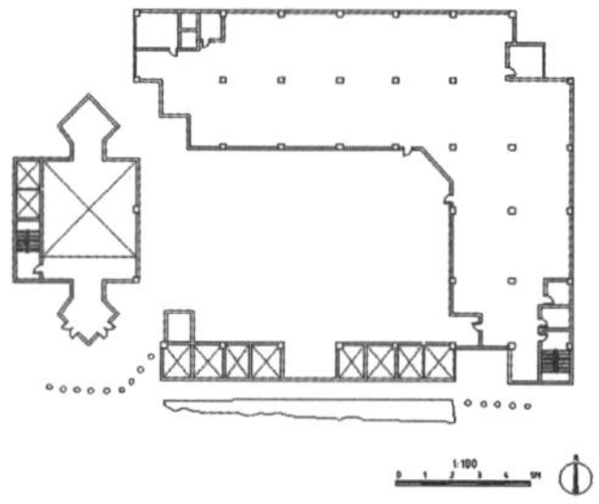

基督教纳骨塔二层平面图
（基督教纳骨塔三层平面纳骨区部分向南缩进 4 米，得到基督教纳骨塔第四层）

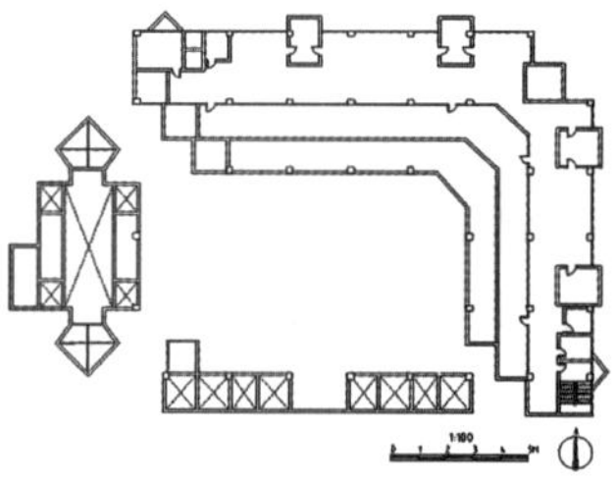

基督教纳骨塔五层平面图

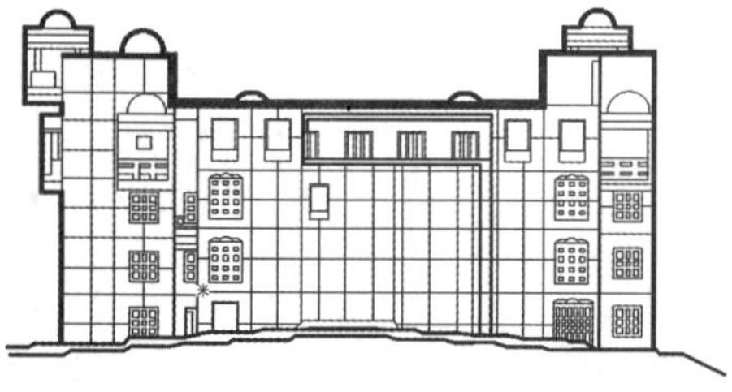

基督教纳骨塔西立面图

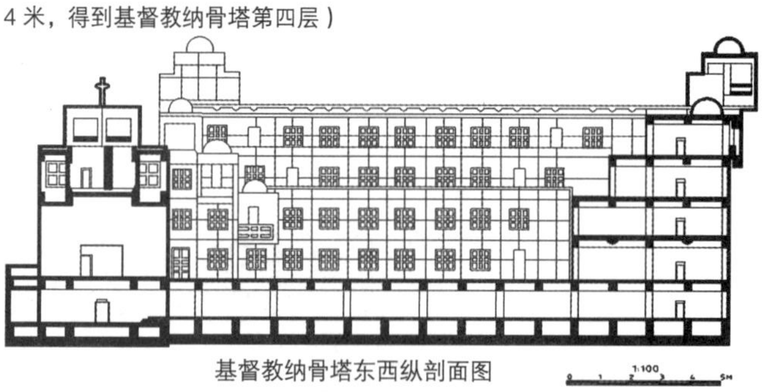

基督教纳骨塔东西纵剖面图

图 11-10-17　台中第一纪念公园基督教纳骨塔设计方案
来源：作者在郑志雄先生方案基础上改进方案，谭志宁建筑师绘制

2. 佛道教纳骨建筑

L 形平面，高 5 层，最上两层是家族及高档骨灰寄存区，逐层后退，附有室外活动平台，扩大客户室外活动的空间，每层的尽端设有公共活动区，供人们休息和交谊。宗教及公共服务部分与主建筑脱开，单独设于一幢小楼中，使功能不同的建筑各自独立，有助于保持骨灰存放区环境的静谧，南面有一排外廊式房。共同围合成一个可举办法事活动的内院（图 11-10-18）。

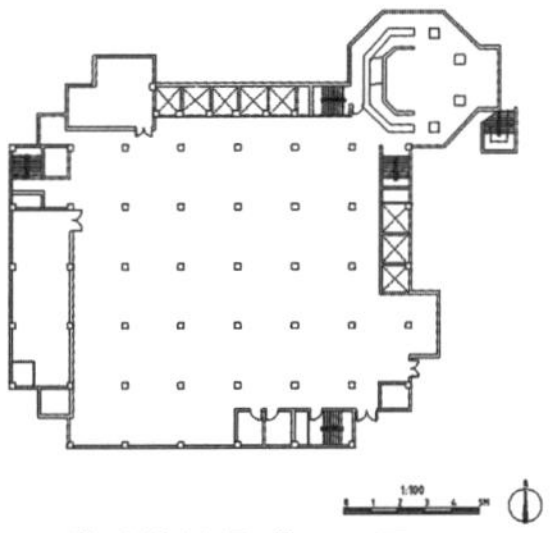

佛道教纳骨塔一层平面图

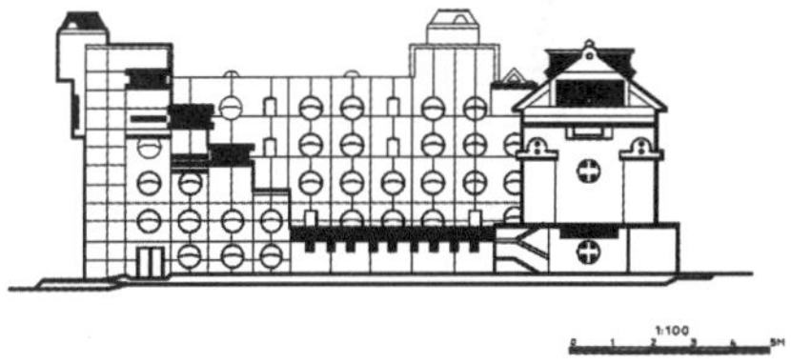

佛道教东立面图

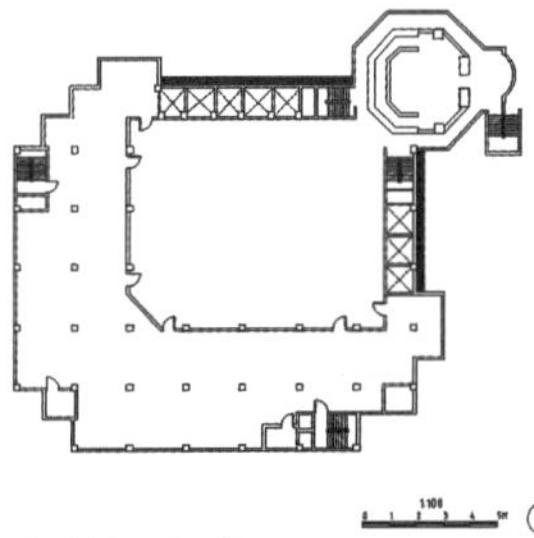

佛道教纳骨塔二、三层平面图
（佛道教纳骨塔三层向东缩进 4m 得到第四层建筑平面）

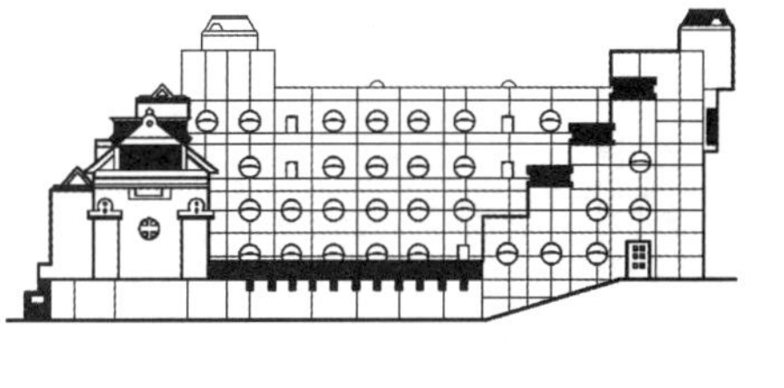

佛道教北立面图

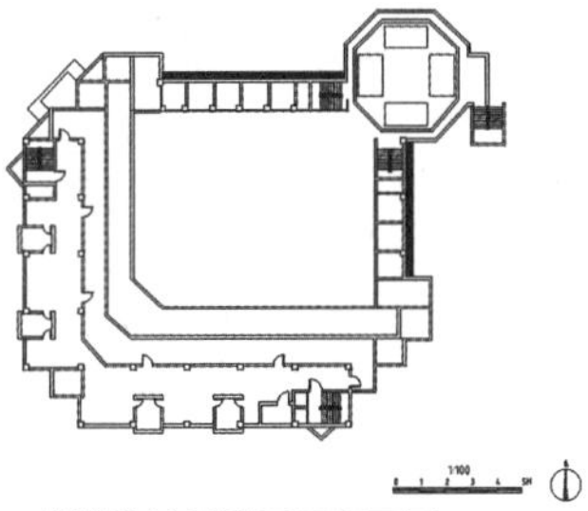

佛道教纳骨塔五层平面图

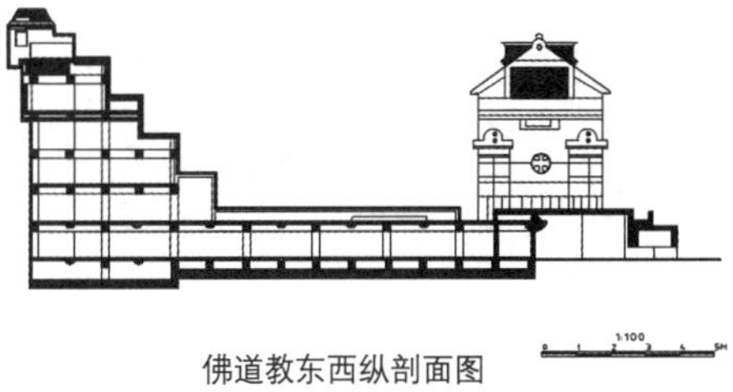

佛道教东西纵剖面图

图 11-10-18　台中第一纪念公园佛道教纳骨塔
来源：作者在郑志雄先生方案基础上改进方案，谭志宁建筑师绘制

（六）台北土城多层纳骨建筑方案

台北土城多层纳骨建筑系利用旧建筑改造，公共服务部分设在底层，上部为骨灰存放，动线清晰，平面简单（图 11-10-19、图 11-10-20）。

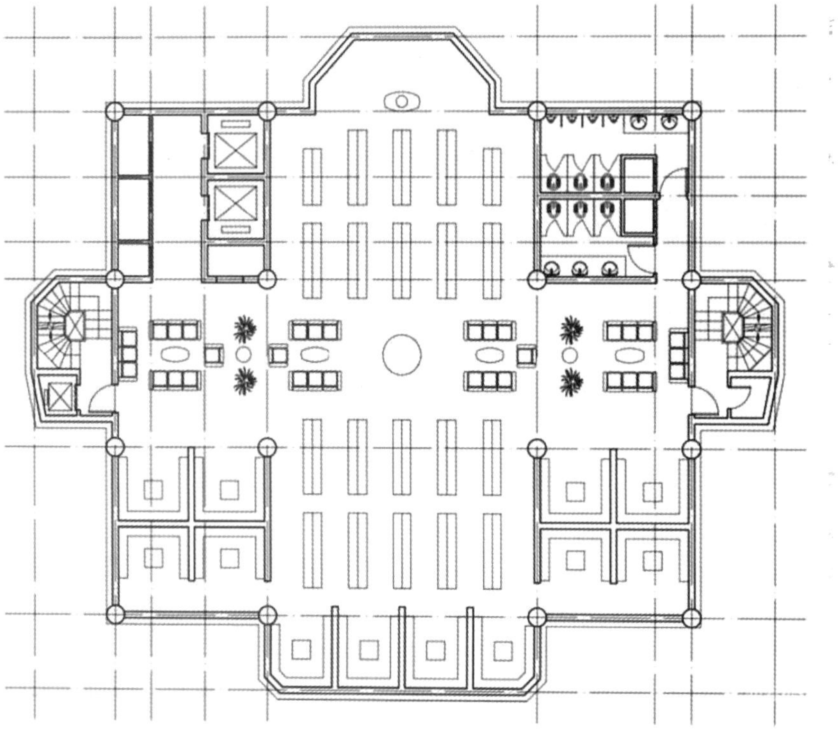

图 11-10-19　平面图
来源：作者设计及绘制

图 11-10-20　正立面（左）；侧立面（右）
来源：作者设计及绘制

（七）上海老港公墓改造方案

老港公墓位于上海浦东新区老港镇，距离老港镇中心 1 公里，基地周围为农业用地。项目所改造场地为旧造纸厂原址，由多个厂房单体组成。改造设计方案保留了原厂房的坡屋顶结构，利用木纹防火板作为吊顶面贴面，石材作为新的室内墙面材料，重新赋予建筑一个纪念性的温馨空间。将朝向庭院的立面改造为大面通透的玻璃，为室内空间引入自然光与庭院景色。深色地砖带来了稳重的空间气氛。

艺瓦建筑设计的方案深具启发性，是一个优秀的骨灰楼设计（图 11-10-21）。

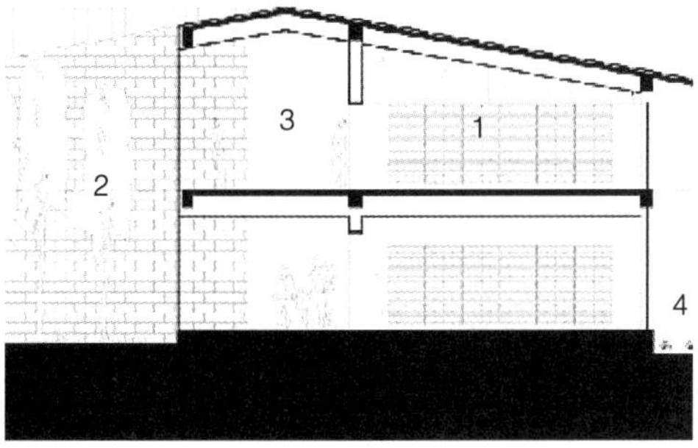

剖面

1 骨灰寄存室　　4 水景
2 庭院　　5 卫生间
3 通道

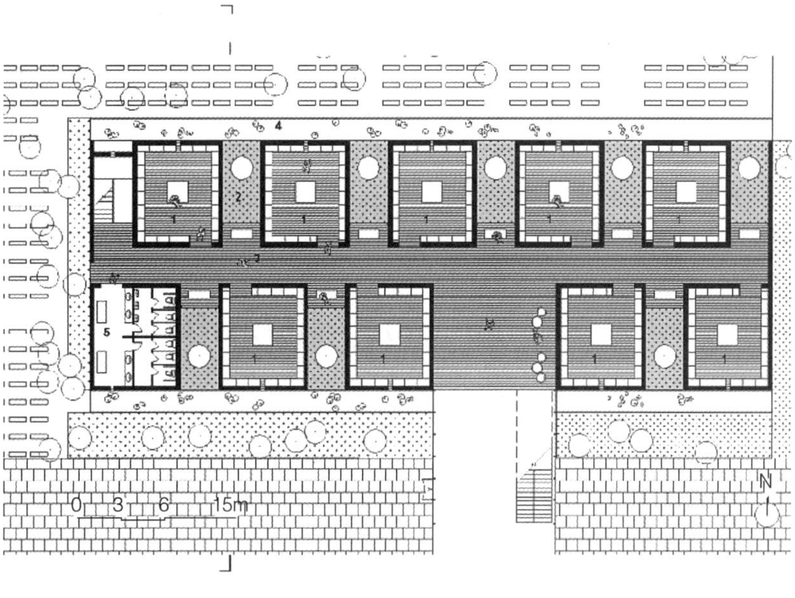

图 11-10-21　老港公墓改造方案
来源：上海艺瓦建筑设计事务所提供

十一、高层纳骨建筑

高层纳骨建筑相当于贵重物品仓库。一般利用核心筒布置电梯，外墙内侧满铺格架，导致无处开窗，造成外观封闭、室内阴暗、空气污浊。电梯平时利用率不高，高峰期又拥挤不堪，火灾时疏散困难。投资大，回收慢，空置率高。为了满足防火规范，建筑标准被迫提高，设计难度和工程成本增加，实际使用面积相应减少。

塔式纳骨建筑的优点是容量大，节省用地，骨灰集中安放，便于维护管理，不受天气影响。

（一）台湾北海福座纳骨塔

台湾北海福座位于台北三芝乡，耸立在苍翠的环山之中，面向淡水河和观音山，占地 2.5 公顷，基地面积 2767 平方米，地上 15 层，地下 2 层，塔高 69 米，塔内骨龛格位 1.1 万个，骨灰格位 25 万个，号称“台湾第一纳骨大塔”，平面方形，正窄侧宽，坐北朝南。屋顶为钻尖重檐，具有中国气派。塔内佛、道、基督、天主各有专区，格位种类很多，有个人位、夫妻位、家族位，底层为祭拜大厅，为满足台湾“拜拜文化”，每层均设祭拜小厅（图 11-11-1）。

图 11-11-1　台湾北海福座纳骨塔
来源：作者根据图片绘制

（二）香港善心（Shan Sum）高层纳骨建筑

香港城市坐落在1100平方公里的多山地区，有700多万居民，是世界上拥挤的国际大都会。香港火化率已超过 90%，现有的纳骨设施已基本满荷，于是多层和高层的纳骨建筑应势而起。

善心高层纳骨楼占地仅 0.1 公顷，位于香港新界工业区。项目受到 99.5% 的民众投票支持。位置邻近火葬场和坟场，但又和居民区保持一定距离。西北紧贴现有的高层建筑。建筑功能单纯，仅供骨灰存放。

扇形平面布局紧凑，地上 13 层，高 41.7 米，总建筑面积为 8300 平方米，纳骨系数高达 0.36。底层东面为人流入口大厅，底层西南面另有车库入口，汽车通过升降机下达地下停车场。两侧有大中小 5 个悼念厅，其上 8 层均为纳骨层，可容纳 2.3 万个骨灰位，11 层为客户接待、办公和一个多功能厅。每层均设为客户服务的服务台和小祈祷室，顶层为设备用房及屋顶花园。整栋大楼有三部电梯和两部楼梯，故垂直交通不显拥挤。

建筑师将狭窄的三角地块处理得十分合理、妥帖。骨灰存放层做成开放框架式布局，外观轻盈透剔，适合亚热带气候，骨灰存放不靠外墙布置，位于中心位置，被宽敞的走道所环绕，流线畅通，功能合理，避免了高峰时的拥挤。骨灰存放平面为四个袋形空间和一个附有小厅的园厅，布局的变化避免了空间的单调。外部明亮的开放空间和骨灰存放的封闭空间，环境差异的对比，隐喻了生死不同的两种境界。每层面积不大，但为殡葬业提供了一个崭新的创新模式（图 11-11-2 ~图 11-11-5）。

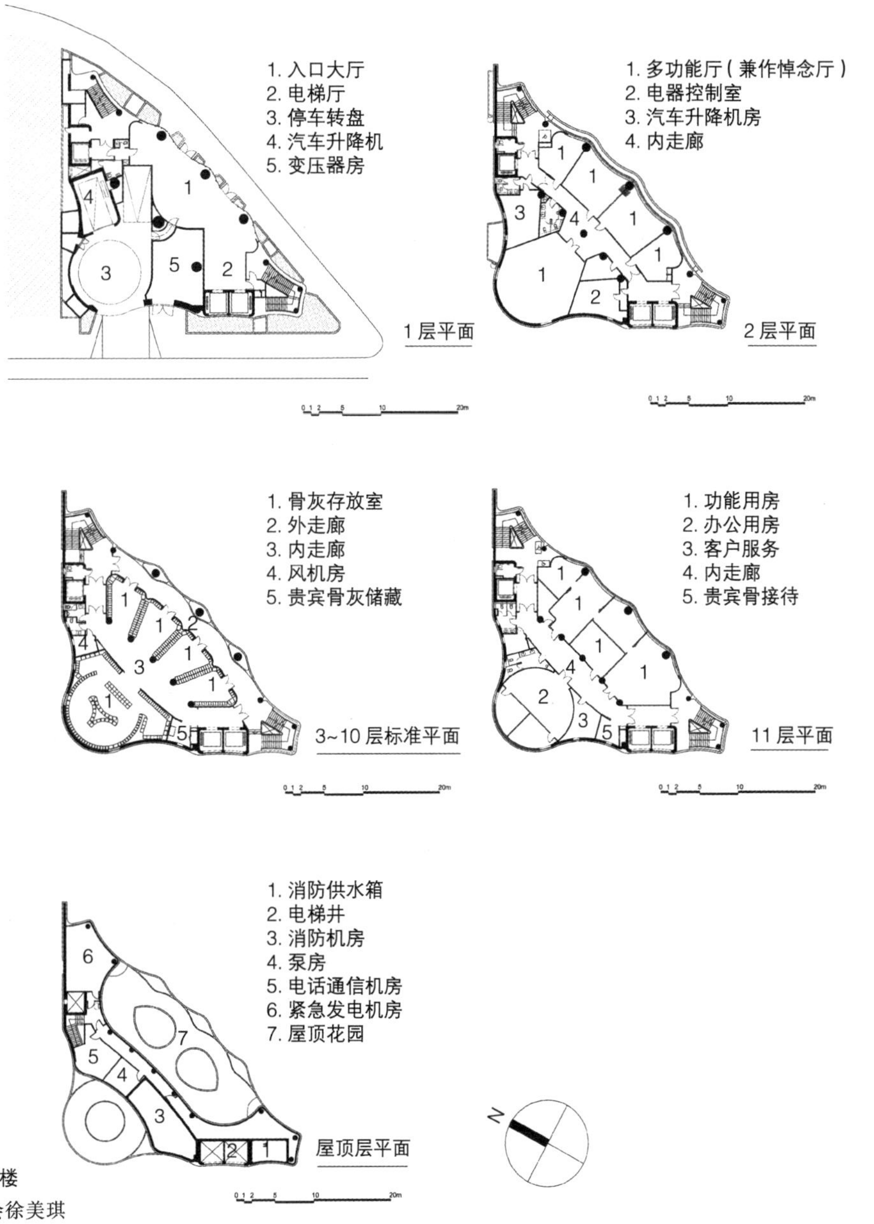

图 11-11-2 香港善心纳骨楼
来源：香港善心慈善基金会徐美琪爵士提供

图 11-11-3　外观透视
来源：作者根据图片绘制

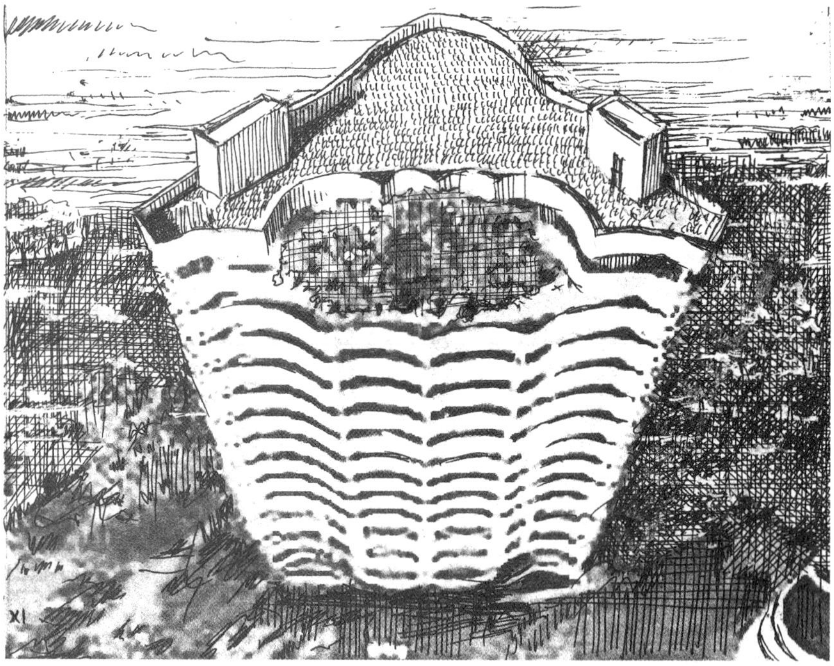

图 11-11-4　建筑鸟瞰
来源：作者根据图片绘制

图 11-11-5　外廊透视
来源：作者根据图片绘制

十二、地下纳骨建筑

地下建筑冬暖夏凉、省能节地，符合“入土为安”的观念。地面自然景观和植被也得到保护，有利于园林化。缺点是造价较高，通风采光较差。

（一）台中皇穹陵

台中皇穹陵位于中国台湾地区南投县，近日月潭，作者设计。基地面积 3.3 公顷，建筑面积 8000 平方米，地面建筑为圆形，地下层为 40 米 ×60 米矩形，骨灰格位 3 万个，纳骨系数 *K* 值为 0.27。地面大厅用作祭祀和接待，地下两层用作骨灰存放，天圆地方，崇尚自然，四周是大片茶园，绿化率高达到 70%，低矮建筑不与周围环境争艳。1993 年被媒体评为“台湾最佳纳骨建筑设计”。

牌楼入口处自东向西，引道两侧参天大树，北侧为停车场，引道至雕像处转而向北，再通过 100 米长甬道到达主建筑圆形大厅。

主殿供奉保佑生灵的地藏王，背后为通往地下的油压电梯。主殿四周回廊围院。回廊是南北朝之后寺庙常用的一种空间手法。四角副殿为牌位区，均有楼梯直通地下层，高峰时供紧急疏散。矩形基地抬高 2 米，基地上建筑物再抬高 2 米，利用高差开侧窗，便于地下空间的通风采光。车行道可直接进入地下停车场，通过地下门厅进入地下骨灰安放层。

北京皇穹宇建于明嘉靖，供奉清八位皇帝的牌位；台中皇穹陵地宫借助皇家气派，营造高贵气质，成为营销亮点。

骨灰位为 U 形单元式布置，增加格架前的活动空间，面板采用磨光大理石，仅刻姓名、生卒日及简短箴言。弱化葬文化痕迹（图 11-12-1 ~ 图 11-12-4）。

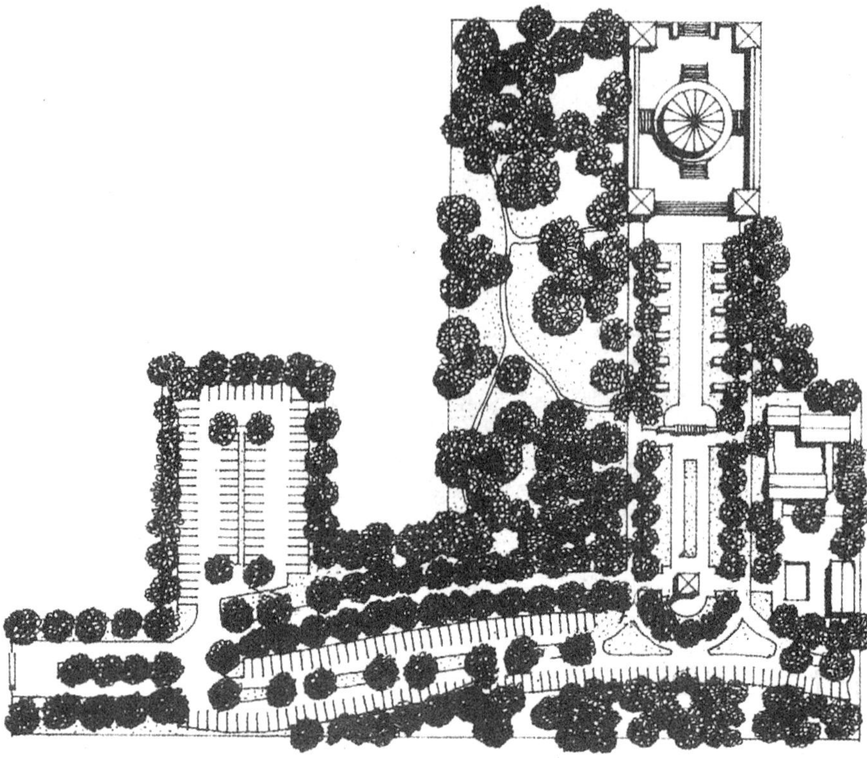

图 11-12-1　皇穹陵墓园总平面图
来源：作者设计及绘制

图 11-12-2　皇穹陵墓园外观透视
来源：作者设计及绘制

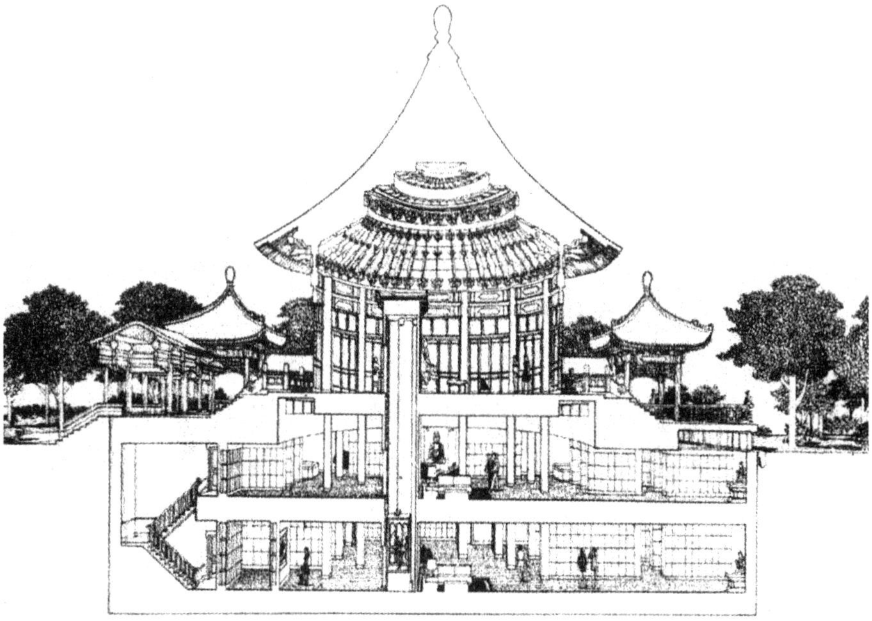

图 11-12-3　皇穹陵墓剖面图
来源：作者设计及绘制

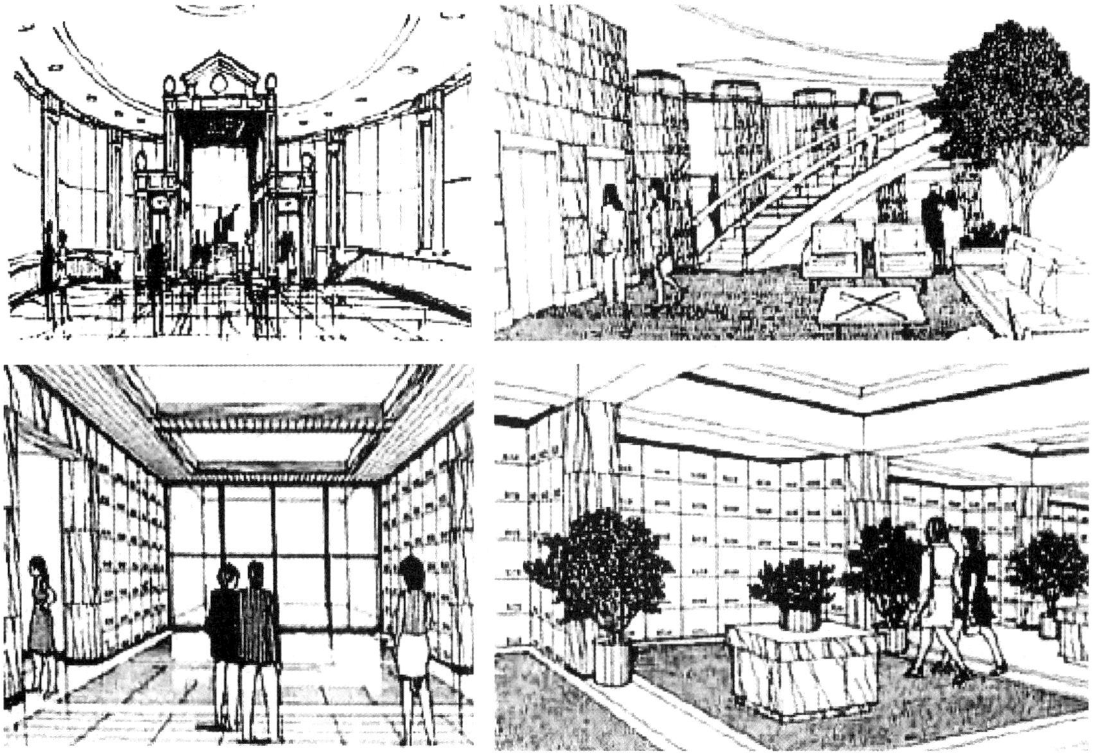

图 11-12-4　皇穹陵墓园门厅大堂与室内
来源：作者设计及绘制

（二）日本东京多摩陵园地下骨灰堂

多摩陵园地下骨灰堂由日本建筑师内井昭藏设计，坐落于东京多摩陵园内东南角的纳骨堂，于 1993 年建成，建筑面积 3808 平方米。属东京最大的纳骨建筑之一。该建筑一经问世，就引起了社会关注。

造型特异“巨蛋形灵骨堂”的两翼，一边为入口，另一边为出口，分别与回廊相接，回廊形成院落后，在入口处汇集，使进出人流动线分开，不产生拥挤。

两层建筑的地上和地下部分浑然一体，人们从地面层进入建筑后，通过楼、电梯下至地下层，由地下层进入祭拜大厅，顺序行礼如仪的人群行进充满了仪式感。整个大厅看不到骨灰格位，简洁、庄严、肃穆的室内像一组大型祭坛。

圆形祭拜大厅直径 21 米，顶部设天窗，阳光通过圆形天窗直射下方的圆锥形纪念碑，水从纪念碑顶尖徐徐冒出，顺槽缓缓曲折流下，不断在移动的阳光和无序的淌水造成的光影变化中构成一幅动态的动人画面，象征着生命脉动、涓涓不息。

圆形大厅周边的墙壁由瓷砖镶嵌成抽象的天国景象，自下而上向外倾斜，造成视觉扩张，产生错觉。光影、流水和扩张的空间共同形成了一个气势宏伟、虚幻的天国世界，让身处其境的祭拜者催生一种敬天悯人的神圣感。这是一个运用建筑手法营造空间效果的成功案例。

设计者把 21840 个骨灰盒隐藏在大厅周边斜墙的背后，透过斜墙面向纪念碑。祭拜人群在大厅内看不到骨灰格位，仅能向骨灰所在方位默哀。大厅内禁止焚香献花，只能在室外专设的祭台进行。

为了保持大堂祭拜环境的肃静，骨灰入厝仪式不在大堂而在骨灰位后方进行，需要有仪式时可在两端备用的小悼念厅进行。这种功能分区的设计，节省了分散祭拜所需要的面积，提高了骨灰寄存量，取得了经济效益。纳骨堂的骨灰寄存期为 30 年，届期续约或取出自行安置，使多摩纳骨建筑能够持续发展、永续经营。

为了功能单一，接待、休息、厕所等配套设施均与主体建筑分开，在建筑南侧单独设立。祭拜与入厝分离，出入动线分开，模拟天国景象……这一系列富有想象力和启发性的设计作品被公认为是当代纳骨建筑的经典之作，备受业界称赞（图 11-12-5 ~图 11-12-9）。

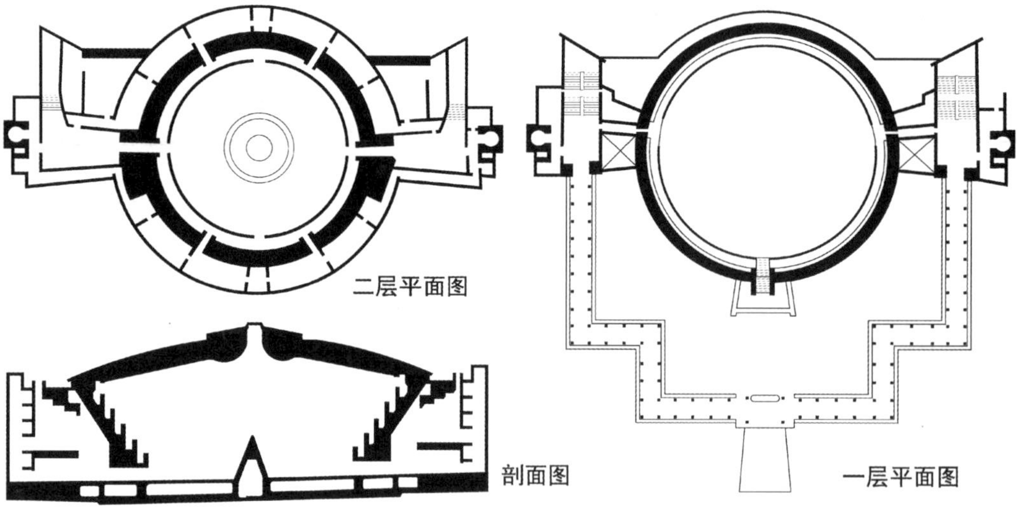

图 11-12-5　多摩陵园纳骨堂平、剖面示意图
来源：作者根据墓园提供资料绘制

图 11-12-6　多摩陵园纳骨堂外观
来源：作者根据图片绘制

图 11-12-7　入口廊道祭坛
来源：作者根据图片绘制

图 11-12-8　廊道局部
来源：作者根据图片绘制

图 11-12-9　大厅中心纪念碑
来源：作者根据图片绘制

（三）台湾龙岩水下墓园方案[1]

日本建筑师安藤忠雄将风和阳光以及几何形体利用到极致。方形主体坐南朝北，加上一个直径 81 米的巨大圆形水盘，相连一座长 90 米、高 12 米的瀑布幕墙，以柔性和奔腾的水来表达对生命的礼赞和对不朽的渴望。绕过环形水池，通过水池夹缝中的阶梯下行至地下“光之殿堂”，阳光通过水盘底部将不时变幻的粼粼水波洒向水下空间，室内产生一种光影不断波动变幻的神秘感。

骨灰格架布置在“光之殿堂”四周。园区大面积种植樱花。台湾素有“蝴蝶王国”美誉，樱花特别吸引蝴蝶，构成栩栩如生的画面景观，把墓园建成由阳光、水、绿地、樱花、蝴蝶五大要素组成的大花园。设计者认为墓园应成为人人平等共享的地方，他说：“设计这个功能简单的纳骨建筑时，我并不在意它的预算有多少，主要是追求它的精神内涵。”（图 11-12-10）

图 11-12-10　台湾龙岩水下墓园方案
来源：作者根据安藤忠雄事务所提供资料绘制

（四）台湾金宝山骨瓮馆

台湾金宝山墓园千佛石窟为著名雕塑家朱铭[2]带领十余名弟子经多年雕琢而成的早期作品。作者利用石窟广场的地下空间，设计了骨瓮馆。该馆面积不大，平面简单紧凑，“千佛护佑”成了骨瓮馆的营销亮点（图 11-12-11）。

1　资料由日本安藤忠雄建筑事务所提供。
2　朱铭是台湾地区 20 世纪 70 年代的著名雕刻家。

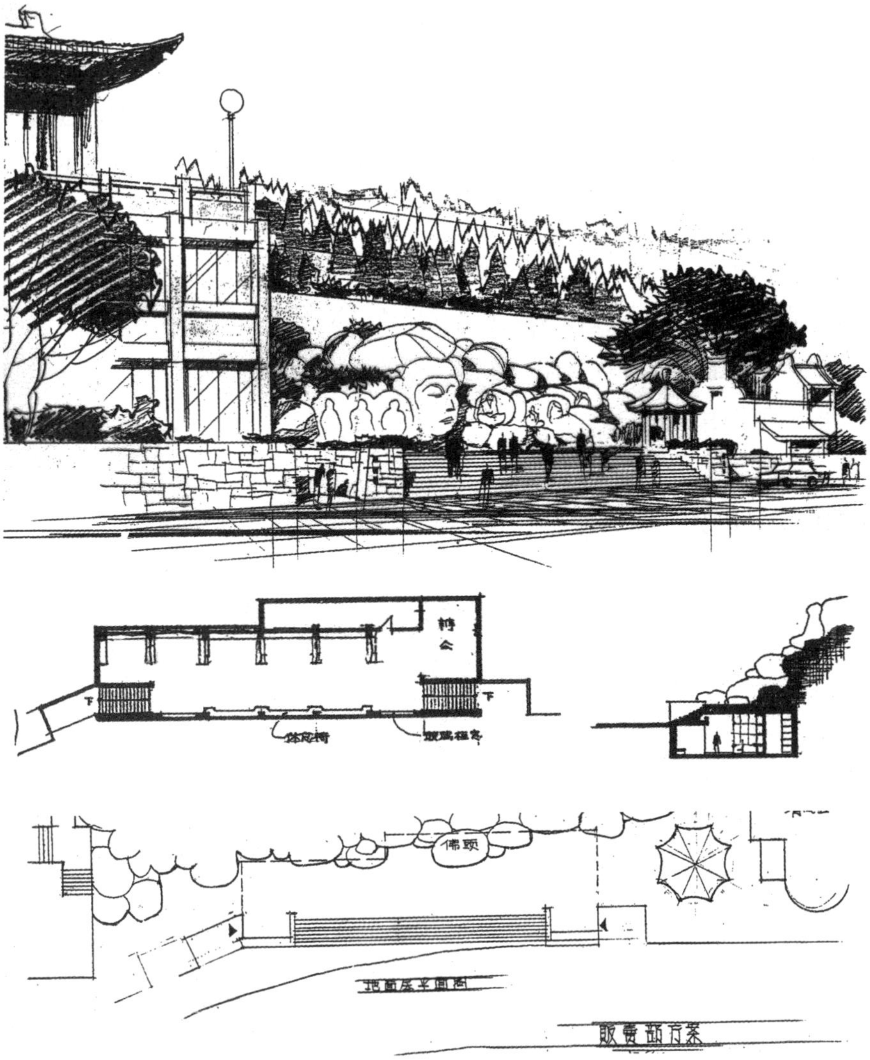

图 11-12-11　台湾金宝山千佛石窟骨瓮馆方案
来源：作者设计及绘制

十三、卫星式纳骨建筑

容量大的纳骨建筑，若基地面积允许，可以将建筑化整为零，作卫星式布局。服务及公共部分集中于中心建筑，功能单纯的小骨灰楼围绕它分散布置，以廊连接中心建筑。地下空间全部连通，用作通往各馆的停车场。这种设计可以使植被得到保护；小型化之后，各小型纳骨堂的自然采光通风也更易解决；容易满足防火疏散的要求；可按需建设，分期实施，以降低初期投资；客流也得到了分散，避免了拥挤。缺点是步行距离拉长；硬质化地面增多；分散管理的人工成本增加。

国内虽也有分散设馆的实例，但都是在原有基础上扩建而成，不能形成规划整体，无法体现优势。

十四、寺塔合一及教堂附设的纳骨建筑

古今中外一样，西方墓地设在教堂周边，身份显赫的逝者葬在教堂内部或教堂地下室。中国佛教亦同，僧人圆寂后骨灰存寺，信徒也希望逝后长眠于晨钟暮鼓声中，因此有些寺庙设塔接受信徒骨灰存放。

安徽省九华山西来禅寺，在大雄宝殿下面补建了一座地下3层、容1万多骨灰格位的地宫，以低价售给奉献香火的信徒作回报，既满足信徒愿望，又增加寺庙收入。

寺庙的建筑密度一般较大，往往无地建屋，只能开发地下空间。另有业者将新建纳骨建筑与寺庙结合，利用信仰营销。

（一）台湾南都禅寺

1997年建于台南的南都福座（原名天都禅寺），位于台南市中心，占地0.43公顷，后面为溪流。“阳宅重地段，阴宅讲龙脉”，该地灵气交合，历来为市民争相藏骸之地，地基开挖时，笔者亲见墓穴“叠床架屋”达四五层之多，可见风水之旺。

建筑面积17563平方米，作者设计，地上8层，地下2层框架结构，骨灰位8万个，纳骨系数K值为0.22，副楼作办公和非佛教人士的骨灰存放。主副楼之间有廊相连。

底层全部为佛殿，作为入厝、礼佛、修行、弘法、超荐、追思、祭祀之用。大殿供奉五方佛，背后供奉西方三圣[1]，其中阿弥陀佛将逝者灵魂引入极乐世界。

顶层大雄宝殿供奉释迦牟尼[2]，用作内部修炼之用。受上下佛陀庇佑的中间6层为骨灰安放层。书架式排列，排距净宽1.4米，最宽处2米。十字平面分设祭拜区、牌位区和休息区。柱网距5.6米×6.8米，空间宽敞。地下2层，一半作停车场、一半作骨瓮存放区。建筑外墙底层墙外有采光窨井，使地下2层均能接受自然光照射。

整栋建筑有4部电梯和7个安全出入口，利于紧急疏散。建筑物的祭拜空间、储纳空间、休息空间、格位空间互不干扰各得其所。建筑物有完善的电脑查询和人工智能心理咨询系统。[3]

因地形特殊，建筑必须照顾到四个立面。屋顶由中央主塔与周边四个小塔组成，小塔用作钟鼓楼，前后左右呼应。顶层另设佛学图书室和方丈精舍。

外墙开窗，整栋建筑通风良好，室内敞亮，采光与地面面积占比为1∶7。主立面有大片玻璃幕墙，自上而下由窄变宽，逐层凸出，远观像瀑布奔腾，喻生命之水源源不绝。满足台湾民众“有水便有财”的信仰。

南都禅寺落成之后，先后获得台湾当局和专业评估机构两项设计大奖（图11-14-1～图11-14-4）。[4]

1　西方三圣指的是极乐世界的三位大师，即阿弥陀佛、大势至菩萨、观世音菩萨，在佛教中都是慈悲的象征，带众人脱离苦难。

2　意为释迦族的圣人。古印度王子，苦行六年得道之后开始讲经说法，80岁逝世，生前度化无数众生，因此佛教徒都尊奉他为佛教之主。

3　此系统具有逻辑思考和解决心中疑惑的能力，协助心理咨询以取代“抽签占卜”。

4　获得台湾地区“十大名案设计奖”和首届“建筑设计金狮奖”。

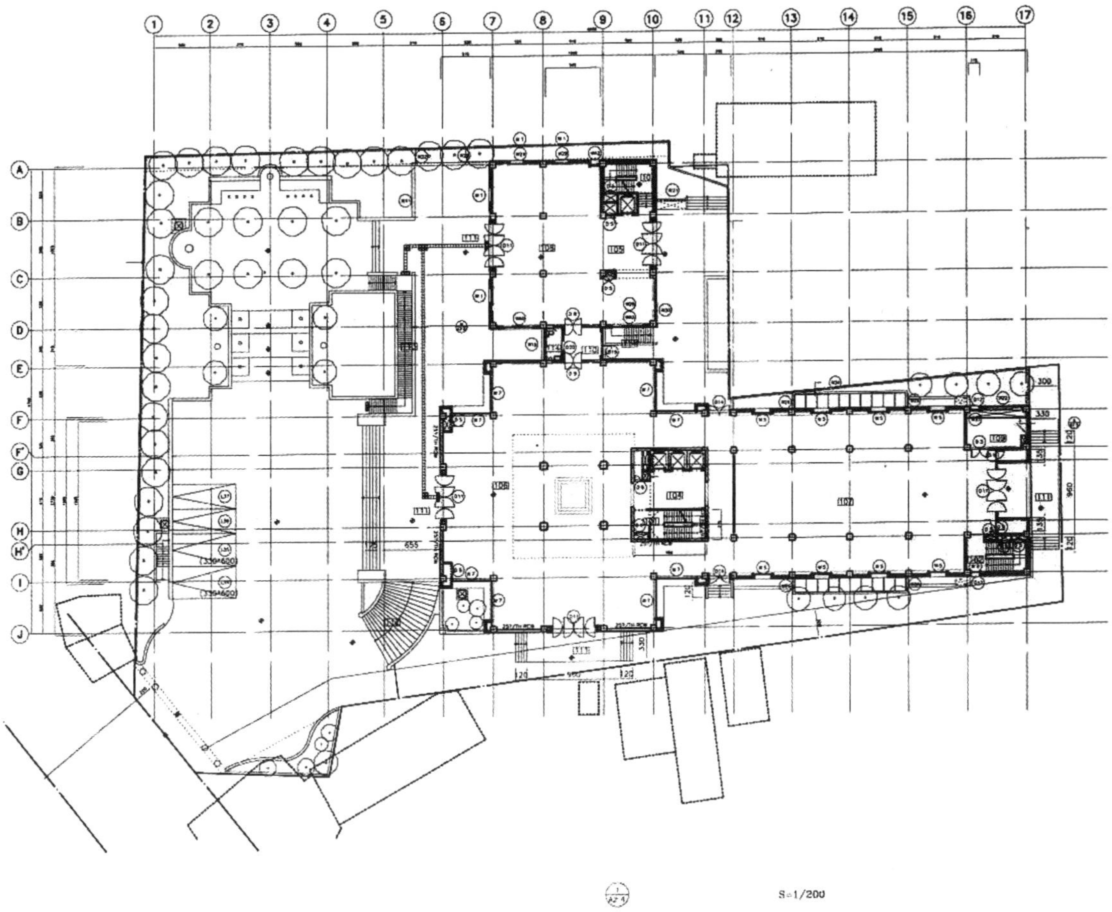

图 11-14-1　南都禅寺首层平面图
来源：作者设计及绘制

图 11-14-2　南都禅寺金刚宝座塔
来源：作者设计及绘制

图 11-14-3　南都禅寺背面
来源：作者设计及绘制

图 11-14-4　南都禅寺侧面
来源：作者设计及绘制

（二）奥本山墓园教堂扩容改造

随着火化率的提高，西方教堂骨灰入葬的数量也日渐增多，美国许多古老墓园的教堂纷纷改建地下室增设纳骨面积。1975 年，波士顿奥本山墓园的教堂将局部地下室改造成纳骨堂（图 11-14-5）。[1]

1　改造的设计事务所恰好是笔者在美工作的 Shepley Bulfinch Richardson and Abbott 公司。附图为公司从档案室调出给著者的原始图纸。

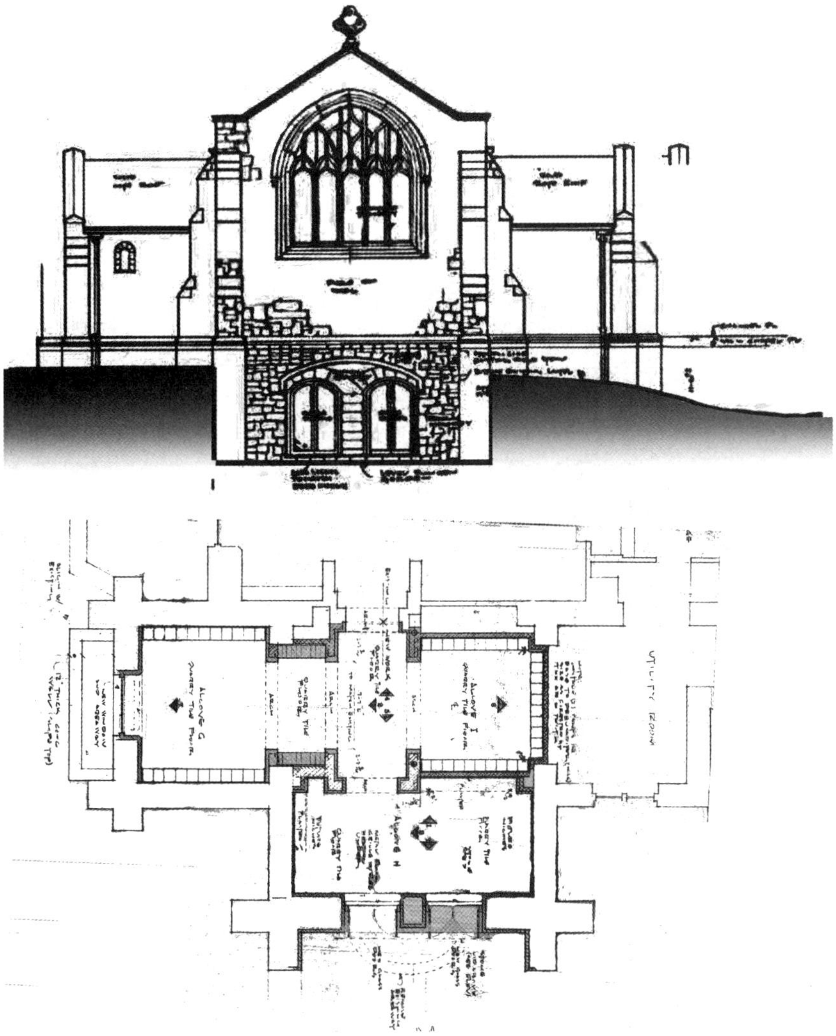

美国奥本山墓园 story 教堂地下室于 1975 年改建为纳骨堂的施工图（局部）
由笔者工作过的 SBRA 公司设计并提供

图 11-14-5　美国奥本山墓园 story 教堂（1975 年）地下室改建为纳骨堂的施工图（局部）
来源：由 SBRA 公司设计并提供

十五、室外纳骨墙、小品与廊葬

室外纳骨墙最大的优点是节地，不占建筑空间，不受拥挤之苦；园区的边角畸零地均可利用；能够与庭园绿化结合形成景观；祭悼环境好、不受时间限制；造价低廉，但会受到气候的影响。

（一）室外壁葬

成片的遗照会产生阴森感，采用雾化玻璃或双层面板，外面板作大格局之艺术处理，第二层面板才呈现逝者的遗照和信息。

壁式纳骨墙艺术化的前景广阔，除了独立的纳骨墙之外，还可以利用围墙和挡土墙的内侧作骨灰格架，也可利用壁葬形成私密性强、半封闭庭院景观区，让壁葬区成为景观点（图 11-15-1）。

图 11-15-1　室外骨灰景观葬
来源：作者根据图片绘制

室外壁葬造价低、空气好、免拥挤。壁葬格位的面板宜采用防水性能好的石材面板，密封后不再轻易开启，尺寸宜放大，格位前的祭拜空间应宽敞。此外，附近应有建筑物或遮棚以供临时躲雨（图 11-15-2 ~ 图 11-15-5）。

有的室外壁葬，骨灰面板统一设计，打开后才显真容，面板倒下后用作供台（图 11-15-6）。

图 11-15-2　上海息园纳骨墙
来源：作者根据图片绘制

图 11-15-3　上海滨海古园
来源：作者根据图片绘制

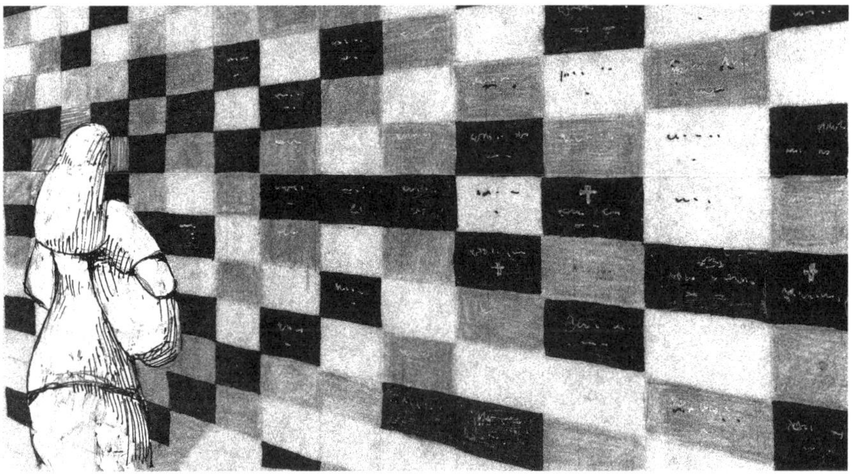

图 11-15-4　荷兰 The Nieuwe Ooster 墓园纳骨墙
来源：作者根据图片绘制

图 11-15-5　德国壁葬
来源：作者根据图片绘制

整体墙面　　祭拜时，格位开启

图 11-15-6　上海藏匿式壁葬
来源：作者自摄

（二）坡地纳骨构筑物

利用坡地设计成纳骨墙构筑物，顶窗既挡雨又能通风采光。设计时廊道长度不宜过长（图 11-15-7）。

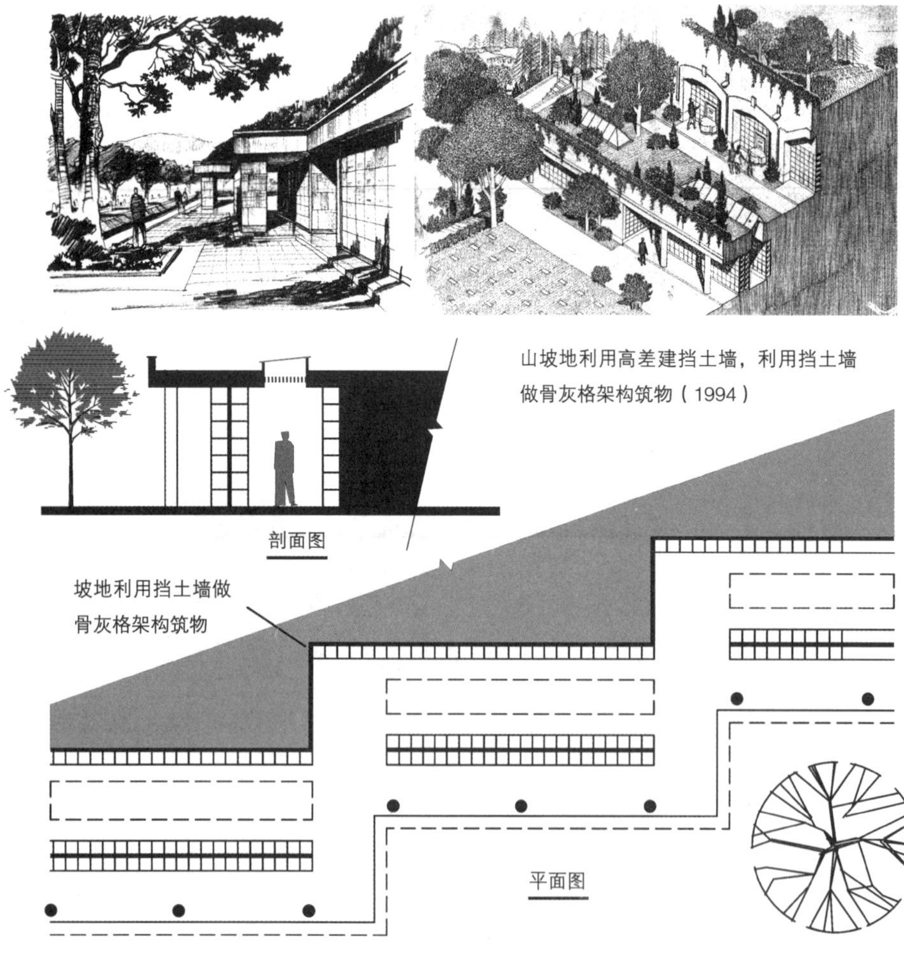

图 11-15-7　利用坡地高差建纳骨构筑物的各种方案
来源：作者设计及绘制

（三）独立纳骨墙构筑物

由多个独立的纳骨墙组成，形式多种多样，可露天可覆顶、可独立可组群，容易与景观结合，适合建在园林化的墓园中。

1. 美国奥本山墓园的独立构筑物

处于墓园一角，是美国最早出现的露天纳骨墙构筑物，与植栽和雕塑共同创造了一个具有人情味并有启发性的纳骨空间（图 11-15-8 ~图 11-15-10）。

图 11-15-8　奥本山墓园独立构筑物
来源：作者根据图片绘制

图 11-15-9　奥本山墓园独立构筑物之绿化环境
来源：作者根据图片绘制

图 11-15-10　奥本山墓园构筑物内景
来源：作者根据图片绘制

2. 美国天堂之门墓园独立构筑物（Gate of Heaven Cemetery）

位于美国马里兰州蒙哥马利市（Montgomery，Maryland），主要葬式是土葬和壁葬。墓园大门内一条笔直通道正对祭拜厅和办公用房，道路两旁是开阔的草坪墓地，祭拜厅左右各有一组对称的露天纳骨墙构筑物（图 11-15-11 ~图 11-15-14）。

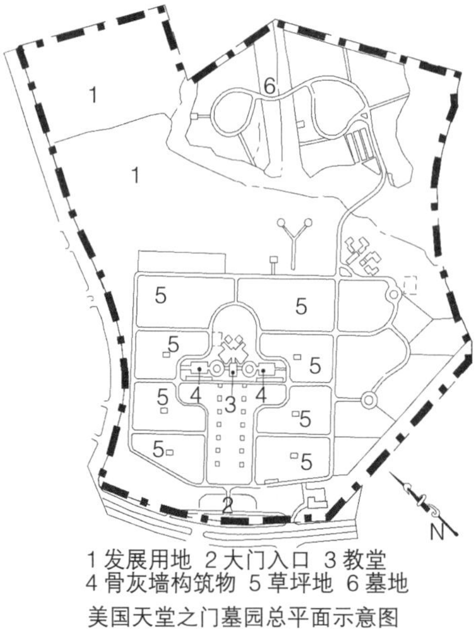

图 11-15-11 天堂之门墓园总平面图
来源：作者根据墓园提供资料绘制

图 11-15-12 祭拜厅及两旁之纳骨构筑物，前景为平碑草坪葬
来源：作者根据图片绘制

图 11-15-13 纳骨构筑物
来源：作者根据图片绘制

图 11-15-14 纳骨构筑物局部
来源：作者根据图片绘制

3. 意大利贝加莫墓园纳骨构筑物

位于人口仅有 3.5 万居民的贝加莫（Bergamo）地区，完工于 2016 年，由三个极简主义单元构成。半开放空间享受到室外的环境，感受到安静、安全和私密的氛围，通风良好，避免了骨灰格架过分暴露带来的负面观感，用简单的建筑表达出神圣感。单元式组合具有灵活性，根据需要可以多个串联，设计者为 CNIO ARCHITETTI 建筑事务所（图 11-15-15 ~ 图 11-15-17）。

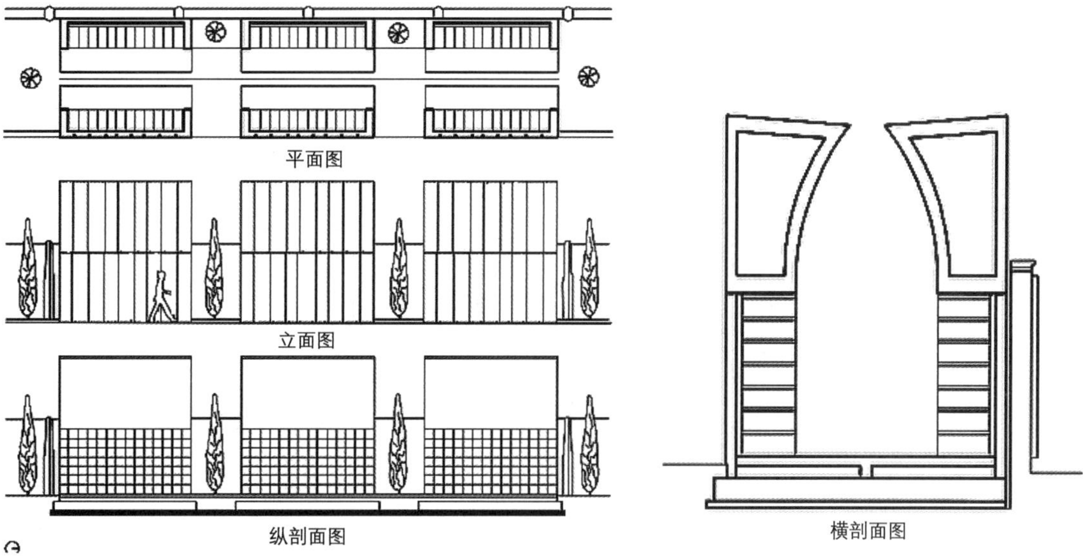

图 11-15-15　剖平面、立面、纵剖面、横剖面图
来源：作者根据图片绘制

图 11-15-16　外景
来源：作者根据图片绘制

图 11-15-17　内景
来源：作者根据图片绘制

4. 马来西亚吉隆坡孝恩园纳骨构筑物

当地气候温暖，墓园有多座纳骨构筑物，宽敞通透、避晒遮雨，受到当地华人的欢迎（图 11–15–18、图 11–15–19）。

图 11–15–18　吉隆坡孝恩园纳骨构筑物
来源：作者根据图片绘制

图 11–15–19　构筑物内景
来源：作者根据图片绘制

5. 中国台湾企业纳骨构筑物

我国台湾某企业在墓园购地建集体壁葬。出于爱心，公司为员工免费提供安葬服务，实现“生前携手奋斗，死后仍能相聚”的理想。日本某些大公司也有类似传统，为对社会和公司作出贡献的已故员工建祠堂，表达尊敬与感谢。

构筑物平面为半圆形廊墙，中立捧珠雕塑，象征公司的团结与成功（图 11–15–20）。

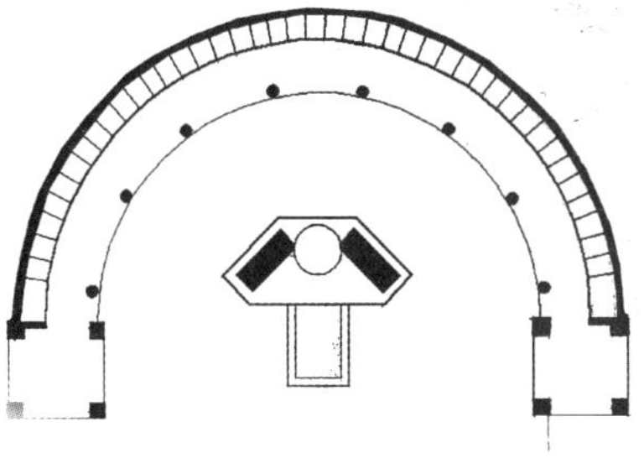

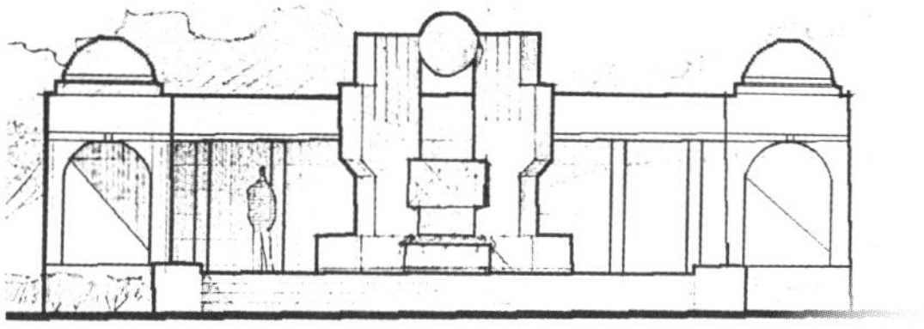

图 11-15-20　台湾某企业纳骨构筑物
来源：作者设计及绘制

6. 中国台湾樱花陵园[1]

陵园纳骨廊顺势建在宜兰海拔 750 米、面向太平洋的山上。设计者为黄声远和田中央设计群。它不铲山、不筑挡土墙、不设围墙，顺应高山地形，由 7 条独立纳骨廊式建筑组成。

利用公路施工误差变更设计，放弃原来的直桥改为与自然协调的一条弯桥。半掩在山坡下，提供一个休憩、办公和展示的服务中心场所。纳骨廊就在服务中心附近，此处山势起伏，云罩雾绕，纳骨廊虽由人筑，宛自天开，与大自然亲昵拥抱。“项目不仅对环境保护有贡献，在建筑空间上亦表现出丰富的人文景观……形成独特的地景美学。”[2]

宜兰属热带海洋性气候，冬季和春季多雨，建筑师顺等高线修建了 7 条明亮宽敞附有盥洗台的纳骨廊，方便人们祭悼。不同朝向的骨灰格架满足了当地人不同的风水方位需求。

满山樱花树不挡纳骨廊式建筑的视线，墓区有许多因地势错落形成的草地，散落园区各处，这里没有等级差别，每个格位享有同等规格的待遇和视觉享受。这里也没有宗教和种族的区分，众生平等。

人们沿着山路拾级而上时，沿途山景和太平洋海景不断变化，阳光和水汽自由流动，鲜花和草坪时时呈现，有步移景异的美感。樱花陵园是一个因地制宜、富有创意的作品，建成后获得 2010 年中国台湾建筑佳作奖（图 11-15-21 ~图 11-15-23）。

1　田中央联合建筑师事务所 . 樱花陵园 [J]. 世界建筑，2015（8）：94-101.
2　吴光庭评语。

图 11-15-21　樱花陵园总平面图
来源：作者根据图片绘制

图 11-15-22　樱花陵园一角
来源：作者根据图片绘制

图 11-15-23　墓地斜桥
来源：作者根据图片绘制

（四）纳骨廊

利用室内外走廊一侧设骨灰墙，走廊兼作祭拜空间。室外走廊的走向可以结合地形，因此设计比较自由，不同平面曲度产生不同的朝向，有利于满足不同命格方位。纳骨廊的走道净宽不低于 1.8 米，也可以设计成双层结构（图 11-15-24 ~ 图 11-15-28）。

坡地建廊道时，亦可利用一侧设纳骨墙（图 11-15-29）。

图 11-15-24　上海息园双层廊葬
来源：作者根据图片绘制

图 11-15-25　上海淀山湖归元公墓临湖纳骨廊
来源：作者根据杨艺集团提供图片绘制

图 11-15-26　维也纳中央公墓内古老骨灰廊葬
来源：作者根据图片绘制

图 11-15-27　欧洲早期双层骨灰廊葬
来源：作者根据图片绘制

图 11-15-28　欧洲透天骨灰廊葬
来源：作者根据图片绘制

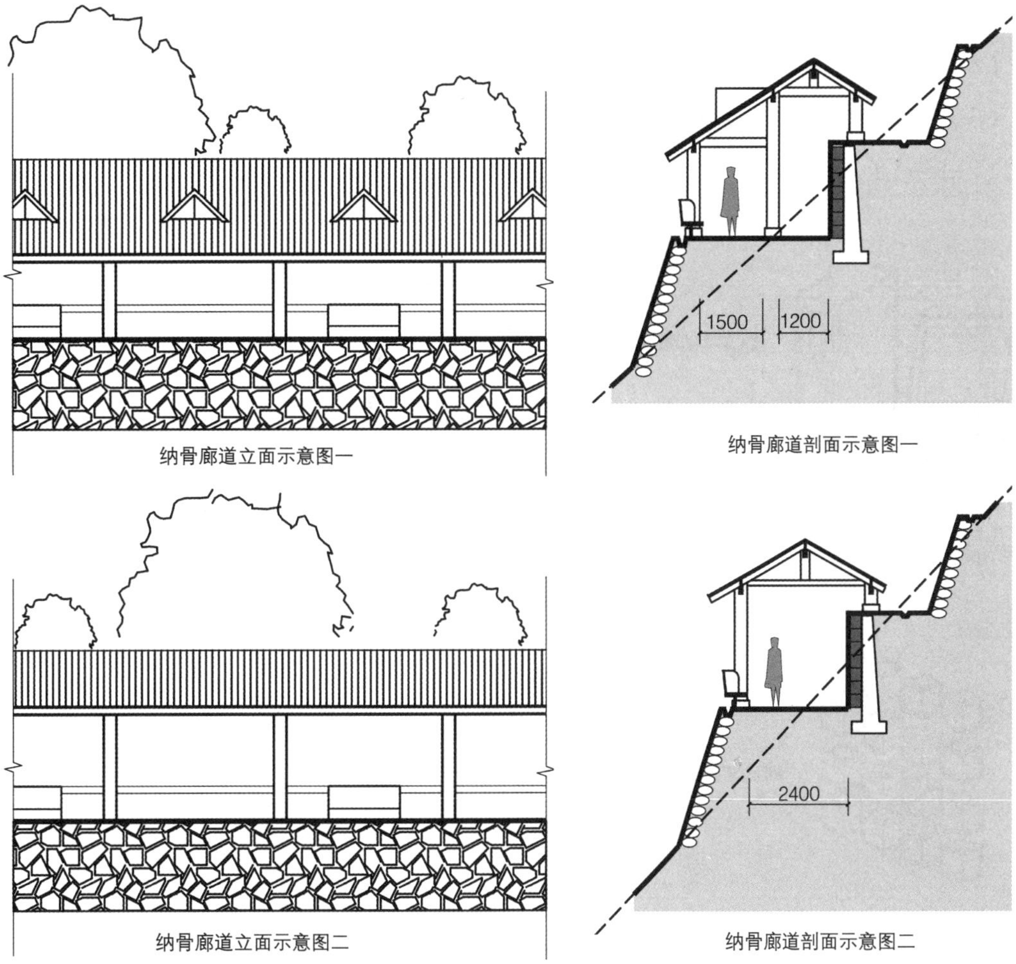

图 11-15-29　陡坡山地纳骨廊
来源：作者绘制

十六、搬运式纳骨建筑

丧属到骨灰位面板前祭拜，或者捧出骨灰盒至家祭室祭拜是悼念常态。

前者空间平时闲置，忙时拥挤，大面积空调和照明造成能源浪费。设家祭室会增加面积，给安全和管理带来困难。

全智能自动化搬运系统（Auto Picking System）是家祭室祭拜方式的延伸，它由全自动温湿度控制系统、全自动化祭扫管理系统、大数据信息管理系统共同组成，彻底颠覆了传统纳骨建筑的概念，使“人围着骨灰转”变为“骨灰围着人转”，实现方便管理、集中贮藏、自动搬运、分散祭拜的目的。

祭祀流程：

（1）丧属抵达后，在屏幕前刷卡或通过人脸识别进行身份认证。

（2）信息系统对祭拜者的身份和骨灰盒进行数据配对，找到骨灰盒的存储位置，将指令发送至自动搬运手臂。

（3）搬运手臂收到指令后，自动从指定的储存格位上提取所需的骨灰盒。

（4）搬运手臂在祭拜者到达之前将骨灰盒送达祭拜点。系统自动献花。

（5）完成祭拜后，关闭柜门，点击信息，搬运手臂自动将骨灰盒运回原格位（图 11-16-1）。

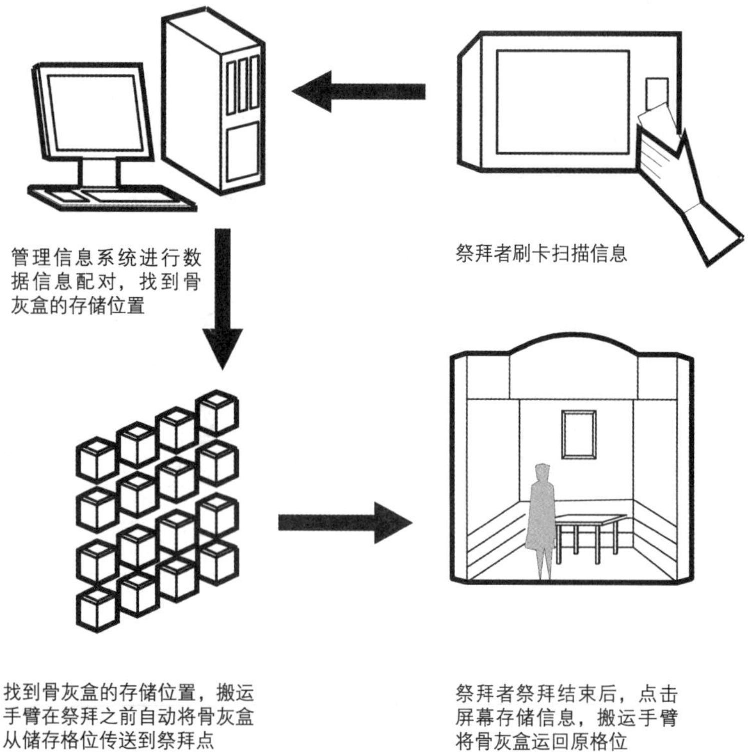

祭拜者刷卡扫描信息
管理信息系统进行数据信息配对，找到骨灰盒的存储位置
找到骨灰盒的存储位置，搬运手臂在祭拜之前自动将骨灰盒从储存格位传送到祭拜点
祭拜者祭拜结束后，点击屏幕存储信息，搬运手臂将骨灰盒运回原格位

图 11-16-1　自动提取系统示意
来源：作者绘制

智能自动化纳骨存储的优点：

（1）自动化仓库节省照明、空调、装修等环境投资。

（2）贮存空间可安排在多层建筑或地下室，克服骨灰盒放置过高、过低、过远、过窄带来的不便。贮存架可密集排列，高度和架距不受限，甚至可以做成水平移动式骨灰架，架距犹如图书馆的密集书架可自由调整，因此骨灰盒的存储量可以成倍增加。

（3）祭拜点是独自隔间或半敞空间。祭拜过程私密性强。

（4）智能自动化设备不需耗费太多人力，从而降低人力成本。

（5）系统可以代备鲜花、上香，丧属不必提前自备，为人们创造温暖、方便、舒适、美感的祭拜环境，尊享礼遇。

（6）平时随到随祭，高峰时预约，使每个祭拜点得到最有效的饱和利用（图 11-16-2～图 11-16-5）。

图 11-16-2　纳骨储存区域后台库位
来源：作者根据图片绘制

图 11-16-3　纳骨盒自动传输装置
来源：作者根据图片绘制

图 11-16-4　纳骨盒存取“机械手臂”
来源：作者根据图片绘制

图 11-16-5　祭拜点
来源：作者根据图片绘制

传统观念认为人亡后应入土。骨灰盒如棺椁，棺椁的安定是对逝者的尊重。观念冲突会影响这一葬式的推广。

还有一种祭奠方式即保持骨灰盒不动，用逝者的基因或晶石舍利、遗像或牌位取代，播放逝者生平影像，在光影中与先人对话，人面对的不再是冰冷的木匣，而是先人的音容笑貌。传输技术的进一步简化，可使纳骨建筑骨灰存放量增大、更易实施。但自动化设备投资大，对操作人员及建筑设计提出更高的要求。

自动化搬运系统祭拜点的布置分为以下三种：

（1）室外小型设置：祭拜点为室外敞开式，骨灰库设在祭拜点的背后或上方。

（2）室内单层设置：进行单元组合拼接，祭拜点呈线形串联，集中设在室内，私密性好，布置灵活，不受气候影响。

（3）室内多层设置：每层祭拜点位置上下左右对齐，服务点可以多设，运送高效。

搬运式纳骨建筑最典型的案例是日本新宿琉璃光院白莲华堂。它建在新宿大楼密集的商业中心狭小的基地上。城市交通的便利减轻了人们的出行负担，因此，白莲华堂深受广大市民的欢迎。

白莲华堂除了寺庙、纳骨设施、祭奠场所和一处三藏法师纪念馆外，还设了茶室、音乐厅和美术馆，以适应都市生活的需要。在阳光充足的最高层，设立一个名为“空之屋”的冥想空间，像一艘飞船停泊在海洋般的大楼顶上，充满现代感。

为解决市民巨量骨灰寄存的要求和狭小基地之间的矛盾，建筑师采用了自动搬运方式，达到极限扩容，可以容纳超量的骨灰盒，大大提高了纳骨效率。

建筑物被外向而又密集的高楼包围，如何打造殡葬建筑的个性？建筑师竹山圣借鉴了莲花花蕾的形象，把建筑设计成高脚杯的形状，在狭窄的地块中留出尽可能多的底层面积给市民作公共空间，功能用房全部在上部，这种布局造福百姓。

为了和四周造型外向的高层建筑对比，它的外墙全部做成内向实墙，墙上横平竖直开小洞窗，以此显示沉静而内敛的殡葬风格。整栋建筑大量运用白色混凝土，造型像科幻飞行器，线条流畅，个性突出。这座独立纳骨建筑可称作现代极简主义的典范（图 11-16-6、图 11-16-7）。

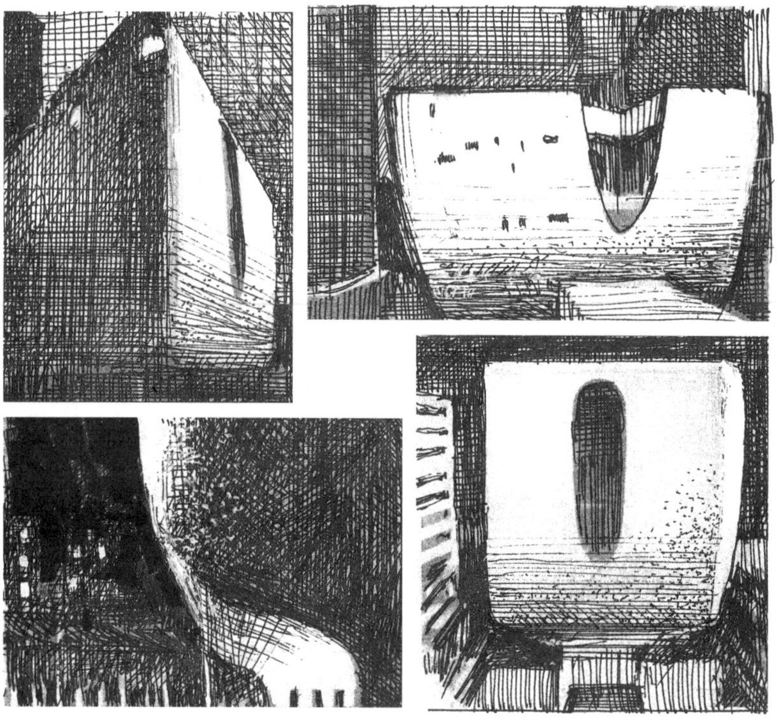

图 11-16-6　白莲华堂外观
来源：作者根据图片绘制

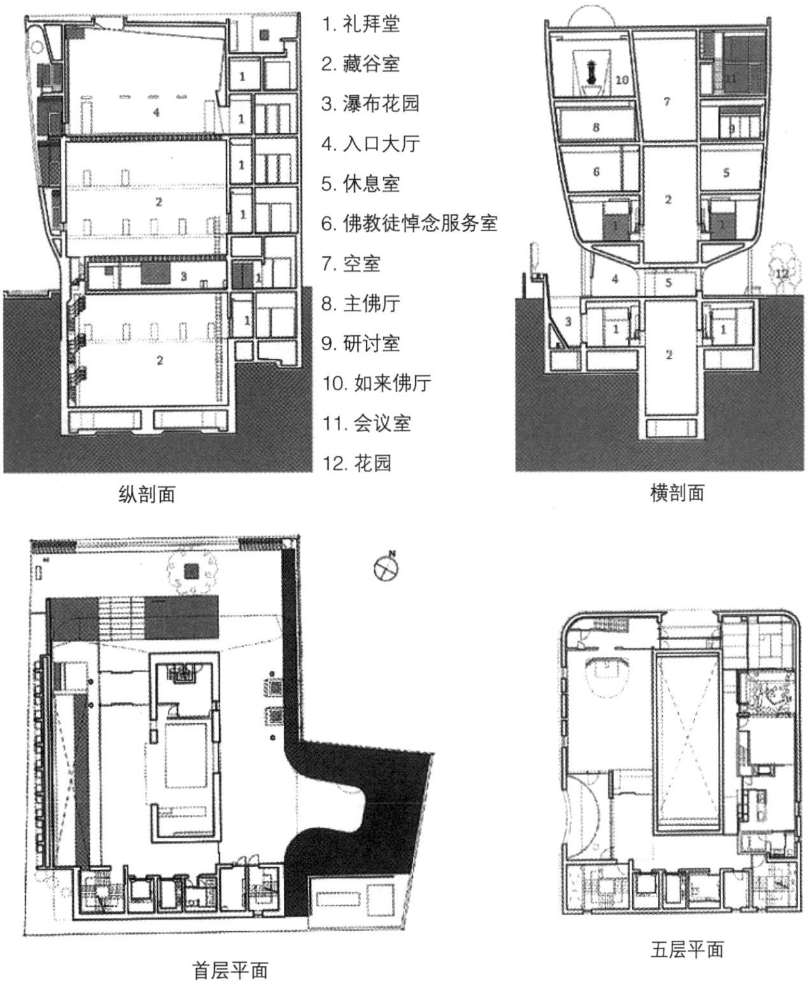

图 11-16-7　白莲华堂平剖面

来源：辛梦瑶 . 新宿琉璃光院白莲花堂，东京，日本 [J]. 世界建筑，2015（8）：85-87.

建于市中心的这座建筑，在目前城市用地日益紧缺的情况下，可以成为我国纳骨建筑发展的一个启发。

第十二章

新型葬式的展望

我国已逐步进入老龄化社会，其特点是出生率低，死亡率高。2022 年我国死亡人口大于出生人口达到 85 万，因此我国殡葬业承受的压力也将日趋严重（图 12–1）。

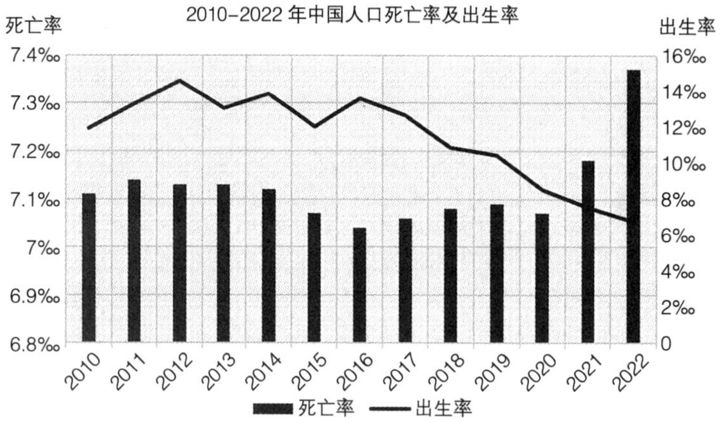

图 12–1　2010—2022 年中国人口死亡率及出生率
来源：作者根据国家统计局数据绘制

随着人们生死观念的变化、环保意识的增强、科技的进步以及土地资源的短缺，各国均在积极推行火葬，因此火化率逐年上升，日本的火化率已达 99.99%，美国则是 50%[1]，中国也在加速推行，2018 年已达 50%[2]（图 12–2）。我国江西省的火化率在短短五年内，从 20% 提高到 100%，堪称快速。近年来，世界各国又都在积极推行环保节地葬。美国 50 岁以上的老人有 21% 的人选择环保葬。[3] 随着死亡人口的不断增加，倒逼殡葬改革。

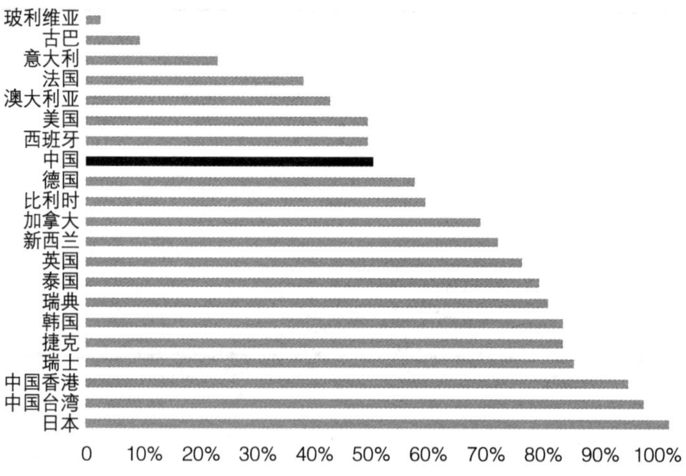

图 12–2　世界各国或地区火化率
来源：作者根据资料绘制，参考 2019 年火葬协会（the cremation society）提供国际火化率统计资料

1　美国殡葬协会主席克里斯汀在国际殡协 15 届会员大会上的演讲。
2　2019 年中国殡葬服务行业现状与发展趋势，行业市场规模逐年增长 [OL]. 华经情报网 .（2019–12–12）[2022–06–07].https：//baijiahao.baidu.com/s?id=1652698814768326344&wfr=spider&for=pc.
3　美国流行生态环保殡葬 [OL]. 中国日报网站环球在线 .（2008–02–28）[2022–06–07].http：//www.chinadaily.com.cn/hqbl/2008–02/28/content_6492730htm.

一、中国葬式节地化、微型化、绿色化的前瞻

（一）个体骨灰土葬

2018 年，政府倡导骨灰独立墓占地面积不得超过 0.5 平方米，合葬不超过 0.8 平方米。遗体土葬（含合葬）占地面积不超过 4 平方米，墓碑高度不超过地面 0.8 米。[1] 微型化呼唤墓地革新，期盼新葬式出现。

新葬式将改变旧的设计思路。为适应骨灰墓地和格位的小型化，首先要通过骨灰的二次精磨，把骨灰量减少，容器因此随之缩小。如果把容器卧式改成筒形直式，也可进一步减少占地面积。墓基标示遗体所在位置，墓碑已能满足，故应尽量消隐墓基改作绿化。

体量缩小后的墓碑不得不跳出旧臼穴，从物质转向精神，从形象转向寓意（详见附录 C）。

国外平碑利用混凝土椁箱顶板的铜牌，上铭姓名和生卒日（图 12-1-1），铜牌氧化后颜色接近草地的颜色，草坪可用拖拉机割草，无须人工修剪。

图 12-1-1　美国面板卧碑工厂照片
来源：作者自摄

平碑附设活动花瓶，祭扫结束，花束清除后花瓶倒插入碑，恢复碑面的平整，既方便扫墓也方便割草。中国目前适用不带活动花瓶的平碑，可设计与地面基本持平的翻盖瓶口，既能插花又防丢失，但要有清除积土的措施。

国内有创新卧碑设计，椁箱顶面的铜牌做各种处理，有的翻盖后显露逝者照片和姓名，既保护隐私又防浸融（图 12-1-2、图 12-1-3）。各箱碑打开后竖立小型花瓶和“供台”，丧属可行传统祭拜。[2]

1　中华人民共和国民政部《殡葬管理条例（修订草案征求意见稿）》[OL]. 中华人民共和国民政部门户网站.（2018-09-07）[2021-12-07]. http：//www.mca.gov.cn/article/xw/tzgg/201809/20180900011009.shtml.

2　杨艺公司设计。

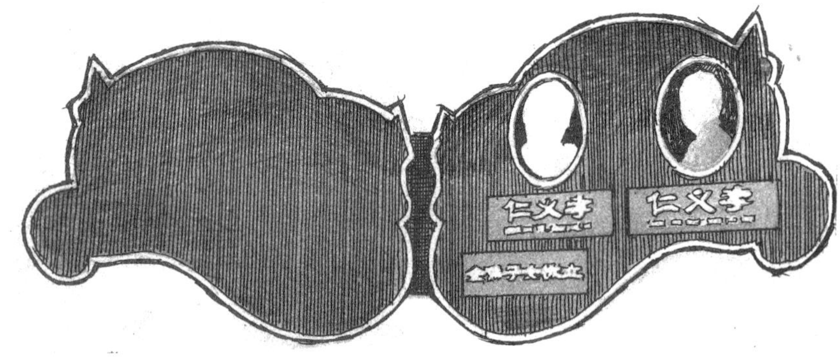

图 12-1-2　草坪卧碑翻盖
来源：作者根据图片绘制

图 12-1-3　箱碑
来源：作者根据图片绘制

（二）集群化骨灰葬

墓地密集事实上已经集群化了，但因缺乏规划、墓地大小和入葬时间的不同，墓地显得纷繁杂乱。工业化时代强调秩序，追求规律。台湾地区出现标准化装配式施工的墓区，不仅品质好，而且节省丧属的时间、精力和费用，墓可以很快“就位”。这种集群化墓的处理方式能产生整体美。丧属来到集体墓碑阵中祭拜时，感到平等，没有孤独感。墓碑设计也可以兼顾传统。达到一定规模时会取得比传统墓地更好的整体环境效果（图 12-1-4、图 12-1-5）。

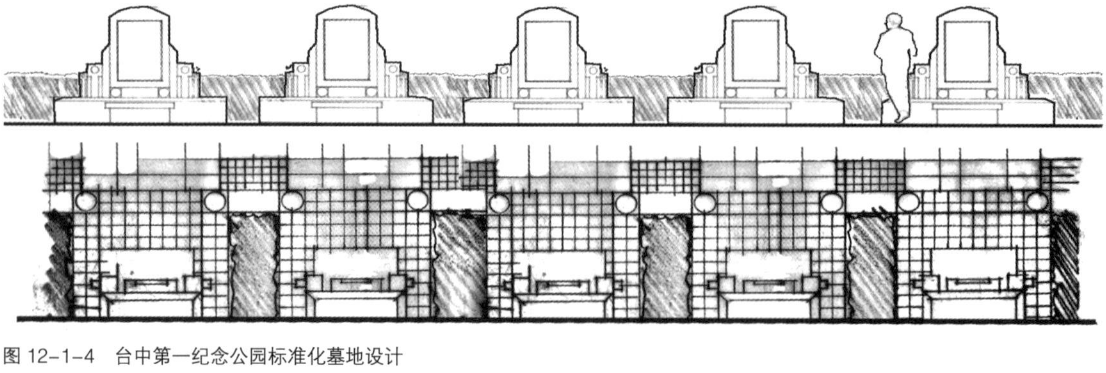

图 12-1-4　台中第一纪念公园标准化墓地设计
来源：作者设计及绘制

图 12-1-5　集群化骨灰葬
来源：作者根据图片绘制

另一种集群化是军人墓园，突出的是整体性和纪律性。

集体婚礼节省精力、时间和费用。葬礼何尝不可？婚礼和葬礼的不同在于可以同日婚但无法同日死，先逝者骨灰暂存，待配偶逝世后再择时择地合葬。家庭、家族、社区、公司、同乡、同学、志同道合者均可选择集体葬。只要配套好、环境好、祭祀条件好，仪式感强，放宽集体碑的尺寸限制，集体葬将会被民众所接受。

西方墓园常为英雄群体或事故遇难者立碑，实行集体骨灰葬（图 12-1-6）。

图 12-1-6　集群化骨灰葬（一）
来源：作者根据图片绘制

日本永代供养墓是集群化墓地的另一种。墓地采用白色大理石顶面斜削的圆柱体，围成一圈的圆柱体碑形成一个团结圈，淡化个体突出群体。目前不断增加的独身者和没有孩子的家庭，考虑到无后人扫墓，逝后愿葬在这种“大家庭”里互相拥抱。白色大理石圆柱的排列，个体简单、群体丰富，团结共葬。该设计获得日本 2017 年优良设计大奖（Good Design Award）（图 12–1–7）。

图 12–1–7　集群化骨灰葬（二）
来源：作者根据图片绘制

日式直筒合葬也适合集体葬。直径 18 厘米、高 25 厘米，由降解材料制成的细长筒形罐，埋入预先制成的塑胶栅格内，每格垂直叠放 3 ~ 4 罐，可以在 0.5 平方米的穴位上放置 36 个以上的直筒罐，平均每个骨灰罐占地仅 0.013 ~ 0.039 平方米。格位顶端可种植鲜花或放置随季节更替的花盆，保证墓地全年鲜花盛开（图 12–1–8）。

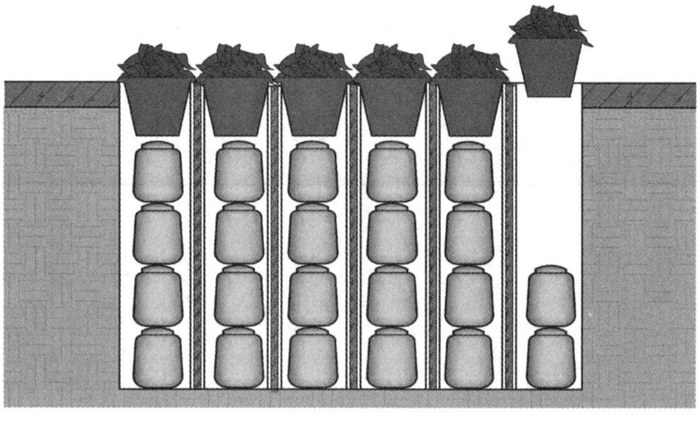

图 12–1–8　日本直式骨灰罐
来源：作者根据图片绘制

上海息园为军烈属、五保户、失独人员等低收入群体设立集体骨灰葬，17 平方米可放 520 个夫妻骨灰罐，平均每罐占地 0.025 平方米，若改为深罐穴，可以容纳更多的骨灰罐。也有墓园将小型骨灰罐做成筒状，供家庭集体葬，配合绿化形成景观（图 12–1–9、图 12–1–10）。

推行集体葬的关键是环境好、艺术性强、手续简便、设计新颖、费用合理、祭拜方便，遗属自会选择。

图 12-1-9　筒状骨灰墓体
来源：作者根据图片绘制

图 12-1-10　筒形骨灰葬
来源：作者根据图片绘制

（三）轮葬制的建立

火化率提高后，骨灰处理成了殡葬业的核心问题。葬式不仅是物理处置，还有文化和感情的介入，因此许多新葬式因与中国传统的殡葬观不合，一时难以推广。

虽然生态节地葬得到一定程度的推广，土地仍然不堪重负，因此必须严格实行轮葬制。许多国家和地区有墓地使用年限的规定，例如新加坡为 15 年，我国台湾地区为 7 年。欧洲也有类似规定。期满后家属必须开墓取骸，实行二次葬。未腐时可撒烈酒覆土，腐尽再行捡骨，或将骨骸按坐姿纳入瓮，继续保存。

任何葬式都应有使用年限的限制。国人讲究“五服”[1]，过了五代可以不上坟，轮葬制因此符合我国传统。古代是自然风化平坟复原，现代是到期公告，无人认领可自行处置。轮葬制使土地“进出”平衡，实现可持续发展。

（四）上天、入地、进洞

1. 上天

即提高楼层向天空要地，提高容积率并不能解决占用土地的问题。2016 年东京举行“垂直墓建筑概念设计竞赛”，探讨向天空索地的可能，吸引了全球建筑师的关注。提出了 460 个方

1　五服，古代以亲疏为差等的五种丧服，后指五辈人，五代之内为亲戚，五代之后淡出亲缘关系。

案，第一名为国人所得[1]，方案完全打破传统概念。设计的基本思路是将骨灰盒放在直径 2 米的气球核心位置，地面用光纤控制气球，在空中轻盈升降，有人来祭奠时静止，无人祭奠时慢慢上升，多年无人祭奠时，气球就在高空放飞，任其漂浮消失。祭扫空间设在地下，地下每层的中心位置均设圆形水池，人们围绕水池进行悼念，光纤同时把室外阳光引入室内。目前它的实操性不足，但深具启发性，说明在土地紧缺的今天，向天空发展有多么重要（图 12–1–11、图 12–1–12）。

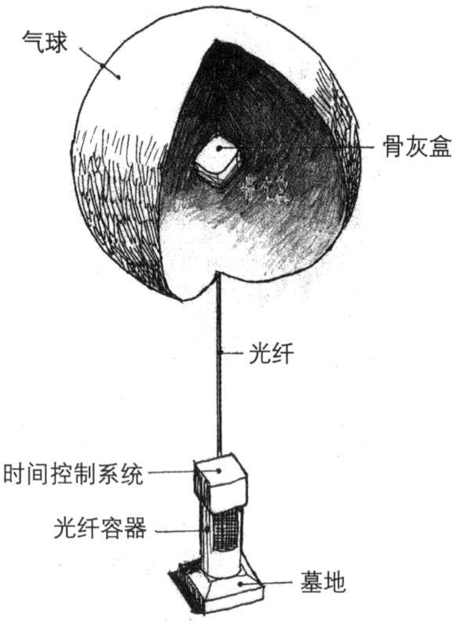

图 12–1–11　垂直墓建筑概念设计获奖方案
来源：作者根据图片绘制

图 12–1–12　向天空要地，台湾茄定基督教骨灰楼设计（1994 年）
来源：作者设计及绘制

2. 入地

覆土建筑既生态节能又彰显个性，古代的地下墓室在国内随处可见。

1999 年建成的西班牙里昂（Leon）市政殡葬项目，由 Jordi Badia/Josep Val 设计，建在新住宅区的边缘。为了睦邻，地面不留任何痕迹，主体建筑全部入地，地面只有一个 3 公顷多的景观湖和几个混凝土手指状天窗，点缀在水面上，受到居民和遗属双方的肯定，目前已成为当地的一个观光点（图 12–1–13）。

另一种做法是地下墓室与公园结合，地下墓室的地上入口构筑物其艺术性和趣味性必然为公园添彩。公园的地下建筑适合小型分散，不宜过大。

1　获得冠军的是重庆大学城市科技学院建筑系 409 工作室团队。

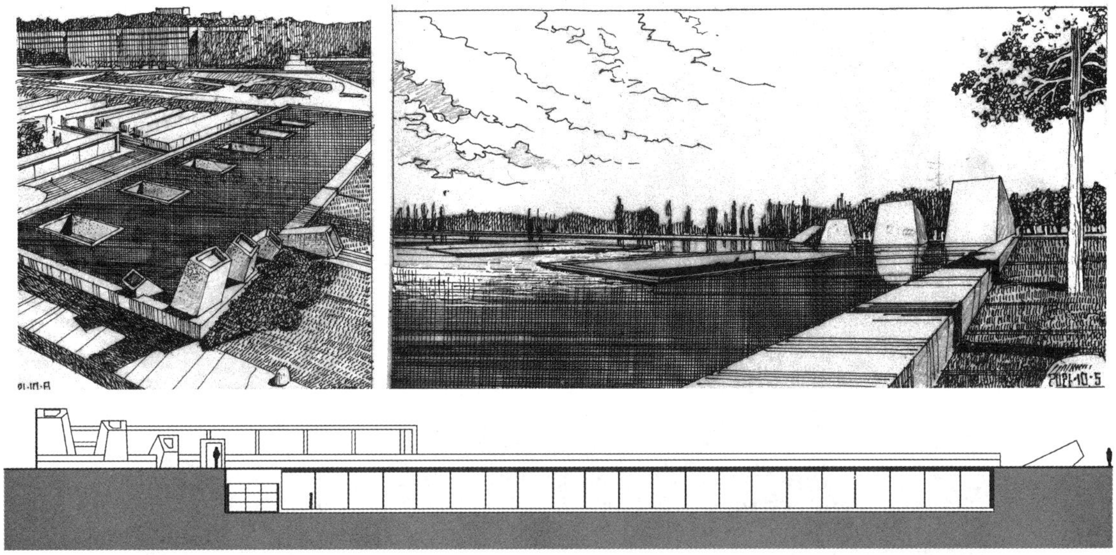

图 12-1-13　西班牙里昂市的水下墓地
来源：作者根据图片绘制

3. 进洞

我国山地面积占全国总面积的 2/3，有山必有洞。将骨灰馆葬的内容全部置于天然或人工山洞内，或置于废弃的矿井隧道中，称为洞葬。洞葬具有天然属性，暴露面积小，温度波动小，隔热性能好，身居其中感觉独特。洞葬可以实现规模化管理，陵园开发的成本大大降低。

二、新型骨灰消融葬法

近年出现多种骨灰消融葬法，它是最环保的葬式。

俄国伟大作家列夫·托尔斯泰（Лев Николаевич Толстой）是这种葬法的先行者，他葬于一棵生前亲手种的大树下，没有十字架和墓基，也没有墓碑和墓志铭，连名字都找不到，却被称为“世上最美的坟墓”。

爱因斯坦留下遗嘱：“我死后，除护送遗体去火葬场的少数几位最亲近的朋友外，一概不要打扰。不要墓地，不立碑，不举行宗教仪式，也不举行任何官方仪式。骨灰撒在空中，和人类宇宙融为一体。切不可把我居住的梅塞街 112 号变成人们朝圣的纪念馆……”，他死后火化时只有最亲近的 12 个人参加，没有哀乐，没有花卉，只有遗嘱执行人念了歌德的词和席勒的诗来悼念他。

苹果公司创始人乔布斯逝世前也要求死后不举行丧礼、不筑墓、不立碑、不留痕迹，让自己消失在无形中。

恩格斯等人也都选择了海葬，让自己的遗体彻底消融。

越来越多的人选择消融葬。澳大利亚悉尼郊外有一个 10 公顷的消隐葬墓地公园——阿卡迪亚追思园（Acacia Remembrance Sanctuary），地面没有任何墓的痕迹，只能通过无线定位找到墓地。该设计获得 2016 年 WAN 建筑奖中未来项目的商业奖（参考附录 B）。

现代消融葬通过科学方式处理，让骨灰彻底消失，这将是死亡观念的一场彻底革命。除了前面所举的案例之外，尚有多种设想，列举如下。

（一）草坪消融葬

不同于一般草坪葬，它将遗体处理成一种无味的有机粉末，装入可降解的骨灰盒，一人一穴入草坪埋葬，数年后完全化为泥土。墓位可重复使用（图 12-2-1）。

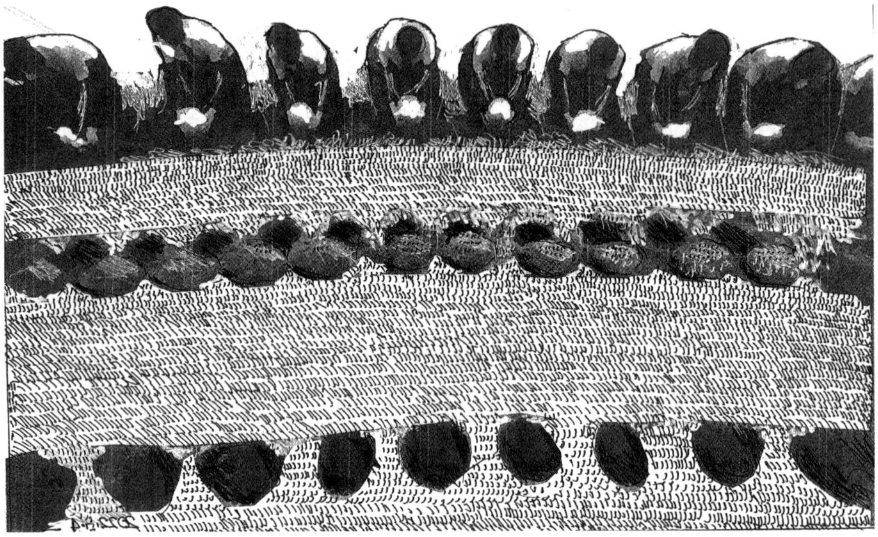

图 12-2-1　草坪消融葬
来源：作者根据图片绘制

（二）水焚葬

又称液体葬，它是欧美 20 多年前出现的一种葬式，遗体先进入混合氯氧化钾溶液的锅炉内，加热到 150℃的溶液将遗体完全溶解，2 ~ 3 个小时后，剩下的骨灰化作肥料，所产生的无害废水直接排入下水道。水焚比火焚减少 90% 的二氧化碳，节省 90% 的天然气和 60% 的电力（图 12-2-2）。

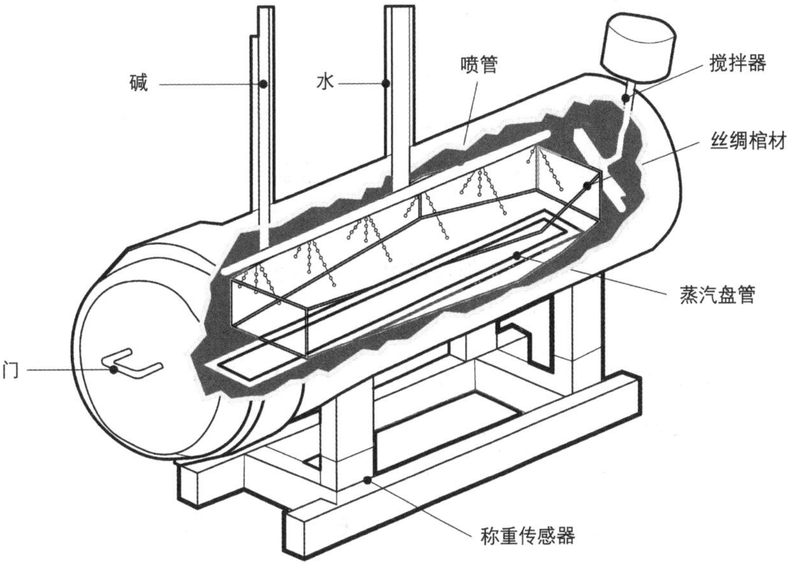

图 12-2-2　水焚葬设备
来源：作者根据图片绘制

（三）豆荚栽树葬

将逝者安葬在一个胶囊状可降解的“大豆荚”中，将这个“大豆荚”埋入地下，无线定位识别，上面种一棵树，地面不做任何标示。“豆荚”可加快遗体的降解，降解后成为树苗的养分，让逝者回归到最基础的生命循环中去（图 12-2-3）。

图 12-2-3　豆荚葬
来源：作者根据图片绘制

（四）珊瑚葬

珊瑚葬也称海底葬，或称海底礁球葬[1]，即把逝者的骨灰放入由防水水泥和钢材制成的中空有孔的人工礁球，由潜水员带入海底，安置在预定的位置，礁球上附有铜牌，上注逝者的姓名和生卒日，每个礁球重约 400 ~ 1500 公斤，大小不一，亲友们可在礁球上留下指纹和各种记号，随礁球沉入海底，它能抵御极端的海底强流，长期固定在海底，促进珊瑚和海洋生物在其中生长。[2]

珊瑚葬属于保育性殡葬，不仅可以减少遗体对人居环境的负面影响，还能重建海底礁石，促进海洋生物的生长，实现大自然的真正和谐。

2007 年开业的美国佛罗里达州“海王星纪念礁”（Neptune Memorial Reef）（图 12-2-4、图 12-2-5）设在占地 6 公顷、深 14 米的海底，可安置 12.5 万个骨灰位。海底有大量微型建筑和动物雕塑。因为是浅海，即使潜水初学者也能潜海入“园”。自营运以来，已成为潜水爱好者的向往之地。亲朋好友在纪念日潜水扫墓，海底墓园反而成为一个欢庆生命的场所。

图 12-2-4 珊瑚葬（一）
来源：Jim Hutslar 先生提供

图 12-2-5 珊瑚葬（二）
来源：Jim Hutslar 先生提供

迄今为止，全球已生产了 70 多万枚礁球，遍布 70 多个国家。珊瑚葬成了真正的海葬。

（五）钻石葬

80 公斤体重逝者的骨灰可制成 0.5 克拉、直径半厘米的钻石。利用骨灰中的碳分子，在无氧环境下高温萃取碳元素，再在离心机中进行结构重组，转化成石墨。经过密封处理后的碳分子结合成钻原石，再经过切割打磨做成饰品。骨灰中的硼元素发出蓝色晶莹的闪烁光，人造钻石可供丧属永久保存（图 12-2-6）。

---

1 美国佛罗里达海星纪念礁海底墓园。
2 资料来自墓园官网，Miami，Florida Cremation Scattering | Neptune Memorial Cremation Reef（nmreef.com）.

图 12-2-6　骨灰晶石饰品
来源：作者根据图片绘制

图 12-2-7　烟花葬
来源：作者自摄

（六）宝石葬

又称晶石葬，首先将骨灰净化，去除杂质，再经过二次 800℃以上高温的熔融和高压，冷却后，凝缩为多个晶石状圆球，因微量元素不同而颜色各异，有的晶莹剔透如琥珀，有的多色交杂像雨花石，均可制成饰品，供丧属佩戴。这项技术被广泛认可，韩国有 10% 的逝者选择宝石葬。

（七）新式冰葬

遗体先在 −18℃的冰库中放置 11 天，取出后再放入 −196℃的液态氮中浸泡，脱水脆化后再用超声波将脆化的遗体震碎粉化，滤清杂质，除去不易被破碎的牙齿及金属后，再用真空干燥机除去水分，将剩下的骨灰放入可降解的骨灰盒后入葬，半年后全部分解为植物营养成分。这一高科技无害化的遗体处理方法不仅不会污染环境，而且骨灰能被大自然吸收。但葬式的成本较高。

（八）烟花葬

将骨灰混入烟花，在音乐声中射向天空绽放（图 12-2-7），亲友在璀璨的烟花中送逝者最后一程。因葬式浪漫，广受欢迎。美国许多知名人士逝世后都选择了烟花葬。过程中红、白、蓝、绿，烟花齐燃放近 10 分钟，象征永恒。

（九）骨灰太空葬

以太空为坟茔，将一小部分骨灰装入金属胶囊，放入太空舱发射升空，实现“升天”梦想，成为一颗闪亮的“恒星”。或者装入火箭发射至太空，当骨灰下坠时高速穿过大气层，摩擦起火，温度超过 1600° 时会发光，成为燃烧的流星。当一枚火箭装载无数先人的骨灰进行集体太空葬时，不仅环保，成本低，而且可以形成蔚为壮观的流星雨，供亲人们观赏和祝福。

另一种太空葬是用高空气球漂浮至同温层，将骨灰伴硝酸银颗粒撒播在冰冷的太空，在外界大气压力下，气球破裂，骨灰回归地球时熠熠闪光。也可伴随降雨，重回大地（图 12-2-8）。美国还有人耗费巨资将重数克的骨灰送往月球。

图 12-2-8 太空葬
来源：作者摹绘自英国 PSK 设计

（十）石墨葬

把燃烧过的骨灰制成石墨铅芯，供收藏留念。笔杆上标有烫金的逝者姓名及生卒日。也可用这种铅笔绘制逝者肖像留作纪念，或保留铅笔屑作为另一种待处理的纪念性“骨灰”（图 12-2-9）。

图 12-2-9　石墨葬
来源：作者根据图片绘制

（十一）绘画葬

利用特制的混合剂，将逝者骨灰与油画颜料混合，创作逝者肖像，供长期保存，让逝者与亲人永远美好相处（图 12-2-10）。

图 12-2-10　绘画葬
来源：作者根据图片绘制

（十二）溶解葬

又称加碱水解法，是一种处理遗体捐献者的专用设备。先将遗体放入装有碱液的钢筒内，然后密闭高压，加热到 300℃，高压之下遗体很快形成无污染的褐色浆液，再安全倒入下水道（图 12-2-11）。

图 12-2-11　溶解葬
来源：作者根据图片绘制

（十三）抛撒葬

丧属希望亲人天天开心，故将骨灰抛撒在逝者生前喜欢去的地方。充满欢乐的迪士尼乐园已成为抛撒葬的热门地点，屡禁不止，工作人员要经常清理。只要存在美好记忆的地方，都有可能成为抛撒葬的目标地。

（十四）有机降解葬

图 12-2-12 遗体正在进入消融设备
来源：作者根据图片绘制

遗体火化会被认为过于“暴力”，而土葬会污染地下水，既不环保又占用土地，于是开发出一种利用生物降解的方法，让遗体分解成植物肥料。美国西雅图遗体化解中心有一种方法，将遗体送入特制有机降解的容器内，30 天就能转化为干净的泥土重归自然，消耗的能源只有火葬的 1/8，真正实现了生命和大自然的循环（图 12-2-12）。还有利用聚乳酸生物塑料（PLA）作棺，设有特殊信息存器，提供微生物和二氧化碳让植物种子进行光合作用，降解后可使周围土壤变得更肥沃，促进种子萌芽。[1]

另一种有机降解葬是在追悼仪式结束后，将遗体包裹在透气的裹布中，放入一个由木屑、干草和苜蓿草组成的密闭容器内，温湿度控制器将自动循环换气，让细菌加速遗体分解，4 ~ 7 周分解结束后，每具遗体平均可产出 0.76 立方米的“堆肥”，遗体中的金属牙齿等交还给丧属。这一新葬法在美国受到广泛关注，正在有序地推动。[2]

（十五）骨灰栽树仪

另一种有机降解葬，先把骨灰放入由可降解材料制成、内含养分的土壤骨灰罐中，上部埋树种；再把此罐放入树苗孵化器，上面放一个可分析植物生长情况的传感器，显示土壤的温湿度、紫外线的辐射量等，每三周储一次灌溉用水，传感器检测树苗生长状况，人们可以完全掌控生长过程，使它健康生长。

植树仪可放在阳台或院子里，也可作为室内植栽，放在有阳光的室内，最终移植到花园土壤中去自然生长（图 12-2-13）。

1　葛千松，伊华，晏宜亮．现代殡葬业的跨界创新 [M]// 李伯森，肖成龙．中国殡葬事业发展报告（2014—2015）．北京：社会科学文献出版社，2015：401.
2　李有观．遗体变肥料：美国人的“城市居民死亡计划”[J]. 殡葬文化研究，2021（1）：91.

图 12-2-13　骨灰栽树仪
来源：作者摹绘自西班牙 Bios Incube 设计

（十六）水漂葬

骨灰盒造型像一个附有蜡烛的小船，放入水中，点亮蜡烛，风吹动“小船”飘向远方，最终分解于水中的骨灰盒和骨灰一起融于水中（图 12-2-14）。

（十七）风铃葬

把骨灰容器做成直径 8 厘米的风铃，上刻逝者姓名及生卒日，骨灰装在中空的铜管内，挂在纪念树上，铜管随风撞击圆形风铃，发出悦耳的声音，象征故人依旧健在（图 12-2-15）。

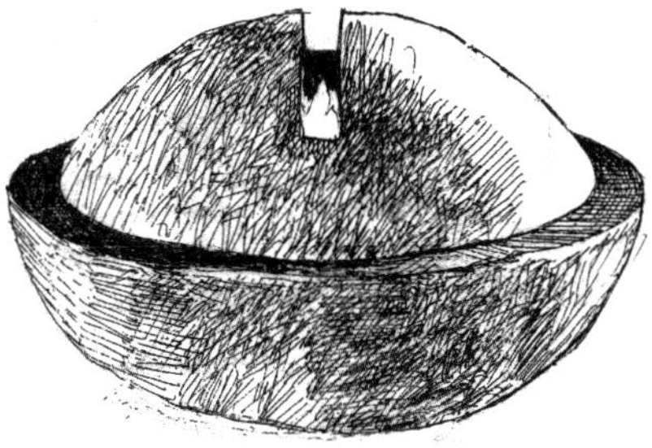

图 12-2-14　水漂葬骨灰载具
来源：作者摹绘自匈牙利 Agnes Hegedus 设计

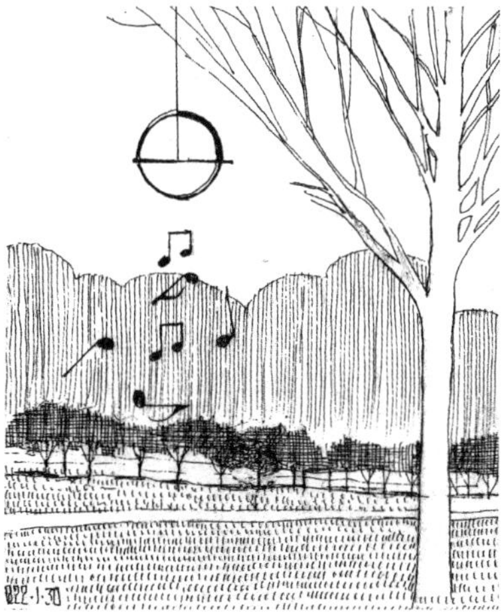

图 12-2-15　风铃葬
来源：作者摹绘自法国 Chen Jiasha 设计

（十八）浮动墓地葬

适用于土地紧缺的滨海城市，将静态墓园变成动态墓园，用海上浮动墓地取代传统地上墓地。在每年祭扫节日期间，停靠城市码头供祭扫，平时在海域漂浮，有个别需要的，可以小船接驳。

三、新式遗体葬法

（一）高层建筑遗体墓地

人类为了寻找墓地开始向天空发展，“天空墓地”在以色列、巴西、印度等国已出现（图 12-3-1）。

图 12-3-1 意大利建 35 层的垂直墓地方案，高达 100 米可容纳 6 万具遗体
来源：作者根据图片绘制

最早出现在巴西桑托斯（Santos）的“普世纪念公墓”（Memorial Necrópole Ecumênica），目前为 14 层，扩建后将达 32 层、高 110 米，内设 8000 个土葬墓基，成为世界上最高的土葬墓地。带有人工瀑布的屋顶空中花园植被茂盛。建筑空间宽敞，内设灵堂、墓室、地下墓穴、守灵室、火化间、小教堂、快餐店、车辆博物馆等。空气新鲜、设备齐全。墓的规格大小、豪华程度不一，层数高的墓地因接近天堂而昂贵。经营采用租赁式，期满续约或迁出。这座高层墓地建成后大受欢迎，甚至成了当地的观光资源（图 12-3-2）。

图 12-3-2 垂直墓地
来源：作者根据图片绘制

（二）其他节地遗体土葬

沿等高线横葬、洞葬、森林葬、深埋葬。还有一种自古即有的竖葬，即“头朝天，脚站地”“竖而埋之”，是亡灵升天的葬法。福建泉州一带少数民族、东南亚地区素有竖葬习俗，既满足土葬要求，又节约土地（详见第四章第三节）。

2016年法国设计出一款新型竖葬，将遗体放入由可降解材料制成的棺木中，垂直埋入土内，降解为肥料，促使上面的树苗迅速发芽成长。预埋的发电系统利用绿栽和水分发电，供墓地上的LED灯发光（图12-3-3）。[1]

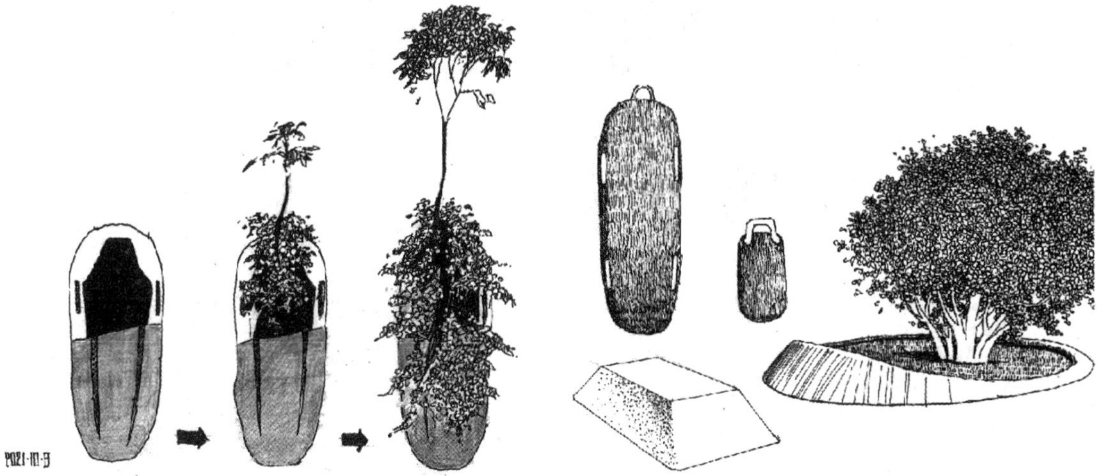

图12-3-3　新型科技竖葬
来源：作者根据法国Enzo Pascual与Pierre Rivere设计资料绘制

所有这些新式的节地遗体土葬法都是为了满足民众土葬要求的一种艰难过渡，随着生死观念的改变，这种新土葬法终将式微。

上述许多消融葬，有些是源自处理亡畜的方法，对于以“死者为大”的中国，恐因有违传统伦理而一时难以接受。但至少可以开启国人的思路，在科技扶持下，寻找符合国情的新葬式。

四、墓园与郊野公园结合

墓园与郊野公园结合，将殡葬设施融入景观，减少墓穴的存在感，模糊墓园和公园的界限，是一种创新，也是我国建设资源节约型社会的必由之路。这种融合可以提高土地和景观资源的有效利用。郊野公园设立的初衷是为市民提供另一种休憩和聚会的场所，一般位于城市交通可达的郊区。郊野公园的游人目前不多，两者结合后可以提高土地的使用率，增加亲友祭扫的意愿。

公园的景观环境除了能发挥抚慰作用外，还肩负着美化城市、休憩观赏、生态建设、远足

1　Design for Death ｜我们将怎么死去？ [OL]. 搜狐网 .（2016-08-29）[2022-06-07].https://www.sohu.com/a/112552018_414308.

郊游、运动健身、科普教育等社会功能。墓地在郊野公园中应是“配角”，只占很少一部分土地，占比应合理，规划时应服从景观。草坪葬、树葬、花坛葬、水景葬以及小品葬等生态葬式和地下葬的混合使用，不仅可以疏解城市殡葬用地的不足，也可以缓解祭扫高峰时人流过分集中的困扰。

郊野公园的殡葬设施收入应用于郊野公园的维护、提升软硬件设施和管理，墓园与郊野公园的结合是我国殡葬改革的一个重要选项（图 12-4-1）。

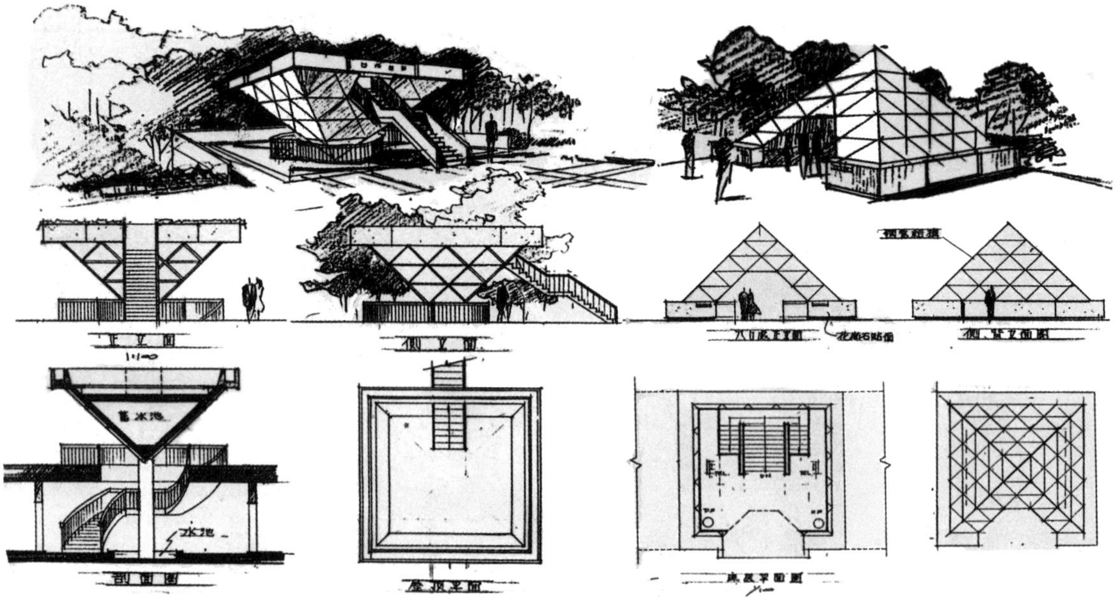

图 12-4-1　郊野公园小型地下纳骨堂地面入口设计方案草图手稿
来源：作者设计及绘制

以南京为例，郊野公园共有 16 处，未来增设还未计在内。按每个公园划出 2 ~ 3 公顷土地作生态葬，全市就可以新增约 40 公顷殡葬用地，可以创造出约 62 万个墓穴和约 40 万个可重复使用的降解墓穴。南京目前每年死亡人口逾 4 万人，墓园与郊野公园结合可以解决南京未来 20 年的墓地需求。[1]

五、基因技术对未来葬式的影响

（一）基因技术的概念

科学技术的发展远快于人们的期待，精神文明的进步跟不上物质文明发展的脚步，基因技术就是其中之一。任何创新都应受到鼓励，创新不应拘泥于旧观念和旧习俗，应随科学技术的进步不断推陈出新。遗体土葬演变到大规模火化经历了约 100 年，火化能促使人们殡葬观念

1　资料由东南大学钱锋教授提供。

的改变。

生态节地葬的缺点是缺少祭奠敬祖的仪式感。把“慎终追远，民德归厚”的传统文化淡化了，基因技术能够提供弥补缺陷的机会。

基因检测技术带来一种新葬式。骨灰是多种无机物的混合，不同逝者无机物的含量基本相同，故不具备生物特性，而基因能体现生物特性，基因检测技术的发展使我们有可能颠覆骨灰保留的习惯。

人体拥有千变万化的 23 对染色体，组成每个人的不同基因，控制着生物个性和表现，通过基因复制，可以保存人体的基本特征，基因突变导致疾病，绝大部分疾病都可以从基因中找到原因。根据个人的基因测序报告可以了解和认识自己的健康风险和体质特征，预测未来的身体变化，使我们能够防患于未然，活得更健康。个人基因组的测序成本随着人工智能的介入，将大幅降低。

（二）基因技术与墓园的关系

火葬取代土葬是一大进步，但它仍需要一系列配套措施。生态节地葬的推广目前步履维艰，尚未被社会广泛接受，因为这些新葬式某种程度上缺乏人性关怀和仪式感。

我们可以通过有形保留逝者部分生物片段来保留个人的基因密码，把保留“死”的骨灰变为“活”的基因，从而保留了逝者的活性。因为测序后的资料已存入基因库，物质的载体仅是一种象征。

利用各种材质制成的艺术品，作为每个人的基因载体加以封存。先人的基因图谱已测定并存入基因库。专业人员可以利用它为家庭、家族甚至整个民族的大健康服务。基因库保存的数据将成为我国重要的战略资源，全民基因库的建立是一项庞大的系统工程，需要政府和全社会的支持。

（三）基因舍利的推广对墓园设计的影响

基因舍利的推广将彻底改变殡葬习俗，弥补新葬式无物质遗存的缺憾。墓园的规模和管理模式也将随之巨变。

首先，基因舍利取代遗体和骨灰后，墓地规模将急剧缩小，墓地使用年限到期后，对残骸进行基因检测，制成舍利保存，墓地恢复绿地。随着墓地面积的减少，绿化面积不断增加，墓园的空间形态将发生巨大的变化。

其次，舍利艺术品虽然可以收藏，但出于安全和供奉的责任，应寄存到墓园，在安全和祭悼的同时供人欣赏。

艺术品载体可由各种材料制成，可大可小，可金可银，可标准化也可个性化。客户生前根据自己的喜好预先制成。墓园中取代纳骨建筑的舍利陈列馆，将为人们开启一个崭新的艺术门类。

墓园的经营模式也发生了根本变化，从墓地和骨灰格架的管理模式转变为综合基因服务模式。若干年后，墓园除了丧仪服务外，不再有骨灰存放和遗体入葬的服务，与之配套的一切设施和服务也将随之消失，同时将出现一些新的服务部门：

（1）基因服务部门——负责客户生前或死后的基因提取、测序、研究，与遗传学、病理学、医疗保健、人类伦理学方面的专家配合，为顾客长寿、子孙健康、家族兴旺服务。

（2）基因库的管理部门——与政府配合，进行基因资料的安全、监管、整理和利用。

（3）基因舍利的艺术创作部门——有标准化艺术品制作，也有个体艺术工作室，为艺术家提供广阔的创作空间；为殡葬市场提供一个崭新的产业，墓园起到了整合作用。

出于安全考虑，未来的基因检测应受到政府监管，建立国民基因数据库，基因舍利仅是基因检测的应用之一。

保留基因在一定程度上可以缓解生者对死亡的恐惧，死亡并没有让个体消失，他们的灵魂通过基因活性永留人间。

遗体和骨灰没有生命，不承载信息，而基因舍利是信息的载体，是有生命的。基因是“本”，遗体是“表”。向先人活性基因舍利祭拜时要比向冰冷的墓碑祭拜更有意义。人们一旦有了更好的情感表达媒介，就不会在意遗体消失与否。

附录 A

国内墓园方案与实例赏析

好墓园不在于规模和豪华，在于它具有精神内涵的深度和文化影响的广度。好墓地应该能启迪人们的思想，起到教化人心的作用。

一、国内墓园的特点

中国的遗存墓园，都具有宗教、哲学、艺术和民俗文化的内容，规模一般较大，风格随地域而异。遵循“事死如事生”（《中庸》）的观念，墓地常伴有大量殉葬品，后人可以从中查证逝者的身份，了解当时的社会制度、道德观念和审美取向。因此中国传统墓园具有文物价值和厚重的历史感。

西方墓园没有殉葬，只有从 15 世纪开始出现的十字架相伴，给考证增加难度，但西方墓园更强调环境和雕塑艺术，给后人带来美好的环境、丰富的视觉享受和不同的文化体验。

现代中国墓园的创作，除了继续保持传统精神外，同时还日益受到西方园林化和艺术化的影响。科技发展和土地紧缺使墓园设计逐步走向生态化和节地化，为城市提供更加优质的殡葬服务。

二、国内实例

（一）孙中山（1866.11.12—1925.3.12）陵墓

1925 年 3 月 12 日孙中山先生逝世，根据“吾死之后，可葬于南京紫金山麓，因南京为临时政府所在地，所以不忘辛亥革命也”之遗愿，葬于南京紫金山。

从 40 多份方案中选用建筑师吕彦直的方案，他被选为监工，惜工程未结束，他积劳成疾，英年早逝了。

中山陵位于南京紫金山，背靠中茅山，陵园建在南面缓坡上，占地 3000 公顷，呈警钟形，寓意唤起民众。按传统设牌坊和碑亭，但革除了神道和石象生。南端以博爱坊为起点，博爱坊四楹三开间，门楣为孙中山手书“博爱”鎏金大字。缓长的墓道，由南向北延伸至陵门和碑亭。从碑亭开始，通过象征三亿九千二百万同胞的 392 阶台阶向祭堂登高，台阶垂直落差 73 米，中间设 8 个平台，象征三民主义和五权宪法（图 A-2-1 ~图 A-2-4）。

图 A-2-1　中山陵登高墓道
来源：作者根据许昊皓摄于2017 年的照片绘制

图 A-2-2　中山陵中轴全景
来源：作者根据中山陵管理局提供资料绘制

图 A-2-3　中山陵露天纪念音乐台鸟瞰
来源：作者根据资料绘制。黎志涛 . 杨廷宝全集 · 一 · 建筑卷 [M]. 北京：中国建筑工业出版社，2021：192-193.

陵门是正门，花岗石砌单檐歇山无梁殿，正门上方刻孙中山先生手书“天下为公”四字。陵门面阔五间，前设集会广场，两侧有休息室和警卫室。重檐歇山顶的碑亭设在陵门后第二层平台上，亭内设谭延闿手书碑文 9 米高之花岗石墓碑。自博爱坊至陵门的墓道全长 440 米，有三条平行路，中间宽 12 米，两旁各宽 4.2 米。路间种桧柏。

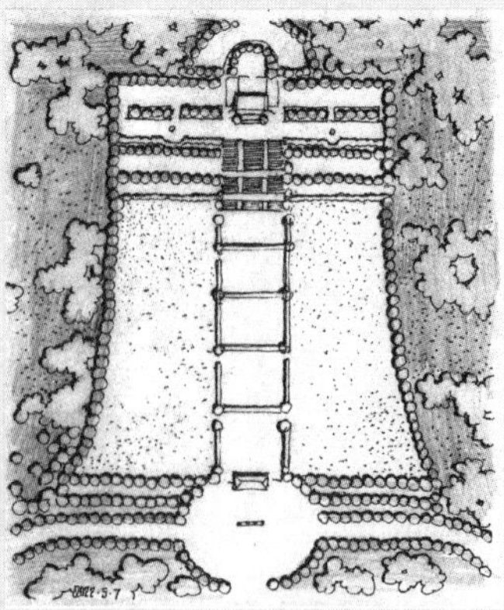

图 A-2-4　中山陵方案钟形总平面
来源：作者根据资料绘制。殷力欣. 建筑师吕彦直集传 [M]. 北京：中国建筑工业出版社，2019：145.

祭堂坐北朝南，长 28 米、宽 22.5 米、高 26 米，造型简洁肃穆，采用传统建筑青色琉璃瓦重檐顶，是陵园中体量最大的主体建筑。正中手书“天地正气”，两旁是一对 12.6 米高的华表。

祭堂内设孙中山先生 4.6 米高的汉白玉坐像，形态安详（图 A-2-5），四壁刻《建国大纲》《总理遗嘱》。白色大理石地面，顶部马赛克镶嵌国民党党徽。坐像背后有门，通往墓室。

墓室平面为直径 18 米的圆形大厅，高 11 米。墓室正中有深 1.6 米、内径 4.3 米的下沉式圆形墓位。原设计供奉遗体，后因防腐不及，以大理石平卧像取代，供人瞻仰。遗体葬于其地下。

整个陵墓均用青色琉璃瓦、花岗石墙面。青色符合当时国旗颜色，含有“天下为公”之意。整个陵园设计简洁宏伟，松柏环绕，绿树成荫，气势雄伟。陵园的强大气场，使谒陵者心生崇敬。

陵园周边还有国民革命军阵亡将士墓、航空烈士墓、音乐台、流徽榭、藏经楼、孙中山纪念馆、中山书院、仰止亭、美龄宫等建筑，形成一个大而完整的纪念园区。中山陵是一个非常成功的大型墓园案例。

图 A-2-5　祭堂内孙中山大理石坐像
来源：作者根据图片绘制

（二）鲁迅（1881.9.25—1936.10.19）墓园

20 世纪的中国文坛，鲁迅是弃医从文奋笔疾书，是一位敢于向恶势力宣战的文学巨匠。他的名言“真的猛士，敢于直面惨淡的人生，敢于正视淋漓的鲜血”，鼓舞了一代知识分子。1936 年 10 月 19 日，鲁迅病逝于上海，万人高唱挽歌为他送行。鲁迅初葬万国公墓，1956 年迁入虹口公园。鲁迅墓由陈植建筑师设计，开工三个月后开放供市民凭吊，同时建造了鲁迅博物馆。

鲁迅墓平面呈长方形，坐北朝南，位于公园西北隅，周围被松柏、香樟、广玉兰等鲁迅生前喜爱的花木环抱。面积1600平方米，分为三层平台，第一层与道路连成小广场，第二层是长方形绿地，种满向日葵、黄杨。绿地偏后有铜铸鲁迅坐像，花岗石基座上缀鲁迅生前设计的云彩浮雕和生卒日。

图 A-2-6 鲁迅墓（一）
来源：作者根据图片绘制

整个设计庄严肃穆，简朴苍翠，高1.71米的鲁迅铜像坐在藤椅上，左手执书，右手搁在扶手上，目光慈祥、坚毅、刚强，体现了鲁迅“横眉冷对千夫指，俯首甘为孺子牛”的性格（图A-2-6、图A-2-7）。

拾级而上，到达可容500人谒墓的第三层平台，平台东西两侧各有一棵鲁迅夫人及独子种下的松柏，平台左右为石栏花廊，墓栏内地下葬鲁迅棺椁。墓基由花岗石铺筑，后面为高5.38米、宽10.2米的花岗石照壁，上书“鲁迅先生之墓”鎏金字。整个墓园设计简朴大方。

图 A-2-7 鲁迅墓（二）
来源：作者根据图片绘制

（三）詹天佑（1861—1919）墓园

詹天佑是我国第一代“海归”工程师，被誉为“中国近代工程之父”，主持修建了我国自主设计的第一条铁路——京张铁路。詹天佑逝世后迁坟至古长城下他曾经工作过的青龙桥火车站旁（图 A-2-8）。纪念园区由亭、像、墓三部分组成。

图 A-2-8　青龙桥火车站
来源：作者根据图片绘制

碑亭内立北洋政府总统徐世昌撰写之石碑，记载詹天佑对国家之贡献。古朴的外墙为青灰色砖砌，顶部有长城箭垛状装饰，造型保留了浓厚的民国气质，与百年火车站风格统一。

铜铸塑像，基座坐北朝南，下书“詹天佑之像”，上立全身着西装之雕像，姿态潇洒（图 A-2-9）。

图 A-2-9　墓地雕像与碑亭
来源：作者根据图片绘制

塑像背后为墓地，一反常例，不立墓碑，利用基座厚重的正面阴刻简单碑文。墓基坐落在花岗石托盘上，底部缩进，使坚实方正的墓基“飘浮”地面，极具现代感。墓基顶面设一象征性的小圆冢，以示中华文化传承。墓后为花岗石镶边的黑色大理石横碑，视如拓片，上书 500 余字的墓志铭，详细介绍逝者生平。墓志铭镶边石料与墓基石料统一（图 A-2-10）。

图 A-2-10　詹天佑墓地
来源：作者根据图片绘制

（四）上海万国公墓与宋园

万国公墓是 1909 年筹备，五年后建成开放的民营西式墓园，占地 3.73 公顷，取名“薤露园万国公墓”。1934 年，民国政府接办并扩大至 8.2 公顷。墓园采用西方田园式规划，有水池、树木、大草坪、花卉、马路、步道，整体干净整洁。并有纪念堂、追思堂、休息厅等配套设施，有专门的管理和维护人员。

万国公墓当时是上海著名的高档墓园，吸引了大批达官显要、富商巨贾以及知名外籍人士来入葬，形成中国人与外国人两个葬区。宋庆龄的双亲宋耀如夫妇逝世后也入葬于此（图 A-2-11），随后宋氏家族又有 20 多人随葬，遂形成宋氏墓区。

图 A-2-11　宋庆龄墓
来源：作者根据图片绘制

抗战时墓园遭毁，中华人民共和国成立后收归国有，“文革”时再遭毁灭性破坏，花木、建筑无一幸存。浩劫之后逐步恢复，在原有基础上扩大至 10.13 公顷。

1981 年宋庆龄逝世，根据她生前的遗愿，遵照“子随父葬、祖辈衍继”的传统，随父母入葬万国公墓。1984 年，在父母合葬墓的东侧建了宋庆龄墓；又根据她生前决定，在父母墓西侧对称的位置安葬了从 16 岁起陪伴她、为她服务了 53 年的保姆李燕娥，两人的墓造型类似，可见宋待人之厚。从 1984 年起，宋氏墓区从万国公墓划离，独自成立宋庆龄墓园，以墓为中心建了甬道、纪念碑、纪念广场、宋庆龄雕像、墓地、陈列室等。

宋庆龄青石墓碑长 1.2 米、宽 0.6 米，上刻姓名、称谓和生卒日，极其简朴。墓旁种植逝者生前喜爱的丁香、玉兰、紫薇、杜鹃，环境幽美、林木葱茏，绿化率超过 70%。

纪念碑为黑色花岗石，上刻邓小平题“爱国主义、民族主义、国际主义、共产主义的伟大战士宋庆龄同志永垂不朽”，碑后是逝者的生平简介。墓南端为占地 2880 平方米的纪念广场，简洁庄严；尽端为高 2.52 米的逝者的汉白玉雕像，坐落在高 1.1 米的基座上，仪态端庄，没有任何多余的饰配件，在高大的松柏环境下，洁白雕像和深色树丛形成色度上的强烈对比（图 A-2-12）。

图 A-2-12　宋庆龄纪念广场
来源：作者根据图片绘制

（五）梅贻琦（1889.12.29—1962.5.19）墓园

梅贻琦先生先后在清华大学和台湾地区“清华大学”任校长历时 20 余年，对教授礼贤下士，对员工平等相待，对学生严格要求，对学校鞠躬尽瘁。他生前的至理名言是“所谓大学者，非有大楼之谓也，有大师之谓也”。经过他的努力，清华大学成为中国最著名的大学。

在他奔走之下，台湾“清华大学”于 1955 年在新竹成立，他亲任校长直到 1962 年逝世，为台湾培养了 5 万多名英才，被誉为两岸清华的“终身校长”，为两岸校友共同敬重。他为两岸清华的发展献出了毕生精力，死时一无所有，仅在床下遗一皮箱，内装清华历年庚款使用账簿及余额，分文不差，在场者无不动容。

他逝世后，学校在新竹校区内为他建墓园——梅园。基地倚山面水，居高临下，俯视全校，远眺大陆，象征身后仍在呵护着两岸清华。校园建墓寓意他与清华为一体。梅园种杏梅 287 株、梅花 241 株，让先生长眠于梅海之中。

墓的设计人是早年“清华”学子张昌华建筑师。墓如其人，无饰无华，极其简朴。水泥墓基凸起地面，背面仅一堵粉墙，除了生卒日外就是“勋昭作育”四字，概括他博爱、勤奋、克己的一生。

梅贻琦逝世后，治丧委员会公告校友，悼念校长不送花圈，可送松柏树苗。多年之后，梅园松柏成林，成了一个简朴、令人肃然起敬的地方（图 A-2-13）。“云山苍苍，江水泱泱，先生之风，山高水长。”

图 A-2-13　梅贻琦遗像（左）；简朴的梅贻琦墓园（右）
来源：作者敬绘

（六）邓丽君（1953.1.29—1995.5.8）墓园

1995 年，一代歌后邓丽君猝死泰国清迈，葬于台湾金宝山墓园。

墓地 500 平方米，靠山面海，坐西朝东，位于袋形道路的尽端，道路正好成为墓地的前沿广场。凭吊者需走过 85 米长的广场后，来到尽端墓前。

邓丽君有柔美的歌声和甜美的形象。世间最美是大自然，墓的设计力求把她的美回归自然，逝后化作美景一片是对她一生最好的诠释和纪念。墓后是茂密的山林，墓地被山林拥抱，让逝者安卧在大自然怀抱之中。墓的西北面是已开发了的山坡墓地，松柏环绕。南面是青翠欲滴的竹林，竹林以东立了一排园松，将后面的洼地隔开，使墓地形成一个半封闭的空间。墓地顺应地形，墓基与马路轴线形成 26° 夹角，偏于一隅。这不仅摆脱了传统墓地的呆板，也使绿色草地集中形成一个 140 平方米的草坪（图 A-2-14）。草坪前端在 80 厘米高的座基上再现唱歌风采的邓丽君雕像（图 A-2-15）。

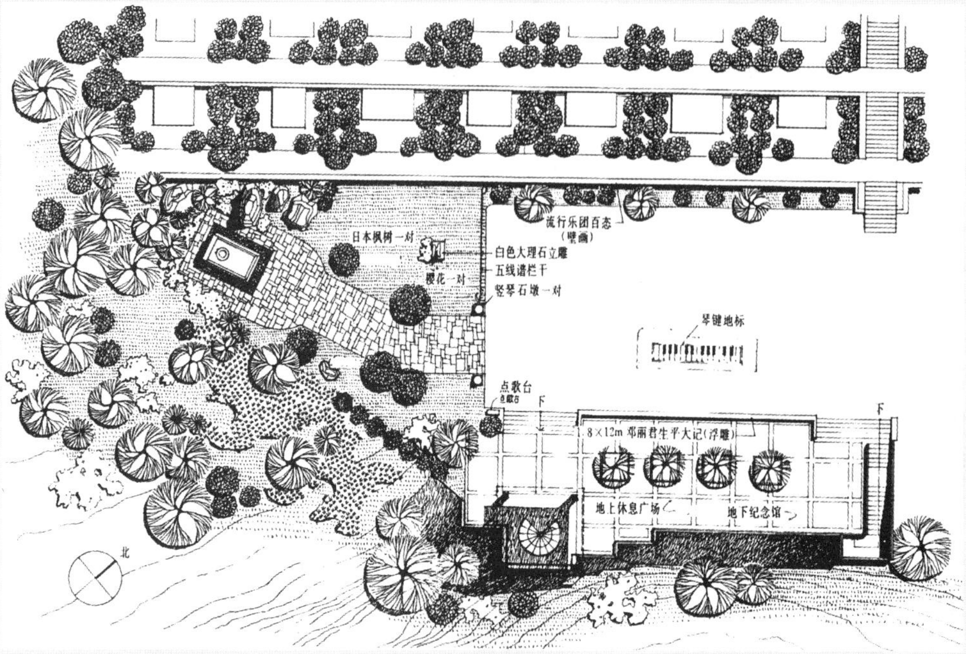

图 A-2-14　邓丽君墓平面图
来源：作者设计及绘制

图 A-2-15　邓丽君墓
来源：作者根据图片绘制

在墓园入口处设计了一对花岗石竖琴石墩，行人经过时，光电感应，自动响起她的歌声。附近还设触摸式点歌台，可以点播她五种语言的歌曲。广场上卧 5 米长的钢琴琴键模型。墓志铭设在东南一侧。墓旁耸立巨石，上书“筠园”（邓丽君原名邓丽筠）（图 A-2-16）。雕像前方设一个低矮的五线谱透空栏杆，既不挡草坪视线，又显音乐特征。

图 A-2-16　邓丽君墓园全景
来源：作者设计及绘制

墓基采用黑色大理石，取消线脚，高 1.4 米、宽 1.66 米，上嵌直径 25 厘米的圆形白色大理石侧面像，下刻生卒日。黑色大理石墓基顶面平卧一个洁白的大理石花环。墓基四周为 40 厘米宽的花带，强调四季常红，让邓丽君安卧在鲜花丛中。墓地正对面马路一侧建纪念亭。

邓丽君墓有四个遗憾：

1. 纪念馆缺失的遗憾

凭吊者总希望对逝者有更多的了解。东南一侧是建纪念馆的最佳地点，边缘外为落差 3.5 米的低地，可建一个能直接对外开窗的地下纪念馆。纪念馆的屋顶是休息区的室外地坪，可以使墓地、纪念馆和休憩三大功能结合。但因赶工方案未能实现。

2. 飞鹤纪念亭的暂缺

在墓地东北过境马路外侧和墓地对应的地方，立一纪念亭，作为广场空间的“收尾”。亭外侧可见浩瀚的台湾海峡，屋顶设计成海鸥西归。支柱呈海浪状，梁上刻“余音绕梁，千古回响”。从山上下望，不锈钢屋顶呈一本打开的五线谱，镂刻邓丽君演唱过的《海韵》歌词，“女郎，你为什么独自徘徊在海滩……也要像那海鸥飞翔……”。亭东南立碑，书藏头诗：“怀仁执义展歌喉，念之宛在河之洲。丽魂西去化鹤游，君不见兮思悠悠。”诗的头一个字为“怀念丽君”。

3. 乐队的失踪

墓地西北面有一面 30 米长、2 米高的挡土墙，正好位于邓丽君演唱雕像左侧乐队的位置，原设计为马赛克镶嵌画“乐队百态”（图 A-2-17），表现她与乐队之间的鱼水关系。但因赶工，未能实现。

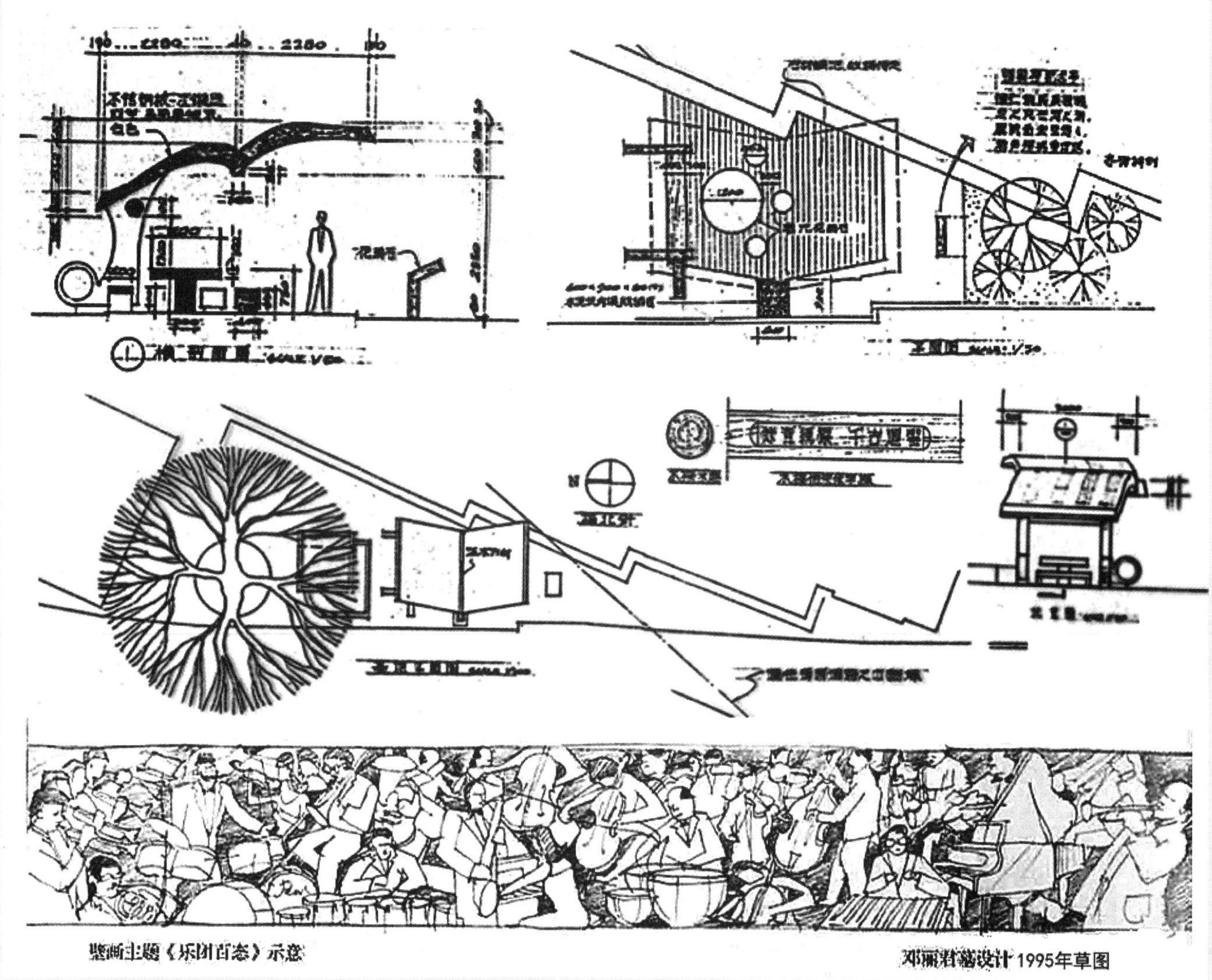

图 A-2-17　邓丽君墓设计手稿
来源：作者设计手稿

4.“大地之母”的出现

墓体既然融入自然就不应与自然争艳，故设计中取消一切线脚。一立一卧，两块简单的黑色大理石表现邓丽君的谦卑。施工时艺术家在碑顶加设“大地之母”雕塑，状如溺水，成为败笔。

（七）辜府墓园

位于台湾金宝山墓园内，墓主人为台湾工商界领袖。

设计时考虑了四个因素：

（1）毕生与日本商界往来密切，喜爱日本文化。

（2）终生信奉基督教，深受基督教文化影响。

（3）生前热爱高尔夫球运动，获奖无数。

（4）被冠“台湾永远的无任所大使”，为台湾地区的发展作出过杰出的贡献。

墓地位于墓园主干道西北侧（图 A-2-18），占地 2000 平方米，墓厝位于墓园中心位置，正面朝南，前设公众祭拜广场。祭拜的人群进入哥特式大门后，顺坡上行，直至祭拜广场。墓厝坐北朝南。双侧全部敞开，让周边绿化“融入”室内（图 A-2-19）。

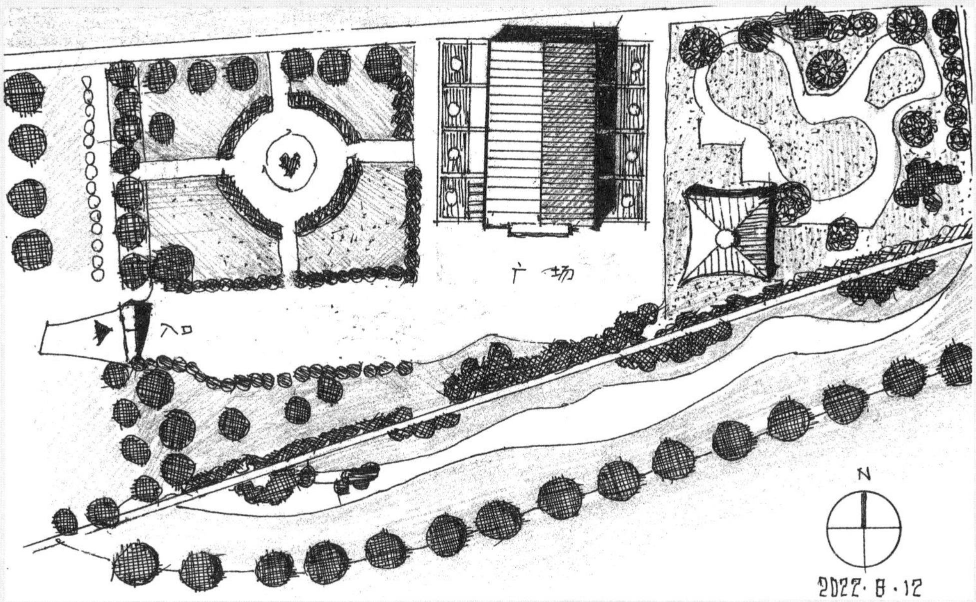

图 A-2-18　辜府墓园总平面图
来源：作者设计及绘制

图 A-2-19　辜府墓园鸟瞰图（一）
来源：作者设计及绘制

室内南端为祭拜区，北端挂满逝者生前获得的荣誉奖状。

山墙外观如放大的墓碑，上设玫瑰窗，下嵌经文、姓名和生卒日。地面设供室外祭悼时的供台。山墙两边为虎皮石墙，中夹彩色直条玻璃窗。

墓厝旁设迷你高尔夫球场，让逝者死后继续享受挥杆之乐，日式休息亭供祭拜和挥杆者休息。墓厝西侧立耶稣牧羊群雕，表达逝者对上帝的感恩（图 A-2-20、图 A-2-21）。

图 A-2-20　辜府墓园鸟瞰图（二）
来源：作者设计及绘制

图 A-2-21　辜府墓园室内侧墙
来源：作者设计及绘制

（八）朱府墓地

朱府墓地建在台湾金宝山墓园，墓主为台湾地区政界名人。

墓地 15.51 米 ×6.61 米，由两片独立墙和两根独立柱构成。前方有 1.3 米宽的支墓道，东端有南北向台阶，自上而下。墓地建筑避开台阶，设一个 30 平方米、充满绿色生命的小庭园作缓冲，使墓地显得有生气（图 A-2-22）。

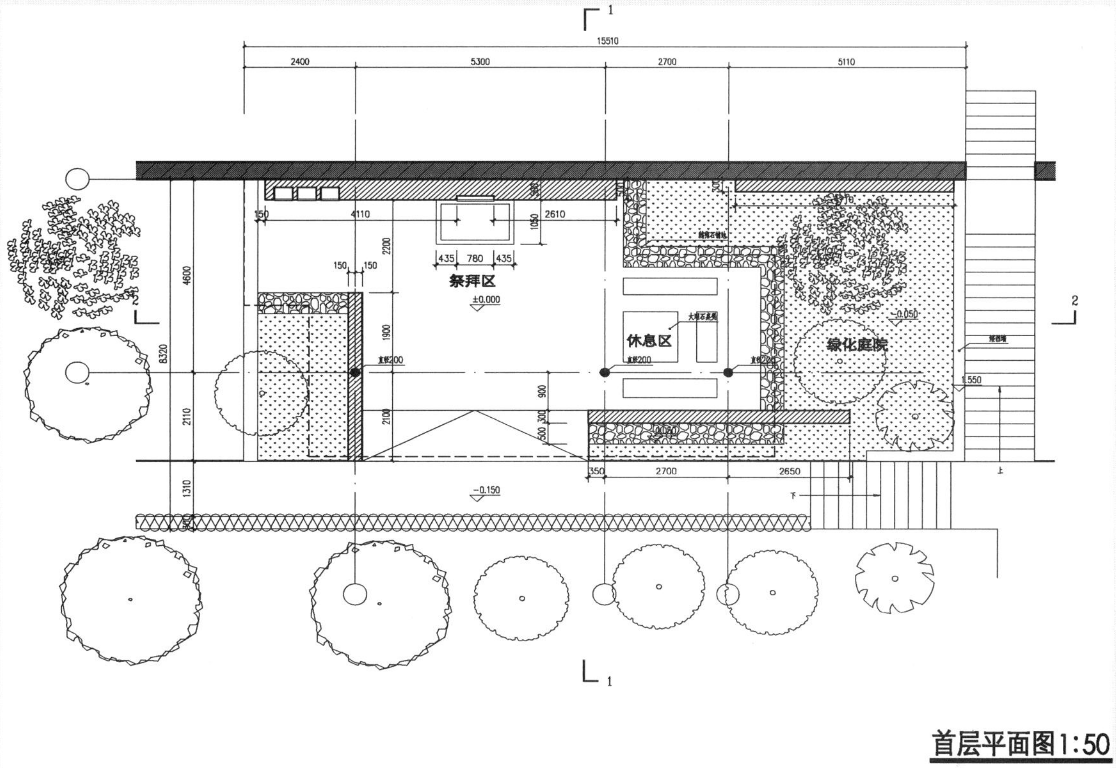

图 A-2-22　朱府墓地平面图
来源：作者设计及绘制

平面分三个区域，正中是父母的祭拜区；东侧为家属休息区，紧靠双亲墓的西侧为未来子女骨灰壁葬区，壁葬墙前有宽 2.2 米的祭悼空间，再前方为 7 平方米的小绿地，使小小的纳骨区充满了绿意和阳光。

墓地由两片独立矮墙分隔，保持墓地有分有合，空间流畅。矮墙仅起屏风作用，由两根独立柱承受荷载，南北向的墙不承重，金属短柱承接连续梁。每个构件都保持独立性，同时也给室内带来更多的阳光和空间流动感。背后挡土墙为 50 厘米厚的承重墙，西端墙上挖 12 个子女骨灰位，其余部分为艺术家壁龛创作的空间，屋顶檐口呈栅形，让更多的阳光射入，制造丰富的光影变化。

天然石材保持建筑的草根性，只有两片独立墙采用黑色精密磨光的大理石饰面，它的光洁度与其他粗糙建材产生质感上的强烈对比，增添现代色彩。

墓地不大，与地形吻合，空间利用率高，造型新颖（图 A-2-23 ~ 图 A-2-26）。

图 A-2-23　朱府墓园设计构思草图
来源：作者设计及绘制

图 A-2-24　朱府墓园俯瞰（一）
来源：作者设计及绘制

图 A-2-25　朱府墓园俯瞰（二）
来源：作者设计及绘制

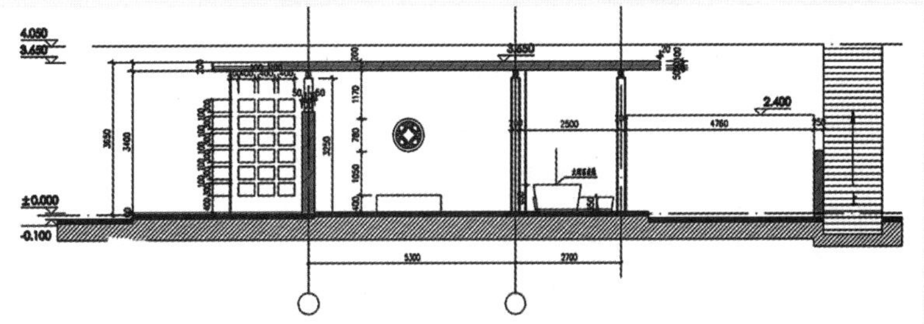

墓园 2-2 剖面图 1:50

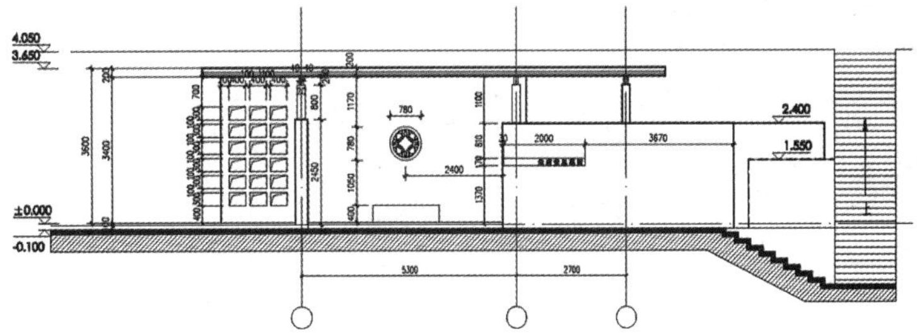

墓园正立面图 1:50

图 A-2-26　朱府墓园方案图
来源：作者设计及绘制

（九）台湾金宝山墓园

金宝山墓园位于新北市海拔 400 米、依山面海的山区，占地 120 公顷（图 A-2-27），于 1977 年开业。

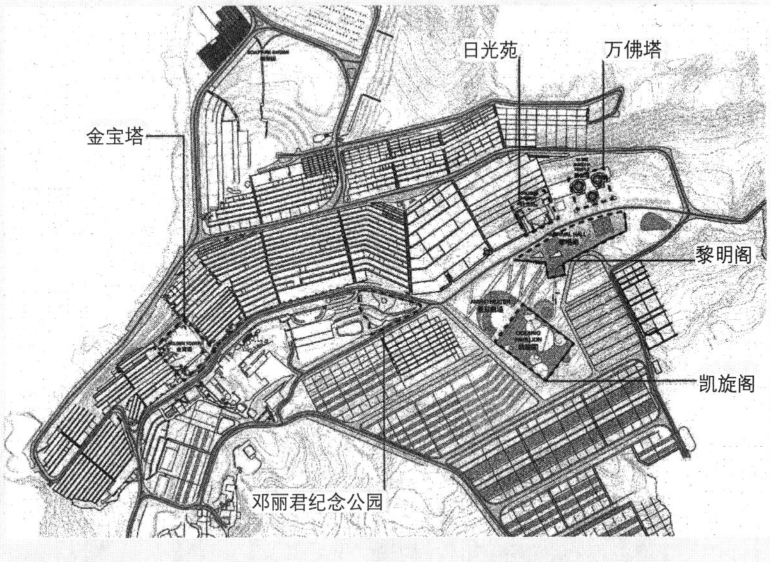

图 A-2-27　台湾金宝山墓园总平面图
来源：金宝山墓园提供

金宝山墓园对台湾殡葬业的贡献在于它不守陈规，勇于创新。创办人曹日章最早提出“关怀生命，尊重自然”的生态化主张。经过几十年的努力，金宝山已成为台湾实现园林化的首家墓园。这里林木茂盛，花草处处，近看雕塑，远眺海峡，目前已成为台湾的观光景点（图 A-2-28），也是众多台湾政商名流往生后的归属地。

图 A-2-28　金宝山墓园基地
来源：金宝山墓园提供

人类希望永恒，唯一能永恒的就是艺术，用艺术来纪念生命最贴切、最有价值，“艺术典藏人生，美丽展现生命”。金宝山墓园目前已成为台湾地区殡葬业艺术化的推手。50 年前就延请著名雕塑家朱铭创作千佛石窟等一系列作品，后又设立艺术走廊和美术馆（图 A-2-29）。

图 A-2-29　金宝山墓园景观雕塑小品
来源：作者根据金宝山墓园提供图片绘制

墓园在台湾最早开发草坪葬，最早建纳骨塔，最早创宅式纳骨建筑，近年又推出多功能的凯旋殿和黎明阁现代综合性纳骨建筑群，让墓园进一步社会化，让这里的殡葬不再孤独。

除了利用山坡地开发大量墓位外，墓园还适应市场需求，利用山坡地推出纵向和横向的高档大墓。

墓园拥有三座纳骨建筑：

（1）金宝塔——1975 年在台湾最早建成容 3 万多格位的“灵骨塔”。由于首创缺乏经验，内部采光通风欠佳。

（2）日光苑——台湾第一座宅式纳骨建筑，明亮温馨，功能合理（详见第六章）。

（3）万佛塔——建筑具有很强的雕塑感，球形屋顶布满金色佛像，下为白色内曲实墙，上下色彩对比强烈。把建筑当作雕塑也是首创。但室内封闭，墙面难以洁净是缺点（图 A-2-30）。

图 A-2-30　万佛塔纳骨建筑
来源：作者根据金宝山墓园提供图片绘制

（4）新建一组大型纳骨综合建筑群——凯旋殿和黎明阁，由美国著名建筑师斯蒂文·霍尔（Steven Holl）设计，互切的球形屋顶像升往天堂的气球，内部产生许多变化多端的梦幻空间，勾起人们对未知世界的向往和好奇。

靠近主干道的黎明阁是整个园区的接待大楼，它将祭祀、纳骨、演艺、酒店、商场、观光、休闲、集会以及两个小型博物馆等诸多功能的建筑结合在一起。

凯旋殿是一座容 15 万个骨灰格位的巨型纳骨建筑。两栋建筑之间设一个 5000 座的大型露天剧场，除了演出之外，可举行大型法事活动。建筑群采用太阳能发电等一系列现代新技术。

相切球体产生的重叠，创造出无限的空间视角。巨大的刚性球体坐落在柔性的水盘上，阴阳相辅、刚柔并济，代表宇宙的威力和生命的互联性。

怎样合理利用庞大而众多的室内高空间、保持建筑物外表持久的洁白，是对建筑师的挑战（图 A-2-31）。

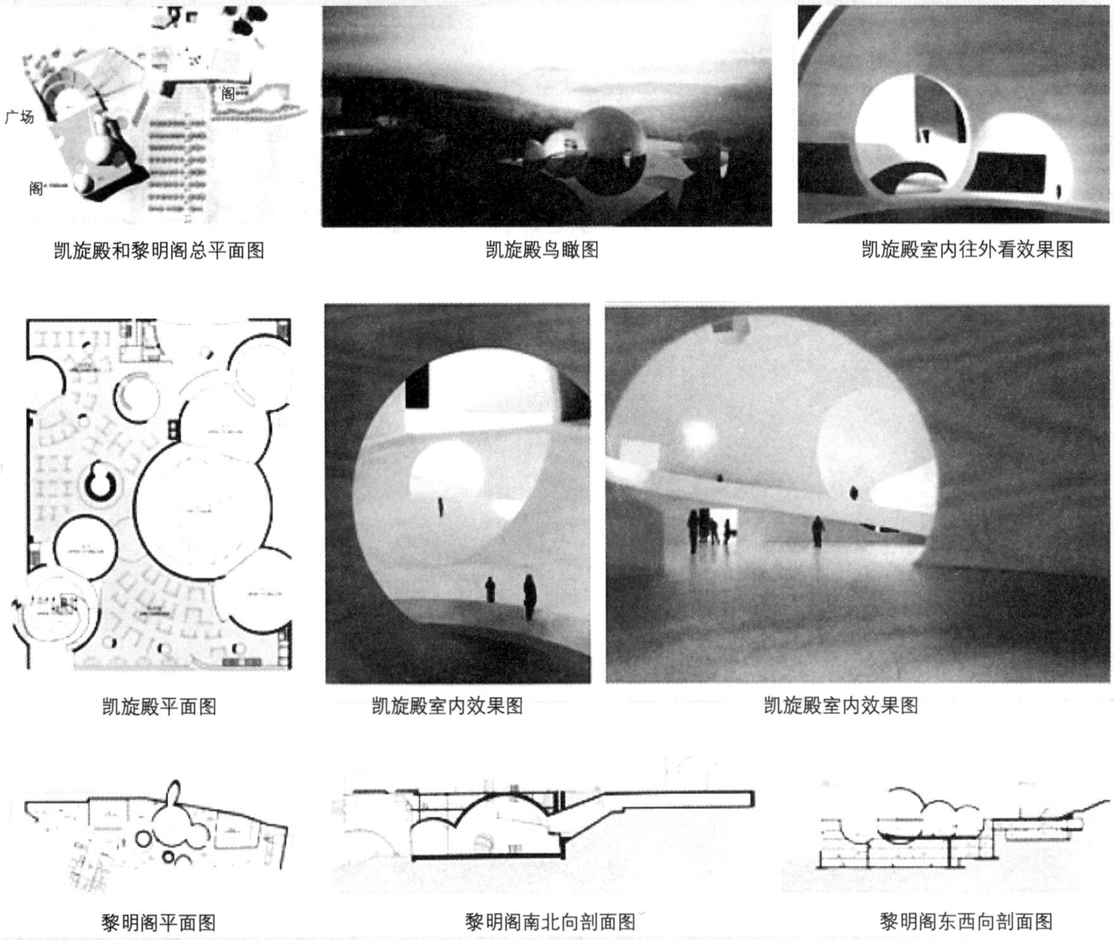
广场
阁
阁
凯旋殿和黎明阁总平面图
凯旋殿鸟瞰图
凯旋殿室内往外看效果图
凯旋殿平面图
凯旋殿室内效果图
凯旋殿室内效果图
黎明阁平面图
黎明阁南北向剖面图
黎明阁东西向剖面图

图 A-2-31　金宝山黎明阁与凯旋殿建筑群
来源：金宝山墓园提供

公司以“死者为大，客户为尊”的精神，不惜成本地追求完美，力图把墓园建成一个集殡葬、文化、艺术、休闲、观光于一体的综合体，实现墓园园林化、多元化和社会化的目标。

（十）罗浮净土人文纪念园

位于广东惠州博罗县，依托国家 AAAAA 级景区罗浮山与千年古寺的一个墓园。这里气候温和、植被茂密、群山环抱、古树参天，依山傍水，是园林化墓园的理想选址，墓园占地 600 多亩，建筑面积 1 万多平方米。好地需好规划，于是在这里展开了一场殡葬模式创新的勇敢尝试。投资人提出“旅游 + 纪念园”的理念，以地域文化为核心，低调处理墓区，设立文教场所，打造具有旅游文化特色的新墓园。该墓园曾获得 2019 IFLA 公共空间荣誉奖。

园区内除了殡葬服务外，还设立三大功能区：禅修院（讲学）、居士林（居住）和五观堂（素食），让人们全方位体验佛教文化，延长游客在园区的停留时间，在增加人们感知的同时，也给墓园带来经济效益。

墓园设立“岭南生命文化馆”，展示当地殡葬习俗，对岭南殡葬文化的保护作出了重要贡献。“拓荒牛雕塑纪念园”是深圳开发过程中 2 万余名建设者的墓区，内设峥嵘岁月、光荣历程、英雄之师等 8 个主题，讴歌了他们的事迹，传播了他们的精神。该园在开发之初就保护了原始地貌，直径 30 厘米以上的树均予保留，去除小树杂树后，保持了墓区的完美，体现人与大自然的和谐，人文景观与自然景观的相融。

除了创设高品质的住宿、餐饮、会议设施以及将生态旅游与追思纪念结合外，他们还把高科技与生命教育结合，创立高科技影院，放映佛教主题的 5D 影片，让观众身临其境，体验六道轮回、劝人向善、笃行孝道等。纪念园还创办了“分时祠堂”，满足地方宗族祭拜的需求。

墓园最大的特点是尊重自然，不改造、不破坏、不过度修饰，对原有起伏变化的地形、郁郁葱葱的原始林地、池塘、巨石、溪流，尽量保留；利用台地做墓位，在消化高差的同时增加景观层次。建筑造型朴素低调，尽量采用地方建筑材料和传统结构，追求宁静，不与大自然争艳。整个墓园建在青山绿水间，成为极具特色和魅力、有特殊纪念功能的一座纪念性殡葬公园（图 A-2-32 ~ 图 A-2-35）。

图 A-2-32　墓园鸟瞰图
来源：作者根据罗浮净土人文纪念园提供图片绘制

图 A-2-33　墓园一角
来源：作者根据罗浮净土人文纪念园提供图片绘制

图 A-2-34　拓荒牛广场
来源：作者根据罗浮净土人文纪念园提供图片绘制

图 A-2-35　延祥禅修院的禅修酒店内景
来源：作者根据罗浮净土人文纪念园提供图片绘制

（十一）上海福寿园

创立于 1994 年，是中国知名的殡葬企业。总图由线状道路、景观廊道与河道互相联结，围合成网状格局，环境青山簇拥，绿水环抱。12 个区块占地 800 多亩。分为西园与东园两部分（图 A-2-36），主入口中轴对称相互呼应。

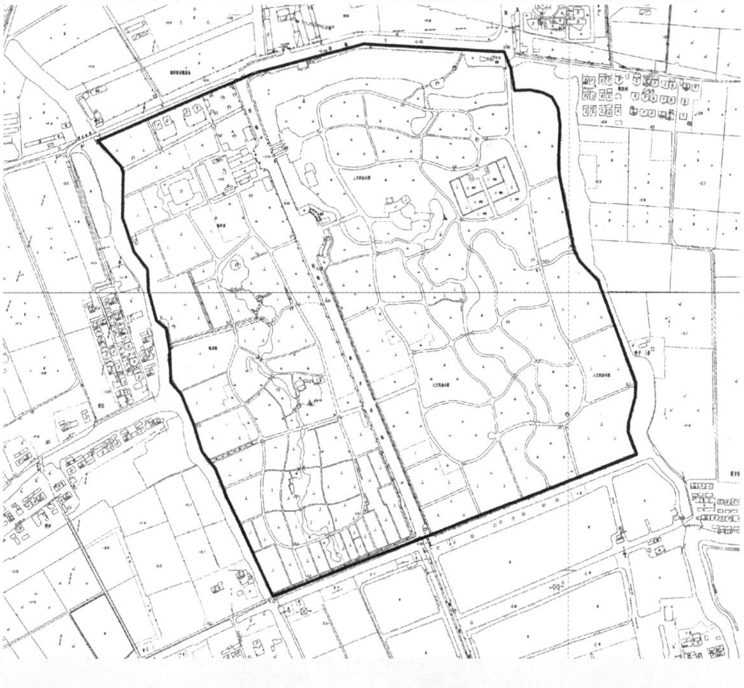

图 A-2-36　上海福寿园总平面图
来源：福寿园提供

私密性高的西园各区域，每个区的主题清晰，现有寺庙、骨灰塔以及各种配套辅助部门。流线成圆形，将产品区尽量放置在圆形外侧，以保证园内有足够的开放空间。

东园有产品研发中心、人文纪念馆、销售大厅，保留了更多的自然景观。

1. 公园化目标明确

创园之初即决定墓区 40% 的面积不造墓只作绿化，实现“公墓变公园”的目标。园区目前有植物品种 220 种，树木 1 万多株，草坪 9 万平方米。福寿园“少建墓、多绿地”的方针坚持了 20 多年。其优美环境不仅获得社会好评，经营也取得了良性回报（图 A-2-37）。

图 A-2-37　福寿园的环境
来源：作者根据图片绘制

2. 凸显公益性和社会责任感

福寿园集团成立五项慈善性质的基金列入持股受益人名单。坚持以生命教育、人文纪念和公益发展为立足点的发展方针。

为癌症逝者、遗体器官捐献者、已故劳动模范、殉职公安干警、人民英雄、孤寡老人、早逝儿童、特困家庭，以及社会公众等，分别建设了集体纪念设施和生态公益墓区（图 A-2-38），园区还设立生命服务学院，为社会培养殡葬专业人才。

图 A-2-38　上海市红十字遗体捐献者纪念碑
来源：作者根据图片绘制

3. 探索和创新

殡葬改革的出路在于创新，他们放弃传统老路，减少公墓痕迹，创造了无碑花园区、十字壁葬区、花园立体葬、欧式铜碑葬、林葬等新葬式。

除了设立人文纪念园和人文研究所外，墓园还创办了全球第一座名人纪念馆，纪念已故上海的名人。此外还开展了人生电影、百姓家史、数字档案、墓碑创新……使墓园走出了一条发展的新路，为中国的墓园事业提供了宝贵的经验。

4. 加深人文纪念

设立新四军广场。从入口经过长 42 米、宽 5 米的英雄大道到达主广场，中间设计了四个抬高空间，突显革命的艰辛，路程两侧是先烈们安息的纪念园区，草坪葬就像是军人整齐的仗列。广场花岗石浮雕和大理石的纪念碑，铭刻战士们的姓名，《新四军军歌》、战斗序列表、战士石雕和少先队员向新四军献花的铜质雕像；燃烧火炬的烽火台，位于石雕前（图 A-2-39、图 A-2-40）。

图 A-2-39　新四军老战士墓地
来源：作者根据图片绘制

图 A-2-40　新四军广场
来源：作者根据图片绘制

福寿园的人文纪念馆外轮廓圆润，中间设圆形穹顶采光，玻璃幕墙象征生命的晶莹，两侧副楼像绽放的花瓣。底层连接福寿园业务大厅，通道中有一湾清水在石头和花草间缓缓流动，寓意生命源源不断（参见图 8-4-1）。

（十二）江山烈士纪念馆

位于浙、闽、赣三省交界处的江山地区，在民族危难时刻，几十万中华儿女在这里抛头颅、洒热血，进行了 14 年艰苦的卫国战争，留下惨烈的血色记忆。

纪念馆坐落在城市西侧，北为山地公园，东邻城市道路，西、南两侧为公共墓园，墓地面积 1.31 公顷，建筑面积 1650 平方米。地形起伏大，东西落差 18 米，南北落差 12 米。建馆的目的是纪念为国牺牲的战士，缅怀他们的生死壮举，引发人们对战争残酷和生命珍贵的思考。

整个设计弱化了纪念建筑的凝重性，突出了亲和性。整个纪念馆分成外部景观区、纪念馆区和墓园区三部分，实现休闲与纪念两种功能的融合（图 A-2-41）。

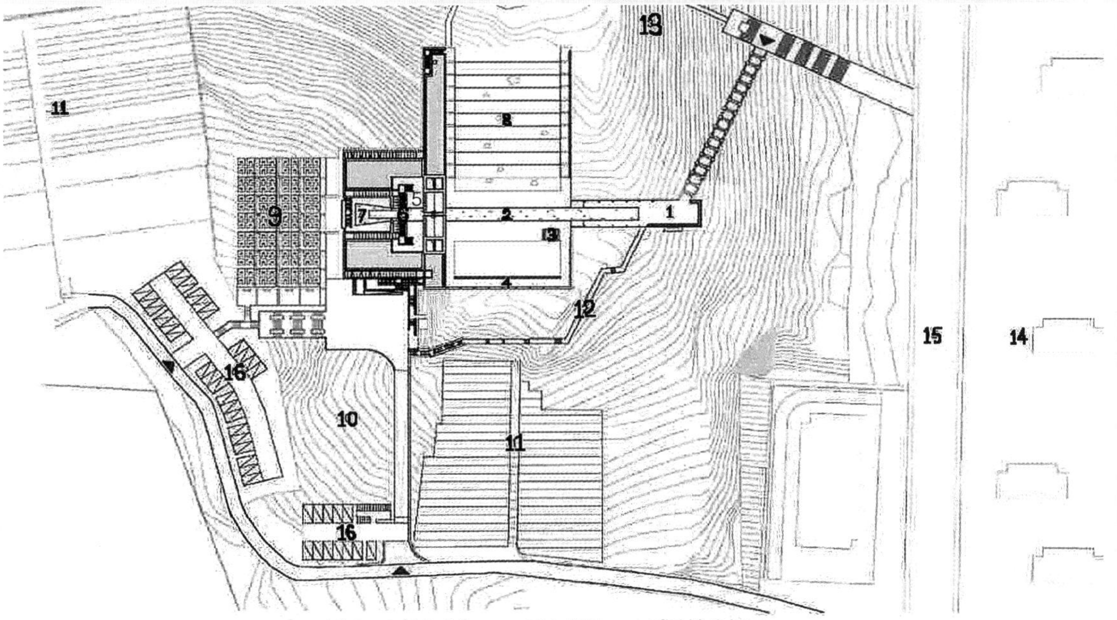

1 入口平台　5 战争之门　9 烈士墓园　13 西山休闲公园
2 生命之路　6 纪念碑体　10 预留墓园　14 老城区
3 和平路　7 纪念方庭　11 原有墓园　15 西山路
4 纪念长廊　8 纪念广场　12 散步道　16 停车场

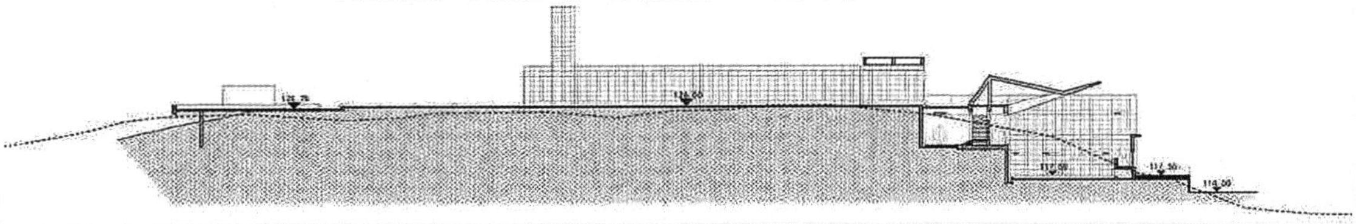

图 A-2-41　江山烈士纪念馆总平面图
来源：浙大建筑设计院提供

江山烈士纪念馆总体布局是一竖一横一重点，像汉字“古”字，竖指“生命之路”，横指“纪念广场”；重点指的是“纪念方庭”。“生命之路”象征抗日战士的足迹，自东向西横穿“纪念广场”和“战争之门”，然后在方庭上空飞起、折断、坠落，最后落入墓园安息，表达战士“奔、折、落、归”的壮烈牺牲过程（图 A-2-42、图 A-2-43）。

图 A-2-42　江山烈士纪念馆西北向鸟瞰
来源：作者根据浙大建筑设计院提供图片绘制

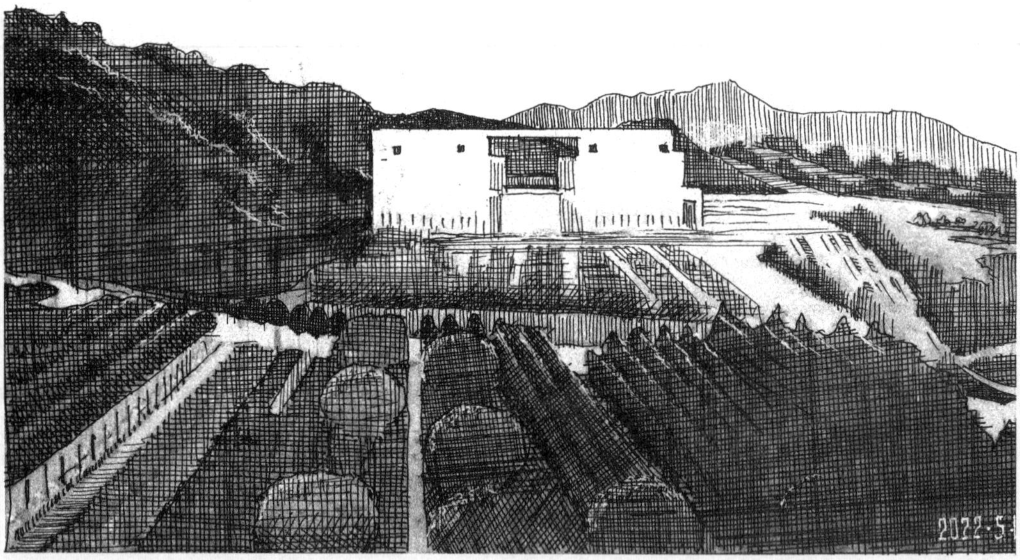

图 A-2-43　江山烈士纪念馆西向视景
来源：作者根据浙大建筑设计院提供图片绘制

“生命之路”随形就势，非对称地穿越 78 米 ×38 米的广场，路北侧利用 4 米高差，做成大面积绿化的阶梯状广场，种植了 78 株广玉兰，突出白色纪念性。南侧有序地布置了和平塔、座椅、长廊、公厕等设施；整体成为山地公园向群众开放的 “纪念客厅”。高耸的和平塔控制了空间的制高点，上端镂空的阴雕和平鸽寓意祈求和平，成为烈士纪念馆的主旨（图 A-2-44）。

图 A-2-44　江山烈士纪念馆东向视景
来源：作者根据浙大建筑设计院提供图片绘制

“生命之路”由拉丝石材铺砌，上部有条状锈板点缀，象征着战士的足迹。路径穿越中部的“战争之门”，断裂的门梁诉说战争的破坏性。穿过“战争之门”，正对矮墙和日晷，日晷随地球自转产生日照移转，象征着牺牲士兵的生命与日月同辉。日晷的后面是一组富有想象力的雕塑——斜向碑体，上有汉白玉的纪念花环，混凝土在 10 米跨度、30° 斜向凌空出挑，寓意战士生命瞬间的壮烈陨落场面。跳板下方为“U”形方庭（图 A-2-45、图 A-2-46），黑白石铺地，散置几块“上帝泪珠”的花岗石卧倒的石块，上刻英烈们的信息。方庭外部四周即为排列整齐的战士墓地方阵，方庭与墓地方阵互相呼应，向人们诉说着悲壮的往事，形成整个空间的高潮。

办公区在纪念广场北侧的西端，与“战争之门”相连。展厅布置在方庭的南北两翼，其屋顶与“和平之路”的路面同标高，似在地下实在地上，一眼望去，墓地呈一组横平竖直、敦厚结实的建筑群，地形高差在这里得到完美的利用。

烈士纪念馆与山地公园为邻。山体步道、景观道路、多个入口和人的流动路线集结成网，参观路线和内部工作人员路线分开，形成一个可穿越、可驻留、可休憩、可沉思的纪念性场所。

图 A-2-45　江山烈士纪念馆——过厅
来源：作者根据浙大建筑设计院提供图片绘制

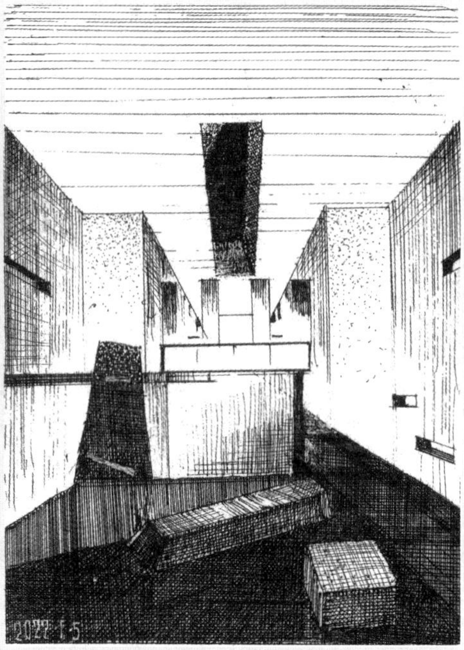

图 A-2-46　江山烈士纪念馆——折枝与纪念庭院
来源：作者根据浙大建筑设计院提供图片绘制

在建筑处理上，建筑物不抢占高地，实体墙面开小洞不开窗，保持墙面敦厚的整体感，给人以凝重、坚固和永恒的印象。在方庭周边的实墙上开了许多像碉堡机枪眼的横向洞，方庭地面的石块像战士倒下的躯体，再现战争的惨烈。

这是一个富有创意、不落俗套、具有思想深度的墓园设计。

（十三）南京航空烈士公墓

抗日战争时，中国空军联手国际飞行员同日本空军展开了殊死的空中搏斗，战绩辉煌。抗战中，3300 多名中外飞行员血洒长空壮烈牺牲，其中中国 870 人、美国 2197 人、苏联 236 人、韩国 2 人。该公墓始建于 1932 年，日据时被毁，“文革”再遭破坏，几经修葺，1995 年终于完工。

公墓占地 50 公顷，位于南京紫金山北侧。古木参天，翠柏环绕。由公墓、纪念碑和纪念馆三部分组成，核心部分为公墓。入口处为“精忠报国”石牌坊，柱上挽联“英名万古传飞将，正气千秋壮国魂”。步步登高可到达“航空救国”石碑。

石碑后面是被回廊包围的祭堂，继续登高时，两边各有一亭，分别记载公墓由来及重修记录。碑亭后依山顺踏步设 180 座烈士卧碑衣冠冢，样式统一，排列整齐（图 A-2-47），上刻烈士姓名、职级及殉职事略。

图 A-2-47　南京航空烈士公墓，步道两侧为英烈卧碑
来源：作者根据钟宁先生提供图片绘制

公墓最高处为纪念广场，纪念碑高 15 米，由两块片状锐角花岗石石板构成，像两把插向天空的利剑，平面呈胜利的“V”形。纪念碑西侧各立一尊由两名中外飞行员组成的勇士雕像。碑后排列 30 座英烈碑，上刻 3305 名中外烈士的姓名和生卒日（图 A-2-48）。

图 A-2-48　纪念碑
来源：作者根据钟宁先生提供图片绘制

公墓的东侧为纪念馆区，分奋勇抗敌、国际援华、壮志凌云和缅怀先烈四个展馆。1 号和 2 号为地下纪念馆，上部钢架配玻璃幕墙呈机翼状，似欲飞向苍天。馆前广场立正义之神雕像（图 A-2-49），骑在飞天虎上，昂首张弓怒射天空，象征中美苏韩战士团结一心联合抗日。

馆内布置了数架抗战时飞行员所驾驶的战斗机（图 A-2-50），周边立有中外英烈们的雕像。在国际援华 2 号馆大堂正中，立飞虎队陈纳德将军的铜像（图 A-2-51）。

图 A-2-49　正义之神雕像
来源：作者根据钟宁先生提供图片绘制

图 A-2-50　抗战战斗机
来源：作者根据钟宁先生提供图片绘制

图 A-2-51　陈纳德将军铜像
来源：作者根据钟宁先生提供图片绘制

1941 年始，仅 7 个月，飞虎队以损失 12 架飞机、牺牲 26 名美国飞行员的代价，击毁敌机近 300 架，为中国抗日战争作出了巨大的贡献。1943 年中美空军又在桂林组成了混合飞行联队，在陈纳德将军指挥下转战各地，成为抗战后期空军的主力。4 号展馆的主题是“铭记历史，缅怀先烈，珍爱和平，开创未来”。

整个公墓分东、西二区，规划风格迥异：西部采用庄严肃穆的中国传统风格，严格对称，步步登高，形成序列；东部布局自由、风格现代，显出墓园的园林特性（图 A-2-52）。

图 A-2-52　展翅欲飞状的纪念馆外观
来源：作者根据钟宁先生提供图片绘制

附录 B

国外墓园赏析

西方建筑史可以说是一部西方坟墓发展史，所有的早期建筑遗存，均为丧葬建筑，要研究西方建筑，首先就要研究古老的西方墓园史。

一、国外墓园的特点

（一）基督教文化的影响

欧美国家信奉基督教，认为亚当与夏娃偷吃禁果后受到上帝的惩罚，人类子孙因此背负“原罪”，活着要赎罪，死后灵魂才能进天堂，死是永生前的洗礼，正如耶稣所说：“不要哭，她不是死了，是睡着了。”[1]所以他们淡看生死，没有披麻戴孝、捶胸顿足，也没有繁文缛节。群集性的悼念仅有追思会，大家共同回忆与逝者相处的美好时光，谈笑风生，听众含泪微笑，表现出西方人对死亡的豁达。

墓地也简单到连墓基都没有，往往只剩墓碑，更不会有“配件”。对待死亡的从容并不表示他们对逝者的漠视。他们认为死亡和出生都是神圣的，人最终都将在墓园得到解脱，墓碑是生命转移的见证。墓园是生者与逝者共处的地方，是净化心灵的圣地。

（二）墓地雕塑和墓碑的时代烙印

中国通过墓碑文字寄托哀思，西方则通过雕塑表达情感，故有人称为“雕塑音响诗”“用雕刻艺术符号代恸哭”[2]。

由于对死亡的淡然以及对人体的赞美，几千年来，西方在墓园留下太多的雕塑艺术品。卢浮宫展出的埃及、意大利和法国的雕塑精品，大多数来自墓地。

西方文化强调自我，中国文化强调家族。墓地艺术是在高层次上表达情感，雕塑往往比文字深邃，更动人心魄，东西方墓碑的不同折射出各自文化的烙印。

10—12 世纪，欧洲盛行仿古罗马建筑的罗曼风（Romance）。14 世纪意大利资本主义萌芽兴起了欧洲的文艺复兴，逐渐摆脱中世纪的文化桎梏，建筑与雕塑艺术得到了空前的发展，建筑此时也成为大体量的雕塑，使两者完美地结合。

受法国大革命的影响，18、19 世纪，欧洲艺术发生了巨大的变化，多种新艺术潮流互相交织，

1 《圣经·路加福音》第九节。

2 赵鑫珊. 墓地是首雕塑诗：对欧洲墓地雕塑的艺术思考 [M]. 天津：百花文艺出版社，2013：1.

墓园艺术也随之起舞，变得更丰富多彩。欧洲著名的墓园几乎都在这时形成。

随着工业化时代的到来，20 世纪的欧洲艺术开始不断创新，雕塑从具象走向抽象，从形式走向寓意，从直白走向含蓄，墓园的雕塑语言呈现多元现象，想象空间得到了无限扩张，新潮流给墓园雕塑和墓碑设计带来了很大的影响和无限的可能。

（三）墓园的完全园林化

最早的西方墓地受宗教影响，分布在教堂周围。18 世纪后期开始随着城市扩张，原来的墓地日渐拥挤，疫病丛生，影响居民健康，于是墓地被迫离开教堂，转向郊区，希望在郊区找到一片更加卫生、更宽敞的地方做墓地。这是欧洲墓园随着环境条件的变化催生园林化的起因。

从 18 世纪中叶起，英国自然风景式园林主导了欧洲造园的方向，它的设计理论和方法影响了当时寻求大自然庇护的欧洲墓园设计。

后来经历了乡村式墓园、大草坪墓园、纪念式墓园，以及近几十年出现的森林式墓园的发展，18 世纪以后，西方出现的墓园基本上都实现了园林化（图 B-1-1）。

图 B-1-1　西方园林化的墓园
来源：作者根据图片绘制

（四）地下墓室的普及

纪元前，古罗马首都人口剧增，第一任皇帝奥古斯都大帝屋大维进行了埋葬法改革，墓园改花园，提倡火葬，受传统自然观和主张节约土地的影响，遗体和骨灰存入地下空间逐渐成风。

古罗马人将凝灰岩和火山灰用作水泥，可以建造大跨度的地上建筑物和复杂的地下结构，因此进一步促进了地下墓室的发展。古罗马人早在两千多年前，地下空间的利用就取得了很大的成就。迄今为止，在罗马已发现的大型地下墓室就有 70 座，这些墓室所形成的地下网像迷宫一样绵延数公里，埋葬着数以百万计的古罗马人的遗骨和骨灰。

古罗马实行父亡子继的血亲世袭制，开国皇帝奥古斯都的妻子利维娅・奥古斯都（Livia Augusta）从纪元前 58 年起，在世 87 年，辅佐皇帝亚历山大，历经子孙三代，她是先后皇帝的妻子、母亲和祖母，是当时最显赫、最具权势的女性。她为了存放数以千计为皇室服务的奴隶和自由人的仆佣以及卫士们的骨灰，下令建造了一座容 3000 多骨灰格位的家族地下骨灰堂[1]（图 B-1-2）。遗址被发现后被载入史册。建筑早已不复存在，但废墟遗址、骨灰格位面板和墓志铭仍保存在罗马的卡皮托林博物馆（Capitoline Museum）。

图 B-1-2　利维娅・奥古斯都家族墓
来源：作者根据图片绘制

公元前 2 世纪，埃及亚历山大港的库姆也发现了一座大型地下墓，它是古埃及文化与地中海文化混合的产物（图 B-1-3）。

1　Francesca Santoro L' hoir. Death' s Mansions：The Columbaria of Imperial Rome[OL]. World History Encyclopedia. 2014-11-03[2022-06-15].https://www.worldhistory.org/article/764/deaths-mansions-the-columbaria-of-imperial-rome/#google_vignette.

图 B-1-3　库姆地下墓穴
来源：作者根据图片绘制

1786 年巴黎大瘟疫死了很多人，于是利用石灰岩矿井安置遗体，后来改成地下公墓，最终收容了 600 万具骸骨（图 B-1-4）。[1]

图 B-1-4　巴黎地下公墓
来源：作者根据图片绘制

埃及也发现了纪元前 13 世纪法老拉美西斯二世为 100 多名王子修建的地下合葬墓的遗址（图 B-1-5）。[2]

1　肖文 . 巴黎地下墓室：世界上最大的藏骨库 [J]. 科技与生活，2012（14）：36-37.
2　Madain Project. https://madainproject.com/kv5_（tomb_of_sons_of_ramesses_ii）.

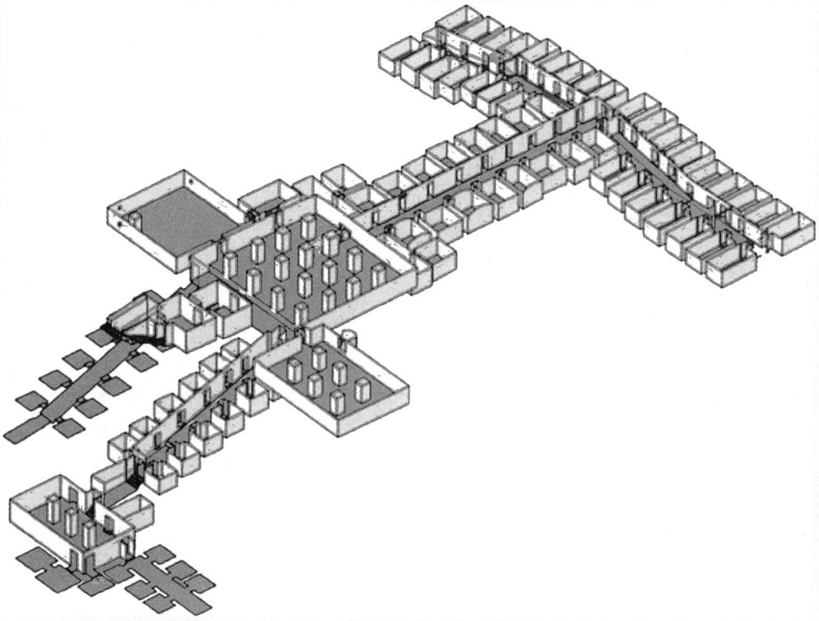

图 B-1-5　拉美西斯二世为子女修建的地下合葬墓
来源：作者根据图片绘制

自古以来，西方这种修建地下墓的传统一直延续到现代。2019 年开业的以色列现代化大型地下墓园在全球起了示范作用，地下墓的开发已成了墓园建设的一种新时尚。

（五）普世价值和社会责任感

基督教提倡的慈爱、宽容、赎罪，在墓园中也有体现。西方早期的墓园分等级，贵族和上层人士有自己的专属墓园，但随着 18 世纪美国《独立宣言》和法国《人权宣言》的颁布，提出“人人生而平等”的口号，此后“生而平等”就成了普世价值。墓园也开始逐渐取消了歧视性条款。尽管在殡葬领域，商业的市场性仍然在限制着穷人，但“生而平等”的观念已深入人心。

普世价值也推动了社会的慈善事业，提高了人们的社会责任感。商业社会的墓地选择虽然没有受到限制，但一般都能自觉节地，甚至消隐自己。著名的政要、科学家、企业家都能自觉选择简葬，鲜有建造私人陵园为自己歌功颂德的案例。

西方有许多称为 Taphophiles 的志愿者参与“墓园之友”社活动，义务维护墓园的环境，向墓园捐赠景观小品，有的把自己的墓地建成墓园构筑物零件，为墓园美化和生态化作贡献。他们热爱大自然，重视生态环境的保护，愿将墓穴和植栽结合。这一传统使西方墓园普遍草木繁盛，较早地实现了园林化。

（六）创新和科技发展的影响

欧洲历来是艺术创新的沃土，18 世纪欧洲墓园开始追求艺术的多元化。19 世纪末，欧洲建筑界出现了“分离派”，认为每个时代应有与当代生活相结合、属于自己时代的建筑，号召与古典艺术分离，主张建筑采用大片没有装饰的几何体和直线墙面。维也纳中央公墓就成了分离派建筑的实践地，气势雄伟的教堂是分离派建筑的经典代表作（图 B-1-6）。

图 B-1-6　维也纳中央公墓教堂
来源：作者根据图片绘制

科学技术的发展日新月异，迅猛程度超出人们的想象，精神文明的脚步已经跟不上物质文明的发展。近 20 年来，新型葬式层出不穷，目前虽然只能起到照亮方向的作用，因为人们的认识跟不上，所以尚未被广泛接受。但这些新葬式是解决生死争地难题的方向，被欧美社会所关注。例如欧洲未雨绸缪，已开始研究新葬式对墓园设计的影响，我们需要加快脚步。

二、国外实例

国外著名的墓园很多，有些墓园具有厚重的文化沉淀和历史沧桑，各有所长，但由于传统文化和国情的差异，国外的优秀案例虽然能给我们启发，具有借鉴的意义，但未必能全盘套用。

（一）印度泰姬·玛哈尔陵（Taj Mahal）

泰姬·玛哈尔陵号称“印度的珍珠”，位于印度北方邦亚格拉城，是 16 世纪莫卧儿王朝第五代皇帝沙贾汗（Shah Jahan）于 1631 年为纪念已故皇后阿柔曼·阿纽修建的墓园。帝后伉俪情深，育有 14 个子女。皇后逝后，沙贾汗极度悲伤，亲自设计了这座寄托哀思的陵墓，以有形的美来表达无形的爱。

因为工程巨大，动用了2万多名欧洲、中东和印度的建筑师、镶嵌师、雕刻师、书法家、画工，历时22年才建成。这座华丽的墓园造成印度长年的经济负担，最后导致王朝覆灭，皇帝被囚。

墓园由寝殿、钟楼、尖塔、水池等几部分组成，由白色大理石砌筑。室内大理石墙壁镶嵌着无数的玻璃、玛瑙和珠宝。这座宏伟、绚丽夺目的陵寝被后人称作“时间脸颊上的泪珠”“砖石砌成的情诗”“世上最美的陵墓”……它是世界上完美艺术的典范，世界七大建筑奇迹之一，被联合国列入世界遗产名录（图B-2-1～图B-2-3）。

图B-2-1　泰姬·玛哈尔陵（一）
来源：作者根据图片绘制

图B-2-2　泰姬·玛哈尔陵（二）
来源：作者根据图片绘制

图 B-2-3 泰姬·玛哈尔陵陵园侧门
来源：作者根据图片绘制

整个墓园占地 17 公顷，坐落在 583 米 ×304 米的长方形基地上，正中布置寝宫。寝宫外四角各竖一座高 40 米俗称“拜楼”的尖塔，供阿訇带领信徒颂唱《可兰经》，沿 50 层台阶步步登高，向圣地麦加敬拜。

寝宫平面为四方形，每边长 57 米、高 74 米，坐落在平面为 95 米见方、高 7 米的白色大理石基座上，正中托起一个直径为 17 米的半球形屋顶，四角各配一个半圆球形凉亭，和中央的半球大顶相呼应。寝宫内部大理石环形栏杆的下方，安放着皇帝夫妇的大理石棺椁。陵区两侧对称各置一座清真寺（图 B-2-4）。

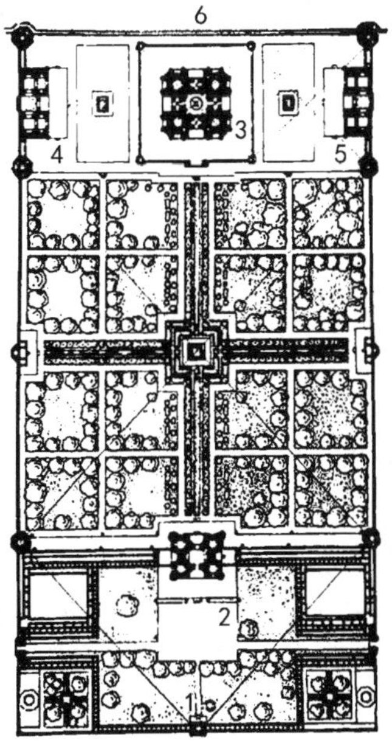

1 南门 2 二门 3 陵堂 4 清真寺
5 接待厅 6 亚穆那河
图 B-2-4 泰姬·玛哈尔陵总平面图
来源：萧默 . 天竺建筑行纪 [M]. 北京：生活·读书·新知三联书店，2007：220.

总图上，尤摩拿河（Yamuna River）环绕着陵墓大门到寝宫的步行道之间夹着一个由红砂石筑成、直通寝宫的条形水池，朝霞和晚霞在水池倒映，为这对多情夫妇添上浪漫的色彩。

墓园是一个完美的整体，对称布局具有严肃性；大小半球屋顶打破常规，减轻了正方形建筑的单调。4 个高矗尖塔在视觉上缓解了建筑的沉重感。白色大理石寝宫被两旁深暗色红砂石的清真寺陪衬，色彩对比鲜明，衬出白色寝宫更加圣洁。整组建筑丰满多姿、均衡、协调，透出一种灵秀之气。总之，泰姬陵园给人一种心灵震撼的神圣感，是人类历史上不可多得的文化精品。

（二）美国阿灵顿国家公墓（Arlington National Cemetery）

建于 1864 年，坐落在弗吉尼亚州阿灵顿，占地 252 公顷，与白宫和林肯纪念堂隔河相望，紧邻国防部五角大楼，是美国 100 多个军人公墓中最大的一个（图 B-2-5、图 B-2-6），埋葬了近 42 万具将士遗骸（2018 年）。只有为国捐躯的现役军人、服役 20 年的退休老兵、伤残军人、被俘亡故者以及美国荣誉奖章获得者才有资格入葬。美国总统中，在海军服役过的肯尼迪总统被允许入葬，他的遇刺被认为是战斗牺牲。此外，还有几位为美国作出巨大贡献的人物，如一些特级上将和五星上将、月球探险者、“挑战者”号航天飞机失事牺牲者，但绝大多数是殉职的官兵。已葬公墓老兵的配偶及 21 岁以下未婚子女等，可以分层合葬，实现家庭团聚。目前此地已成为美国最知名的国家公墓。

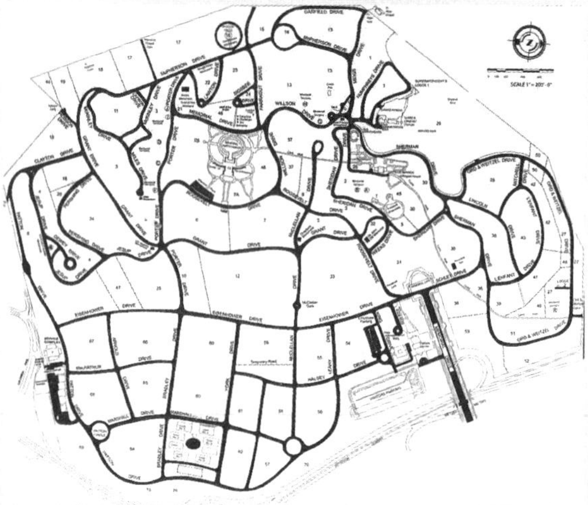

图 B-2-5　阿灵顿国家公墓总平面
来源：阿灵顿国家公墓公开图册

图 B-2-6　阿灵顿国家公墓
来源：作者根据图片绘制

墓园按自然地势分区，这里没有惊悚诡异，只有美丽与宁静。整座墓园树木葱郁、芳草如茵，墓地绵延起伏，根据地形划成70个不同区块，每个区块按战斗方阵排列，横平竖直、肃穆壮观。大理石墓碑造型统一，墓碑十分简单，强调个人渺小，集体强大（图B-2-7）。

图B-2-7　墓园局部鸟瞰
来源：作者根据图片绘制

墓园一隅的高地上，矗立一栋有200多年历史、美国最出色的希腊古典建筑，是原墓地主人的私邸，现已成为国家纪念中心，供民众参观。

墓园不讲排场，所有骨灰均埋地下，取消墓基，地面只留排列整齐的石碑。行走在墓园里，只见一望无际的石碑阵，有一种纯洁、神圣、宏大的整体感，提醒人们不要忘记英烈们的勇气与忠诚、献身与荣耀。墓地不分军阶等级，将军与士兵平等地葬在一起，墓地相连，体现“生而平等，死而平等”的人文关怀（图B-2-8）。

图B-2-8　墓园入葬
来源：作者根据图片绘制

肯尼迪总统的墓地，由花岗石拼成圆形石坛，在石坛中间花岗石铺砌的地面上蹿出一束永不熄灭的火苗，象征着这位总统为国家牺牲的精神。不设墓碑，只在地上平嵌他与逝世家人的铜牌（图 B-2-9）。墓对面的矮墙上嵌了他就职演说中的一句名言“Ask not what your country can do for you，ask what you can do for your country!”（不要问美国为你做了什么，而要问你为美国做了什么！）。

图 B-2-9　肯尼迪总统墓
来源：作者根据图片绘制

国家公墓有一个无名烈士纪念碑，埋葬在战争中无法核实身份的三位战士，由士兵 24 小时守灵站岗，每隔半小时举行换岗仪式，向无名英雄释放出最高的敬意。

墓园正中有一条宽阔的纪念大道，两旁设一座座纪念战功显赫的军人雕像。大道连着一组纪念女军人的纪念广场（图 B-2-10），每年退伍军人节，这里都要举行国家纪念仪式，缅怀为国捐躯的军人，向退伍将士致敬，唤醒群众的国家意识，激励更多的美国人。对墓园建设的重视，反映了国家的自信。

图 B-2-10　半圆形露天纪念仪式剧场
来源：作者根据图片绘制

入葬将士都要举行隆重的入葬仪式，骑兵引路，军乐吹奏前行，后面拖着覆盖国旗的灵柩炮车，三排七人送葬和持枪队，向天空鸣炮致敬，军号吹响，熄灯号意味进入长眠，随后入葬。

第二次世界大战后墓地容量紧缺，公墓建设了美国骨灰容量最大的纳骨设施，完成后将有9个庭院10万个格位。

公墓因其美丽的环境、优越的城市地理位置以及深厚的历史积淀，吸引了许多游览者和祭悼者来此休闲和感悟历史。

（三）波士顿奥本山墓园（Mount Auburn Cemetery）

墓园位于波士顿一块原生态的山丘地，这里原来有个小墓园。19世纪波士顿人口急剧增长，墓地需求日增。政府认为用大自然来安抚亡灵是最好的选择，于是决定在小墓园的基础上扩建墓园。1831年举行了设计竞赛，要求方案必须保护好原有的生态环境。

Halvorson Design公司在竞标中胜出，其方案充分利用了周边的自然景观，在茂密的森林环境中，扩张周边为坟墓用地，要保持自然景观，就必须放弃传统密集的墓葬方式，顺应地形，保持原来的树林、灌木丛、草地、山坡、溪流。把墓园以墓穴为主改造为以景观为主。于是这座新型墓园诞生了，后来草坪葬的出现又促成墓园大片草地的开发。墓园成为美国有史以来第一座景观式墓园。这里绿树葱茏，香飘四季，影响了美国墓园设计100多年（图B-2-11）。

图B-2-11 美国奥本山墓园一景
来源：作者根据图片绘制

墓园内绝大部分是植栽绿地，建筑物很少，只有一座哥特式小教堂和几间行政用房（图B-2-12）。部分围墙被改造成纪念墙。小山顶上建造了纪念美国第一任总统华盛顿的观景塔，在塔顶可以俯瞰波士顿市区和墓园全景，成了墓园的标志性建筑。

图 B-2-12　墓园小教堂
来源：作者根据图片绘制

埃及风格的大门上标有“欢迎参观”字样，突出墓园的开放性。门内还有一尊纪念南北战争的埃及狮身人面像，刻有“用鲜血和倒下的英雄摧毁了奴隶制”字样。墓园还有一处高低错落的露天纳骨构筑物，院中有院，墙外有墙，与地形完美结合。

道路顺应地形，曲折有致，在巨树下、草地上，大大小小各式各样的墓碑(卧碑、立碑、单碑、群碑)，或高大庄严或古朴无华，大部分是 19 世纪的遗存。还有逝者葬在台阶处、水池旁、石凳下。[1]不同信仰的逝者毗邻而葬，墓碑东西南北各朝一方，有的利用地形高差半埋地下(图 B-2-13)，有的设墓室、方尖碑、纪念亭、雕像、柱廊、小塔(图 B-2-14)……

图 B-2-13　利用坡地作嵌入式墓
来源：作者根据图片绘制

1　台阶(Carota Orne 墓)旁有小诗：如果泪水可为梯，记忆可为径，我欲攀往天堂，携汝回家。

图 B-2-14　小品景观式墓地
来源：作者根据图片绘制

各种元素组合在一起，结合环境分散布置，值得注意的是，墓园中有许多家族墓，有的家族墓延续 200 多年，说明 19 世纪的美国社会重视血脉和家庭（图 B-2-15）。墓碑和雕像星罗棋布，参差错落，所有的墓碑都在花木掩映下从容挺立，尽显芳华。

图 B-2-15　家庭墓地
来源：作者根据图片绘制

墓园经过 100 多年的经营，已具备相当规模，植物品种超过 700 种，参天乔木有 5500 多棵，被吸引到这里来繁殖的鸟类有 220 余种，墓园因此也成了游客观赏植物和鸟类活动的好地方。该墓园已被列为美国国家历史纪念标志物（National Historical Landmark）。

（四）莫斯科新圣女公墓（Новодевичье Кладбище）

它是俄罗斯民族精英的长眠地，享有欧洲三大著名墓园之一的美誉。位于莫斯科西南部河畔，原来是新圣女修道院的一部分，后来改成墓园，现址仍毗邻修道院，南侧是修女们的墓地，从 19 世纪开始，一些社会名流开始入葬。1898 年辟为公墓，将散在各地的名人墓迁移至此。

该公墓占地 7.5 公顷，埋葬了 26000 多位各个时期的俄国精英，如著名作家、剧作家、诗人、演员、政治领导人和科学家等，他们是俄罗斯人的骄傲（图 B-2-16）。

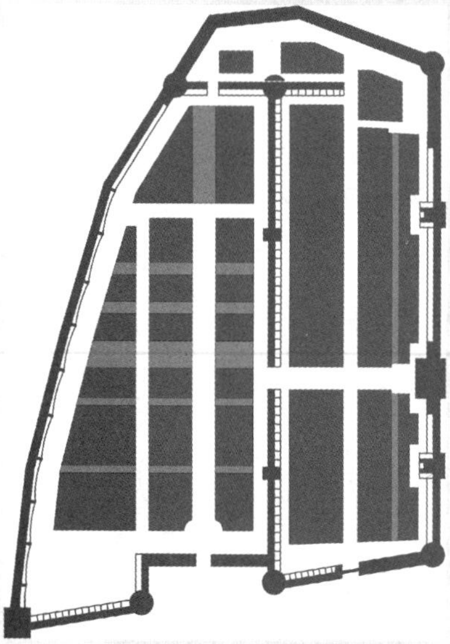

图 B-2-16　莫斯科新圣女公墓总图
来源：作者根据图片绘制

红白相间、古色古香的 12 座塔楼、厚实的围墙，以及院内的修道院和教堂，作为俄罗斯巴洛克优秀建筑，均被列入世界文化遗产名录，评语为“该修道院是俄罗斯建筑成就的最高典范”。它沉淀了浓厚的俄罗斯文化，体现了俄罗斯民族的性格，是解读生命价值的神圣墓园（图 B-2-17、图 B-2-18）。

图 B-2-17　莫斯科新圣女公墓入口
来源：作者根据图片绘制

图 B-2-18　墓园中央大道
来源：作者根据图片绘制

新圣女公墓最大的特点是用雕塑表现逝者的个性与事迹，每一座墓碑不仅是完美的艺术品，而且都饱含一段动人的故事。墓园就是一部俄罗斯浓缩史。

这里只有人名和生卒日，没有歌颂和评价，是一座政敌同驻、施虐者与被虐者共处的墓园。这里每天都吸引着一代又一代俄罗斯人前来朝拜，他们主动清扫墓地，擦拭墓碑，敬献鲜花，表达对伟人的尊敬、对英雄的崇拜，以及对艺术的痴迷。

这里是人类解读和告别生命的地方，也是审视人生的课堂、净化灵魂、舒展心境、延续文明的宝地。一部沉淀了俄罗斯厚重历史和文化的百科全书，是莫斯科最值得参观的地方（图 B-2-19）。

图 B-2-19　散布各处的名人雕像墓碑
来源：作者根据图片绘制

（五）美国莱克伍德公墓墓园（Lakewood Garden Mausoleum）

莱克伍德公墓墓园位于明尼阿波利斯市（Minneapolis），始建于 1871 年，以草坪葬闻名。这个古老墓园的周边是成片的树林和湖泊，利用洼地进行扩建，设计难点在于如何在极负盛名的老墓园里创造体现新时代精神的新建筑，以及新老建筑如何协调。美国 Halvorson Design Partnership 事务所在方案征集中胜出。建成后广受好评，获得了 2013 年 ASLA 设计专业奖和通用设计杰出奖，获得“耳目一新、非同凡响”的评语。

凹陷地被当地人称为“恶化了的沉没空间”，建筑师利用附近茂密的树林和湖泊，化腐朽为神奇，将这片低洼地改造成现代化的新地景。

北面占地 2230 平方米的新建筑是接待中心和骨灰存放楼，花岗石和白色马赛克饰面，包括 36 个地下墓穴区、6 个骨灰存放室和 3 个家庭合葬墓，还有捐助室和瞻仰室等用房。因地形标高落差，地面上只看到一层小楼，另一侧面向下沉式广场，下沉部分建筑的面积较大，故部分屋顶与上面的地面相平，成为屋顶花园。

建筑师在地下墓室之间，结合景观设计了敞开式的骨灰墙。新建筑将东边两座石墙隆起的花园地下墓室和西边原有的四层纳骨建筑围合成一组景观空间，使新旧建筑相融合，保护了历史风貌，能够获得充足的阳光。在下沉的草坪式中心广场上，可以举行各种集会，这里也是人们沉思、慰藉和冥想的地方。广场在西面纳骨建筑前，东西向布置了一个能产生倒影的条形无边水池，正好位于有百年历史拜占庭风格的教堂正对面，形成了一个长达 170 米的轴线，突出了美丽的教堂在整个总图中的地位（图 B-2-20 ~ 图 B-2-22）。

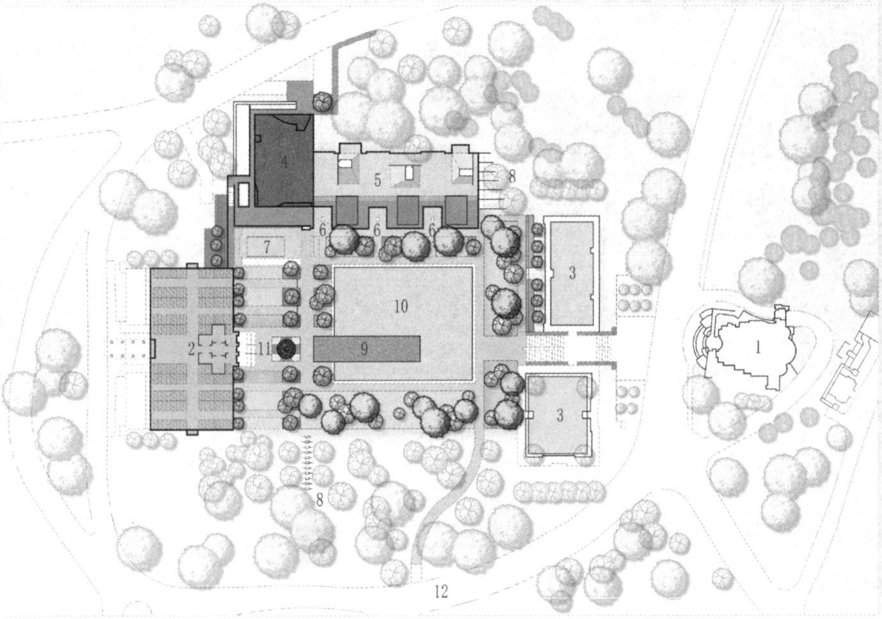

1. 教堂（1909）
2. 陵墓（1967）
3. 花园墓穴（1960）
4. 新陵墓 - 接待中心（1960）
5. 绿色屋顶
6. 新花园壁龛“骨灰存放间”
7. 新花园地窖“骨灰存放间”
8. 露台草坪台阶
9. 水池
10. 中央草坪绿地
11. 小花园
12. 服务道路

图 B-2-20　莱克伍德公墓墓园总平面图
来源：作者根据图片绘制

图 B-2-21　莱克伍德公墓墓园侧面入口
来源：作者根据图片绘制

图 B-2-22　莱克伍德公墓墓园临湖
来源：作者根据图片绘制

下沉式广场被枫树、山楂树和其他乔木所包围，与平地相接处设置梯状坡地，作为建筑与景观之间的过渡，也为未来的扩展预留了空间（图 B-2-23）。设计保留了原有的树木，铺了草坪的屋顶提高了墓园的绿化率，减少了热岛效应，改善了小气候。

图 B-2-23　梯状坡地
来源：作者根据图片绘制

停车场在下暴雨时能够快速渗透排出雨水，保证低凹广场不积水，环保与景观相配合。南面密集的大树和灌木所形成的缓坡，成为绿色的背景，让空间产生丰富的层次感（图 B-2-24、图 B-2-25）。

图 B-2-24　无边水池
来源：作者根据图片绘制

图 B-2-25　局部俯视图
来源：作者根据图片绘制

墓园设计最大的成功，是在一个被废弃的凹陷地上，用现代美学手法和设计理念，创造出视觉和功能上最佳的表现，把历史建筑和新创造的环境艺术超凡脱俗地完美结合。

（六）阿根廷雷科莱塔国家墓园（La Recoleta Cemetery）

该墓园位于布宜诺斯艾利斯（Buenos Aires），建于 1822 年，占地 4 公顷，是阿根廷最古老的墓园，世界著名的十大墓园之一。该墓园最早是教堂的附属墓地，后来演变成只供有数代贵族血统的家族才有资格入葬的贵族墓园。200 多年来，约 7000 名富人及名人，包括 23 位正副总统在这里安息。

深受阿根廷人民爱戴的庇隆夫人（EvaPerón），生前支持丈夫改革，为底层民众的苦难奔走呼吁，成了阿根廷民众的偶像和“救世主”。死时才 33 岁，首都有 70 万人为她送葬。几乎每一位游客都会寻找她的墓地表达敬意。她本人不设墓，把骨灰寄存在朋友的墓地里，仅立铜牌，骨灰寄存处至今依然鲜花不断。

委内瑞拉已故总统查韦斯（Hugo Rafael Chávez Frías），生前有人爱他，有人恨他，但没有人忘记他，也选择这里作为安息地，他墓前的鲜花不多，但从来间断。

该墓园的每块墓地和墓室都由著名艺术家或建筑师设计，极具特色，仿佛是一座座缩小版的宫殿。墓地的布局、规模和风格迥异。小的只有几平方米，大的有 20 多平方米。大部分墓室都有装饰精美的大理石或青铜的雕塑，每尊雕塑仿佛都在讲述墓主生前的事迹及其家族的辉煌历史。正是这些精美的大小雕塑构成了墓园的特色。每户入葬者必须遵循大理石覆面、雕塑缠身的约定，200 多年争奇斗艳的结果，给世界留下了一座美轮美奂的雕塑墓园，让每位参观者留下难忘的印象。这座墓园成了阿根廷身份、地位和荣誉的象征，是人们向往的永久家园（图 B-2-26 ~ 图 B-2-28）。

图 B-2-26　狭窄的墓间道
来源：作者根据图片绘制

图 B-2-27　连片的阴宅建筑
来源：作者根据图片绘制

图 B-2-28　逝者碑雕
来源：作者根据图片绘制

墓室地下或地上堆放着一具具不同材质的棺木，按照家族成员逝世的时间顺序叠放。因为年代久远，墓地保养状况的差别反映出 200 多年家族的兴衰。

入口建筑有庄严的希腊陶立克柱廊（图 B-2-29、图 B-2-30），大门的地上镶嵌铜制的“2003”几个大字。

图 B-2-29　墓园大门
来源：作者根据图片绘制

图 B-2-30　墓园侧门
来源：作者根据图片绘制

该墓园没有配套服务设施，只有一栋作为入口的建筑物，墓园没有宗教仪式厅，只在门厅狭小的空间一角放了一个供举行简单仪式的小小祭台（图 B-2-31）。

图 B-2-31　附有祭台的门厅一角
来源：作者根据图片绘制

跨过地上“2003”几个字，进入了美轮美奂的“宫殿”区。除了两排大树夹着的中央大道外，墓园没有绿地，整个墓园横平竖直排列着井字形的“街道”，加上四条对角线形成的斜街，排列规整有序，像个微缩版的欧洲城市街区（图 B-2-32）。

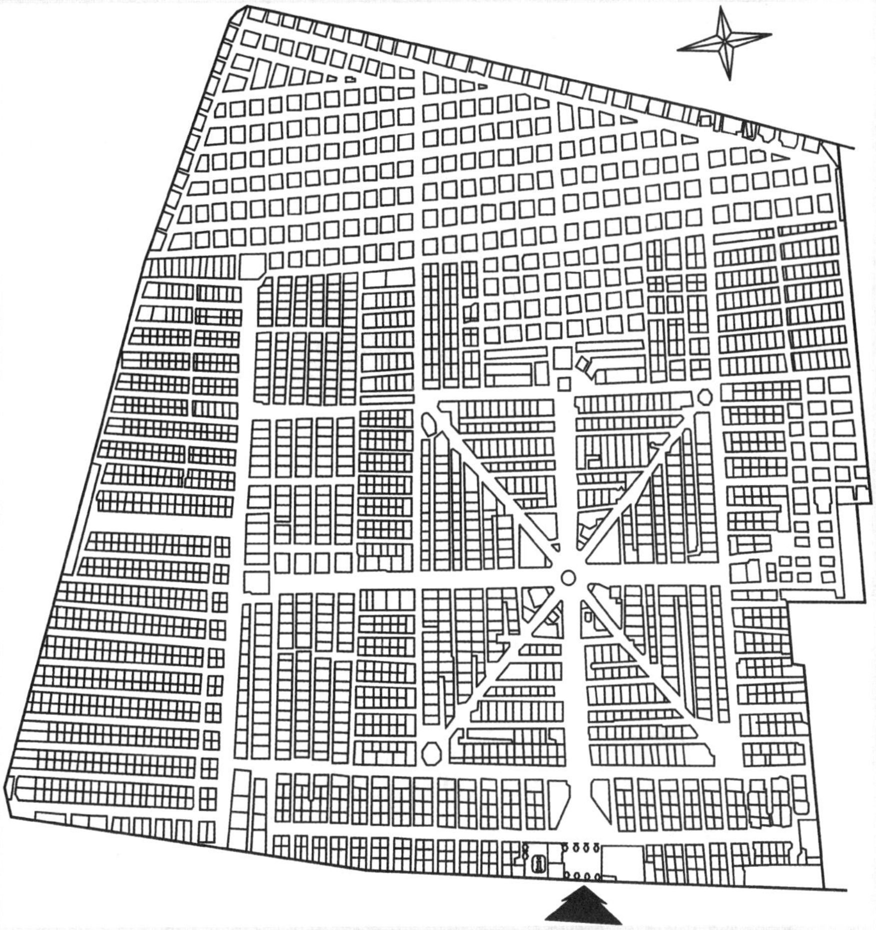

图 B-2-32　墓园总平面图
来源：作者根据墓园宣传资料绘制

墓园围墙之外则是另外一幅景象，挤满了咖啡馆、酒店、纪念品商店和装扮成小丑的乞丐。围墙内外是生死两重天。

（七）智利彭塔阿雷纳斯墓园（Cemetery of Punta Arenas）

彭塔阿雷纳斯位于寒冷的智利南极区，是进入南极的重要港口，19 世纪中叶是流放犯人的地方，后来变成移民城市，被西班牙殖民统治几百年，大部分居民是欧洲后裔，许多欧洲富人也移民至此。随着城市的发展，当局于 1894 年设立了这个占地 4 公顷的市政公墓，埋葬当时最具权势的名门望族，墓穴均装饰华丽，彰显家族的显赫（图 B-2-33）。所以这里到处可以看到在中世纪欧洲风格影响之下的墓建筑。这些墓建筑又呈现出冒险移民的创新精神。

图 B-2-33　墓园精美的名人墓建筑
来源：作者根据图片绘制

它被评为世界十大最美公墓之一。当选原因是它在一定程度上摆脱了西方传统（图 B-2-34、图 B-2-35）。西方墓园一般是从教堂属地演化而来，常常缺乏总体规划，久而久之挤满了枯燥乏味的墓碑。

图 B-2-34　墓园墓地阴宅
来源：作者根据图片绘制

图 B-2-35　受分离派影响的阴宅
来源：作者根据图片绘制

这个墓园的特点是事先经过规划，建设之初就安排了大量绿地，经过 100 多年经营，墓园内的欧洲柏树高大挺拔，绿树成荫，鲜花盛开，多数家族简洁风格的墓地，加上装饰，铜雕、石刻、壁画，造型精美的墓碑和白大理石雕像，配以各种植栽，在南极强烈的阳光下，产生非常鲜明的色彩对比，白的更白，绿的更绿。在绿树鲜花掩映下，整个墓园显得净洁、精致，少有其他墓园的悲凉感，这在传统墓园中是少见的（图 B-2-36 ~图 B-2-39）。

图 B-2-36　造型简洁的墓地
来源：作者根据图片绘制

图 B-2-37　墓地一角

来源：作者根据图片绘制

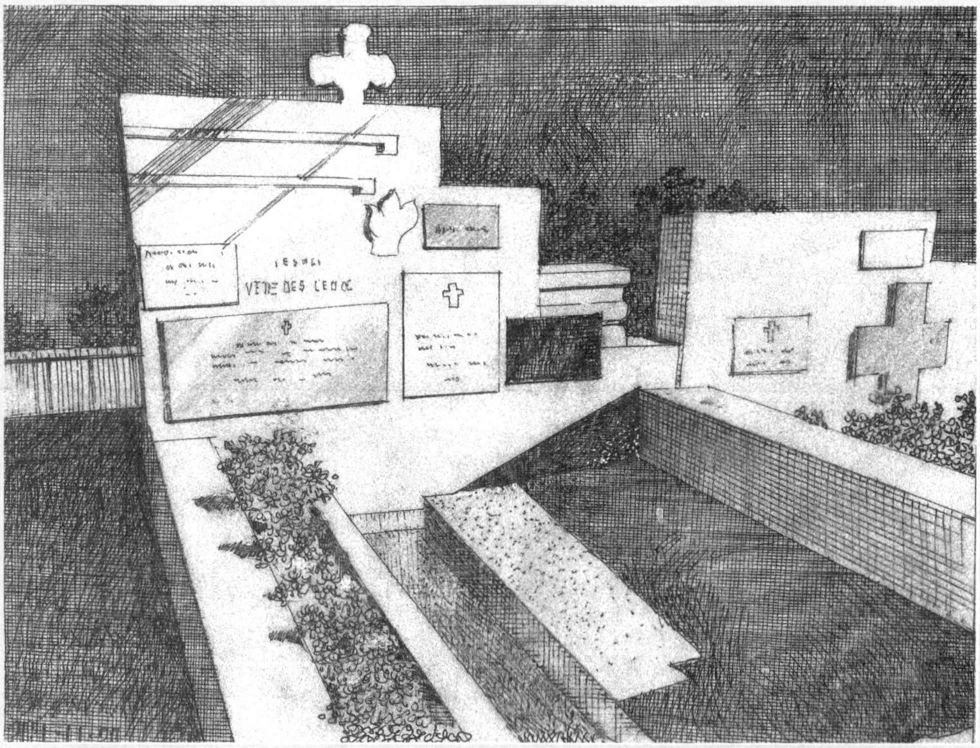

图 B-2-38　富有创意的墓地设计

来源：作者根据图片绘制

图 B-2-39 墓园中央大道
来源：作者根据图片绘制

长眠在鲜花围绕中，听松涛海韵，这里是逝者最好的安息地，体现的是尊重和爱。

（八）奥地利伊斯兰墓地（Islamic Cemetery in Austria）

该墓地位于奥地利西部福拉尔贝格州（Vorarlberg）的乡间，当地有 8% 的居民信奉伊斯兰教，故在 2012 年建成了这座伊斯兰墓园。设计者为贝纳多 · 贝德尔建筑事务所（Bernardo Bader Architects），该设计获得了 2013 年阿迦汗建筑奖（Aga Khan Award for Architecture）（图 B-2-40、图 B-2-41）。

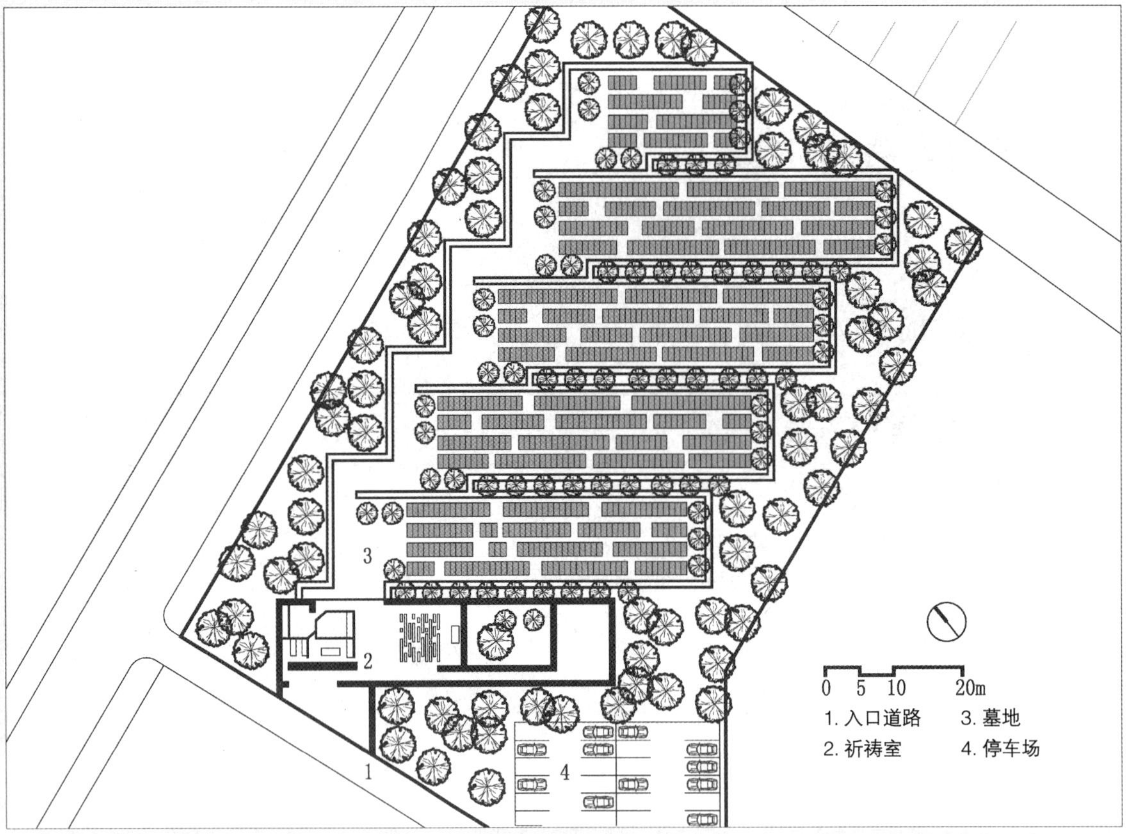

图 B-2-40　总平面图

来源：作者摹绘，司马蕾 . 伊斯兰墓园，阿尔特阿赫，奥地利 [J]. 世界建筑，2013（11）：56-64.

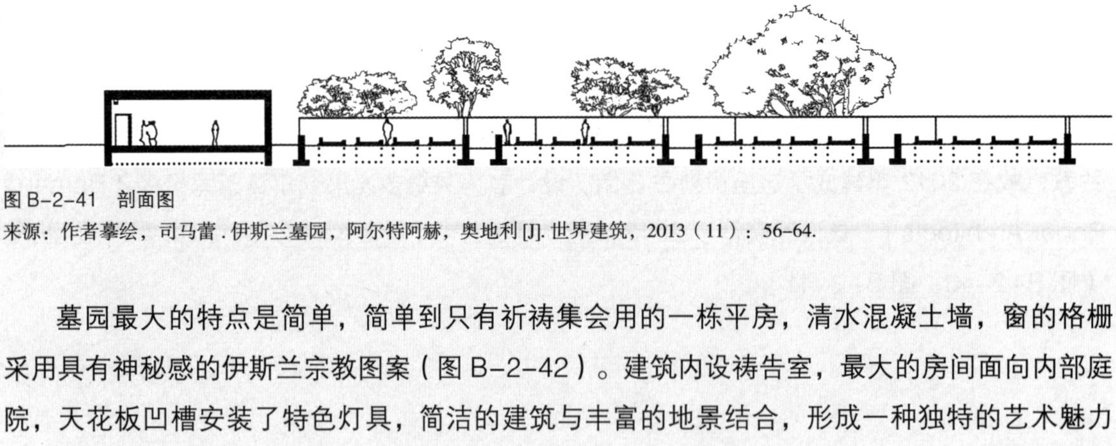

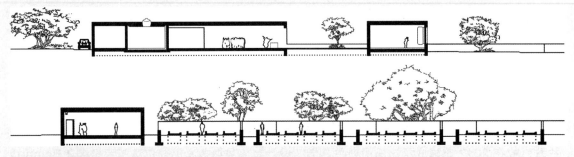

图 B-2-41　剖面图

来源：作者摹绘，司马蕾 . 伊斯兰墓园，阿尔特阿赫，奥地利 [J]. 世界建筑，2013（11）：56-64.

墓园最大的特点是简单，简单到只有祈祷集会用的一栋平房，清水混凝土墙，窗的格栅采用具有神秘感的伊斯兰宗教图案（图 B-2-42）。建筑内设祷告室，最大的房间面向内部庭院，天花板凹槽安装了特色灯具，简洁的建筑与丰富的地景结合，形成一种独特的艺术魅力（图 B-2-43）。除了建筑外，室外还有 5 条面向圣地麦加的长方形墓区。在多元信仰的背景下，提供少数族裔墓区，促进了当地的族群和睦。

图 B-2-42　祈祷室内景
来源：作者根据图片绘制

图 B-2-43　建筑外观
来源：作者根据图片绘制

简洁是墓园最大的特点，因简洁而获奖是它的秘诀，它对现代墓园的创作具有一定的启发性。

（九）澳大利亚布鲁荣（Bunurong）纪念公园

布鲁荣纪念公园始建于 1995 年，位于 Dandenong 市南部，是在小型墓地和火葬场基础上发展起来，突破传统观念形成的一个现代化墓园，2016 年正式开放，成为澳大利亚新公墓的典范。

该项目是由 Aspect Studios 景观设计工作室和 BVN 建筑师事务所，以及南部都市公墓信托（SMCT）合作建设的项目。纪念公园以景观和湖景为特色，公园占地近 100 公顷，墓园仅占公园用地的 10%。

设计者认为墓园不应代表人生的终点，而应跨越传统，创造新的悼念方式，让墓园成为人人共享的现代化公园，以特殊的方式唤醒人们内心的情感，借此改变澳大利亚人对殡葬和死亡的看法。

核心位置是公园，周边布置现代型的教堂、墓地、服务中心、宗教用房、功能中心等与殡葬有关的设施。其设计思想是以公园为核心，突出绿色，淡化殡葬。殡葬设施在公园仅作“配角”。

纪念公园以景观、湖景为特色，种了 8 万棵树和无数灌木，还设计了许多艺术装置，让植栽和建筑完美结合，共同形成和谐的整体（图 B-2-44），访客进入公园，仿佛进入了一个艺术大花园，纪念公园的每个区块都有自己的特点。

图 B-2-44　墓园一角
来源：作者根据图片绘制

公园围合空间的一侧，面向湖面，通过纪念桥连接户外的教堂、湖泊和绿地。教堂为半室外空间，面对湖区，让室外湖景“流入”教堂。

纪念公园是一个充满活力、令人难忘的地方，不仅可以悼念先人，还可以举办各种活动；跑步、忏悔、散步、家庭聚会、儿童游戏，还有游乐场、烧烤区、咖啡厅、花店、餐厅，甚至可以举办婚礼、商务等与死亡无关的活动（图 B-2-45、图 B-2-46）。

图 B-2-45　内景水道
来源：作者根据图片绘制

图 B-2-46　墓园局部外景
来源：作者根据图片绘制

项目投资人称：“墓地是逝者的长眠处，但公园却是人们和家庭的乐园，这里不应该只代表过去”，认为 20 年后这里可能会被家庭包围，因为居民需要有地方遛狗、喝咖啡、会友和聊天。

这个全新的公墓开放后影响很大，已成为澳大利亚悼念先人的样板。

（十）韩国思安墓园

韩国是个多山国家，70% 以上的国土为山地，所以墓园建设尽量利用坡地。殡葬习俗类似中国，但遗体火化率却远高于中国。

设计者认为墓园并非仅是逝者的“居住”地，还应有对逝者的回忆，把墓园当作回忆过去和审视自我的场所（图 B-2-47）。

思安墓园是按照城市概念来建设的，它的坡道、阶梯和过道均宽敞而平缓。数以万计的逝者分散在一个个“小区”里，彼此相聚。地上纳骨墙以排屋状阶梯式分布（图 B-2-48）。多数纳骨墙有坡顶遮阳，坡顶上植草，所以从空中俯视，墓园像个地形起伏的绿地公园（图 B-2-49），“小区”结合地形高低错落，以斜坡与台阶互相串联，共享休憩绿地和小祭拜堂（图 B-2-50、图 B-2-51）。

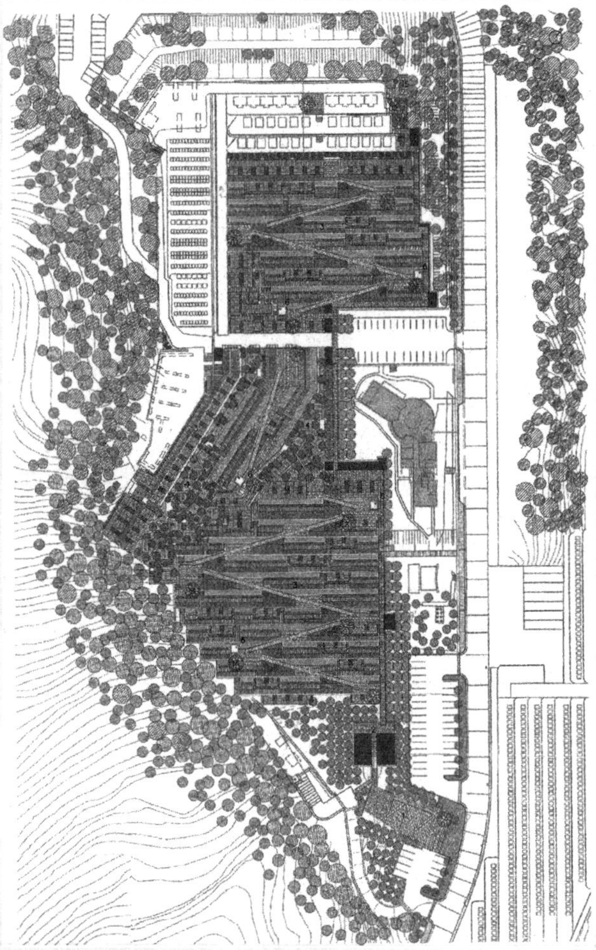

图 B-2-47　总平面图
来源：作者根据图片绘制

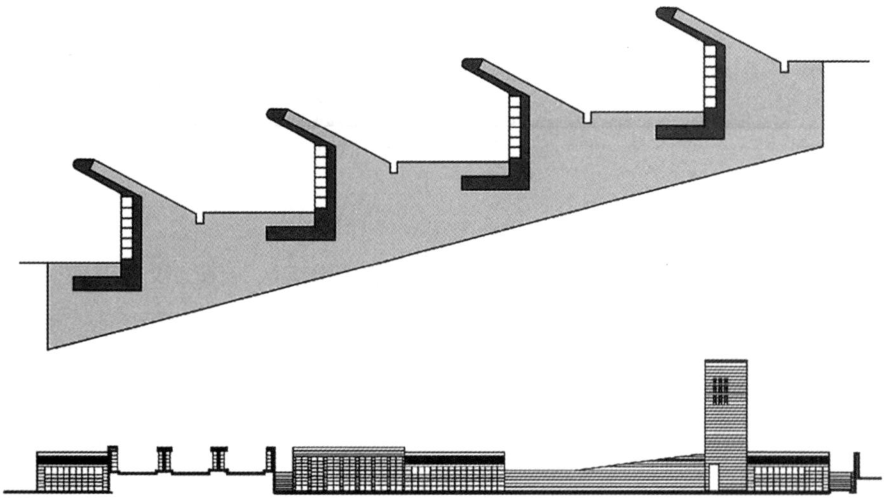

图 B-2-48　纳骨墙剖面和部分主面
来源：作者根据图片绘制

图 B-2-49　墓园局部鸟瞰图
来源：作者根据图片绘制

图 B-2-50　复杂地形中的纳骨墙
来源：作者根据图片绘制

图 B-2-51　墓园局部
来源：作者根据图片绘制

该墓园主入口位于底层靠近马路的低处，周边设置了许多水面，既丰富景观又兼作消防水池。进入园区即见到一排排纳骨墙所形成的不同“社区”，提示人们已进入一个崭新的宁静世界，设计者认为这个墓园的主人并非逝者，而是对逝者的回忆，我们应当把墓园当作一个记忆和审视自我的场所。该墓园分割出一些大小地块，目前暂时是草坪，必要时转成墓地（图 B-2-52）。

图 B-2-52　外观一隅
来源：作者根据图片绘制

中国也是一个多山多丘陵的国家，思安墓园的成功给我们带来启示。

（十一）法国拉雪兹神父公墓（Lachaise Cemetery）

拉雪兹神父公墓位于巴黎东郊，面积很大，历经五次扩建后达到44公顷，容有7万个墓碑，5300棵大树，是世界最著名的大型墓园。

神父生前深受皇帝路易十四的宠爱，获赏豪宅，1804年豪宅被巴黎市政府购回，改为公墓（图B-2-53）。

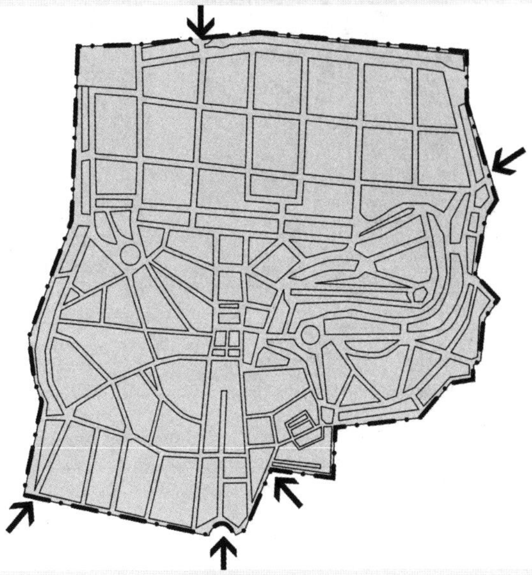

图B-2-53　巴黎拉雪兹神父公墓总图
来源：作者根据墓园资料绘制

初始没有人愿葬到如此偏远的墓地。政府为了鼓励入葬，借莫里哀等名人迁葬的机会大肆炒作，举行了隆重的公开葬礼。随后又举行了多次名人迁葬活动，墓园才逐渐被关注。因为人们死后都愿与名人做伴，拉雪兹神父公墓因此名气大增。从埋葬十几人增加到目前30多万人，其中世界名人达106位，有钢琴家肖邦（Frédéric François Chopin）、作曲家比才（Georges Bizet）、意大利作曲家罗西尼（Gioachino Antonio Rossini）、舞蹈家邓肯（Isadora Duncan）、大文豪巴尔扎克（Honoré de Balzac）和雨果（Victor Hugo）、美国现代作家斯泰因（Gertrude Stein）、《国际歌》词作者欧仁·鲍狄埃（Eugène Edine Pottier）、法国喜剧作家莫里哀（Moli è re）、爱尔兰诗人兼作家王尔德（Oscar Wilde）……墓园设计并无特别推崇之处，就因名人荟萃而著名，每年吸引几十万游客来此悼念。

法兰西民族是一个民主、开放、热情、宽容的民族，他们“有容乃大”，欢迎世人来此入葬。墓园大部分墓主是普通百姓，伟人墓不到千分之四。这里没有出身、等级、国籍、种族以及财富多寡的限制。不强调政治立场，一律平等。106位名人墓混杂在普通百姓的墓丛中，没有导游很难找到；名人墓简单低调，甚至不如普通市民的墓地，有钱人建墓的豪华程度远超名人，但名人墓并不因此失去光彩（图B-2-54、图B-2-55）。

图 B-2-54　墓间小道
来源：作者根据图片绘制

图 B-2-55　墓地不分国籍和种族信仰比肩而立
来源：作者根据图片绘制

人的出生地无法选择，但葬地可以选择。许多外国人为了追求民主、自由、平等的理想，离开祖国，葬到这里。这就是拉雪兹神父公墓存在的意义。公墓划分为几十个墓区，其中有安葬第二次世界大战中被纳粹杀害的犹太人墓区，也有中国人墓区。

1871年，法国无产阶级在巴黎建立了第一个自己的政权——巴黎公社，受到当局残酷镇压。为了保卫政权，公社社员筑起壁垒，奋起反抗，浴血奋战。当年5月28日，最后147名公社社员在高呼“公社万岁”的口号声中英勇就义。巴黎市民为了纪念这些为理想献身者，在他们牺牲的围墙前，建了一座高2米、长20米的纪念墙，大理石碑文上写着：“献给公社死难者，1871年5月21日至28日。”每年都有无数市民前来献花致敬（图B-2-56）。

图B-2-56　巴黎公社纪念墙
来源：作者根据图片绘制

这里不分敌友，没有等级高下。镇压巴黎公社，双手沾满市民鲜血的头号刽子手梯也尔（Thiers）也葬在这里。他的墓地高达十几米，是一座豪华巍峨的罗马式大殿堂，非常气派，占据墓园最显要的位置。建成后，遭到市民们的鄙视，有人在大门上刷“公社万岁”的标语表示抗议。只要生前做过恶，即使高居庙堂之上，无论何等尊贵，最终仍被群众所唾弃。

墓园内墓地密集，材质多种多样，但每座墓碑都表现出逝者本人的品位。最有特色的是墓主人的雕像，头像、全身像、半身像，或躺或坐，姿态各异（图B-2-57、图B-2-58）。

图 B-2-57　墓地一瞥，各墓峥嵘
来源：作者根据图片绘制

图 B-2-58　墓地一角，各显神采
来源：作者根据图片绘制

墓园北部有一个圆顶的火葬场，四周是纳骨墙，是在墓地严重不足时加建而成，歌剧女王凯瑞拉斯（Kerilas）的骨灰就葬在这里。[1]

1　实际骨灰已撒向大海，此处仅为衣冠冢，便于人们吊唁。

（十二）荷兰奥斯特（De Nieuwe Ooster）墓园

位于阿姆斯特丹，占地 33 公顷，有 28000 座坟墓，是荷兰有 120 年历史的最大墓园。墓园经过三次更新，每次更新后，都形成自己的特点，也为未来发展预留了空间。该墓园被誉为世界上最美的公墓之一。

2001 年，墓园委托 Karres+Brands 事务所进行更新设计，新项目 33 万平方米，于 2011 年全部完工。新设计引入了更多的现代元素（图 B-2-59），最大的设计特点是处处为客户着想，各种不同的殡葬需求在这里都能得到满足。设计时特别重视建筑对人们悲痛、缅怀等精神层面的正面影响（图 B-2-60）。

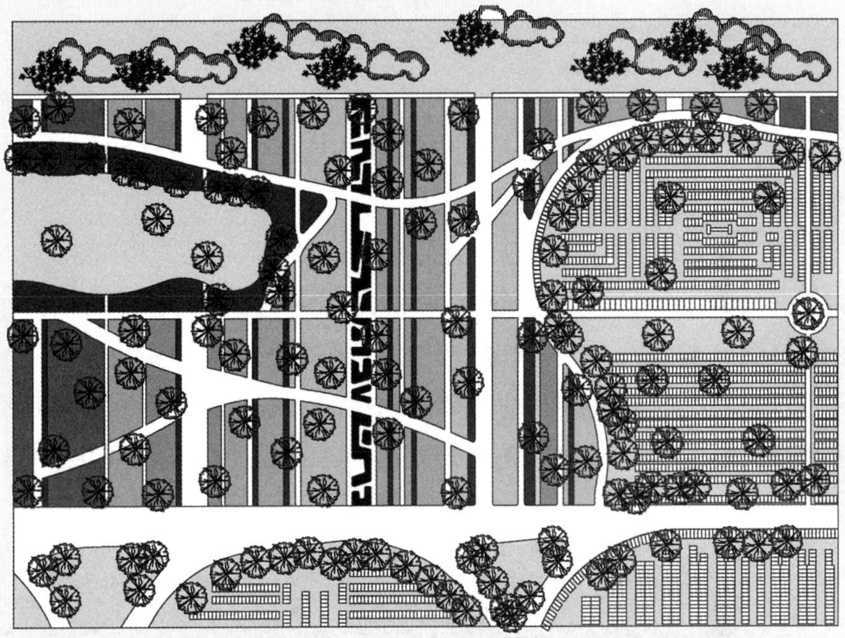

图 B-2-59　墓园总图
来源：作者根据图片绘制

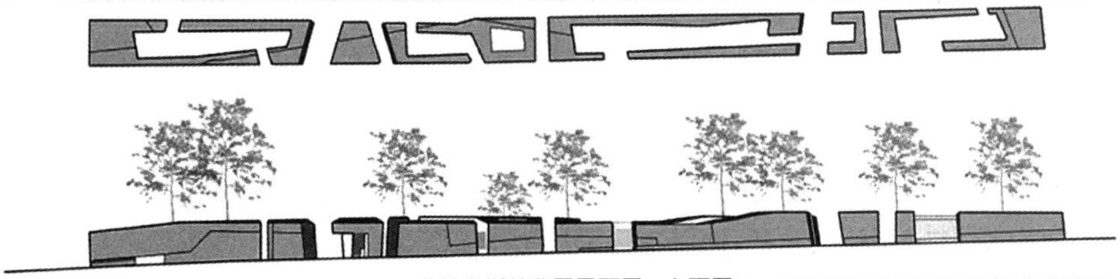

荷兰奥斯特墓园平面图、立面图

图 B-2-60　墓园平、立、剖面图

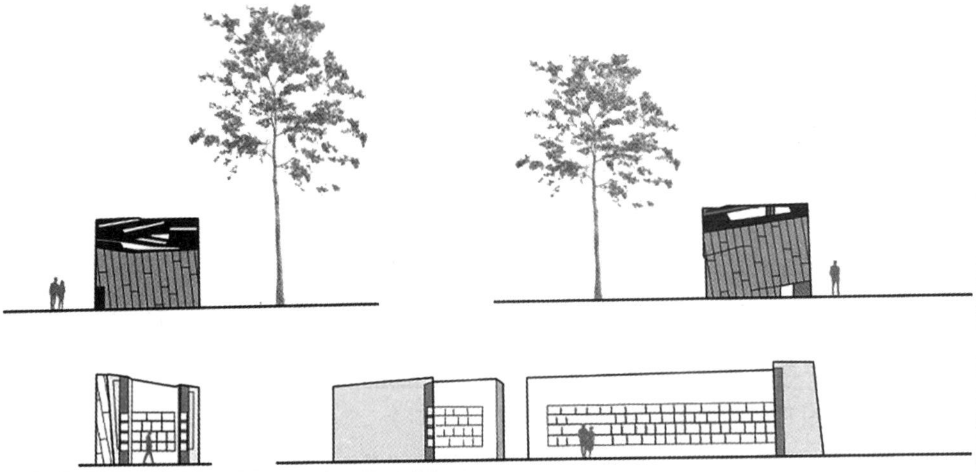

荷兰奥斯特墓园立面图、剖面图

图 B-2-60　墓园平、立、剖面图（续）
来源：作者根据图片绘制

为了节省墓地，规定 5 个棺木垂直上下重叠摆放，租赁使用年限为 10 年。墓地划分十分灵活，为逝者保留了墓碑个性化设计的可能。

为了避免碎片化，保持墓地的完整和方便，该墓园在墓地间隙之间的条状地块上，建造了对内开放、对外封闭的纳骨墙群，形成了一个有趣的体量组合（图 B-2-61），由锌铝板构成的白色纳骨墙建成，不设遮阳板，但隔一定距离设置能避雨的休息点。纳骨墙的组合活泼自由，形成一个与外部环境相区隔的空间，外立面给人以坚实感，内立面则划分为骨灰格架，形成外实内虚的格局；浅灰色的外立面和雪白的内立面形成对比（图 B-2-62 ~ 图 B-2-64）。

图 B-2-61　墓园鸟瞰图，中间部分为纳骨墙组合
来源：作者根据图片绘制

图 B-2-62　纳骨墙外立面
来源：作者根据图片绘制

图 B-2-63　纳骨墙内立面
来源：作者根据图片绘制

图 B-2-64　条状地块上的纳骨墙组合
来源：作者根据图片绘制

纳骨墙不远处有一个与之平行的条状水池，水池上有多条曲折的水面步道，行人可以自由穿行（图 B-2-65）。水池中央的装置艺术与莲叶增加了水池的趣味性，同时也增强了墓园景观的纵深度。

图 B-2-65　水面步道
来源：作者根据图片绘制

墓园种植了大量桦树，绿色植物的边界增强了环境的整体感。

（十三）法国第一次世界大战国家公墓法国追忆之环（Ring of Remembrance）

第一次世界大战，6 大洲 33 个国家、15 亿人卷入了战争。有 14 万华人赴欧支援，造成全球军人和平民 1860 万人丧生。当时法国每 3 个 15 ~ 30 岁的男子中就有 1 人死于战火。第一次世界大战结束 100 周年时，法国政府决定将位置选在北部加来海峡（Pas de Calais）的洛雷特圣母山上（Notre-Dame de Lorette），第一次世界大战国家公墓旁，修建纪念碑。

建筑师构想设立一座和平团结的纪念物，最终选定“友好牵手”方案，不分种族敌我、团结友爱、牵手成圈的一个环形构筑物。环形体中安置了铭刻参战的 60 万名官兵名字的 500 张金属名牌，姓名排列不分参战先后和军阶大小，也不分种族、性别和国籍。大家牵手构成循环往复没有尽头的“链条”，象征团结、平等、友好，永无止境（图 B-2-66、图 B-2-67）。

图 B-2-66　第一次世界大战纪念碑总平面图

来源：菲利普·普罗斯特，辛梦瑶 . 回忆之环：洛雷特圣母国际纪念碑，阿布兰圣纳泽尔，加来海峡，法国 [J]. 世界建筑，2015（8）：88-93.

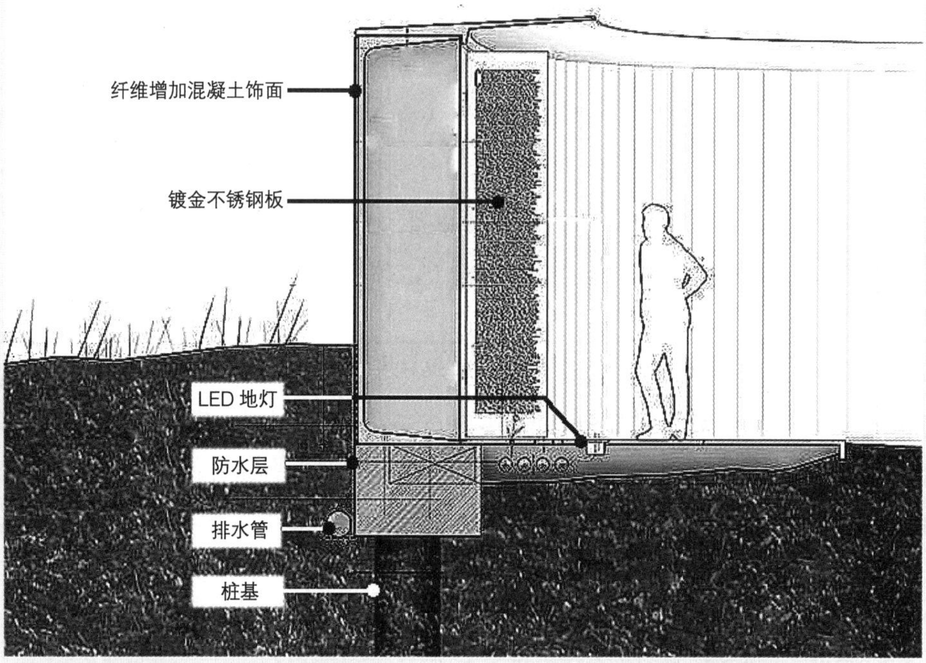

图 B-2-67　“友好牵手”第一次世界大战纪念碑剖面
来源：作者根据图片绘制

巨大的水平环，像一个无重力悬浮体，与起伏的地形形成反差，部分埋在土中，部分悬在上空，提醒人们和平是脆弱的，只有团结才能维护，表达了法国人对人性的尊重和对和平的渴望（图 B-2-68）。

图 B-2-68　如无重力悬浮体般的悬挑结构，环内局部俯视
来源：作者根据图片绘制

金属片强烈的光线反射和圆环造成的阴影，共同组成了一个诗意隽永的图案画面，令人印象极为深刻。这个富有创意、具有法兰西精神的设计受到人们的普遍赞赏（图 B-2-69 ~ 图 B-2-71）。

图 B-2-69　黑褐色的环形体外观
来源：作者根据图片绘制

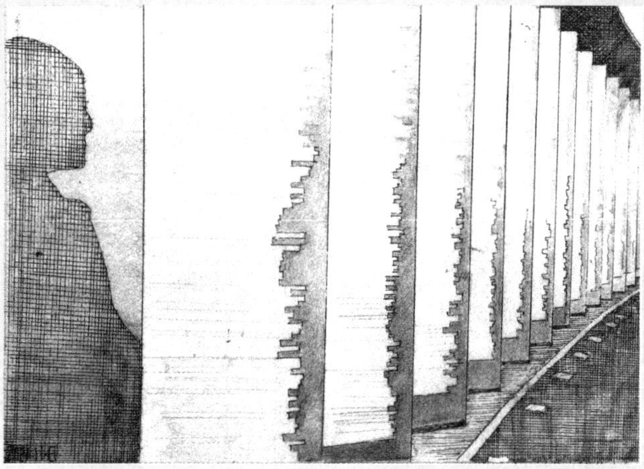

图 B-2-70　环内折形金属片
来源：作者根据图片绘制

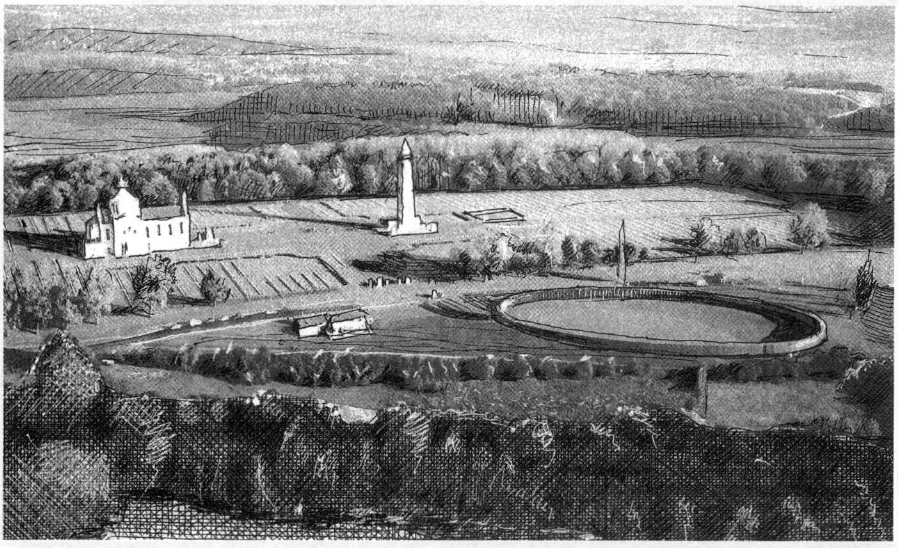

图 B-2-71　鸟瞰
来源：作者根据图片绘制

（十四）维也纳中央公墓（Zentralfriedhof）

维也纳中央公墓位于维也纳东南部，始建于 19 世纪初，占地 240 公顷，容有 33 万座墓穴。最初为皇亲贵族的专属墓地，1874 年开辟荣誉墓区，允许对国家有贡献的公民入葬，随后名人也开始入葬，声名一时远扬，墓园于是进一步开放，成为奥地利最有影响的公共墓地。按宗教信仰分成若干墓区，不存等级，没有偏见，包容大度，对所有人开放（图 B-2-72、图 B-2-73）。

图 B-2-72　“分离派”墓园教堂
来源：作者根据图片绘制

图 B-2-73　墓园林荫道
来源：作者根据图片绘制

它有两个特点，教堂是欧洲“分离派”建筑的经典作品，也是著名音乐家的安息地。自1859年莫扎特（Wolfgang Amadeus Mozart）纪念碑在此建成后，该墓区就成了著名音乐家、作曲家、导演以及其他艺术家身后向往的聚集地。他们的墓地先后选在莫扎特纪念碑的周围，其中有贝多芬（Ludwig van Beethoven）、老小施特劳斯（Johann Strauss Ⅰ，Johann Strauss Ⅱ）、舒伯特（Franz Schubert）、勃拉姆斯（Johannes Brahms）、葛路克（Christoph Willibard Gluck）等20多位世界著名音乐家。中央公墓成了瞻仰音乐大师们的圣地。这个充满创意和美感的区域成了墓园最耀眼的名片（图B-2-74、图B-2-75）。

图B-2-74　莫扎特墓
来源：作者根据图片绘制

图B-2-75　著名音乐家的墓碑
来源：作者根据图片绘制

（十五）意大利古比奥墓地（Gubbio Cemetery）的扩建[1]

2011 年进行古比奥纪念墓地的扩建，设计方为 Andrea Dragoni Architect & Massimo Marini，面积 1800 平方米，平面由线性几何体组成，具有意大利乡村式布局的特点，考虑到与周边环境的协调，它与墓地相互独立。设计师追求创造能够让人放松、进行反思的空间，顶部开了一个从早到晚光影变化的方形天窗，人的灵魂仿佛可以挣脱地球从方孔中飞出去，心灵受到洗涤，束缚从此解开，思维和视野也都得到了扩展。这个扩建项目是新型公共建筑的一种探索（图 B-2-76 ~ 图 B-2-83）。

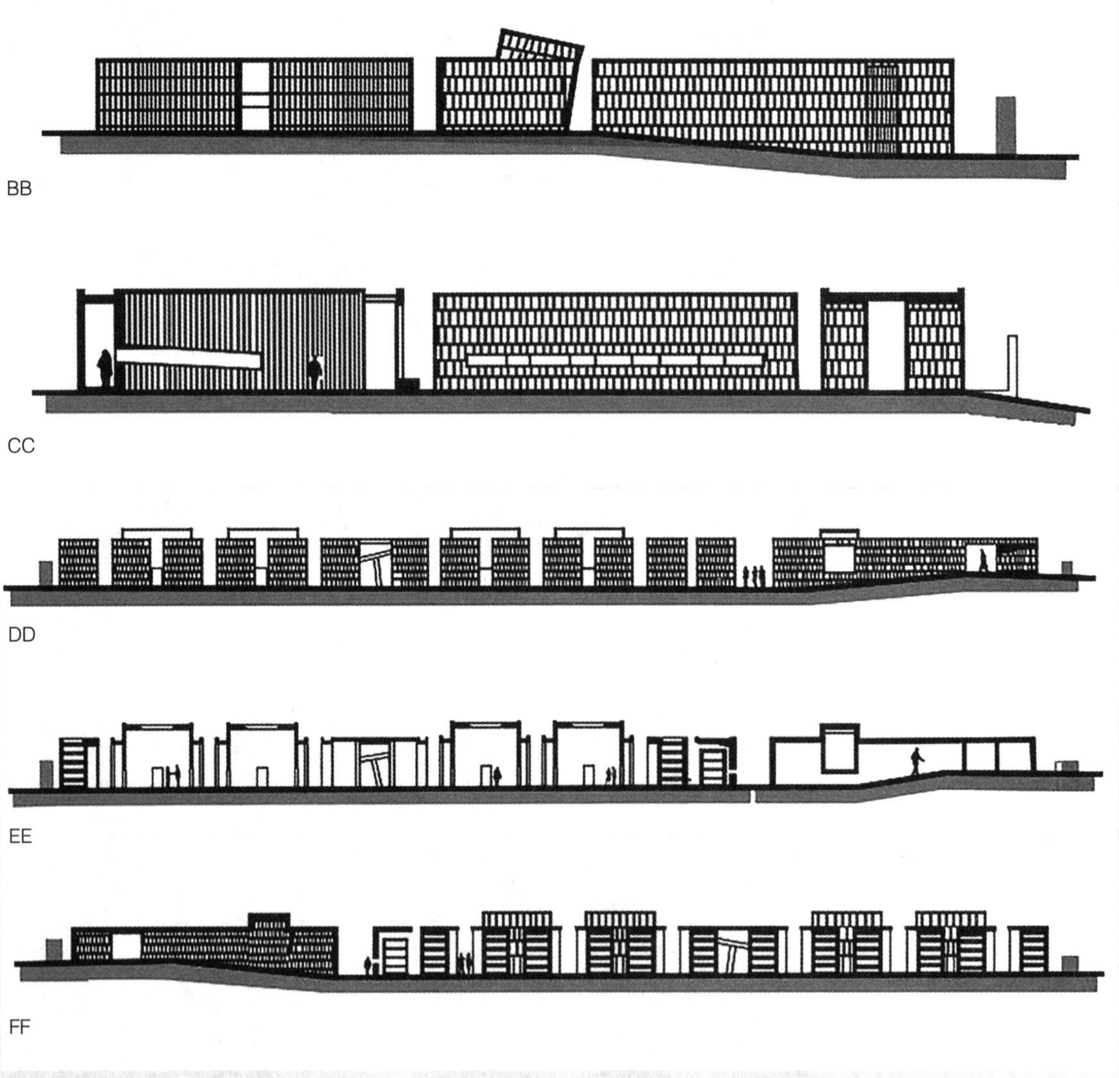

图 B-2-76　立面与剖面

来源：作者摹绘，尚晋 . 古比奥墓地扩建，古比奥，意大利 [J]. 世界建筑，2015（8）：50-55.

1　图片及文字来自 ikuku 外国建筑及《世界建筑》2015 年 08 期。意大利，古比奥墓地扩建 /Andrea Dragoni + Francesco Pes[OL]. Ikuku 外国建筑 .2014-09-03.http://www.ikuku.cn/project/yidaligubiaomudikuojianandreadragonifrancescopes. 尚晋 . 古比奥墓地扩建，古比奥，意大利 [J]. 世界建筑，2015（8）：50-55.

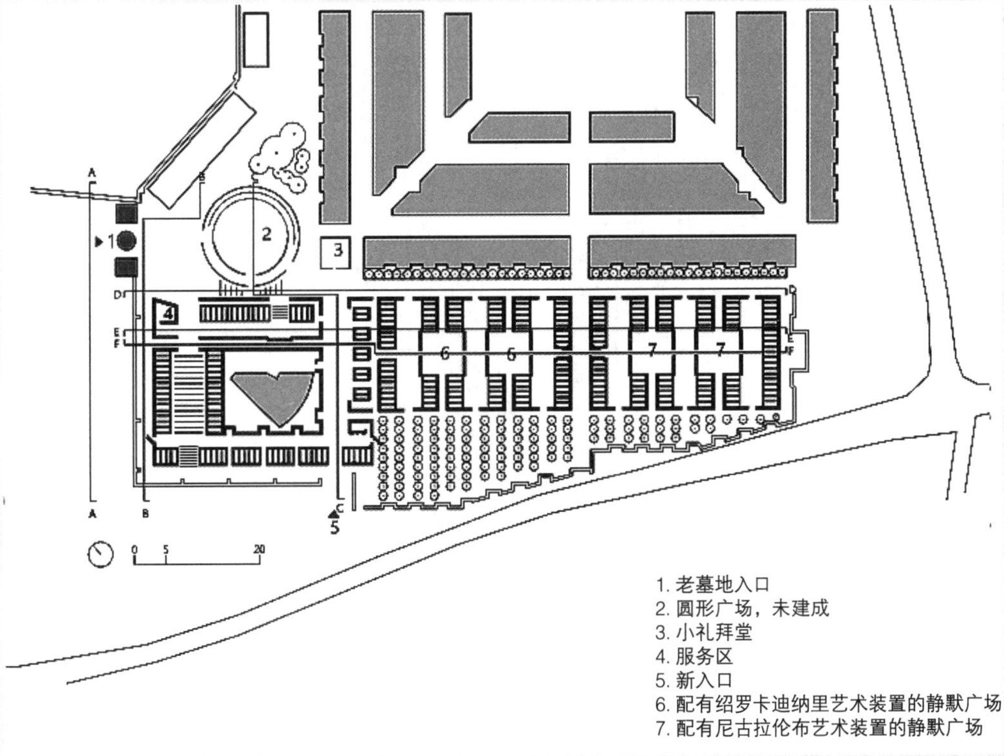

图 B-2-77　总平面
来源：作者摹绘，尚晋 . 古比奥墓地扩建，古比奥，意大利 [J]. 世界建筑，2015（8）：50-55.

图 B-2-78　从乡村看墓地新入口
来源：作者根据图片绘制

图 B-2-79　两排之间一瞥
来源：作者根据图片绘制

图 B-2-80　新老墓地共有轴线上的倾倒十字架
来源：作者根据图片绘制

图 B-2-81　墓地中心区
来源：作者根据图片绘制

图 B-2-82　墓地全景
来源：作者根据图片绘制

图 B-2-83　Nicola Renzi 设计的艺术装置
来源：作者根据图片绘制

（十六）意大利布里昂（Tomba Brion）家族墓地

该墓地为意大利北方一个墓园内的家族墓地，占地0.22公顷，平面呈L形，设计师为卡洛·斯卡帕（Carlo Scarpa），他是欧洲著名的建筑师。墓地含三部分：带休息亭的方形水池、棺木安放处和水上家庙。

从入口进入墓园后，抬高几十厘米的大片草地，使外面看不到墓园里面，里面的人可以看到外面。墓园外墙做成有厚实感的斜面，菱形建筑为家族小教堂，圆形为夫妻墓，北面沿墙为家族墓。墓地两端均有水池，水池中睡莲绽放，家族小教堂立在北面的水池中，南端方形水池与外界隔开，水池中立一个供人沉思的小方亭。

建筑师斯卡帕说"如果两个生前相爱的人，死后还相互倾心，那将是十分动人的"，夫妻墓的截面设计成平行四边形，上有厝盖，两个墓前倾后仰，伉俪情深，依偎相眠，生死相伴。

南边沉思亭的水池旁，设有一个封闭的廊道，廊外有一条水道，从大水池流向窄水道，再通过草地，直达花园中的夫妻墓，在墓前消失。建筑师用水流象征生命的历程，池水变细流，最终消失。廊道外墙开了两个相交的非窗非门的圆洞，寓意深长，使人浮想联翩。外墙全部由混凝土木纹清水墙筑成。

家族墓区的设计将全区罩在一个空间内，顶端仅开一条槽窗，光线泻入幽暗的家族墓地，既得到风雨遮蔽，又有神秘的微光安抚，构思奇巧（图 B-2-84 ~图 B-2-90）。

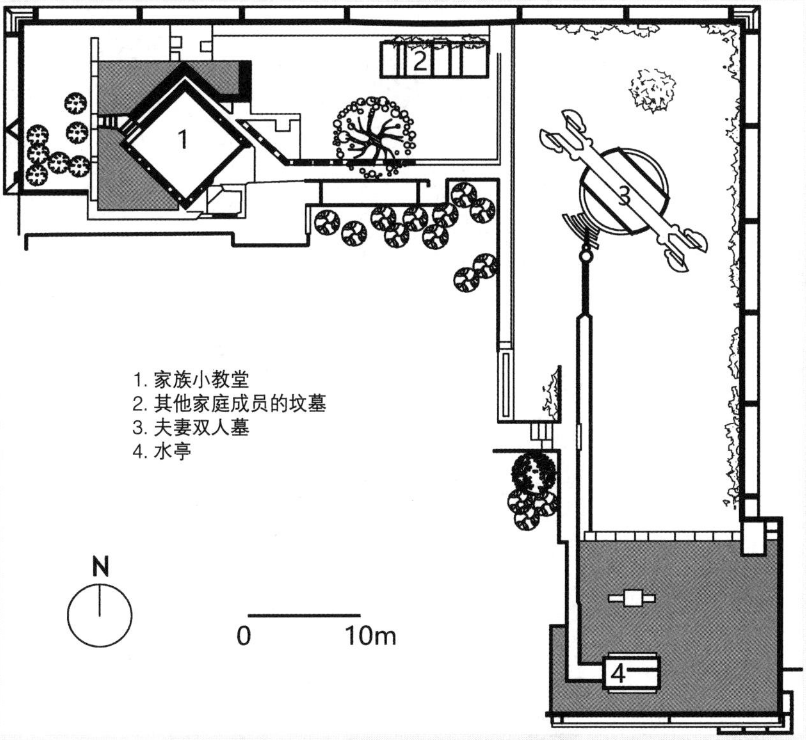

图 B-2-84　布里昂家族墓地平面图
来源：作者摹绘自同济大学王方戟教授提供资料

这个家族墓地的建筑设计，处处彰显出建筑师特立独行的专业设计性格，许多建筑的处理方法跳脱了常规，给参观者留有太多的遐想空间。

在水元素的利用以及建筑细部的处理上一丝不苟，追求极致的完美。混凝土给人的印象是凝重厚实，但在斯卡帕手里却被处理得精致有趣，尽量保留了清水混凝土的模板木纹，大量运用由几何体块组成的细部，该细致的地方精雕细刻，该放松的地方大片实墙，收放有序。

在墙体的处理上也很具特色，“这些墙体有许多褶皱和裂缝，只是一个虚弱的分隔体，墓地与田野间的围墙也分为倾斜与垂直两部分，所有倾斜部分都是蓄意让人接近的部分，而所有垂直部分由于水面的阻隔，使人无法靠近”[1]。

在莲花池水体的处理上，也有违常规，水底由布满皱褶的体块拼接而成，这种隐隐约约诡异的水底与天光云影的水面倒影相映，成为一个虚无缥缈、不可捉摸而有灵性的奇异世界。

在处理高差的某些台阶设计上，也别出心裁，例如三阶踏步，每一阶踏板都由表面呈白、黑、红三色的白云石、黑粗石及云斑石组成，用它们来表现生死“过度”。

布里昂家族墓地是一个与众不同、出奇制胜、极受业内关注的成功作品。

1　王方戟 . 迷失的空间：卡洛 · 斯卡帕设计的布里昂墓地中的谜 [J]. 建筑师，2003（5）：84-89.

图 B-2-85　廊外水道直达夫妻墓
来源：作者根据张婷教授提供图片绘制

图 B-2-86　外观
来源：作者根据张婷教授提供图片绘制

图 B-2-87　夫妻墓外观
来源：作者根据张婷教授提供图片绘制

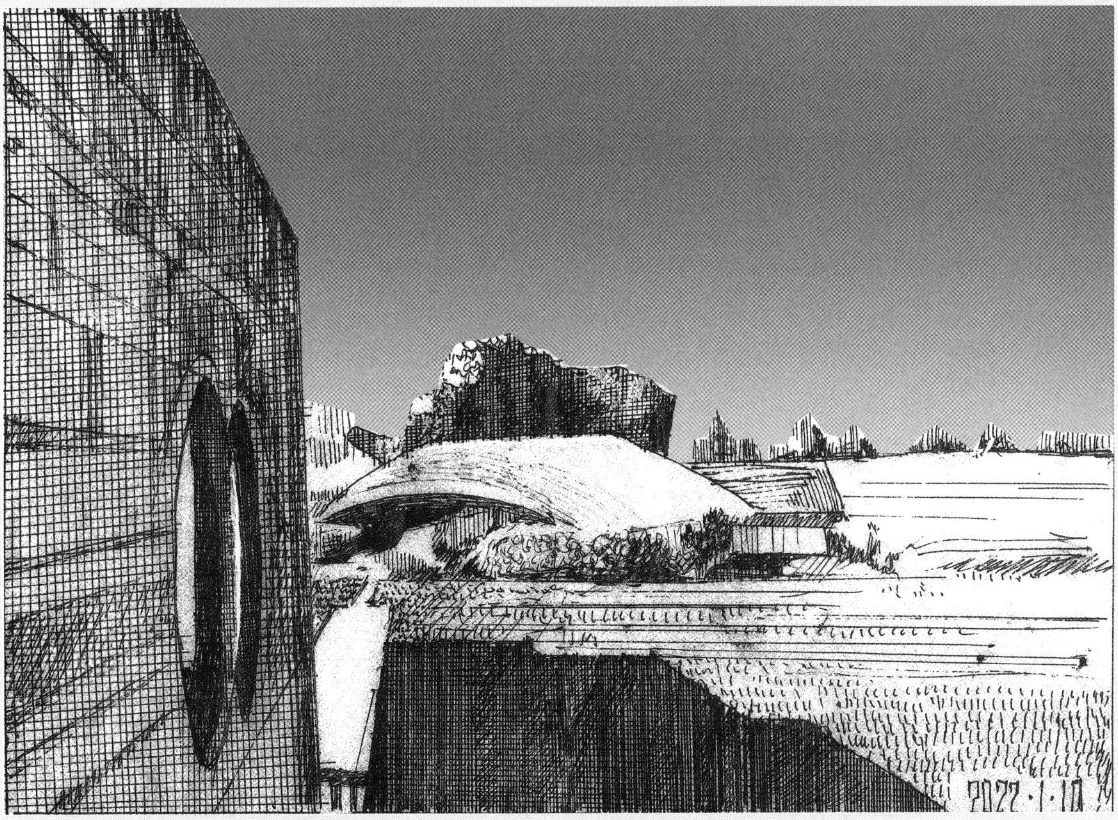

图 B-2-88　廊道外墙非窗非门的圆洞
来源：作者根据张婷教授提供图片绘制

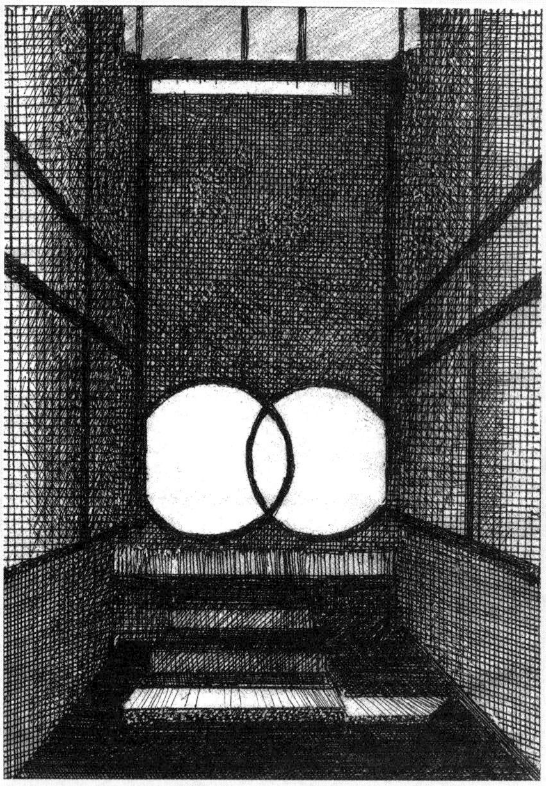

图 B-2-89　室内看圆洞

来源：作者根据张婷教授提供图片绘制

图 B-2-90　拱坡之下

来源：作者根据张婷教授提供图片绘制

（十七）西班牙伊瓜拉达墓园（Igualada Cemetery）[1]

这是 1991 年在大公园内沟壑纵横的丘陵地上建造的一个小墓园，设计人为欧洲非常著名的建筑师艾瑞克·米拉雷斯（Enric Miralles），这个构思独特的墓园是他的成名作。他很巧妙地利用了大片蜿蜒龟裂的山谷，形成一个下沉式三面围合 Z 字形的山谷。墓园分成上下两部分，地上部分是由混凝土墙和构件组成的入口、服务、接待、殡仪、追思和祷告等场所；周围看不到的地下部分为墓葬区，墓葬区又分为骨灰保存、传统墓葬和龛式墓葬。

建筑师有意淡化生死界限，认为死亡是一次不归的远行，没有必要过度悲伤。因此整个墓园既不肃穆又不阴沉，而是一片平静祥和。在设计手法上力图使建筑与环境在对立中互相包容。

曲折蜿蜒的道路随地形起伏，把标高不同的地面连接起来，路两侧是不断变化的斜坡，斜坡上是斜面龛墙，棺木可以水平推入龛格，每个龛格刚好可以放置一口棺材。生死隔离从地下地上变成龛内龛外。立体葬既环保又节地，龛墙用简单的 L 形预制构件拼出奇妙的墙面图案肌理，巧妙地缝合了龟裂，加大了斜面的坡度，龛墙切片式的起伏与自然山坡融为一体，墓龛墙静卧在大自然怀抱中，希望谢世的先人能够在此成为大自然的一部分。

建筑师巧妙地利用地形，因势利导，把上下三层丧葬空间立体化，地面给祭拜者和游客使用，上面二层是龛穴。地上和地下的建筑剖面犹如镜面反射，与坡地结合得十分巧妙。人在地下空腔中走动，两边倾斜的景象不断变化。道路把人们从宽敞开阔的山丘带入地下的局限空间，去接近龛中的亲人，收放之间完成情绪的转换。

道路尽端是一个环形墓碑广场，广场四周是土拢石筑成的挡土墙。石块取自地下土层。整个地下空间大量植树，缓和人工建造与自然景观之间的矛盾，使墓龛在大自然中消隐，形成独特景观，身在其中有如置身于另外一个世界。

建筑师希望利用一条已经枯竭的小河道，创造一条“生命之河”，隐喻这片场地曾经存在过生命活力。工地废弃的铁道枕木被故意凌乱地嵌入碎石混凝土路面中，犹如木头在河中漂浮，移动着的施工残留物也都原状保留，和枕木一起融入地面。这种粗犷方式表现出一种自然的原始美，和加泰罗尼亚粗糙的地貌相称，体现了设计人“生命之河”的理念，以此表达对大地的爱。

建筑师在地上公共活动部分采用清水混凝土和天然石料，充分利用阳光，透过灰暗的混凝土天窗射入室内，给室内带来愉悦和生机（图 B-2-91 ~ 图 B-2-94）。

1　挑战人们对墓园传统的印象，游客在这里可以理解并接受生命的循环往复，以及一段段对生命作为过去、现在、未来连接的意义。

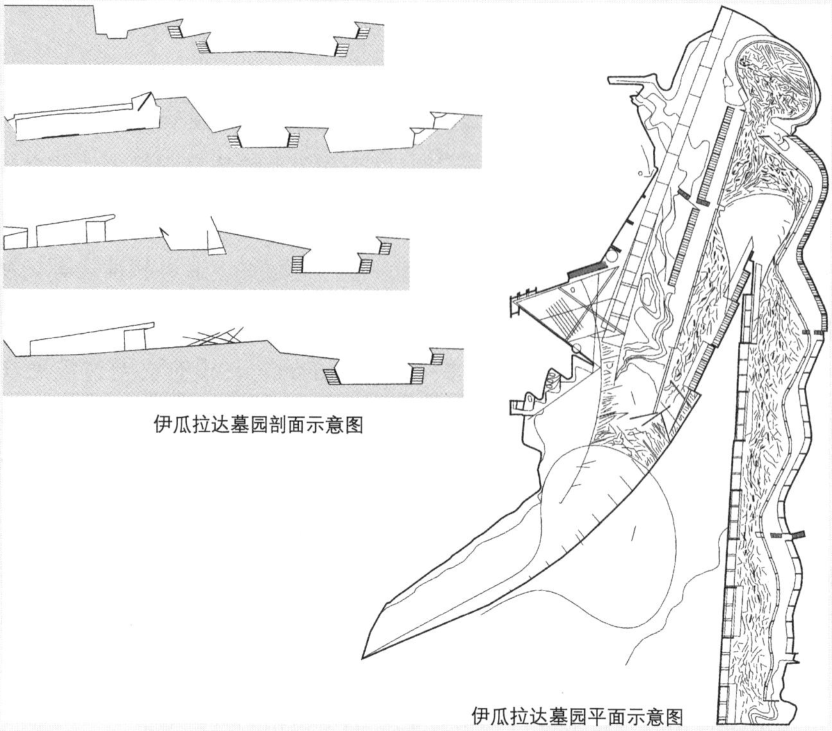

图 B-2-91　伊瓜拉达墓园平面图与剖面图
来源：作者根据图片绘制

图 B-2-92　旧河道广场
来源：作者根据图片绘制

图 B-2-93　放棺木的斜面龛墙
来源：作者根据图片绘制

图 B-2-94　墙面处理
来源：作者根据图片绘制

这个墓园弥漫着神秘的气息，它是墓园与自然的另类结合。给人们的启发是：任何一个有创意的作品一定具有彰显个性、不守成规、敢于挑战经典的创新精神。

（十八）悉尼阿卡迪亚追思园（Acadia Remembrance Sanctuary）

这是一座挑战传统、回归人类原始状态的墓园，位于澳大利亚悉尼风景秀丽的生态保护区，是一个既无墓基又无墓碑，被称为“世俗社会设计的原始林地公墓”。通过无线定位找到亲人的安息点，这里看不到任何墓设施，全部化为尘与土，融入自然。对逝去亲人的爱转化为对环境的呵护，认为人生最美好的安息是回到大地母亲的怀抱，回归自然。

墓园建在 10.1 公顷的开阔草地上，中心是一座 400 平方米的建筑，一座架空的人行天桥蜿蜒穿过树丛和花园，到达这里（图 B-2-95）。花园墙体外包金属网，使藤蔓能够沿墙伸展，让外墙披上一件绿色的外衣。

图 B-2-95　架空人行天桥
来源：作者根据图片绘制

花园内有一个外观通透的多功能建筑物，供游客追思、聚会、休憩（图 B-2-96），周围环绕着花木和水池。大片自然光照进这座木装修的室内空间，产生静谧、温暖，带有一点教堂氛围。

图 B-2-96　多功能厅
来源：作者根据图片绘制

还有一个全部木装修的咖啡厅，玻璃吊灯和原木家具，突出了空间的自然属性，为前来祭拜的人群创造一个温馨的沉思场所（图 B-2-97）。

图 B-2-97　咖啡厅
来源：作者根据图片绘制

设计师力图改变传统的追思方式，通过光伏太阳能电池板、雨水收集系统、太阳能热水供暖和污水处理系统等，把追思园打造成一个可持续发展、自给自足、环境友好的纪念场所。

该项目获得 2016 年世界建筑新闻 WAN 建筑奖中未来项目商业奖，评审团的评语是：它不仅解决了对墓地的需求，还提供了商业新的可能性，“它令人回味、沉思，同时把对周边环境的影响降到了最低”。

（十九）以色列地下墓园（Underground Cemetery）[1]

以色列是一个土地稀少、人口急速增长的国家，信奉犹太教，不实行火葬，实行已有千年历史的葬式——遗体必须接触土地的土葬。

耶路撒冷西北山区有一处可容24000个棺椁、面积多达25000平方米、深入地下50米的现代化地下墓园，被媒体赞为“世上第一座巨型地下时尚墓园城”。设计人为以色列Pelleg Architects事务所扎弗里尔·加纳尼（Zafrir Ganany）建筑师。

建筑平面呈十字正交网格状，有十几条长达1.6公里、高16米的现代化地下通道。通道两旁有三层存放遗体的壁葬廊，廊的墙壁上是上下叠葬，棺椁横向水平插入墙壁，叠放3～4层，在墙上设碑标示。中间大通道的楼面下方埋数层棺椁，相应的楼面设卧碑，便于辨认。

地下墓园的内部有极其完善的照明系统和每小时换气六次的通风系统。每个棺椁三层密封，不会有异味外溢，在24℃恒温的地下空间内，常年可以保持空气清新，并且实现无线网络全覆盖，丧属可以通过导航很快找到先人的墓位。

遵循犹太教的丧葬传统，墓园内不允许有吃喝拉撒的生活设施，否则是对亡者不敬。所以这个地下墓园的配套服务设施地下完全没有，都设在地面入口建筑中。

在全球墓地紧缺、节地葬呼声高涨的今天，它是一个深具启发性的成功案例，开业后广受全球关注，深受启发，许多国家也纷纷开始着手策划类似的地下墓园（图B-2-98～图B-2-105）。

图B-2-98 墓园地面入口建筑（效果图）
来源：作者根据图片绘制

1 以色列地下墓园的资料由项目负责人扎弗里尔·加纳尼（Zafrir Ganany）建筑师提供。

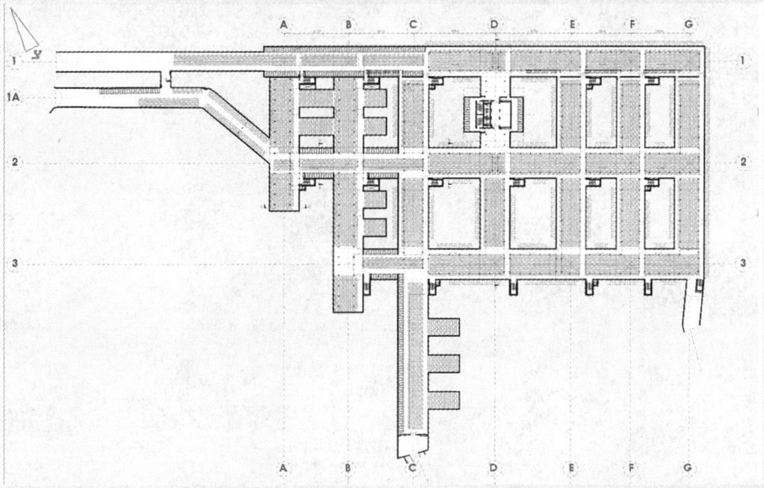

图 B-2-99　墓地局部平面图
来源：项目负责人扎弗里尔·加纳尼（Zafrir Ganany）建筑师提供

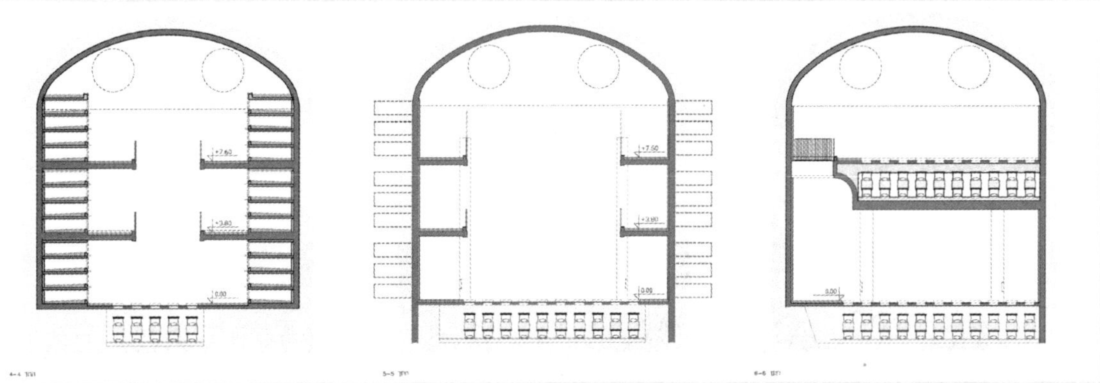

图 B-2-100　墓地地下通道的剖面
来源：项目负责人扎弗里尔·加纳尼（Zafrir Ganany）建筑师提供

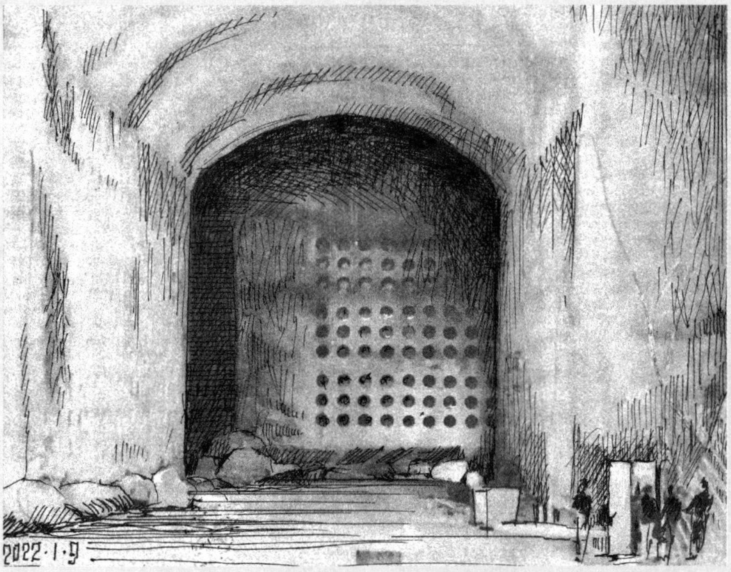

图 B-2-101　施工现场（注意右下角人与空间的比例）
来源：作者根据图片绘制

图 B-2-102　建筑实景（一）
来源：项目负责人扎弗里尔·加纳尼（Zafrir Ganany）建筑师提供

图 B-2-103　建筑实景（二）
来源：项目负责人扎弗里尔·加纳尼（Zafrir Ganany）建筑师提供

图 B-2-104　地下墓园内景效果图（一）
来源：项目负责人扎弗里尔·加纳尼（Zafrir Ganany）建筑师提供

图 B-2-105　地下墓园内景效果图（二）
来源：项目负责人扎弗里尔·加纳尼（Zafrir Ganany）建筑师提供

（二十）日本镰仓雪之下教会墓园（Takeshi Hosaka）

由保坂猛建筑都市设计事务所（C·Takeshi Hosaka Architects）设计，是一个教会下辖墓园中的一个独立小墓地改建项目，也是教堂附属墓园的更新项目，基地面积只有 30 平方米，于 2020 年 5 月完工。

原来仅有地下骨灰存放室，改造后丧属一般不再进入。地下室的顶面高出地面 65 厘米，外观上形成一个高起的基座，基座顶面形成小广场，供信徒举行宗教活动之用（图 B-2-106）。

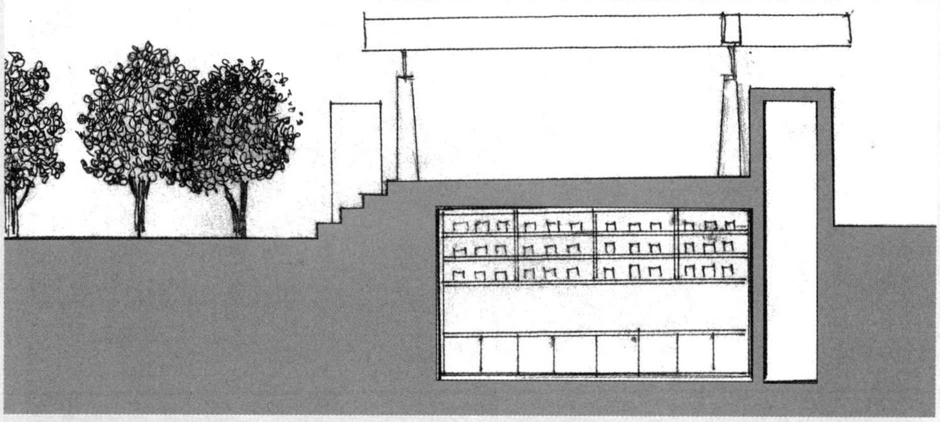

图 B-2-106 墓园剖面
来源：作者根据图片绘制

设计的重点在于怎样利用狭小的地块创造出众多富有宗教意义的元素。在广场的上部“漂浮”着一个断面为 1.1 米 ×0.5 米的巨型混凝土十字架，其底部距广场地面仅为 1.85 米，由三根十字断面的楔形金属柱支撑（图 B-2-107）。人们在广场上活动时不易察觉到它的存在，但是地下的逝者或地上的信徒在仰望天空时，却发现自己被巨大的十字架所笼罩。无论白天或黑夜，在阳光和月亮照射下，永远在广场上投下巨大的十字架落影，为访客和逝者传播福音（图 B-2-108）。

图 B-2-107 墓园俯瞰图
来源：作者根据图片绘制

图 B-2-108　墓园正视图
来源：作者根据图片绘制

建筑师用这种手法向访客和逝者传播福音，让人们感受到自己沐浴在一种复活的灵光中。广场边上立一块反光很强的横向黑色磨光大理石板，上刻逝者姓名，在圣灵的庇护下供人们祭悼。作品极富启发性和创新精神。

（二十一）日本真驹内泷野陵园

真驹内泷野陵园位于日本札幌市，占地 180 公顷，是一个有 30 年历史的特大墓园，墓地仅占墓园面积的 14.3%，墓园绿化率高达 61.9%。西部有一座高 13.5 米的佛像。

自认“为打破常规而生”的建筑师安藤忠雄于 2013 年受邀对其进行改造，设计离“经”叛“道”打破常规。他以佛像为中心，堆土形成一个中空的圆形山丘，佛头露出顶端一半。设计师认为只有看不到全貌才会引起遐想（图 B-2-109 ~ 图 B-2-113）。

图 B-2-109　横向水池
来源：作者根据图片绘制

图 B-2-110　仿制智利复活节岛上神秘的石雕阵
来源：作者根据图片绘制

图 B-2-111　地下甬道入口
来源：作者根据图片绘制

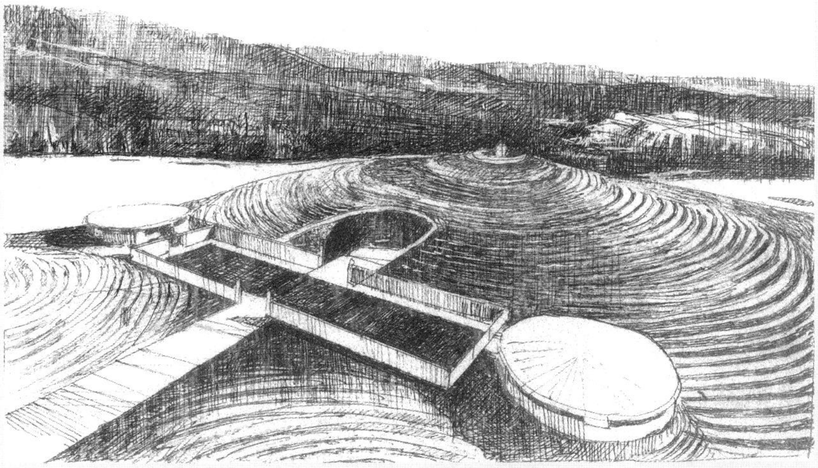

图 B-2-112　入口鸟瞰图
来源：作者根据图片绘制

图 B-2-113　大佛前近景
来源：作者根据图片绘制

建筑平面为十字形，横向是水池，纵向是步道。祭拜者入门后，经过 38 米长的甬道，绕过 16.2 米 ×61.2 米的横向水池，“洗涤”心灵后，进入 40 米长的幽暗隧道，在隧道里步步趋近神秘大佛，逐渐产生强烈的视觉冲击，行进过程富有仪式感。正如安藤忠雄所说：“创造一个生动的空间序列，通过漫长的隧道，激发游客对雕像的好奇。”当游客趋近佛像，看到佛头顶上的光环时，会感到佛的庄严，近距离瞻仰时又会感到佛的亲切。大佛的两侧为保存骨灰、进行祭奠的佛堂，右后侧为休息用的咖啡厅和小卖部以及花店等。

墓园规划考虑到人性化，设了宠物墓地、家族墓地和小型墓地，以及特别为方便老人和残障人士通行的墓区。

在这里可以看到变幻的四季景色，例如五月的樱花、七月的薰衣草、八九月的玫瑰、秋天的红叶。将墓园规划成悼念祖先与赏花郊游结合、四季受欢迎的度假祭悼胜地。

外部圆形山丘上种植了 15 万株薰衣草，形成春季绿色、夏季紫色的花海，巨大的佛头半露在花海最高处。薰衣草在日本代表“无忧”，祝愿逝者无忧。安藤忠雄称：“黑暗无奈的墓地也可以有绝对的光明”，他希望这里不再是黑暗的地方，而是成为孩子们在阳光下玩耍的地方。

真驹内泷野陵园是一个突破禁忌、超越传统、富有创意的作品，整栋建筑极其素净，没有装饰和色彩，全部由清水混凝土筑成，建筑师把极简之美发挥到了极致。

附录 C

墓体设计赏析

此处，墓碑的定义已发生变化，涵盖了更丰富的内容，传统墓碑已转化为墓碑和墓基结合的墓体，日益走向个性化和艺术化，因此建筑师设计墓体前必须与逝者家属进行充分沟通，对逝者生前的经历、审美观、价值观、信仰、成就、爱好和生活习性做充分了解，同时也要了解遗属的预算和他们对造型的期待。

一、墓碑设计

（一）中西方墓碑的特点

墓碑是逝者的信息载体。中国古代早期“墓而不坟”，墓地不作标示，后来推土为坟，立木为碑。碑最初是入葬功能需要的产物，把碑用作牵引棺木和器物下降入土的牵引工具，故可称“工具碑”。后来因木质易腐，慢慢发展成石碑，碑上铭刻文字或图像，承载大量图文信息，一为标示，二为颂德，同时记载逝者的族群世系和功名成就，光耀门庭，泽福子孙。内容包括墓主人的社会属性，如祖籍、家世、辈分、子女、经历、事迹、年寿、时辰、风水、地理、立碑人等，加上模仿传统的建筑构件，如瓦盖、碑顶、栏杆、台阶、石阙、栏板、石座、石几等，再配以龙纹、蝙蝠、祥云、瑞兽、花卉等程式化雕饰纹样，其目的是祈福，让逝者能够在阴间享受到良好的生活品质和居住环境。墓碑有形制约定，雕饰是文字的配角。墓碑的碑身有大小，雕饰也有不同，但格式雷同，鲜有个性。

随着人们的生死观念变化和信息化的发展，墓碑的标示作用已减弱，墓基与墓碑的融合为墓地的多功能创造了条件，与雕塑、花卉、景观、环境艺术结合形成了现代的艺术碑。

西方没有选址和祖制的束缚，相信凡事由上帝安排，死后回归天国，因此对死亡没有太多的恐惧。西方的墓碑仅留逝者的姓名和生卒日，仅标示个人不显示群体，不承载过多的信息。正中设信仰符号十字架，最多用圣经或神话中的仙女圣童做装饰，寄托对逝者回归天国的祝愿。

逝者有自己的性格、职业、信仰、爱好和经历。雕塑往往比文字更具表现力，因此西方墓碑和墓基两者共同形成一组完整的雕塑作品。

在欧洲，人们喜欢将墓地与花艺结合，表达对生命的礼赞。德国甚至出现“匿名墓碑”，不留任何逝者信息，将实体墓碑物化为花艺（图 C-1-1）。由于环保意识和对死亡的理性认识，越来越多的人认识到人生经历是从无到有，再从有到无的自然循环过程，而选择了海葬一类的消隐葬。因为人们认识到真正的墓碑并不在自然界，而在人们的心中。

图 C-1-1　德国花墓
来源：作者根据蔡秀琼先生提供图片绘制

西方墓碑强调人性和情感的表达。法国拉雪兹神父公墓中，爱尔兰天才作家王尔德（Oscar Wilde），一生作品丰硕，但情场失意。壮年早逝后[1]，女性读者非常同情捐款为他建了一座狮身人面像墓碑。因为他生前说过“少女的红唇是最好的墓志铭”，于是众多的女性千里迢迢赶来在他的墓碑上献吻，留下很多唇印（图 C-1-2）。在这种富有情感表露的艺术墓园里，人们会受到众多爱的感染。西方墓碑往往附有许多感人的故事。

图 C-1-2　王尔德墓
来源：作者根据图片绘制

现代的墓碑设计受现代艺术的影响，追求象征性和形式美，大简至无，甚至消隐，也可以以任何形式立于地面、卧于草坪、匿于丛林、混入墙体……墓碑设计走向更加广阔的天地。

1　王尔德（1854–1900）是爱尔兰伟大的先锋作家兼唯美艺术家，19 世纪英国颓废派运动的先驱，一生在诗歌、戏剧、童话、小说、文学批评上都有建树，谈吐幽默，崇拜者无数，是一位传奇式人物。

20 世纪 60 年代美国兴起大地艺术，将艺术与景观结合，创造出多姿多彩的艺术品，这一潮流对墓碑设计也产生巨大的影响（图 C–1–3）。

图 C–1–3　金宝山墓园某名墓地设计，墓地平碑，花陶岩地面蹿出蓝色火焰上部设等边三角形厝顶
来源：作者设计及绘制

日本建筑师吉松秀树（Hideki Yoshimatsu）设计的广岛“无名墓地”[1]就是一个成功的案例。在平行的小路下面，安放逝者的骨灰，小路之间填满卵石，卵石上面竖着排列规则整齐，高 2 米的 1500 根细细不锈钢杆，形成一个抽象的矩阵，在风中不停地摇曳。这组“无名墓碑”虽然廉价，但设计生动地表现逝者的灵魂仍在活跃（图 C–1–4）。

图 C–1–4　日本广岛“无名墓地”
来源：作者根据图片绘制

这种创新的墓碑设计给墓园带来强烈的文化印记。通过形形色色的设计展现，使墓地和现代艺术紧密结合。

1　日本建筑学会．建筑设计资料集成 集会・市民服务篇 [M]．重庆大学建筑城市规划学院，译．天津：天津大学出版社，2006：72–75.

随着封建社会的解体和中西文化的交流，中国墓碑设计也逐渐发生了变化，改变了千年不变的刻板局面，从“风水”和“祖制”束缚中解脱。墓碑和墓基结成一体，给个性化的设计带来了机会。

因墓地大小、文化背景、生死观念、宗教信仰和经济条件的不同，在向西方借鉴过程中，国外墓碑的创作给我们最大的启发是没有“套路”，不守“规矩”。

碑体设计寓教于美，不在于形式，而在于对生命的讴歌，肯定人类面对死亡的积极态度（图 C-1-5）。

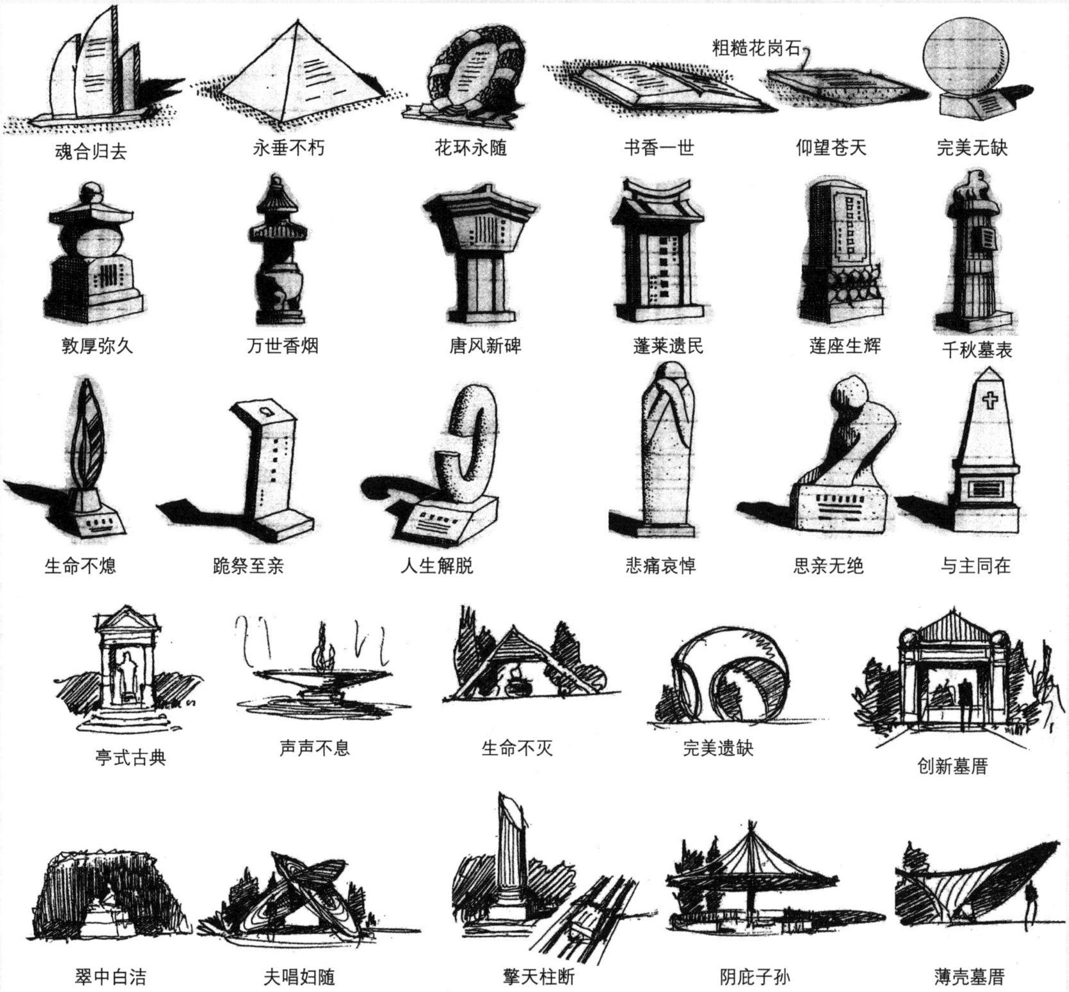

图 C-1-5　1994 年作者的墓碑冥想草图手稿
来源：作者设计及绘制

（二）现代中国墓碑的设计

墓碑作为逝者留下的纪念性载体，中国古代先民为标示葬地常立石，石上偶见原始刻像（图 C-1-6）。文字出现后，图像逐渐被文字取代。后来又在碑上加刻建筑元素，成为中国传统墓碑的原型。

图 C–1–6　古代新疆原始墓碑
来源：作者根据自摄图片绘制

中国古代，陵墓和寺庙中的佛像雕塑不仅多，而且装饰性强。19 世纪后半叶，中国出现了西式墓园后，墓碑融入了现代元素，逐渐摆脱程式化，开始摸索着进入创新时代。逝者的人生经历不同，成就各异。通过墓碑设计使逝者“鲜活”，设计于是走上形式美和寓意美的融合之路。

目前中国墓碑有些已经开始运用人物雕塑，优秀作品使人驻足观赏不忍离去。通病是碑文、墓志铭、功勋牌、奖状等堆砌过多。

除了雕塑之外，现代墓碑也注重表达方式，从直白走向含蓄，从无所不包走向寡言慎表，给人留有想象的空间。武则天的无字碑虽无字，但万种“碑文”已在观者心中出现，褒也好，贬也罢，心中的“碑文”比一篇官样颂词丰富得多。著名美学家朱光潜曾说“欣赏也是一种创造”。不同的人欣赏同一个墓碑，各有不同的感受和解读，这就是抽象的魅力，设计者要给观者在欣赏中自行创造的机会。当下的墓碑设计日趋简练抽象。墓园里引人深思的非像作品也日益增多。

目前墓碑的尺寸和高度有了限制，小型化和精致化成为趋势。墓碑变小了，但通过设计者的努力，可以把文化艺术和情感的因素扩容，以凝练的形象语言表达丰富的精神内涵，含蓄中见丰富，小型墓碑的设计必须避免侏儒化，跳出旧臼穴。

小型墓碑应与周边环境、花草树木、亭台小道相融衬，融入景观。打破冷峻的墓碑排排坐的格局。上海福寿园流动花丘采用了多样化的安葬方式，就是一次很好的设计尝试（图 C–1–7、图 C–1–8）。[1]

1　上海福寿园天泉佳境设计，获“现代墓园设计金奖”和第九届“国际园林景观规划设计大赛年度景观设计奖”。

图 C-1-7　福寿园流动花丘墓地总图
来源：作者根据袁天伦先生提供图片绘制

图 C-1-8　流动花丘一景
来源：作者根据袁天伦先生提供图片绘制

除了造型之外，另一途径是墓碑加工的精细化。现代装饰材料很丰富，墓碑除了可以搭配汉白玉、印度红、英国棕、黑棕石等石材外，金属镶嵌以及铜质浮雕、配件、保护遗像的各种盖板、石材影雕等，都可为小型墓碑的艺术化提供技术手段，让设计师在方寸地施展才能。

绘画中讲究“咫尺千里之势”，诗词中有“必言短而意长”，皆主张无中生有、以少胜多，让人临物感慨，揣摩思考，从简得丰，小中见大[1]。国内墓碑设计目前也涌现出一些具有启发性的好作品（图 C-1-9～图 C-1-11）。

1　苏辙著，孙虹选注．苏辙散文选集 [M]. 天津：百花文艺出版社，2005：77.

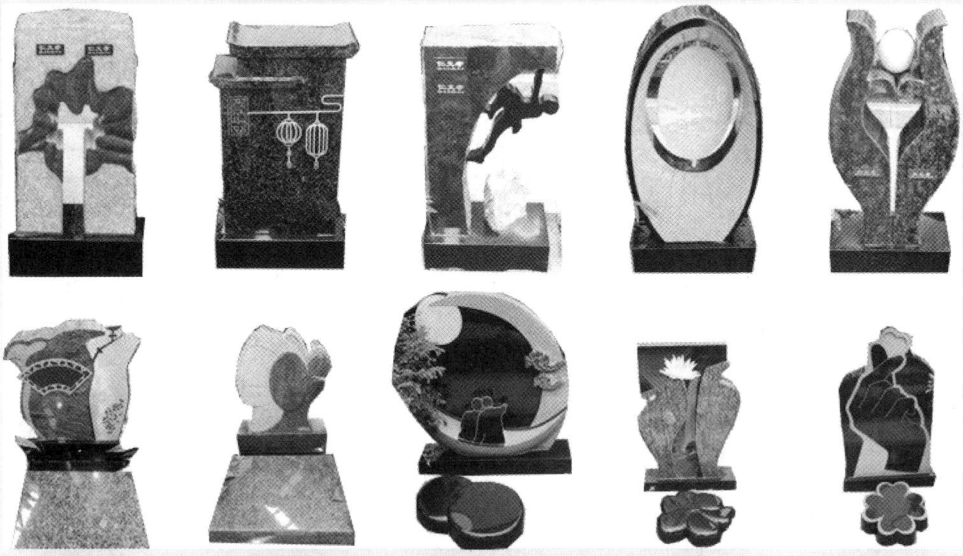

图 C-1-9　杨艺集团作品
来源：作者自摄

图 C-1-10　福寿园集团作品（一）
来源：作者自摄

图 C-1-11　福寿园集团作品（二）
来源：作者自摄

墓碑在小型化过程中，不仅是逝者的名牌，更是文化传承和感情寄托的载体。载体需要空间，空间不宜过度压缩。

二、中国墓碑的实例赏析

（一）启功（1912—2005）

启功是中国著名书法家、国学大师、教育家、文物鉴定家、诗人。一贯为人低调，谦卑自躬，曾被划为“右派”，历尽劫波。他曾自述“我从佛教和我老师那里学到了人应该以慈悲为怀，悲天悯人，关切众生，以博爱为怀，与人为善……”。晚年，他倾其所有捐献社会。

墓碑是一面黑色大理石磨光石砚，上刻逝者签名，下方横排刻生卒日，再下一行为启功书写“夫人章宝琛”及其生卒年。砚下方是佛教莲花座，前方平卧自撰墓志铭，没有功德记载（图C-2-1）。墓碑造型端庄、简洁、敦厚、朴实，恰如其人（葬于北京万安公墓）。

图C-2-1　启功墓
来源：作者根据图片绘制

（二）漫画家张乐平（1910—1992）

因绘“三毛”出名的上海著名漫画家张乐平，生前生活简朴，乐于和下层人物交往，被称“平民大师”，逝后原作捐献国家。

雕像中的他，手抵下巴，右手握笔，俯首望着漫画小人物“三毛”（图C-2-2）。石碑平卧，上刻张乐平的话：“凡是老树大树都是以幼苗长大的，对每一棵幼苗，我们都要精心培育。”爱心彰显（葬于上海万国公墓）。

图C-2-2 张乐平墓
来源：作者根据图片绘制

（三）陈逸飞（1946—2005）

陈逸飞，著名油画家，文化实业家。

花岗石石碑正面书姓名及生卒年，背面为墓志铭，造型简洁庄重。立碑色浅，一边方正，一边打毛，卧碑色深。碑嵌青铜头像，比例严谨，神态逼真，显自然态，表达英年早逝的遗憾。逝者生前浪漫随和，潇洒自如（图 C-2-3）（葬于上海宋庆龄陵园）。

图 C-2-3　陈逸飞墓
来源：作者根据图片绘制

（四）陈植（1902—2002）

陈植为中国老一辈建筑师，墓碑设计有独创性。对比强烈的黑白磨光大理石卧碑相交于一角，黑高出于白几厘米，仅书伉俪姓名和生卒日。白色大理石面有哀悼的花圈雕饰，色调调和，构图完美（图 C-2-4）（葬于上海福寿园）。

图 C-2-4　陈植墓地

来源：作者根据图片绘制

（五）舒同（1905—1998）

革命家舒同，学识渊博无傲气，身居高位弃官威，号称“马背上的书法家”，一生不出专集、不办个展、不收弟子。启功赞曰：“千秋翰墨一舒同。”他是中国书法界舒体的创始人，尊法求新的开拓者。其字体浑圆有力，雍容大方，深受人们喜爱。

舒同墓前后二碑，前碑为黄山石，60 厘米厚、1 平方米大，上书签名，后碑是他代表八路军写给日军东根清一郎的信，字体端庄大方，遒劲有力（图 C-2-5）。个人特点尽显，但又具有浓厚的中国气派（葬于北京八宝山革命公墓）。

图 C-2-5　舒同墓
来源：作者根据图片绘制

（六）谢晋（1923—2008）

中国著名电影导演，一生获奖无数，具有求新求变的追求和强烈的社会责任感，受观众欢迎的同时也饱受批判。

墓碑设计以一个超常规、夸张的大头像表达了他的迷惑、不屑和抗争。头像坐落在电影胶卷状为柱头的墓座上，展现他的职业和情感，突显其最想让观众看到的不是他的墓，而是一个有血有肉、有思想、有性格的“倔强”谢晋（图 C-2-6）（葬于上海福寿园）。

图 C-2-6　谢晋墓
来源：作者根据图片绘制

（七）刘晓（1908—1988）

逝者为外交家。墓碑设计独树一帜，花岗石直板，以版画形式表现他的儒雅，右下角印章一枚，简洁大方，干净利落，像一幅立轴（图 C-2-7）。生平事迹刻在墓左下方黄石上，主碑下方为黑色平铺大理石墓座（葬于上海福寿园）。

图 C-2-7　刘晓墓
来源：作者根据图片绘制

（八）郑苹如（1918—1940）

中国抗战史上一位传奇谍报女英雄，中日混血儿，为锄汉奸丁默村，23 岁以身殉国。

墓碑设计取材于她英勇就义的瞬间，身躯倾斜，重心失衡，不稳定的造型带来悬念和担忧。基座是一座倾斜的十字架，身后为当年刺杀现场的缩影，叙事性和感染力均强（图 C-2-8）。但区块过多略显纷杂（葬于上海福寿园，墓的设计人为雕塑家唐士储）。

图 C-2-8　郑苹如墓
来源：作者根据图片绘制

（九）林风眠（1900—1991）

林风眠为国际知名画家，中国海派文化代表人物，杭州国立艺术院（现改名杭州中国美术学院）创办人和首任院长。毕生致力于国画现代化的探索。逝世前饱受批判。

墓碑由一块正方形白色汉白玉立碑和一块黑色花岗石卧碑组成，相依而立，立碑右上角浅刻林先生若隐若现的签名，卧碑为墓志铭，造型极简，没有简历颂词，连生卒年都省去（图C-2-9）。墓旁植翠竹，表现逝者弯而不折、折而不断、柔韧坚强的性格。立卧两碑造型稍欠协调（葬于上海枕霞园）。

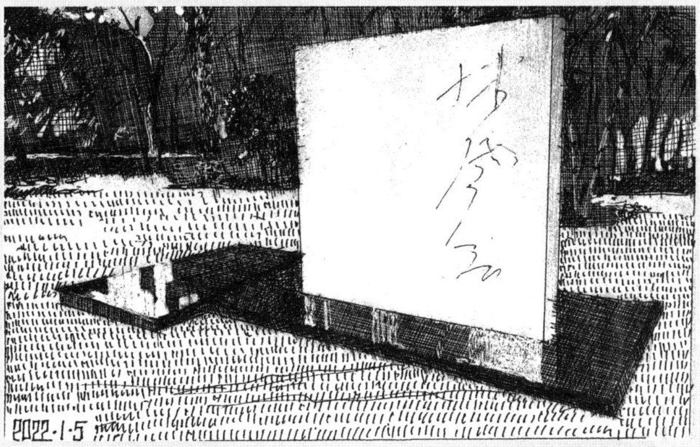

图C-2-9　林风眠墓
来源：作者根据图片绘制

（十）俞吾金（1948—2014）

我国著名哲学家，一生博览群书，著述无数，曾说过："生命的价值常常不以她的长度而是以她的宽度和厚度来衡量的。"

他的墓非常简朴，造型为一卷书（图C-2-10），角上为头像和生卒年，表现他好学的人生经历（葬于上海福寿园，设计人王松引）。

图C-2-10　俞吾金墓
来源：作者根据图片绘制

（十一）周同庆（1907—1989）

周同庆院士，复旦大学教授，著名物理学家。

无雕饰的几何体墓碑，彰显他生前的朴实。黑色磨光花岗石立碑，手书姓名和生卒年。雪白磨光的水晶石坐落在具有反射特性的黑花岗石墓基上，表现为人方正清白（图 C-2-11）。碑后是学生为他撰写的墓志铭。简朴大方，寓意隽永，仅石数块道尽一生（葬于上海滨海古园，设计人周忆云）。

图 C-2-11　周同庆墓
来源：作者根据图片绘制

（十二）乔冠华（1913—1983）

乔冠华曾为外交部部长，参与中美建交谈判，1971年率领中国代表团首次参加联合国大会。以他在联合国恢复中国合法地位后仰天大笑的瞬间形象创作了雕塑，再现逝者外交生涯的精彩一幕（图 C-2-12）。“仰天大笑”与墓园凝重气氛的对比，突显了逝者的个性。作品极富感染力，是一个有创意的设计（设计人钱绍武先生）。

图 C-2-12　乔冠华墓
来源：作者根据图片绘制

（十三）陈强（1918—2012）

擅演反派和喜剧角色的著名电影演员，被称为“荧幕上的反派，现实中的好人”，育有二子。

墓碑设计极富特色，在严肃的墓园中用搞笑的漫画头像，突显逝者一生的艺术角色，调侃自己，彰显个性，幽默中不失墓碑的庄重。碑体颜色黑白相间，造型自由奔放，签名洒脱随性（图 C-2-13）。碑体设计新颖别致，极具特色（葬于北京八宝山革命公墓）。

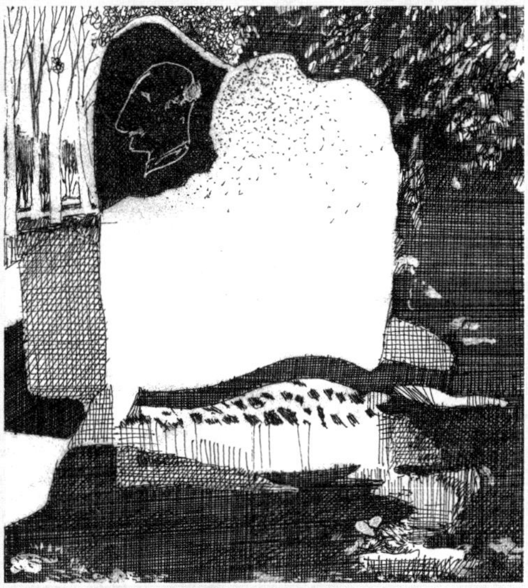

图 C-2-13　陈强墓
来源：作者根据图片绘制

（十四）林徽因（1904—1955）

林徽因是诗人、作家、教授和建筑师，漫步人间不染一尘。墓碑为横碑，选逝者生前设计民族风格的花圈和飘带汉白玉浮雕样品作碑，上书“建筑师林徽因墓”，比例造型严谨（图 C-2-14）（葬于北京八宝山革命公墓，设计人为梁思成教授）。

图 C-2-14　林徽因墓
来源：作者根据图片绘制

（十五）王光美（1921—2006）

深具传奇色彩的王光美是刘少奇之妻，逝后葬在丈夫的故乡，位于山峦环抱松柏簇拥的AAAA级景区的山坳里，遥望丈夫的铜像。

在石阶上的广场后面立碑，由前后两块竖向未经雕琢的巨石组成，白色无瑕的大理石碑上浅浅浮雕夫妻的微小侧影，若隐若现若有若无，仿佛在云游天际（图C-2-15）。

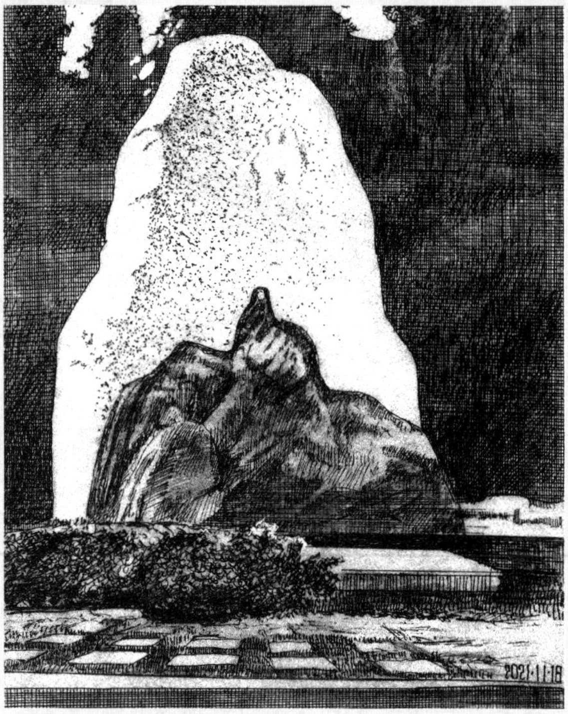

图C-2-15　王光美无字碑墓

来源：作者根据图片绘制

在象征险峻山丛的褐色大理石座碑上，一双紧握的手，表达伉俪坚定的革命信念和相濡以沫的爱情。自然形态的石碑没有留下任何文字，也没有施彩涂饰。在错综复杂的历史和情感冲突中，无字碑留给人们无限的想象。墓碑设计严谨，耐人寻味（设计人张得蒂教授）。

（十六）老舍（1899—1966）

著名作家老舍在国内外享有极高声誉，“文革”中遭受殴打后赴太平湖，在湖边坐了一天，最后投湖自尽。逝后遗物被毁，骨灰被弃，入葬的仅为他的眼镜和写作用笔。

象征水的大片墨绿磨光花岗石取代墓基，以头像为中心，激起白色同心圆，由密至疏，呈波澜状，象征投湖引起的涟漪，墓碑设计展现老舍生命的最后一瞬（图 C-2-16）。设计简单，寓意深刻。

老舍生前自述：“我是文艺界中的一名小卒，十几年来日日操练在书桌与小凳之间，笔是枪，把热血洒在纸上……在我入墓的那一天，我愿有人赠给我一块短碑，上刻：文艺界尽责的小卒，睡在这里——老舍”，墓碑取其最后一句作墓志铭刻在墙上，令人浮想（葬于北京八宝山革命公墓）。

图 C-2-16　老舍墓
来源：作者根据图片绘制

（十七）闻一多（1899—1946）

爱国学者闻一多，西南联大教授，新月派诗人，中国民主同盟早期领导人，48 岁时因反对独裁遭暗杀，为真理和民主献身。青灰石墓碑上嵌铜质浮雕侧面头像，叼着烟斗，蹙眉沉思，睥睨黑暗现实（图 C-2-17）。整体造型简洁，下面是一本展开的书，刻生平简介（葬于北京市八宝山革命公墓）。

图 C-2-17　闻一多墓
来源：作者根据图片绘制

（十八）徐光启（1562—1633）

我国明朝科学家，早年受传教士影响，接受“天学”，受洗入教，勤学西方科学知识，主持编译《崇祯历书》，是明末中西文化交流的重要人物。墓地数度修葺，按祖制，墓前设神道，两旁立相生、华表，主碑为巨型十字架（图 C-2-18）（葬于上海徐家汇）。

图 C-2-18 徐光启墓
来源：作者根据图片绘制

（十九）陆幼青（1963—2000）

陆幼青毕业于华东师范大学，先从教后经商，在生命最后阶段以日记形式记录自己生命最后的经历和心理变化，发表《死亡日记》，表达逝者对人生的思考。

墓碑设计以玻璃为材质，一块完美的石头被掰成两半，中间用玻璃隔开。寓意生死无法界定，但能透明直观（图 C-2-19）（葬于上海福寿园，设计人王松引）。

图 C-2-19 陆幼青墓
来源：作者根据图片绘制

（二十）张慧冲（1898—1962）

张慧冲早年从事演艺和纪录片制作，曾完成纪录片《上海抗日血战史》等，后改行成海派魔术大师。

墓碑设计取材于他摘下礼帽、鞠躬告别观众时的瞬间。花岗石的方形魔术箱和一块魔术蒙布，上放铜质手杖、礼帽以及帽中飞出的两只汉白玉白鸽，礼帽失衡倾斜，白鸽停在帽檐取得平衡，地上白鸽停在墓志铭石碑上呼应，表达对和平的渴望（图 C-2-20）。墓碑在讲述着张慧冲的故事（葬于上海福寿园，设计人王松引）。

图 C-2-20　张慧冲墓
来源：作者根据图片绘制

（二十一）陈寅恪（1890—1969）

逝者是中国历史学大家、国学宗师、“清华四大导师”之一、“清华四大哲人”之一、“前辈史学四大家”之一。他像一块深山开采出来的瑰宝，老年失明体弱仍保持独立的个性和骨气，坚持教学、著撰。

以散置天然巨石为碑，乱中有序，黄永玉选逝者生前为王国维所写挽文中“独立之精神，自由之思想”一句作碑文，恰好表达了他的一生（图 C-2-21）。

图 C-2-21　陈寅恪墓

来源：作者根据图片绘制

（二十二）谢稚柳（1910—1997）

谢稚柳，我国著名书画家，古代书画鉴定家，诗人。墓碑设计不落俗套。墓主夹在概括其一生成就的条幅中，寓意献身书画，平整的卧碑如展开的画页，仅书姓名和生卒年，构图对称、简洁，具中国气派（图 C-2-22）。

图 C-2-22　谢稚柳墓

来源：作者根据图片绘制

（二十三）崔建国（1928—1994）

逝者生前先后参加各类战斗近50次，立功受奖20次，获“一级英雄”“孤胆英雄”称号。雕像昂头挺胸、紧握枪杆，表现出不畏牺牲的革命精神（图C-2-23）（李香君创作）。

图C-2-23 崔建国墓
来源：作者根据图片绘制

（二十四）呼格吉勒图（1978—1996）

此墓是墓主蒙冤 18 年平反后所建，象征中国民主法制的进步，作为永久的物质文明，此墓发挥了长久、持续为冤案受害者恢复名誉、彰显公权力的内省、慎法，借此凝聚民心，增进法制信仰，防止刑事错案的发生。该墓在全国影响很大。

设计者为英国杰典国际建筑（BAI Design International Limited）。将墓设计成一滴眼泪，又像一个问号（图 C-2-24、图 C-2-25）。前者表达人们的悲伤，后者表达人们的关切。该设计获得 2021 年世界著名的德国标志性设计奖和创新建筑奖（JCONIC AWARDS 2021. Innovative Architecture-Selection）。

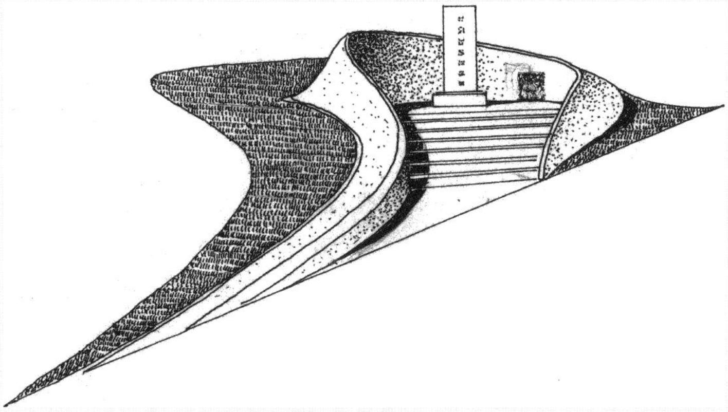

图 C-2-24　呼格吉勒图墓
来源：作者根据图片绘制

图 C-2-25　呼格吉勒图墓
来源：作者根据图片绘制

“建筑因保护人类而存在，因传递思想而流传，因见证历史而永恒。”[1]

1　引自建筑师白宇。

（二十五）傅雷（1908—1966）

傅雷先生墓碑端庄简约，由一立一卧两块方正而又坚硬无饰的花岗石组成，恰如夫妇在世为人，正碑的高宽比符合 0.618 构图黄金分割，具构图美。碑的朴素无华是“大道至简”最好的解读。碑面的文字保留右左直书，显示逝者是一位尊重传统的文化人。删去了祖籍、功名和子女等内容。只在左下角用小字留下姓名和生卒日。中心位置刻着逝者生前的 12 个大字：“赤子孤独了会创造一个世界”，不拘一格的做法颠覆了中西方流传千年的墓碑套路。

墓碑如果罗列内容过多，给人留下的记忆就会少。傅雷墓碑内容看似极少，但给人的想象空间却极大，衍生出千万条不同的解读，这是墓碑设计者成功而独到的所在（C-2-26）。

图 C-2-26　傅雷墓

来源：作者根据图片绘制

三、西方墓碑的实例赏析

（一）菲德尔·卡斯特罗（Fidel Castro，1926—2016）

菲德尔·卡斯特罗是革命理想主义者，被誉为“古巴国父”。他担任最高领导人时，只取月工资 30 美元，一生反特权和个人崇拜，廉洁自律。

他安葬在非常简单的普通墓地，建筑师仅从他早期革命的马埃斯特腊山区搬来一块高 4 米的花岗石做墓碑，上缀卡斯特罗青铜姓氏牌，象征他的革命意志和对这片山区的深情。

巨石中央挖小洞安置骨灰。墓地周围由象征起义军的 19 根小柱组成，链条象征武装力量的团结，柱子底座象征自由的呐喊；中部代表何塞·马蒂（José Julián Martí Pérez）领导的独立战争；上部象征他领导的革命事业蓬勃发展；柱顶是由月桂和橄榄枝缠绕的皇冠，象征山区革命的最终胜利。入口处立着象征公民运动和地下斗争的两个石墩，两旁各有一块满铺卵石的空地。

整个墓地充满浪漫的象征性。植物配置也运用象征手法，蕨类是山区的特有物种，散发香气的咖啡树苗，与古巴军服的颜色一致（图 C-3-1）。葬于古巴圣伊菲赫尼亚公墓（Santa Ifigenia Cemetery）。

图 C-3-1　卡斯特罗墓
来源：作者根据图片绘制

（二）赫鲁晓夫（Никита Сергеевич Хрущёв，1894—1971）

赫鲁晓夫是一位有争议的人物，他废除了苏联特权制和干部终身制；开放克里姆林宫；对外主张和平共处、和平竞争、和平过渡，反对冷战；他因批判斯大林的个人崇拜而深得民心，也受到党内保守派的抵制，遗愿死后不进红场。

赫鲁晓夫在弥留之际，邀请被他多次辱骂的雕刻家涅伊兹韦斯内（Эрнст Ио́сифович Неизве́стный）为其设计墓。雕刻家经过两年多构思，完成这件黑白分明、极富特色的作品，展现了赫鲁晓夫的性格，公正地评价了他的功过。

大理石碑高 2.4 米，7 块黑白反差强烈的花岗石交叉在一起，赫鲁晓夫的铜质头像嵌在几何体的黑白之间，以此表达他的鲜明个性。头颅探出，双唇紧闭，倔强而深邃的目光凝视着世界，倾听后人对自己的评价（图 C-3-2）。墓碑表现出墓主人的粗犷率真和温情坦荡的个性。基座由 4 块花岗石板拼成，仅镶名没有生卒年。设计人力求表现一种哲学观，即经过生死两种力量的斗争，白天和黑夜、善与恶紧紧地交织在一起，没有规则，但又是一个整体。历史永远定格在黑白相间的几何体中，体现赫鲁晓夫的复杂性格。他是徘徊在新旧时代十字路口的人物。这个构思奇特、寓意无穷的设计受到人们的高度赞赏。葬于新圣女公墓，雕刻家涅伊兹韦斯内，历时四年完成。

图 C-3-2　赫鲁晓夫墓
来源：作者根据图片绘制

（三）赖莎·戈尔巴乔娃（Раи́са Макси́мовна Горбачёва，1932—1999）

她是苏共中央最后一任总书记戈尔巴乔夫（Михаил Сергеевич Горбачёв）的妻子，是第一位敢于打破首脑夫人不从政的禁锢，和丈夫一起面对政治激流，改变了苏联妇女的地位，鼓励妇女勇敢走向社会。苏联解体后，她借助媒体的力量筹款兴建儿童白血病医院，因而受到人民的爱戴。1999 年病逝于德国，政府派专机接遗体回国，公祭后入葬新圣女公墓。墓前有她生前喜欢的紫罗兰相伴。戈尔巴乔夫深爱妻子，每个月都来墓园看望。为了逝后能继续相守，他在妻子墓旁预留了自己的墓位。墓碑旁的雕像是按照她喜欢的一张照片铜塑而成，形态优雅美丽（图 C-3-3）。葬于新圣女公墓，雕刻家 F.Sogoyan。

图 C-3-3　赖莎·戈尔巴乔娃墓
来源：作者根据图片绘制

（四）叶利钦（Бори́с Никола́евич Е́льцин，1931—2007）

叶利钦遗愿死后不进红场。墓碑由白色大理石、蓝色马赛克和铜色斑岩构成，远看像一面飘动的俄罗斯国旗，近看像一颗跳动的心脏。地面上镶嵌的是东正教十字架。碑上没有肖像，更没有头衔和颂词，只是简单刻着姓名和生卒年，历时三年建成（图 C-3-4）。

作为俄罗斯首位总统，他建立了俄罗斯联邦民主制；实行了宗教信仰自由，恢复东正教；推动市场经济；选择普京做接班人……雕刻家表示：“叶利钦是一个叱咤风云的人物，一生大起大落，所以把覆盖的国旗做成剧烈飘荡，浓缩时代风云。”葬于新圣女公墓，设计人弗兰古良。

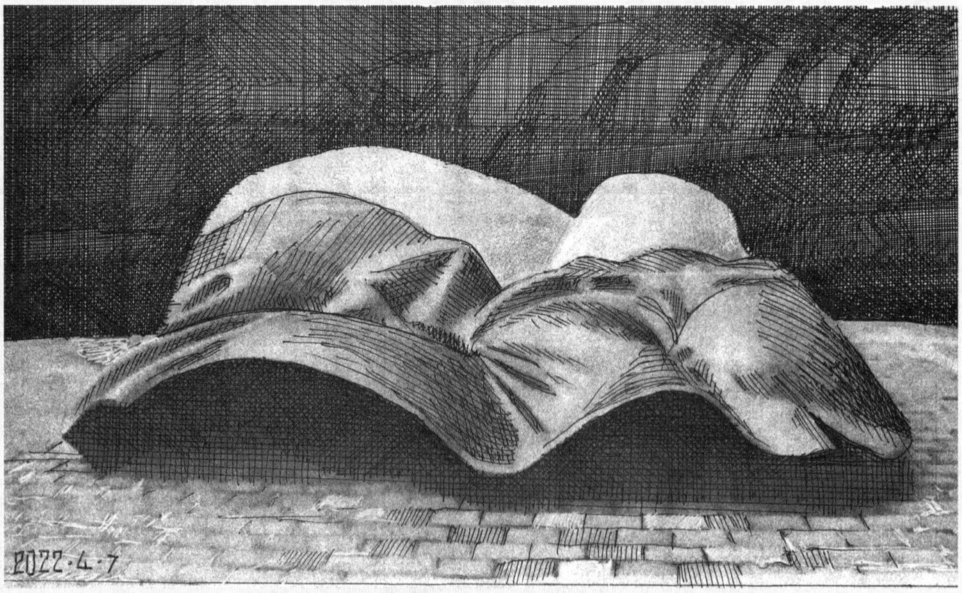

图 C-3-4　叶利钦墓
来源：作者根据图片绘制

（五）娜杰日达·阿利卢耶娃（аллилева，наджажда，1901—1932）

娜杰日达·阿利卢耶娃墓非常引人注意。她受过良好的教育，17 岁嫁给斯大林，成为其第二任妻子。年轻貌美的她曾上过前线，做过列宁的秘书，后来又隐姓埋名去大学读书。

斯大林的粗暴引起她的不满，长期的克制忍耐导致她的精神痛苦和压抑。1932 年 11 月 7 日，苏联庆祝十月革命胜利 15 周年，她在和同学们一起参加完红场游行后的次日，在卧室白玫瑰丛中饮弹自尽。

墓碑为洁白的大理石方柱，方柱上冒出这位年轻貌美、疑惑张望的女性，她一生充满了心理冲突，斯大林的猜疑和狂暴使她有说不出的怨恨与苦闷。雕像显得孤独、忧郁（图 C-3-5）。墓碑设计人在她的墓碑上安装了一朵精心雕刻的洁白玫瑰花，表达人民对她的同情和怀念。葬于新圣女公墓，雕刻家 I.Shadr · V.Tsigal。

图 C-3-5　娜杰日达 · 阿利卢耶娃墓
来源：作者根据图片绘制

（六）奥斯特洛夫斯基（Николай Алексеевич Островский，1904—1936）

他出生于工人家庭，11 岁开始打工，卫国战争中负重伤，23 岁时全身瘫痪，24 岁双目失明、脊椎硬化，32 岁逝世。他在病床上口述的自传体小说《钢铁是怎样炼成的》在中国影响很大，其中一句话曾影响了中国整整一代人："人最宝贵的是生命，生命属于我们每个人只有一次，一个人的一生，应当是这样度过的：当他回首往事时，不因虚度年华而悔恨，也不因碌碌无为而羞愧……"

墓的设计被称为"临终前最后的一刻"，表现消瘦、虚弱、憔悴的他临终前在病床上的景象。墓碑上仅刻签名，手放在手稿上凝视远方，下方石墩上放着伴随他大半生的军帽和马刀，以此说明一切，引起人们无限的崇敬（图 C–3–6）。葬于新圣女公墓，雕刻家 V.Tsigal。

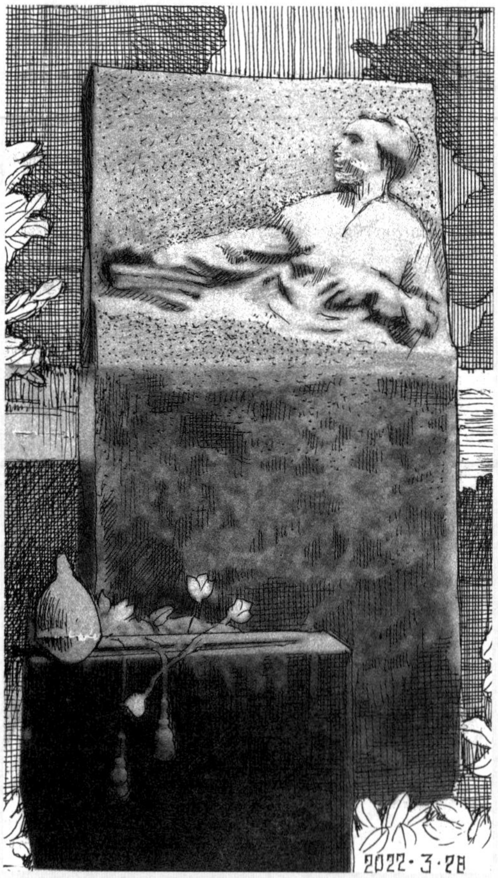

图 C–3–6　奥斯特洛夫斯基墓
来源：作者根据图片绘制

（七）契诃夫（Антон Павлович Чехов，1860—1904）

契诃夫与我国作家鲁迅很相似，鲁迅曾说过“契诃夫是我最喜欢的作家”。契诃夫早年开始是位医生，后来认为医治同胞们伤残的心，让他们摆脱奴性更为重要。后来弃医从文，成为19世纪俄国伟大的批判现实主义作家，世界三大短篇小说巨匠之一，44岁时英年早逝。他天性幽默，常说：“当手指被扎了一根刺时，你就应该高兴地说，挺好，多亏这根刺没有扎到眼睛里。”

墓碑是由一个洁白的墙体和黑色的屋顶构成的“小屋”，表现逝者扎根在俄国土地上的草根性。这个独特简单的墓碑体现了他生前的名言“天才的姐妹是简练”，墓没有雕像和墓志铭，只有一块躺在地上的青色石碑，上刻其姓名和生卒年。墓碑深色的方框上有波浪和剧场图案，墓地栏杆也与莫斯科剧院大幕上的图案相似，表达他出生在伏尔加河畔，以及他和莫斯科艺术剧院的密切关系。屋顶上缀着三个十字架，整体显得纯朴（图C-3-7）。雕刻家为L.Brailovsky，F.Shekhtel。

图C-3-7　契诃夫墓
来源：作者根据图片绘制

（八）拉夫里洛维奇（Василий Гаврилович，1900—1980）

拉夫里洛维奇是一位炮兵工程师，他设计的穿甲弹可穿透 10 厘米厚的钢板，所以墓碑用 10 厘米厚的钢板，钢板上有三个弹孔，表明他研制的炮弹威力，钢板右上方为侧面浮雕头像，表情坚毅（图 C-3-8）。葬于新圣女公墓，雕刻家 L.Ryabtsev。

图 C-3-8 拉夫里洛维奇墓
来源：作者根据图片绘制

（九）尤利·鲍里索维奇·列维坦（ЮрийБорисовичЛевитан，1914—1983）

尤利·鲍里索维奇·列维坦是卫国战争期间苏联最著名的播音员。他那醇厚沉稳的声音鼓舞了前线的红军战士，也使德军闻之胆寒。1941年德军兵临莫斯科城下，拟定处死名单中，斯大林名列第一，他第二。墓的左上方红星照耀，他镇定自若地面对话筒，仿佛发出铿锵有力、鼓舞人心的声音，身后一圈圈电波传向远方（图C-3-9）。葬于新圣女公墓，雕刻家I.Farphell。

图C-3-9 尤利·鲍里索维奇·列维坦墓
来源：作者根据图片绘制

（十）葛罗米柯（Андре́й Андре́евич Громы́ко，1909—1983）

生前担任外交部部长 28 年，经历无数次政治风险，最后以苏联最高苏维埃主席团主席的身份退休，被称为“政坛不倒翁”。

后人为他设计的墓碑，头像浮雕阴阳对比，塑造出他的处世特点，表现他为人精明善变和老谋深算的一生（图 C-3-10）。

图 C-3-10　葛罗米柯墓
来源：作者根据图片绘制

（十一）图波列夫（Андрей Николаевич Туполев，1888—1972）

图波列夫是世界著名的飞机设计师，在苏联早期物质和知识极度贫瘠的年代，他一人独立完成了整架图 154 飞机的设计，故被称为“图字号飞机之父”。墓碑图案就是飞翔的翅膀，上面浮雕一架正在飞翔的图 154 飞机，正中是他的头像，下方是生卒年（图 C-3-11）。葬于新圣女公墓，雕刻家是 G.Taidze。

图 C-3-11　图波列夫墓
来源：作者根据图片绘制

（十二）马雅可夫斯基（Влади́мир Влади́мирович Маяко́вский，1893—1930）

逝者是天才的革命诗人，被公认为时代进程的代言人。他是苏联著名浪漫诗人，还是一位演员和画家。他性格火暴，行为极端，作品激情澎湃，鼓舞人心，深受读者喜爱。生前曾写诗《不许干涉中国》。37 岁时因受打击和爱情挫折，举枪自尽。

一堵暗红色的墓碑，四边镶黑框，在大理石方柱上是逝者的青铜胸像，脸稍侧，眉紧皱，十分成功地刻画出他的冲动性格；双目炯炯有神，横眉冷对世界，性格鲜明（图 C-3-12），作品极富感染力，作品曾获斯大林奖金。葬于新圣女公墓，设计人为著名雕塑家 A.Kibalnikov。

图 C-3-12　马雅可夫斯基墓
来源：作者根据图片绘制

（十三）乌兰诺娃（Галина Сергеевна Уланова，1910—1998）

乌兰诺娃是苏联最著名的芭蕾舞演员，终身痴迷于芭蕾世界，被誉为“悲剧艺术顶峰的化身”。她对自己的演出没有一次感到满意，精益求精的精神帮她最终成为芭蕾艺术的巨星。

墓碑将乌兰诺娃优美的白天鹅舞姿定格在一块白色大理石上，天鹅绒般的草坪衬出大理石的纯洁（图 C-3-13）。这座雕刻正如诗人艾青所形容：“像云一样柔软，像风一样轻，比月光更明亮，比夜更宁静。”葬于新圣女公墓，雕刻家 F.Fivesky。

图 C-3-13　乌兰诺娃墓
来源：作者根据图片绘制

（十四）卓娅（Zoya Anatolyevna Kosmodemyanskaya，1923—1941）

卓娅和她弟弟舒拉曾是中国青少年崇拜的偶像，铜像表现了苏联 17 岁女英雄被德军强暴后绞死前高昂着头、裸露胸膛、大义凛然、英勇无畏的形象。雕塑中，整个身体处于失衡状态，露出被割后残缺的乳头，雕塑有一种惊天动地的力量，令人感到震撼（图 C-3-14）！葬于新圣女公墓，雕刻家 O.Komov。

舒拉在姐姐就义后接过姐姐的枪从军，成为一名坦克兵，参加战斗，并屡次立功受奖，胜利前夕在战斗中牺牲。其墓立在姐姐墓的对面。

图 C-3-14　卓娅墓
来源：作者根据图片绘制

（十五）夏里亚宾（Фёдор Иванович Шаляпин，1873—1938）

他是具有独创精神的男低音歌唱家，嗓音雄厚有力、音域宽广，极富表现力。他虽然没有受过正规的音乐教育，但被称为“世界男低音之王”。他生前受迫害，被打成“反革命”，财产被没收，最后流亡法国。曾来中国演出。逝世后，巴黎为他举行隆重葬礼，46 年后遗骸才运回祖国，葬入新圣女公墓，圆了他生前的梦。

雕像姿态欣慰而悠闲地躺在沙发上，一手搭着垫枕，一手插进坎肩，头略扬，似乎对人们说：“我终于回到自己的祖国了。”（图 C-3-15）葬于新圣女公墓，雕刻家 A.Yeletsky。

图 C-3-15　夏里亚宾墓
来源：作者根据图片绘制

（十六）索比诺夫（Leonid Sobinov，1872—1934）

逝者是一名著名抒情男高音，被大众称为“俄罗斯歌剧舞台上的天鹅”，曾获得“人民艺术家”的光荣称号。墓碑上一只垂死的天鹅伸张双翅匍匐在墓基上挣扎、抖动，为这位艺术家的逝世悲鸣！这只美丽的天鹅成了索比诺夫灵魂的化身，设计颇具匠心，感动了无数前来参观的游客，令人对逝者饱含同情(图C-3-16)。葬于新圣女公墓，设计人为雕塑家穆希娜(Вера Игнагьевна Мухина)。

图 C-3-16　索比诺夫墓
来源：作者根据图片绘制

（十七）尼库林（Юрий Владимирович Никулин，1921—1997）

逝者是著名喜剧演员，毕业于演艺学校和马戏团小丑班，后在马戏团工作 50 年，他的表演炉火纯青，诙谐逗趣。他也是一位马戏创新者，把马戏表演升华为兼具讽刺、教育和表达思想的艺术，引领观众欢笑之后思考现实。

墓主头戴压扁的小礼帽，身穿表演服，手捏一支点燃的香烟，好像观众散去后，卸妆前休息的瞬间。他生前爱狗，情同父子，爱犬追随主人同日离世。墓地设计表达了主人的职业特点和与狗的亲密关系（图 C-3-17）。葬于新圣女公墓，雕刻家 A.Rukavishnikov。

图 C-3-17　尼库林墓
来源：作者根据图片绘制

（十八）波克里辛·亚历山大（Покрышкин Александр，1913—1985）

波克里辛·亚历山大生前两次获得"苏联英雄"称号，卫国战争时，在156次空战中，击落敌机59架。1982年任苏联空军元帅。浮雕像位于正方形花岗石墓碑的中心，在喷气式战机形成的剧烈旋风中，表情严峻怒视远方。创作手法言简意赅，极具感染力（图C-3-18）。葬于新圣女公墓，雕刻家M.Pereyaslavets。

图C-3-18　波克里辛·亚历山大墓
来源：作者根据图片绘制

（十九）谢尔盖·斯米尔诺夫（Серге́й Серге́евич Смирно́в，1915—1976）

谢尔盖·斯米尔诺夫是卫国战争期间的战地记者，撰写了大量报道无名英雄的作品鼓舞士气，还编写剧本供演出。

直立石碑，“身”上累累弹孔呈不规则排列，每个大小不一的弹孔都浅雕着一位无名英雄像（图 C-3-19）。葬于新圣女公墓，设计人为雕塑家 L.Berlin。

图 C-3-19　谢尔盖·斯米尔诺夫墓
来源：作者根据图片绘制

（二十）邦达尔丘克（Сергéй Фёдорович Бондарчук，1920—1994）

苏俄著名演员。墓碑设计简洁大方，雕像处理集中表现头部，呈入戏状，富有创意，不落俗套（图C-3-20）。葬于莫斯科新圣女公墓。雕刻家为列夫·凯尔别里（ЛевЕфимовичКербель，1917—2003）。

图C-3-20 邦达尔丘克墓
来源：作者根据图片绘制

（二十一）肖邦（Fryderyk Franciszek Chopin，1810—1849）

肖邦 20 岁时参加过卫国战争，被称为波兰“爱国钢琴诗人”。长年侨居法国，39 岁死于巴黎，有近 3000 人在莫扎特的安魂曲中参加他的葬礼。根据遗愿，遗体葬在巴黎拉雪兹神父公墓，把心脏运回祖国波兰，埋在教堂。低头哭泣的音乐女神雕像，寄托人们对他天才早逝的惋惜和哀悼。肖邦墓前一年四季鲜花不断（图 C-3-21）。墓碑设计人为奥古斯特·克莱辛格（Auguste Clésinger）。

图 C-3-21　肖邦墓
来源：作者根据图片绘制

（二十二）卡尔·马克思（Karl Heinrich Marx，1818—1881）

卡尔·马克思，伟大的思想家、政治家、哲学家、革命家、经济学家、社会学家、历史学家。他与妻子合葬于伦敦海格特公墓（Highgate Cemetery）。墓体十分简单，上部为马克思充满智慧、目光如炬、美髯浓密、栩栩如生的青铜头像。方形墓座前方嵌一块白色大理石，上书“全世界无产者联合起来”，下刻马克思的名言“哲学家们只是用不同方式解释世界，而问题在于改变世界”（图C-3-22）。葬于伦敦海格特公墓，设计人为英国雕刻学会主席劳伦斯·布拉德肖（Laurence Bradshaw）。

图C-3-22　马克思墓
来源：作者根据图片绘制

（二十三）莫扎特（Wolfgang Amadeus Mozart，1756—1791）

音乐神童莫扎特一生清贫，35 岁英年早逝，曾说过：富人是没有友谊的，只有穷人才能成为他的朋友。逝世后葬于贫民墓园。1891 年维也纳音乐之友社在维也纳中央公墓贝多芬的墓旁，为他设立了衣冠冢，供人瞻仰。基座正面中央为椭圆形镜框的莫扎特侧面像。基座上方雕有神情哀切的音乐女神，低头垂手坐在一摞乐谱稿纸上，手中握着一页未完成的乐谱，表示遗憾他的早逝。原墓地在圣马克斯公墓，由友人凑钱重新修葺。墓旁立了“哭泣的天使”石雕（图 C-3-23）。设计人为雕刻家汉斯·加塞尔。

图 C-3-23　莫扎特墓
来源：作者根据图片绘制

（二十四）建筑师弗兰克·劳埃德·赖特（Frank Lloyd Wright，1867—1959）

逝者被公认为美国最伟大的建筑师，墓地以他设计的康利剧场（Coonley Playhouse）的窗户图样作卧碑，上面写着："爱创意就是爱上帝，理解就是爱"。夫人逝世后，赖特的遗体从墓中挖出后火化，夫妻骨灰混在一起浇进一堵墙里，完成生死相伴的夙愿（图 C-3-24）。葬于美国威斯康星州普林格林的东塔里埃森（East Tareessen，Pringle，Wisconsin，U.S.）。

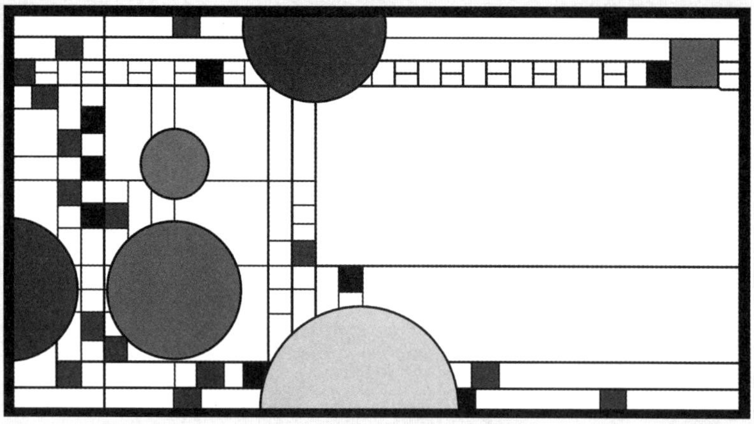

图 C-3-24　赖特墓碑（康利剧场住宅窗户图样）
来源：作者根据图片绘制

（二十五）建筑师勒·柯布西耶（Le Corbusier，1887—1965）

逝者是 20 世纪最著名的建筑师之一，一生追求与众不同，墓碑也与众不同。在妻子病重时完成设计，平面构图抽象，混凝土墓碑的造型像电脑屏幕，色彩鲜艳。旁边是圆柱形花坛，墓碑安静地俯瞰着平静的大海，没有文字，只在屏幕上留下逝者潦草的手稿（图 C-3-25）。葬于罗克布鲁内卡普马丁（Roquebrune-Cap-Martin）的潘克拉斯（Saint Pancrace）。

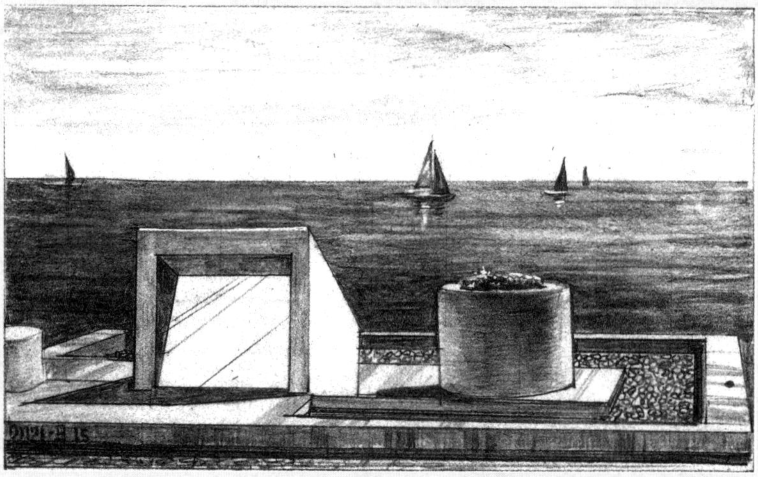

图 C-3-25　勒·柯布西耶墓
来源：作者根据图片绘制

（二十六）建筑师密斯·凡德罗（Ludwig Mies Van der Rohe，1886—1969）

逝者是著名的现代主义建筑大师，他的名言“少即是多”(Less is more)影响了几代建筑师。他首先提出“流动空间”的设计概念。他的墓碑为黑色花岗石卧碑，只留小小的印刷体姓名和生卒年，实践了自己的创作原则（图 C-3-26）。葬于美国芝加哥 Graceland 墓园。

图 C-3-26　密斯·凡德罗墓
来源：作者根据图片绘制

（二十七）建筑师阿尔托（Hugo Alvar Herik Aalto，1898—1976）

逝者是芬兰现代派著名建筑师，他特别重视建筑与环境、建筑形式与心理感受之间的关系，是现代建筑史上的重要人物。

其墓碑采取现代派艺术手法，方形柱上立古典的爱奥尼克柱头，碑下放十个颜料罐，供人遐想（图 C-3-27）。葬于芬兰 Hietaniemi 墓园。

图 C-3-27　阿尔托墓
来源：作者根据图片绘制

（二十八）布鲁斯·格雷厄姆（Bruce Graham，1925—2010）

逝者是建筑师，墓碑是一个无边界的矩形水池。姓名凸出水面。设计大意：当我看着水面时，我可以看到天，看到云，在浮动，风吹树梢，看到鸟、太阳、月亮、星星；当我看着水面时，可以看到你站在那里。但有一天，我看着水面，你却不在那里，我看到的是一个不同的世界，但我看的方式仍然一样，当想靠近看得清楚些时，我看见了我自己。设计构想极富想象力（图 C-3-28）。葬于美国芝加哥 Graceland 墓园。

图 C-3-28　布鲁斯·格雷厄姆墓
来源：作者根据图片绘制

（二十九）建筑师阿道夫·路斯（Adolf Loos，1870—1933）

奥地利现代主义建筑先驱，首提“装饰是罪恶”口号，主张建筑应以实用舒适为主，认为建筑“不是依靠装饰而是以形体自身之美为美”。他的墓极其简单，仅是方方正正一整块立方体石材，上面除刻姓名之外没有任何装饰（图 C-3-29）。葬于奥地利维也纳 Zentraltriedhof 墓园。

图 C-3-29　阿道夫·路斯墓
来源：作者根据图片绘制

（三十）欧仁·鲍狄埃（Eugène Edine Pottier，1816—1887）

他是法国工人诗人，巴黎公社领导人之一，《国际歌》的词作者。他在贫困中逝世，巴黎市民为他举行了隆重的葬礼。是他的战友、公社委员、建筑工程师阿尔诺德设计。

用白色大理石雕刻的墓碑像一本打开的书，左边是他的生卒年，右边是《国际歌》歌词“英特纳雄耐尔就一定要实现”。没有任何多余装饰，体现这位革命者的朴实（图 C-3-30）。葬于巴黎拉雪兹神父公墓。

图 C-3-30 欧仁·鲍狄埃墓
来源：作者根据图片绘制

四、创意墓碑欣赏

（一）德国与花卉结合的墓碑

德国人喜欢花艺是传统，联邦政府每两年举办一次规模很大的“联邦花展”，展期为两年。每年邦（省）为了促进产业发展，交流花艺，每隔数年，甚或每隔一年举办一次园艺博览会。在这些展览中，除了花艺之外均有墓园和墓碑的设计专项展览。展示形形色色，形态各异的墓碑设计，对我们有一定的启发作用。德国人喜欢花卉又热爱生活，热爱现代艺术，这些特性都反映在他们的墓碑设计中。

德语中，墓园是“宁静之地”，墓地与植物结合是其特有的一种文化。德国有 3 万座墓园，不是紧靠住宅区就是坐落在街心花园。因为德国天主教会不允许墓地随意搬迁，因此每块墓地事先都经过精心策划、设计。

17 世纪中叶起，开始是为了去除尸体腐味，在墓地种植花卉来冲淡异味，同时表达对逝者的追思。这种墓地文化一直延续变成习俗。丧属定期来探望逝世的亲人，献上鲜花，清除墓地杂草，浇灌植栽已成为生活中不可或缺的一部分。与花卉结缘之后，墓地成为人们喜欢去的地方，上班族也常利用午休来墓地散步、小憩、呼吸新鲜空气。

德国墓地中，植被占据大部分面积，墓地边框的植栽约占墓地面积的 25%，需要经常更换的花卉种植面积约占 15%。花卉植栽在墓园中的角色越来越重要，比例也越来越高。

德国近年来盛行“匿名墓碑”，2019 年仅汉堡一地，就出现近 3000 座匿名墓碑。特点是不留姓名和生卒年，与花卉完全结合，墓地成了一块花艺展示地。

德国有专门设计墓地的专业工程师、景观师和花卉师，还有日常维护墓地的专业公司，负责打扫、修剪、施肥、浇水、更新，以及冬季防冻（图 C-4-1）。

材质：石材

材质：钢与石材

材质：石材

材质：木材

材质：石材

材质：石材

材质：石材

材质：石材

材质：石材

图 C-4-1　德国墓碑

材质：钢材

材质：石材

材质：石材

材质：石材

材质：石材

材质：石材

材质：石材

材质：石材

材质：石材

图 C-4-1 德国墓碑（续）

材质：钢材

材质：石材

材质：石材

材质：木材

材质：石材

材质：木材

材质：石材

材质：石材

材质：石材

图 C-4-1　德国墓碑（续）

材质：石材

材质：木材

材质：钢与石材

材质：石材

材质：石材

材质：石材

材质：石材

材质：石材

材质：石材

图 C-4-1　德国墓碑（续）

材质：石材

材质：木材

材质：石材

材质：钢与石材

材质：钢材

材质：钢与石材

材质：钢材

材质：石材

材质：石材

图 C-4-1　德国墓碑（续）

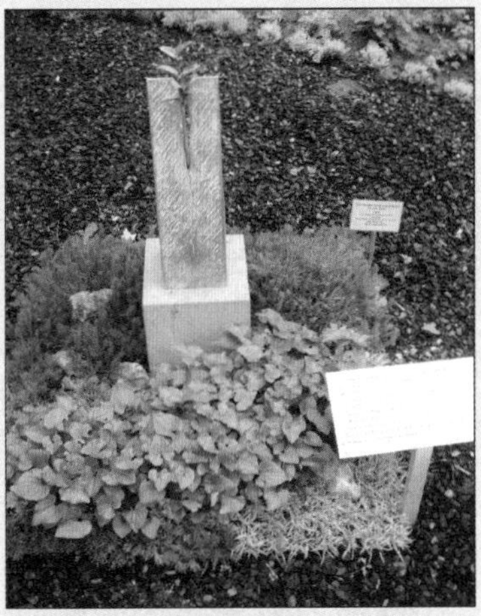

材质：木材

材质：玻璃

材质：石材

材质：木材

材质：钢材

材质：钢材

材质：木材

材质：石材

材质：石材

图 C-4-1　德国墓碑（续）

材质：石材

材质：钢与石材

材质：石材

材质：木材

材质：石材

材质：石材

材质：石材

材质：石材

材质：石材

图 C-4-1　德国墓碑（续）

材质：石材

材质：钢与石材

材质：石材

材质：木材

材质：石材

材质：石材

材质：石材

材质：石材

材质：石材

图 C-4-1　德国墓碑（续）
来源：蔡秀琼先生提供

（二）俄罗斯及日本的创意墓碑

俄罗斯是一个热衷创新的民族。17 世纪彼得大帝旅居欧洲，深受欧洲文化的影响，回国后大力推动改革，派出大批留学生去欧洲学习，实行全盘西化历经三十多年，同时又吸收了亚洲文明。独特的社会环境和地理位置催生了灿烂的俄罗斯文化和艺术。

在俄罗斯文化艺术中，雕塑艺术成就非凡，其中墓园雕塑最为突出，许多作品都具有震撼的力量。俄罗斯墓碑已成为世界文化宝库中的璀璨瑰宝（图 C-4-2）。

阿纳托利（奥托）·A.索洛尼钦
演员
1934—1982
VAGANKOVSK公墓

爱德华·A.斯特列尔佐夫
足球明星
1937—1990
VAGANKOVSK公墓

弗拉基米尔·S.伊瓦绍夫
演员
1939—1995
VAGANKOVSK公墓

亚历山大·A.法捷耶夫
作家
1901—1956
新圣女公墓

伊利亚·G.埃伦堡
作家、公众人物
1891—1967
新圣女公墓

米哈伊尔·罗姆
电影导演
1901—1971
新圣女公墓

图 C-4-2　俄罗斯墓碑

沃里斯·S.弗鲁努
表演艺术家
1922—1997
新圣女公墓

谢尔盖·D.斯托利亚罗夫
著名演员
1911—1969
VAGANKOVSK公墓

PUTCH 受害者纪念碑
1991年
VAGANKOVSK公墓

埃琳娜·A.埃列茨卡娅
艺术家
1940—1994
VAGANKOVSK公墓

叶夫根尼·B.瓦赫坦戈夫
演员、舞台监督
1883—1922
新圣女公墓

弗拉基米尔·L.杜罗夫
马戏教师
1863—1934
新圣女公墓

图 C-4-2 俄罗斯墓碑（续）

尼古拉·P.斯塔罗斯汀
足球明星
1902—1996
VAGANKOVSK公墓

弗拉迪尼尔·S.维索茨基
演员、作家
1938—1980
VAGANKOVSK公墓

弗拉基米尔·F.斯托亚罗夫
艺术家
1926—1974
VAGANKOVSK公墓

尼古拉·I.季霍米罗夫
火箭构造专家
1860—1930
VAGANKOVSK公墓

格莱娜·M.维利卡诺娃
歌唱家
1923—1998
VAGANKOVSK公墓

奥列格·达尔
演员
1941—1981
VAGANKOVSK公墓

图 C-4-2　俄罗斯墓碑（续）

安德烈·A.米罗诺夫
著名演员
1941—1987
VAGANKOVSK公墓

埃夫盖尼·A.马约罗夫
曲棍球明星
1938—1997
VAGANKOVSK公墓

阿尔弗雷德·G.施尼特克
作曲家
1934—1998
新圣女公墓

尤利·M.丹尼尔
作家
1925—1988
VAGANKOVSK公墓

康斯坦丁·A.费丁
作家、公众人物
1892—1977
新圣女公墓

政治镇压受害者纪念碑
1926—1953
VAGANKOVSK公墓

图C-4-2 俄罗斯墓碑（续）

马里斯-鲁道夫·E.列帕
芭蕾舞演员兼编导
1936—1989
VAGANKOVSK公墓

伊戈尔·V.塔尔科夫
流行歌曲歌唱家
1956—1991
VAGANKOVSK公墓

伊戈尔·I.格拉巴尔
画家
1871—1960
新圣女公墓

安东·S.马卡连科
儿童教育作家
1888—1939
新圣女公墓

亚历山大·巴库列夫
医学科学家
1890—1967
新圣女公墓

鲍里斯·D.科罗廖夫
雕塑家
1884—1963
新圣女公墓

图 C-4-2　俄罗斯墓碑（续）

阿尔卡季·I.切尔尼绍夫
曲棍球教练
1914—1992
VAGANKOVSK公墓

弗拉基米尔·S.洛克特夫
合唱指挥
1911—1968
VAGANKOVSK公墓

亚历山大·L.普图什科
电影导演
1900—1973
新圣女公墓

纳齐姆·兰.希克梅特
土耳其作家
1902—1963
新圣女公墓

尼古拉·P.奥赫洛普科夫
演员、导演
1900—1967
新圣女公墓

阿纳托利·D.帕帕诺夫
演员
1922—1987
新圣女公墓

图 C-4-2　俄罗斯墓碑（续）

塞尔吉·F.邦达楚克
演员、电影导演
1920—1994
新圣女公墓

乔治·N.巴巴金
导航设计师
1914—1971
新圣女公墓

亚历山大·N.维尔廷斯基
诗人、作曲家、歌唱家
1889—1957
新圣女公墓

谢尔盖·T.科南科夫
雕刻家
1874—1971
新圣女公墓

列夫·I.亚辛
足球明星
1929—1990
VAGANKOVSK公墓

科学与工程名人纪念碑

图 C-4-2　俄罗斯墓碑（续）

尤里·I.皮米诺夫 画家、舞台美术家 1903—1977 新圣女公墓	尼古拉·E.鲍曼 革命家 1873—1905 VAGANKOVSK公墓	彼得·P.格列波夫 演员 1915—2000 VAGANKOVSK公墓

图 C-4-2　俄罗斯墓碑（续）

来　源：фондом исследований по истории Евра–зии имени князя Александра Невского.Московский Новодевичий Некрополь 1904–2004[M].Москва：Известия，2005.（亚历山大·涅夫斯基欧亚大陆历史研究基金会（莫斯科）.莫斯科新圣女墓地 1904–2004[M]. 莫斯科：Известия，2005.）Комитет по культурному наследию г.Москвы. Московский Ваганьковский некрополь [M].Москва：Ритуал，2007.（莫斯科文化遗产委员会 . 莫斯科瓦甘科夫斯基墓地 [M]. 莫斯科：Ритуал，2007.）

日本是一个善于吸收外来文化的民族，连墓碑设计上也有许多创新，能带给我们一些启发。彩虹墓碑是在石质墓碑上挖洞放置棱镜，雨过天晴，棱镜折射阳光后，产生色散效应，形成斑斓的七色彩虹（图 C-4-3）。

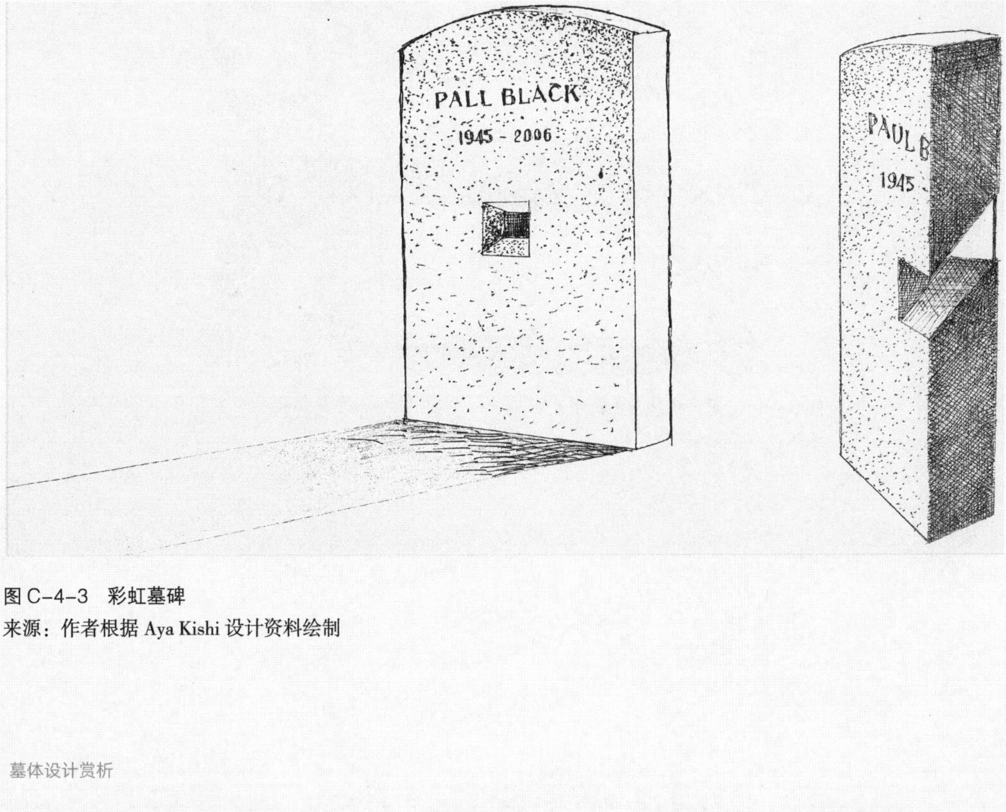

图 C-4-3　彩虹墓碑

来源：作者根据 Aya Kishi 设计资料绘制

（三）小品墓碑

越来越多的西方人愿意把自己的骨灰和环境生态化建设结合，例如：在步道两侧埋葬骨灰，利用路沿或台阶踏步作卧碑，让墓碑真正成为墓园的铺路石。花架、矮墙、座凳、石椅等都可以刻上逝者的姓名和生卒年替代墓碑。骨灰不留痕迹，完全消隐于地下，融入于美景（参见第四章室外骨灰葬）。

图 C-4-4　夫妻情深，抵首相吻
来源：作者根据图片绘制

西方基督徒有“生前做好人、死后做善事”的宗教情结。这种让自己物化到园林中去照顾后人的做法受到环保人士的极力推崇。

墓园是记录文化的“图书馆”，墓碑就是“书籍”，每本“书”都有一部动人的故事。第二次世界大战之后，天使一类传统雕塑逐渐式微，形式简单、内涵深刻、引人遐想的现代墓碑日益盛行。墓碑与建筑小品结合不仅美化墓园，也是一种爱的寄托（图 C-4-4~图 C-4-6）。

图 C-4-5　歌声缭绕，痛悼亲人
来源：作者根据图片绘制

图 C-4-6　日本创意墓碑一瞥
来源：作者根据图片绘制

五、互联网技术对墓碑设计的影响

随着信息技术的快速发展，传统墓碑承载信息的作用逐渐弱化，转而向艺术和互联网方向发展。

墓碑承载少量信息但付出高昂的环境代价，不符合可持续发展理念。如今，人们用手机即可从“云端”读取大量信息，通过扫描二维码，登录网上纪念馆，实现“云祭祀”。利用网络的巨大空间，见证历史，延续“生命”，为逝者建立个人主页，上传逝者的照片、生平简历、墓志铭、功德事迹、荣誉成就、生活图片、纪念视频，甚至在网上建立家谱，将家族世系清晰保存，也可记录亲友的悼词及纪念文章。

小型化、消隐化和新技术的出现，可以创造出更多悼念先人的手段。公用电子墓碑取代零乱的单体墓碑便是其中之一，它比匿名墓碑多保留一些存在感。

网络祭奠目前属起步阶段，尚缺乏虚拟网络和实体墓园之间的“桥梁”，网络祭拜脱离了实体，容易显得空洞，但随着互联网元宇宙技术的进一步完善，网络祭扫将具有更丰富的内容，使丧属表达哀思的手段更加多样化和具有现场感，千里之外也可“身临其境”。

六、另类墓碑

（一）愿望墓碑

逝者本人或后人通过墓碑表达一种愿望，墓碑此时往往成为社会矛盾的一种物质反映，读者应从深层次去理解。

1. 维克多 · 诺瓦（Victor Noir，1849—1870）

诺瓦生前是法国反对帝制的一名年轻记者，21 岁时为了争取新闻自由被统治者杀害，震惊了整个巴黎，多达 10 万市民自发参加了他的葬礼，最终演变成大规模的游行抗议。诺瓦葬在拉雪兹神父公墓，由著名法国雕塑家朱尔斯 · 达鲁（Aimé –Jules Dalou）按照遇害现场实况雕塑了一个真人大小、倒在血泊中的铜像，期望这位青年能复活。诺瓦的年轻英俊，引起无数巴黎女性的怜悯和同情。

浪漫的法兰西民族借此机会形成一种规俗，献花时，如果把它放进诺瓦雕像的帽子里，轻吻他的嘴唇，姑娘们会遇到自己心爱的人，诺瓦雕像的嘴唇于是被女士们的唇膏染红。墓园曾一度用栏杆保护，后来遭到妇女团体的抗议而作罢（图 C–6–1）。

图C–6–1　维克多·诺瓦的雕像

来源：作者根据图片绘制

2. 墓碑提款机[1]

西方认为个体的存在是独立的，对父母没有必然的责任。美国许多老人富裕而孤独，失去家庭乐趣后精神苦闷。美国蒙大拿州（Montana）牧场主古德斯首创在自己的墓碑上安装了内置提款机，立下遗嘱，儿孙到自己墓地悼念时，凭密码取钱，每周一次，每次 300 美元，过期放弃。用这种方法激励儿孙们风雨无阻每周来墓地看望自己，反映了美国老人对儿孙们冷漠的失望和无奈。

这种墓碑提款机受到美国老人们的欢迎。当亲情用金钱来维持时，只能是老人生前获得感情期待的一种安慰。

1　陆春祥 . 墓碑上取款 [OL]. 中国经济时报 – 中国经济新闻网 .2003–07–04[2022–06–07]. http://jjsb.cet.com.cn/show_112821.html.

（二）调侃墓碑

墓碑是逝者的一种自我表现，除了实现自己的生前理想、追求唯美等因素外，还有一种调侃人生的墓碑。多数西方人能坦然面对死亡，因此出现了许多奇特墓碑，这些墓碑让人眼花缭乱，匪夷所思，从中可以窥见西方人的幽默感，读后令人啼笑皆非（图 C-6-2 ~ 图 C-6-16）。

图 C-6-2　俄罗斯女孩的手机墓
来源：作者根据图片绘制

图 C-6-3　命相师墓碑，“手掌相命，5 美元一次”
来源：作者根据图片绘制

图 C-6-4　麻将发烧友的墓碑
来源：作者根据图片绘制

图 C-6-5　靴子墓碑
来源：作者根据图片绘制

图 C-6-6　迷宫墓碑
来源：作者根据图片绘制

图 C-6-7　逝者要从墓中爬出来
来源：作者根据图片绘制

图 C-6-8　灯泡墓碑
来源：作者根据图片绘制

图 C-6-9　和小孩玩耍墓碑
来源：作者根据图片绘制

图 C-6-10　“我要出来了”墓碑
来源：作者根据图片绘制

图 C-6-11　幸福夫妻的双人墓碑
来源：作者根据图片绘制

图 C-6-12　逝者生前是个修理工
来源：作者根据图片绘制

图 C-6-13　防止僵尸跑出来捣乱的墓碑
来源：作者根据图片绘制

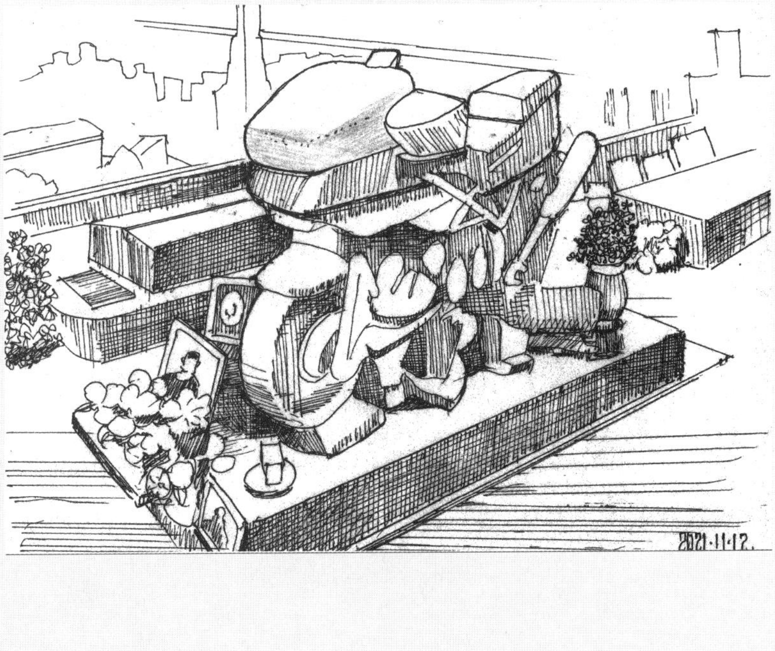

图 C-6-14　哈雷摩托车迷之墓
来源：作者根据图片绘制

图 C-6-15　史努比感谢你之墓
来源：作者根据图片绘制

图 C-6-16　汽车发烧友之墓
来源：作者根据图片绘制

书后感悟和结语

每当看到以下这几张图片，我会陷入一种难以自持的伤感，不忍看又想看。世上最令人悲伤的莫过于失去亲人、失去爱我的人和我爱的人，妻子失去丈夫、子女失去父母、老人失去儿辈、战士失去战友……这种悲痛令人痛彻心扉。

爱是人类永恒的主题，不分国家、民族，不分社会阶层，甚至不分物种，它是一种神圣而崇高的天性。对于人类来说，它不仅带来未来的希望和现实的幸福，也会让人因爱的消逝而泪流满面，痛不欲生。我真切地希望人类建立在爱基础上的这种情感能够代代相传，永世续存。任何人都无法撼动，它是世界和谐的基石。

没有爱，就不会有这个世界的存在，人类的文明更是一部以爱为本的历史。它是一种能量，无价且珍贵！它可以超越任何障碍，挣脱一切桎梏，展现人性的良知和光辉。它不因暴力而泯、不因强权而灭，它宽恕、包容、同情、怜恤。它在任何社会都不可或缺。

21 世纪的世界仍然在经历天灾与人祸、疾病和战争。它们夺去了生命，夺走了千万家庭的亲情存续，酿成无数家庭失亲之痛。对每一个家庭，对失去孩子的父母、失去爱人的妻子、失去恋人的女子、失去父亲的孩子来说，是一种难以承受、迷茫与绝望之痛。

金钱和地位是物质的，带不来真正的幸福。56 岁的乔布斯[1]在弥留之际称自己虽然在别人眼里事业成功，但他从来不觉得自己幸福，财富和名誉在死亡面前显得毫无意义。老子也说过："名与身孰亲？身与货孰多？得与亡孰病？甚爱必大费，多藏必厚亡。"[2]

幸福从来不来自于物质世界而来自内心，人们应该珍惜当前拥有的一切。当父母健在，当和伴侣、兄弟、姐妹、亲朋好友同在的时候，请敞开胸怀尽情说笑，享受自然和健康，享受生活，享受生命，享受亲情，那才是我们需要的幸福。

刊出的图片是我多年的收藏，每张图片背后都有我的感触和思考，因此我决定自己动手绘制，表达同情和尊敬并以此作为本书的结束，目的是宣扬和平与爱的普世性，帮助失去亲人和战友的人们释放情感，尽快摆脱悲痛，坚强地生活。

对幸福、生命和死亡不同的理解和价值判断会产生不同的情感表达，物质是精神的载体，它将直接影响到殡葬建筑与环境的设计。殡葬场所不应是邻避所在，而应是一个充满文化与艺术的极乐世界，更是爱的最后链接和感情的终极驿站，这应是墓园设计最核心的价值（图 1 ~ 图 16）。

2022 年 4 月 5 日清明完稿

1　乔布斯（Steve Jobs，1955-2011），美国发明家、企业家、苹果公司联合创办人

2　老子《道德经》第四十四章

图 1　群众在陵园痛悼
来源：作者根据图片绘制

图 2　抗日战士悼念战友
来源：作者根据图片绘制

图 3　爸爸在地下，妈妈别哭！
来源：作者根据图片绘制

图 4　麦克，我想你！我爱你！
来源：作者根据图片绘制

图 5　吻我亲爱的丈夫！
来源：作者根据图片绘制

图 6　宝贝：我看不到，但我摸到你了！
来源：作者根据图片绘制

图 7　妈妈在女儿墓地留了一个地洞，女儿生前怕雷声，每逢雷雨天，妈妈赶赴墓地的预留洞口，陪伴女儿
来源：作者根据图片绘制

图 8　失去妈妈的悲痛
来源：作者根据图片绘制

图 9　爸爸，你在哪里！
来源：作者根据图片绘制

图 10　爸爸，长大后我也要当兵！
来源：作者根据图片绘制

图 11　战友们，我悲痛难忍！
来源：作者根据图片绘制

图 12　再也无法抱你了！
来源：作者根据图片绘制

图 13　往事萦回
来源：作者根据图片绘制

图 14　失子之痛，痛彻心扉
来源：作者根据图片绘制

图 15　为你痛哭！我的朋友！——动物园饲养员
来源：作者根据图片绘制

图 16　义犬绝食守墓殉葬
来源：作者根据图片绘制

致 谢

蔡秀琼　曹日章　赖德霖　李　鸽　谭志宁　曹光灿　刘正安　伊　华　林　京

徐美琪　王逸桥　洪崇恩　Catherine Meyer 郭　涵　赵宝华　钟　宜　钟　宁

黄丽琴　韦显周　钱　锋　靳　玮　周　晨　施　峻　朱　雷　何新平　吴硕贤

杨桂荣　李爱兰　焯　彬　奚涵晶　斐大林　王　涛　刘　平　黄　颖　吴礼月

奚　青　奚　磊　Jim　Hotalar　Zafrir　Ganany　Gintautas Natkevičius

Axel Schultes Charlotte Frank　Willem Wopereis　Jordi Frontons Gonzalez

Catherine Seyler　Yuma Ota　Hirohide Otsuka　Akiko Hayashida

（帮我的朋友很多，万一疏漏，敬请谅解）

图书在版编目（CIP）数据

墓园及纳骨建筑设计 = Design of Contemporary Cemetery and Columbarium / 奚树祥著 .—北京：中国建筑工业出版社，2023.9
ISBN 978-7-112-28783-3

Ⅰ.①墓… Ⅱ.①奚… Ⅲ.①陵园建筑—建筑设计 ②陵墓—建筑设计 Ⅳ.① TU251.2

中国国家版本馆 CIP 数据核字（2023）第 099251 号

责任编辑：李　鸽　陈小娟
责任校对：芦欣甜

墓园及纳骨建筑设计
Design of Contemporary Cemetery and Columbarium
奚树祥　著
*
中国建筑工业出版社出版、发行（北京海淀三里河路 9 号）
各地新华书店、建筑书店经销
北京海视强森文化传媒有限公司制版
北京中科印刷有限公司印刷
*
开本：880 毫米 × 1230 毫米　1/16　印张：39　字数：895 千字
2023 年 10 月第一版　2023 年 10 月第一次印刷
定价：**328.00** 元
ISBN 978-7-112-28783-3
（40663）